Die Wasserheizung

Die Wasserheizung

Warmwasser- und Heißwasser-Heizungsanlagen

Ein Lehr- und Nachschlagebuch

Von

Obering. Ludwig Kopp, VDI

Hannover

Mit 226 Abbildungen und 24 Arbeitsblättern

Springer-Verlag

Berlin / Göttingen / Heidelberg

1958

ISBN-13: 978-3-642-49018-7   e-ISBN-13: 978-3-642-92736-2
DOI: 10.1007/978-3-642-92736-2

Vorwort

Mit der wachsenden Bedeutung der Wasserheizung ist auch die Literatur über diese gewachsen. Trotzdem glaube ich, daß die vorhandene Literatur der großen Bedeutung der Wasserheizung nicht gerecht geworden ist. Manche neueren oder auch älteren Erkenntnisse liegen zerstreut in einzelnen Fachzeitschriften. Häufig genug sind auch die wissenschaftlichen Untersuchungen nicht weit genug geführt. Besonders aber mangelt es an einer umfassenden Gesamtdarstellung, die dabei tief genug in die Einzelheiten eingeht.

Das vorliegende Buch will diesem Mangel abhelfen. Es ist der Versuch einer umfassenden Gesamtdarstellung dieses Gebietes. Besonders erschien es mir notwendig, die Fragen der Leistungsregelung der Wasserheizung darzustellen und die Regelbarkeit der einzelnen Ausführungsformen zu klären.

Das Buch wendet sich in erster Linie an den in der Praxis stehenden Ingenieur, möchte aber auch dem Studierenden ein Helfer sein. Es soll die theoretischen und praktischen Mittel für den Bau solcher Anlagen an Hand geben und das tiefere Eindringen in das Wesen der Wasserheizung ermöglichen.

Im beschreibenden Teil ist eine größere Zahl Abbildungen von Bauelementen gegeben. Die dabei benutzten Darstellungen bestimmter Fabrikate stellen kein Werturteil gegenüber anderen Fabrikaten dar. Den Firmen, die mir durch Zurverfügungstellung von Bildern behilflich waren, sei hiermit bestens gedankt.

So übergebe ich dieses Buch der Öffentlichkeit mit dem Wunsche, daß es mit zur weiteren Entwicklung dieses Faches beitragen und eine gute Aufnahme finden möge.

Hannover, im Mai 1958

L. Kopp

Inhaltsverzeichnis

1. Beschreibung

1.1 Allgemeine Beschreibung

2. Berechnungsgrundlagen

3. Die Berechnung der einzelnen Systeme

4. Die Leistungsregelung

Verzeichnis der Zahlentafeln

Formelzeichen

Buch-stabe	Bezeichnung	Dimension
A	Volumenänderung des Wassers	m³
	Absorptionsfaktor	
B	Wassermenge	kg
	Brennstoffmenge	kg
	Beiwert	
B_V	Vollbetriebsstunden	h/Tag
C	Strahlungszahl	kcal/m²h (° K)⁴
	Konstante	
D	Beiwert bei Wärmeleitung im Stab	
	äußerer Durchmesser der Isolierung	m
E	Beiwert bei Wärmeleitung im Stab	
	Elektrische Leistung	kW
F	Rohrquerschnitt	m²
	Heizfläche	m²
	Gesamtheizfläche	m²
G	Gewicht	kg
	Wassermenge	kg/h
G_t	Gradtagszahl	
G_r	GRASHOFsche Kennzahl	
H	Höhe über dem Meeresspiegel	km
	Höhe	m
	Heizwert	kcal/kg
I	Wärmeinhalt	kcal
	Strahlungsintensität	kcal/h m²
	Widerstandsverhältniszahl	
K	mittlere Wärmedurchgangszahl	kcal/m²h grd
	Heizflächenbelastung bei Kesseln	kcal/h
L	zeitliche Volumenänderung des Wassers	m³/h
	Leitungslänge	m
	Luftmenge	kg/h
M	Flächenverhältnis: $\dfrac{\text{Oberfläche Rippenrohr}}{\text{Oberfläche Kernrohr}}$	
N	Leistung	PS
P	Druck	kg/m²
Pe	PECLETsche Kennzahl	
Q	Wärmemenge	kcal/h
R	Reibungswiderstand	mm WS/m
Re	REYNOLDSsche Kennzahl	
S	Querschnittsumfang	m
T	absolute Temperatur	° K
U	Trägheitskonstante	h
V	Wassermenge	m³
W	Strömungswiderstand	mm WS
Z	Einzelwiderstände	mm WS
	Zahl der Heiztage	1/Jahr

Buch-stabe	Bezeichnung	Dimension
a	Stärke einer Platte, Rippenstärke	m
	senkrechter Abstand	m
	Temperaturleitzahl	m^2/h
b	lichter Rippenabstand	mm
	Beiwert bei Wärmeleitung im Stab	$1/m$
	Barometerstand	Torr
	senkrechter Abstand	m
c	spez. Wärme	kcal/kg grd
	Temperaturfaktor bei Wärmestrahlung	grd^3
	Widerstandszahl einer Rohrstrecke	
d	Rohrdurchmesser	m
e	Basis der natürlichen Logarithmen $= 2,718$	
f	Fläche	m^2
	Oberfläche eines Rippenrohrgliedes	m^2
g	Fallbeschleunigung	m/s^2
h	senkrechter Abstand	m
	Rippenhöhe	m
i	Wärmeinhalt des Wassers	kcal/kg
	Verhältniszahl eines Widerstandes	
k	Wärmedurchgangszahl	$kcal/m^2h$ grd
l	Länge	m
ln	natürlicher Logarithmus	
m	Exponent für Wärmedurchgangszahl	
	Exponent für Rohrreibungswiderstand	
n	Übertemperatur für den Grundwert	grd
	Verhältniszahl	
	Anteil der Einzelwiderstände am Gesamtwiderstand	
p	Druck, Wirksamer Druck	kg/m^2; Torr
q	Wärmemenge	$kcal/h\ m^2$
q_E	Einheitswärmeverlust eines Rohres	kcal/m h
r	Exponent für Gesamtwiderstand	
s	Verhältnis des äußeren zum inneren Rohrdurchmesser	
t	Temperatur	$^\circ C$
u	Verhältniswert der Übertemperatur	
v	spez. Volumen	m^3/kg
w	Strömungsgeschwindigkeit	m/s
z	Zeit	h
α	Wärmeübergangszahl	$kcal/m^2h$ grd
β	thermische Raumausdehnungszahl	1/grd
	zeitliche Temperaturänderung	grd/h
γ	Wichte	kg/dm^3 bzw. kg/m^3
δ	Temperaturabsenkung	grd
ε	Berichtigungsfaktor	
	Verhältnis der Wärmedurchgangszahlen	
ζ	Beiwert für Einzelwiderstände	
	Beiwert für Wärmeübergangszahl	
η	dynamische Zähigkeit	Pois
	Wirkungsgrad	
ϑ	Berichtigungsfaktor	
ι	Anheizverhältniswert	
$\varkappa$	Wärmeüberleitungszahl	$kcal/m^2h$ grd
λ	Wärmeleitzahl	kcal/m h grd
μ	kalorische Ausdehnungszahl des Wassers	$m^3/kcal$
ν	kinematische Zähigkeit	m^2/s

Buch-stabe	Bezeichnung	Dimension
ξ	Reibungszahl	
π	LUDOLFsche Zahl $= 3{,}1416$	
ϱ	Berichtigungsfaktor für den Wärmebedarf	
σ	Verhältniszahl des Strömungswiderstandes	
	Ausnutzungsgrad einer Anlage	
τ	Gefälle der Wichte des Wassers	kg/m²grd
φ	Belastungsgrad	
φ_w	Wärmebedarfsverhältnis	
ψ	Verhältnis der Wassermengen	
ω	Wasserwert	kcal/grd
$\varDelta$	Differenz, Temperaturdifferenz	
Θ	Übertemperatur des Wassers	grd
$\varSigma$	Summenzeichen	
$\varPhi$	Faktor zur Berücksichtigung einspringender Oberflächenteile	
$\varPsi$	Umrechnungsfaktor für den Wirksamen Druck	
$\varOmega$	Gesamtwiderstandszahl für ein ganzes Rohrnetz	
$\mathfrak{k}$	Wärmedurchgangszahl	kcal/m²h grd
$'$	Index für Nennwerte und Berechnungswerte	
$''$	Index für Werte des Beharrungszustandes	

Fußzeichen

A	Atmosphäre		a	außen
B	Bezugstemperatur			Abgabe
C	Fußpunkt		atm	Atmosphäre
D	druckseitig		b	Barometerstand
E	erforderlich		f	Flüssigkeit
G	Güte		g	groß
H	Heizwasser			gewählt
HK	Heizkörper		ges	gesamt
J	Jahr		i	innen
K	Konvektion		is	Isolierung
	Kessel		k	klein
	Kurzschlußstrecke			korrigiert
L	Luft			konstant
M	Mittel		m	mittel
	maximal		min	minimal
	Mischung		n	normal
N	normal			Ordnungszahl
P	Pumpe		o	oben
R	Rohr		r	Rücklauf
	Rohrnetz		s	absolut schwarz
	Raum			System
	Reibung		t	bei der Temperatur t
RR	Rippenrohr		u	unten
S	Strahlung			unterer
	Schwerkraft		v	Vorlauf
ST	statisch			veränderlich
V	voll		w	Wand
W	Wasser		z	Zuführung
Z	Einzelwiderstand			zusätzlich

1. Beschreibung

1.1 Allgemeine Beschreibung

Das kennzeichnende Merkmal der Zentralheizung ist die Überführung der Wärme auf das Heizungssystem an *einer* Stelle, während die Wärmeabgabe an *mehreren* Stellen erfolgt.

Um die Wärme von der Stelle, die sie auf das System überträgt, nach den einzelnen Wärmeverbrauchern zu leiten, bedarf die Zentralheizung eines stofflichen *Wärmeträgers*, wie Wasser, Wasserdampf, Öl oder Luft. Dabei läuft der Wärmeträger im allgemeinen in einem geschlossenen Kreislauf im Heizungssystem um, kehrt also immer wieder zu der Stelle zurück, die dem System die Wärme zuführt.

Zentralheizungen, deren Wärmeträger Wasser ist, das seine flüssige Form beibehält, faßt man unter dem Begriff Wasserheizungen zusammen.

Auch bei Wasserheizungen wird, von Sonderfällen abgesehen, das Heizwasser in einem Kreislauf vom Wassererwärmer nach den Wärmeverbrauchern und von diesen wieder nach dem Wassererwärmer zurückgeführt. Es läuft also immer das gleiche Wasser im System um. Im Wassererwärmer nimmt das Wasser Wärme auf, indem es seine Temperatur erhöht, während es in den Wärmeverbrauchern durch Temperaturabsenkung Wärme abgibt. Es findet also im Gegensatz zur Dampfheizung keine Änderung des Aggregatzustandes des Wassers statt.

Wasser eignet sich als Wärmeträger für Zentralheizungen besonders gut. Es steht fast überall in genügender Menge zur Verfügung und ist billig. Es besitzt eine große spez. Wärme und gute Eigenschaften auf dem Gebiete der Wärmeübertragung. Sein Verhalten in regeltechnischer Hinsicht ist besonders gut. Es schließt in sich die Möglichkeit der Temperaturregelung ein, die von großer Bedeutung für den wirtschaftlichen Betrieb von Zentralheizungen ist. Diese hervorragenden Eigenschaften bedingen die große Verbreitung der Wasserheizung, die immer weiter um sich greift und insbesondere die Dampfheizung in zunehmendem Maße verdrängt.

Nur für sehr hohe Temperaturen, etwa ab 200° C, ist Wasser als Wärmeträger weniger geeignet, weil dann das Wasser unter sehr hohem Druck stehen muß.

Wasserheizungen werden für die verschiedensten Zwecke ausgeführt. Ihr größtes und hauptsächlichstes Anwendungsgebiet ist die *Raumheizung*. Man verwendet sie weiter für Lufterwärmung, Gebrauchswassererwärmung und für andere technische Zwecke, so z. B. für Bädererwärmung, Beheizung von Pressen usw. Häufig werden Wasserheizungen für verschiedene Zwecke in einer gemeinsamen Anlage zusammengefaßt. Man faßt dann, besonders bei Fabrikanlagen, zum Unterschied von der Raumheizung die übrigen Zwecke unter dem Begriff *Industrieheizung* zusammen.

Wasserheizungen werden in den verschiedensten Formen ausgeführt. Unabhängig von ihrem Verwendungszweck teilt man die Wasserheizungen wie folgt ein

hinsichtlich ihrer Betriebstemperaturen in
Warmwasserheizungen und *Heißwasserheizungen,*
hinsichtlich ihrer Druckverhältnisse in
offene Systeme und *geschlossene Systeme,*
hinsichtlich ihrer Umtriebskraft in
Pumpenanlagen und *Schwerkraftanlagen.*

Bei *Warmwasserheizungen* liegt die höchste Betriebstemperatur unter der Verdampfungstemperatur des Wassers bei atmosphärischem Luftdruck, während bei *Heißwasserheizungen* Betriebstemperaturen verwendet werden, die über der Verdampfungstemperatur liegen. Der normale Luftdruck beträgt in Meereshöhe 760 mm Hg und die dazugehörige Verdampfungstemperatur des Wassers 100° C. Es ist daher üblich, als Grenztemperatur zwischen Warm- und Heißwasserheizungen 100° C festzulegen. Richtiger wäre es, die jeweilige Verdampfungstemperatur als Grenztemperatur anzunehmen, da die spezifischen Besonderheiten der Heißwasserheizungen zu beachten sind, sobald Wassertemperaturen verwendet werden, die über der jeweiligen Verdampfungstemperatur liegen. Diese können in höheren Lagen erheblich unter 100° C liegen.

Wenn ein Wasserheizungssystem mit einer unverschließbaren Öffnung mit der Atmosphäre verbunden ist, so bezeichnet man dieses als ein *offenes System*; Systeme, die nach der Atmosphäre hin abgeschlossen sind, nennt man *geschlossene Systeme.* Diese Einteilung stimmt einigermaßen mit der Einteilung in Warmwasser- und Heißwasserheizungen überein, derart, daß Warmwasserheizungen fast ausschließlich als offene Systeme und Heißwasserheizungen meist als geschlossene Systeme ausgeführt werden. In Sonderfällen werden jedoch auch Warmwasserheizungen geschlossen ausgeführt, ebenso werden unter Ausnutzung des statischen Druckes der Wassersäule auch Heißwasserheizungen ausgeführt, die in offener Verbindung mit der Atmosphäre stehen.

Zur Umwälzung des Heizwassers im System ist ein Druck zur Überwindung der Strömungswiderstände erforderlich. Bei *Pumpenanlagen* wird dieser Druck durch besondere Pumpen erzeugt. Der Umtriebsdruck wird der Anlage durch systemfremde Energie aufgedrückt. Die Funktion der Anlage ist von der Bereitstellung fremder Energie abhängig. Die *Schwerkraftanlagen* dagegen erzeugen ihren Umtriebsdruck durch Veränderung des spezifischen Gewichtes des Wassers selbst und sind nicht von der Bereitstellung fremder Energie abhängig. Die Schwerkraftanlage stellt in sich eine Wärmekraftmaschine dar, die einerseits mechanische Energie erzeugt, die sie andererseits als Arbeitsmaschine in einem Arbeitsprozeß wieder verbraucht. Diese Energie, die übrigens nur unbedeutend ist, setzt sich wiederum in Wärme um, so daß man dieser Maschine einen hundertprozentigen Wirkungsgrad zuschreiben kann. Die Umtriebsenergie erhält man also vollkommen kostenlos.

Wie jede Zentralheizung besteht die Wasserheizung im wesentlichen aus drei Hauptbestandteilen, und zwar

1. dem *Wassererwärmer,* welcher dem System die Wärme zuführt, wobei dieser entweder als *Heizkessel* ausgebildet ist und in diesem Falle die Wärme aus einer

anderen Energieform entwickelt und sie dem System zuführt, oder die Form eines *Wasservorwärmers* (Wärmetauschers) besitzt und hierbei nur die Wärme von einem anderen Wärmeträger auf das System überleitet,

2. dem *Rohrnetz*, welches die Wärme vom Wassererwärmer nach den Wärmeverbrauchern zu leiten hat und

3. den *Wärmeverbrauchern* oder *Heizkörpern*, welche die Wärme abgeben.

Bei Wasserheizungen treten als weitere wichtige Bestandteile noch die Einrichtungen hinzu, die dem Ausgleich der Volumenschwankungen des Wassers dienen, und die Sicherheitseinrichtungen.

1.2 Die Ausführungsformen der Wasserheizungen

1.21 Die offenen Systeme

Da sich Wasser bei seiner Erwärmung ausdehnt und kaum zusammendrückbar ist, würden in einem mit Wasser gefüllten, geschlossenen System bei der Erwärmung sehr große Überdrücke entstehen, die zur Zerstörung der Anlage führen müßten. Bei offenen Systemen kann jedoch kein Überdruck auftreten, da die offene Verbindung mit der Atmosphäre eine Drucksteigerung nicht zuläßt. Um die durch die Erwärmung und Abkühlung bedingten Volumenschwankungen des Wassers auszugleichen, werden offene Anlagen mit einem Ausdehnungsgefäß ausgerüstet. Über dieses Ausdehnungsgefäß wird die offene Verbindung mit der Atmosphäre hergestellt. Der Inhalt des Ausdehnungsgefäßes ist so zu bestimmen, daß die Volumenschwankungen des Wassers von ihm aufgenommen werden können. Das Ausdehnungsgefäß muß dabei notwendigerweise an der höchsten Stelle des Systems angeordnet sein. Aus verschiedenen Gründen ist es nicht üblich das Ausdehnungsgefäß selbst als offenes Gefäß auszubilden. Die offene Verbindung mit der Atmosphäre wird durch eine Überlaufleitung oder eine besondere Entlüftungsleitung hergestellt. Die Überlaufleitung erfüllt außerdem den Zweck, überschüssiges Wasser und gegebenenfalls beim Überkochen der Anlage auch Dampf abzuführen.

Die offene Verbindung einer Anlage mit der Atmosphäre ist jedoch nur sichergestellt, wenn ein Einfrieren des Ausdehnungsgefäßes, des Überlaufes und der Entlüftungsleitung nicht möglich ist. Die Ausdehnungsgefäße müssen oft in Dachräumen untergebracht werden, wo sie besonders der Gefahr des Einfrierens ausgesetzt sind. Da es keine absoluten Isolierungen gibt, ist die Sicherstellung des Ausdehnungsgefäßes gegen Einfrieren durch Isolierungsmaßnahmen allein nicht zu erreichen. Man schließt daher das Ausdehnungsgefäß mit Zirkulation an, d. h. man läßt den Wasserinhalt des Ausdehnungsgefäßes an der Wasserzirkulation teilnehmen und verhindert damit, solange die Anlage selbst in Betrieb ist, mit Sicherheit ein Einfrieren des Ausdehnungsgefäßes.

Wird eine Anlage durch übermäßige Wärmezufuhr oder durch Abstellen größerer Teile der Wärmeverbraucher überheizt, so kann in der Vorlaufleitung oder sogar im Wassererwärmer Dampfbildung auftreten. Man bezeichnet diesen Vorgang als *Überkochen* der Anlage. Dieser Dampf muß über das Ausdehnungsgefäß abgeleitet werden. Andererseits ist es notwendig, dafür zu sorgen, daß einem überkochenden Kessel aus der Anlage ständig Wasser nachfließt, so daß der Kessel nicht leer kochen und Schaden nehmen kann.

Um diesen Erfordernissen gerecht zu werden und um eine unzulässige Drucksteigerung bei der Dampfbildung zu vermeiden ist es notwendig, die Art und die Stärke der Verbindung der Anlage mit dem Ausdehnungsgefäß diesen Gegebenheiten anzupassen. Durch den Gesetzgeber sind hierfür Vorschriften erlassen worden, die in dem Erlaß vom 5. Juni 1925 zusammengefaßt sind[1].

Dieser Erlaß sieht zwei Ausführungsarten vor. Bei der Ausführungsart A ist nur *eine* nicht verschließbare Verbindung mit dem Ausdehnungsgefäß vorgeschrieben. Sind hierbei mehrere Wassererwärmer vorhanden, so dürfen die einzelnen Wassererwärmer nicht mit Absperrungen versehen werden, oder diese Absperrungen müssen Umgehungsleitungen erhalten, in welche wiederum Wechselventile einzubauen sind.

Die Wechselventile müssen hierbei entweder den Weg nach dem Ausdehnungsgefäß freigeben oder nach dem Ausblas offen sein. Die Ausführung B sieht jedoch *zwei* nicht verschließbare Verbindungen mit dem Ausdehnungsgefäß, vor und zwar die Sicherheitsvorlauf- und die Sicherheitsrücklaufleitung. Sind mehrere Wassererwärmer vorhanden und sind diese absperrbar, so ist für jeden Wassererwärmer eine Sicherheitsvorlauf- und eine Sicherheitsrücklaufleitung notwendig.

Darüber hinaus sind in der DIN 4751, aufbauend auf die gesetzlichen Vorschriften, die Sicherheitsvorschriften für offene Wasserheizungen als Norm festgelegt. Diese Norm verwendet nur die Ausführungsart B der gesetzlichen Regelung, verwirft also die Verwendung von Umgehungsleitungen und Wechselventilen.

Bei mittelbaren, z. B. mit Wasser oder Dampf geheizten Wassererwärmern, sind einige Erleichterungen gegeben, sofern die Temperatur des Heizmittels niedriger liegt als die dem statischen Druck der Anlage entsprechende Verdampfungstemperatur des Wassers.

Sobald die Anlagen nach diesen gesetzlichen Bestimmungen gesichert sind, unterliegen sie keiner behördlichen Genehmigung oder Überwachung mehr.

Bei diesen Vorschriften ist noch zu beachten, daß die Ausdehnungsleitung oder die Sicherheitsvorlaufleitung mit stetiger Steigung nach dem Ausdehnungsgefäß geführt werden muß. Dies ist notwendig, damit beim Überkochen der sich bildende Dampf abströmen kann. Anderfalls besteht die Gefahr, daß sich Dampfpolster bilden, die u. U. das Wasser aus dem Kessel drücken und diesen der Zerstörung ausliefern.

Die Überlaufleitung des Ausdehnungsgefäßes wird zweckmäßig nach dem Kesselraum geführt, wo sie frei ausmündet.

Auf diese Weise wird das Bedienungspersonal auf das Überlaufen oder Überkochen der Anlage aufmerksam gemacht. Weniger gut ist die Führung des Überlaufes nach einem in der Nähe des Ausdehnungsgefäßes liegenden Ausguß oder sonstiger wasserabführender Einrichtung, oder gar direkt in eine Abflußleitung. In diesen Fällen empfiehlt es sich, wenigstens eine Signalleitung nach dem Heizerstand zu führen. Ganz abzulehnen ist eine Führung des Überlaufes auf das Dach hinaus oder sonstwie ins Freie. Hier besteht die Gefahr, daß der Überlauf, wenn

---

[1] s. Anhang 6.1

das Überlaufwasser tropfenweise kommt, einfriert, und das Wasser nicht mehr frei abfließen kann.

Um zu vermeiden, daß das Überlaufrohr während eines evtl. Überlaufes eine Saugwirkung auf das System ausübt, ist es zweckmäßig, in den Überlauf einen Rohrunterbrecher einzubauen. Es genügt hierfür schon ein auf das Überlaufrohr aufgesetztes Entlüftungsrohr. Dieses Entlüftungsrohr kann auch auf das Ausdehnungsgefäß direkt aufgesetzt werden.

1.211 Die offenen Schwerkraftsysteme

Diesen Systemen ist gemeinsam, daß der Wassererwärmer an der tiefsten Stelle des Systems aufgestellt werden muß. Der zum Kreislauf des Heizwassers notwendige Umtriebsdruck wird durch Schwerkraftwirkung, d. h. durch den Unterschied des spezifischen Gewichtes des Wassers verschiedener Temperatur erzeugt. Am günstigsten ist es hierbei, wenn der Temperaturunterschied zwischen Vorlauf und Rücklauf ausgenutzt werden kann. Dies setzt voraus, daß der Wassererwärmer tiefer gesetzt wird, als die tiefststehenden Wärmeverbraucher, und zwar meist um ein ganzes Geschoß. Dieser Fall ist immer gegeben, wenn die tiefsten Heizkörper im Erdgeschoß stehen und der Wassererwärmer im Keller aufgestellt wird. In anderen Fällen hilft man sich durch Vertiefen des Heizraumes.

Die offenen Schwerkraftsysteme werden fast ausschließlich als Warmwasserheizungen ausgebildet. Die Verwendung von Heißwasser erfolgt nur ausnahmsweise, da hierbei wegen der Gefahr der Verdampfung besondere Einrichtungen notwendig sind.

1.211.1 Die offene Schwerkraftwarmwasserheizung

Die offene mit Schwerkraft betriebene Warmwasserheizung ist die am meisten angewandte Form, und diese wird daher auch als *normale Warmwasserheizung* oder auch schlechthin als *Warmwasserheizung* bezeichnet. Je nach Anordnung der Vorlaufleitung unterscheidet man Anlagen mit *unterer* und *oberer* Verteilung.

1.211.11 Die normale Warmwasserheizung mit unterer Verteilung. *Allgemeine Anordnung.* In Abb. 1/1 ist eine solche Anlage schematisch dargestellt. Der Wassererwärmer K (Kessel) befindet sich im tiefsten Geschoß (Kellergeschoß), während die Heizkörper H im nächsten und den nachfolgenden Geschossen angeordnet sind. Die Verteilung des Vor- und Rücklaufes erfolgt an Decke des tiefsten Geschosses. Diese Leitungen bezeichnet man als die *Vor- und Rücklauf-Verteilungsleitungen.* Die von diesen nach oben führenden Leitungen werden als *Stränge* oder *Steigestränge* bezeichnet. An die letzteren werden die Heizkörper mittels der *Anschlußleitungen* angeschlossen. Es ist zweckmäßig, die Anlage der Leitungen so zu treffen, daß die Anschlußleitungen verhältnismäßig kurz werden.

Es ist üblich, jeden Heizkörper in seinem Anschluß an die Vorlaufleitung mit einem Regelorgan auszurüsten. Mit Hilfe dieses Organs kann der Heizkörper vom Wasserumlauf abgeschaltet werden, oder man kann durch entsprechende Einstellung des Regelorgans die Wärmeleistung vermindern, indem man den Wasserdurchfluß verringert. Gleichzeitig wird dieses Regelorgan zur Voreinstellung benutzt, um die letzte und feinste Abstimmung des Rohrnetzes durchzuführen. Zu diesem Zwecke erhalten die Regelorgane besondere Voreinstellvorrichtungen.

An höchster Stelle des Systems befindet sich das Ausdehnungsgefäß *A*. Die Sicherheitsvorlaufleitung *SV* wird an höchster Stelle des Ausdehnungsgefäßes angeschlossen, so daß diese in den Luftraum des Ausdehnungsgefäßes mündet. An der tiefsten Stelle des Ausdehnungsgefäßes wird die Sicherheitsrücklaufleitung *SR* angeschlossen. Sicherheitsvorlauf und Sicherheitsrücklauf können gleichzeitig auch als Vor- und Rücklaufleitung für die Heizkörper dienen. Um das im Ausdehnungsgefäß und seinen Anschlußleitungen befindliche Wasser zur Beseitigung der Einfriergefahr an der Zirkulation teilnehmen zu lassen, wird im unteren Teil des Ausdehnungsgefäßes eine Verbindung mit geringem Querschnitt mit der Sicherheitsvorlaufleitung hergestellt. In dieser Verbindung bringt man zweckmäßig ein Drosselorgan *D* an, damit man den Wasserumlauf auf das erforderliche Maß einstellen kann.

Weiter ist am Ausdehnungsgefäß die Überlaufleitung *Ü* mit der Entlüftung *E* angeschlossen, welche die offene Verbindung mit der Atmosphäre herstellt. Der Anschlußpunkt der Überlaufleitung bestimmt den höchstmöglichen Wasserstand im Ausdehnungsgefäß.

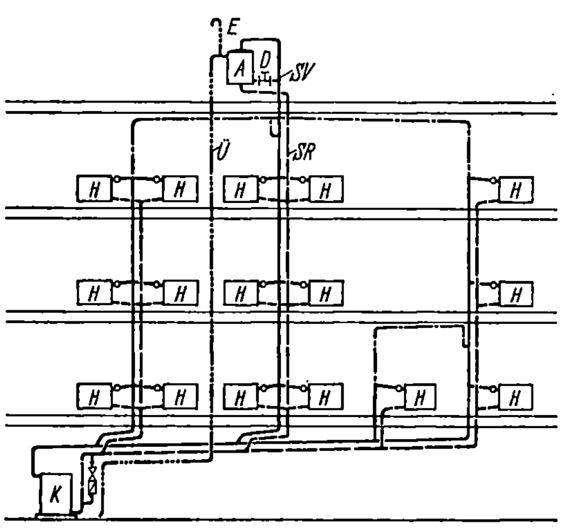

Abb. 1/1. Schema einer offenen Schwerkraftwarmwasserheizung mit unterer Verteilung

————————— Vorlaufleitung
—— —— —— Rücklaufleitung
—— – —— – Luftleitung
—— ··· —— ··· Überlaufleitung

K Kessel (Wasserwärmer); *H* Heizkörper; *A* Ausdehnungsgefäß; *E* Entlüftung; *SV* Sicherheitsvorlaufleitung; *SR* Sicherheitsrücklaufleitung; *D* Drosselorgan

Füllung der Anlage. Die Füllung eines solchen Systems erfolgt von unten her. Am Kessel oder an der tiefsten Stelle der Rücklaufleitung wird ein Ventil oder ein Hahn eingebaut, der mit der Wasserleitung verbunden wird. Die Verbindung mit der Wasserleitung kann durch eine feste Rohrverbindung geschehen. Hierbei ist es notwendig, ein zweites Absperrorgan mit Entleerungshahn in die Fülleitung einzubauen und zwischen beiden ein Rückschlagventil anzuordnen, um mit Sicherheit zu verhindern, daß Wasser aus der Heizungsanlage in die Wasserleitung übertreten kann[1]. Besser und zweckmäßiger ist es, zwischen Wasserleitung und Heizungsanlage eine lösbare Verbindung mittels Gummischlauch herzustellen. Der Gummischlauch wird nur solange mit der Heizungsanlage verbunden, wie dies zum Füllen notwendig ist. Die Absperrorgane sind dabei einer ständigen Kontrolle auf ihren dichten Abschluß unterworfen, und der Gummischlauch kann auch zu Reinigungszwecken für den Heizraum verwendet werden. Auch hier ist die Einschaltung eines Rückschlagventils notwendig.

Entlüftung der Anlage. Die Anlage füllt sich von unten, indem der Wasserspiegel in allen Teilen der Anlage gleichmäßig hochsteigt. Dazu ist allerdings Voraussetzung, daß die in der Anlage befindliche Luft nach oben entweichen kann. Bei

———————————

[1] s. auch DIN 1988: Wasserleitungsanlagen in Grundstücken § 6 f 2.

dem Ausdehnungsstrang ist dies ohne weiteres gegeben, da dieser nach dem Ausdehnungsgefäß führt. Bei den anderen Strängen werden zu diesem Zwecke an den höchsten Stellen der Vorlaufleitungen Luftleitungen angeschlossen, welche die aus den einzelnen Anlageteilen entweichende Luft direkt oder über den Ausdehnungsstrang nach dem Ausdehnungsgefäß leiten. Es muß besondere Sorgfalt darauf verwendet werden, daß eine Anlage beim Füllen auch restlos entlüftet wird. Schon geringe Luftansammlungen an unerwünschten Stellen können zu Zirkulationsstörungen führen und die Funktion der Anlage in Frage stellen. Aber auch während des Betriebes soll die in der Anlage noch befindliche Luft und die sich bei der Erwärmung des Wassers ausscheidende Luft leicht abgeführt werden können.

Aus diesem Grunde ist es notwendig, die Vor- und Rücklaufverteilungsleitungen mit stetiger Steigung von dem Wassererwärmer nach den Strängen zu verlegen. Bei ausgedehnten Anlagen ist es oft recht schwierig, besonders bei niedrigen Kellern, eine genügende Steigung zu erzielen. Steigungen von 2 mm für den m Rohrlänge sind ausreichend. Bei starken Dimensionen geht man unter Umständen noch darunter.

Durch die Luftleitungen soll jedoch kein Wasser strömen, da die Wirkung derartiger Wasserströme nur schwer in der Funktion der Anlage berücksichtigt und

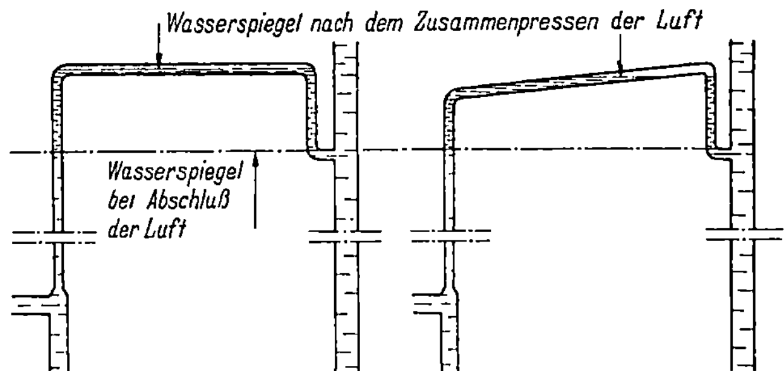

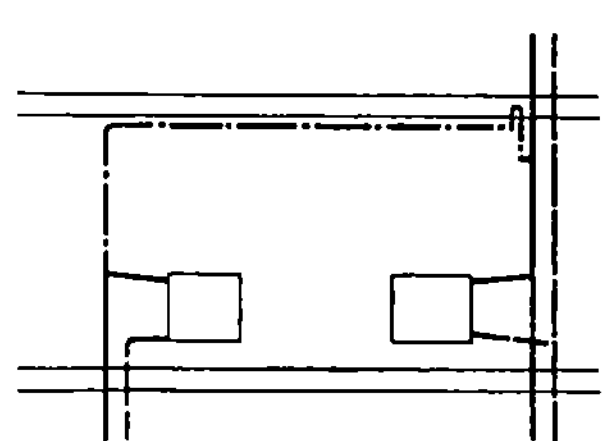

Abb. 1/2. Verhalten der Luft in Luftleitungen

Abb. 1/3. Anordnung waagerecht verlegter Luftleitungen

in der Berechnung eingesetzt werden kann. Man legt die horizontalen Luftleitungen daher trocken, indem man besondere Luftsäcke schafft, wie dies in Abb. 1/2 gezeigt ist. Es empfiehlt, sich auch die horizontalen Luftleitungen, besonders in den tieferen Geschossen, etwas mit Gefälle zu verlegen, einmal damit diese Leitungen beim Entleeren auch restlos leerlaufen können und zum anderen aus folgendem Grunde. Beim Füllen der Anlage wird die in der Luftleitung befindliche Luft abgeschlossen, sobald der Wasserspiegel bis zur Anschlußstelle der Luftleitung am Ausdehnungsstrang gestiegen ist. Beim weiteren Füllen der Anlage wird die Luft zusammengepreßt. Liegt nun die Luftleitung genau waagerecht, so füllt sich diese teilweise mit Wasser, da die kurzen senkrechten Stücke zum Ausgleich der Volumenverminderung der eingeschlossenen Luft nicht ausreichen; es ist damit eine Zirkulation möglich und der beabsichtigte Zweck wird nicht erreicht. Liegt die Leitung jedoch mit Steigung, so bleibt der oberste Teil der Leitung im ganzen Querschnitt wasserfrei, wie dies in Abb. 1/2 dargestellt ist. Dies läßt sich auch noch auf andere Weise erreichen, z. B. durch ein kurzes Hochführen der Luftleitung vor der nach abwärts führenden Schleife (Abb. 1/3).

Wird die Entlüftung so wie vorbeschrieben ausgeführt, so erfolgt sie vollkommen selbsttätig und zentral über das Ausdehnungsgefäß.

Mit Rücksicht auf die Gefahr des Einfrierens soll man Luftleitungen nur in beheizten Räumen verlegen. Muß aus zwingendem Grunde in unbeheizten Räumen

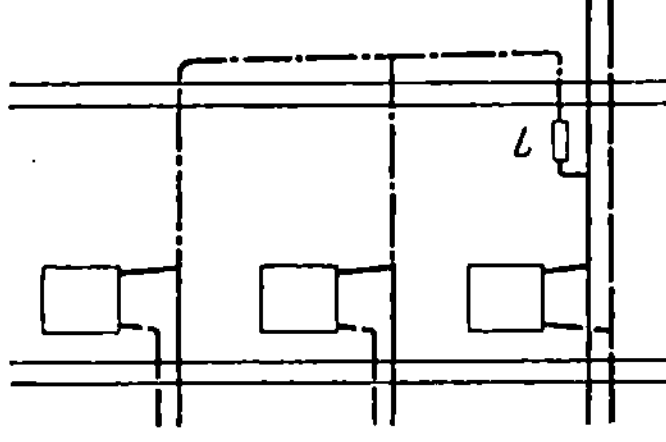

Abb. 1/4. Trockenlegung einer Luftleitung mit Hilfe eines zusätzlichen Luftraumes L

eine waagerechte Luftleitung verlegt werden, so muß dafür gesorgt werden, daß dieser Teil der Luftleitung auf jeden Fall wasserfrei bleibt. Dies läßt sich durch Verstärken der senkrechten Luftleitungen oder durch Zwischenschaltung eines Luftgefäßes erreichen (Abb. 1/4).

Es gibt Fälle, bei denen es nicht möglich ist, Teile der Anlage über das Ausdehnungsgefäß zu entlüften. Hier ist es zweckmäßig, die Luftleitungen nach einem besonderen Luftgefäß zu führen, unter Berücksichtigung aller Notwendigkeiten, wie sie auch sonst für Luftleitungen gelten. Die Luftgefäße werden dann von Hand mit Hilfe von Luftbähnen entlüftet. Über die Anordnung von Luftgefäßen gibt Abb. 1/5 Aufschluß. Auch bei den Luftgefäßen ist besondere Rücksicht auf die Einfriergefahr zunehmen. Liegen die Luftgefäße in beheizten Räumen, so sind keine besonderen Vor-

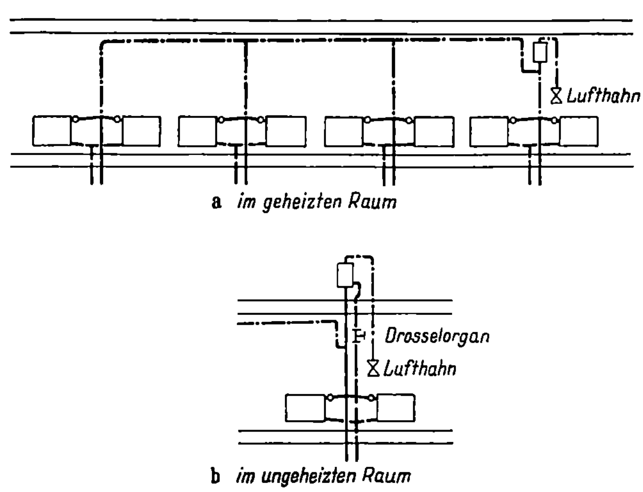

Abb. 1/5. Anordnung eines Luftgefäßes

kehrungen notwendig. Im anderen Falle soll man die Luftgefäße mit Zirkulation anschließen und isolieren. Die Entlüftung von Hand bringt einige Unannehmlichkeiten bei der Füllung der Anlage und auch noch während der ersten Betriebszeit nach dem Füllen mit sich. Beim Heizen scheidet sich noch etwas Luft aus dem Heizwasser aus und beim Füllen zurückgebliebene Luft sammelt sich nach und nach an den höchsten Stellen der Anlage. Es besteht an sich die Möglichkeit selbsttätige Entlüftungsarmaturen zu verwenden. Hiervon macht man jedoch nicht gerne Gebrauch, da bei Versagen der Armatur größere Wasserverluste auftreten können.

Entleerung der Anlage. Wird die Entlüftung zentral und selbsttätig ausgeführt, so ist damit auch ohne weiteres die Forderung erfüllt, daß die Anlage nach Öffnung der Entleerungsorgane restlos leerläuft. Voraussetzung hierfür ist allerdings noch, daß sämtliche Absperrorgane während des Entleerungsvorganges geöffnet sind.

·Sind in der Anlage Luftgefäße eingebaut, so müssen deren Lufthähne ebenfalls geöffnet sein.

Strangabsperrungen. Bei ausgedehnten Anlagen ist es zweckmäßig, besondere Strangabsperrungen einzubauen. Bei Reparaturen oder bei Veränderungen ist es

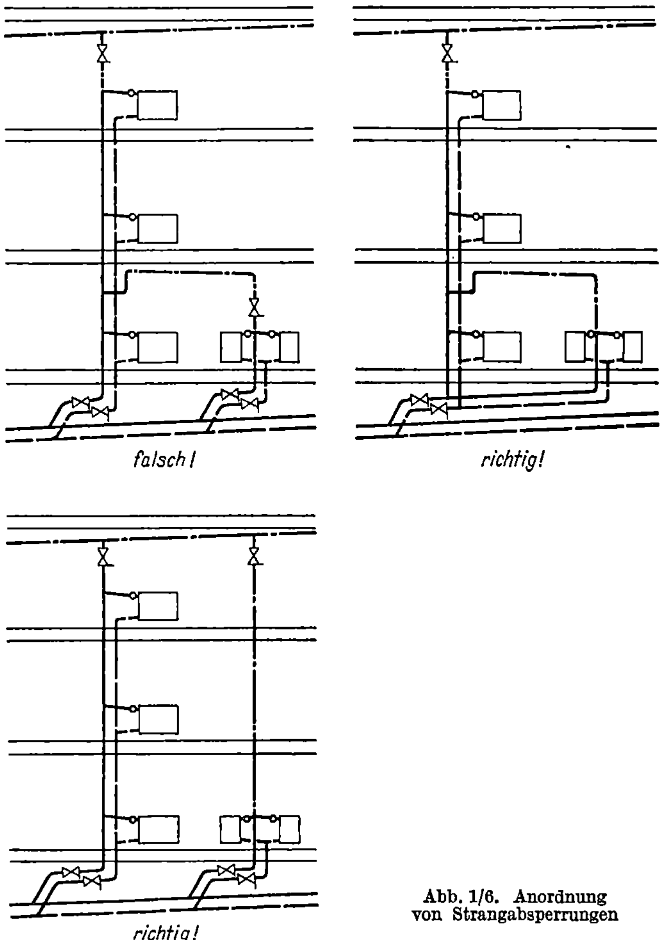

Abb. 1/6. Anordnung von Strangabsperrungen

dann nicht notwendig das ganze System zu entleeren. Zu diesem Zwecke erhält der Strang in seiner Vorlauf-, Rücklauf- und Luftleitung ein Absperrorgan. Diese Absperrorgane müssen bei der Vor- und Rücklaufleitung durch Entleerungsorgane und bei der Luftleitung durch Belüftungsorgane ergänzt werden. Bei Strängen, die nicht ganz durchgeführt werden, ist darauf zu achten, daß nicht zu einer Vor- und Rücklaufabsperrung zwei oder mehrere Luftleitungsabsperrungen gehören. Abb. 1/6 gibt hierüber den notwendigen Aufschluß.

In der gleichen Weise ist auch bei Gruppenabsperrungen zu verfahren.

Der Ausdehnungsstrang darf keine Absperrungen erhalten. Gegebenenfalls darf er nicht zur Versorgung von Heizkörpern verwendet werden.

Aufstellung mehrerer Wasserwärmer. Bei größeren Anlagen empfiehlt es sich die erforderliche Kesselheizfläche in zwei oder mehrere Einheiten zu unterteilen. Man hat dann die Möglichkeit, je nach Wärmebedarf, nur mit einem Teil der Kesselheizfläche in Betrieb zu gehen.

In Abb. 1/7 ist der Anschluß von zwei Wassererwärmern dargestellt. Die einzelnen Kessel haben keine Absperrungen, so daß keine besonderen Sicherungsmaßnahmen notwendig sind. Wenn nun nur ein Kessel geheizt wird, so wird sich nach Abb. 1/7a durch den nicht geheizten Kessel eine Wasserzirkulation einstellen, die immerhin mit Wärmeverlusten verbunden ist, aber sonst keine nachteiligen Folgen in der Funktion der Anlage verursacht. Besser ist der Anschluß nach Abb. 1/7b, soweit er anwendbar ist, bei welchem die Zirkulation weitgehend unterbunden ist.

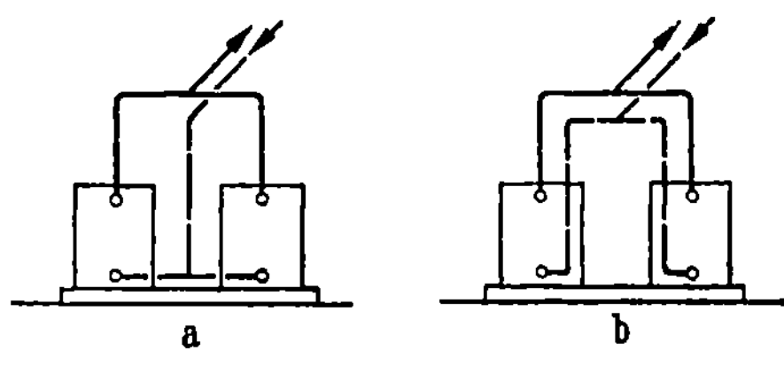

Abb. 1/7. Anschluß von 2 Kesseln

Bei Kesselanlagen aus mehreren Einheiten werden vielfach, wie in Abb. 1/8a dargestellt, Vor- und Rücklaufsammler verwendet. Die verhältnismäßig starken Sammelrohre sollen hierbei eine gleichmäßige Wasserverteilung auf die einzelnen

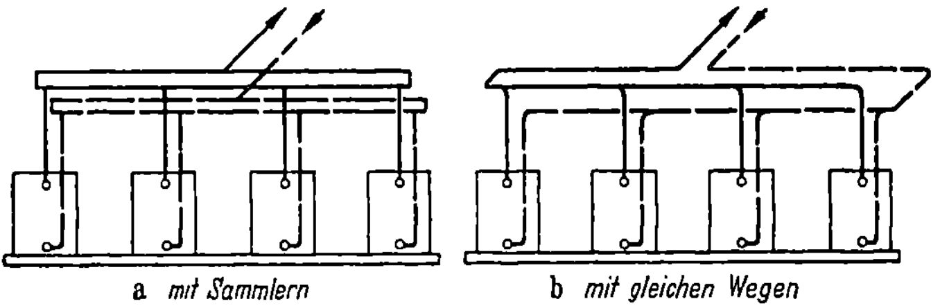

Abb. 1/8. Anschluß von Kesselgruppen

Kessel herbeiführen. Besser ist es, wenn man die Rohrführung so wählt, daß alle Kessel mit gleichen Wegen und damit auch mit gleichen Strömungswiderständen angeschlossen werden (TICHELMANNsche Rohrführung).

Die Unterteilung der Kesselanlage wird jedoch erst dann besonders vorteilhaft, wenn die einzelnen Kessel für sich absperrbar eingerichtet werden. Auf diese Weise können die nicht in Betrieb befindlichen Kessel vollkommen vom Mitzirkulieren ausgeschaltet werden. Der größte Vorteil besteht jedoch darin, daß bei einem Kesseldefekt die Anlage mit den übrigen Kesseln ohne Unterbrechung weiterbetrieben werden kann.

Sobald die Kessel absperrbar eingerichtet sind, d. h. in ihrem Vor- und Rücklaufanschluß Absperrorgane erhalten, müssen selbstverständlich die Sicherheitsvorschriften beachtet werden.

In Abb. 1/9 ist eine derartige Anlage dargestellt. Jeder Kessel ist mit einer Sicherheitsvorlaufleitung und einer Sicherheitsrücklaufleitung ausgestattet und mit dem Ausdehnungsgefäß verbunden. Diese Anordnung ist noch nicht restlos befriedigend, da beim Absperren und Entleeren eines Kessels auch das Ausdehnungsgefäß leerlaufen muß. Es muß dann vorübergehend die Verbindung des abgesperrten Kessels mit dem Wasserraum des Ausdehnungsgefäßes gelöst und abgestopft werden, wenn mit den übrigen Kesseln weitergeheizt werden soll.

Versieht man jedoch, wie dies in Abb. 1/10 dargestellt ist, die Anlage mit mehreren Ausdehnungsgefäßen, so, daß jeder Kessel mit einem besonderen Aus-

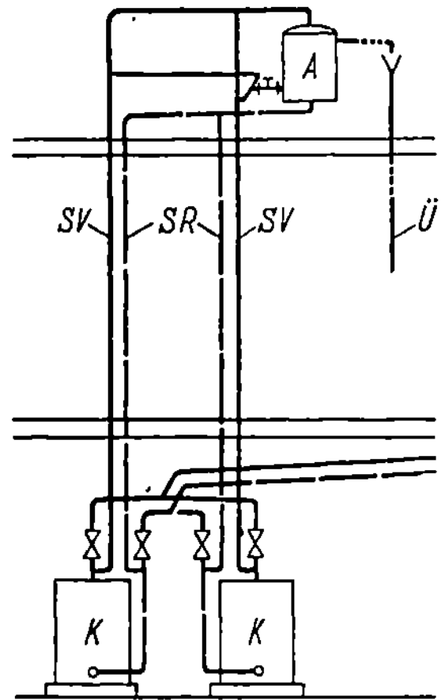

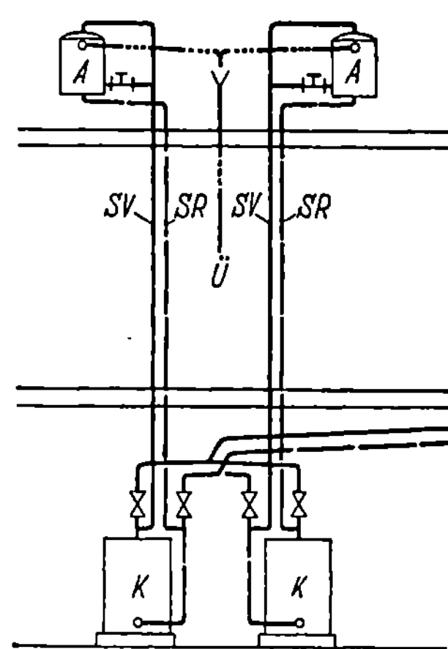

Abb. 1/9. Sicherung einer Warmwasserheizungsanlage mit zwei absperrbaren Kesseln und einem Ausdehnungsgefäß mit Sicherheitsvor- und -rücklaufleitungen

Abb. 1/10. Sicherung einer Warmwasserheizungsanlage mit zwei absperrbaren Kesseln und zwei Ausdehnungsgefäßen mit Sicherheitsvor- und -rücklaufleitungen

dehnungsgefäß verbunden ist, so kann jeder Kessel für sich abgesperrt und entleert werden, ohne daß weitere Maßnahmen notwendig sind.

An Stelle der Sicherheitsvor- und -rücklaufleitungen können auch die Absperrorgane im Vor- und Rücklauf mit Umgehungsleitungen versehen werden, in welche

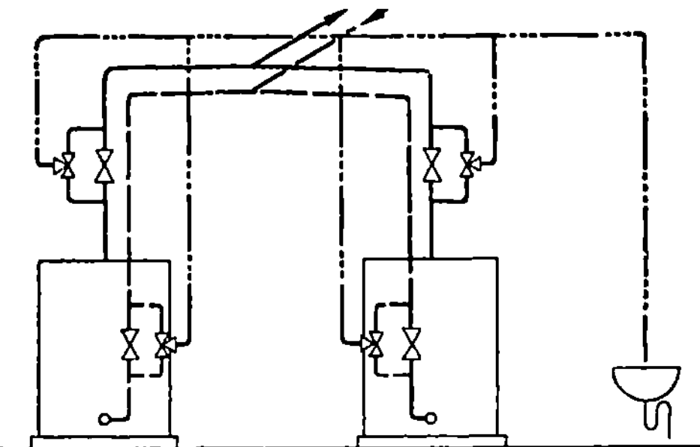

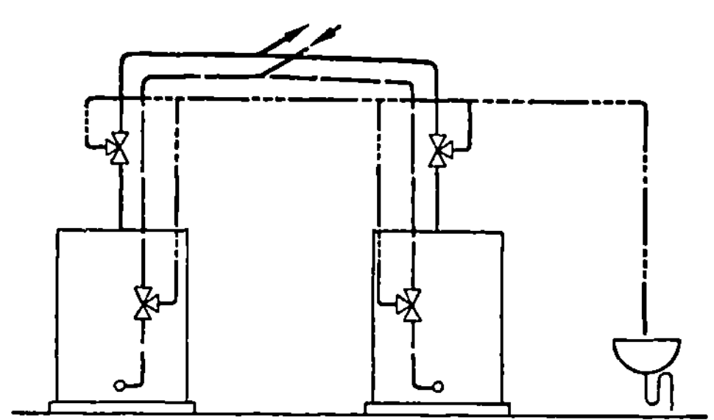

Abb. 1/11. Sicherung absperrbarer Kessel durch Umgehungsleitungen und Wechselventile

Abb. 1/12. Sicherung absperrbarer Kessel durch Wechselventile in den Anschlußleitungen

wiederum Wechselventile eingebaut werden. Die Wechselventile geben hierbei entweder die Umgehung frei, oder sie öffnen den Weg nach einem Ausguß. In diesen Fällen ist die Unterteilung in mehrere Ausdehnungsgefäße überflüssig. Die Umstellung der Wechselventile ist jedoch jeweils mit einem entsprechenden Wasserverlust verbunden, was als großer Nachteil zu werten ist (s. Abb. 1/11).

An Stelle der Absperrorgane mit Umgehungsleitungen und Wechselventilen können auch unmittelbar Wechselventile in die Vor- und Rücklaufanschlüsse eingebaut werden, deren zweiter Weg nach dem Ausguß führt. Bei diesen größeren Organen ist aber der Wasserverlust noch größer (s. Abb. 1/12).

1.211.12 Die normale Warmwasserheizung mit oberer Verteilung (Zweirohrsystem). Abb. 1/13 stellt eine derartige Anlage dar. Diese unterscheidet sich von der Anlage mit unterer Verteilung im wesentlichen nur durch die Anordnung der Vorlaufverteilungsleitung oberhalb der Heizkörper, meist im Dachgeschoß oder Gebälk des Gebäudes. Der Vorlauf wird hierbei durch den Hauptsteigestrang mög-

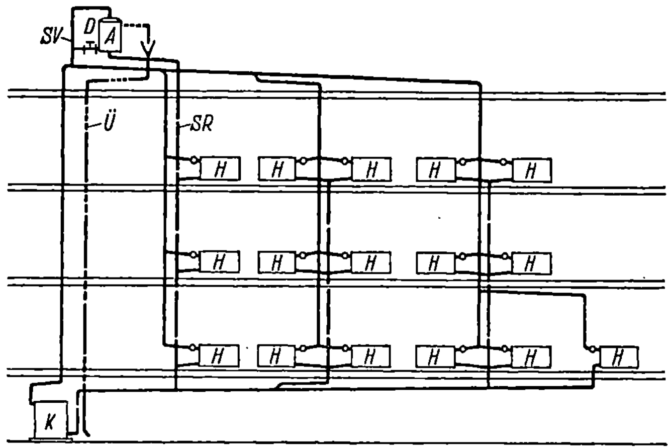

Abb. 1/13. Schema einer offenen Schwerkraftwarmwasserheizung mit oberer Verteilung

lichst in der Nähe des Wassererwärmers nach dem höchsten Punkt des Systems geführt. Dort wird auch gewöhnlich das Ausdehnungsgefäß angeschlossen.

Im übrigen gilt das für die Anlage mit unterer Verteilung Gesagte auch hier. Eine besondere Luftleitung ist hier nicht notwendig, da die Luft über die Vorlaufleitung nach dem Ausdehnungsgefäß entweichen kann.

1.211.13 Parallel- und Hintereinanderschaltung von Heizkörpern. Die beiden vorbeschriebenen Systeme faßt man unter dem Begriff des *Zweirohrsystems* zusammen. Dieses ist dadurch gekennzeichnet, daß jeder Heizkörper unmittelbar sowohl mit der Vorlaufleitung als auch mit der Rücklaufleitung verbunden ist. Sämtliche Heizkörper sind zueinander parallelgeschaltet (s. Abb. 1/14a). Jeder Heizkörper kann für sich abgestellt werden, ohne daß die übrigen Heizkörper des betreffenden Stranges bzw. der ganzen Anlage hiervon wesentlich beeinträchtigt werden. Ein weiteres Merkmal des Systemes ist es, daß die mittlere Temperatur des Heizwassers in allen Heizkörpern etwa die gleiche ist, und daß diese ungefähr das arithmetische Mittel zwischen Vor- und Rücklauftemperatur darstellt.

Es ist aber auch möglich, mehrere Heizkörper einer Anlage hintereinander zu schalten, wie dies in Abb. 1/14b dargestellt ist. In diesem Falle sind nur noch die Stränge parallel geschaltet, während die Heizkörper eines jeden Stranges unter sich hintereinandergeschaltet sind. Die mittlere Heizwassertemperatur ist nun für die hintereinandergeschalteten Heizkörper verschieden. An die Stelle des einzelnen Heizkörpers des Zweirohrsystems tritt nunmehr der ganze Strang. Es ist nicht mehr möglich den einzelnen Heizkörper abzustellen, sondern man kann nur noch den ganzen Strang absperren. Diese Eigenschaft verhindert eine häufige Anwendung. Für untergeordnete Räume, beispielsweise für übereinanderliegende Klosetts, macht man hiervon Gebrauch, wenn man sogenannte Temperierstränge — glatte senkrechte Heizrohre, oft durch das Haus in seiner ganzen Höhe führend — verwendet, wie es in Abb. 1/14c und 1/14d dargestellt ist.

Um dem Nachteil, daß einzelne Heizkörper nicht abschaltbar sind, zu begegnen, kann man bei hintereinandergeschalteten Heizkörpern Zweiwegeventile verwenden, die gestatten, das Heizwasser entweder durch den Heizkörper oder aber durch

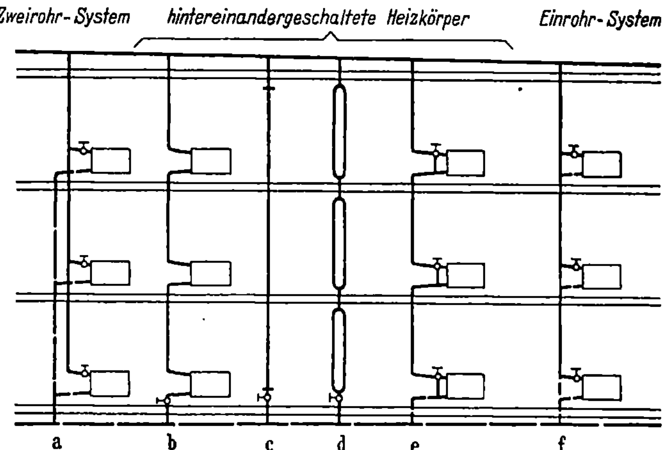

Abb. 1/14. Parallel- und Hintereinanderschaltung von Heizkörpern

eine Kurzschlußverbindung an diesem vorbei zu leiten. Bei Zwischenstellungen des Zweiwegeventiles sind auch Teilströme auf beiden Wegen möglich (s. Abb. 1/14e). Auf diese Weise ist es zwar gegeben, jeden Heizkörper durch Betätigung des Zweiwegeventiles in seiner Wärmeabgabe zu regeln oder ganz abzustellen, es werden jedoch hierdurch die übrigen Heizkörper des Stranges beeinflußt. Insbesondere erhalten die einem abgeschalteten Heizkörper nachgeschalteten Heizkörper wärmeres Heizwasser als der Berechnung zugrunde liegt. Dieses System hat daher keine größere Bedeutung gewinnen können.

1.211.14 Das Einrohrsystem. Von größerer Bedeutung ist das *Einrohrsystem* geworden, wie es in Abb. 1/14f dargestellt ist. Dieses System beschreitet einen Mittelweg zwischen parallel- und hintereinandergeschalteten Heizkörpern. Von dem ganzen durch den Strang fließenden Heizwasser wird jeweils nur ein Teil durch den Heizkörper und der Rest durch eine Kurzschlußverbindung geleitet. Auch hier beeinflussen sich die Heizkörper gegenseitig bei Betätigung der Absperrorgane, jedoch offenbar in geringerem Maße als bei unmittelbar hintereinandergeschalteten Heizkörpern gemäß Abb. 1/14e.

Während bei dem Zweirohrsystem und im Durchschnitt auch bei hintereinandergeschalteten Heizkörpern die mittlere Heizwassertemperatur etwa gleich dem arithmetischen Mittel zwischen Vorlauf- und Rücklauftemperatur ist, liegt diese beim Einrohrsystem im Durschschnitt etwas tiefer. Das Einrohrsystem benötigt also bei gleicher Wärmeleistung größere Heizflächen. Das Einrohrsystem ist praktisch nur mit oberer Verteilung auszuführen. Die Rohrleitungsanlage ist einfacher, da jeder Strang nur aus einem Rohr besteht. Beim Einrohrsystem ist es möglich, den Wassererwärmer auf gleicher Ebene mit den tiefsten Heizkörpern anzuordnen. Da gewissermaßen der ganze Strang als Heizkörper aufzufassen ist, ist trotzdem noch mit genügender Druckhöhe zu rechnen.

1.211.15 Die Stockwerksheizung. Bei diesem System stehen Wassererwärmer und Heizkörper auf der gleichen Ebene bzw. im gleichen Stockwerk, woher sich der Name ableitet. Der Temperaturunterschied zwischen Vor- und Rücklauf kann nicht mehr für die Umtriebskraft ausgenutzt werden. Die Umtriebskraft wird im wesentlichen aus dem Temperaturunterschied zwischen dem aufsteigendem Ast und den absteigenden Ästen der Vorlaufleitung gewonnen.

Das kennzeichnende Merkmal ist also nicht, daß die zu beheizenden Räume in einem Stockwerk liegen; sondern daß der Wassererwärmer auf der gleichen Ebene mit den Heizkörpern steht und die Umtriebskraft nicht mehr aus der Temperaturdifferenz zwischen Vor- und Rücklauf gewonnen werden kann. Auch eine Anlage die zwei oder mehr Geschosse beheizt, kann noch als Stockwerksheizung bezeichnet werden, wenn der Kessel in der gleichen Ebene mit den Heizkörpern des tiefsten Geschosses steht, da die Bemessung der Hauptleitungen nach Art der Stockwerksheizungen durchgeführt werden muß. Dies ist dann bereits eine Übergangsform zur Anlage mit oberer Verteilung.

Die Umtriebskräfte der Stockwerksheizung sind verhältnismäßig gering, so daß nur kleine Anlagen nach diesem System ausgeführt werden können. Ihr Anwendungsgebiet ist also im wesentlichen auf Wohnungen beschränkt, die auf einer Etage liegen.

Um den verschiedenen Bedürfnissen und baulichen Verhältnissen gerecht zu werden, haben sich verschiedene Ausführungsformen der Stockwerksheizung herausgebildet.

Die *normale Stockwerksheizung* ist in Abb. 1/15 schematisch dargestellt. Bei dieser wird die Vorlaufleitung unter der Decke des betreffenden Geschosses verlegt.

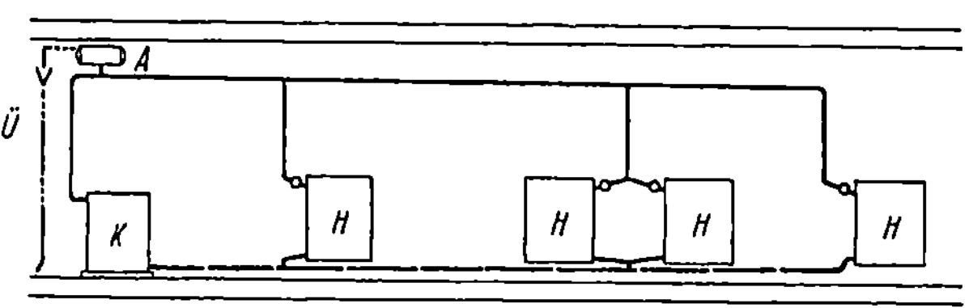

Abb. 1/15. Schema einer normalen Stockwerksheizung (mit tiefliegendem Rücklauf)

Die Rücklaufleitung dagegen wird über Fußboden, im Fußboden oder unter der Decke des darunter liegenden Geschosses angeordnet.

Das Ausdehnungsgefäß wird ebenfalls unterhalb der Decke des beheizten Geschosses angeordnet, und zwar gewöhnlich unmittelbar über dem Kessel. In diesem Falle genügt es, das Ausdehnungsgefäß mit einer Leitung mit dem System zu verbinden. Eine Zirkulation durch das Ausdehnungsgefäß ist nicht erforderlich, da sich dasselbe im geheizten Raum befindet und eine Einfriergefahr nicht besteht.

Bei Anordnung des Ausdehnungsgefäßes im gleichen Geschoß muß natürlich die Vorlaufverteilungsleitung entsprechend tief verlegt werden. Dies ist besonders bei niedrigen Räumen sehr unangenehm, weshalb man die Ausdehnungsgefäße häufig ein Geschoß höher oder in den darüber befindlichen Dachboden setzt. Im letzten Falle und ganz allgemein, wenn das Ausdehnungsgefäß in einem unbeheizten Raum angeordnet ist, muß man selbstverständlich für eine Zirkulation des Ausdehnungsgefäßes und für eine Isolierung sorgen (s. Abb. 1/16).

Vielfach findet man das Ausdehnungsgefäß so angeordnet, daß das ganze Wasser durch dieses hindurch strömt, wie dies in Abb. 1/17 dargestellt ist. Diese Ausführung wird gewählt, um die Vorlaufleitung möglichst hoch verlegen zu können. Sie hat jedoch den Nachteil, daß das Wasser ständig mit der Luft im Ausdehnungsgefäß in Berührung kommt, sich mit Sauerstoff anreichert und damit die innere Korrosion begünstigt.

Der Verlegung der Rücklaufleitung über oder im Fußboden stehen häufig unüberwindliche Schwierigkeiten im Wege. Auch der Verlegung unterhalb des Fußbodens stehen wichtige Gründe entgegen. Einmal sind es die Wärmeverluste, die der betreffenden Wohnung verlorengehen, zum anderen ist oft die Zustimmung des darunter befindlichen Wohnungsinhabers nicht zu erreichen.

In diesen Fällen hilft man sich häufig durch Umfahren der Türen wie in Abb. 1/18 angedeutet. Die am Fußboden entlang geführte Rücklaufleitung ist jedoch sehr unangenehm.

Eine andere Form, die *Stockwerksheizung mit hochliegender Rücklaufleitung*, wie sie Abb. 1/19 wiedergibt, vermeidet diese Schwierigkeiten. Dieses System hat jedoch derartige systembedingte Mängel, daß es nicht angewendet werden sollte. Diese Mängel sind 1. Abgeschaltete Heizkörper kommen nicht mehr zur Zirkulation, solange das System nicht ganz erkaltet ist. 2. Auch das Drosseln eines Heizkörpers führt zum vollständigen Erkalten desselben. Durch äußere Ursachen, z. B. Offenstehen eines Fensters, hervorgerufene stärkere Abkühlung

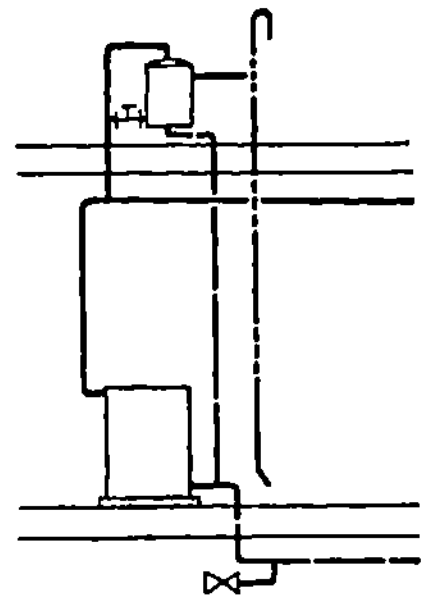

Abb. 1/16. Anschluß des Ausdehnungsgefäßes mit Zirkulation bei Stockwerksheizungen

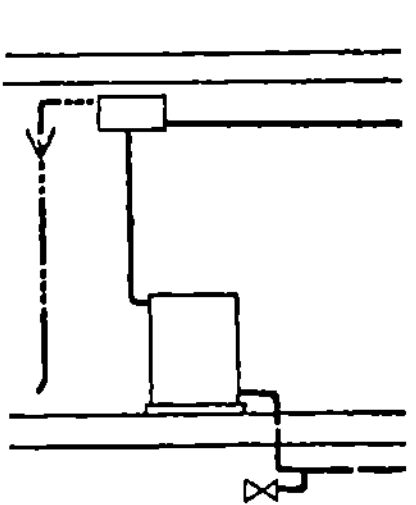

Abb. 1/17. Anschluß des Ausdehnungsgefäßes mit Durchfluß des Heizwassers bei Stockwerksheizungen

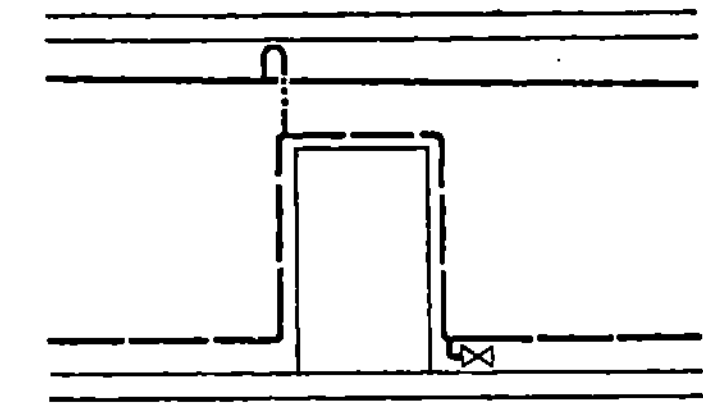

Abb. 1/18. Umfahren einer Türe bei normaler Stockwerksheizung

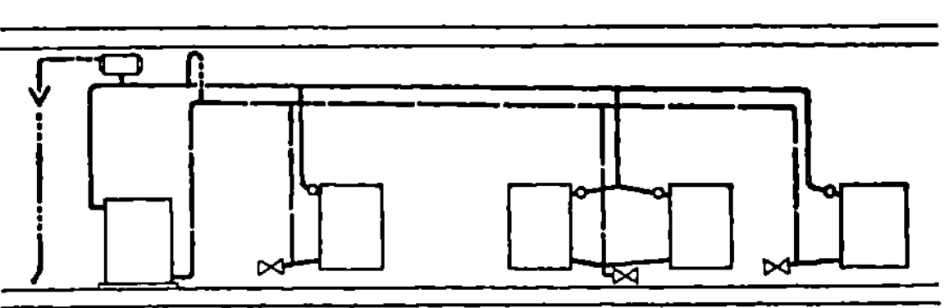

Abb. 1/19. Schema einer Stockwerksheizung mit hochliegendem Rücklauf

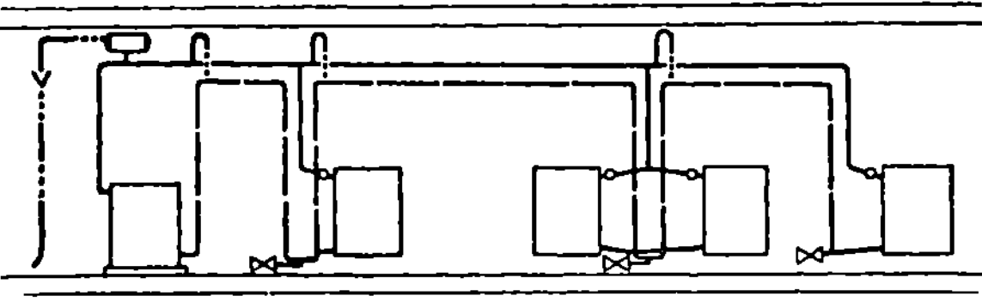

Abb. 1/20. Schema einer Stockwerksheizung in Schleifenform

eines Heizkörpers kann zum Erkalten des Heizkörpers führen. 3. Beim Anheizen springen einzelne oder mehrere Heizkörper nicht an und bleiben kalt, wobei es einmal die, ein andermal andere Heizkörper sind.

Um diesem Übelstand abzuhelfen, hat sich eine dritte Ausführungsform, die *Stockwerksheizung in Schleifenform* entwickelt, wie sie in Abb. 1/20 wiedergegeben ist. Dieses System gestattet die Rücklaufleitung unter der Decke zu verlegen, ohne daß die Nachteile, wie sie bei der Stockwerksheizung mit hochliegendem Rücklauf auftreten, vorliegen. Unangenehm sind die drei teils sehr starken Leitungen an den Heizkörperanschlüssen.

1.211.2 Die offene Schwerkraftheißwasserheizung

Alle vorbeschriebenen Systeme können auch als Heißwasserheizungen ausgeführt werden. Voraussetzung hierfür ist ein genügender statischer Druck. Bestimmend für die höchst zulässige Vorlauftemperatur ist nicht der Druck im Heiß-

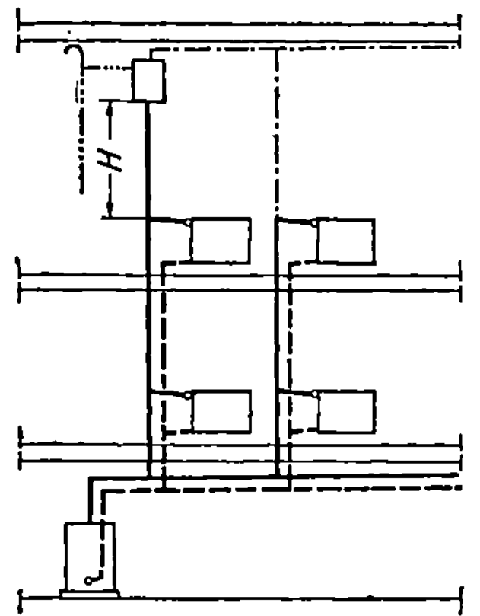

Abb. 1/21. Schema einer offenen Heißwasserheizung mit Schwerkraftbetrieb. Anschluß des Ausdehnungsgefäßes am Vorlauf ohne Zirkulation

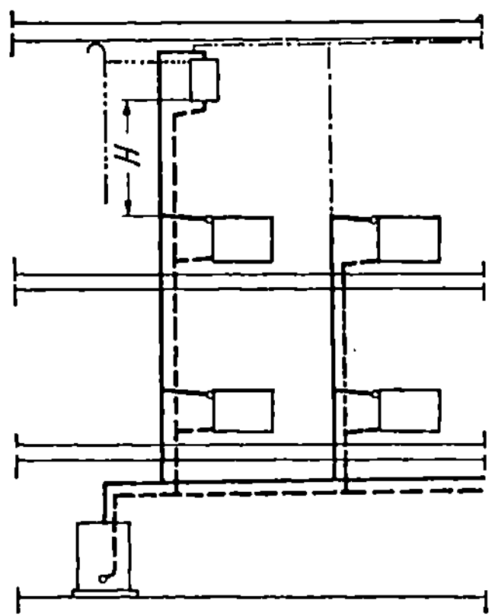

Abb. 1/22. Schema einer offenen Schwerkraftheißwasserheizung. Anschluß des Ausdehnungsgefäßes am Rücklauf ohne Zirkulation

wassererzeuger, sondern der Druck, der an der höchsten von Vorlaufwasser mit voller Vorlauftemperatur durchflossenen Stelle auftritt. Dieser Druck ist durch die Höhe H in den folgenden Abbildungen gekennzeichnet. Ein Anschließen des

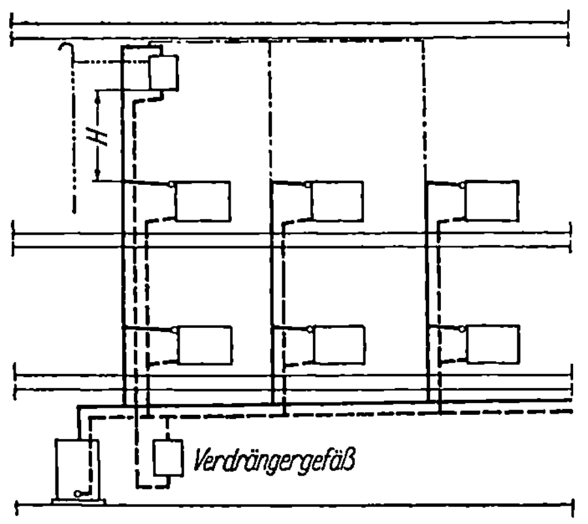

Abb. 1/23. Schema einer offenen Schwerkraftheißwasserheizung. Anschluß des Ausdehnungsgefäßes über ein Verdrängergefäß

Ausdehnungsgefäßes mit Zirkulation in der üblichen Weise ist nicht möglich. Der Vorlaufanschluß des Ausdehnungsgefäßes muß ohne Zirkulation sein, oder diese muß mit Wasser von niedrigerer Temperatur erfolgen, da sonst im Vorlaufanschluß des Ausdehnungsgefäßes Verdampfung auftritt.

Hierfür gibt es verschiedene Möglichkeiten

1. Das Ausdehnungsgefäß erhält keine Zirkulation. Dies ist immer möglich, wenn sich das Ausdehnungsgefäß im beheizten Raume befindet und damit gegen Einfrieren ohne besondere Maßnahmen geschützt ist. Würde man hierbei das Ausdehnungsgefäß wie in Abb. 1/21 angegeben anschließen, so würde bei der Ausdehnung zuletzt doch über 100° C erwärmtes Wasser in das Ausdehnungsgefäß gelangen und in diesem bzw. schon in der Ausdehnungsleitung Verdampfung hervor-

rufen. Um dies zu vermeiden empfiehlt sich der Anschluß nach Abb. 1/22. Hier kommt das Ausdehnungswasser aus dem Rücklauf, so daß keine Verdampfungsgefahr gegeben ist, solange die Rücklauftemperatur unter 100°C liegt. Liegt jedoch die Rücklauftemperatur über 100° C, so ist es notwendig, noch ein Verdrängungsgefäß in den Rücklaufanschluß einzuschalten (Abb. 1/23). Der Inhalt des Verdrängungsgefäßes muß so bestimmt werden, daß Wasser über 100° C nicht in die Sicherheitsrücklaufleitung gelangen kann.

2. Man schließt das Ausdehnungsgefäß mit normaler Zirkulation an, führt jedoch die Sicherheitsvorlaufleitung durch einen Kühler, so daß das Vorlaufwasser unter 100° C herunter-

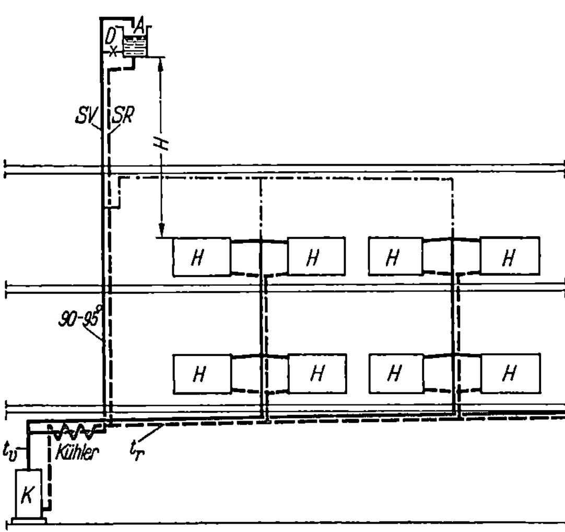

Abb. 1/24. Schema einer offenen Schwerkraftheißwasserheizung. Zirkulation des Ausdehnungsgefäßes mit gekühltem Vorlaufwasser

gekühlt wird. Dieser Kühler wird als Oberflächenkühler ausgebildet und mit Rücklaufwasser aus dem System beschickt. In Abb. 1/24 ist ein derartiges System wiedergegeben. Auch hier ist Voraussetzung, daß das Rücklaufwasser eine Temperatur unter 100° C besitzt. Andernfalls kann man auch eine Kühlung mit anderen Mitteln ins Auge fassen.

1.21.2 Die offenen Pumpensysteme

Die Umwälzung des Heizwassers im System erfolgt mit Hilfe besonderer Pumpen. Aus diesem Grund ist es nicht mehr notwendig, den Wassererwärmer an der tiefsten Stelle des Systems einzubauen. Dagegen muß auch hier das Ausdehnungsgefäß an der höchsten Stelle des Systems angeordnet sein. Die offenen Pumpensysteme werden hauptsächlich als Warmwasserheizungen ausgebildet. Sie können jedoch ähnlich wie Schwerkraftanlagen auch als offene Heißwasserheizungen ausgebildet werden.

Die Anordnung der Pumpe im System und der Anschluß des Ausdehnungsgefäßes an das System muß so erfolgen, daß an keiner Stelle des Systems durch die Wirkung der Pumpe der statische Druck so vermindert wird, daß Dampfbildung auftreten kann. Ebenso müssen die Sicherheitsvorschriften beachtet werden. Im allgemeinen kann ein Sicherheitsweg nicht durch eine Pumpe geführt sein, da diese meistens absperrbar sind und auch nicht erkennbar ist, ob ein genügend freier Querschnitt vorhanden ist.

Die Pumpen. Die Funktion einer Pumpenanlage ist von der richtigen Funktion der Pumpe abhängig. Da eine Pumpe als mechanisch bewegter Teil einem schnelleren Verschleiß und anderen Störungen ausgesetzt ist, ist es notwendig, eine zweite Pumpe als Reserveaggregat zur Verfügung zu haben. Jede Pumpe muß hierbei durch zwei Absperrorgane abgesperrt und ausgebaut werden können, so daß ohne Betriebsstörung jede Pumpe repariert werden kann.

Am besten eignen sich Pumpen, die eine kontinuierliche Wasserförderung haben, d. h. also Kreiselpumpen für diese Zwecke. Für kleine Leistungen, besonders wenn im Verhältnis zur Wassermenge nur geringe Drücke aufzubringen sind, verwendet man Schraubenpumpen. Kolbenpumpen eignen sich weniger und kommen praktisch nicht zur Anwendung.

Der Antrieb der Pumpen erfolgt im allgemeinen durch Elektromotore. Wird die Anlage in Verbindung mit einer Dampfanlage hergestellt, so ist die Verwendung eines Dampfturbinenantriebes sehr wirtschaftlich, da man den Abdampf in der Heizungsanlage verwenden kann. Die Umtriebskraft steht dann praktisch kostenlos zur Verfügung. Außerdem ist man nicht von der Lieferung elektrischen Stromes abhängig.

In diesem Falle kann der Pumpendruck so hoch gewählt werden, wie es die Notwendigkeit der Verwertung des Turbinenabdampfes in der Anlage noch bei der Heizgrenze zuläßt. Es ergeben sich dann bei Hochdruckdampf sehr hohe Pumpendrücke. Es sind auch Turbinen für Niederdruck entwickelt worden, so daß derartige Anlagen in Verbindung mit Niederdruckdampfkesseln betrieben werden können.

Der plötzliche Stillstand der Pumpe, bei Ausfall der elektrischen Energiezuführung, ist bei Kesseln für feste Brennstoffe sehr unangenehm. Die im Kessel erzeugte Wärme kann nicht mehr abgeleitet werden und die Kessel kommen rasch zum Überkochen.

Man kann diesem teilweise dadurch begegnen, daß man für eine Schwerkraftzirkulation sorgt, soweit sie das Rohrleitungssystem zuläßt. Dies geschieht durch eine Umgehungsleitung zu der Pumpe, die bei normalem Betrieb abgesperrt ist, und bei Ausfall der Pumpe geöffnet wird. Man kann auch automatische Organe verwenden, so Rückschlagklappen die vom Pumpendruck geschlossen gehalten werden und sich bei Stillstand der Pumpe selbsttätig öffnen, oder durch vom Pumpendruck gesteuerte Membranventile.

1.212.1 Die offene Pumpwarmwasserheizung

Die bei den offenen Schwerkraftsystemen üblichen Ausführungsformen kommen auch bei den offenen Pumpensystemen zur Anwendung. Es werden also sowohl Anlagen mit unterer, wie oberer Verteilung, Zweirohr- wie Einrohranlagen ausgeführt. Durch die Pumpenwirkung ist man jedoch viel freizügiger in der Anordnung des Rohrnetzes. Man kann mit den Leitungen auf- und absteigen, muß dann jedoch jeweils Entlüftungs- und Entleerungsstellen in Kauf nehmen.

1.212.11 Die offene Pumpwarmwasserheizung mit unterer Verteilung. In Abb. 1/25 ist eine derartige Anlage dargestellt. Die Sicherheitseinrichtungen sind hier durch Sicherheitsvor- und -rücklaufleitungen erfüllt, derart, daß jeder Kessel mit einem besonderen Ausdehnungsgefäß verbunden ist. Die Pumpen sind in den Rücklauf eingeschaltet, so daß das Ausdehnungsgefäß nahe am Druckstutzen der Pumpe an das Rohrnetz angeschlossen ist. Die Wirkung der Pumpe ist so, daß fast im gesamten Rohrnetz der gegebene statische Druck vermindert wird. Der Abstand H der Oberkante des obersten Heizkörpers von der Unterkante des Ausdehnungsgefäßes muß also größer sein als die von der Pumpe an diesem Punkt erzeugte Druckverminderung. Theoretisch müßte im Grenzfalle H nur so groß sein, daß an den Oberkanten der obersten Heizkörper der atmosphärische Druck nicht unterschritten wird. Die Höhe H könnte also im Minimum so groß sein, daß sie der Druckverminderung durch die Pumpenwirkung gleichkommt. In der Praxis ist es jedoch notwendig, an diesen Stellen einen minimalen Druck nicht zu unterschreiten. Es empfiehlt sich hierfür wenigstens 2 m anzunehmen. Dies hat seine Ursache darin, daß in den Heizkörpern immer etwas Luft eingeschlossen ist. Bei der Erwärmung dehnt sich die Luft aus, so daß verbunden mit einem geringen statischen Druck der Vorlaufanschluß ganz oder teilweise abgeschnitten wird, und die Heizkörper nicht mehr oder nicht mehr genügend zirkulieren.

Kann die Höhe H nicht genügend groß ausgeführt werden, dann muß man die Pumpe in den Vorlauf einschalten. Das Schema einer solchen Anlage ergibt sich aus Abb. 1/26. Jetzt ist die Wirkung der Pumpe so, daß fast in dem gesamten Rohrnetz der gegebene statische Druck durch die Wirkung der Pumpe vergrößert wird. Die Höhe H kann also beliebig klein werden, ohne daß durch die Wirkung der Pumpe ein Unterdruck an der höchsten Stelle des Stranges zu befürchten ist. Theoretisch könnte H im Grenzfalle bis zu Null wer-

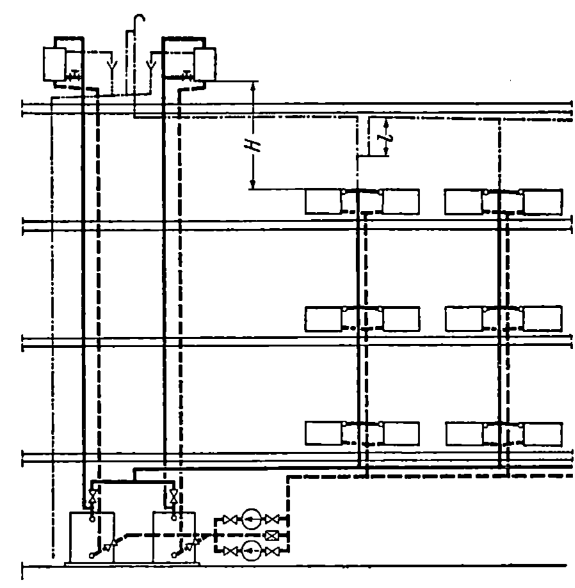

Abb. 1/25. Schema einer offenen Pumpwarmwasserheizung mit unterer Verteilung, mit Pumpe im Rücklauf

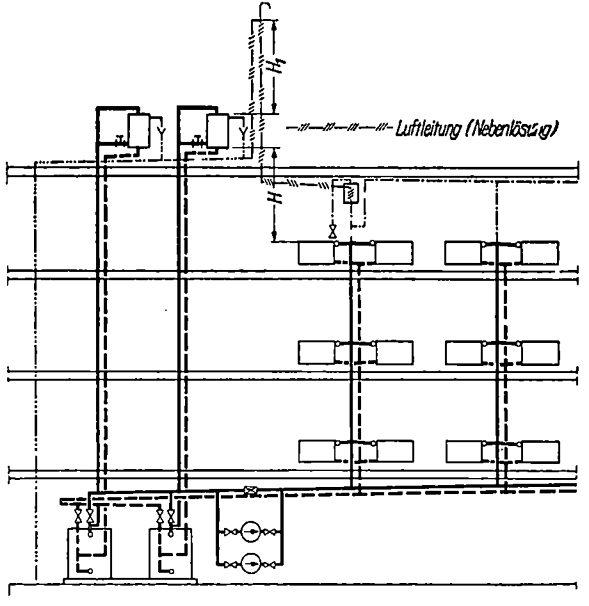

Abb. 1/26. Schema einer offenen Pumpwarmwasserheizung mit unterer Verteilung, mit Pumpe im Vorlauf

den, d. h. es müßte nur noch gesichert sein, daß bei ruhender Pumpe die Anlage in all ihren Teilen gefüllt bleibt. Auch hier wird man in der Praxis anstreben, daß ein gewisser minimaler Druck auch bei ruhender Pumpe nicht unterschritten wird, der etwa mit 1 m WS angesetzt werden kann.

Auch hier ist eine selbsttätige Entlüftung der Anlage möglich, wie dies in Abb. 1/26, Nebenlösung, angegeben ist. Dabei muß die Luftleitung um eine Höhe H_1 über den höchsten Wasserspiegel im Ausdehnungsgefäß geführt sein, um einen Ausgleich gegen die Druckwirkung der Pumpe zu haben und ein Überlaufen durch die Luftleitung zu verhindern. Diese Schleife führt man jedoch nicht gerne aus, da sie nicht unter Zirkulation steht und der Einfriergefahr ausgesetzt ist. Meistens steht auch aus baulichen Gründen die Höhe H_1 nicht zur Verfügung.

. Man verwendet dann ein Luftgefäß, wie dies in Abb. 1/26 als Hauptlösung angegeben ist. Der Nachteil dieser Lösung liegt darin, daß die Entlüftung durch

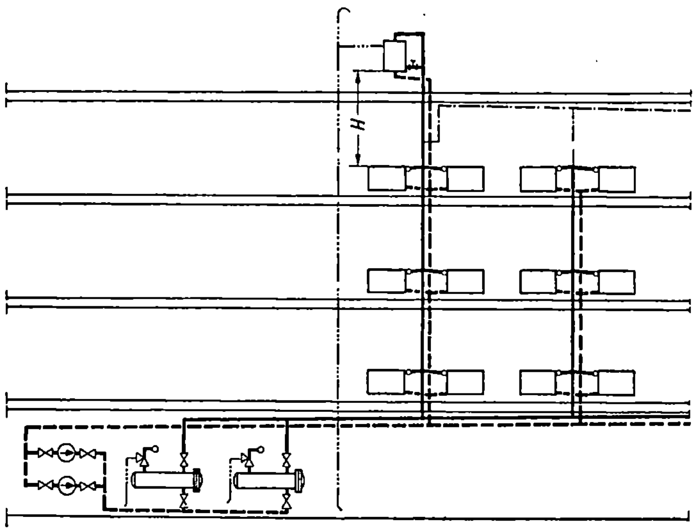

Abb. 1/27. Schema einer offenen Pumpwarmwasserheizung mit unterer Verteilung, mit Pumpen im Rücklauf und mit Oberflächenvorwärmern

Handbetätigung des Lufthahns am Luftgefäß erfolgen muß. Man könnte den handbetätigten Lufthahn auch durch ein automatisches Schwimmerventil ersetzen. Von dieser Lösung macht man jedoch nicht gerne Gebrauch, da bei Versagen des Schwimmerventiles ständige Wasserverluste und gegebenenfalls auch Wasserschäden am Gebäude auftreten können.

Etwas einfacher gestaltet sich eine derartige Anlage, wenn man als Wassererwärmer Gegenstromapparate verwendet, und der Dampfdruck des Heizdampfes unter dem statischen Druck der Anlage liegt. Hier können die Gegenstromapparate durch einfache Sicherheitsventile gesichert werden. Ein derartiges System ist in Abb. 1/27 wiedergegeben, wobei die Pumpen im Rücklauf angeordnet sind.

1.212.12 Die offene Pumpwarmwasserheizung mit oberer Verteilung. In Abb.1/28 ist ein derartiges System dargestellt. Da hier die Vorlaufverteilungsleitung hoch angeordnet ist, so daß zwischen dieser und dem Ausdehnungsgefäß nur geringe geometrische Höhendifferenzen bestehen, ist die Anordnung der Pumpen im Vorlauf das Gegebene.

Während man bei der Schwerkraftanlage die Vorlaufverteilungsleitung mit Gefälle nach den einzelnen Strängen verlegt, ist es bei der Pumpenanlage notwendig die Vorlaufverteilungsleitung weitgehend mit Steigung zu verlegen, damit die Luft aus dem System in Strömungsrichtung abgeführt und in den an den Enden der Vorlaufverteilungsleitungen angebrachten Luftgefäßen gesammelt wird. Es empfiehlt sich, diese Luftgefäße als Erweiterungen der Vorlaufleitungen auszubilden, damit sich die Luft gut ausscheiden kann und das Luftgefäß vor dem Einfrieren geschützt ist.

Im übrigen weist dieses System gegenüber dem mit unterer Verteilung keine Besonderheiten auf, so daß keine weiteren Ausführungen mehr notwendig sind.

Durch die hochliegenden Vorlaufverteilungsleitungen bietet dieses System eine bessere Möglichkeit für eine Schwerkraftzirkulation, wertvoll bei plötz-

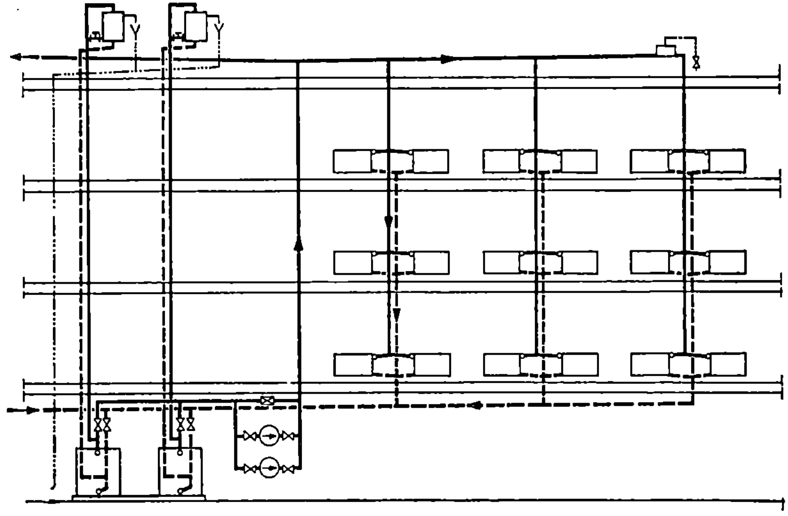

Abb. 1/28. Schema einer offenen Pumpwarmwasserheizung mit oberer Verteilung

lichem Ausfall der Antriebsenergie für die Pumpe. Diese Eigenschaft wirkt einem sofortigen Überkochen der Kesselanlage entgegen.

In gleicher Art kann eine solche Anlage auch als Einrohranlage ausgebildet werden.

1.212.13 Sonstige Formen der offenen Pumpwarmwasserheizung. Wenn in den vorhergehenden Abschnitten die hauptsächlichsten Formen der Pumpwarmwasserheizung beschrieben sind, so ist jetzt der Hinweis notwendig, daß das Rohrnetz einer Pumpwarmwasserheizung viel freier gestaltet werden kann, als das einer Schwerkraftwarmwasserheizung. Man kann sich mit der Leitungsführung viel besser den baulichen Erfordernissen anpassen. Die schwächeren Rohrdimensionen verstärken noch diese Eigenschaft. Es ist durchaus möglich mit den Leitungen nach Bedarf zu fallen oder zu steigen. Wenn man von dieser Freizügigkeit nur in begründeten Fällen Gebrauch macht, so deswegen, weil die Notwendigkeit von Entlüftungs- und Entleerungsstellen an den verschiedensten Stellen nicht gerade angenehm ist. Man wird auch bei Pumpenheizungen anstreben, die Entleerung möglichst zentral zu gestalten, ebenso die Entlüftung möglichst an einer oder an wenigen Stellen zusammenzufassen.

Weit ausgedehnte einstöckige Gebäude lassen sich wegen des geringen verfügbaren Wirksamen Druckes nicht mit Stockwerksheizungen ausrüsten. Mit Pumpen

lassen sich derartige Anlagen jedoch bei jeder horizontalen Ausdehnung ausführen. Hier ist es auch möglich die Rücklaufleitung hoch, d. h. parallel zur Vor-
lauleitung zu verlegen.

Bei mehrstöckigen Gebäuden ist es ebenfalls möglich Vor- und Rücklaufleitungen nebeneinander im Dachboden anzubringen. Hierbei muß jedoch jeder Strang eine Entleerungsstelle erhalten.

Abb. 1/29. Waagerechte Anordnung eines Einrohrsystems bei einer Pumpwarmwasserheizung

Bei der Anwendung des Einrohrsystems ist man nicht mehr nur auf die obere
Verteilung beschränkt, sondern man kann die Heizkörper auch waagerecht hintereinanderschalten, wie dies in Abb. 1/29 dargestellt ist.

1.212.2 Die offene Pumpenheißwasserheizung

Hier liegen ähnliche Verhältnisse vor, wie bei der offenen Schwerkraftheißwasserheizung. Durch die Pumpe ergeben sich jedoch weitere Möglichkeiten für

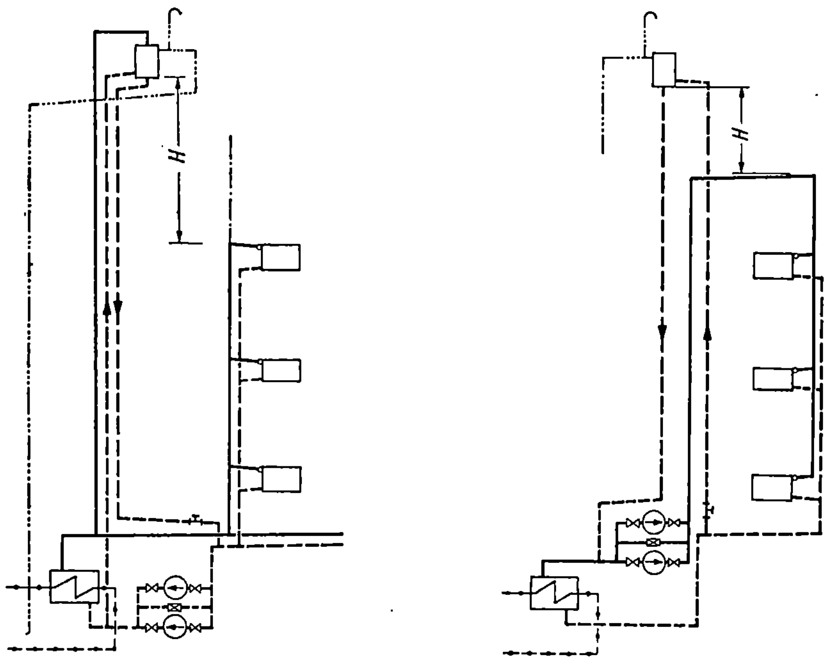

Abb. 1/30. Schema einer offenen Pumpheißwasser-
heizung mit Pumpe im Rücklauf und Rücklaufzirku-
lation im Ausdehnungsgefäß

Abb. 1/31. Schema einer offenen Pumpheißwasser-
heizung mit Pumpen im Vorlauf und Rücklaufzirku-
lation für das Ausdehnungsgefäß

den Anschluß des Ausdehnungsgefäßes und zwar dadurch, daß man die Zirkulation des Ausdehnungsgefäßes durch Rücklaufwasser betreibt (s. Abb. 1/30
und 1/31).

1.22 Die geschlossenen Systeme

Bei den offenen Systemen haben wir bereits kennengelernt, daß es möglich ist,
mit Heißwasser zu arbeiten, wenn man durch ein hochgelegenes Ausdehnungsgefäß einen entsprechenden Druck in der Anlage herstellt und verhindert, daß

über die Verdampfungstemperatur bei Atmosphärendruck erwärmtes Wasser in das Ausdehnungsgefäß oder sonst hochgelegene Teile der Anlage gelangt. Maßgebend für die Höhe der zulässigen Wassertemperatur ist hierbei der Druck an der höchsten von Vorlaufwasser mit voller Temperatur beschickten Stelle des Systems, wobei gegebenenfalls auch noch die durch eine Pumpe verursachten Druckverminderungen berücksichtigt werden müssen. Die auf diesem Wege erreichbaren Drücke sind im allgemeinen nur gering, so daß die Steigerung der Temperatur über 100° C hinaus sehr begrenzt ist.

Um höhere Temperaturen verwenden zu können, müssen daher andere Einrichtungen geschaffen werden, welche dem System höhere Drücke aufzwingen. Eine offene Verbindung des Systems mit der Atmosphäre ist dann nicht mehr möglich; die Systeme werden *geschlossen* ausgeführt. Dabei müssen andererseits wieder Vorkehrungen getroffen werden, die eine unzulässige Drucksteigerung im System verhindern und die Volumenschwankungen des Wassers beim Aufheizen und Abkühlen ausgleichen.

Im Gegensatz zu den offenen Anlagen ist es bei geschlossenen Anlagen nicht notwendig, daß sich der Ausdehnungsraum an der höchsten Stelle des Systems befindet, sondern derselbe kann an beliebiger Stelle angeordnet sein. Es muß nur der Druck in dem System so hoch sein, daß auch an der höchsten Stelle ein genügender Druck vorhanden ist, und zwar sowohl im Ruhezustand, als auch während des Betriebes.

Auch bei Warmwasserheizungen kann es notwendig sein, geschlossene Anlagen zu verwenden und zwar dann, wenn es nicht möglich oder nicht zweckmäßig ist, das Ausdehnungsgefäß an der höchsten Stelle des Systems anzuordnen.

Geschlossene Anlagen sind in erhöhtem Maße der Gefahr unzulässiger Drucksteigerungen und damit der Zerstörung von Anlageteilen ausgesetzt. Es müssen Vorkehrungen getroffen werden, die eine Drucksteigerung über das zulässige Maß zuverlässig verhindern. Diese Einrichtung besteht gewöhnlich in einem Sicherheitsventil, welches auf einen bestimmten Abblasedruck eingestellt wird und dessen Funktion laufend zu überprüfen ist.

Bei Temperaturen bis 110° C kann man auch Standrohre verwenden, wie sie bei Niederdruckdampfanlagen verwendet werden und wie sie in DIN 4751 genormt sind. In diesem Falle sind Heißwassererzeuger nicht abnahme- und überwachungspflichtig.

Für Heißwassererzeuger für Temperaturen über 110° C sind die gesetzlichen Bestimmungen zu beachten. Sobald aus den Heißwassererzeugern auch Dampf entnommen wird, und sei es auch nur für die Speisepumpe oder für eine Rußbläseranlage, unterliegen sie den Bestimmungen für Dampfkessel. Es sind dies die §§ 24 und 25 der Gewerbeordnung und die „Allgemeine polizeiliche Bestimmungen über die Anlegung von Landdampfkesseln", Erlaß des Bundesrates vom 17. 12. 1908 mit ihren späteren Änderungen.

Reine Heißwasserkessel, auch solche mit Dampfpolster, aus denen keinerlei Dampf entnommen wird, unterliegen nicht den Bestimmungen für Dampfkessel, obwohl die Gefahr bei diesen keinesfalls geringer ist, als bei den Dampfkesseln. Es liegt hier eine Lücke im Gesetz vor, die in absehbarer Zeit geschlossen wird. Es kann damit gerechnet werden, daß bei der bevorstehenden gesetzlichen Regelung für reine Heißwasserkessel bezüglich der Speiseeinrichtungen gewisse Erleichterungen gegenüber den Dampfkesseln zugestanden werden, dergestalt, daß die Leistung der Speisepumpen nur 20% der äquivalenten Dampfleistung zu sein braucht. Es ist weiter damit zu rechnen, daß Heißwasserkessel für Temperaturen bis 130° C unter bewohnten Räumen aufgestellt werden dürfen.

Bis zu dieser gesetzlichen Regelung müssen die Heißwasserkessel sicherungstechnisch nach den „Druckbehälterrichtlinien" der zuständigen Berufsgenossenschaft behandelt werden. Ausdehnungs- und Druckgefäße unterliegen ebenfalls diesen Bestimmungen.

In der DIN 4752 wird die Auffassung vertreten, daß auch reine Heißwasserkessel als Dampfkessel behandelt werden müssen. In dieser sind die erforderlichen Sicherheitseinrichtungen zusammengestellt. Es empfiehlt sich nach DIN 4752 zu handeln.

Bei Anlage und Betrieb von Heißwasseranlagen ist besonders zu beachten, daß austretendes Heißwasser durch seine Temperatur und die Nachverdampfung sehr gefährlich werden kann. Entleerungs- und Entlüftungsstellen, sowie die Ausblaseleitungen der Sicherheitsventile und Standrohre müssen daher besonders sorgfältig angelegt und angeordnet werden. Ebenso müssen Rohrnetze, Wassererwärmer und Heizkörper besonders sorgfältig und den auftretenden Drücken entsprechend hergestellt und montiert werden, damit keine Bruchstellen auftreten können.

1.221 Die geschlossene Heißwasserheizung

Die Art der Heißwassererzeugung, die Art der Druckerzeugung und die Art des Ausgleiches der Volumenschwankungen bedingen eine Vielzahl von Ausführungsformen. Bezüglich der Heißwassererzeugung unterscheidet man

1. Mit festen, flüssigen oder gasförmigen Brennstoffen oder mit Elektrizität geheizte Heißwasserkessel, wobei diese

    a) nur zur Heißwassererzeugung oder auch

    b) zur Heißwassererzeugung und zur Dampferzeugung dienen können.

2. Mit Dampf oder anderen Wärmeträgern betriebene Oberflächenvorwärmer.

3. Mit Dampf betriebene Mischwasservorwärmer.

In Hinsicht auf den Ausgleich der Volumenschwankungen gibt es zwei Möglichkeiten:

1. Ausdehnungsräume innerhalb des unter Druck befindlichen Systems und

2. Ausdehnungsräume außerhalb des Systems.

Auch eine Kombination beider Möglichkeiten wird ausgeführt, wobei dann die großen Volumenschwankungen beim Anheizen oder Abheizen durch außerhalb des Systems liegende Ausdehnungsräume und die kleineren Schwankungen während des laufenden Betriebes innerhalb des Systems aufgefangen werden.

Im ersten Falle nennt man die Ausdehnungsräume *Ausdehnungsgefäße*. Man kann auch die Ausdehnungsräume in die Heißwassererzeuger selbst legen. In diesen Fällen sind Heißwassererzeuger und Ausdehnungsgefäß in einem Bauelement zusammengefaßt.

Im zweiten Falle nennt man die Ausdehnungsräume *Speisewassergefäße*. Diese sind drucklos oder stehen unter einem geringeren Druck, als die eigentliche Anlage.

In diesem Falle muß jedoch ein entsprechendes Gefäß im System vorhanden sein, in dem sich ein Wasserspiegel befindet, der den Ausgleich der Volumenschwankungen bewirkt und der Druckherstellung über diesem Wasserspiegel dient. Diese Gefäße können wiederum mit dem Heißwassererzeuger verbunden sein, oder als besondere Gefäße ausgebildet werden. Im letzten Falle werden sie als *Druckgefäße* bezeichnet.

Das dritte und wohl markanteste Merkmal der Heißwasserheizung ist die Art der Druckerzeugung. Man unterscheidet hierbei

1. Druckerzeugung durch die Ausdehnung des Wassers.
2. Druckerzeugung durch äußere mechanische Hilfsmittel.
3. Druckerzeugung durch Gas- oder Dampfpolster über einem Wasserspiegel.

1.221.1 Druckerzeugung durch Ausdehnung des Wassers

Abb. 1/32 stellt ein derartiges System dar. Die ganze Anlage ist restlos mit Wasser gefüllt. Der Betrieb der Anlage kann sowohl mit Schwerkraft, wie auch mit Pumpe erfolgen. Das sich bei Erwärmung ausdehnende Wasser wird durch ein Sicherheitsventil in ein offenes Ausdehnungsgefäß geleitet. Die Rückführung des Wassers beim Erkalten der Anlage erfolgt durch ein Rückschlagventil. Die Rückführung kann aber erst erfolgen, wenn der Wasserspiegel im Ausdehnungsgefäß auf das Rückschlagventil einen größeren Druck ausübt, als die Anlage auf der anderen Seite des Rückschlagventils. Es besteht dadurch die Möglichkeit, daß im System Verdampfungen auftreten, ehe wieder Wasser zugeführt werden kann. Befinden sich im System Luftpolster so verringert sich diese Gefahr. Auf keinen Fall lassen sich jedoch Anlagen mit höheren Vorlauftemperaturen nach diesem System ausbilden. Die Grenze dürfte etwa bei 115° C liegen. Ein Nachteil ist noch die Nachverdampfung des mit hoher Temperatur in das Ausdehnungsgefäß übertretenden Wassers. Da die Wassermengen gering sind, sind auch die Nachverdampfungsmengen gering.

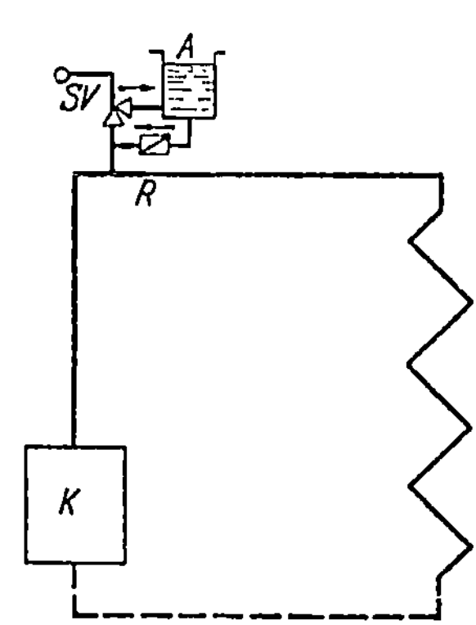

Abb. 1/32. Schema einer geschlossenen Heißwasserheizung mit Druckerzeugung durch die Wasserausdehnung

1.221.2 Druckerzeugung durch äußere mechanische Hilfsmittel

Abb. 1/33 stellt eine Ausführung dar, bei welcher durch eine stetig laufende Pumpe dem System ein durch die Pumpe bzw. durch das Sicherheitsventil bestimmter konstanter Druck aufgedrückt wird. Auch hier ist das System vollkommen mit Wasser gefüllt. Die Pumpe fördert hierbei eine stetig sich gleichbleibende Wassermenge. Das überschüssige Wasser wird dabei stetig über das

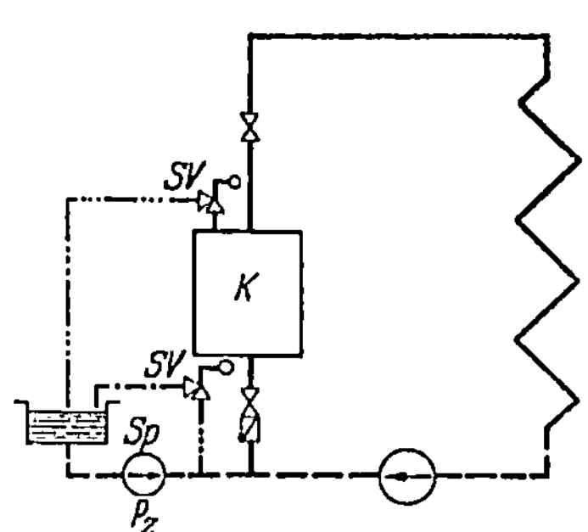

Abb. 1/33. Schema einer geschlossenen Heißwasserheizung mit Druckerzeugung durch eine besondere Pumpe (DRP. 623267)

Sicherheitsventil in das Speisewassergefäß abgeleitet. Die Anlage, die an sich verblüffend einfach ist, hat den Nachteil des ständigen Kraftverbrauches für die besondere Pumpe. Die Pumpenleistung muß etwas größer sein als die maximal mögliche zeitliche Volumenverminderung des Wassers, weil es der Pumpe nur dann möglich ist, den gewünschten Druck im System aufrecht zu erhalten. Das Sicherheitsventil muß an der höchsten Stelle des Kessels angeschlossen sein, damit es gegebenenfalls, d. h. bei einer Überheizung des Kessels, den auftretenden Dampf ableiten kann. Dies wiederum bedingt, daß das durch das Sicherheitsventil ständig ausfließende Wasser nachverdampft und entsprechende Verluste an Wärme und Wasser verursacht. Dies wirkt sehr nachteilig auf die Wirtschaftlichkeit ein, wenn es nicht möglich ist, die Nachverdampfungswärme zu verwerten.

Eine Verbesserung läßt sich dadurch erzielen, daß man ein zweites Sicherheitsventil, wie in Abb. 1/33 angegeben, auf der Druckseite der zusätzlichen Pumpe

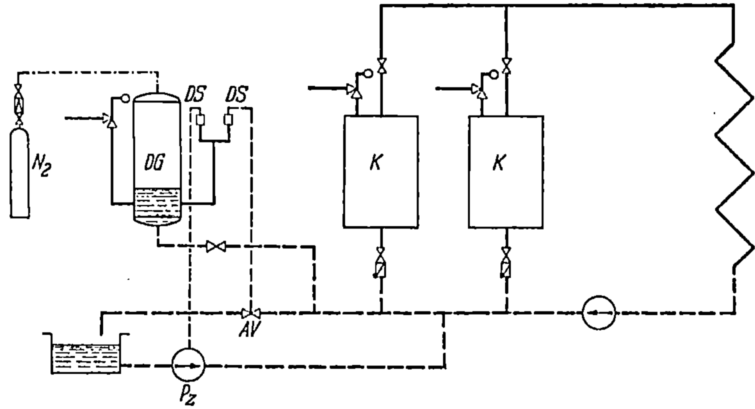

Abb. 1/34. Schema einer geschlossenen Heißwasserheizung mit Druckerzeugung durch eine druckabhängig geschaltete Pumpe und geregeltem Wasserabfluß (BP. angemeldet)

DS Druckschalter; *DG* Druckgefäß; *AV* Abflußventil; P_2 zusätzliche Pumpe (Speisepumpe); N_t Druckgasflasche (Stickstoff)

einbaut, das so eingestellt wird, daß es etwas früher als das Sicherheitsventil des Kessels anspricht. Auf diese Weise läßt sich die Nachverdampfung vermeiden oder zum mindesten stark vermindern.

Der Vorteil dieser Anordnung besteht darin, daß der Druck im System unabhängig von der jeweiligen Wassertemperatur immer auf der gleichen Höhe gehalten werden kann, und daß man den Druck beliebig hoch über dem Verdampfungsdruck des Wassers einstellen kann. Es lassen sich damit auch hochgelegene Teile an das System anschließen.

Um den Kraftverbrauch der zusätzlichen Pumpe einzuschränken wurde eine Anlage entwickelt, wie sie in Abb. 1/34 dargestellt ist. Das Netz der Anlage wird mit einem Druckgefäß versehen, in welchem sich ein elastisches Polster aus komprimierter Luft oder Gas befindet. Durch einen an diesem Gefäß angebauten Druckschalter wird die Pumpe zwischen einem eingestellten niedrigsten und höchsten Druck ein- bzw. ausgeschaltet. Die Pumpe läuft damit nur solange, als dies zum Ausgleich der Volumenverminderung beim Ab- oder Auskühlen der Anlage erforderlich ist. Der Energieaufwand für diese Pumpe ist daher nur sehr gering. Die Wasserabführung nach dem Speisewassergefäß geschieht durch ein ebenfalls druckabhängig geschaltetes automatisches Ventil. Der Ausdehnungsraum ist bis auf einen geringen Rest in das Speisewassergefäß verlegt. Die Anlage arbeitet bezüglich des Ausgleiches der Volumenschwankungen und der Druckerhaltung vollkommen selbsttätig. Es ist lediglich der Gasinhalt des Druckgefäßes zu überwachen und bei Bedarf nachzufüllen.

1.221.3 Druckerzeugung durch Gas- oder Dampfpolster

Diese Anlagen sind dadurch gekennzeichnet, daß entweder im Heißwassererzeuger, im Druckgefäß oder im Ausdehnungsgefäß ein elastisches Polster aus gespanntem Dampf oder Luft oder Gas hergestellt wird. Es unterscheiden sich hierbei grundsätzlich zwei Fälle. Im ersten Falle handelt es sich um ein Dampfpolster, das man durch Verdampfen von Wasser aus der eigenen Anlage erhält. In diesem Falle ist der Dampfdruck abhängig von der Temperatur des eigenen Wassers und mit dieser veränderlich. Im anderen Falle verwendet man Dampf oder komprimierte Gase, die von außen in das System eingeführt werden. Hier ist es möglich höhergespannten Dampf oder Gase zu verwenden, als es der Wassertemperatur der Anlage entspricht und der Druck der Anlage kann unabhängig von der Wassertemperatur konstant gehalten werden.

Eine Form derartiger Anlagen ist in Abb. 1/35 dargestellt. Das gesamte Vorlaufwasser wird hier durch das Ausdehnungsgefäß geleitet. Im Ausdehnungsgefäß bildet sich ein Dampfpolster, dessen Druck durch die jeweilige Wassertemperatur gegeben ist und mit dieser steigt oder fällt.

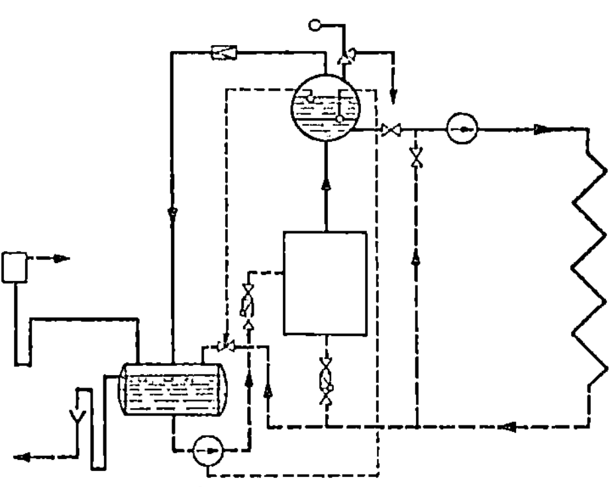

Abb. 1/35. Schema einer geschlossenen Heißwasserheizung mit Druckgefäß und Druckerzeugung durch eigenen Dampf, mit Speisewassergefäß mit Dampfpolster und automatischer Wasserstandsregelung

Es muß also dafür gesorgt sein, daß immer das heißeste Wasser in das Ausdehnungsgefäß kommt, damit ein genügend hoher Dampfdruck entsteht. Der höchst zulässige Druck ist durch den Abblasedruck des Sicherheitsventils gegeben. Es ist zweckmäßig, die Vorlauftemperatur durch Rücklaufbeimischung unmittelbar nach dem Ausdehnungsgefäß herabzusetzen, um in der Ansaugleitung zur Pumpe Dampfbildung und in der Pumpe Kavitation zu vermeiden. Das Ausdehnungsgefäß kann so groß angelegt werden, daß es die ganze Wasserausdehnung aufnimmt. Man kann es aber auch kleiner ausführen, so daß es nur geringere Volumenschwankungen aufnimmt, oder gar nur als Druckgefäß dient. In diesem Falle dient das Speisewassergefäß zur Aufnahme der Volumenschwankungen. Die Einhaltung des Wasserstandes kann hierbei durch Handbedienung oder durch automatische Regelung erfolgen. Das überschüssige Wasser wird zweckmäßig in Form von Rücklaufwasser abgeleitet, um Nachverdampfungen zu vermeiden oder wenigstens stark zu beschränken.

Es empfiehlt sich, das Speisewassergefäß, besonders wenn es zur Wasserausdehnung dient, mit einem Dampfpolster geringen Druckes zu versehen. Dadurch wird verhindert, daß das Wasser mit Luft in Berührung kommt und Luft aufnimmt, die in der Anlage zu Korrosionen Anlaß geben könnte.

Wird eine solche Anlage mit mehreren Kesseln ausgerüstet, so ist es notwendig, deren Vorlaufwasser durch das gemeinsame Ausdehnungsgefäß zu leiten. Arbeiten die Kessel nicht mit gleichen Vorlauftemperaturen, so bildet sich im Ausdehnungsgefäß eine Mischtemperatur heraus, und entsprechend dieser Mischtemperatur auch der Druck im Ausdehnungsgefäß. Bei genügend stark divergierenden Vorlauftemperaturen kann in dem vorgehenden Kessel Verdampfung auftreten, die zu Betriebsschwierigkeiten führt.

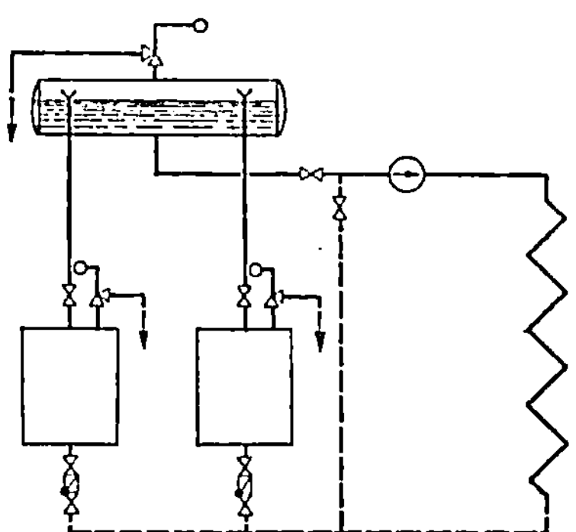

Abb. 1/36. Schema einer geschlossenen Heißwasserheizung mit Ausdehnungsgefäß und Druckerzeugung durch Eigenverdampfung, mit getrennten Vorlaufleitungen nach dem Ausdehnungsgefäß

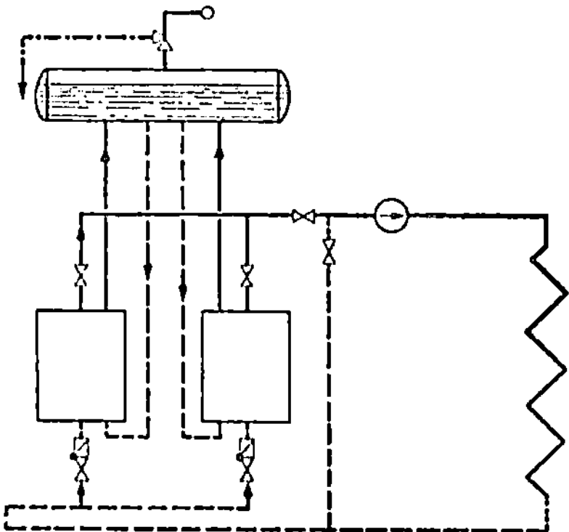

Abb. 1/37. Schema einer geschlossenen Heißwasserheizung mit Druckerzeugung durch Eigenverdampfung

Diese Schwierigkeiten werden weitgehend beseitigt, wenn man die Vorlaufleitungen der einzelnen Kessel getrennt in das Ausdehnungsgefäß leitet, wobei diese in den Wasserraum oder im Dampfraum ausmünden. Auf diese Weise wird das Dampfwassergemisch des vorgehenden Kessels ohne Schwierigkeiten in das Ausdehnungsgefäß geleitet, und der Druck im Ausdehnungsgefäß bestimmt sich zuletzt nach der Temperatur des vorgehenden Kessels (s. Abb. 1/36).

Ein weiteres Mittel, diesen Schwierigkeiten zu begegnen, besteht darin, das Vorlaufwasser nicht durch das Ausdehnungsgefäß zu führen, sondern die Vor- und Rücklaufleitungen des Systems direkt mit den Kesseln zu verbinden, wie das in Abb. 1/37 angegeben ist. Jeder Kessel ist mit einer besonderen Vorlauf- und Rücklaufleitung mit dem Ausdehnungsgefäß verbunden, die eine Schwerkraftzirkulation hervorrufen. In den Rückleitungen zu den Kesseln fließt Wasser der gleichen Temperatur. Von dem vorgehenden Kessel erfolgt eine lebhafte Zirkulation durch die Schwerkraftwirkung, während der zurückbleibende Kessel nur schwach oder bei genügendem Temperaturunterschied gar nicht an der Zirkulation teilnimmt. Auf diese Weise gelangt zuletzt nur Vorlaufwasser von dem vorgehenden Kessel in das Ausdehnungsgefäß. Die höchste im System auftretende Vorlauftemperatur bestimmt also den Druck im Ausdehnungsgefäß, und es können in den Kesseln keine Verdampfungen auftreten. Von dieser Form macht man gerne bei Anlagen mit einer Heizwassertemperatur bis 110° C Gebrauch, bei welchen das Ausdehnungsgefäß durch ein Standrohr gesichert ist.

Von sehr großer Bedeutung ist eine Anlage, die mit eigenem Dampf arbeitet, wie sie in Abb. 1/38 dargestellt ist[1]. Diese Anlage ist dadurch gekennzeichnet, daß der Heißwassererzeuger und das Ausdehnungsgefäß in einem Gerät vereinigt sind, bzw. daß der Dampfraum des Heißwassererzeugers als Ausdehnungsraum dient. Das Heißwasser wird knapp unter dem Wasserspiegel entnommen, mit Hilfe einer Pumpe im System umgewälzt und dem Kessel an tiefer Stelle wieder zugeleitet. Heißwasserkessel benötigen, auch wenn sie nicht zu einer Dampflieferung herangezogen werden, eine Speisepumpe. Man hat damit ohne weiteres die Möglichkeit, den Ausdehnungsraum wenigstens teilweise nach außen zu legen. Die Abführung des Wassers und die Wiedereinspeisung kann hierbei von Hand oder auch automatisch getätigt werden.

Es ergibt sich bei dieser Wasserentnahme aus dem Kessel, daß die Wassertemperatur nur wenig unter der Verdampfungstemperatur liegt. In der Entnahmeleitung, besonders wenn diese aus baulichen Grün-

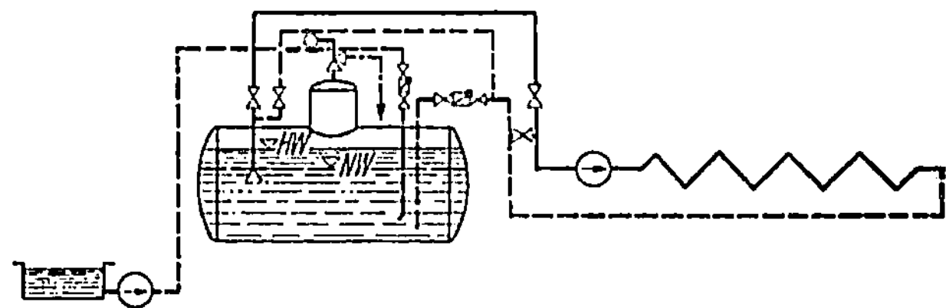

Abb. 1/38. Schema einer geschlossenen Heißwasserheizung mit Druckerzeugung durch Eigenverdampfung, mit Ausdehnungsraum im Heißwassererzeuger (DRP. 423 018)

den hochgeführt werden muß, besteht daher die Gefahr der Dampfbildung. Man wendet daher in der Entnahmeleitung nur geringe Geschwindigkeiten an, um nicht durch größere Strömungswiderstände die Gefahr der Verdampfung zu erhöhen. Außerdem ist es notwendig, dem entnommenen Heißwasser unmittelbar nach Verlassen des Kessels oder noch besser in diesem selbst kälteres Rücklaufwasser beizumischen. Dies ist auch mit Rücksicht auf die Pumpen erforderlich. Bekanntlich muß bei Zentrifugalpumpen zur Vermeidung der Kavitation am Saugstutzen ein zusätzlicher Druck über der Verdampfungstemperatur des Wassers vorhanden sein. Durch die Heruntermischung des entnommenen Heißwassers ist dies dann ohne weiteres gegeben.

Bei diesem System ergeben sich große Schwierigkeiten, wenn mehrere Kessel nebeneinander geschaltet werden. Der Dampfdruck wird in jedem Kessel durch die in ihm erreichte Wassertemperatur bestimmt. Geht die Wärmeleistung in einem Kessel zurück, so sinkt in diesem der Dampfdruck, während gleichzeitig in den anderen Kesseln der Dampfdruck erhalten bleibt. Dieses Absinken des Dampfdruckes bedingt nun, da ein größeres Druckgefälle entsteht, daß diesem Kessel erheblich mehr Wasser zugeführt wird auf Kosten der Wasserzufuhr zu den anderen Kesseln. Dies hat wiederum zur Folge, daß die Wassertemperatur und damit der Dampfdruck weiter absinkt. Die Druckdifferenzen zwischen den Dampfpolstern bedingen nun noch, daß der Wasserstand im Kessel mit der geringeren Wärmeleistung ansteigt. Dadurch kann der Wasserstand in den übrigen Kesseln so tief absinken, daß Dampf in die Heißwasserentnahmeleitungen eintritt und die Funktion der Anlage zusammenbricht. Diesem Übelstand ist grundsätzlich nur so zu begegnen, daß jedem Kessel die Wassermenge zugemessen wird, die seiner jeweiligen Wärmeleistung entspricht. Das wird aber selbst dem besten

---

[1] DRP. 423 618; Schutzrechte abgelaufen!

Kesselwärter nicht ganz gelingen. Auch mit automatischen Regelanlagen ist es nicht möglich, diesen Erfordernissen nachzukommen.

Diesen Schwierigkeiten kann man dadurch begegnen, daß man die Kessel hintereinanderschaltet, und zwar so, daß die ersten Kessel restlos mit Wasser gefüllt sind und ohne Dampfraum arbeiten. Nur im letzten Kessel befindet sich ein Dampfraum. Der Ausdehnungsraum wird hierdurch wesentlich verkleinert und im allgemeinen nur ausreichend sein, wenn man auch das Speisewassergefäß als Ausdehnungsraum benutzt (Abb. 1/39). Damit ist ein einwandfreies Miteinanderarbeiten der Kessel gewährleistet. Die ohne Dampfraum arbeitenden Kessel können unter sich nebeneinandergeschaltet, müssen aber dem Kessel mit Dampfpolster vorgeschaltet sein. Der letzte Kessel erfordert sehr große Anschlußquerschnitte, da das ganze Wasser durch diesen hindurch geleitet werden muß.

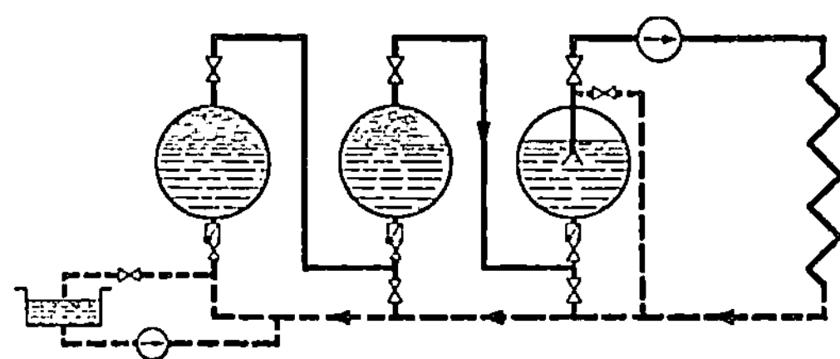

Abb. 1/39. Schema einer geschlossenen Heißwasserheizung mit Druckerzeugung durch Eigenverdampfung, mit mehreren hintereinandergeschalteten Kesseln

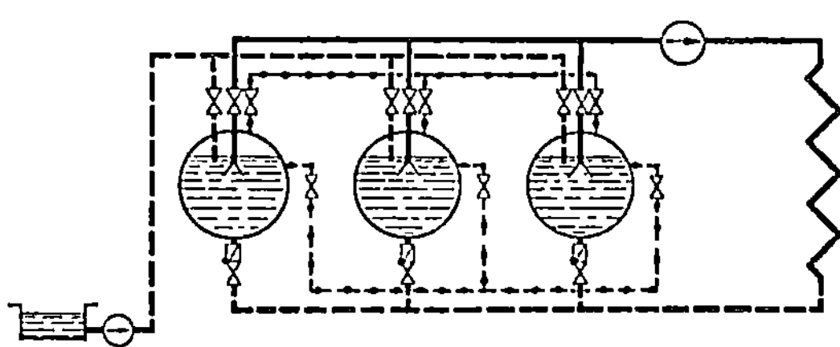

Abb. 1/40. Schema einer geschlossenen Heißwasserheizung mit Ausgleichseinrichtungen für mehrere parallelgeschaltete Kessel mit Dampfpolster aus Eigenverdampfung

Eine weitere Form diesen Schwierigkeiten zu begegnen besteht darin, daß man die Kessel mit Druck- und Wasserausgleichsleitungen versieht, wie dies in Abb. 1/40 dargestellt ist. Die Dampfräume werden durch Leitungen miteinander verbunden, durch welche der Druckausgleich hergestellt werden soll.

Die Verbindung der Wasserräume der Kessel ist an sich schon durch die Heißwasserentnahmeleitungen gegeben. Es empfiehlt sich darüber hinaus zum Ausgleich der Wasserstände die Wasserräume der Kessel durch besondere Ausgleichsleitungen zu verbinden. Ein restloser Druckausgleich ist damit auch noch nicht zu erreichen. Das kältere Wasser im zurückbleibenden Kessel bedingt eine Kondensation von Dampf in diesem, die erhebliche Beträge annehmen kann. Es setzt damit eine Dampfströmung nach dem zurückbleibenden Kessel ein. In dem zurückbleibenden Kessel findet keine Dampfbildung mehr statt, so daß auch die Wärmeverluste des Dampfraumes von dem zuströmenden Dampf ausgeglichen werden müssen. Die Dampfströmung verursacht durch die Strömungswiderstände Druckunterschiede. Durch die Wasserausgleichsleitung wird das dem zurückbleibenden Kessel zu viel zugeführte Wasser teilweise den anderen Kesseln zugeführt. Ein restloser Ausgleich kann aber wegen der Unterschiede im Dampfdruck nicht erreicht werden.

Es können durch die stärkere Leistung eines Kessels die Sicherheitsventile zum Abblasen gebracht werden, obwohl die Gesamtleistung der Kesselanlage noch ungenügend ist. Es ist notwendig, daß die Bedienung der Anlage noch weitere ausgleichende Maßnahmen trifft. Dazu gehört die Drosselung der Wasserzufuhr zu dem zurückbleibenden Kessel und die Beeinflussung der Feuerleistung. Günstig wirkt auch eine geringe Dampfentnahme, da die Verdampfung in dem oder den vorgehenden Kesseln erfolgt und aus diesen damit eine erhöhte Wärmeleistung entnommen wird.

Stärkere Dampfentnahmen sind jedoch zu vermeiden, da die Verdampfung den Wasserspiegel unruhig macht und dann bei der Heißwasserentnahme Schwierigkeiten auftreten können.

Eine restlose Beseitigung der genannten Schwierigkeiten ist bis heute, auch mit automatischen Regelanlagen, nicht erreicht worden, so daß die Anwendung dieses Systems vielfach wieder verlassen wurde.

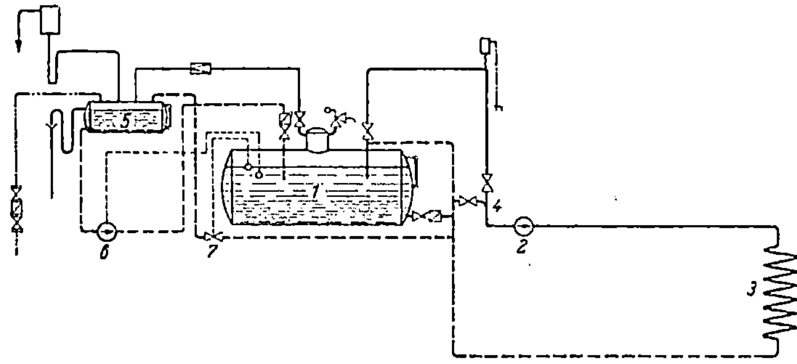

Abb. 1/41. Schema einer geschlossenen Heißwasserheizung mit Druckerzeugung durch eigenes Dampfpolster und mit Speisewassergefäß mit Dampfpolster unter geringem Druck

1 Kessel; *2* Heißwasser-Umwälzpumpe; *3* Verbrauchernetz; *4* Mischstelle zur Regelung; *5* Speisewassergefäß; *6* automatisch geschaltete Speisepumpe; *7* Abflußregler

Häufig ist es jedoch nicht angebracht oder z. B. bei hintereinandergeschalteten Kesseln nicht möglich, die Wasserausdehnung in den Kesseln aufzunehmen, um die großen Schwankungen im Wasserstand zu vermeiden. Hier empfiehlt es sich die Anlage nach Abb. 1/41 auszuführen. Zur Aufnahme der Wasserausdehnung dient das Speisewassergefäß. Das überschüssige Wasser wird über einen Abflußregler dem Speisewassergefäß zugeleitet und hierbei zur Vermeidung oder Verminderung der Nachverdampfung aus der Rücklaufleitung entnommen. Die Rückführung des Wassers erfolgt durch eine automatisch geschaltete Speisepumpe. Das Speisewassergefäß kann vollkommen drucklos sein. Zweckmäßiger ist es, dasselbe mit einem Dampfpolster mit geringem Dampfdruck zu versehen. Damit läßt sich gegebenenfalls die Nachverdampfung vermeiden oder verringern und das Speisewasser kann keine Gase (Sauerstoff und Kohlendioxyd) aufnehmen.

Abb. 1/42 stellt eine Anlage mit Heißwasserkessel und einem Ausdehnungsgefäß dar, wobei letzteres mit einem Gaspolster versehen ist. Die Abbildung

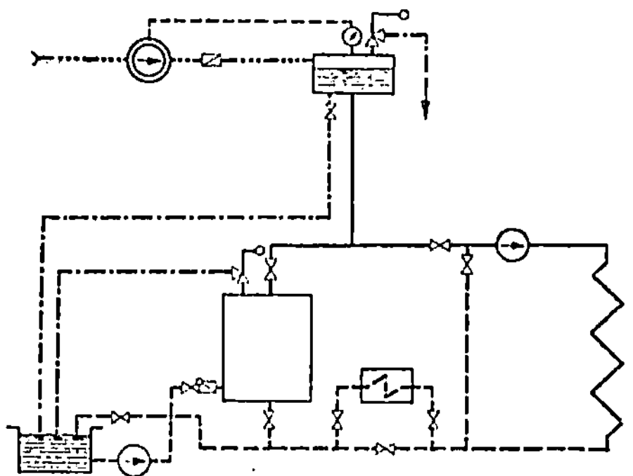

Abb. 1/42. Schema einer geschlossenen Heißwasserheizung mit Ausdehnungsgefäß mit Druckerzeugung durch Gaspolster

stellt das Gaspolster als Luftpolster dar, welches durch einen Kompressor erzeugt wird. Der Kompressor wird hierbei von dem Druck im Ausdehnungsgefäß ein- und

ausgeschaltet. Das Ausdehnungsgefäß muß hierbei für den vollen Volumen-
ausgleich ausgelegt werden.

Abb. 1/43 stellt eine im Prinzip gleiche Anlage dar. Hier ist jedoch das Ausdehnungsgefäß zu einem Druckgefäß verkleinert und dient neben Herstellung des
Druckniveaus nur zur Schaltung der Wasserzu- und -abführung, während die Volumenschwankungen durch das Speisewassergefäß aufgefangen werden.

Abb. 1/44 stellt eine mit einem Mischvorwärmer betriebene Heißwasserheizung dar. Der Mischvorwärmer ist als Düsengerät ausgebildet. Die Druckerzeugung kann hierbei durch Eigenverdampfung erfolgen, wobei dann der Druck von der jeweiligen Temperatur des Heißwassers abhängig ist. Allgemein wird man die Temperatur im Heißwassererzeuger so hoch steigern wie es sich erzielen läßt. Mit zunehmendem Druck im Heißwassererzeuger vermin-

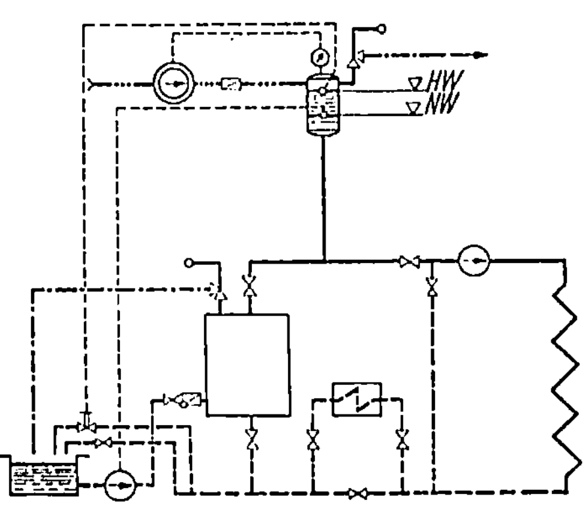

Abb. 1/43. Schema einer geschlossenen Heißwasserheizung mit Druckgefäß mit Druckerzeugung durch
Gaspolster und selbsttätiger Wasserstandsregelung

dert sich die Leistung der Düsen, so daß die Dampfaufnahme sich automatisch
dem Wärmebedarf anpaßt. Die Temperaturregelung der Anlage erfolgt durch
Beimischung von Rücklaufwasser. Die Volumenvergrößerung des Wasserinhaltes
der Anlage wird im Speisewassergefäß aufgenommen. Das überschüssige Wasser einschließlich des Kondensates des zugeführten Dampfes kann hierbei durch einen Kondenstopf als Überlaufwasser abgeführt werden. Diese Einrichtung hat den Nachteil, daß hocherhitztes Wasser nach dem Speisewassergefäß geführt wird

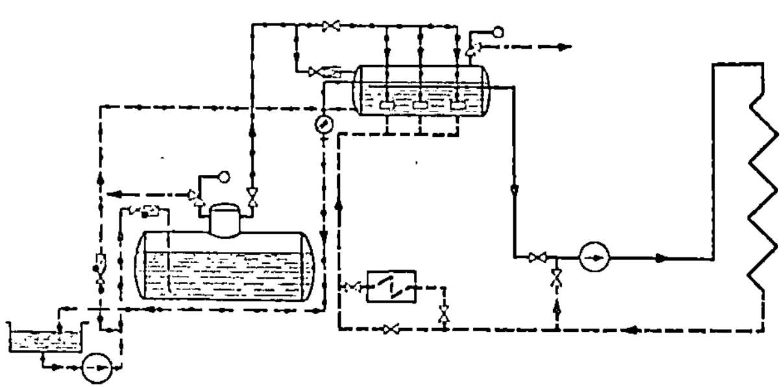

Abb. 1/44. Schema einer geschlossenen Heißwasserheizung mit Mischwasservorwärmer (Düsenapparat) mit Druckerzeugung durch Dampfpolster

und nach seiner Entspannung eine entsprechende Nachverdampfung verursacht.
Wenn es nicht möglich ist, diese Nachverdampfung zu verwerten, entstehen verhältnismäßig große Wärmeverluste. In solchen Fällen ist es zweckmäßig, einen
vom Wasserspiegel im Mischvorwärmer gesteuerten Abflußregler zu verwenden,
welcher Rücklaufwasser nach dem Speisewassergefäß leitet. Die Nachspeisung
kann von Hand erfolgen und erfordert entsprechende Aufmerksamkeit des Be-
dienungspersonals. Die Nachspeisung kann selbstverständlich auch automatisch
gestaltet werden. Es empfiehlt sich, den Dampfraum des Mischvorwärmers direkt
über ein Reduzierventil mit Dampf zu beschicken, so daß der Druck im System
auch bei abgesperrten Düsen gewahrt ist. Außerdem wird die Größe der Druckdifferenz zwischen Dampf und Wasser begrenzt, so daß beim Anheizen der Dampf-
bedarf der Düsen in Grenzen bleibt und die Geräusche vermindert sind.

Eine ebenfalls mit einem Mischvorwärmer betriebene Heißwasserheizung stellt Abb. 1/45 dar. Hier ist jedoch als Mischvorwärmer eine Kaskade gewählt. Der untere Teil der Kaskade ist als Ausdehnungsraum ausgebildet, so daß bei Erkalten der Anlage die Volumenverminderung ausgeglichen werden kann. Wenn die Kaskade hoch genug angeordnet ist, kann das überschüssige Wasser über einen Abflußregler direkt in den Kessel abgeleitet werden. Auch hier erfolgt die Regelung der Wassertemperatur durch Beimischung von Rücklaufwasser.

In Abb. 1/46 ist eine Heißwasseranlage mit dampfbeheiztem Oberflächenvorwärmer dargestellt. Die Anlage erhält ein Ausdehnungsgefäß, das an die Dampfleitung angeschlossen wird und so den Druck in der Anlage herstellt. Die Wärmeleistung der Anlage wird durch die Beeinflussung der Dampfmenge in Abhängigkeit von der Vorlauftemperatur geregelt und das Kondenswasser durch einen Kondenstopf abgeleitet. Diese Anlage ist durch einen hohen Nachverdampfungsverlust gekennzeichnet. Es empfiehlt sich daher, dem Oberflächenvorwärmer einen weiteren nachzuschalten, welcher das Kondenswasser vor seiner Entspannung herabkühlt. Sofern die Temperatur des Rücklaufwassers tief genug liegt, können die Nachverdampfungsverluste weitgehend oder ganz vermieden werden (s. Abb. 1/47). Ebenfalls mit einem Oberflächenvorwärmer arbeitet die Anlage nach Abb. 1/48. Hier wird jedoch der Druck im Ausdehnungsgefäß durch komprimiertes

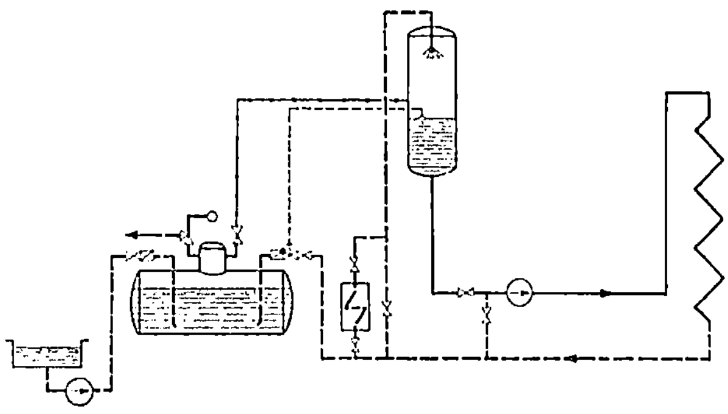

Abb. 1/45. Schema einer geschlossenen Heißwasserheizung mit Mischwasservorwärmer (Kaskade) mit Druckerzeugung durch Dampfpolster

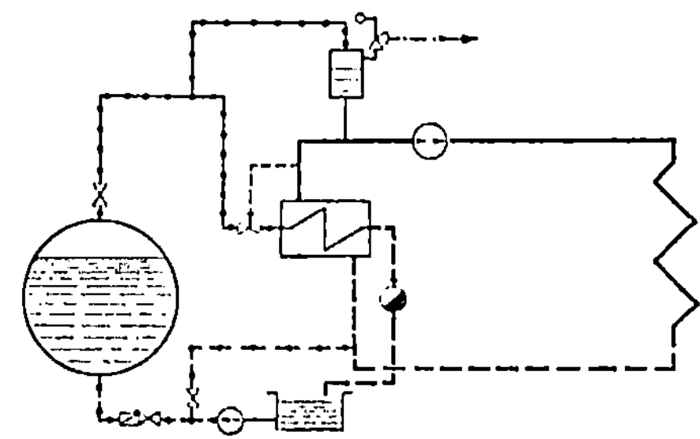

Abb. 1/46. Schema einer geschlossenen Heißwasserheizung mit Oberflächenvorwärmer mit Druckerzeugung durch Dampfpolster im Ausdehnungsgefäß (DRP. 680 289)

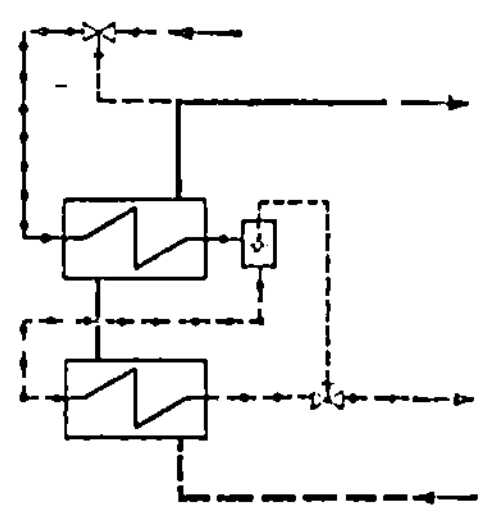

Abb. 1/47. Kondensatkühlung zur Vermeidung oder Verminderung der Nachverdampfung

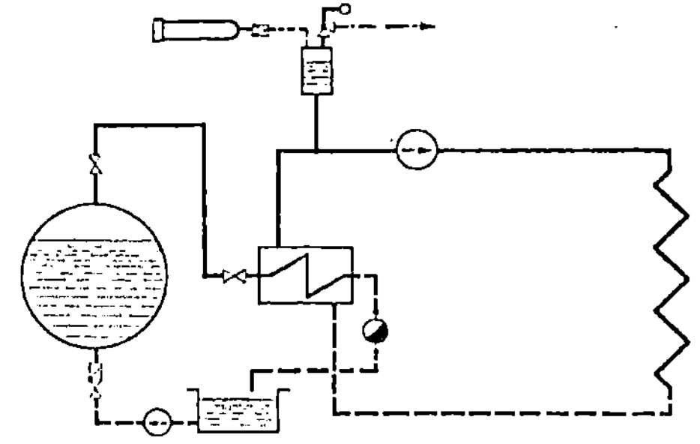

Abb. 1/48. Schema einer geschlossenen Heißwasserheizung mit Oberflächenvorwärmer und Druckerzeugung durch Gaspolster im Ausdehnungsgefäß

3

Gas, entnommen aus Druckflaschen, hergestellt. Hier kann an Stelle von Wasserdampf auch jeder andere Wärmeträger Anwendung finden.

Eine weitere Möglichkeit der Druckerzeugung besteht darin, daß man das Ausdehnungsgefäß oder das Druckgefäß durch besondere Einrichtungen höher heizt als die höchste Vorlauftemperatur im System. Wenn man hierbei die Temperatur des Ausdehnungsgefäßes konstant hält, so kann man unabhängig von der Temperatur des eigentlichen Systems die ganze Anlage unter gleichbleibendem Druck halten. Als Heizmittel kann man hierbei z. B. elektrischen Strom verwenden oder höher gespannten Dampf aus einer besonderen Wärmequelle. Als besondere Wärmequelle empfiehlt sich ein Kessel mit automatischer Feuerung, also insbesondere mit Gas- oder Ölfeuerung.

Bei geschlossenen Systemen, die ihren Druck durch Eigenverdampfung erzeugen, ist bei der Außerbetriebssetzung zu beachten, daß der Druck im Ausdehnungsgefäß oder Druckgefäß mit dem Abkühlen der Anlage allmählich fällt. Ist der

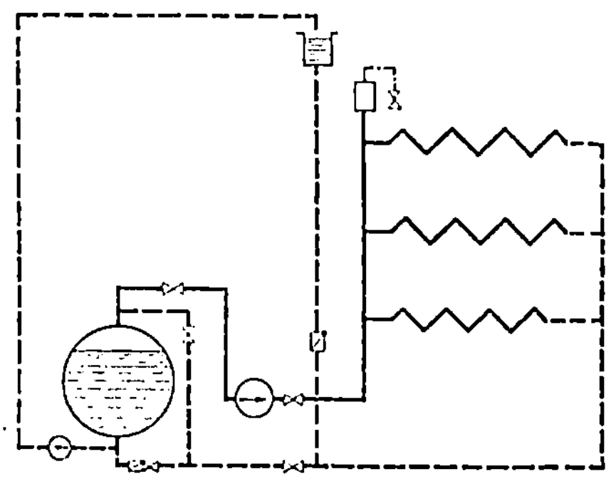

Abb. 1/49. Schema einer geschlossenen Heißwasserheizung mit hochgelegenem Wasservorratsgefäß zur Verhinderung des Leerlaufens hochgelegener Anlageteile beim Abheizen

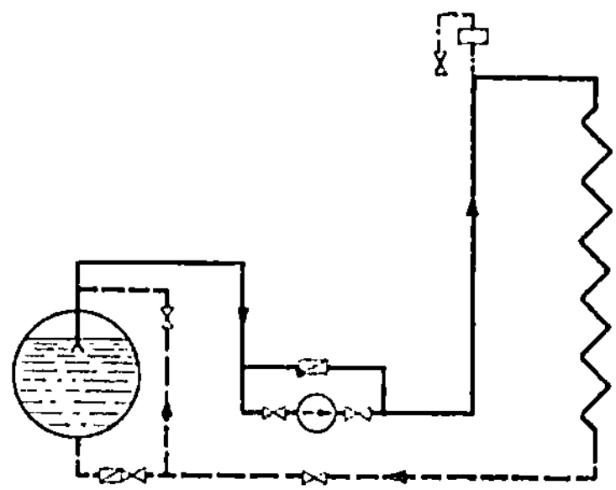

Abb. 1/50. Schema einer geschlossenen Heißwasserheizungsanlage mit Rückschlagventil in einer Umgehungsleitung zur Pumpe zwecks Vermeidung des Leerlaufens hochgelegener Anlageteile beim Abheizen (DRP. 502 367)

Druck genügend gefallen, so fließt das Wasser aus den hochgelegenen Teilen der Anlage in das Ausdehnungsgefäß oder Druckgefäß zurück. Bei dem Wiederinbetriebsetzen ergeben sich dann unangenehme Entlüftungsschwierigkeiten. Das beste Mittel hiergegen wäre, das Ausdehnungsgefäß an der höchsten Stelle des Systems anzuordnen. Aus baulichen oder betrieblichen Notwendigkeiten kann man jedoch hiervon selten Gebrauch machen.

Eine Lösung dieses Problems ist in Abb. 1/49 dargestellt. Ein besonderes Wasservorratsgefäß ist über dem höchsten Punkt des Systems angeordnet und über ein Rückschlagventil mit der Anlage verbunden. Solange das System unter Druck steht, bleibt das Rückschlagventil geschlossen. Es öffnet sich jedoch sofort, wenn der Druck entsprechend abgesunken ist, und läßt Wasser in das System nachströmen, so daß dieses gefüllt bleibt. Hierbei ist es jedoch notwendig, daß beim Hochheizen wieder Wasser in das Vorratsgefäß hochgepumpt wird.

Dem gleichen Zwecke dient eine Schaltung gemäß Abb. 1/50. Diese Anordnung geht von der Tatsache aus, daß nach dem Abstellen der Feuerung und der Pumpe sich das Wasser in der Anlage, besonders in den Rohrleitungen, schneller abkühlt als im Kessel. Wird nun der Kessel gegenüber dem Rohrnetz abgesperrt, so sinkt

der Druck im Kessel langsamer ab als im Netz. Das in einer Umgehungsleitung
zur Pumpe angeordnete Rückschlagventil öffnet sich, und der Kessel drückt entsprechend der Volumenverminderung durch die Abkühlung Wasser in das System
nach. Dieser Vorgang hält solange an, bis der Kesseldruck entsprechend abgesunken
ist, dann schließt das Rückschlagventil und es kann aus dem System kein Wasser
in den Kessel fließen. Bis zu diesem Zeitpunkte kann man annehmen, daß die Anlage bereits so weit abgekühlt ist, daß keine größere Volumenverminderung mehr
auftritt.

1.222 Die geschlossene Warmwasserheizung

In der Praxis gibt es immer wieder Fälle, bei welchen sich das Ausdehnungsgefäß
nicht an der höchsten Stelle des Systems anordnen läßt. Dies trifft besonders bei
Fernheizungen zu, wenn Gebäude anzuschließen sind, die höher sind als das Gebäude, welches zur Aufnahme der Heizzentrale dient, und aus Gründen der Einhaltung der Sicherheitsvorschriften das Ausdehnungsgefäß im Gebäude der Heizzentrale selbst liegen muß. Um eine genügend hohe Anordnung des Ausdehnungsgefäßes im Gebäude der Heizzentrale zu ermöglichen, wäre dann ein besonderer
Turmaufbau notwendig. Um dies zu vermeiden bzw. die Kosten hierfür zu ersparen, empfiehlt es sich, dann die Anlage mit geschlossenem Ausdehnungsgefäß
auszuführen. Die Ausführungsmöglichkeiten sind im Grunde genommen die gleichen, wie sie bei der Heißwasserheizung ausgeführt werden. Eine Druckerzeugung
durch ein Dampfpolster aus eigenem Dampf scheidet jedoch aus, auch wird man
eine direkte Wasserentnahme aus Dampfkesseln vermeiden, sondern Warmwasserkessel aufstellen und das Ausdehnungsgefäß mit einem Gaspolster versehen.
Steht Dampf zur Verfügung, so wird man in erster Linie Oberflächenvorwärmer
anwenden.

1.23 Fernheizanlagen

Faßt man mehrere Gebäude in einer Heizzentrale zusammen, so nennt man eine
solche Anlage eine *Fernheizanlage*. Es ist naheliegend, daß eine Fernheizanlage
nicht mehr mit Schwerkraftwirkung betrieben werden kann.

Die Ausbildung der Heizzentralen geschieht auch bei Fernheizungen nach den
seither geschilderten Gesichtspunkten. Die *Fernleitungen*, die als weiterer Hauptbestandteil zwischen den Hausverteilungsnetzen und der Heizzentrale zwischengeschaltet sind, und von dieser nach den einzelnen Gebäuden führen, werden entweder in besonderen Kanälen oder auch frei auf Masten oder sonstigen Befestigungsmöglichkeiten verlegt. Die in Kanälen verlegten Leitungen sind natürlich
weit besser gegen Einfrieren geschützt, als die im Freien liegenden. Der Anschluß
der Gebäudeanlagen an die Fernleitungen bedarf noch besonderer Darlegung.

1.231 Warmwasser-Fernheizungen

Hier kann das Heizwasser ohne weiteres in die Gebäudeanlage überführt werden. Es genügen Absperrorgane im Vor- und Rücklaufanschluß. Darüber hinaus
ist der Einbau von Thermometern zur Kontrolle der Temperaturen zu empfehlen
und eventuell auch von Manometern zur Kontrolle der Druckdifferenzen. Die Ge

bäudeanlage erhält zur Entlüftung ein oder mehrere Luftgefäße. Zur Einregelung
ist die Anwendung besonderer Einstellorgane empfehlenswert (Abb. 1/51).

In vielen Fällen ist es zweckmäßig, zwischen Vor- und Rücklauf eine absperrbare
Verbindung (*Kurzschlußverbindung*) herzustellen, damit bei abgesperrtem Ge-

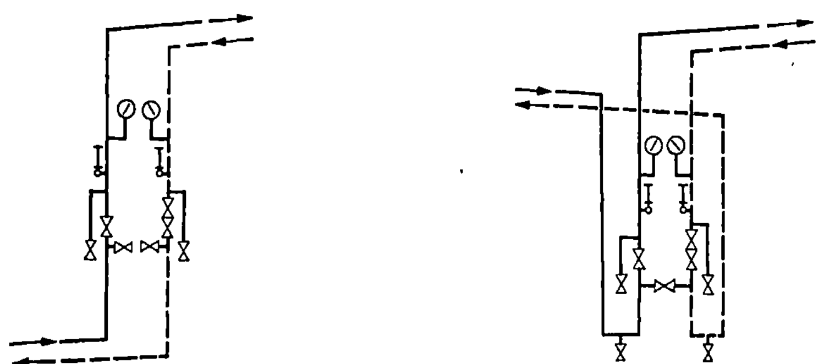

Abb. 1/51. Gebäudeanschluß bei einer Fernwarm-   Abb. 1/52. Gebäudeanschluß bei einer Fernwarm-
              wasserheizung   wasserheizung

bäude die Fernleitung unter Zirkulation gehalten und vor dem Einfrieren bewahrt
werden kann (Abb. 1/52). Bei freiverlegten Leitungen ist dies unbedingt notwendig.

1.232 Heißwasser-Fernheizungen

Auch hier können die Gebäudeanschlüsse nach den Abb. 1/51 u. 1/52 hergestellt
werden. Bei Heißwasserfernheizungen tritt jedoch häufig die Notwendigkeit auf,
Umformungen durchzuführen, weil die Gebäudeanlage niedrigere Temperaturen
oder auch niedrigere Drücke be-
nötigt, oder weil eine Umformung
in Dampf erforderlich ist.

Das Mittel zur Herabsetzung
der Temperatur besteht in erster
Linie in Beimischung von Rücklaufwasser aus der Gebäudeanlage in den Vorlauf derselben.
Da in der Rücklaufleitung der
Druck geringer ist als in der Vorlaufleitung, ist eine mechanische
Einrichtung erforderlich, die diesen Druckunterschied überwin-
det. In Abb. 1/53 sind zwei Möglichkeiten angegeben. Abb. 1/53a
verwendet eine Wasserstrahlpumpe, die Rücklaufwasser an-

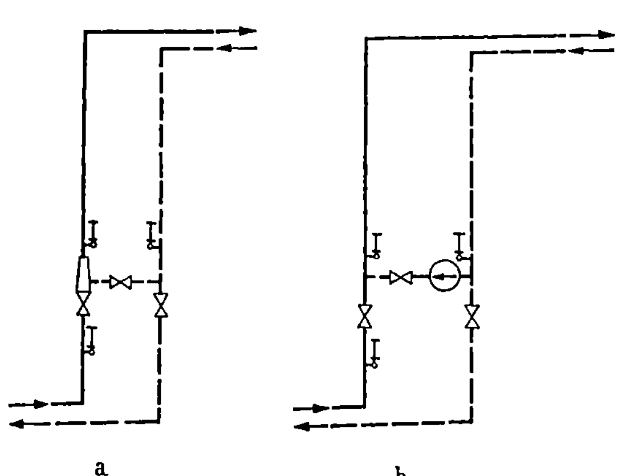

a   b

Abb. 1/53. Gebäudeanschlüsse bei Fernheißwasserheizungs-
anlagen mit Herabsetzung der Vorlauftemperatur durch Rücklaufbeimischung, a) durch Wasserstrahlpumpe, b) durch
                  Zentrifugalpumpe

saugt. Wasserstrahlpumpen haben jedoch durch die Stoßverluste einen sehr
schlechten Wirkungsgrad und verbrauchen viel Pumpenarbeit. Wirtschaftlicher
dürfte die Ausführung nach Abb. 1/53b sein, bei welcher mit Hilfe einer
Zentrifugalpumpe die Druckdifferenz zwischen Vor- und Rücklauf überwunden

wird. Der Nachteil dieser Ausführung ist die Notwendigkeit, an dieser Stelle elektrische Energie zur Verfügung stellen zu müssen.

Ein weiteres Mittel besteht in einer Kühlung des Heizwassers in sich. Mit Hilfe eines Oberflächenvorwärmers wird das aus der Gebäudeanlage zurückfließende Rücklaufwasser dazu benutzt, um das aus der Fernleitung kommende Vorlaufwasser zu kühlen, wobei sich das Rücklaufwasser entsprechend anwärmt. In Abb. 1/54 ist eine derartige Anlage dargestellt.

Herabsetzung von Druck und Temperatur. In den vorbeschriebenen Fällen wird der Druck, der sich im Fernleitungsnetz befindet auch in das System der Gebäudeanlage übertragen. Sofern sich die Notwendigkeit ergibt neben der Verminderung der Temperatur auch eine Verminderung des Druckes herbeizuführen, verwendet man Umformer in Form von Oberflächenvorwärmern (Gegenstromapparate). Auf der Niederdruckseite wird dann eine offene Warmwasserheizungsanlage erstellt (s. Abb. 1/55).

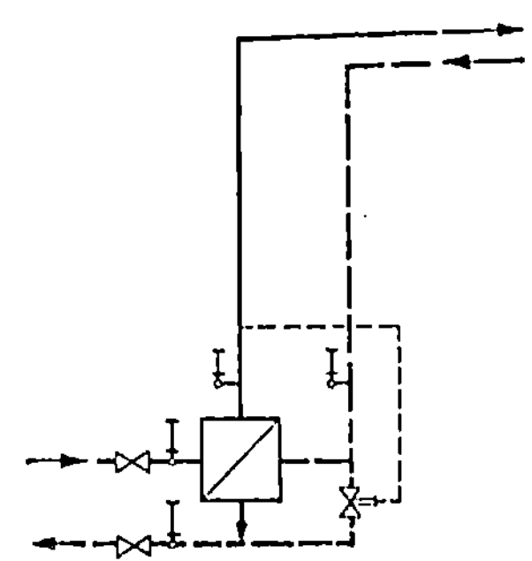

Abb. 1/54. Gebäudeanschlüsse bei Fernheißwasserheizungen mit Herabsetzung der Vorlauftemperatur durch Kühlung des Vorlaufwassers durch Rücklaufwasser

Die Erzeugung von Niederdruckdampf. Abb. 1/56 gibt den Anschluß einer Niederdruckdampfheizung an eine Heißwasserfernheizung wieder. Auch hier wird

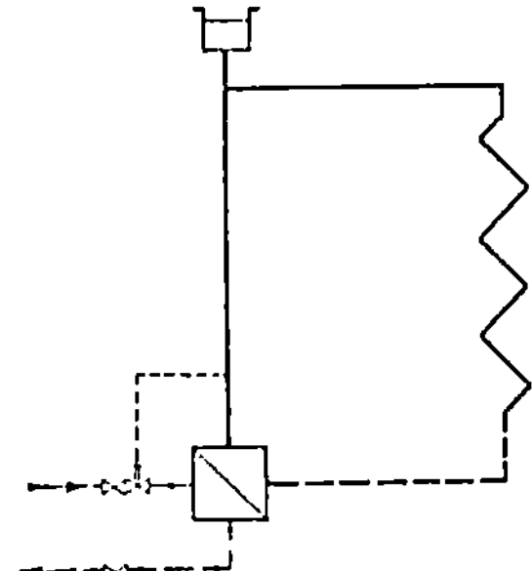

Abb. 1/55. Gebäudeanschluß bei Fernheißwasserheizungen mit Umformer für Warmwasser

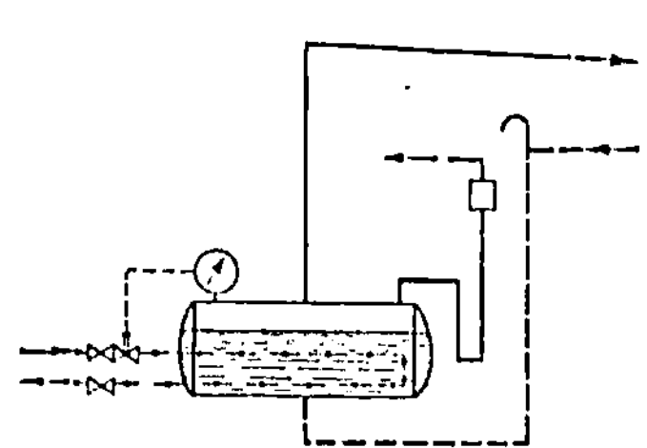

Abb. 1/56. Gebäudeanschluß bei Fernheißwasserheizungen mit Umformer für Niederdruckdampf

ein Oberflächenvorwärmer verwendet, welcher die Form eines Dampferzeugers erhält und mit einem Standrohr gesichert ist.

1.24 Sonderformen

1.241 Strahlungsheizungen

Die Besonderheit der Strahlungsheizung liegt darin, daß die Zuführung der Wärme zu den Räumen überwiegend auf dem Wege der Wärmestrahlung erfolgt. Diese Form ist immer gegeben, wenn man die Decke als Heizfläche benutzt. Die Heizflächen werden als Großflächenheizkörper mit geringer Oberflächentemperatur ausgebildet. Es ist nicht die Aufgabe dieses Werkes auf die speziellen Besonderheiten der Strahlungsheizungen näher einzugehen. Diese soll nur soweit behandelt werden, wie sie als Wasserheizung Besonderheiten aufweist.

Die Flächenheizkörper werden vielfach mit Hilfe von Rohrschlangen oder Rohrregistern hergestellt. Mit Rücksicht auf die großen Strömungswiderstände in den Rohrschlangen, werden diese Anlagen durchweg als Pumpenanlagen ausgebildet.

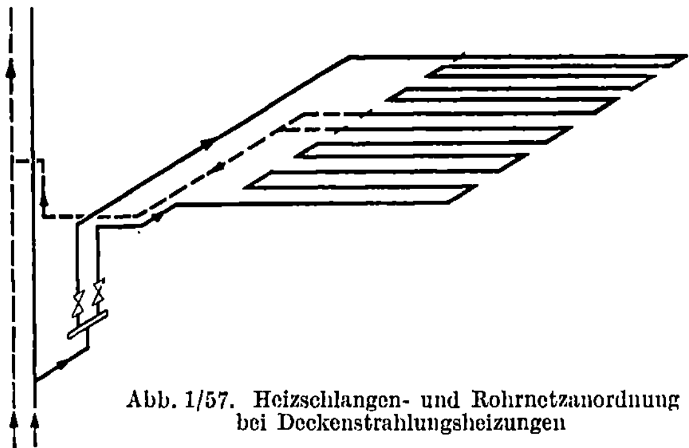

Abb. 1/57. Heizschlangen- und Rohrnetzanordnung bei Deckenstrahlungsheizungen

Auch bei diesen muß auf eine restlose Entlüftung besonderer Wert gelegt werden. Die in den Decken liegenden Rohrschlangen können im allgemeinen nicht mehr mit Gefälle verlegt werden, sondern man muß eine waagerechte Anordnung in Kauf nehmen. Aus diesem Grunde muß das Rohrnetz so angelegt werden, daß die Entlüftung in Richtung der Wasserströmung erfolgt. Man erhält damit ein Rohrnetz, wie es in Abb. 1/57 dargestellt ist. Die Vorlaufleitung wird an der Kellerdecke verlegt, während die Rücklaufsammelleitung auf dem Dachboden zur Anordnung kommt.

Strahlungsheizungen werden teils mit sehr geringen maximalen Vorlauftemperaturen betrieben. Bei niedrigen Vorlauftemperaturen kann das sonst bei Wasserheizungen übliche Temperaturgefälle von 20° C nicht beibehalten werden. Man verwendet meistens nur 10° C bis 15° C. Dies bedeutet, daß eine Strahlungsheizung gegenüber einer Wasserheizung mit üblichen Heizkörpern stärkere Rohrdimensionen benötigt und einen größeren Kraftbedarf für die Umwälzpumpen erfordert.

1.242 Schwerkraft- und Pumpenanlagen mit gemeinsamem Wassererwärmer

Es tritt häufig die Notwendigkeit auf, an einem gemeinsamen Wärmeerzeuger verschiedene Anlageteile anzuschließen, wovon der eine mit Schwerkraftwirkung, der andere mit Pumpe arbeitet. Derartige Kupplungen sind durchaus möglich.

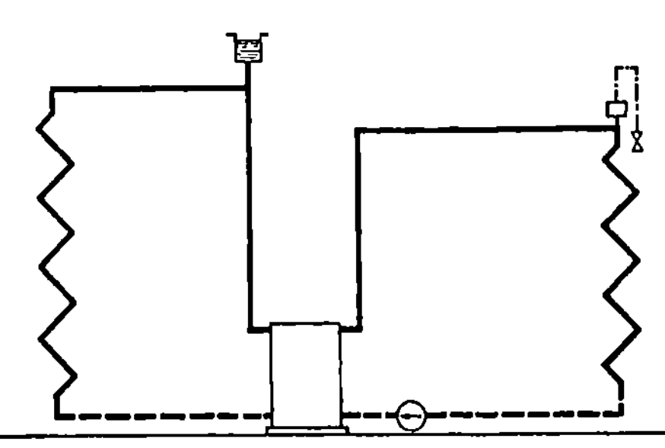

Abb. 1/58. Schwerkraft- und Pumpenanlage mit gemeinsamem Wassererwärmer

Es muß jedoch dafür gesorgt werden, daß die Pumpe nicht auf den Schwerkraftteil einwirkt, da sonst Umlaufstörungen unausbleiblich sind. Am sichersten werden solche Störungen vermieden, wenn die beiden Anlageteile getrennt an den Wassererwärmer angeschlossen werden. (Abb. 1/58.) Werden jedoch Teile des Rohrnetzes von beiden Anlageteilen gemeinsam benutzt, so muß bei der Dimensionierung dieser Umstand besonders beachtet werden.

Diese Teile müssen so dimensioniert werden, daß sie dem Schwerkraftteil gerecht werden, d. h. es dürfen in diesen nur Strömungswiderstände auftreten, die die Schwerkraftwirkung überwinden kann. Besonders zu beachten sind hierbei die Verhältnisse bei niedriger Temperatur, da hier der Wirksame Druck des Schwerkraftteiles geringer wird, während der Pumpenteil mit gleichbleibender

Wassermenge arbeitet. Die Widerstände in dem gemeinsam benutzten Rohrnetzteil gehen also weniger zurück als im Schwerkraftteil.

1.243 Kombinierte Schwerkraft- und Pumpensysteme

Um eine Verbilligung des Rohrnetzes zu erzielen werden vielfach Warmwasseranlagen so ausgeführt, daß sie, mit Schwerkraft betrieben, nicht ihre volle Wärmeleistung erbringen, also mit dieser Betriebsweise nur bis zu einer bestimmten Belastung ausreichen. Bei tieferer Außentemperatur muß dann Pumpenbetrieb durchgeführt werden. Man spart dadurch wesentlich an Anlagekosten, ohne daß der Aufwand für elektrische Energie für die Pumpe einen größeren Betrag erreicht.

Als Pumpen verwendet man hierbei Schraubenpumpen. Diese Pumpen bieten in der Ruhe genügenden freien Querschnitt, so daß das mit Schwerkraft zirkulierende Wasser durchströmen kann. Der Übergang von Schwerkraft- auf Pumpenbetrieb und umgekehrt erfolgt also lediglich durch Betätigung des elektrischen Schalters der Pumpe.

So verlockend diese Ausführungsform auf den ersten Blick erscheint, so haften ihr doch mit Ausnahme von Sonderfällen erhebliche Mängel an, die in späteren Untersuchungen näher behandelt werden.

Diese Anlagen werden auch als *Warmwasserheizungen mit beschleunigtem Umlauf* bezeichnet. Die Schraubenpumpen nennt man dann entsprechend *Umlaufbeschleuniger*. Diese Ausdrücke sind irreführend und sollten in der Fachwelt nicht angewendet werden. Sie suggerieren, daß durch die Wirkung der Pumpe ein durch Schwerkraftwirkung vorhandener Wasserumlauf lediglich eine Beschleunigung erfahre, was wiederum zu der Annahme verleitet, daß eine gleichmäßige Verstärkung des Umlaufes des Heizwassers und damit eine gleichmäßige größere Leistung aller Heizflächen hervorgerufen wird. Dies trifft aber nur unter bestimmten Voraussetzungen zu. Im allgemeinen ist die Verstärkung des Wasserumlaufes und damit die Leistungssteigerung sehr unterschiedlich.

1.3 Die Bauelemente der Wasserheizungen

1.31 Die Wassererwärmer

Den Wassererwärmern fällt die Aufgabe zu, das im System umlaufende Heizwasser jeweils von der Rücklauftemperatur wieder auf die Vorlauftemperatur zu erwärmen und darüber hinaus das ganze System auf die für eine gewünschte Wärmeabgabe erforderliche Temperatur aufzuheizen.

Man unterscheidet hier zwei Arten, einmal die *Heizkessel*, welche die Wärme aus einer anderen Energieform entwickeln und sie auf das System überleiten, und zum anderen die *Wasservorwärmer*, welche die Wärme lediglich von einem anderen Wärmeträger auf das System überführen.

1.311 Die Heizkessel

1.311.1 Kessel für feste Brennstoffe

1.311.11 Der gußeiserne Gliederkessel. Den Bedürfnissen, wie sie bei kleinen und mittleren Anlagen auftreten, kommt der gußeiserne Gliederkessel besonders gut entgegen. Diese Kessel werden aus einzelnen Gliedern zusammengesetzt. Jedes Glied ist ein Hohlkörper, in welchem sich das zu erwärmende Wasser befindet. Zwischen den einzelnen Gliedern entstehen beim Zusammenbau Hohlräume, welche die Rauchzüge bilden. Die Wasserräume der einzelnen Glieder werden untereinander durch konisch oder ballig gedrehte Nippel, die sich beim Zusammenpressen in die Naben eindichten, verbunden. Es besitzt praktisch jedes Glied alle zum Kessel gehörigen Teile, wie Rost, Verbrennungsraum, Füllmagazin und Rauchzüge. Die Endglieder werden besonders ausgebildet zur Aufnahme der Brennstoffeinfüllöffnungen, Feuertüren, Aschfalltüren, Rauchabzüge, sowie zum Anbringen der Armaturen. Die Roste sind wassergekühlt. Bei größeren Kesseln besteht die Möglichkeit den Brennstoff durch eine obere Einfüllöffnung aufzugeben zur Erleichterung der Arbeit des Heizers.

In erster Linie wurden diese Kessel zur Verfeuerung von Koks konstruiert. Dieser gleichmäßige und praktisch gasfreie Brennstoff eignet sich besonders gut für einen Dauerbrand, ohne daß an die Bedienung größere Anforderungen gestellt werden. Er ermöglicht einfache Kesselkonstruktionen. In Verbindung mit einem geräumigen Füllmagazin und einem selbsttätigen Verbrennungsregler läßt sich der Dauerbrand in diesen Kesseln mit gutem Wirkungsgrad durchführen. Der Kessel benötigt nur sehr wenig Aufsicht und erfordert wenig Bedienung.

In der Ausbildung der Feuerung unterscheidet man Kessel mit *oberem* und *unterem* Abbrand. Erstere Art wird hauptsächlich für die kleineren Typen verwendet. Bei diesen kommt der ganze Koksvorrat des Kessels ins Glühen und brennt dann allmählich ab. Es ist selbstverständlich, daß sich die Leistung eines solchen Kessels nicht so leicht verändern läßt. Der Wirkungsgrad eines Kessels mit oberem Abbrand liegt etwas tiefer als der eines Kessels mit unterem Abbrand. Letztere erfordern einen höheren Kaminzug als die ersteren. Bei schlechten Kaminverhältnissen kann es daher notwendig sein, auch bei größeren Kesseleinheiten oberen Abbrand zu wählen.

Bei Kesseln mit unterem Abbrand kommt der Brennstoffvorrat nur in einer konstruktiv bedingten Höhe, der *Glühschichthöhe* zum Glühen, im eigentlichen Brennstoffmagazin dagegen nicht. In dem Maße, wie der Brennstoff abbrennt, rutscht weiterer Brennstoff nach. Die Leistung des Kessels ist daher besser regelbar. Im Füllmagazin sich etwa bildende Gase müssen durch die glühende Schicht strömen und werden hier verbrannt.

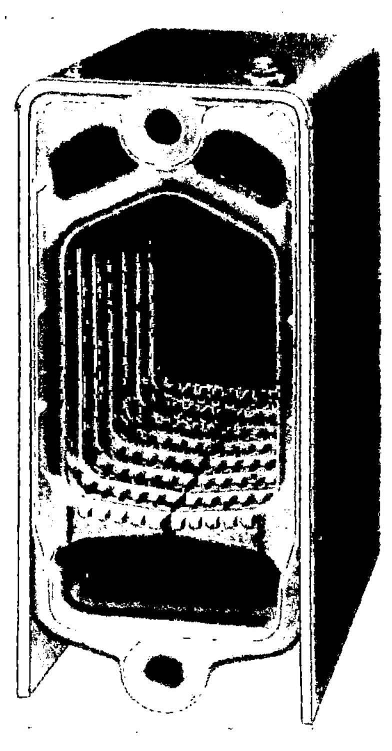

Abb. 1/59. Gußeiserner Gliederkessel mit oberem Abbrand, Zimmerheizkessel (Ideal-Standard, Bonn)

Kessel mit unterem Abbrand weisen daher kaum Verluste durch unverbrannte Abgase und einen sehr hohen Wirkungsgrad auf.

Nach der Größe unterscheidet man *Kleinkessel* bis etwa 5 m² Heizfläche, *Normalkessel* von etwa 4 bis 18 m² Heizfläche, *Mittelkessel* von etwa 12 bis 30 m² Heizfläche und *Großkessel* von etwa 20 bis 70 m² Heizfläche.

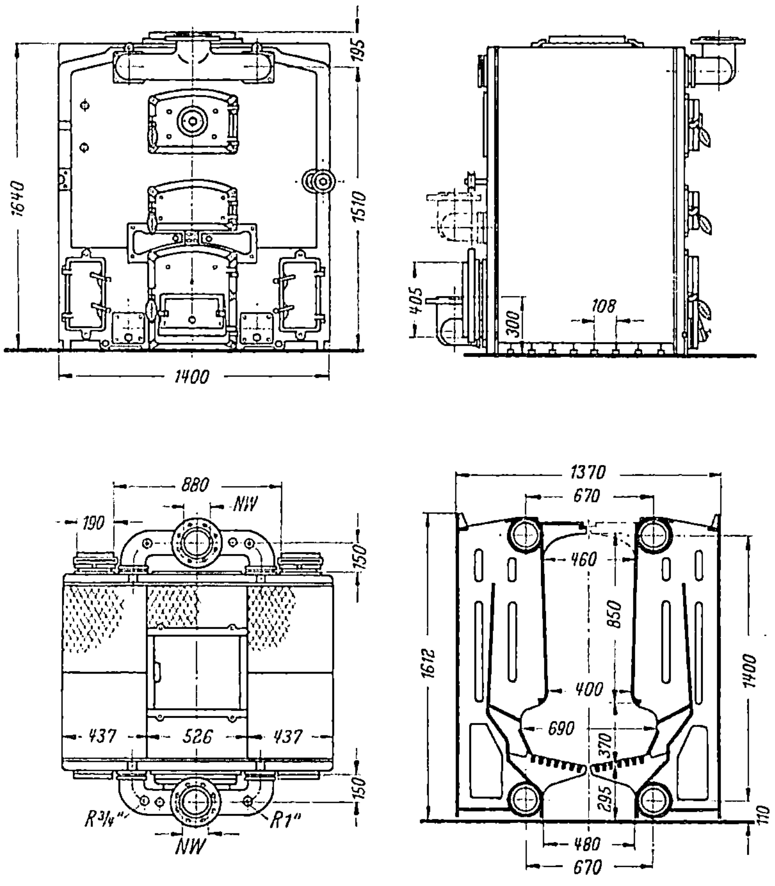

Abb. 1/60. Gußeiserner Gliederkessel für Koksfeuerung mit unterem Abbrand
(Kessel C 70 W der Buderusschen Eisenwerke, Wetzlar)

In Abb. 1/59 ist ein Kleinkessel mit oberem Abbrand dargestellt. Diese Kessel werden häufig in einem der zu beheizenden Räume aufgestellt, wobei die Wärmeabgabe des Kessels an den Raum ausgenutzt wird. Man nennt dann diese Kessel auch *Zimmerheizkessel*. Sonst ist es üblich und auch wirtschaftlich begründet, diese Kessel zu isolieren und mit einem Isoliermantel auszurüsten.

Einen Kessel mit unterem Abbrand stellt Abb. 1/60 dar und zwar als Großkessel.

In diesen speziell für Koksdauerbrand entwickelten Kesseln lassen sich andere Brennstoffe nur schlecht verfeuern. Am ehesten geht es noch mit Anthrazith, da dieser Brennstoff sich in seiner Zusammensetzung dem Koks am meisten nähert. Andere Brennstoffsorten lassen sich mit Teilfüllungen und zum Koks beigemischt verfeuern; ein Dauerbrand ist damit nicht mehr durchführbar.

Für andere Brennstoffe sind Spezialkonstruktionen entwickelt worden. So wurden schon sehr frühzeitig *Spezialkessel für Braunkohlenbriketts* gebaut. Diese Kessel arbeiten mit unterem Abbrand und erhalten in Anpassung an den gasreichen Brennstoff Sekundärluftzuführung. Diese Konstruktion wurde jedoch größtenteils wieder aufgegeben zugunsten nachfolgend beschriebener Konstruktion.

Koks ist zwar ein sehr geeigneter, aber auch teurer Brennstoff. Dies und das Streben, besonders in Zeiten unsicherer Brennstoffversorgung, nicht von einem

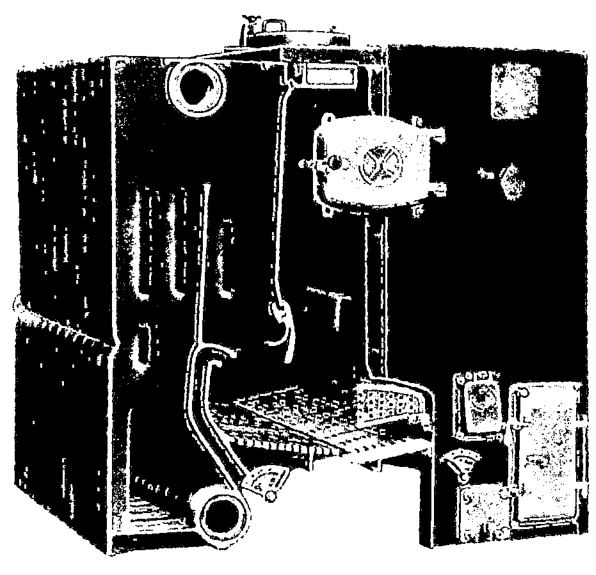

Abb. 1/61.   Gußeiserner Gliederkessel für Kohlenfeuerung (Allesbrenner, Strebelwerk, Mannheim)

Brennstoff abzuhängen, führte zur Konstruktion der *Kohlenkessel*, auch *Allesbrenner* genannt. Der Begriff Allesbrenner ist nicht zutreffend, da nicht jeder, sondern wieder nur bestimmte Brennstoffe in diesen verfeuert werden können. Dabei hängt die Leistung des Kessels von dem verfeuerten Brennstoff ab. Diese Kessel werden nach dem Prinzip des unteren Abbrandes gebaut. Sie erhalten ebenfalls Sekundärluftzuführung. Letztere ist regelbar eingerichtet, um den Kessel jeweils dem verwendeten Brennstoff anpassen zu können. Abb. 1/61 stellt einen derartigen Kessel dar.

Gußeiserne Gliederkessel sind bezüglich des Druckes in ihrer Anwendung begrenzt. In normaler Ausführung lassen sich diese für Drücke bis etwa 25 m *WS* verwenden. Bei höheren Drücken treten frühzeitig Gliederbrüche auf. Hier empfiehlt sich Verwendung sogenannter *Hochhauskessel*, die sich von der Normalausbildung durch stärkere Konstruktion und eine andere Gattierung des Gußeisens unterscheiden. Für diese Kessel garantieren die Herstellerwerke bis zu 50 m *WS* Druck bei einer Temperatur bis zu 110° C oder bis zu 30 m *WS* Druck bei einer Temperatur bis zu 130° C. Die gußeisernen Kessel können nur für offene

Anlagen verwendet werden, da sie als Kessel, die der Dampfkesselverordnung unterliegen, nicht zugelassen sind.

1.311.12 Der Stahlkessel. An Stelle der gußeisernen Gliederkessel werden in den kleineren und mittleren Abmessungen auch Stahlkessel verwendet. Die Konstruktionen sind sehr vielfältig. Es werden gußeiserne Einlegeroste, wie auch wassergekühlte Roste verwendet. Im übrigen können auch bei diesen Kesseln die gleichen Konstruktionsgrundlagen verwendet werden: oberer Abbrand, unterer Abbrand und unterer Abbrand mit Sekundärluftzuführung. Bei der Auswahl der Kessel ist besondere Sorgfalt am Platze, da bei der Vielzahl der Hersteller nicht immer die Garantie für eine einwandfreie Konstruktion gegeben ist. Die spezifische Leistung der Stahlkessel wird von den Herstellern vielfach sehr hoch angegeben, so daß derartige Kessel auf die Leistung bezogen gegenüber gußeisernen Kesseln besonders billig erscheinen. Es besteht jedoch kein Anhalt dafür, daß das Material Stahl gegenüber Gußeisen eine höhere Leistung bedingt. Die hohen Leistungen bei Stahlkesseln sind also mit Vorsicht zu genießen.

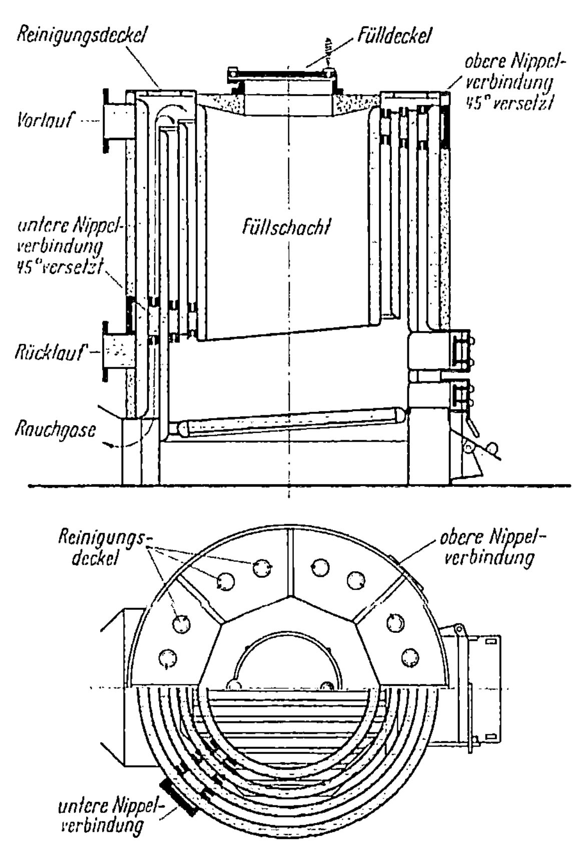

Abb. 1/62. Stahlkessel für Koksfeuerung mit unterem Abbrand (Ringgliederkessel, Kreuzstromwerk, Hagen i. Westf.)

In Abb. 1/62 ist ein Stahlkessel, der Ringgliederkessel, dargestellt. Dieser Kessel besitzt ein reichliches Füllmagazin, unteren Abbrand, wassergekühlten Rost und ist leicht zu reinigen. Die Leistungsangaben decken sich mit denen der gußeisernen Gliederkessel.

Der Anwendungsbereich dieser Kessel bezüglich Druck und Temperatur dürfte etwa der gleiche sein, wie der gußeiserner Gliederkessel. Selbstverständlich lassen sich Stahlkessel auch für höhere Drücke und Temperaturen bauen und auch für geschlossene Anlagen verwenden.

1.311.13 Der Stahlgroßkessel. Für größere Leistungen und besonders für Heißwasserheizungen ist es zweckmäßig, zu den Bauarten des Großkesselbaues überzugehen. Der wesentlichste Vorteil des Stahlgroßkessels ist die Möglichkeit der Verwendung billigen Brennstoffes. Diese billigen Brennstoffe können unter Verwen-

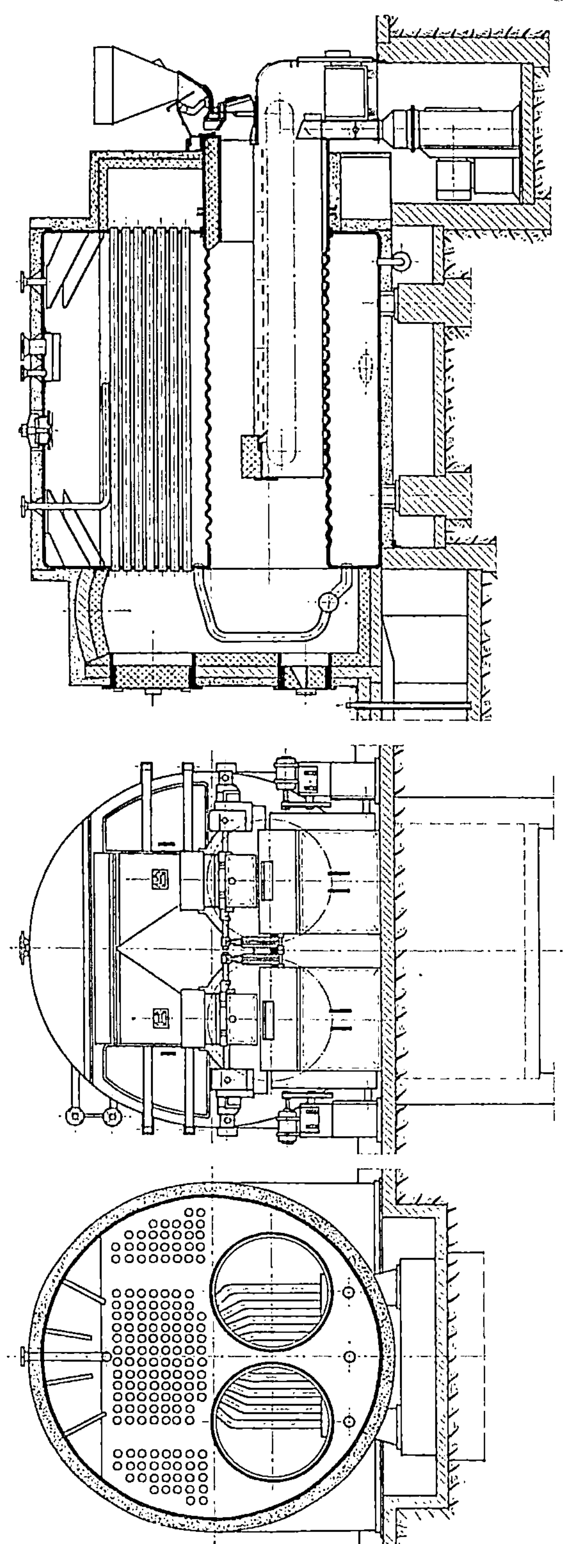

Abb. 1/63. Flammrohr-Rauchröhrenkessel (Dreizugkessel)

dung geeigneter Feuerungseinrichtungen, Meß- und Überwachungsgeräten mit den besten Wirkungsgraden verfeuert werden. Weitere mechanische Einrichtungen gestatten, einen billigen Heizbetrieb durchzuführen.

Diese Kessel können für alle üblichen Drücke und Temperaturen gebaut werden, für offene, wie auch für geschlossene Anlagen Verwendung finden. Bei Heißwasserheizungen werden die Kessel häufig mit einem Dampfpolster gefahren, so daß sie praktisch wie Hochdruckdampfkessel auszubilden sind.

Zur Verwendung kommen vielfach Flammrohrkessel. Bei diesen ist zu beachten, daß zu der großen Trägheit, welche die Wasserheizung an sich besitzt, noch der große Wasserinhalt der Kessel hinzukommt. Zur Erhöhung des Wirkungsgrades sind Flammrohrkessel mit Ekonomiser auszurüsten, die das nach den Kesseln strömende Rücklaufwasser vorwärmen. Nachteilig bei den Flammrohrkesseln ist die Notwendigkeit der Einmauerung. Man verwendet daher in zunehmendem Maße kombinierte Flammrohr-Rauchröhrenkessel (Dreizugkessel), die keiner Einmauerung bedürfen, nach außen isoliert sind und durch einen Blechmantel geschützt werden. In diesen

Kesseln wird eine Herabkühlung der Rauchgase erreicht, die meist die Anwendung besonderer Ekonomiser erübrigt. Aber auch die anderen Kesselbauarten lassen sich für Wasserheizungen verwenden. So eignen sich beispielsweise Röhrenkessel gut für Heißwasserheizungen, wobei die Umwälzpumpe gleichzeitig auch das Wasser im Kessel umwälzt.

Es liegt nicht im Rahmen dieses Werkes auf weitere Einzelheiten einzugehen. Es sei lediglich noch auf die Abb. 1/63 verwiesen, die einen Flammrohr-Rauchröhrenkessel zeigt.

1.311.14 Kessel für automatischen Betrieb. Zur Herabsetzung der Bedienungskosten, zur Steigerung des Wirkungsgrades und zur Steigerung des Komforts sind besondere Kesselkonstruktionen und Feuerungseinrichtungen entwickelt worden.

So werden Kessel mit automatischer und geregelter Brennstoffzuführung angeboten, oder es werden besondere Feuerungen den bekannten Kesselformen vorgebaut. Auch die Anwendungen von Unterwindfeuerungen bei bekannten Kesselformen fällt in dieses Gebiet.

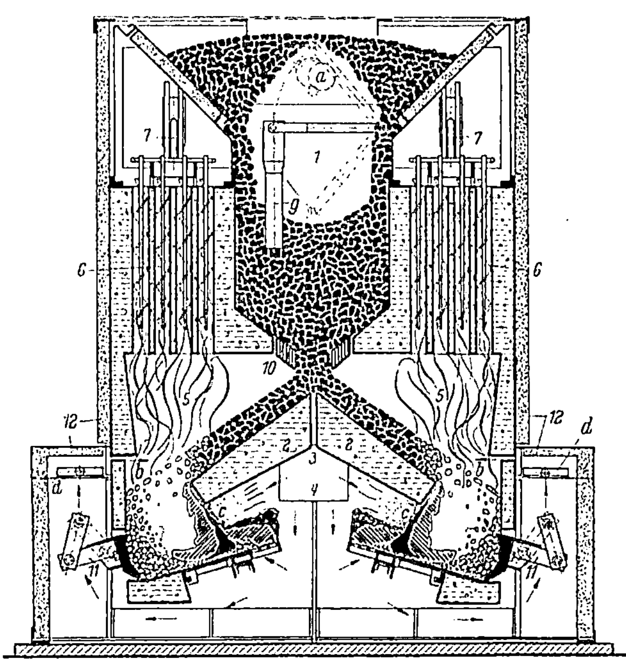

Abb. 1/64. Schnittbild eines automatischen Heizkessels für kleinstückige Brennstoffe mit automatischer Entschlackung (Projahn-Heizkessel, Patent Cerag)

1 Brennstoffbunker; *2* Brennstoffverteiler wassergekühlt; *3* Luftzuführung; *5* Feuerungsraum; *6* Röhren-Heizfläche mit Rauchgaswirblern; *7* Rüttelvorrichtung der Rauchgaswirbler; *10* Brennstoffdurchlauf; *11* Stößel der automatischen Entschlackung; *12* Isoliermantel

Besonders wertvoll sind hierbei die Einrichtungen für staubfreie Entaschung und Entschlackung und die automatische Entschlackung, die schon bis herunter zu verhältnismäßig kleinen Einheiten angeboten wird.

Es würde den Rahmen dieses Buches sprengen auf alle diese Formen einzugehen. Als Beispiele seien die Abb. 1/64 u. 1/65 gezeigt.

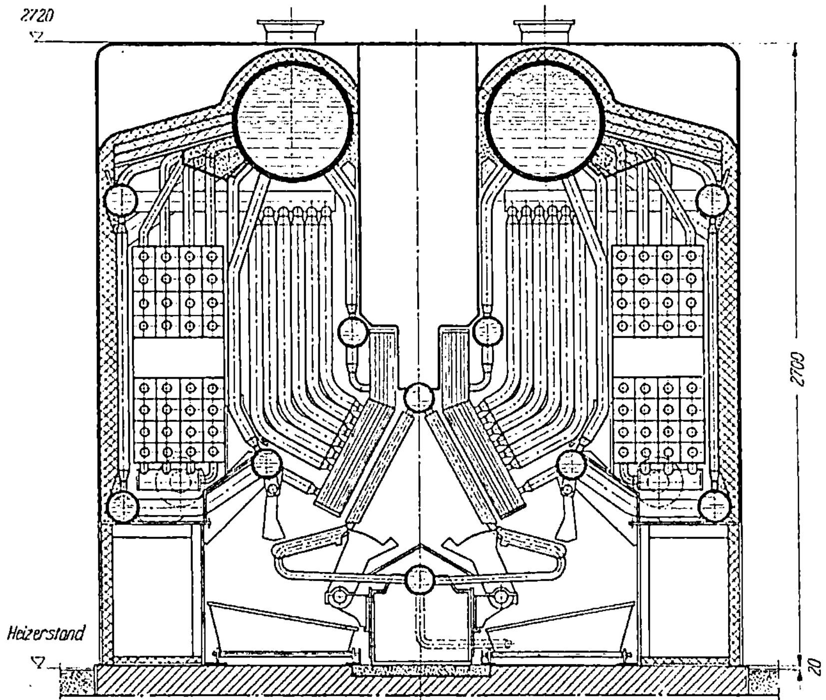

Abb. 1/65. Schnittbild eines automatischen koksgefeuerten Kessels mit automatischer Leistungsregelung und automatischer Entschlackung (Omega-Kessel der Omnical Ges. für Kessel- und Apparatebau m. b. H.)

1.311.2 Kessel für flüssige Brennstoffe

Um eine gute Verbrennung von Heizölen zu erreichen, ist die Auflösung des Öles in feine Tröpfchen und eine innige Vermischung mit Verbrennungsluft erforderlich. Für die Zerstäubung des Öles sind drei Methoden üblich:

1. die Druckzerstäubung, bei welcher das Öl unter Druck durch entsprechende Zerstäubungsdüsen gepreßt wird,

2. die Preßluftzerstäubung, bei welcher das Öl von der Preßluft injektorartig angesaugt und in Düsen zerstäubt wird, und

3. Fliehkraftzerstäuber, bei welchen das Öl durch rasch rotierende Becher zerstäubt wird.

In allen diesen Fällen sind Maschinen notwendig, die durch elektrischen Strom angetrieben werden und mit weiteren Einrichtungen für die Zündung und Sicherung ausgerüstet sein müssen.

Derartige Ölfeuerungs-„Maschinen" werden an die Kessel bekannter Bauart angebaut. Es eignet sich jedoch nicht jeder Kessel für eine Ölfeuerung. Es muß auf einen genügend großen Feuerraum geachtet werden, damit die Flammen gut ausbrennen können. Eine Berührung der Flammen mit wassergekühlten Kesselteilen muß vermieden werden, da sonst Rußbildung verursacht wird.

Die Werke für gußeiserne Gliederkessel haben besondere Typen für Ölfeuerungskessel entwickelt. Diese sind im Prinzip wie die Kokskessel gebaut, erhalten oberen Abbrand und einen verhältnismäßig großen Verbrennungsraum, damit die

Flamme gut ausbrennt. An diese Kessel werden dann die Ölbrenner angebaut. Diese Kessel sind immer so eingerichtet, daß sie mit Hilfe von Einlegerosten oder angegossenen Rosten nach Umstellung auch mit Koks gefahren werden können.

Ein großer Vorteil der Ölfeuerungsanlagen liegt in ihrer guten Regelfähigkeit, die vollkommen automatisch ausgestattet werden kann. Auch ergibt die Ölfeuerung unmittelbar nach der Entzündung ihre volle Leistung.

Selbstverständlich können auch alle Großkesselbauarten mit Ölbrennern ausgerüstet werden.

Heizöle werden als Leichtöle, mittelschwere Öle und Schweröle geliefert, wobei das Öl um so teurer ist, je leichter es ist.

Leichtöle sind gegenüber Koks oder Kohle im Betrieb teurer. Mit mittelschweren Ölen können gegenüber Koks und eventuell auch Kohle wirtschaftliche Vorteile erzielt werden. Schweröle kommen im Betrieb billiger als Kohle. Die Ölfeuerungseinrichtungen sind für mittelschweres und besonders für schweres Öl komplizierter und teurer als für leichtes Öl. Auch sind bei mittelschweren und schweren Ölen eher Betriebsschwierigkeiten zu erwarten als bei Leichtöl.

Für kleine Anlagen, die von ungeübten Leuten zu bedienen sind, kommen daher nur Leichtölfeuerungen in Frage. Die Bequemlichkeit muß mit höheren Betriebskosten erkauft werden.

1.311.3 Kessel für gasförmige Brennstoffe

Die vorgeschriebenen gußeisernen Gliederkessel, wie auch die Stahlkessel, können mit Einbaufeuerungen für Gas versehen werden. Am besten eignen sich hierfür die Bauarten mit unterem Abbrand. Die Einbaufeuerungen müssen aber genau den einzelnen Kesselkonstruktionen angepaßt sein, da sonst Leistung und Wirkungsgrad zurückgehen. Dies ist besonders bei den Kleinkesseln ohne Züge zu beachten.

Wenn auch mit der Einbaufeuerung gute Wirkungsgrade erzielt werden, so werden diese doch noch durch die Gasspezialkessel übertroffen. Bei diesen Kesseln unterscheidet man grundsätzlich zwei Arten: Gaskessel

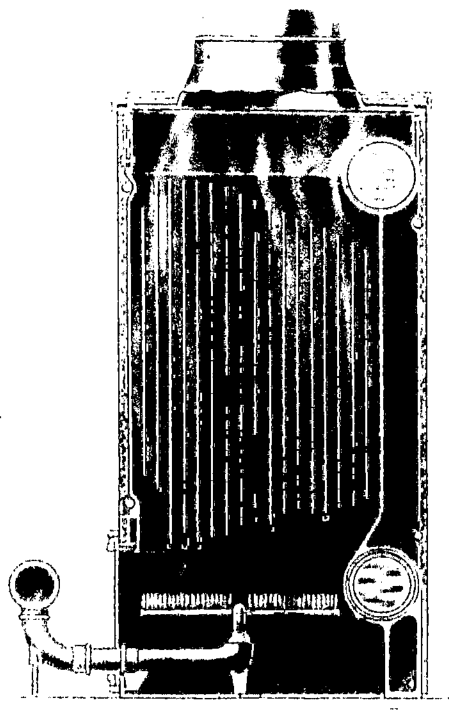

Abb. 1/66. Gußeiserner Gliederkessel für Gasfeuerung (Strebelwerk Mannheim)

für Schornsteinzug und Gaskessel für künstlichen Zug. Erstere kommen mehr für die kleineren Einheiten, letztere für größere Leistungen zur Anwendung.

Bei den ersteren findet man Bauarten in Gußeisen, wie in Abb. 1/66 dargestellt, und in Stahl.

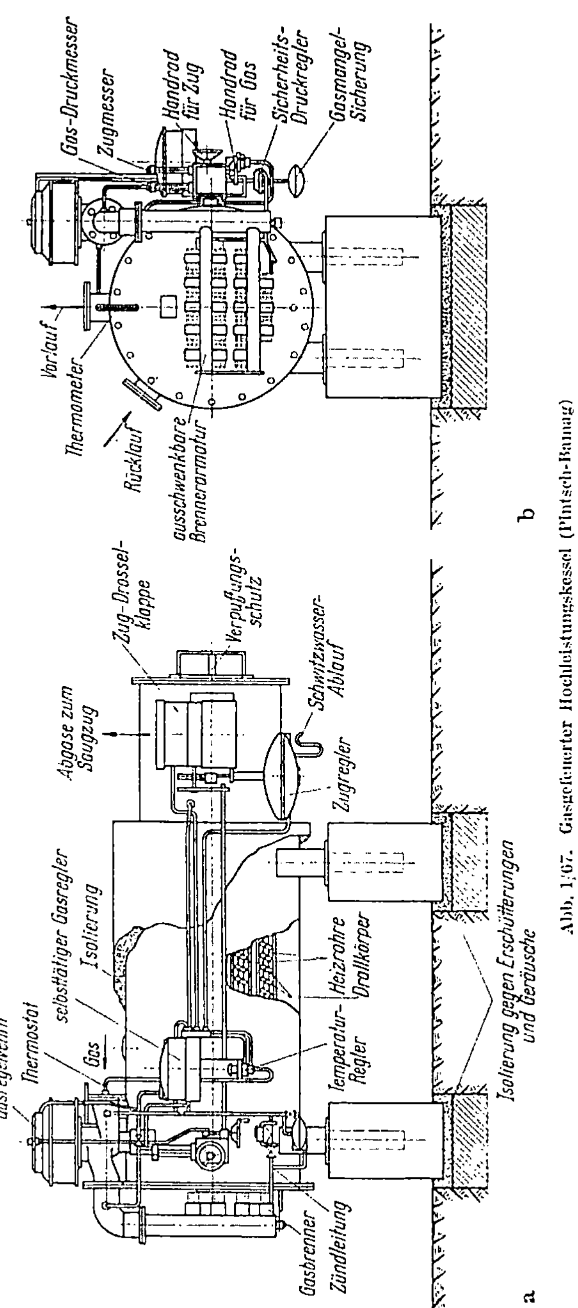

Abb. 1/67. Gasgefeuerter Hochleistungskessel (Pintsch-Bamag)

Gasheizkessel für künstlichen Zug werden als liegende zylindrische Stahlkessel mit Röhren ausgebildet. In die Röhren legt man besondere Spezialleitkörper ein, die durch Strahlung und Wirbelbildung eine hohe Leistung in Verbindung mit dem Saugzug erzeugen. In Abb. 1/67 ist ein derartiger Kessel dargestellt.

1.311.4 Kessel für elektrische Beheizung

Da elektrische Energie für Heizzwecke zu teuer ist, werden elektrische Warmwasserkessel nur sehr selten angewendet. Sie werden meistens als stehende zylindrische Stahlkessel ausgebildet, in welche elektrische Widerstandskörper eingebaut werden.

1.312 Wasservorwärmer

1.312.1 Oberflächenvorwärmer

Diese werden fast ausschließlich in Form von sogenannten *Gegenstromapparaten* ausgeführt. Die Heizfläche besteht hierbei aus nahtlosem, dünnwandigem Kupferrohr von geringem Durchmesser. Die Kupferrohre werden haarnadelförmig gebogen und in eine Stahlplatte eingewalzt oder eingedornt. In der Mitte der Rohrplatte wird ein Leitblech angebracht. Dieses ganze Rohrbündel wird in ein zylindrisches Gefäß aus Gußeisen oder Stahl eingeschoben. Das Heizmedium strömt durch die Kupferrohre, während das Heizwasser des Systems um die Rohre strömt. Die Anschlußstutzen sind so gesetzt, daß Heizmedium und Heizwasser sich im Gegenstrom durch den Apparat bewegen. Die Zu- und Ableitung des Heizmediums erfolgt durch einen gußeisernen Vorkopf mit zwei getrennten Kammern. In Abb. 1/68 ist ein derartiger Gegenstromapparat dargestellt.

Als Heizmedium (fremder Wärmeträger) wird vor allen Dingen Wasserdampf verwendet. Es kommt aber auch höher erwärmtes Wasser, insbesondere Heißwasser aus Heißwasserfernheizungsanlagen zur Verwendung. Die Apparate können

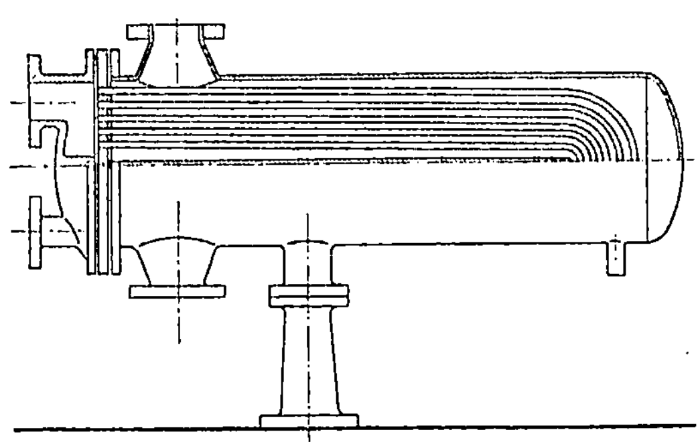

Abb. 1/68. Oberflächenvorwärmer (Gegenstromapparat)

für alle gebräuchlichen Drücke und Temperaturen gebaut werden. Sie unterliegen gegebenenfalls der Dampffaßverordnung, bzw. den Druckbehälterrichtlinien.

Stehen heiße Abgase zur Verfügung, wie dies häufig bei industriellen Anlagen der Fall ist, so können diese in sogenannten Abhitzekesseln für Wasserheizungen ausgenutzt werden. Hierfür verwendet man Röhrenkessel, bei welchen die heißen Abgase (Rauchgase) durch die Röhren geführt werden.

1.312.2 Mischvorwärmer

Wasserdampf kann auch durch unmittelbares Vermischen mit dem Heizwasser zur Warm- oder Heißwassererzeugung verwendet werden. Man unterscheidet hierbei grundsätzlich zwei Formen. In einem

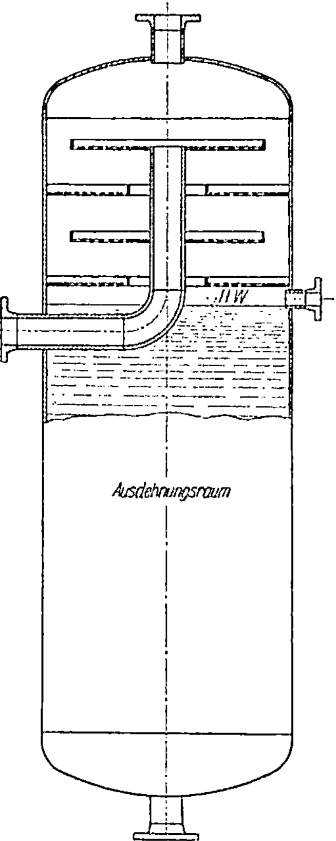

Abb. 1/69. Mischvorwärmer, Kaskade

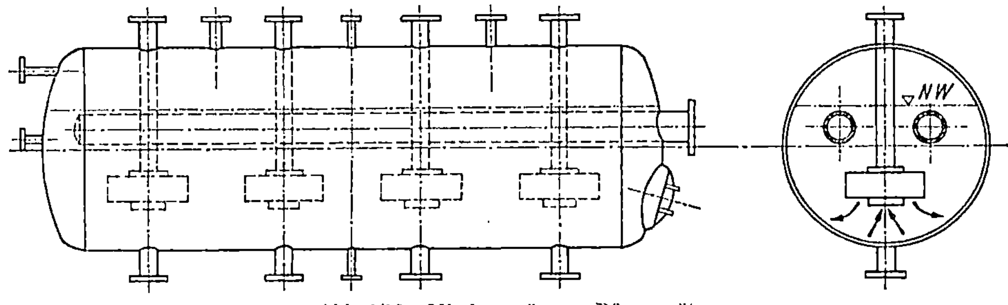

Abb. 1/70. Mischvorwärmer, Düsengerät

Falle wird das Heizwasser in feinverteiltem Zustande in einen Dampfraum eingeführt. Diese Geräte nennt man *Kaskaden.* Im anderen Falle läßt man den Dampf mittels besonderer Düsen in das Wasser einströmen. Diese Apparate nennt man *Düsenvorwärmer.* Die Abb. 1/69 u. 1/70 stellen je eine Kaskade und einen Düsenvorwärmer dar.

1.32 Die Heizkörper

Den Heizkörpern fällt die Aufgabe zu, die ihnen durch das Rohrnetz zugeführte
Wärme nutzbar abzugeben. Bei Raumheizungen dienen sie also zur Herstellung
und Aufrechterhaltung der gewünschten Raumtemperaturen. Die Wärmeabgabe
der Raumheizkörper kann hierbei auf zwei Wegen erfolgen, durch *Konvektion*,
d. h. durch Wärmeübergang an die den Heizkörper umspielende Luft, und durch
Wärmestrahlung, d. h. durch Wärmezustrahlung an die Begrenzungsflächen des
Raumes bzw. an die Oberflächen der im Raume befindlichen Gegenstände. Meistens sind beide Formen der Wärmeabgabe gleichzeitig wirksam. Je nachdem ob
die Wärmeabgabe durch Konvektion oder durch Strahlung überwiegt, spricht
man von *Konvektionsheizkörpern* oder von *Strahlungsheizkörpern*. Bei Konvektionsheizkörpern muß man nun wieder solche unterscheiden, die mit freier und
solche die mit zwangsläufiger Luftströmung arbeiten.

1.321 Raumheizkörper

1.321.1 Raumheizkörper mit freier Luftströmung

1.321.11 Radiatoren. Die gebräuchlichsten Raumheizkörper sind die Radiatoren. Ihr Name ist unglücklich gewählt; er bedeudet übersetzt etwa Strahler,
obwohl beim Radiator die konvektive Wärmeabgabe stark überwiegt. Der Name
ist jedoch derart eingebürgert, daß er trotz seiner Mängel beibehalten werden
muß. Besser wäre die Bezeichnung *Gliederheizkörper*.

Die Radiatoren sind dadurch gekennzeichnet, daß sie aus einzelnen Gliedern
zusammengesetzt werden. Sie weisen hauptsächlich senkrechte Heizflächen auf
und bieten der Staubablagerung wenig Möglichkeit. Sofern die Gliederabstände
nicht zu gering gehalten werden, sind sie sehr gut zu reinigen. Als Material verwendet man in erster Linie Gußeisen. In diesem Falle werden die einzelnen Glieder
durch Rechts- und Linksgewindenippel zu fertigen Heizkörpern zusammengeschraubt. Gußeiserne Radiatoren werden heute nur noch nach DIN 4720 hergestellt. In dieser Norm sind die Hauptabmessungen festgelegt. Eine genaue Übereinstimmung in der Form und teilweise auch in den äußeren Abmessungen ist
damit nicht erreicht (Abb. 1/71).

Gußeiserne Radiatoren können bei Warmwasserheizungen bis zu 4 atü Betriebsdruck verwendet werden. Bei Temperaturen bis zu 130° C sind Betriebsdrücke bis
zu 3 atü zulässig. Außerdem werden gußeiserne Radiatoren auch in sogenannter
Hochdruckausführung geliefert, für welche die Werke bis zu einer Temperatur von
140° C und einen Druck bis zu 6 atü garantieren.

In zunehmendem Maße werden die Radiatoren aus Stahlblech gefertigt. Auch
hier sind die Hauptabmessungen nach DIN 4722 genormt. Gegenüber gußeisernen
Radiatoren haben Stahlradiatoren den Vorteil geringeren Gewichts, geringeren
Wasserinhalts und geringeren Platzbedarfs. Außerdem sind sie billiger. Sie weisen
jedoch nicht die große Beständigkeit der Gußradiatoren auf und neigen sowohl
von innen wie von außen zur Korrosion. Auch sind die Stahlradiatoren nicht so
maßhaltig wie die gußeisernen. Wie die gußeisernen Radiatoren werden die Stahlradiatoren in einzelnen Gliedern gefertigt und dann durch Nippel zu Heizkörpern
zusammengeschraubt. Vielfach werden die einzelnen Glieder zu Gliederblocks zu-

sammengeschweißt, und die Gliederblocks zu fertigen Heizkörpern zusammengeschraubt.

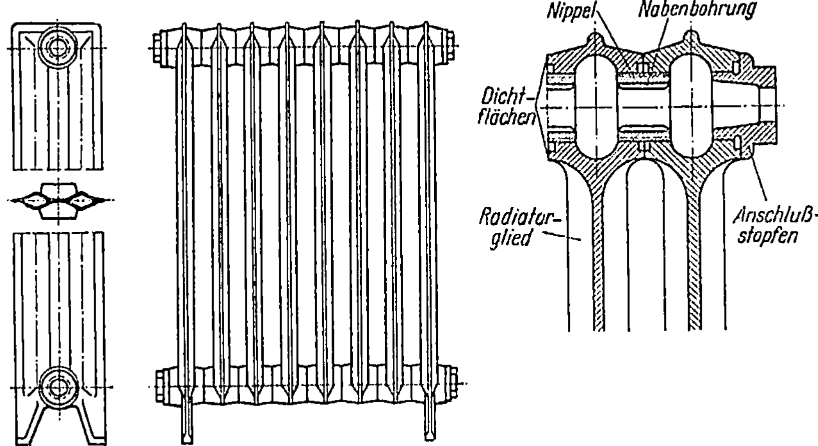

Abb. 1/71. Gußeiserner Radiator (Gliederheizkörper) mit Schnitt durch die Nippelverbindung

Bei Warmwasserheizungen können Stahlradiatoren bis zu 4 atü Betriebsdruck verwendet werden.

1.321.12 Rohrheizkörper. Glattes Rohr als Raumheizkörper wird fast ausschließlich in waagerechter Anordnung mit mehreren Lagen übereinander verwendet. Man unterscheidet hierbei zwei Ausführungsarten, die Heizschlange (Abb. 1/72) und das Heizregister (Abb. 1/73). Da auch bei Rohrheizkörpern das Rohr mit etwas Gefälle verlegt werden muß, sehen Rohrschlangen wegen der von Lage zu Lage wechselnden Gefällerichtung nicht besonders gefällig aus. Besser wirken hier die Heizregister. Bei diesen werden die Heizrohre in stärkere Verteilerrohre eingeschweißt. Verwendet man wechselseitigen Anschluß, so liegen

Abb. 1/72. Heizschlange aus glattem Rohr

Abb. 1/73. Heizregister aus glattem Rohr: a mit wechselseitigem Anschluß; b mit einseitigem Anschluß

die Rohre sämtlich parallel. Bei einseitigem Anschluß ist jedoch Gefälle nach zwei Richtungen notwendig, was schon wieder weniger ansprechend ist. Bei letzterem ist zu beachten, daß die auf der Anschlußseite notwendigen geteilten Verteilrohre sich gegeneinander verschieben können, um den Längenausgleich durch die verschiedenen Temperaturen ausgleichen zu können.

Einfaches waagerechtes Rohr wird nur selten als Heizfläche verwendet, es sei denn, daß Leitungen zur Wärmeabgabe herangezogen werden. Dagegen kommen senkrechte Rohre zur Beheizung von kleinen Räumen, z. B. Klosetts, häufiger zur Anwendung.

Rohrheizkörper können für alle gebräuchlichen Betriebsdrücke und Temperaturen verwendet werden.

Glatte Rohrheizfläche ist verhältnismäßig teuer.

1.321.13 Rippenrohrheizkörper. Um zu billigen Heizflächen ·zu kommen vergrößert man die äußeren Oberflächen der Rohre durch Rippen. Ursprünglich wurden die Rippenrohre aus Gußeisen hergestellt. Die gußeisernen Rippenrohre sind jedoch heute praktisch durch Stahlrippenrohre verdrängt. Die Herstellungsarten der Rippenrohre sind äußerst mannigfaltig, sowohl hinsichtlich der Rohrdurchmesser als auch Durchmesser, Zahl und Form der Rippen. Bei der Rippenform unterscheidet man Scheibenrippenrohre, bei welchen die einzelnen Rippen aus einzelnen auf das Kernrohr aufgezogenen kreisförmigen Scheiben bestehen, und Bandrippenrohre, bei welchen die Rippen spiralig auf das Kernrohr aufgezogen werden. Hierbei erfordert der Herstellungsprozeß, daß das Rippenband nach dem Kernrohr zu in Wellen gelegt wird. Ein Verzinken der Rippenrohre ist für Rippenheizkörper für freie Luftströmung nicht üblich und auch nicht erforderlich.

Die Rippenrohre werden als einzelne waagerechte Rohre oder aber in mehreren Lagen übereinander verwendet. Bei letzteren verwendet man ebenfalls die Schlangen- und Registerform wie bei glatten Rohren. Für senkrechte Anordnung sind Rippenrohre nicht geeignet.

Rippenrohrheizfläche ist die billigste Heizfläche. Sie bietet jedoch der Staubablagerung jede Möglichkeit und ist infolge der engen Rippenabstände nur schwer zu reinigen. Sie ist also in hygienischer Hinsicht schlecht zu beurteilen. Sie wird hauptsächlich in Nebenräumen und untergeordneten Räumen angewendet.

Stahlrippenrohre können für jeden praktisch auftretenden Betriebsdruck gebaut werden.

1.321.14 Plattenheizkörper. Eine weite Verbreitung finden noch die *Plattenheizkörper*, die aus Stahlblech durch Schweißung hergestellt werden (s. Abb. 1/74). Diese weisen hauptsächlich senkrechte Heizflächen auf und bieten der Staubablagerung wenig Möglichkeiten. Sie können den örtlichen Verhältnissen ent-

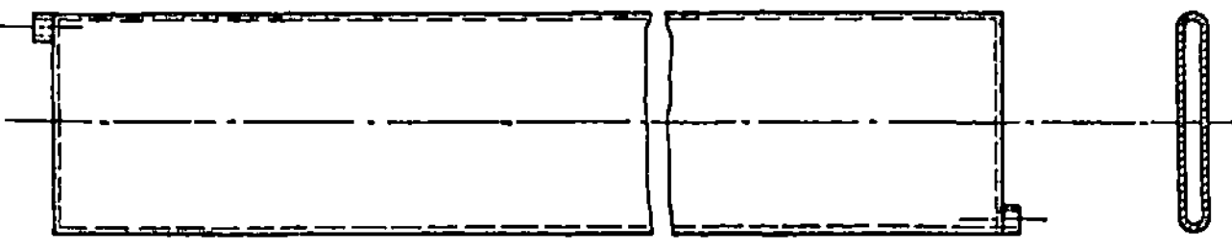

Abb. 1/74. Plattenheizkörper

sprechend zu den verschiedensten Formen verarbeitet werden. Damit die Plattenheizkörper druckfest bleiben, können sie nur in verhältnismäßig niedrigen Bauhöhen hergestellt werden, oder aber sie müssen durch waagerechte, verschweißte Rillen versteift werden. Es können mehrere Platten übereinander angeordnet werden, wobei wiederum Register- oder Schlangenform verwendet werden kann. Die erforderliche Heizfläche läßt sich bei Plattenheizkörpern oft nur schwer oder gar nicht unterbringen. Man geht dann dazu über, die Platten auch hintereinander anzuordnen. Hierbei geht jedoch die spezifische Leistung sehr zurück, und die Heizflächen werden gegenüber den Radiatoren zu teuer.

Die zulässigen Betriebsdrücke liegen je nach Höhe der Platten zwischen 1,5 bis 4 atü.

1.321.15 Röhrenradiatoren. Für höhere Drücke besonders für Heißwasser verwendet man Röhrenradiatoren. Diese bestehen aus senkrechten in Registerform zusammengeschweißten Rohren, um welche zur Vergrößerung der Wärmeleistung

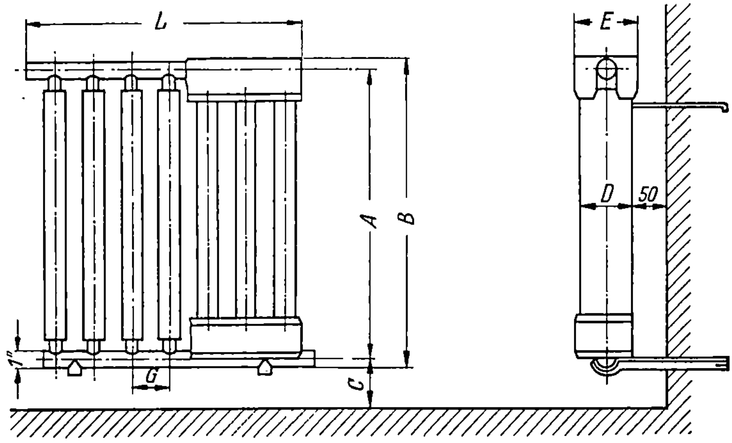

Abb. 1/75. Hochdruck-Röhrenradiator (Maschinenfabrik Wiesbaden)

und zum Schutze gegen direkte Berührung der heißen Heizflächen Bleche angeordnet und mit diesen verschweißt sind, so daß sich senkrechte Kanäle ergeben. Abb. 1/75 stellt eine Ausführungsart dar.

1.321.2 Raumheizkörper mit zwangsläufiger Luftströmung

1.321.21 Konvektoren. Die unter dem Namen Konvektoren bekannt gewordenen Heizkörper stellen nichts anderes als eng berippte Rohre oder Rohrsysteme dar, die in einen Schacht eingebaut werden. Die in dem Schacht befindliche warme Luft erzeugt gegenüber der kälteren Raumluft einen Auftrieb und damit eine verhältnismäßig große Luftgeschwindigkeit. Diese größere Luftgeschwindigkeit verursacht eine große Wärmeübergangszahl, und die Heizfläche wird billig. Die Herstellung des Schachtes macht diesen Vorteil meist wieder illusorisch. Die Wärmeabgabe dieser Heizkörper erfolgt fast ausschließlich durch Konvektion, woraus sich ihr Name herleitet. In Abb. 1/76 ist ein derartiger Heizkörper, wie auch sein Einbau, dargestellt.

Diese Heizflächen sind der ständigen Kontrolle durch das Auge entzogen. Es kann sich also Schmutz und Staub ansammeln, ohne daß dies äußerlich erkennbar ist. Die während des Betriebes vorhandene größere Luftgeschwindigkeit verhindert zwar eine direkte Staubablagerung, nicht aber die Ablagerung anderen Schmutzes. In den Betriebspausen kann sich der Staub ungehindert ablagern. In hygienischer Hinsicht bestehen also erhebliche Bedenken gegen die Konvektoren.

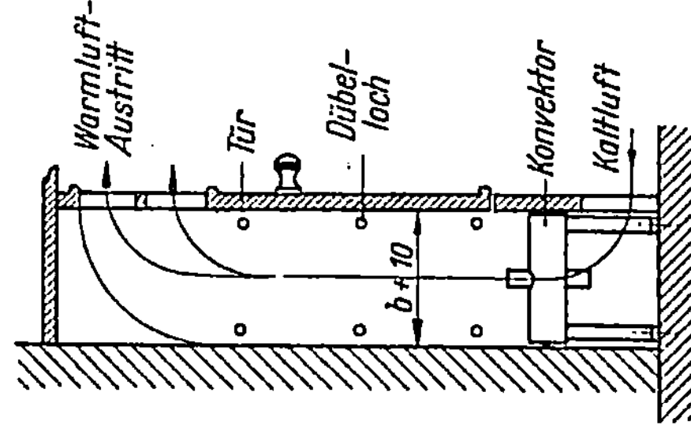

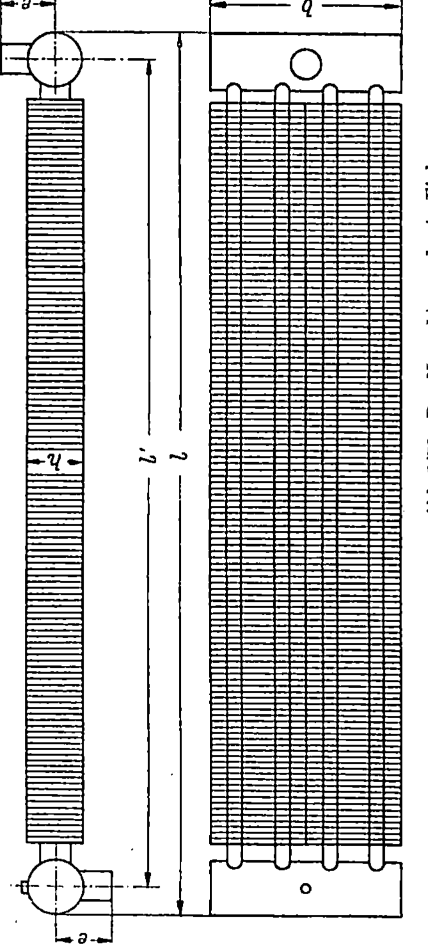

Abb. 1/76. Der Konvektor und sein Einbau

Die Konvektoren lassen sich für alle gebräuchlichen Drücke und Temperaturen bauen.

1.321.22 Luftheizapparate. Zur Beheizung großer und vor allen Dingen hoher Räume verwendet man Luftheizapparate. Diese bestehen aus einer Heizbatterie aus Rippenrohren oder aus mit Lamellen besetzten Rohrsystemen. Diese Batterien werden zur Erreichung einer hohen Leistung verzinkt. Durch diese Heizkörper wird mit einem eingebauten Ventilator aus dem Raum angesaugte Luft durchgepreßt und erwärmt in den Raum zurückgegeben. Durch die hohe Luftgeschwindigkeit werden sehr große Wärmeleistungen mit geringen Mitteln erreicht. In Abb. 1/77 ist ein derartiges Gerät dargestellt.

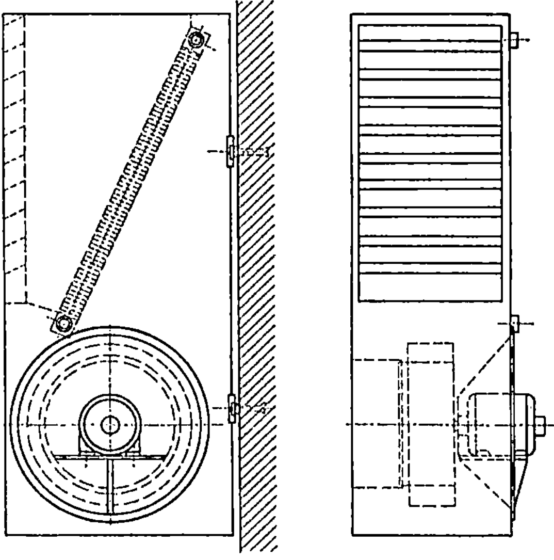

Abb. 1/77. Wandluftheizapparat

1.321.3 Strahlungsheizkörper

Bei glatten senkrechten Heizflächen und bei waagerechten Heizflächen, die ihre Wärme nach unten abgeben, überwiegt der Anteil der Wärmeabgabe durch Strahlung, so daß man derartige Heizkörper als Strahlungsheizkörper bezeichnen muß.

1.321.31 Strahlplatten. Abb. 1/78 stellt eine Strahlplatte dar, die in erster Linie für senkrechte Anordnung an der Wand dient. Sie besteht aus einem System

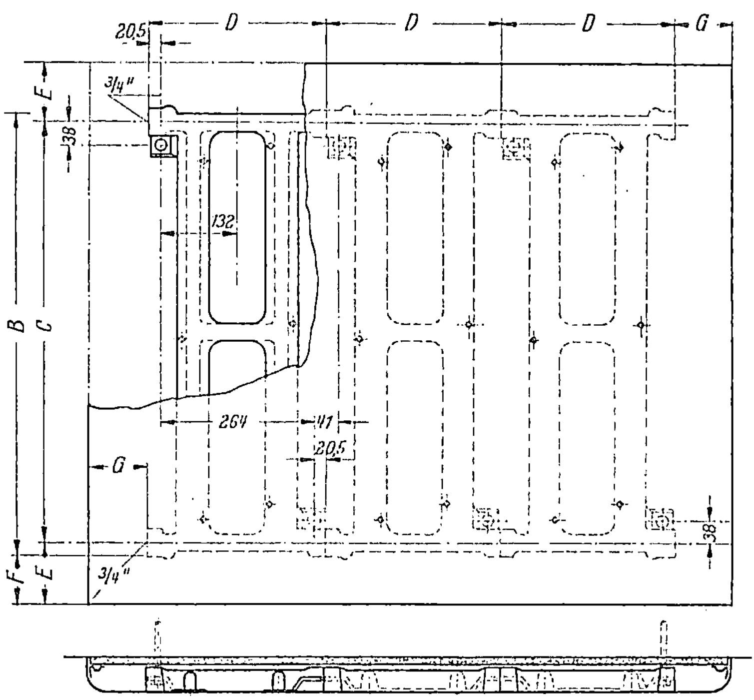

Abb. 1/78. Strahlplatte (Ideal-Standard G. m. b. H.)

wasserführender gußeiserner Hohlkörper, auf welche Stahlplatten aufgeschraubt werden. Diese Strahlplatten sind in erster Linie für Beheizung mit Warmwasser gedacht.

Eine andere Form, welche zur Aufhängung unter der Decke bestimmt ist, ist in Abb. 1/79 dargestellt. Die Zahl der Rohre kann nach Bedarf gewählt werden. Die Rohre werden in entsprechende Nuten der Blechplatten eingepreßt und die Platten dann durch Nietung oder Punktschweißung miteinander verbunden. Nach oben erhalten diese Platten eine Abdeckung mit Isoliermaterial. Häufig werden die Platten an den Enden nach unten abgebogen, wie dies in Abb. 1/79a dargestellt ist. Dadurch wird die Wärmeabgabe

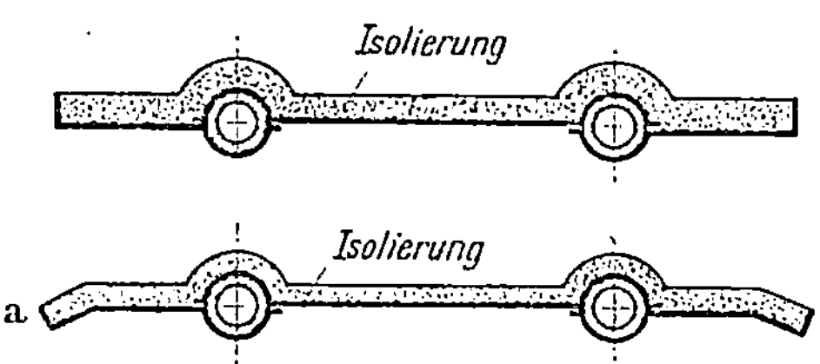

Abb. 1/79. Strahlplatten zur Aufhängung unter Decke; a mit heruntergezogenen Enden zur Einschränkung der Wärmeabgabe durch Konvektion

durch Konvektion stark eingeschränkt. Diese Strahlplatten lassen sich sowohl für Warmwasser, wie auch für Heißwasser verwenden und genügen allen Druckanforderungen.

1.321.32 Heizdecken. Betondecken lassen sich durch Einbetonieren von Heizschlangen zu Heizdecken ausbilden. Eine derartige *Rohrdecke* stellt Abb. 1/80 dar.

Die Decke muß nach oben gut isoliert werden, um den Wärmeabfluß nach oben weitgehend einzudämmen oder ihn auf ein gewünschtes Maß zu bringen. Die Heizwirkung der Decke kann durch Variieren des Rohrabstandes dem jeweiligen Fall angepaßt werden. Bei diesen Heizdecken lassen sich Vorlauftemperaturen bis maximal 60° C verwenden. Darüber hinaus besteht Gefahr für die Haftung zwischen Rohr und Beton und auch für den ganzen Baukörper. Diese Decken besitzen eine außerordentlich große Trägheit, da die ganze Betonmasse aufgeheizt werden muß.

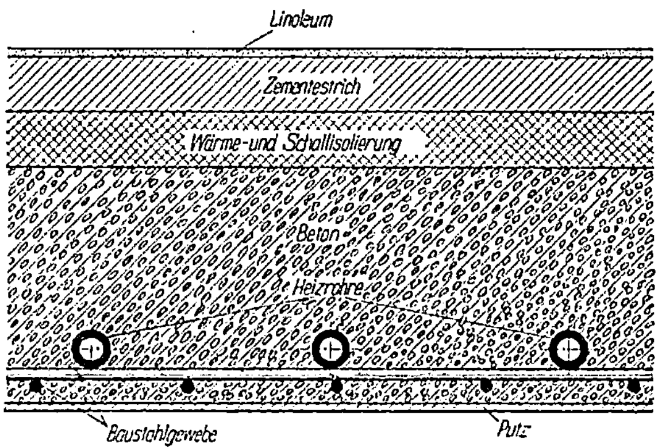

Abb. 1/80. Heizdecke mit einbetonierten Heizrohren (Rohrdecke)

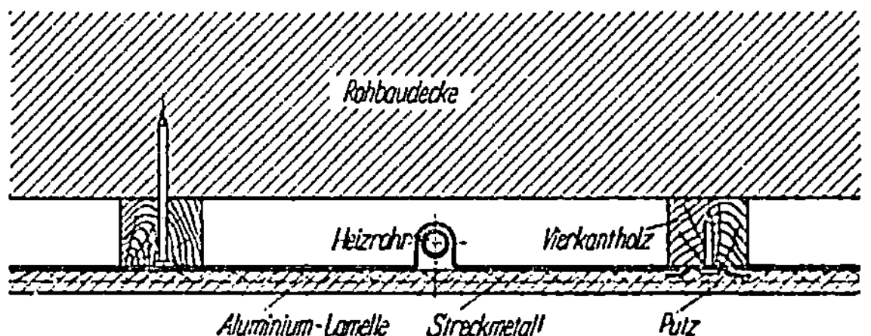

Abb. 1/81. Untergehängte Heizdecke, Lamellendecke nach dem System Stramax

Eine weitere Form stellt die Lamellendecke dar, wie sie beispielsweise in Abb. 1/81 als sogenannte *Stramaxdecke* dargestellt ist. Auch hier sind Heizrohre als Grundelemente verwendet. Diese sind jedoch mit Leitlamellen aus Aluminium versehen, welche die Wärme von dem Heizrohr übernehmen und sie in waagerechter Richtung ausbreiten. Der an die Lamellen angepreßte Putz übernimmt die Wärme, leitet sie nach der Deckenunterfläche weiter, welche die Wärme abstrahlt bzw. zu einem kleinen Teil durch Konvektion abgibt.

1.33 Das Rohrnetz

1.331 Rohre

Das Rohrnetz wird fast ausschließlich aus Stahlrohren erstellt. In den kleineren Dimensionen verwendet man Flußstahlgewinderohre nach DIN 2439 bis DIN 2442 in geschweißter oder nahtloser Ausführung. In den stärkeren Abmessungen wird nahtloses Flußstahlrohr nach dem Walzplan, wie er in DIN 2448 festgelegt ist, verwendet. Auch autogengeschweißtes, schmelzgeschweißtes und wassergasgeschweißtes Rohr mit den gleichen Abmessungen findet Verwendung, ebenso Stahlmuffenrohr.

Bei der Auswahl der zu verwendenden Rohre müssen Druck und Temperatur beachtet werden. Arbeitsblatt 1 gibt eine Übersicht über die Verwendbarkeit der einzelnen Rohrarten. Danach können überwiegend Gewinderohre nach DIN 2439 und DIN 2440 in den kleineren Dimensionen und handelsübliche Rohre nach DIN 2448 mit normaler Wandstärke in den größeren Dimensionen verwendet werden. Nur bei sehr hohen Drücken müssen Rohre mit Gütevorschriften und stärkeren Wandungen gewählt werden.

1.332 Rohrverbindungen

Die Verbindungen und Rohrverzweigungen von Gewinderohren erfolgt durch besondere Formstücke aus Temperguß (Fittings). Rohrbogen werden durch Biegen aus dem glatten Rohr gewonnen. Nur bei sehr kleinen Krümmungsradien verwendet man Winkel aus Temperguß. Diese Verbindungsarten werden jedoch im

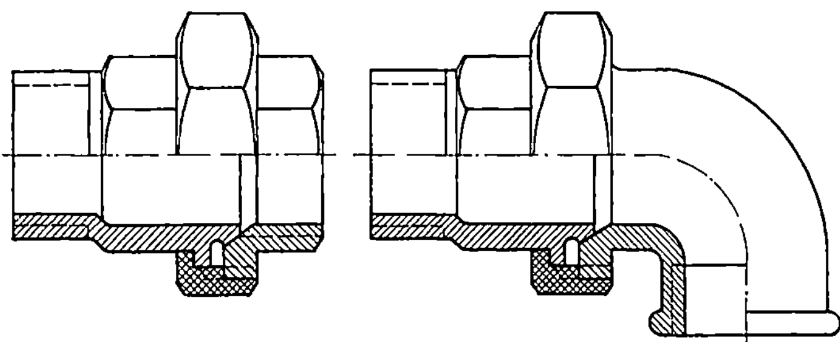

Abb. 1/82. Rohrverschraubung in Durchgangs- und Winkelform mit konischer Dichtung

zunehmenden Maße durch das autogene und auch elektrische Schweißverfahren verdrängt. Bei guten zuverlässigen Monteuren ist es durchaus möglich bis herunter zu den kleinsten Dimensionen das Schweißen zuzulassen. Man verwendet dann lösbare Rohrverbindungen nur noch an den Heizkörpern und sonstigen Geräten der Anlage in Form von Rohrverschraubungen, wie sie in Abb. 1/82 dargestellt sind.

Die Verbindung der Rohre nach DIN 2448 erfolgt heute ausschließlich durch Schweißen. Rohrbogen werden fertig bezogen und eingeschweißt. Das Biegen der starken Dimensionen auf den Baustellen ist gänzlich verschwunden. Mitunter werden noch, wegen des besseren Aussehens, bei ineinanderliegenden Rohrbogen, Biegungen hergestellt. Es empfiehlt sich jedoch nach den am Bau genommenen Maßen die Rohrbogen in der Werkstatt mit entsprechenden Einrichtungen herzustellen. Abzweigungen sollen nicht durch rechtwinkliges Anschweißen des Rohres hergestellt werden, da diese Form einen zu großen Strömungswiderstand verursacht. Mit Hilfe fertig bezogener Rohrbogen oder Schuhstücken lassen sich strömungsgerechte Abzweige herstellen, s. Abb. 1/83.

Lösbare Verbindungen werden innerhalb eines Rohrnetzes heute kaum noch verwendet, da man durch das autogene Schweiß- und Schneidverfahren allen eventuellen späteren Erfordernissen

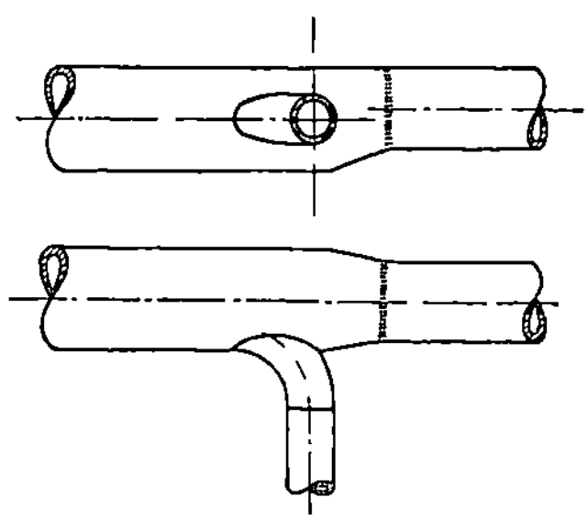

Abb. 1/83. Geschweißter Abzweig mit Reduktion des durchgehenden Rohres

nachkommen kann. Lösbare Verbindungen werden nur noch an Armaturen, Apparaten, Kesseln, Heizkörpern usw. angewendet in Form von Flanschverbindungen. Die Flanschen werden hierbei zweckmäßig als Vorschweißflanschen mit einer Rundschweißnaht mit den Rohren verbunden.

1.333 Dehnungsausgleicher

Die Rohre der Wasserheizungen erfahren durch Erwärmung und Abkühlung Längenänderungen, die bei der Anlage des Rohrnetzes beachtet werden müssen, bzw. für deren Ausgleich besondere Vorkehrungen zu treffen sind. Die Rohrdehnungen müssen möglichst frei erfolgen, damit keine starken Kräfte durch die Rohrdehnungen auftreten, die zu Zerstörungen führen könnten.

Jede Abwinkelung eines Rohres bietet in sich die Möglichkeit der Aufnahme von Rohrdehnungen. Man zieht daher in erster Linie die an sich gegebenen Ab-

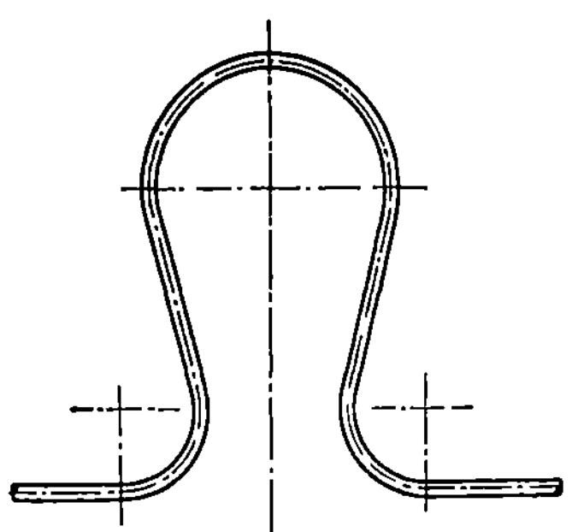

Abb. 1/84. Lyra-Kompensator aus glattem Rohr

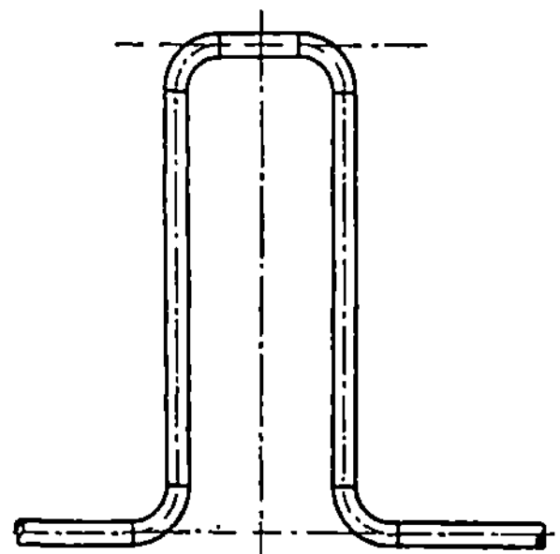

Abb. 1/85. U-Bogen-Ausgleicher

winkelungen des Rohrnetzes für den Längenausgleich heran oder bildet das Rohrnetz mit entsprechenden Abwinkelungen aus. Bei längeren geraden Rohrstrecken ist jedoch der Einbau besonderer *Längenausgleicher* (Kompensatoren) erforderlich. Am bekanntesten hierfür ist der Lyra-Kompensator, wie er in Abb. 1/84 dargestellt ist. Er wird aus glattem Rohr durch entsprechendes Biegen hergestellt.

Unter Verwendung von handelsüblichen Rohrbogen wird auch vielfach der *U-Bogenausgleicher* wie in Abb. 1/85 dargestellt verwendet. Die Dehnungsaufnahme des Kompensators läßt sich wesentlich erhöhen, wenn er aus Faltenrohren hergestellt wird. Wenn zur Unterbringung eines Lyrakompensators kein Platz zur Verfügung steht, so muß zu Axialkompensatoren übergegangen werden. Hierfür eignen sich Tombac-Wellrohre oder auch Stahl-Wellrohre, wie in Abb. 1/86 dargestellt ist.

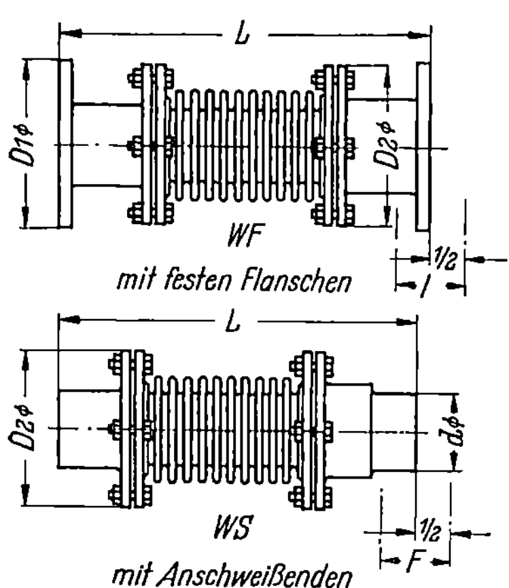

Abb. 1/86. Axial-Kompensator aus Tombac oder Stahl (Industrie-Werke, Karlsruhe)

Eine weitere Form ist der Stopfbüchsenkompensator, den man jedoch möglichst vermeidet, da er sehr empfindlich ist gegen tangentiale Beanspruchungen und leicht zu Undichtigkeiten neigt.

1.334 Rohrbefestigungen

Die Rohrbefestigungen müssen so gebaut sein, daß sie den Bewegungen der Rohre folgen können. Nur an verhältnismäßig wenigen Punkten des Rohrnetzes ist eine Festlegung des Rohres erforderlich. Man unterscheidet daher *bewegliche Rohrbefestigungen* und *Festpunktkonstruktionen*.

Bei den Festpunktkonstruktionen verwendet man meist Schellen, die fest an das Rohr angezogen werden. Die Festschellen werden dann im Mauerwerk oder den Kanalwandungen verankert. Abb. 1/87 stellt eine derartige Konstruktion für

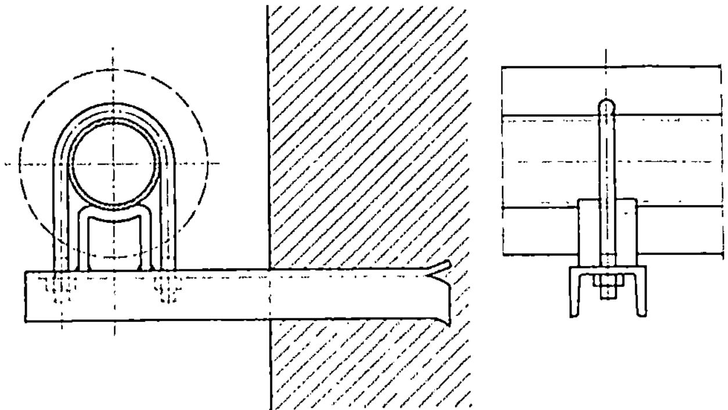

Abb. 1/87. Festschelle mit Wandkonsole

ein kleines Rohr dar. In Abb. 1/88 ist eine Festpunktkonstruktion für eine stärkere Leitung in einem Kanal dargestellt.

Bei den beweglichen Rohrbefestigungen ist zu beachten, daß neben der Bewegung in axialer Richtung meist auch eine, wenn auch schwächere Bewegung, winkelrecht zur Achse notwendig ist. In besonderen Fällen kann auch die winkelrechte Bewegung stärker sein als die axiale. In der Nähe von Kompensatoren tritt oft die Notwendigkeit auf, eine Bewegung nur in axialer Richtung zuzu-

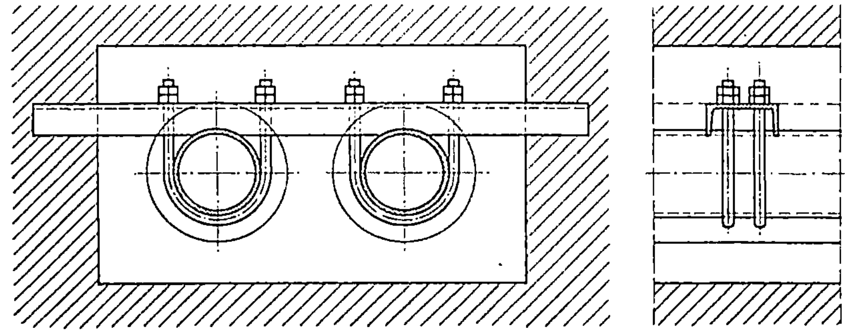

Abb. 1/88. Festpunktkonstruktion in einem Kanal

lassen. Aus all dem ergibt sich eine große Mannigfaltigkeit der Rohrbefestigungen, die sich noch weiter erhöht durch die baulichen Gegebenheiten, Befestigung an Decken oder Fußböden oder Wänden oder in Kanälen, für waagerechte wie auch für senkrechte Rohre.

Eine der bekanntesten Rohrbefestigungen ist die Pendelaufhängung wie sie beispielsweise in Abb. 1/89 wiedergegeben ist. Diese Aufhängung kann sowohl an der Decke mit einem Deckeneisen wie auch an der Wand mit einer Konsole befestigt werden. Bei dieser Befestigung ist zu beachten, daß die wirksame Pendellänge nicht zu klein wird, da sonst bei der Ausdehnung des Rohres dieses vom Pendel angehoben wird. Man sollte daher Pendellängen unter 150 bis 200 mm

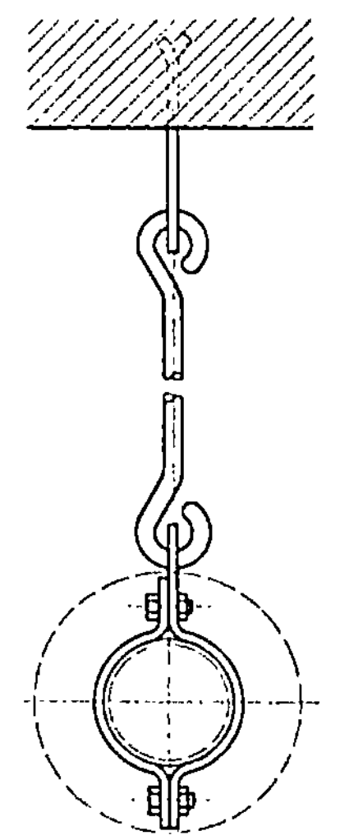

Abb. 1/89. Pendelgehänge

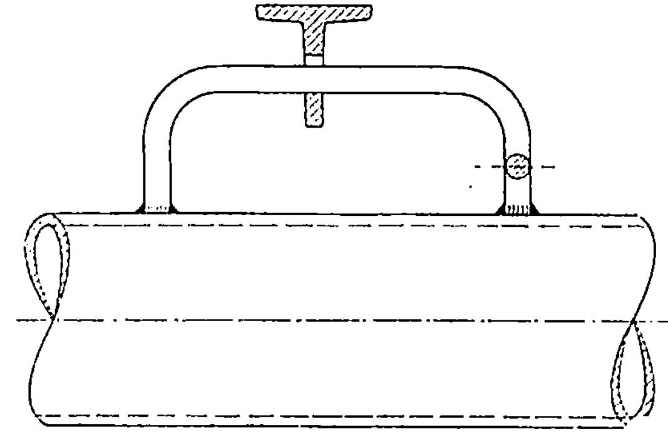

Abb. 1/90. Rohraufhängung mit Gleitbügel

vermeiden und dann besser zu Gleitbügeln übergehen (s. Abb. 1/90). Eine Befestigung mit Gleitschlitten stellt Abb. 1/91 dar. Die Lagerung derartiger Befestigungen auf Rollen, Kugeln oder Walzen war in früheren Jahren

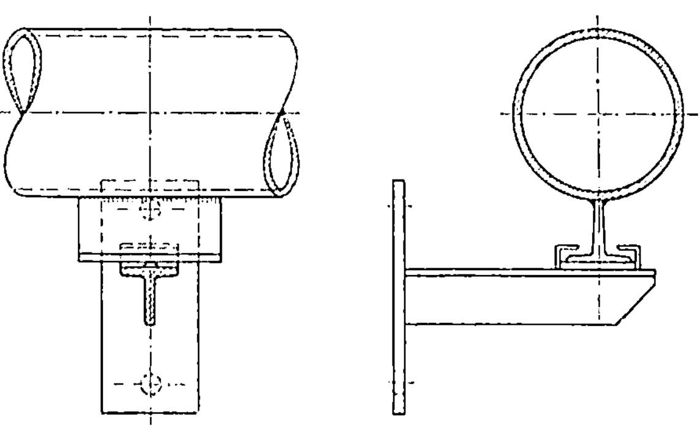

Abb. 1/91. Rohrunterstützung mit Gleitschlitten

weit verbreitet. Nachdem die Erfahrung jedoch zeigte, daß die Rollen und Walzen meist doch festgerostet waren und demzufolge doch nur ein Gleiten stattfand, begnügt man sich heute mit Gleitschlitten.

1.335 Absperrorgane

Als Absperrorgane werden bei Wasserheizungen in erster Linie Absperrschieber und Absperrventile verwendet. Diese müssen je nach Druck und Temperatur ausgewählt werden. Im Arbeitsblatt 1 ist auf die einschlägigen DIN-Normen verwiesen.

Schieber haben gegenüber Ventilen den Vorteil geringeren Strömungswiderstandes. Man verwendet sie daher bei Schwerkraftanlagen bevorzugt. Sie erreichen jedoch nicht die Zuverlässigkeit des dichten Abschlusses wie die Ventile.

Erwähnenswert ist der sogenannte *Strackschieber*. Diese Armatur ist im eigentlichen kein Schieber, sondern ein Hahn. Das Küken wird mit Hilfe einer Spindel angedrückt, so daß ein dichter Abschluß erzielt wird. Das eigentliche Öffnen und Schließen erfolgt durch einen Hebel durch Drehen um 90°.

Im übrigen finden Hähne nur als Entleerungshähne oder Lufthähne Verwendung.

1.336 Pumpen

Als Pumpen für Wasserheizungen eignen sich am besten solche mit kontinuierlicher Förderung. Es kommen daher in erster Linie Zentrifugalpumpen zur Anwendung. Die Pumpen müssen den Temperaturen und Drücken, wie sie bei

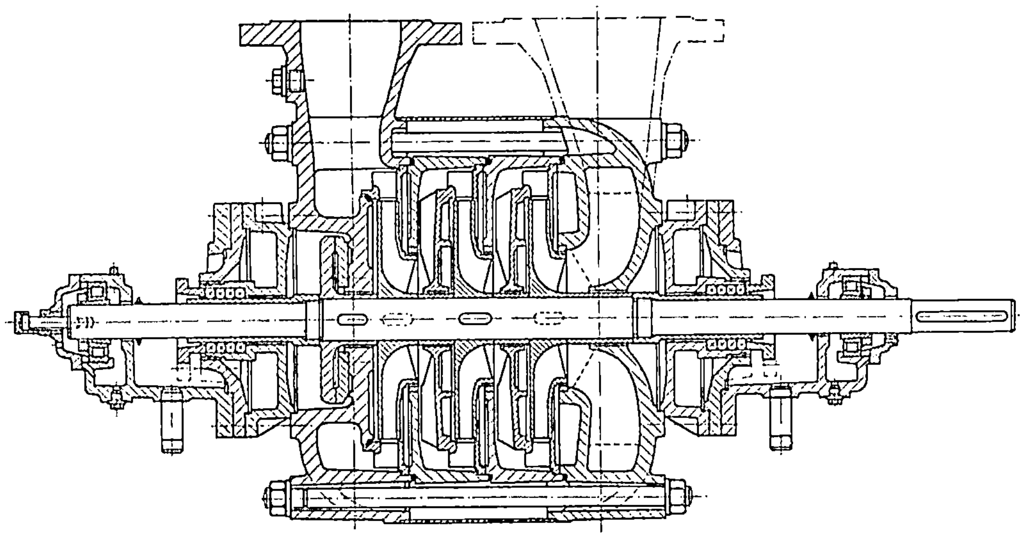

Abb. 1/92. Schnittbild einer Heißwasserpumpe (WK-Pumpe der Fa. Klein, Schanzlin & Becker)

Wasserheizungen auftreten, angepaßt sein. Bei Heißwasserheizungen sind Sonderkonstruktionen notwendig. Die Pumpenbautechnik ist so entwickelt, daß für alle Erfordernisse geeignete Modelle zur Verfügung stehen. Abb. 1/92 stellt eine Zentrifugalpumpe dar.

Der Antrieb der Pumpen erfolgt fast ausschließlich durch Elektromotore, deren Welle mit einer elastischen Kupplung mit der Pumpenwelle verbunden wird. In Sonderfällen erfolgt der Antrieb auch durch Dampfturbinen oder Verbrennungsmotore.

Werden Pumpen in bewohnten Gebäuden eingebaut, so müssen sie für praktisch geräuschlosen Lauf hergestellt sein, ebenso auch der Antriebsmotor. Man erreicht dies durch Gleitlager und Spezialmotore. Diese Pumpen arbeiten dann so geräuschlos und vibrationsfrei, daß sie ohne besondere Maßnahmen in das Netz eingebaut werden können.

Um schädliche Wärmedehnungen der Rohre, gegebenenfalls auch um die Übertragung von Geräuschen und Vibrationen von den Pumpen auf das Rohrnetz zu verhindern, werden auch in die Pumpenanschlüsse elastische

Zwischenstücke aus Tombac-Wellrohr eingebaut. Dabei ist zu beachten, daß keine unzulässigen Drücke auf die Pumpen ausgeübt werden, da die elasti-

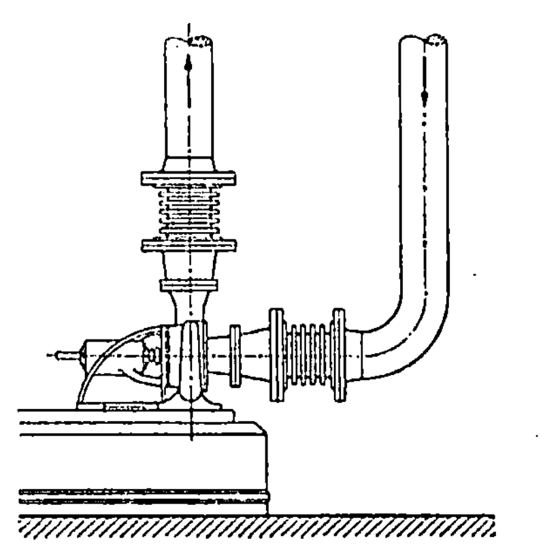

Abb. 1/93. Einbau elastischer Zwischenstücke an Pumpen

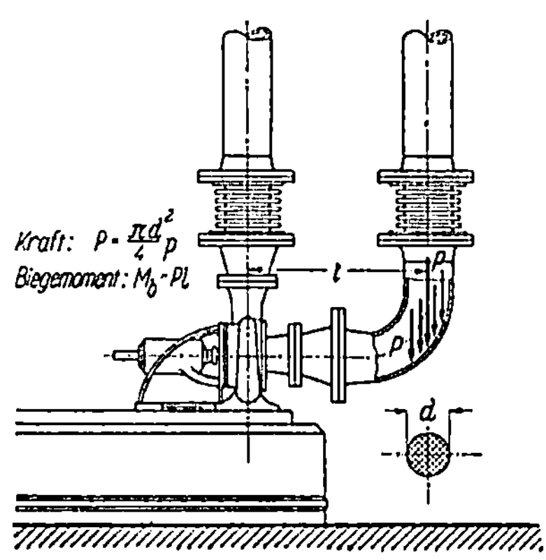

Abb. 1/94. Auftreten zusätzlicher Biegemomente bei unzweckmäßigem Einbau elastischer Zwischenstücke an Pumpen

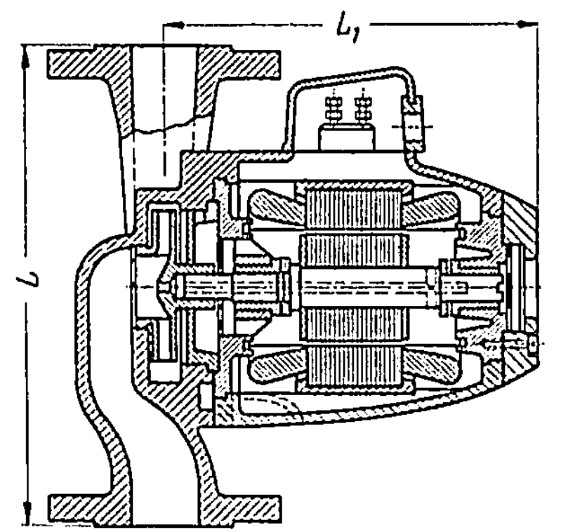

Abb. 1/95. Stopfbüchsenlose Zentrifugalpumpe für direkten Rohrleitungseinbau (Wilo-Perfecta-Pumpe, W. Opländer, Dortmund)

schen Zwischenstücke keine Kräfte übertragen können. Abb. 1/93 gibt den richtigen Einbau wieder. In Abb. 1/94 ist gezeigt, wie durch falschen Einbau unzulässige Druckkräfte auf die Pumpen wirken.

Für kleinere und mittlere Leistungen werden Zentrifugalpumpen für direkten Einbau in die Rohrleitung geliefert. Diese Pumpen sind stopfbüchsenlos und haben eine gemeinsame Welle für Pumpe und Motor. Sie sind so sorgfältig konstruiert und gearbeitet, daß sie praktisch geräusch-

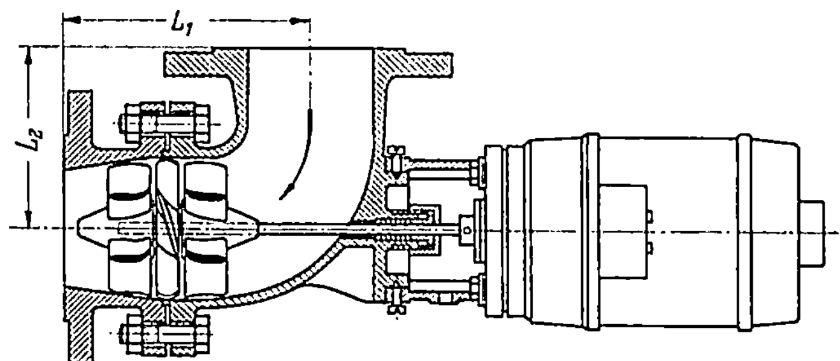

Abb. 1/96. Schraubenpumpe in Rohrkrümmer mit Stopfbüchse (W. Opländer, Dortmund)

los laufen und im Gebäude nicht hörbar sind. Abb. 1/95 stellt eine derartige Pumpe dar.

Bei kleineren Anlagen, die nur geringe Pumpendrücke benötigen, verwendet man Schraubenpumpen (s. Abb. 1/96). Auch für diese Pumpen sind stopfbüchsenlose Modelle erhältlich, wie eine solche in Abb. 1/97 dargestellt ist.

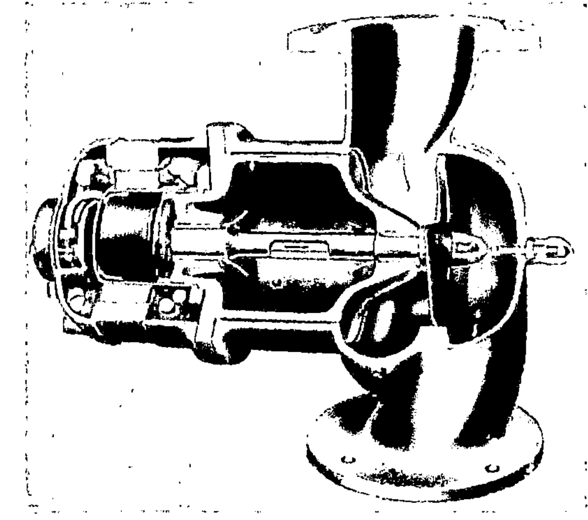

Abb. 1/97. Stopfbüchsenlose Schraubenpumpe mit Wasserschmierung (Rovi-Pumpe der Amag-Hilpert-Pegnitzhütte A.G., Nürnberg)

2. Berechnungsgrundlagen

2.1 Der Wärmeträger Wasser

Die Eigenschaften der Wasserheizung werden zu einem großen Teil durch die physikalischen Eigenschaften des Wassers bedingt. Die chemischen Eigenschaften sind von geringerer Bedeutung. Ihre Bedeutung liegt auf dem Gebiete des Korrosions- und Steinschutzes. Da jedoch normalerweise immer dasselbe Wasser im System umläuft, sind die Gefahren der Korrosion und der Steinbildung nur gering.

Die wichtigsten Eigenschaften des Wassers seien im folgenden behandelt.

2.11 Die Wichte des Wassers

Die Wichte des Wassers ist im wesentlichen bestimmt durch seine Temperatur. Die Abhängigkeit vom Druck ist so unbedeutend, daß sie für diese Betrachtungen vernachlässigt werden kann. Seine größte Wichte besitzt Wasser bei 4° C mit 1000 kg/m³. Darüber nimmt die Wichte des Wassers mit zunehmender Temperatur stetig ab. Diese Veränderlichkeit läßt jedoch keine einfache Gesetzmäßigkeit erkennen. Auf Grund eingehender Untersuchungen wurde die Wichte des Wassers für die verschiedenen Temperaturen bestimmt. Die Untersuchungsergebnisse sind in empirischen Formeln erfaßt. Es gilt für den Temperaturbereich von 0 bis 100° C

$$1 - \gamma = \frac{(t - 3{,}982)^2}{466\,700} \cdot \frac{t + 273}{t + 67} \cdot \frac{350 - t}{365 - t}^{\,1} \text{ in kg/dm}^3. \qquad (2.1/1)$$

---

[1] THIESSEN, M.: Wissenschaftl. Abhandlungen der Phys.-Techn. Reichsanstalt Bd. 4 (1904) S. 1.

Die heute als zuverlässigst zu betrachtenden Werte sind im Arbeitsblatt 4 angegeben.

Die Raumeinnahme einer Wassermenge ist:

$$V = B\,v = \frac{B}{\gamma}\,. \tag{2.1/2}$$

2.111 Das Gefälle der Wichte

Die auf 1° bezogene Änderung der Wichte des Wassers, das *Gefälle der Wichte* errechnet sich nach der Formel:

$$\tau = \frac{d\gamma}{dt}\,. \tag{2.1/3}$$

Unter Benutzung dieser Formel ergeben sich die im Arbeitsblatt 4 angegebenen Werte.

2.112 Das Ausdehnungsvolumen

Befinden sich in einem System B kg Wasser mit dem Volumen $V_1 = \dfrac{B}{\gamma_1}$, nach Gl. (2.1/2), so errechnet sich das Volumen dieser Wassermenge nach Änderung der Temperatur von t_1 auf t_2 zu $V_2 = \dfrac{B}{\gamma_2}$ und folglich das Ausdehnungsvolumen $A = V_2 - V_1$ zu:

$$A = B\left(\frac{1}{\gamma_2} - \frac{1}{\gamma_1}\right) \tag{2.1/5}$$

oder auch

$$A = V_1\left(\frac{\gamma_1}{\gamma_2} - 1\right). \tag{2.1/6}$$

Ist die Temperatur $t_1 = 4°$ C und damit $\gamma_1 = 1000$ kg/m³, so ist vereinfacht

$$A = V_1(v_1 - v_2)\,. \tag{2.1/7}$$

Diese Formel kann auch noch angewandt werden, wenn t_1 nahe bei 4° C liegt.

2.113 Das zeitliche Ausdehnungsvolumen

Bezieht man das durch die Gl. (2.1/5) gegebene Ausdehnungsvolumen auf die Zeiteinheit, so wird

$$L = \frac{B}{z}\left(\frac{1}{\gamma_1} - \frac{1}{\gamma}\right)$$

oder auch

$$L = \frac{B}{z}\left(\frac{1}{\gamma + \Delta\gamma} - \frac{1}{\gamma}\right)$$

und nach einigen Umformungen

$$L = \frac{B}{z} \cdot \frac{\Delta\gamma}{\gamma^2 + \gamma\,\Delta\gamma}\,. \tag{2.1/8}$$

Geht man nun zur Grenze über, um zu Augenblickswerten zu kommen, so wird

$$L = \frac{B}{\gamma^2 + \gamma\,d\gamma} \cdot \frac{d\gamma}{dz}\,.$$

In dem Ausdruck $\gamma^2 + \gamma \cdot d\gamma$ kann der zweite Summand vernachlässigt werden, da er gegenüber dem ersten unendlich klein ist und es wird

$$L = \frac{B}{\gamma^2} \cdot \frac{d\gamma}{dz}\,.$$

Nach Gl. (2.1/3) ist $\tau = \dfrac{d\gamma}{dt}$; die Temperaturänderung dt ist jedoch $\dfrac{Q}{Bc} \cdot dz$ und folglich $\tau = \dfrac{d\gamma\,Bc}{Q\,dz}$ und $\dfrac{d\gamma}{dz} = \dfrac{\tau\,Q}{Bc}$ und man erhält schließlich

$$L = \frac{\tau Q}{\gamma^2 c}. \tag{2.1/9}$$

Die Werte τ, γ und c sind eindeutig durch die Temperatur bestimmt. Die zeitliche Volumenveränderung ist also nur abhängig von der Temperatur des Wassers und von der Wärmeabgabe oder Wärmeaufnahme des Wassers bei dieser Temperatur. Setzt man

$$\mu = \frac{\tau}{\gamma^2 c} \tag{2.1/10}$$

so ist letztlich

$$L = \mu Q \tag{2.1/11}$$

Der Wert μ hat die Dimension m³/kcal und wird als die *kalorische Ausdehnungszahl* des Wassers bezeichnet. Dieser Wert ist nur von der Temperatur abhängig; er ist in Arbeitsblatt 4 angegeben.

2.12 Der hydrostatische Druck

In einem Punkte P, der sich h m unter dem Wasserspiegel befindet, herrscht der Druck

$$p_P = p_A + h\,\gamma \qquad \text{in kg/m}^2$$

unter der Voraussetzung, daß das Wasser eine gleichmäßige Temperatur t besitzt. p_A ist hierbei der auf dem Wasserspiegel lastende Druck, z. B. der athmosphärische Luftdruck. Liegt jedoch im Wasser eine Temperaturschichtung vor, so ergibt sich

$$dp = dx\,\gamma_x \qquad \text{und}$$

$$p_P = p_A + \int_{x=0}^{x=h} \gamma_x\,dx$$

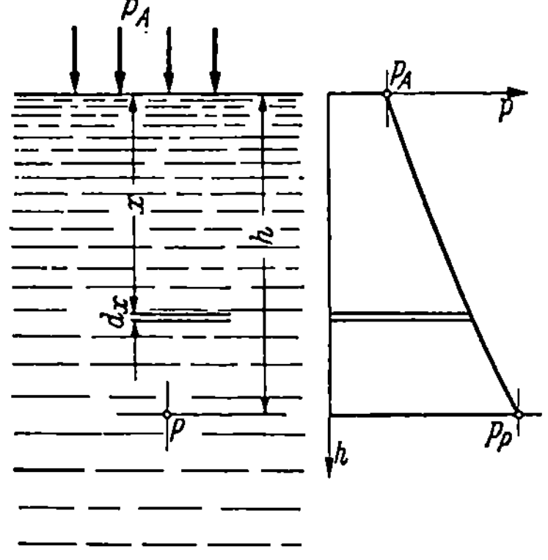

Abb. 2/1. Der hydrostatische Druck

(s. auch Abb. 2/1). Hierin ist γ von der Temperatur in bekannter Weise abhängig. In vielen Fällen kann man mit großer Annäherung annehmen, daß sich γ linear mit der Höhe h ändert. Damit wird

$$p_P = p_A + h\left(\frac{\gamma_A + \gamma_P}{2}\right). \tag{2.1/12}$$

2.13 Die spezifische Wärme des Wassers

Die spezifische Wärme c des Wassers ist mit der Temperatur veränderlich. Nach DIETERICI[1] ist

$$c_t = 0{,}99827 - 0{,}00010368\,t + 0{,}0000020736\,t^2, \tag{2.1/13}$$

---

[1] Annalen der Physik Bd. 4, 16 (1905) S. 593.

wobei c_t die spezifische Wärme bei der Temperatur t in kcal/kg bedeutet. Für die mittlere spezifische Wärme zwischen $0°$ C und $t°$ C gilt

$$c_m = 0{,}99827 - 0{,}0000518\,t + 0{,}0006912\,t^2 . \qquad (2.1/14)$$

Beide Formeln sind gültig für das Temperaturintervall von 0 bis 300° C.

Innerhalb der Temperaturen bis etwa 100° C weicht der Wert der spezifischen Wärme nur wenig von 1,0 kcal/kg ab und kann unbedenklich mit 1,0 angesetzt werden. Der Wert c_m weicht sogar bis 160° C nur sehr wenig von 1,0 kcal/kg ab. Oberhalb dieser Temperaturen muß die Abweichung natürlich berücksichtigt werden.

Der Wärmeinhalt I einer Menge von B kg Wasser ist daher, unter der Voraussetzung, daß man den Wärmeinhalt bei 0° C gleich Null setzt,

$$I = B\,c_m\,t . \qquad (2.1/15)$$

Kühlt sich das Wasser von t auf t_1 °C ab, so ist $I_1 = B\,c_{m_1}\,t_1$. Die dabei frei werdende Wärmemenge ist also

$$I - I_1 = B(c_m\,t - c_{m_1}\,t_1) = B(i - i_1) . \qquad (2.1/16)$$

Liegen die Temperaturen unter 160° C, kann man also $c_m = c_{m_1} = 1$ setzen, so ist vereinfacht

$$I - I_1 = B(t - t_1) . \qquad (2.1/17)$$

Die zu einer bestimmten Wärmeleistung erforderliche Wassermenge ist somit

$$B = \frac{I}{i_2 - i_1} \qquad (2.1/18)$$

oder

$$B = \frac{I}{t_2 - t_1} . \qquad (2.1/19)$$

2.14 Der Verdampfungsdruck

Die den verschiedenen Temperaturen des Wassers zugeordneten Verdampfungsdrücke sind in Arbeitsblatt 4 angegeben. Bei offenen Anlagen ist die höchst zulässige Wassertemperatur durch den Barometerstand bedingt. Auf Meereshöhe beträgt der normale Barometerstand 760 Torr und damit die höchst zulässige Wassertemperatur rund 100° C. Aus Sicherheitsgründen empfiehlt es sich nicht über 90 bis höchstens 95° C zu heizen. Es ist allgemein üblich die Anlagen für eine höchste Vorlauftemperatur von 90° C auszulegen. Bei hoch gelegenen Orten muß jedoch mit der höchsten Vorlauftemperatur noch heruntergegangen werden. Dies bestimmt sich nach dem zu erwartenden niedrigsten Barometerstand.

In DIN 5450 (Normatmosphäre) ist die Höhenformel für den Luftdruck angegeben zu

$$p_H = 760\left(\frac{288 - 6{,}5\,H}{288}\right)^{5{,}255} . \qquad (2.1/20)$$

Hierin bedeutet:

p_H = Luftdruck in der Höhe H in Torr
H = Höhe über dem Meeresspiegel   in km

Diese Formel gilt für mittlere Jahresverhältnisse. Sie basiert auf einer Lufttemperatur von $+ 15°$ C und einem Luftdruck von 760 Torr in Höhe des Meeresspiegels und einer Lufttemperatur von $- 56,5°$ C in 11000 m Höhe.

Für unsere Zwecke muß jedoch von anderen Grundwerten ausgegangen werden. Es sei angenommen, daß der minimale Luftdruck in Meereshöhe 720 Torr und die zugehörige minimale Lufttemperatur $- 15°$ C betrage. Damit ändert sich die vorstehende Gleichung in

$$p_H = 720 \left(\frac{258 - 0,00378\,h}{258} \right)^{9,05} , \qquad (2.1/21)$$

wobei hier die Höhe h in m einzusetzen ist.

Die Auswertung dieser Formel ergibt die folgende

Zahlentafel 1. *Luftdruck und zulässige Wassertemperatur bei offenen Anlagen in Abhängigkeit von der Meereshöhe*

h	0	500	1000	1500	2000	2500	3000	m
p_H	720	674	629	589	550	514	479	Torr
Verdampfungstemperatur	98,6	96,7	94,8	93,0	91,2	89,4	87,6	° C
Zulässige Wassertemperatur bei 5° C Sicherheit	93,6	91,7	89,8	88,0	86,2	84,4	82,6	° C

Damit ergeben sich die höchstzulässigen Vorlauftemperaturen bei offenen Anlagen zu

90° C bis zu einer Meereshöhe von 1000 m
85° C ,, ,, ,, ,, ,, 2400 m
80° C ,, ,, ,, ,, ,, 3800 m.

Sind offene Anlagen jedoch so gebaut, daß an den höchsten Stellen die höchste Wassertemperatur nicht auftreten kann, so können die Wassertemperaturen gesteigert werden. In diesen Fällen und bei geschlossenen Anlagen bestimmen sich die an jedem Punkte zulässigen höchsten Temperaturen nach dem dort möglichen niedrigsten Druck. Nimmt man auch hier eine Sicherheit von 5° C an, so erhält man das in Arbeitsblatt 5 angegebene Diagramm.

2.15 Die Zähigkeit des Wassers

Die Zähigkeit ist ein Maß für die innere Reibung von Flüssigkeiten, wenn sich Flüssigkeitsteilchen gegeneinander verschieben. Die Zähigkeit ist daher von Einfluß auf die Widerstände, die sich bei dem Strömen von Flüssigkeiten ergeben. Sie ist gleichzeitig ein Maß für den *Flüssigkeitsgrad* einer Flüssigkeit.

Die *dynamische Zähigkeit* η bestimmt sich als die Schubspannung zwischen zwei in der Strömungsrichtung parallelliegenden Schichten. Die Einheit der Zähigkeit ist das Pois, wenn man alle Größen im CGS-System mißt

$$\text{Pois} = \frac{\text{Dyn} \cdot s}{\text{cm}^2} .$$

Die Zähigkeit des Wassers nimmt mit der Temperatur ab. Der Einfluß des Druckes ist für unsere Zwecke belanglos. Im Arbeitsblatt 4 sind die Werte für die

Zähigkeit des Wassers angegeben und zwar bis 100° C für einen Druck von 1 ata und über 100° C für den Verdampfungsdruck.

Für technische Rechnungen ist die *kinematische Zähigkeit* einzuführen. Diese bestimmt sich nach der Gleichung

$$v = \frac{\eta}{10\,\gamma} \cdot \qquad (2.1/22)$$

Auch diese Werte sind in Arbeitsblatt 4 angegeben.

2.2 Die Wärmeübertragung

Die Grundlagen für die Bestimmung der Leistung der Anlage, der Wassererwärmer und der Heizkörper bilden die Gesetze der Wärmeübertragung.

Es sind drei Arten der Wärmeübertragung zu unterscheiden

1. die *Wärmeleitung*, bei welcher die Wärme innerhalb eines Körpers von einem Teilchen zum anderen wandert in Richtung von den wärmeren nach den kälteren Teilen des Körpers;

2. der *Wärmeübergang*, bei welchem die Wärme von einer festen oder flüssigen Oberfläche an eine sich vorbeibewegende Flüssigkeit übergeht oder umgekehrt. Hierbei werden unter Flüssigkeiten sowohl tropfbare als auch gasförmige Flüssigkeiten verstanden;

3. die *Wärmestrahlung*, bei welcher sich Wärmeenergie eines Körpers in Strahlungsenergie umsetzt, die sich wiederum beim Auftreffen auf einen Körper in Wärme verwandelt und so einen Transport von Wärme von einem wärmeren Körper nach einem kälteren bewirkt.

2.21 Die Wärmeleitung

Der einfachste Fall ist der einer ebenen Platte. Für diese gilt

$$Q = f\,\lambda\,\frac{t_{w1} - t_{w2}}{a} \cdot \qquad (2.2/1)$$

Hierin bedeuten t_{w1} und t_{w2} die Oberflächentemperaturen (Wandtemperaturen) beiderseits der Platte; a ist die Stärke der Platte.

Handelt es sich um eine gekrümmte Platte, so ist die Fläche f veränderlich. In diesem Falle muß die Gleichung zunächst auf eine unendlich dünne Schicht der Platte bezogen werden

$$Q = \lambda\,f\,\frac{dt_w}{d_a} \cdot$$

Durch Integration erhält man

$$Q = \lambda\,\frac{t_{w1} - t_{w2}}{\int \frac{d_a}{f}} \cdot$$

Diese Gleichung führt bei einem kreisförmigen Rohrquerschnitt zu dem Wert

$$Q = \lambda \frac{(t_{w1} - t_{w2}) \cdot 2\,\pi \cdot l}{\ln \dfrac{d_a}{d_i}} = \lambda \frac{(t_{w1} - t_{w2})\,2\,\pi \cdot l}{\ln s} \,, \qquad (2.2/2)$$

wenn l = die Länge des Rohres   in m

        d_a = den äußeren Rohrdurchmesser   in m

        d_i = den inneren Rohrdurchmesser   in m

        s = das Verhältnis des äußeren zum inneren Rohrdurchmesser

bedeutet.

Die Wärmeleitzahl ist ein reiner Stoffwert. Im allgemeinen steigt dieser mit der Temperatur etwas an.

2.22 Der Wärmeübergang (Konvektion)

Der Wärmeübergang setzt voraus, daß die Flüssigkeit gegenüber der Wandfläche eine Bewegung vollzieht. Anderenfalls läge die Form einer Wärmeleitung vor. Dabei gilt ganz allgemein, daß der Wärmeübergang um so intensiver wird, je stärker die Flüssigkeit bewegt ist. Man unterscheidet dabei grundsätzlich drei Arten der Flüssigkeitsbewegung:

1. *Die freie Strömung:* Bei dieser wird die Bewegung der Flüssigkeit durch innere Dichteunterschiede erzeugt. Die Bewegung ist also eine Folge des Wärmeüberganges selbst, der in der Flüssigkeit Temperaturunterschiede und damit Dichteunterschiede hervorruft. Die auftretenden Geschwindigkeiten sind hierbei verhältnismäßig gering. Es ist üblich in diesem Falle die Flüssigkeit als ruhend zu bezeichnen.

2. *Die aufgezwungene Strömung:* Bei dieser wird die Bewegung der Flüssigkeit durch äußere Ursachen hervorgerufen, die nicht oder zumindest nicht unmittelbar durch den Wärmeübergang bedingt sind. Die auftretenden Geschwindigkeiten können innerhalb gegebener Grenzen beliebig sein und sind größer als bei freier Strömung.

3. *Wärmeübergang mit Änderung des Aggregatzustandes der Flüssigkeit:* Die zwei vorbeschriebenen Fälle sind zunächst so zu betrachten, daß bei dem Wärmeübergang keine Änderung des Aggregatzustandes der Flüssigkeit auftritt. Findet in Verbindung mit dem Wärmeübergang eine Änderung des Aggregatzustandes statt, also Kondensation oder Verdampfung, so wird hierdurch ein sehr intensives Heranführen immer anderer Flüssigkeitsteilchen an die Heizfläche verursacht, und der Wärmeübergang wird sehr intensiv. Dieser Vorgang kann zudem noch mit einer aufgezwungenen Strömung verbunden sein.

In den genannten drei Fällen rechnet man aus Zweckmäßigkeitsgründen so, als ob die Temperatur der Flüssigkeit innerhalb eines Querschnittes dieselbe wäre, und daß zwischen der Oberfläche und der Flüssigkeit das Temperaturgefälle $t_w - t_f$ besteht, wobei t_f die Temperatur der Flüssigkeit bedeutet. t_f kann hierbei nur als die mittlere Temperatur der Flüssigkeit an der betreffenden Stelle erklärt werden.

Bei beheizten Räumen besteht jedoch die Vereinbarung, daß die Temperatur der Raumluft t_f in der Mitte des Raumes 1,50 m über Fußboden gemessen wird.

Für die drei Formen des Wärmeüberganges gilt als gemeinsame Grundgleichung

$$Q = \alpha_k f (t_w - t_f). \qquad (2.2/3)$$

Hierin bedeutet

$$\alpha_k = \text{die Wärmeübergangszahl in kcal/m}^2\text{h grd}.$$

Die Verschiedenheit der Wärmeübergänge muß also in der Wärmeübergangszahl ihren Ausdruck finden. Sie ist daher von zahlreichen Faktoren abhängig, wie Temperatur, Druck, Geschwindigkeitszustand und den stofflichen Eigenheiten der Flüssigkeit; Form, Abmessungen, Temperatur und Oberflächenbeschaffenheit der Wandfläche; Form und Größe des Strömungsraumes und der Größe der Temperaturdifferenz. Es ist deshalb nicht möglich für α_k eine oder mehrere Gleichungen zu finden, die gestatten würden, diesen Wert jeweils zu errechnen.

Die Theorie besagt jedoch, daß der Wärmeübergang an (sogenannte) ruhende Flüssigkeiten eine Funktion der GRASHOFschen Kennzahl ist. Dies ist eine dimensionslose Zahl, die sich ermittelt aus der Gleichung

$$Gr = \frac{g\, l^3 \beta\, (t_w - t_f)}{\nu^2}. \qquad (2.2/4)$$

Vereinfacht läßt sich diese Gleichung darstellen für Luft

$$Gr = b_L\, p^2\, d_a^3\, (t_w - t_f) \qquad (2.2/5)$$

und für Wasser:

$$Gr = b_W\, d_a^3\, (t_w - t_f). \qquad (2.2/6)$$

In diesen zwei Gleichungen sind die Werte b_L und b_W nur von der Temperatur abhängig, wie dies in den folgenden Tafeln angegeben ist. In diesen Tafeln ist als mittlere Temperatur $t_m = \dfrac{t_w + t_f}{2}$ einzusetzen.

t_m	20	30	40	50	60	70	80	90	100	110	120	130	140	150	°C
$b_L/10^6$	150	128	108	92	80	71	63	56	50	44,9	39,7	35,6	31,5	28,3	

t_m	4	10	20	30	40	50	60	70	80	90	100	110	—	—	°C
$b_W/10^{10}$	0	0,64	1,95	3,53	5,30	7,20	9,27	11,42	13,7	16,1	18,7	21,3	—	—	

Der Wärmeübergang bei aufgezwungener Strömung ist von der PÉCLETschen Kennzahl abhängig. Diese bestimmt sich aus der Gleichung

$$Pe = \frac{w\, l}{a}. \qquad (2.2/7)$$

Hierin bedeutet

w = die mittlere Strömungsgeschwindigkeit in m/h,

l = eine charakterische Abmessung in m,

a = die Temperaturleitzahl des strömenden Mediums in kcal/mh grd.

Die Abhängigkeiten müssen im einzelnen durch Versuche bestimmt werden. Es sind jedoch nur für wenige einfach gelagerte Fälle die Abhängigkeiten erfaßt worden. Für andere Fälle dienen rein empirisch gefundene Zusammenhänge, oder man muß sich mit ungefähren Angaben begnügen.

Im folgenden seien die hier wichtigsten Formeln gegeben.

2.221 Freie Strömung

2.221.1 Senkrechte ebene Wände in ruhender Luft

$$\alpha_k = 0,64\, c_L \sqrt[4]{p^2\,(t_w - t_f)} \tag{2.2/8}$$

$$c_L = 3,56 \text{ bei } t_m = 0°\,\text{C}$$
$$c_L = 3,40 \text{ bei } t_m = 50°\,\text{C}$$
$$c_L = 3,26 \text{ bei } t_m = 100°\,\text{C}$$
$$c_L = 3,13 \text{ bei } t_m = 150°\,\text{C}.$$

Setzen wir, um zu allgemeinen Werten zu gelangen, $t_m = 50°\,\text{C}$ und $p = 1,033 \text{ kg/cm}^2$, so wird

$$\alpha_k = 2,2 \sqrt[4]{t_w - t_f}. \tag{2.2/9}$$

2.221.2 Senkrechte ebene Wände in ruhendem Wasser

$$\alpha_k = 0,64\, c_W \sqrt[4]{t_w - t_f}. \tag{2.2/10}$$

t_m	4	10	20	30	40	50	60	70	80	90	100	110	120	130	°C
c_W	0	204	277	330	376	418	456	492	527	563	598	632	667	701	—

2.221.3 Waagerechte ebene Wände in ruhender Luft

Bei der Wärmeabgabe nach oben (Fußboden) kann man setzen

$$\alpha_k = 2,8 \sqrt[4]{t_w - t_f}. \tag{2.2/11}$$

Bei der Wärmeabgabe nach unten (Decke) gilt, wenn man ein Abströmen der unmittelbar unter Decke sich bildenden Warmluftschicht verhindert wird

$$\alpha_k = 0,55 \sqrt[4]{t_w - t_f} \tag{2.2/12}$$

Kann jedoch die Warmluft abströmen, so empfiehlt es sich, wie bei Wandflächen zu rechnen.

2.221.4 Waagerechte Rohre in ruhender Luft oder Wasser

$$\alpha_k = 0,468 \sqrt[4]{Gr}\, \frac{\lambda}{d_a}. \tag{2.2/13}$$

2.221.5 Heizflächen beliebiger Form an ruhendes Wasser

$\alpha_k = 500$ bis $3000 \text{ kcal/m}^2\text{h grd}$, je nachdem ob durch die Form und die Abmessungen der Fläche die freie Strömung beeinträchtigt oder begünstigt wird. Der Wert steigt mit der Temperaturdifferenz.

Mit Rührwerken können Wärmeübergangszahlen von 2000 bis $4000 \text{ kcal/hm}^2\text{grd}$ erreicht werden.

2.222 Aufgezwungene Strömung

2.222.1 Ebene Wand bei Gasen

$$\alpha_k = 0,075\, Pe^{0,75}\, \frac{\lambda}{l}. \tag{2.2/14}$$

Hierin ist $l =$ die Länge der Wand in m. Diese Formel gilt nur für Geschwindigkeiten $> 5 \text{ m/s}$. Bei $w < 5 \text{ m/s}$ gilt für senkrechte Wand

$$\alpha_k = 5 + 3,4\,w. \tag{2.2/15}$$

2.222.2 Gerades Rohr bei Gasen

$$\alpha_k = 0{,}040\, Pe^{0{,}75}\, \frac{\lambda}{d_i}\,. \tag{2.2/16}$$

Diese Formel gilt für längere Rohre als $l = 0{,}015\, Pe\, d_i$. Für kürzere Rohre gilt

$$\alpha_{kL} = \zeta\, \alpha_k$$

$\dfrac{l}{l'}$	0	0,001	0,05	0,1	0,2	0,4	0,6	0,8	1,0
ζ	∞	1,26	1,16	1,12	1,08	1,05	1,03	1,01	1,00

Bei nicht kreisförmigen Rohren findet man α_k nach vorstehenden Formeln, wenn man mit einem Rohrdurchmesser

$$d_K = \frac{4F}{S} \tag{2.2/17}$$

rechnet, wobei

$F =$ der Querschnitt des Rohres in m² und

$S =$ der wärmeaustauschende Teil des Querschnittsumfanges in m

bedeutet.

2.222.3 Gerade Rohrleitungen bei Wasser

$$\alpha_k = 1755\,(1 + 0{,}015\, t_m)\, \frac{w^{0{,}87}}{d_i^{0{,}13}}\,. \tag{2.2/18}$$

Hierin ist $t_m = 0{,}9\, t_f + 0{,}1\, t_w$.

2.223 Wärmeübergang mit Änderung des Aggregatzustandes

2.223.1 Kondensierende Dämpfe

1. Bei *Filmkondensation* an einer senkrechten Wand oder einem senkrechten Rohr von der Höhe H in m

$$\alpha_k = \frac{\alpha_1}{\sqrt[4]{H\,(t_f - t_w)}}\,. \tag{2.2/19}$$

α_1 ist hierbei die Wärmeübergangszahl einer senkrechten Wand von 1 m Höhe bei 1° Temperaturunterschied. α_1 ist aus der Zahlentafel 2 zu entnehmen.

Für ein waagerechtes Rohr vom Rohrdurchmesser d_i gilt, wenn α_k die Wärmeübergangszahl für eine senkrechte Wand von der Höhe $H = d_i$ bedeutet

$$\alpha_R = 0{,}77\, \alpha_k\,. \tag{2.2/20}$$

2. Bei *Tropfenkondensation* werden die Wärmeübergangszahlen 6 bis 20mal größer als bei der Filmkondensation.

Zahlentafel 2. *Wärmeübergangszahl α_1 für kondensierenden luftfreien Sattdampf an einer senkrechten Wand von 1 m Höhe bei 1° C Temperaturunterschied in kcal/m² h grd.* $t_m = \dfrac{t_f + t_w}{2}$

t_m	0	10	20	30	40	50	60	70	°C
α_1	5660	6260	6810	7320	7820	8285	8735	9165	kcal/m² h grd

t_m	80	90	100	110	120	130	140	150	°C
α_1	9590	10010	10420	10820	11190	11530	11850	12180	kcal/m² h grd

3. Als allgemeiner Anhaltspunkt diene, daß man bei Sattdampf rechnen kann $\alpha_k \geqq 10\,000$ kcal/h m² grd, wobei Luftfreiheit und gutes Ableiten des Kondenswassers vorausgesetzt ist.

4. Für Heißdampf (ohne Kondensation) kann man nach POENSGEN setzen

$$\alpha_k = 3{,}29\,\frac{p^{1,082}}{10^{\,0,0017\,t_w}}\cdot\frac{w^{0,892}}{d_i^{0,164}}\cdot \tag{2.2/21}$$

2.23 Die Wärmestrahlung

Die Wärmeabgabe durch Strahlung eines Körpers I (z. B. Heizkörper), der von einem Körper II (z. B. Raumbegrenzungen) ganz umschlossen ist, errechnet sich nach der Gleichung

$$Q_s = \Phi\, C\left[\left(\frac{T_1}{100}\right)^4 - \left(\frac{T_2}{100}\right)^4\right] f_I\cdot \tag{2.2/22}$$

Hierin ist die Strahlungszahl

$$C = \frac{1}{\dfrac{1}{C_1} + \dfrac{f_I}{f_{II}}\left(\dfrac{1}{C_2} - \dfrac{1}{C_s}\right)}\cdot \tag{2.2/23}$$

In vielen Fällen, d. h. immer wenn $C_2 \approx C_1$ und die Fläche des Körpers I zu der des Körpers II sehr gering ist, ist der 2. Summand im Nenner so gering, daß er gegenüber $\dfrac{1}{C_1}$ vernachlässigt werden kann. Dann wird $C = C_1$.

Sind die Flächen f_I und f_{II} einander gleich, wie es sich bei zwei mit geringem Abstand sich gegenüberliegenden Flächen annähernd ergibt, so wird $\dfrac{f_I}{f_{II}} = 1$ und

$$C = \frac{1}{\dfrac{1}{C_1} + \dfrac{1}{C_2} - \dfrac{1}{C_s}}\cdot \tag{2.2/24}$$

Da die Wärmeabgabe der Strahlungszahl C direkt proportional ist, ist jene sehr stark von der Oberfläche abhängig.

Hat der Körper I einspringende Oberflächenteile, so trifft ein Teil der ausgesandten Wärmestrahlen den Körper wieder selbst. Sie gehen also für den Wärmetransport nach außen verloren. Dies wird durch den Faktor Φ berücksichtigt. Φ ist stets kleiner als 1 und kann im Grenzfalle 1 erreichen, wenn ein Körper so gestaltet ist, daß sich keine Flächenteile gegenseitig bestrahlen. Φ stellt also das Verhältnis der nach dem Körper II gehenden Wärmestrahlen zu den insgesamt ausgestrahlten dar.

Es ist sehr unbequem mit der angegebenen Gleichung für die Wärmestrahlung zu arbeiten, insbesondere dann, wenn auch gleichzeitig noch Wärmeabgabe durch Konvektion vorliegt. Man überführt daher diese Gleichung durch Einführung einer *Wärmeübergangszahl für Strahlung* α_s in eine Form, wie sie auch die Gleichung für den Wärmeübergang durch Konvektion aufweist

$$Q_s = \alpha_s(t_{w1} - t_{w2})\,f\cdot \tag{2.2/25}$$

Setzt man beide Gleichungen einander gleich, so erhält man für α_s

$$\alpha_s = c\,C\,, \tag{2.2/26}$$

worin

$$c = \frac{\left(\frac{T_1}{100}\right)^4 - \left(\frac{T_2}{100}\right)^4}{T_1 - T_2} \tag{2.2/27}$$

den sogenannten Temperaturfaktor darstellt.

2.24 Gleichzeitige Wärmeabgabe durch Konvektion und Strahlung

Meist ist die Wärmeabgabe einer geheizten Fläche gleichzeitig auf dem Wege der Konvektion und der Strahlung gegeben. Die beiden Wärmeabgaben addieren sich

$$Q_{ges} = Q_K + Q_S \tag{2.2/28}$$

oder

$$Q_{ges} = [\alpha_k (t_{w1} - t_f) + \alpha_s (t_{w1} - t_{w2})] f .$$

Diese Gleichung ist noch unbequem, da gleichzeitig mit zwei verschiedenen Temperaturdifferenzen gerechnet werden muß. Setzt man jedoch $(t_{w1} - t_{w2}) = \varepsilon (t_{w1} - t_f)$, so wird

$$Q_{ges} = (\alpha_k + \varepsilon \alpha_s) (t_{w1} - t_f) f$$

oder, wenn man einführt

$$\alpha_{ges} = \alpha_k + \varepsilon \alpha_s \tag{2.2/29}$$

$$Q_{ges} = \alpha_{ges} (t_w - t_f) f . \tag{2.2/30}$$

2.25 Der Wärmedurchgang

Werden zwei Flüssigkeiten verschiedener Temperatur durch eine Wand voneinander getrennt, so findet ein Wärmetransport von der wärmeren nach der kälteren Flüssigkeit statt. Dieser Vorgang zerfällt in drei Teile:

1. der Wärmeübergang von der wärmeren Flüssigkeit an die Wand,
2. die Wärmeleitung durch die Wand,
3. der Wärmeübergang von der Wand an die kältere Flüssigkeit.

Aus den Gleichungen dieser drei Vorgänge errechnet sich die bekannte Gleichung

$$Q = \frac{t_1 - t_2}{\frac{1}{\alpha_1 f_1} + \frac{1}{\alpha_2 f_2} + \frac{1}{\lambda} \int \frac{dx}{f}} . \tag{2.2/31}$$

2.251 Ebene Wand

Für die ebene einschichtige Wand mit gleichbleibender Wandstärke wird aus Gl. (2.2/31)

$$Q = f k (t_1 - t_2) , \tag{2.2/32}$$

worin

$$k = \frac{1}{\frac{1}{\alpha_1} + \frac{1}{\alpha_2} + \frac{a}{\lambda}} \tag{2.2/33}$$

die *Wärmedurchgangszahl* in kcal/m² h grd bedeutet.

Für mehrschichtige Wände gilt die gleiche Formel, nur ist

$$k = \frac{1}{\dfrac{1}{\alpha_1} + \dfrac{1}{\alpha_2} + \Sigma \dfrac{a}{\lambda}} \; . \qquad (2.2/34)$$

2.252 Rohr

Für Rohr führt die Auswertung der Gl. (2.2/31) zu dem Resultat:

$$Q = \frac{\pi \cdot l \, (t_i - t_a)}{\dfrac{1}{\alpha_i \, d_i} + \dfrac{1}{\alpha_a \cdot d_a} = \dfrac{1}{2\,\lambda} \ln \dfrac{d_i}{d_a}} \; .$$

Setzt man hierin noch das Verhältnis des äußeren zum inneren Durchmesser zu s, d. h. $s = \dfrac{d_a}{d_i}$, so wird

$$Q = \frac{d_a \cdot \pi \cdot l \, (t_i - t_a)}{\dfrac{s}{\alpha_i} + \dfrac{1}{\alpha_a} + \dfrac{d_a}{2\,\lambda} \ln s} \; . \qquad (2.2/35)$$

Führt man hier eine auf die äußere Rohroberfläche bezogene Wärmedurchgangszahl k_R ein, so muß sein

$$Q = \pi d_a \, l \, k_R \, (t_i - t_a) \; . \qquad (2.2/36)$$

Setzt man beide Ausdrücke einander gleich, so errechnet sich

$$k_R = \frac{1}{\dfrac{s}{\alpha_i} + \dfrac{1}{\alpha_a} + \dfrac{d_a}{2\,\lambda} \ln s} \; . \qquad (2.2/37)$$

2,253 Rippenrohr

Bei Rippenrohr sind die Verhältnisse des Wärmeüberganges auf der berippten Seite sehr kompliziert, ebenso auch die Wärmeleitung nach und in den Rippen. In der Praxis hilft man sich damit, daß man für die berippte Seite eine Wärmeübergangszahl α_{RR} bestimmt, die der Gleichung

$$Q = \alpha_{RR} \, (t_{w\,k} - t_f) \, f_{RR} \qquad (2.2/38)$$

genügt, wobei $t_{w\,k}$ die Oberflächentemperatur des Kernrohres bedeutet. α_{RR} ist also keine reine Wärmeübergangszahl mehr, sondern schließt in sich bereits die Temperaturänderung an den Rippenoberflächen ein.

Weiterhin kann man eine Wärmeübergangszahl α_R so bestimmen, daß

$$Q = \alpha_R \, (t_{w\,k} - t_f) \, f_R \qquad (2.2/39)$$

ist. α_R ist hierbei auf die Oberfläche des Kernrohres bezogen und schließt die durch die Rippen vermehrte Wärmeabgabe ein. f_R ist die Oberfläche des gedachten glatten Rohres. Der Wert α_R erscheint daher wesentlich größer als die wirkliche Wärmeübergangszahl. Mit diesem Wert α_R kann man nun, analog der Gleichung für glattes Rohr, die Wärmedurchgangszahl bestimmen zu

$$k_R = \frac{1}{\dfrac{s}{\alpha_i} + \dfrac{1}{\alpha_R} + \dfrac{d_a}{2\,\lambda} \ln s} \; .$$

Bei Verwendung dieses Wertes muß man nun auch die Oberfläche des glatt gedachten Rohres einsetzen. Um nun die wirkliche Oberfläche des Rippenrohres

verwenden zu können, ist es notwendig, die Wärmeübergangszahl auf diese um-
zurechnen, und man erhält

$$k_{RR} = \frac{1}{\dfrac{s}{\alpha_i} + \dfrac{1}{\alpha_R} + \dfrac{d_a}{2\lambda}\ln s} \cdot \frac{f_R}{f_{RR}} .$$

Setzt man die Formeln (2.2/38) und (2.2/39) einander gleich, so errechnet sich

$$\alpha_R = \alpha_{RR}\frac{f_{RR}}{f_R} ,$$

so daß sich ergibt

$$k_{RR} = \frac{1}{\dfrac{s}{\alpha_i} + \dfrac{1}{\alpha_{RR}} \cdot \dfrac{f_R}{f_{RR}} + \dfrac{d_a}{2\lambda}\ln s} \cdot \frac{f_R}{f_{RR}} .$$

Setzt man hierin noch für das Verhältnis $\dfrac{f_{RR}}{f_R}$ den Ausdruck M, so wird

$$k_{RR} = \frac{1}{\dfrac{s}{\alpha_i} M + \dfrac{1}{\alpha_{RR}} + \dfrac{M\,d_a}{2\lambda}\ln s} . \qquad (2.2/40)$$

Diese Formel für die Wärmedurchgangszahlen für Rippenrohre läßt sich allgemein auch bei Formen verwenden, bei denen die äußere Oberfläche größer ist,
als die innere, auch wenn die ausgesprochene Form des Rippenrohres nicht vorliegt.

2.254 Die mittlere Temperaturdifferenz

Bei Wärmeübertragungen von einer zu einer anderen Flüssigkeit ist die Temperaturdifferenz entlang der Übertragungsfläche veränderlich. Zur Berechnung

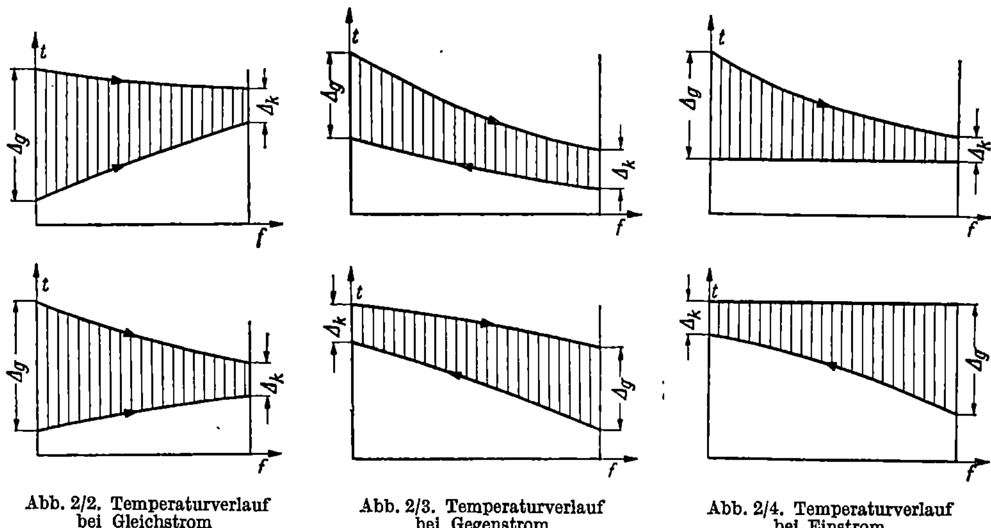

Abb. 2/2. Temperaturverlauf
bei Gleichstrom

Abb. 2/3. Temperaturverlauf
bei Gegenstrom

Abb. 2/4. Temperaturverlauf
bei Einstrom

muß daher die mittlere Temperaturdifferenz ermittelt werden. Hierbei sind drei
grundsätzliche Fälle zu unterscheiden

1. den *Gleichstrom*, bei welchem die Flüssigkeiten in gleicher Richtung an der
Heizfläche vorbeiströmen,

2. den *Gegenstrom*, bei welchem die Flüssigkeiten in entgegengesetzter Richtung an den Heizflächen vorbeiströmen und

3. den *Kreuzstrom*, bei welchem die Flüssigkeiten quer zueinander strömen.

Es ergeben sich dabei die im folgenden dargestellten Temperaturbilder entlang der Heizfläche (Abb. 2/2 bis 2/4).

Wie aus den Abbildungen zu ersehen ist, ist die Änderung der Temperaturdifferenz entlang der Heizfläche nicht linear. Die mittlere Temperaturdifferenz Δ_m kann daher nicht aus dem arithmetischen Mittel der größten Δ_g und der kleinsten Δ_k Temperaturdifferenz ermittelt werden. Für Gleichstrom und Gegenstrom gilt die Gleichung

$$\Delta_m = \Delta_g \frac{1 - \dfrac{\Delta_k}{\Delta_g}}{\ln \dfrac{\Delta_g}{\Delta_k}} \, . \tag{2.2/41}$$

Als Sonderfall zu Gleich- und Gegenstrom tritt noch der sogenannte *Einstrom* auf. Dieser ist gegeben, wenn auf der einen Seite keine Temperaturänderung der Flüssigkeit auftritt, z. B. bei kondensierendem Dampf ohne nennenswerten Druckabfall, oder wenn sich auf der einen Seite eine sogenannte ruhende Flüssigkeit befindet.

Bei gleichen Anfangs- und Endtemperaturen liegt die mittlere Temperaturdifferenz bei Gegenstrom höher als bei Gleichstrom. Man wird sich daher immer bemühen den vorteilhafteren Gegenstrom anzuwenden. Bei Kreuzstrom liegt die mittlere Temperaturdifferenz zwischen der von Gegenstrom und Gleichstrom.

Für die genannten Fälle gilt für den Wärmedurchgang die gleiche Beziehung:

$$Q = f \, k \, \Delta_m \, . \tag{2.2/42}$$

2.255 Der Stab von endlicher Länge

Die Kenntnis der Gesetze der Wärmeleitung und der Wärmeabgabe eines Stabes von endlicher Länge ist für viele praktische Fälle von Bedeutung. Der Wärmeübertragungsvorgang besteht darin, daß der Stab an einem Ende die Wärme aufnimmt und diese im Stabe weiterleitet, wobei durch die Oberfläche des Stabes die Wärmeabgabe nach außen erfolgt. Aus Abb. 2/5 ergibt sich der Temperaturverlauf längs des Stabes. Es ist hierbei angenommen, daß sich der Stab in einer Flüssigkeit von gleichmäßiger Temperatur befindet. Setzt man diese Temperatur gleich Null, so sind sämtliche Stabtemperaturen als Übertemperaturen gegenüber der Flüssigkeit zu betrachten. In seinem Wurzelpunkte werde der Stab durch Zuführung von Wärme ständig auf der Übertemperatur Θ_c gehalten.

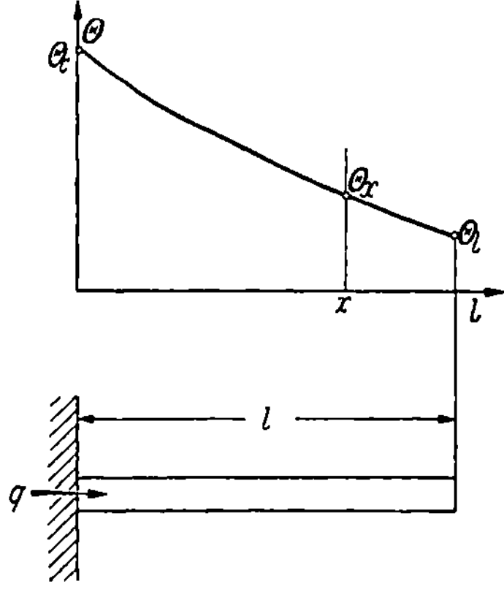

Abb. 2/5. Temperaturverlauf längs eines endlich langen Stabes

Die Ableitung der Gleichungen muß hier übergangen werden[1]. Es können nur die Resultate angegeben werden.

---

[1] s. H. Gröber: Einführung in die Lehre von der Wärmeübertragung. Berlin: Springer 1926.

Die Übertemperatur an der Stelle x beträgt

$$\Theta_x = C_1 e^{+bx} + C_2 e^{-bx} \qquad (2.2/43)$$

worin

$$C_1 = \Theta_c \frac{(1-B)\, e^{-bl}}{e^{+bl} + e^{-bl} + B\,(e^{+bl} - e^{-bl})}, \qquad (2.2/44)$$

$$C_2 = \Theta_c \frac{(1+B)\, e^{+bl}}{e^{+bl} + e^{-bl} + B\,(e^{+bl} - e^{-bl})}, \qquad (2.2/45)$$

$$b = \sqrt{\frac{\alpha S}{\lambda F}}, \qquad B = \frac{\alpha_L}{b\lambda}.$$

Hierin bedeuten

l　Länge des Stabes .... in m
e　Basis der natürlichen Logarithmen
α　Wärmeübergangszahl am Umfange des Stabes ...... in kcal/m² h grd
α_L　Wärmeübergangszahl an der Endfläche des Stabes .. in kcal/m² h grd
S　Umfang des Stabes .... in m
F　Querschnitt des Stabes .... in m²
λ　Wärmeleitzahl des Stabes .... in kcal/m h grd

Für das Ende des Stabes vereinfacht sich die Gl. (2.2/43) in

$$\Theta_L = \Theta_c \frac{2}{(e^{+bl} + e^{-bl}) + B\,(e^{+bl} - e^{-bl})}$$

oder

$$\Theta_L = \Theta_c \frac{1}{\mathfrak{Cof}\,(bl) + B\,\mathfrak{Sin}\,(bl)}. \qquad (2.2/46)$$

Kann man die Wärmeabgabe an der Stirnfläche des Stabes vernachlässigen, so wird einfacher

$$C_1 = \Theta_c \frac{e^{-bl}}{e^{+bl} + e^{-bl}} \qquad (2.2/47)$$

$$C_2 = \Theta_c \frac{e^{+bl}}{e^{+bl} + e^{-bl}} \qquad (2.2/48)$$

$$\Theta_L = \Theta_c \frac{1}{\mathfrak{Cof}\,(bl)}. \qquad (2.2/49)$$

Die Formeln gelten unter der Annahme, daß innerhalb eines Querschnittes die gleiche Temperatur vorhanden ist.

2.3 Die erforderliche Leistung der Anlage

Jede Heizungsanlage muß für eine bestimmte höchste nutzbare Wärmeleistung ausgelegt werden. Diese Leistung werde als *Nennleistung* (Q') bezeichnet. Der Bestimmung der Anlage als solche muß die Berechnung der Nennleistung vorausgehen. Die Berechnung der Nennleistung richtet sich nach dem Verwendungszweck der Anlage. Es ist nicht die Aufgabe dieses Werkes, die Berechnung des

Wärmebedarfes darzustellen. Bei Raumheizungen erfolgt die Ermittlung des Wärmebedarfes nach DIN 4701: „Regeln über die Berechnung des Wärmebedarfes von Gebäuden."

In dem Verteilungsnetz einer Anlage treten noch Wärmeverluste auf, so daß die tatsächliche Wärmeabgabe der Anlage größer als die Nennleistung wird. Diese Leistung werde als die *Anschlußleistung* (Q_a') bezeichnet. Berücksichtigt man die Wärmeverluste der Anlage durch den Wirkungsgrad η_R des Verteilungsnetzes, so erhält man die Beziehung

$$Q_a = \frac{Q}{\eta_R} \, . \qquad (2.3/1)$$

Hierbei ist zu beachten, daß die Wärmeabgabe des Rohrnetzes, soweit sie, z. B. für die Raumerwärmung, nutzbar wird, mit zur Nennleistung gehört. Der Wirkungsgrad η_R erfaßt also nur die wirklichen Wärmeverluste des Rohrnetzes.

2.4 Die Wärmeverbraucher

2.41 Raumheizkörper

2.411 Heizkörper mit freier Luftströmung

Die Wärmeabgabe der Raumheizkörper, die keine Einrichtung zur zwangsläufigen Luftbewegung haben, erfolgt teils durch Konvektion und teils durch Strahlung. Für diese gilt die Gl. (2.2/42)

$$Q = f \, k \, \Delta_m \, ,$$

wobei bei der Bestimmung von k nach den Gln. (2.2/33), (2.2/34), (2.2/37) oder (2.2/40) die Wärmeübergangszahl α_2 bzw. α_a bzw. α_{RR} als Gesamtwärmeübergangszahl α_{ges} einschließlich der Wärmestrahlung gemäß Gl. (2.2/29) einzusetzen ist. Der Wert Δ_m stellt hierbei die mittlere Temperaturdifferenz zwischen dem Heizwasser und der Raumluft dar. Wir bezeichnen diese im folgenden als die *mittlere Übertemperatur* des Heizwassers und bezeichnen sie mit dem Symbol Θ.

Die Temperatur der Raumluft ist im gesamten Raume nicht gleich groß, sondern je nach Raumteil etwas verschieden. Es muß also eine Vereinbarung getroffen werden, was man unter Raumtemperatur versteht: *In der Heizungstechnik versteht man unter Raumtemperatur die in der Mitte des Raumes 1,50 m über Fußboden gemessene Lufttemperatur* t_R (s. Abb. 2/6).

Die Übertemperatur muß demnach auf die Raumtemperatur bezogen sein. In Abb. 2/7 sind die Temperaturverhältnisse dargestellt. Die Lufttemperatur im unmittelbaren Bereich des Heizkörpers kann von der Raumtemperatur t_R abweichen. Dieser Unterschied kann durch ent-

Abb. 2/6. Wärmewirkung eines Heizkörpers unter dem Fenster

sprechende Korrektur der Wärmedurchgangszahl des Heizkörpers berücksichtigt werden. Da nach Abb. 2/7 eine einheitliche Lufttemperatur t_R angenommen ist, ergibt sich für den Wärmedurchgang die Form des Einstromes. Für die mittlere Übertemperatur erhält man damit die Formel

$$\Theta = \frac{t_v - t_r}{\ln \dfrac{t_v - t_R}{t_r - t_R}} . \qquad (2.4/1)$$

In der Praxis begnügt man sich meistens, statt der logarithmisch ermittelten Übertemperatur, das arithmetische Mittel

$$\Theta = \frac{t_v + t_r}{2} - t_R \qquad (2.4/2)$$

einzusetzen.

Abb. 2/7. Die mittlere Übertemperatur des Heizwassers

Die Wärmedurchgangszahlen k für die verschiedenen Heizkörper könnten nach den in Kapitel 2.2 gegebenen Grundlagen ermittelt werden. Dies ist aber nur zu einem Teil möglich, da die teilweise sehr komplizierten Heizkörperformen eine theoretische Berechnung nicht zulassen. Es ist daher notwendig die Wärmedurchgangszahlen experimentell zu bestimmen, wobei die in der Heizungstechnik gegebenen Verhältnisse berücksichtigt werden. Die Wärmedurchgangszahl wird dann nach der Gleichung

$$k = \frac{Q}{f \Theta} \qquad (2.4/3)$$

errechnet, wobei für Θ das arithmetische Mittel zugrunde gelegt wird.

Die k-Werte sind vor allen Dingen von der Art und den Abmessungen der Heizkörper abhängig, in geringerem Maße aber auch von der Oberflächenbeschaffenheit (Anstrich) und von der Anordnung im Raume.

Bei dem Anstrich spielt die Farbtönung keine Rolle, da diese die Strahlungszahl in dem hier in Betracht kommenden Wellenbereich kaum beeinflußt. Nur bei metallischen Anstrichen, beispielsweise Aluminiumbronze, ist die Strahlungszahl merklich geringer, so daß auch die Wärmeübergangszahl für Strahlung und damit letztlich auch die Wärmedurchgangszahl herabgesetzt wird. Dies wirkt sich um so stärker aus, je größer der Anteil der Strahlung an der Gesamtwärmeabgabe ist.

In Abb. 2/6 sind die Verhältnisse bei Aufstellung eines Heizkörpers unter einem Fenster dargestellt. Abb. 2/8 gibt die Verhältnisse bei Anordnung des Heizkörpers an der Innenwand wieder. Bei dem Vergleich der beiden Abbildungen erkennt man, daß im ersten Falle eine gleichmäßigere Lufttemperatur im Raume zu erwarten ist, als im zweiten Falle. Hieraus folgert, daß der gleiche Heizkörper an der Innenwand, bezogen auf die Raumtemperatur t_R eine

Abb. 2/8. Wärmewirkung eines Heizkörpers an der Innenwand

geringere Wärmeleistung erbringt als unter dem Fenster, da die Lufttemperatur im unmittelbaren Bereich des Heizkörpers an der Innenwand höher ist als unter dem Fenster. Dies müßte sich also in der Wärmedurchgangszahl k ausdrücken.

In der Praxis hilft man sich mit einer 5 bis 10 %igen Vergrößerung des Heizkörpers an der Innenwand.

Von größerer Bedeutung ist die Abhängigkeit der Wärmedurchgangszahl von der Übertemperatur des Heizwassers. Diese Abhängigkeit wird allgemein durch ein Potenzgesetz dargestellt:

$$k = k_n \left(\frac{\Theta}{n}\right)^m.$$ (2.4/4)

In dieser Gleichung stellt k_n einen Grundwert dar, ermittelt für die mittlere Übertemperatur n. In Anpassung an die Verhältnisse der Warmwasserheizungen wird für n allgemein 60 grd angenommen. Die in Tabellen angegebenen k-Werte, insbesondere auch die Werte der DIN 4703, sind auf diese mittlere Übertemperatur von 60 grd bezogen.

Die Gl. (2.4/4) führt bei der Übertemperatur Null zu einer Wärmedurchgangszahl von $k = 0$. Dies ist nur dann möglich, wenn die Wärmeabgabe rein durch Konvektion stattfindet, da die Wärmeübergangszahl für Strahlung auch bei $\Theta = 0$ noch einen endlichen Wert besitzt. Das Potenzgesetz kann daher nur als Annäherung betrachtet werden und wird ungenau bei sehr geringen Temperaturdifferenzen.

Setzt man den Wert von k aus Gl. (2.4/4) in Gl. (2.2/42) ein, so wird

$$Q = f \frac{k_n}{n^m} \Theta^{1+m}.$$

Führt man in diese Gleichung noch einen Grundwert

$$k_0 = \frac{k_n}{n^m}$$ (2.4/5)

ein, so erhält man endlich für die Wärmeleistung eines Heizkörpers

$$Q = f k_0 \Theta^{1+m}.$$ (2.4/6)

Zur Bestimmung von k_0 aus den experimentell ermittelten Werten, läßt sich Gl. (2.4/5) umformen in

$$k_0 = \frac{k_{60}}{60^m}.$$ (2.4/7)

Durch Gleichsetzen der Gln. (2.2/42) und (2.4/6) läßt sich der Wert der jeweiligen Wärmedurchgangszahl bestimmen zu

$$k = k_0 \Theta^m.$$ (2.4/8)

Für die Bestimmung der Heizflächen formt man vorstehende Gleichungen um in

$$f = \frac{Q}{k \Theta}$$ (2.4/9)

oder

$$f = \frac{Q}{k_0 \Theta^{1+m}}.$$ (2.4/10)

Die experimentelle Feststellung der k-Werte erfolgt bei einer Temperaturabsenkung δ des Heizwassers, wie sie normalerweise bei Warmwasserheizungen auftritt: $\delta' = 20$ grd. Bei dieser verhältnismäßig geringen Temperaturabsenkung konnte ohne weiteres das arithmetische Mittel zwischen Vor- und Rücklauf als mittlere Wassertemperatur eingesetzt werden. Bei größeren Temperaturabsenkungen ist dies jedoch nicht mehr zulässig, sondern man muß auf die Gl. (2.4/1) zurückgreifen. Setzt man in dieser noch für $t_v - t_r = \delta$ und für $t_v - t_R = \Theta_v$, so erhält man

$$\Theta = \frac{\delta}{\ln \dfrac{\Theta_v}{\Theta_v - \delta}} \;. \tag{2.4/11}$$

Für die Wärmeabgabe kommt man wieder auf die Gleichung

$$Q = f\,\mathfrak{k}\,\Theta \tag{2.4/12}$$

zurück, wobei $\mathfrak{k}$ jetzt selbstverständlich auf den logarithmischen Wert von Θ bezogen sein muß. Auch in dieser Formel ist $\mathfrak{k}$ wiederum von der mittleren Übertemperatur Θ abhängig und zwar, wie man ohne weiteres annehmen kann, in der gleichen Gesetzmäßigkeit wie bei k. Es ergibt sich also

$$\mathfrak{k} = \mathfrak{k}_n \left(\frac{\Theta}{n}\right)^m = \mathfrak{k}\,\Theta^m . \tag{2.4/13}$$

Der Wert $\mathfrak{k}$ ist jetzt nach der Formel

$$\mathfrak{k} = \frac{Q}{f\,\dfrac{\delta}{\ln \dfrac{\Theta_v}{\Theta_v - \delta}}} \;. \tag{2.4/14}$$

experimentell zu bestimmen.

Die Beziehung zwischen k und $\mathfrak{k}$ ergibt sich aus der Gleichsetzung folgender Formeln für Q

$$f \cdot k \left(\frac{t_v + t_r}{2} - t_R\right) = f\,\mathfrak{k}\,\frac{t_v - t_r}{\ln \dfrac{t_v - t_R}{t_r - t_R}} \;, \quad \text{zu}$$

$$\mathfrak{k} = k\,\frac{\dfrac{t_v + t_r}{2} - t_R}{t_v - t_r} \cdot \ln \frac{t_v - t_r}{t_r - t_R} \;.$$

Setzt man hierin die üblichen Werte $t_v = 90°\,\mathrm{C}$; $t_r = 70°\,\mathrm{C}$ und $t_R = 20°\,\mathrm{C}$ ein, so wird

$$\mathfrak{k}_{60} = 1{,}0095\,k_{60} \tag{2.4/15}$$

und dementsprechend auch

$$\mathfrak{k} = 1{,}0095\,k \tag{2.4/16}$$

$$\mathfrak{k}_0 = 1{,}0095\,k_0 \;. \tag{2.4/17}$$

Die Auswertung der Gl. (2.4/11) ist in Arbeitsblatt 8 dargestellt.

Die Anordnung der Heizkörper im Raume. Die ideale Anordnung von Raumheizkörpern wäre so, daß überall da, wo Wärmeverluste auftreten, auch Heizkörper mit entsprechender Wärmeleistung angeordnet würden. Dies ist praktisch nicht durchführbar. Um sich der idealen Anordnung möglichst zu nähern gilt allgemein, daß man die Heizkörper da anordnen soll, wo die hauptsächlichsten Wärmeverluste auftreten. Dies bedeutet allgemein Aufstellung der Heizkörper unter den Fenstern.

Abb. 2/6 veranschaulicht die Luftströmungen, die sich bei Aufstellung unter den Fenstern ergeben. Die an den Fenstern sich stark abkühlende Luft fällt nach unten und wird vom Heizkörper aufgefangen, erwärmt und strömt wieder nach oben. Auch die durch die Fensterritzen eintretende Außenluft wird, sofern die Menge gering ist, auf diese Art erwärmt und tritt nicht als Zug auf. Die vom Rauminneren über Fußboden nach dem Heizkörper strömende Luft ist verhältnismäßig warm und wird nicht als Zug empfunden. Auch die Wärmestrahlungsverhältnisse sind sehr günstig. Der von den Rauminsassen ausgehenden, nach den kalten Außenflächen gerichteten Wärmestrahlung, wirkt die Wärmestrahlung des Heizkörpers nach den Rauminsassen entgegen.

Wesentlich ungünstiger liegen die Verhältnisse bei Anordnung der Heizkörper an den Innenwänden, wie dies in Abb. 2/8 veranschaulicht ist. Die vom Heizkörper erwärmte Luft steigt nach oben und fällt hauptsächlich am Fenster und der Außenwand nach unten, wobei sie sich stark abkühlt. Diese abgekühlte Raumluft strömt nun zusammen mit der durch die Fensterritzen einfallenden Außenluft über Fußboden nach dem Heizkörper zurück und wird hierbei leicht als Zug an den Füßen empfunden. Auch die Wärmestrahlungsverhältnisse sind sehr ungünstig. Nach der einen Seite geben die Rauminsassen Wärme durch Strahlung an die kalten Außenflächen ab, während ihnen auf die andere Seite Wärme von den Heizkörpern zugestrahlt wird.

2.411.1 Radiatoren

Radiatoren sind für die Wärmeübertragungsvorgänge, besonders bezüglich der Wärmestrahlung, sehr komplizierte Gebilde. Eine analytische Berechnung ist daher nicht angebracht. Die Festlegung der Wärmedurchgangszahlen mußte experimentell durchgeführt werden. Die Grundwerte der Wärmedurchgangszahlen sind in DIN 4703 festgelegt. Sie beziehen sich auf die Radiatoren, die in den Normen DIN 4720 und DIN 4722 festgelegt sind. Ein Unterschied zwischen gußeisernen und Stahlradiatoren ist in DIN 4703 nicht gemacht, sondern die Wärmeabgabe ist für beide gleich groß angenommen. Bezüglich des Materials ist dies auch an sich zutreffend. Der Wärmedurchgangswiderstand in der Wand ist so gering, daß er praktisch einflußlos bleibt. Von Einfluß ist jedoch die Formgebung. Stahlradiatoren werden mit geringeren Gliederabständen gefertigt als Gußradiatoren. Die Strahlungsverhältnisse sind daher bei den ersteren ungünstiger, so daß die Wärmeleistung der Stahlradiatoren etwas geringer sein dürfte als die der Gußradiatoren.

Für Radiatoren wurde m zu $1/_3$ ermittelt. Damit wird

$$k_0 = \frac{k_{60}}{60^{1/_3}} = 0,255\, k_{60} \tag{2.4/18}$$

und

$$Q = f\, k_0\, \Theta^{4/_3} \tag{2.4/19}$$

bzw.

$$f = \frac{Q}{k_0\, \Theta^{4/_3}}. \tag{2.4/20}$$

Die Berechnungswerte k_0 und $\Theta^{4/_3}$ sind in dem Arbeitsblatt 9 zusammengestellt.

2.411.2 Glattes einfaches Rohr

Das einfache glatte Rohr stellt einen einfachen Körper dar, dessen Wärmedurchgangszahl der Berechnung zugänglich ist. Für diese gilt die Gl. (2.2/37). Im

Nenner dieses Ausdrucks kann der Summand $\frac{d_a}{2\lambda}\cdot\ln s$ vernachlässigt werden, da er gegenüber den beiden anderen Summanden verschwindend klein ist. Es wird somit

$$k_R = \cfrac{1}{\cfrac{s}{\alpha_i}+\cfrac{1}{\alpha_a}}\,. \qquad (2.4/21)$$

Für α_i liegt uns bereits die Gl. (2.2/18) vor. Bei Heizrohren ist jedoch die Wassergeschwindigkeit meistens so gering, daß man nicht mehr von einer aufgezwungenen Strömung sprechen kann, und die Konvektionsströme innerhalb des Rohres überwiegen. Die Gl. (2.2/18) würde zu geringe Werte ergeben. Es empfiehlt sich, die Wärmeübergangszahl für „ruhendes Wasser" mit $\alpha_i = 500$ kcal/h m² grd einzusetzen. Wenn dieser Wert auch nur als annähernd zu betrachten ist, so ist zu beachten, daß der Einfluß der inneren Wärmeübergangszahl auf die Wärmedurchgangszahl nur sehr gering ist. Die Ungenauigkeit von α_i wirkt sich auf k_R nur gering aus und kann in Kauf genommen werden.

Bei größeren Geschwindigkeiten, wie sie bei Leitungsrohren auftreten, ist jedoch die Formel (2.2/18) anzuwenden.

Die Wärmeübergangszahl α_K für waagerechte einzelne Rohre ermittelt sich nach der Formel (2.2/13). Die Wärmeübergangszahl für Strahlung errechnet sich nach Gl. (2.2/26) und (2.2/27), wobei $C = C_1$.

Die Auswertung dieser Gleichungen, die hier übergangen werden soll, führt zu dem Wert

$$k_R = \frac{2{,}53\,\Theta^{0{,}29}}{d_a^{\,0{,}12}}\,. \qquad (2.4/22)$$

In Auswertung dieser Gleichung entstand das Arbeitsblatt 10.

Diese Werte gelten an sich nur für waagerechte Rohre. Bei senkrechten Rohren unterliegen die äußeren Wärmeübergangszahlen anderen Gesetzen. Da hierfür keine genügenden Unterlagen bestehen, empfiehlt es sich auch bei senkrechten Rohren mit den Werten des Arbeitsblattes 10 zu rechnen.

Liegen mehrere waagerechte Rohre übereinander, so beeinträchtigen sie sich in ihrer Wärmeabgabe gegenseitig. Die spezifische Wärmeleistung geht daher zurück. Es ist nicht möglich, ohne genauere Versuchsergebnisse hierfür präzise Angaben zu machen, um so mehr als je nach Zahl der Lagen und der Rohrabstände sich andere Verminderungen ergeben werden. Es wird hier auf die Regel DIN 4703 verwiesen.

2.411.3 Rippenrohre

Auch hier ist der Summand $\frac{M\,d_a}{2\lambda}\ln s$ im Verhältnis zu den anderen Summanden vernachlässigbar klein, so daß man schreiben kann

$$k_{RR} = \cfrac{1}{\cfrac{sM}{\alpha_i}+\cfrac{1}{\alpha_{RR}}}\,. \qquad (2.4/23)$$

Die Wärmedurchgangszahlen müssen hierbei durch Versuch bestimmt werden.

Nach BRADTKE[1] gilt

I. Für *Stahlbandrippenrohre mit stark gewellten Rippen*, d. h. mit Wellen, deren Höhe 0,75 der Rippenhöhe beträgt

$$\alpha_{80} = \frac{0{,}525\,b}{(100\,f)^{0{,}32}}.\tag{2.4/24}$$

II. Für *Stahlbandrippenrohre mit schwach gewellten Rippen*, d. h. mit Wellen, deren Höhe 0,5 der Rippenhöhe beträgt, oder mit *glatten Rippen* oder für *gußeiserne Scheibenrippenrohre*

$$\alpha_{80} = \frac{2.125\,b^{0{,}52}}{(100\,f)^{0{,}32}}.\tag{2.4/25}$$

Hierin bedeutet

b der lichte Rippenabstand in mm

f die Oberfläche eines Rippenrohrgliedes in m², das ist die auf eine Rippe entfallene Gesamtheizfläche.

$f = \dfrac{F_{RR}}{n}$ in m²/Rippe, wenn n die Zahl der Rippen auf einen Meter Rippenrohr und F_{RR} die Oberfläche von einem Meter Rippenrohr bedeutet.

Von Bedeutung ist hierbei die richtige Bestimmung der Rippenrohroberfläche.
Es ist

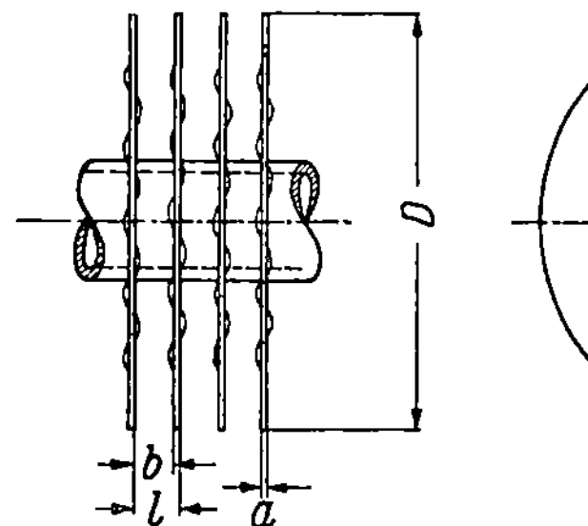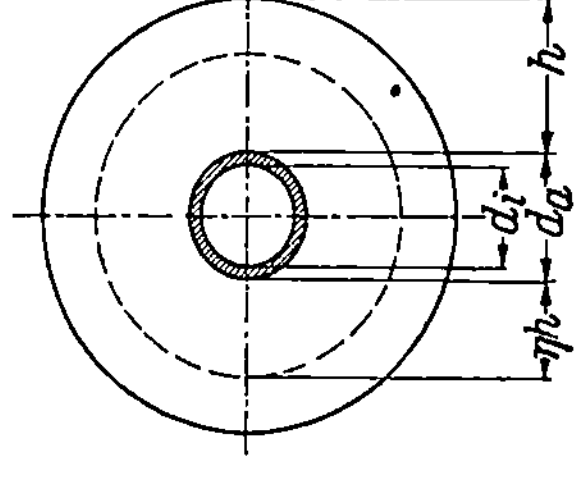

Abb. 2/9. Rippenrohr-Abmessungen

für Stahlbandrippenrohre mit stark gewellten Rippen ($\eta = 0{,}75$)

$$f = \pi\left[l\,d_a + 2\,h\left(d_a + \frac{a}{4}\right) + 3{,}125\,h^2\right],\tag{2.4/26}$$

für Stahlbandrippenrohre mit schwach gewellten Rippen ($\eta = 0{,}5$)

$$f = \pi\left[l\,d_a + 2\,h\left(d_a + \frac{a}{2}\right) + 2{,}5\,h^2\right],\tag{2.4/27}$$

für Stahlbandrippenrohre mit glatten Rippen und Stahlscheibenrippenrohre

$$f = \pi\left[l\,d_a + 2\,h\,(d_a + a) + 2\,h^2 + 2\,b\,\delta\right],\tag{2.4/28}$$

für gußeiserne Scheibenrippenrohre

$$f = \pi\left[l\,d_a + 2\,h\,(d_a + a) + 2\,h^2\right].\tag{2.4/29}$$

Hierin bedeuten

l die Baulänge eines Rippenrohrgliedes, d. h. der zu einer Rippe gehörige Teil des Rippenrohres .... in m
a die mittlere Rippendicke .... in m
b die Breite der Umbördelung der Rippe am Rippenfuß   in m
η das Verhältnis der Wellenhöhe zur Rippenhöhe.

---

[1] BRADTKE: HLH 1950, S. 51.

Rechnet man die Werte α_{80} für unsere Zwecke auf eine Temperaturdifferenz von 60 grd um, so erhält man

$$\text{I.} \quad \alpha_{60} = 0{,}112\, b \left(\frac{n}{F_{RR}}\right)^{0,32} \tag{2.4/30}$$

$$\text{II.} \quad \alpha_{60} = 0{,}453\, b^{0,52} \left(\frac{n}{F_{RR}}\right)^{0,32}. \tag{2.4/31}$$

Bei der Umrechnung wurde der Exponent m zu 0,25 angenommen.

Beispiel 1. Stahlbandrippenrohr mit stark gewellten Rippen,

$$d_a = 0{,}076 \text{ m}, \quad h = 0{,}030 \text{ m}, \quad n = 75, \quad \delta = 0{,}001 \text{ m}, \quad b = 12{,}3 \text{ mm}$$

$$f = \pi \left[0{,}0133 \cdot 0{,}076 + 0{,}06 \left(0{,}076 + \frac{0{,}001}{4} \right) + 3{,}125 \cdot 0{,}03^2 \right]$$

$$f = 0{,}0264 \text{ m}^2; \quad F_{RR} = 75 \cdot 0{,}0264 = 1{,}98 \text{ m}^2/\text{m}$$

$$\alpha_{60} = 0{,}112 \cdot 12{,}3 \left(\frac{75}{1{,}98} \right)^{0,32} = 4{,}42 \text{ kcal/m}^2 \text{ h grd}$$

$$\dot{M} = \frac{F_{RR}}{F_R} = \frac{1{,}98}{0{,}076\,\pi} = 8{,}3; \quad \alpha_i = 500 \text{ kcal/m}^2 \text{ h grd}$$

$$s = \frac{76}{70} = 1{,}085$$

$$k_{RR} = \cfrac{1}{\cfrac{1{,}085 \cdot 8{,}3}{500} + \cfrac{1}{4{,}42}} = 4{,}10\,.$$

Beispiel 2. Stahlbandrippenrohr mit schwach gewellten Rippen, sonst wie im vorigen Beispiel.

$$f = \pi \left[0{,}0133 \cdot 0{,}076 + 0{,}06 \left(0{,}076 + \frac{0{,}001}{2} \right) + 2{,}50 \cdot 0{,}03^2 \right]$$

$$f = 0{,}0247 \text{ m}^2; \quad F_{RR} = 75 \cdot 0{,}0247 = 1{,}85 \text{ m}^2$$

$$\alpha_{RR} = 0{,}453 \cdot 12{,}3^{0,52} \left(\frac{75}{1{,}85} \right)^{0,32} = 5{,}46$$

$$M = \frac{1{,}85}{0{,}076 \cdot \pi} = 7{,}75$$

$$k_{RR} = \cfrac{1}{\cfrac{1{,}085 \cdot 7{,}75}{500} + \cfrac{1}{5{,}46}} = 5{,}01\,.$$

Es ergibt sich also, daß bei Rippenrohren der Einfluß der inneren Wärmeübergangszahl auf die Wärmedurchgangszahl größer ist als bei glattem Rohr.

Die ermittelten Werte gelten nur für einfaches Rippenrohr. Liegen zwei Rippenrohre übereinander, so vermindert sich die Wärmeleistung um etwa 10 % und bei drei übereinanderliegenden Rippenrohren um etwa 20 %.

Für Rippenrohre gibt es leider noch keine Normen, so daß man keine allgemeingültigen Werte angeben kann.

Über die Veränderlichkeit der Wärmedurchgangszahl mit der Temperaturdifferenz liegen keine Untersuchungsergebnisse vor. Es empfiehlt sich zunächst mit $m = 0{,}25$ zu rechnen.

2.411.4 Heizkörper anderer Art

Für Plattenheizkörper, Röhrenradiatoren und weitere Sonderformen von Raumheizkörpern muß wegen der Vielgestaltigkeit auf die Angaben der Lieferwerke verwiesen werden. Immerhin ist es mit Hilfe der hier gegebenen Grundlagen möglich, die Werksangaben zu prüfen.

Bei Plattenheizkörpern kann man den Exponenten m zu 0,30 schätzen.

2.411.5 Strahlungsheizflächen

Auch für diese glatten Decken-, Wand- oder Fußbodenheizflächen gilt die Gl. (2.2/29)

$$\alpha_{ges} = \alpha_k + \varepsilon\, \alpha_s \,.$$

Die Werte für α_k sind für diese Flächen im Arbeitsblatt 11 dargestellt, unter Anwendung der Gl. (2.2/9), (2.2/11) und (2.2/12). Für die Strahlungszahl C gilt die Gl. (2.2/23). Für die im Bauwesen üblichen Materialien, einschließlich der Anstriche, jedoch ausgenommen blanker Metallteile, kann man annehmen $C_1 = C_2 = 4,4\ \text{kcal/m}^2\,\text{h}\ (^\circ\text{K})^4$. Das Flächenverhältnis $\dfrac{f_I}{f_{II}}$ schwankt in weiten Grenzen, je nach der Größe der Heizfläche im Verhältnis zum Raume. Als brauchbaren Mittelwert werde hierfür 0,20 eingesetzt. Damit errechnet sich

$$C = \frac{1}{\dfrac{1}{4,4} + 0,20\left(\dfrac{1}{4,4} - \dfrac{1}{4,96}\right)} = 4,3\ \text{kcal/m}^2\,\text{h}\ (^\circ\text{K})^4\,.$$

Eine Festlegung ist jetzt noch für den Faktor ε zu treffen. Stellt man für einen geheizten Raum die Wärmebilanz für die Raumluft auf, so läßt sich aus dieser die Raumlufttemperatur wie folgt errechnen

$$t_R = \frac{\Sigma\,(F\,\alpha_k\,t_w)}{\Sigma\,(F\,\alpha_k)}\,.$$

Nimmt man als angenähert an, daß α_k für alle Flächen gleich groß ist, so ergibt sich aus vorstehender Gleichung, daß die Raumlufttemperatur gleich sein muß der mittleren Temperatur aller umgebenden Flächen. Bei Luftwechsel, wenn also Außenluft auf die Raumlufttemperatur zu erwärmen ist, liegt die Raumlufttemperatur tiefer. Nun sind in einem geheizten Raum die Heizflächen notwendigerweise wärmer als die Raumluft; demzufolge müssen die übrigen Raumbegrenzungsflächen im Mittel tiefere Temperaturen aufweisen als die Raumluft. Daraus resultiert, daß der Wert ε größer als eins sein muß. Mit Rücksicht auf den Luftwechsel werde für ε als guter Mittelwert 1,00 eingesetzt. Damit geht Gl. (2.2/29) über in

$$\alpha_{ges} = 4,3\,c + \alpha_k\,. \tag{2.4/32}$$

Die sich aus den Gln. (2.2/9), (2.2/11), (2.2/12) und (2.4/32) ergebenden Gesamtwärmeübergangszahlen sind im Arbeitsblatt 12, 13 und 14 dargestellt.

2.411.6 Strahlplatten

Die in Abb. 2/9a dargestellte Strahlplatte soll untersucht werden. Es sei vorausgesetzt, daß die Breite der Endlamelle (l), einschließlich des hochgebogenen

Teiles gleich der Breite der Hälfte einer Zwischenlamelle ist. Die auf einen m Rohr entfallene Heizfläche wird damit zu: $2\,l + 1{,}57\,(d_a + 2\,a)$ m², wobei als Heizfläche nur die Unterseite der Platte, einschließlich des an den Seiten hochgebogenen Teiles verstanden wird. Für ein m² Heizfläche ist daher eine Rohrlänge von

$$\frac{1}{2\,l + 1{,}57\,(d_a + 2\,a)}\text{ m}$$

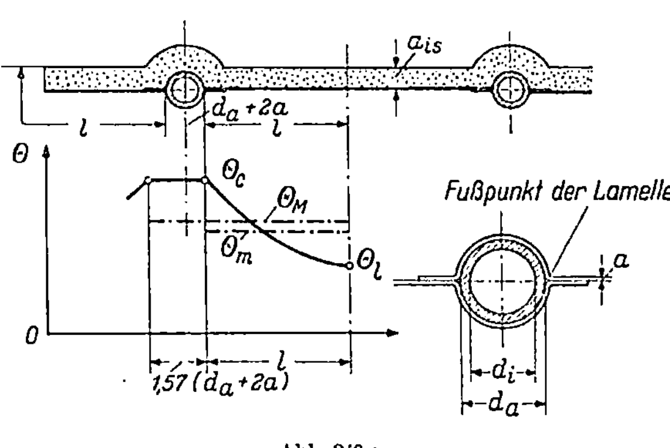

Abb. 2/9 a

erforderlich. Die für den Wärmeübergang vom Heizwasser an das Rohr maßgebende innere Rohroberfläche für einen m² Heizfläche beträgt damit

$$f_R = \frac{d_i\,\pi}{2\,l + 1{,}57\,(d_a + 2\,a)} \qquad (2.4/33)$$

f_R ist eine dimensionslose Verhältniszahl.

Der Wärmeübertragungsvorgang zerfällt in vier Einzelvorgänge
1. der Wärmeübergang vom Heizwasser auf die Rohrinnenwand,
2. die Wärmeleitung von der Rohrinnenwand nach der Lamelle,
3. der Wärmeübergang von der Unterseite der Platte nach dem Raum und
4. die Wärmeüberleitung von der Oberseite der Lamelle nach dem Raum.

Bezeichnet man die auf 1 m² Plattenfläche bezogene Wärmeleistung der Platte nach unten mit q_u und die nach oben mit q_o, so ist die gesamte Wärmeleistung:

$$q_{ges} = q_u + q_o\,.$$

Diese Wärmemenge ist bei dem Vorgang 1. zu übertragen; wir erhalten hierfür die Gleichung

$$q_{ges} = \alpha_R\,f_R\,(\Theta_H - \Theta_C)\,. \qquad (2.4/34)$$

Die Übertemperatur Θ_C kann gleichzeitig auch als die Übertemperatur im Fußpunkte der Lamelle angesehen werden, da innerhalb der Rohrwandung und der mit dieser verbundenen Lamellenwand praktisch kein Temperaturabfall auftritt. Der Wärmeübergang nach unten beträgt

$$q_u = \alpha_u\,\Theta_M\,. \qquad (2.4/35)$$

Den Wärmeübertragungsvorgang nach oben bezeichnet man als eine *Wärmeüberleitung*, eine Zwischenform zwischen Wärmeübergang und Wärmedurchgang, da auf der Unterseite der Isolierung kein Wärmeübergang stattfindet, sondern die Wärme auf dem Wege der Wärmeleitung von der Lamelle übernommen wird. Hierfür gilt die Gleichung

$$q_o = \varkappa_o\,\Theta_M\,, \qquad (2.4/36)$$

worin $\varkappa_o$ die Wärmeüberleitungszahl in kcal/m² h grd bedeutet.

Die Wärmeüberleitungszahl $\varkappa_o$ bestimmt sich nach der Gleichung:

$$\varkappa_o = \frac{1}{\dfrac{a_{is}}{\lambda_{is}} + \dfrac{1}{\alpha_o}}\,. \qquad (2.4/37)$$

Zusammengefaßt wird dann noch

$$q_u + q_0 = (\alpha_u + \varkappa_0)\,\Theta_M\,.$$

Am schwierigsten liegen die Verhältnisse bei dem 2. Vorgang. Die Lamelle kann als Stab von der endlichen Länge 1 aufgefaßt werden. Der Temperaturverlauf in der Lamelle vollzieht sich demnach nach der Gl. (2.2/43). Aus Zweckmäßigkeitsgründen werden die Gln. (2.2/44) und (2.2/45) vereinfacht zu

$$C_1 = D\,\Theta_C \qquad \text{und} \qquad C_2 = E\,\Theta_C,$$

wobei ist

$$D = \frac{(1-B)\,e^{-bl}}{e^{+bl} + e^{-bl} + B\,(e^{+bl} - e^{-bl})} \tag{2.4/38}$$

$$E = \frac{(1+B)\,e^{+bl}}{e^{+bl} + e^{-bl} + B\,(e^{+bl} - e^{-bl})} \tag{2.4/39}$$

In diesen Gleichungen kann B noch gleich Null gesetzt werden, da an der gedachten Stirnfläche des Stabes, die gleichzeitig die gedachte Stirnfläche des Stabes der anderen Seite darstellt, eine Wärmeabgabe nicht erfolgt oder aber an der anderen Seite die Wärmeabgabe der Stirnfläche so gering ist, daß sie vernachlässigt werden kann. Man erhält

$$D = \frac{e^{-bl}}{e^{+bl} + e^{-bl}} \tag{2.4/40}$$

$$E = \frac{e^{+bl}}{e^{+bl} + e^{-bl}}\,. \tag{2.4/41}$$

Mit diesen Werten wandelt sich Gl. (2.2/43) um in

$$\Theta_x = (D\,e^{+b\cdot x} + E\,e^{-b\,x})\,\Theta_C\,.$$

Für die Wärmeabgabe ist jedoch die mittlere Temperatur der Lamelle maßgebend. Für diese gilt die Beziehung

$$\Theta_m\,l = \int_0^l \Theta_x\,dx = \Theta_c \int_0^l (D\,e^{+b\,x} + E\,e^{-b\,x})\,dx\,.$$

Nach Auflösung des Integrals erhält man:

$$\Theta_m = \frac{1}{b\cdot l}\,[D\,(e^{+bl} - 1) + E\,(1 - e^{-bl})]\,\Theta_C\,. \tag{2.4/42}$$

Der unmittelbar an dem Rohr anliegende Teil der Lamelle hat die Übertemperatur Θ_C. Für die Gesamtplatte wird daher die mittlere Übertemperatur:

$$\Theta_M = \frac{2\,l\,\Theta_m + 1{,}57\,(d_a + 2\,a)}{2\,l + 1{,}57\,(d_a + 2\,a)}\,\Theta_c\,. \tag{2.4/43}$$

Der Wert b bedarf noch einer besonderen Bestimmung. Nimmt man die Länge der Platte mit L an, so ist der Querschnitt des Stabes $F = L\,a$ und der Umfang des Stabes, da die Stirnflächen vernachlässigt werden können, $S = 2\,L$. Für den ganzen Umfang der Lamelle liegt keine einheitliche Wärmeübergangszahl α vor. Für die Unterseite der Platte gilt α_u und für die Oberseite die Wärmeüberleitungszahl $\varkappa_o$. Es muß daher jede Plattenseite für sich angesetzt werden, so daß man erhält:

$$b = \sqrt{\frac{\alpha_u + \varkappa_o}{\lambda a}} \; . \tag{2.4/44}$$

Man kann nun den Wärmeübertragungsvorgang auf die Grundgleichung (2.2/42) zurückführen, indem man äquivalente Wärmeleitzahlen k_u, k_o und k_{ges} einführt, die nur für die betreffende Konstruktion Geltung haben, und man erhält folgende Gleichungsgruppe

$$q_u = k_u \, \Theta_H \tag{2.4/45}$$

$$q_o = k_o \, \Theta_H \tag{2.4/46}$$

$$q_{ges} = k_{ges} \, \Theta_H \; . \tag{2.4/47}$$

Beispiel. Eine Strahlplatte nach Abb. 2/9a habe folgende Abmessungen: $d_a = 0{,}035$ m; $d_i = 0{,}027$ m; $a = 0{,}00125$ m; $a_{is} = 0{,}025$ m und $l = 0{,}27$ m. Nach Gl. (2.4/33) errechnet sich $f_R = 0{,}142$. Die Stoffwerte seien: $\lambda = 50$ kcal/m h grd für Stahl und $\lambda_{is} = 0{,}038$ kcal/m h grd für Glaswolle.

Wie hoch ist die Wärmeabgabe der Strahlplatte bei verschiedenen Heizwassertemperaturen und wie verändern sich die äquivalenten Wärmedurchgangszahlen mit der Übertemperatur? Die Raumlufttemperatur sei 18° C.

Man geht hierbei zweckmäßig von einer angenommenen mittleren Plattentemperatur aus. Die Rechenwerte und die Ergebnisse sind in der folgenden Tabelle zusammengestellt

t_M	50	40	30	25	° C
t_R	18	18	18	18	° C
Θ_M	32	22	12	7	grd
α_u nach Arbeitsblatt 9	6,30	5,92	5,52	5,28	kcal/m² h grd
α_o geschätzt und kontrolliert	8,50	8,00	7,60	7,20	kcal/m² h grd
$\varkappa_o$ nach Gl. (2.4/37)	1,29	1,28	1,27	1,25	kcal/m² h grd
q_u nach Gl. (2.4/35)	201,6	130,2	66,2	37,0	kcal/m² h
q_o nach Gl. (2.4/36)	41,3	28,1	15,2	8,8	kcal/m² h
$q_{ges} = q_u + q_o$	242,9	158,3	81,4	45,8	kcal/m² h
b nach Gl. (2.4/44)	11,02	10,73	10,42	10,22	1/m
$b\,l$	2,98	2,90	2,81	2,76	
$e + b\,l$	19,69	18,17	16,61	15,44	
$e - b\,l$	0,0508	0,0550	0,0600	0,0633	
D nach Gl. (2.4/40)	0,0026	0,0030	0,0036	0,0041	
$E = 1 - D$	0,9974	0,9970	0,9964	0,9959	
$\dfrac{\Theta_m}{\Theta_c}$ nach Gl. (2.4/42)	0,334	0,342	0,353	0,359	
$\dfrac{\Theta_M}{\Theta_C}$ nach Gl. (2.4/43)	0,441	0,420	0,430	0,436	
Θ_C	77,9	52,4	27,9	16,1	grd
t_C	95,9	70,4	45,9	34,1	° C
$\Theta_H - \Theta_C$ n. Gl. (2.4/34)	0,46	0,35	0,21	0,14	grd
Θ_H	78,4	52,8	28,1	16,2	grd
t_H	96,4	70,8	46,1	34,1	° C
k_u	2,57	2,47	2,36	2,285	kcal/m² h grd
k_o	0,53	0,53	0,54	0,545	kcal/m² h grd
k_{ges}	3,10	3,00	2,90	2,83	kcal/m² h grd

Aus diesen Resultaten ergibt sich, daß die äquivalenten Wärmedurchgangszahlen der Gl. (2.4/8) unterworfen werden können. Der Exponent m errechnet
sich dabei zu 0,052.

2.411.7 Die Abhängigkeit der Wärmeabgabe von der Meereshöhe

Die vorgenannten Wärmeübergangszahlen und Wärmedurchgangszahlen gelten
für einen Barometerstand von 760 Torr. Bei größeren Meereshöhen können die
Verminderungen durch den niedrigeren Barometerstand nicht vernachlässigt werden. Der Strahlungsanteil an der Wärmeabgabe erfährt durch den Barometerstand
keine Veränderung, wohl aber der Konvektionsanteil. Bei freier Konvektion ist die
Wärmeübergangszahl von der 4. Wurzel der GRASHOFschen Kennzahl abhängig.
Die Wichte der Luft erscheint in der GRASHOFschen Kennzahl in der zweiten Po-
tenz. Die Abhängigkeit der Wärmeübergangszahl vom Barometerstand b ist daher
wie folgt

$$\alpha_b = \alpha_{760} \sqrt{\frac{b}{760}} \qquad (2.4/48)$$

Hieraus errechnen sich die in Zahlentafel 3 angegebenen Umrechnungsfaktoren.

Zahlentafel 3. *Umrechnungsfaktoren für konvektive Wärmeübergangszahlen
in Abhängigkeit vom Barometerstand*

b	760	700	650	600	550	500 Torr
$\sqrt{\dfrac{b}{760}}$	1,00	0,98	0,96	0,945	0,925	0,905

Beispiel. Die Wärmedurchgangszahl für waagerechtes Rohr von $d_a = 0,057$ m bei
$\Theta = 60$ grd ist $\alpha_s = 5,5$, $\alpha_k = 6,2$ und $\alpha_{ges} = 11,7$ kcal/m² h grd.
Bei einem Barometerstand von 500 Torr wird:

$$\alpha_s = 5,5; \quad \alpha_k = 6,2 \cdot 0,905 = 5,6; \quad \alpha_{ges} = 11,1 \text{ kcal/m² h grd.}$$

2.412 Heizkörper mit zwangsläufiger Luftströmung

Bei diesen Heizkörpern ist die Strahlungswirkung so gering, daß sie vernachlässigt werden kann, oder gleich Null wird. Sie werden überwiegend in Form von
Lamellenheizkörpern bzw. Rippenrohrregistern ausgebildet.

Für diese gilt die für Rippenrohre entwickelte Gl. (2.4/23). Der Wert α_{RR} kann
durch Anwendung hoher Luftgeschwindigkeiten so große Werte erreichen, daß er
sich größenordnungsmäßig dem Wert α_i/M annähert. Dies bedeutet, daß sich α_i
stärker auf die Wärmedurchgangszahl auswirkt. Man sucht deshalb die Wassergeschwindigkeit in den Rohren zu steigern, was bei Pumpenheizungen in gewissem
Umfange möglich ist.

Die Gestaltung der Lamellenheizkörper bzw. der Rippenrohre für diese Zwecke
ist so vielgestaltig, daß es nicht möglich ist, allgemeine Angaben über Wärmeleistungen zu machen. Es muß auf die Angaben der Lieferwerke verwiesen werden.

2.412.1 Luftheizgeräte

Bei diesen Geräten interessiert die Veränderung der Wärmeleistung bei veränderten Wassertemperaturen. Da bei diesen Geräten eine aufgezwungene Luftströmung vorliegt, ist die Wärmeübergangszahl α_{RR} von der PÉCLETschen Kennzahl abhängig. Diese Abhängigkeit ist durch ein Potenzgesetz gegeben, so daß man setzen kann $\alpha_{RR} = c\, Pe^n$.

Bei einem gegebenen Gerät ist die in der Gleichung für Pe erscheinende Geschwindigkeit w und die charakteristische Abmessung l konstant, so daß bei zwei verschiedenen Temperaturen das Verhältnis der PÉCLETschen Kenngrößen sich errechnet zu

$$\frac{Pe}{Pe'} = \frac{a'}{a}.$$

Damit ändert sich die Wärmeübergangszahl in

$$\alpha_{RR} = \left(\frac{a'}{a}\right)^n \alpha_{RR}'.$$

Sie nimmt mit absinkender Temperatur zu.

Bei konstanter Wassergeschwindigkeit, wie sie bei Pumpenheizungen gegeben ist, verändert sich die innere Wärmeübergangszahl nach der Gl. (2.2/18) wie folgt:

$$\alpha_i = \frac{1 + 0{,}015\, t}{1 + 0{,}015\, t'}\, \alpha_i'.$$

Sie nimmt mit absinkender Wassertemperatur ab. Die Veränderungen der äußeren und inneren Wärmedurchgangszahl wirken einander entgegen. Für den praktischen Gebrauch kann man deshalb annehmen, daß die Wärmedurchgangszahl etwa konstant bleibt.

Bei der Herabregelung der Wärmeleistung dieser Geräte ist zu beachten, daß dies nur in gewissem Umfange möglich ist. Wird bei geringem Wärmebedarf die Luft im Gerät nur so hoch erwärmt, wie dies dem Wärmebedarf entspricht, so wird die ausgeblasene Luft wegen ihrer Geschwindigkeit als kalt empfunden, obwohl ihre Temperatur für die Erwärmung des Raumes ausreichend ist. Die Herabsetzung der Wärmeleistung muß dann mit anderen Mitteln herbeigeführt werden.

2.412.2 Konvektoren

Für diese Geräte gelten die gleichen Formeln wie bei den Luftheizgeräten. Es ist jedoch zu beachten, daß mit der Herabsetzung der Wassertemperatur auch die Luftgeschwindigkeit herabgesetzt wird, da diese erst durch die Wirkung des Gerätes entsteht. Die Wärmeübergangszahl wird dadurch stark vermindert. Dieser Umstand ist bedeutungsvoll bei gleichzeitiger Verwendung von Konvektoren und Radiatoren. Die Wärmeleistung der Konvektoren geht im allgemeinen stärker zurück, als die der Radiatoren. Die Lieferwerke der Konvektoren bemühen sich daher, durch besondere Formgebung den Konvektoren die gleiche Regelcharakteristik zu geben, wie sie bei den Radiatoren vorliegt.

2.5 Die Wassererwärmer

2.51 Die Wärmeleistung der Wasserheizungsanlage

Die Wärmeabgabe eines Heizkörpers ist nach Gl. (2.4/6) festgelegt zu

$$Q = f\, k_0\, \Theta^{1+m}\,.$$

Die Gesamtwärmeabgabe einer Wasserheizung stellt sich als Summe der Wärmeabgaben der einzelnen wärmeabgebenden Flächen dar; es ist demnach

$$Q_a = \Sigma\,(f\, k_0\, \Theta^{1+m})\,.$$

Zu den wärmeabgebenden Flächen gehören hierbei nicht nur die eigentlichen Heizflächen, sondern auch die Rohrleitungen, auch wenn sie keine Nutzwärme abgeben, sondern unerwünschte Wärmeverluste verursachen.

Θ kann hierbei für die einzelnen Heizflächen verschieden sein. Für diese Untersuchungen sei jedoch vorausgesetzt, daß eine einheitliche mittlere Übertemperatur für alle wärmeabgebenden Flächen vorhanden sei. Man kann dann für die Gesamtwärmeabgabe der Anlage die Formel ansetzen

$$Q_a = F\, K_0\, \Theta^{1+m}. \qquad (2.5/1)$$

Hierin stellt F die gesamte wärmeabgebende Fläche und K_0 eine mittlere Wärmedurchgangszahl dar. Diese Wärmedurchgangszahl ist hierbei der gleichen Gesetzmäßigkeit wie der Wert k_0 unterworfen, da die Wärmeabgabe des Systems überwiegend durch die Heizkörper erfolgt. Die Bestimmung von $F K_0$ kann hierbei sehr einfach erfolgen, wenn man in Gl. (2.5/1) die bekannten Berechnungswerte einsetzt

$$Q_a' = F\, K_0\, (\Theta')^{1+m}$$

und hieraus ermittelt

$$F K_0 = \frac{Q_a'}{(\Theta')^{1+m}}\,. \qquad (2.5/2)$$

Die Voraussetzung einer einheitlichen mittleren Übertemperatur ist durchaus angängig, wenn man $F K_0$ nach Gl. (2.5/2) bestimmt, denn eine Wasserheizung muß mit den Übertemperaturen betrieben werden, wie sie die Räume mit der höchsten Raumtemperatur verlangen. Die Wärmeabgabe nach den Räumen mit niederer Raumtemperatur wird sich annähernd im gleichen Verhältnis ändern, wie für die Räume mit der höchsten Raumtemperatur. Es ergibt sich also, daß die Räume mit niedrigerer Raumtemperatur bei geringerer Belastung eine größere Wärmezufuhr erhalten, als zur Erreichung der vorgesehenen Raumtemperatur notwendig ist. Die Temperaturen dieser Räume werden sich mit abnehmender Belastung mehr und mehr der in der Anlage vorhandenen höchsten Raumtemperatur annähern. In Gl. (2.5/2) ist also der Wert Θ' so einzusetzen, wie er sich für die Räume mit der höchsten Raumtemperatur innerhalb der Anlage ergibt.

2.52 Die verschiedenen Heizzustände der Wasserheizung

Aus Gl. (2.5/1) ergibt sich eindeutig, daß zu jeder Übertemperatur einer Wasserheizungsanlage eine bestimmte Wärmeabgabe gehört. Führt man einem Wasserheizungssystem durch den Wassererwärmer genau die Wärme zu, welche die Anlage entsprechend ihrem Temperaturzustande abgibt, dann befindet sich die Anlage im *Beharrungszustande*; eine Temperaturveränderung findet nicht statt. Insbesondere ist auch die mittlere Übertemperatur Θ konstant. Ergänzend hierzu muß allerdings festgehalten werden, daß auch die Raumtemperaturen unveränderlich sein müssen.

Wird der Anlage jedoch eine größere Wärmemenge zugeführt, so wird sich die Temperatur der Anlage erhöhen: die Anlage befindet sich im *Anheizzustand*. Im umgekehrten Falle, wenn die zugeführte Wärmemenge kleiner ist, als die abgegebene, findet eine Erniedrigung der Temperatur statt, die Anlage befindet sich im *Abkühlungszustande*. Als besonderer Fall des Abkühlungszustandes ist der Zustand anzusehen, bei welchem dem System keine Wärme mehr zugeführt wird bzw. die Zuführung von Wärme von einem bestimmten Zeitpunkte ab eingestellt wird. Dies werde als der *Auskühlungszustand* bezeichnet. Damit erhält man folgende übersichtliche Zusammenstellung

1. Anheizzustand $Q_z > Q_a$; Θ = ansteigend
2. Beharrungszustand $Q_z = Q_a$; Θ = konstant
3. Abkühlungszustand $Q_z < Q_a$; Θ = abfallend
4. Auskühlungszustand $Q_z = 0$; Θ = abfallend

2.53 Anheizen, Abkühlen und Auskühlen

In diesen Fällen wird die Differenz der Wärmemengen $Q_z - Q_a$ durch die Änderung der Temperatur des Systems aufgezehrt. Es findet also eine Erhöhung oder Verminderung der Temperatur des Systems statt. Die durch die Temperaturänderung des Systems aufgezehrte oder freigegebene Wärmemenge errechnet sich hierbei offenbar als das Produkt aus dem Wasserwert der Anlage und der Temperaturänderung. Der Wasserwert der Anlage ist hierbei die Wärmemenge, die notwendig ist, um die Temperatur des Systems um 1 grd zu verändern. Diese als *Systemtemperatur* bezeichnete Temperatur muß hierbei offenbar als die durchschnittliche Temperatur des ganzen Systems, also Wasserinhalt und sämtliche Baubestandteile, aufgefaßt werden, so daß für diese die Formel gilt

$$t_s = \frac{\Sigma\,(G\,c\,t)}{\Sigma\,(G\,c)}\;.$$

Diese Temperatur ist, auch wenn sie in eine Übertemperatur umgewandelt ist, noch nicht identisch mit der bei der Heizkörperberechnung eingeführten mittleren Übertemperatur. Die mittlere Temperatur der Baubestandteile der Anlage wird mehr oder weniger tiefer oder höher liegen als die mittlere Wassertemperatur $\frac{t_v + t_r}{2}$. Auch die mittlere Temperatur der Wassermenge muß nicht notwendigerweise mit dem Wert $\frac{t_v + t_r}{2}$ übereinstimmen, da je nach der Bauweise der Anlage der Inhalt der Vorlaufleitung größer oder kleiner sein kann, als der der Rücklaufleitung. Einer besonderen Beachtung bedarf hier noch das Einrohrsystem, bei welchem bekanntlich das Mittel der mittleren Übertemperatur der einzelnen Heizkörper tiefer liegt als die früher definierte mittlere Übertemperatur. Da andererseits die Wärmeabgabe des Systems in Abhängigkeit von der mittleren Übertemperatur in diese Untersuchung eingeführt ist, ist es notwendig, die durch die Temperaturänderung des Systems aufgezehrte oder freigesetzte Wärmemenge als das Produkt der Änderung der mittleren Übertemperatur und eines korrigierten Wasserwertes darzustellen. Während sich der eigentliche Wasserwert der Anlage nach Formel

$$\omega = \Sigma\,(G\,c)$$

errechnet, ergibt sich für den korrigierten Wasserwert der Ausdruck

$$\omega_k = \Sigma\,(\vartheta\,G\,c)\,, \tag{2.5/3}$$

worin ϑ einen Faktor bedeutet, welcher das Zurückbleiben oder Vorgehen der jeweiligen Masse gegenüber der mittleren Übertemperatur berücksichtigt.

Damit kommt man für die Wärmeleistungs- und Temperaturverhältnisse einer Wasserheizungsanlage zu folgender Beziehung

$$(Q_z - Q_a)\,z = \omega_k\,(\Theta_2 - \Theta_1)\,. \tag{2.5/4}$$

Dieser Ausdruck ist jedoch nur dann richtig, wenn während der Veränderung von Θ_1 auf Θ_2 die Raumtemperatur konstant bleibt, da sonst die Differenz der Übertemperaturen nicht die tatsächlich erfolgte Temperaturveränderung des Systems wiedergibt. Im allgemeinen muß man jedoch eine Veränderung der Raumtemperatur als gegeben betrachten. Dies läßt sich in Gl. (2.5/4) in einfacher Weise durch einen Faktor ε berücksichtigen, welcher angibt, um wieviel $(\Theta_2 - \Theta_1)$ vermehrt oder vermindert angesetzt werden muß. Diese Berücksichtigung ist nur angenähert richtig, da sie voraussetzt, daß die Änderung der Raumtemperatur verhältnisgleich mit der Veränderung der Übertemperatur erfolgt. Für diese Untersuchungen dürfte die erreichbare Genauigkeit aber durchaus genügen. Es wird somit

$$(Q_z - Q_a)\,z = \omega_k\,\varepsilon\,(\Theta_2 - \Theta_1)\,. \tag{2.5/5}$$

Da sich die Temperatur und die Wärmeabgabe mit der Zeit ändern, muß die Formel (2.5/5) im Differential angesetzt werden, und es ergibt sich

$$(Q_z - Q_a)\,dz = \omega_k\,\varepsilon\,d\Theta\,. \tag{2.5/6}$$

In Abb. 2/10 ist der Verlauf der mittleren Übertemperatur angegeben, wenn dem System stetig eine Wärmemenge Q_z zugeführt wird, die der Übertemperatur

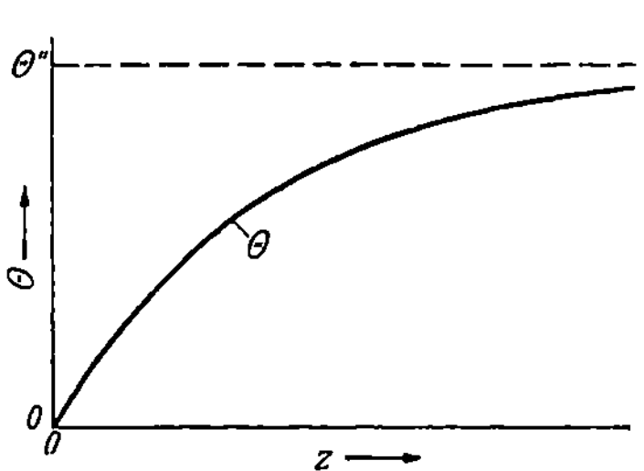

Abb. 2/10. Verlauf der Übertemperatur einer Wasserheizung während des Anheizens bei Zuführen einer Wärmeleistung, entsprechend dem angestrebten Beharrungszustand

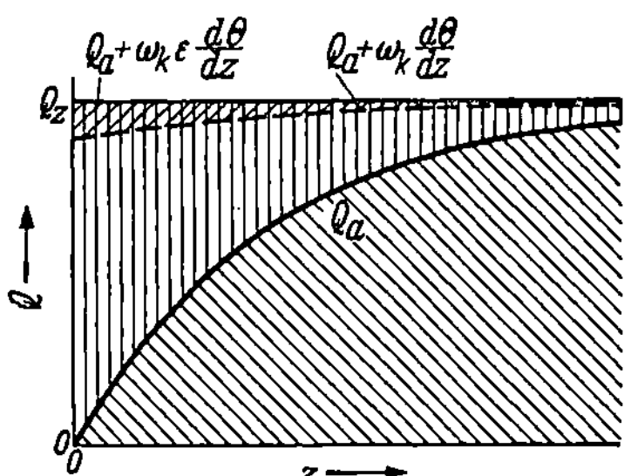

Abb. 2/11. Wärmemengenschaubild einer Wasserheizung während des Anheizens bei Zuführung einer Wärmeleistung, entsprechend dem angestrebten Beharrungszustand

▨ Wärmeabgabe der Anlage

▥ Wärmemenge für Aufheizung der Anlage, entsprechend der Erhöhung der Übertemperatur

▩ Wärmemenge für Aufheizung der Anlage, bedingt durch Ansteigen der Raumtemperatur

Θ'' im Beharrungszustande entspricht. Die Übertemperatur nähert sich hier bei asymptotisch dem Werte Θ'', ohne diesen jedoch in endlicher Zeit erreichen zu können. Die Wärmemengen zeigen einen ähnlichen Verlauf, wie dies in Abb. 2/11 angegeben ist. Die zugeführte

Wärmemenge Q_z verteilt sich hierbei auf die Wärmemenge Q_a, welche die Anlage abgibt und einen Teil der zur Aufwärmung der Anlage dient. Mit steigender Übertemperatur wächst hierbei der Wert Q_a und nähert sich asymptotisch Q_z. Die schräg schraffierte Fläche stellt die in der Zeit z insgesamt von der Anlage abgegebene Wärmemenge dar, während die senkrecht schraffierte Fläche die für die Aufheizung der Anlage aufgewandte Wärmemenge wiedergibt. In dieser ist bereits die Wärmemenge enthalten, die zusätzlich zur Aufheizung, bedingt durch das Ansteigen der Raumtemperatur, benötigt wird.

Der Wert Q_a kann ohne weiteres der Gl. (2.5/1) entnommen werden. Andererseits läßt sich in Auswertung dieser Gleichung feststellen, daß auch der Wärmemenge Q_z eine Übertemperatur im Beharrungszustande Θ'' zugeordnet ist, so daß sich Q_z ausdrücken läßt durch

$$Q_z = F\,K_0\,(\Theta'')^{1+m}\,.$$

Führt man diese Werte in Gl. (2.5/6) ein, so wird

$$F\,K_0\,[(\Theta'')^{1+m} - \Theta^{1+m}]\,dz = \omega_k\,\varepsilon\,d\Theta\,.$$

Hieraus folgt

$$dz = \frac{\omega_k\,\varepsilon}{F\,K_0\,[(\Theta'')^{1+m} - \Theta^{1+m}]}\,d\Theta \tag{2.5/7}$$

und

$$z = \frac{\omega_k\,\varepsilon}{F\,K_0}\int_{\Theta_1}^{\Theta_2}\frac{d\Theta}{(\Theta'')^{1+m} - \Theta^{1+m}}\,. \tag{2.5/8}$$

Die Lösung dieses Integrals bereitet größere mathematische Schwierigkeiten. Setzt man jedoch den Wert $m = 0$, was gleichbedeutend damit ist, daß der Wert K als konstant angenommen wird, so ergibt sich

$$z = \frac{\omega_k\,\varepsilon}{F\,K}\int_{\Theta_1}^{\Theta_2}\frac{d\Theta}{\Theta'' - \Theta}$$

und hieraus das Resultat

$$z = \frac{\omega_k\,\varepsilon}{F\,K}\ln\frac{\Theta'' - \Theta_1}{\Theta'' - \Theta_2}\,. \tag{2.5/9}$$

Die Zeitdauer des Aufheiz- oder Abkühlungsvorganges von Θ_1 auf Θ_2 ist also direkt proportional dem Verhältnis des korr. Wasserwertes zu dem Produkt aus F und K. Dieser Wert werde als die *Trägheitskonstante* der Anlage erklärt und mit dem Buchstaben U bezeichnet

$$U = \frac{\omega_k}{F\,K}\,. \tag{2.5/10}$$

Unter der Voraussetzung eines konstanten K-Wertes, ändert sich Gl. (2.5/2) in

$$F\,K = \frac{Q_a'}{\Theta'} \tag{2.5/11}$$

und man kann Gl. (2.5/10) umformen in

$$U = \frac{\omega_k\,\Theta'}{Q_a'}\,. \tag{2.5/12}$$

Die Trägheitskonstante U hat die Dimension Stunde. Sie läßt sich auch physikalisch deuten. In Gl. (2.5/12) stellt der Zähler den Wärmeinhalt des gesamten aufgeheizten Systems dar, wenn diese bei Raumtemperatur zu Null gesetzt wird. Der Nenner wiederum gibt die auf die Stunde bezogene Anschlußleistung der Anlage wieder. Damit stellt U die Zeit dar, die benötigt wird, die Anlage auf die Übertemperatur Θ' aufzuheizen, wenn in dieser Zeit keine Wärmeabgabe der Anlage nach außen erfolgen würde.

Gl. (2.5/9) läßt sich nunmehr wie folgt schreiben

$$z = U \varepsilon \ln \frac{\Theta'' - \Theta_1}{\Theta'' - \Theta_2}, \qquad (2.5/13)$$

hieraus läßt weiter sich errechnen

$$\Theta_2 = \Theta'' - \frac{\Theta'' - \Theta_1}{e^{z/U\varepsilon}}. \qquad (2.5/14)$$

Allgemein dürfte die Zugrundelegung eines konstanten K-Wertes eine zu große Ungenauigkeit ergeben. Bei Berücksichtigung der Veränderlichkeit von K ist folgender Weg zu empfehlen: Aus Gl. (2.5/7) läßt sich ein Wert

$$\beta = \frac{d\Theta}{dz} = \frac{F K_0}{\omega_k \varepsilon}\left[(\Theta'')^{1+m} - \Theta^{1+m}\right] \qquad (2.5/15)$$

bestimmen, welcher die zeitliche Temperaturänderung in grd/h bei jeder beliebigen Übertemperatur zu errechnen gestattet. Mit Hilfe dieser Geschwindigkeit kann man die Zeit des Temperaturänderungsvorganges mit jeder beliebigen Annäherung ermitteln, sofern man den Vorgang in genügend kleine Abschnitte zerlegt. Es ist zweckmäßig, in dieser Formel ebenfalls die Trägheitskonstante U einzuführen. Nach den Gesetzen für die Wärmedurchgangszahl der Heizkörper ergibt sich, daß

$$K_0 = \frac{K}{(\Theta')^m},$$

und es wird

$$\beta = \frac{1}{(\Theta')^m \, \varepsilon \, U}\left[(\Theta'')^{1+m} - \Theta^{1+m}\right]. \qquad (2.5/16)$$

2.54 Die erforderliche Anheizleistung

Wie sich aus den seitherigen Darstellungen ergab, läßt sich die Nennleistung der Anlage, wenn man nur die Anschlußleistung dem System zuführt, nicht in beliebiger Zeit erreichen. Theoretisch ist sie in endlicher Zeit überhaupt nicht erreichbar. Will man die Nennleistung in einer bestimmten Zeit erreichen, so muß dem System eine Wärmemenge Q_z', die als *Anheizleistung* bezeichnet werde, zugeführt werden, die höher als Q_a' liegt. Es ergibt sich dann der in Abb. 2/12 angegebene Temperaturverlauf. Sobald die angestrebte mittlere Übertemperatur Θ' erreicht ist, wird die Wärmezufuhr so weit vermindert, daß die Übertemperatur konstant bleibt. Abb. 2/13 gibt die hierzu erforderlichen Wärmemengen wieder. Abb. 2/13 gilt nur für den Fall einer konstanten

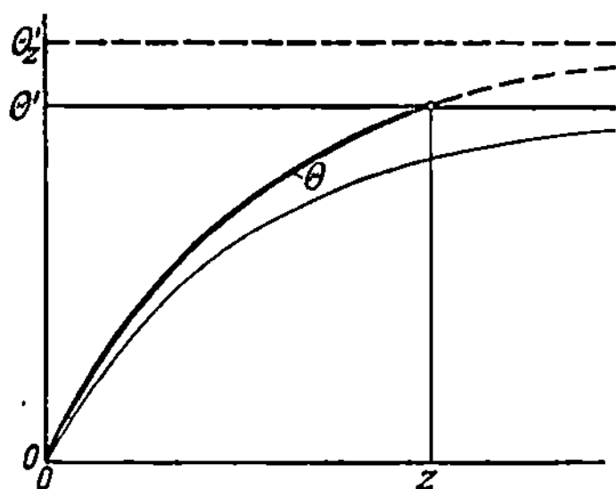

Abb. 2/12. Verlauf der Übertemperatur einer Wasserheizung während des Anheizens bei konstanter Raumtemperatur, bei Zuführung einer höheren Wärmeleistung, als dem angestrebten Beharrungszustande entspricht

Raumtemperatur. Sobald hier die angestrebte mittlere Übertemperatur erreicht ist, wird Q' auf den Wert Q'_a, d. h. also auf den Wert des Beharrungszustandes vermindert. Berücksichtigt man jedoch die Veränderung der Raumtemperatur,

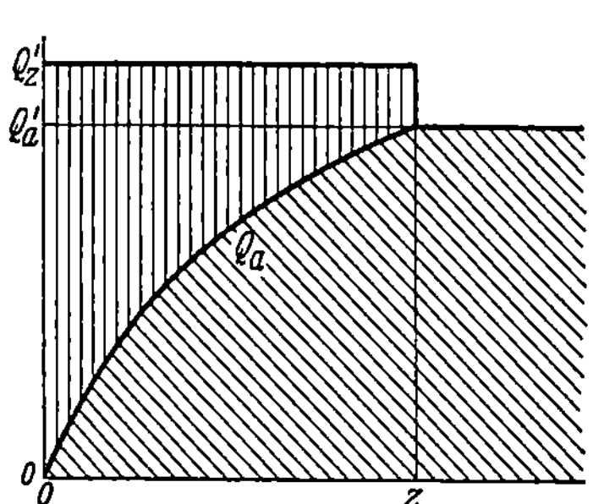

Abb. 2/13. Wärmemengenschaubild einer Wasserheizung während des Anheizens bei konstanter Raumtemperatur, bei Zuführung einer höheren Wärmeleistung, als dem angestrebten Beharrungszustande entspricht

[SSS] Wärmeabgabe der Anlage

[IIIIII] Wärmemenge für Aufheizen der Anlage

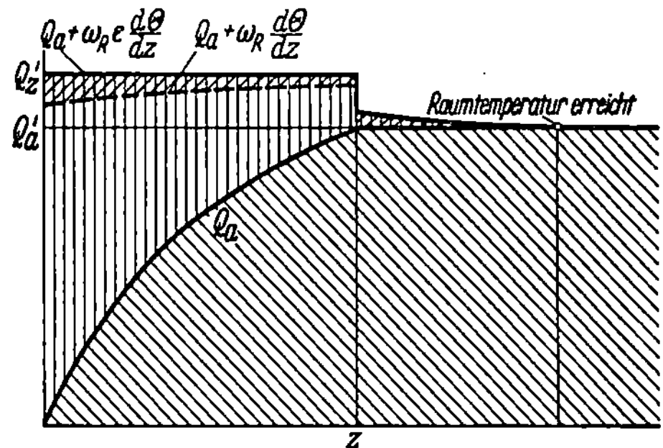

Abb. 2/14. Wärmemengenschaubild einer Wasserheizung während des Anheizens mit Berücksichtigung des Ansteigens der Raumtemperatur, bei Zuführung einer größeren Wärmeleistung, als dem angestrebten Beharrungszustande entspricht

[SSS] Wärmeabgabe der Anlage

[IIIIII] Wärmemenge für Aufheizung der Anlage, entsprechend der Erhöhung der Übertemperatur

[////] Wärmemenge für Aufheizung der Anlage, bedingt durch Ansteigen der Raumtemperatur

so erhält man Abb. 2/14. Hier kann bei Erreichung der angestrebten Übertemperatur die Wärmezufuhr nicht sofort auf Q'_a herabgemindert werden, da ja mit der steigenden Raumtemperatur noch Wärme zur Aufheizung der Anlage benötigt wird. Erst wenn die Raumtemperatur erreicht ist, kann Q'_z auf Q'_a übergehen. Es sei hier ausdrücklich noch einmal hervorgehoben, daß hier unter Anheizzeit nicht die Zeit zur Erreichung der gewünschten Raumtemperatur verstanden wird, sondern lediglich die Zeit, die erforderlich ist, um die Wärmeabgabe der Anlage auf die volle vorgesehene Größe zu bringen. Auch hier werde für die Berechnung zunächst eine konstante Gesamtwärmedurchgangszahl vorausgesetzt. Hierbei kann man ebenfalls die Wärmemenge Q'_z durch eine Übertemperatur des Beharrungszustandes Θ'_z ausdrücken. In Formel (2.5/14) wird damit Θ_2 zu Θ', Θ'' zu Θ'_z und Θ_1 zu Null, und es ergibt sich

$$\Theta' = \Theta'_z - \frac{\Theta'_z}{e^{z/s\,U}}\,.$$

Unter Benutzung der Beziehung $Q'_z = F K \Theta'_z$ und $Q'_a = F K \Theta'$ läßt sich diese Formel umwandeln in

$$Q'_z = \frac{1}{1 - \dfrac{1}{e^{z/s\,U}}} \cdot Q'_a\,. \tag{2.5/17}$$

Das Verhältnis

$$\iota = \frac{Q'_z}{Q'_a} = \frac{1}{1 - \dfrac{1}{e^{z/s\,U}}} \tag{2.5/18}$$

gibt an, um wieviel verhältnismäßig größer die Heizleistung des Wassererwärmers sein muß, wenn das Hochheizen der Anlage in der bestimmten Zeit z gewährleistet sein soll

$$Q'_z = \iota Q'_a \, . \tag{2.5/19}$$

Aus Gl. (2.5/18) bestimmt sich wiederum

$$z = \ln \frac{1}{1 - \dfrac{1}{\iota}} \, U\varepsilon \, . \tag{2.5/20}$$

Die Auswertung dieser Formel ist in Abb. 2/15 wiedergegeben.

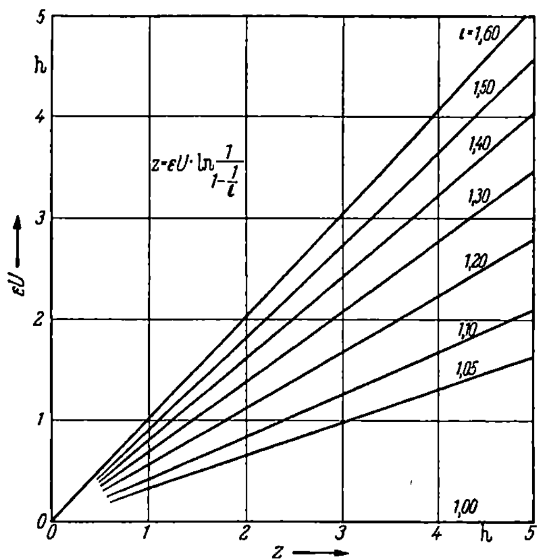

Abb. 2/15. Anheizzeiten der Wasserheizung bei konstanten Wärmedurchgangszahlen der Heizkörper ($m = 0$)

Nun sind noch die Verhältnisse zu untersuchen für den allgemeinen Fall, daß die Wärmedurchgangszahl in bekannter Weise veränderlich ist. Auch hierfür gilt wieder $Q'_z = \iota Q'_a$. In Gl. (2.5/16) wird dann Θ'' zu Θ'_z, und man erhält

$$\beta = \frac{1}{\varepsilon \, U(\Theta')^m} \left[(\Theta'_z)^{1+m} - \Theta^{1+m} \right] \, .$$

Nun ist aber $Q'_z = F K_0 (\Theta'_z)^{1+m} = \iota F K_0 (\Theta')^{1+m}$, woraus sich $(\Theta'_z)^{1+m} = \iota (\Theta')^{1+m}$ ergibt und man schließlich erhält

$$\beta = \frac{1}{\varepsilon \, U(\Theta')^m} \left[\iota (\Theta')^{1+m} - \Theta^{1+m} \right] \, . \tag{2.5/21}$$

Setzt man hierin noch Θ ins Verhältnis zu Θ', d. h.

$$\Theta = u \, \Theta'$$

so wird endlich

$$\beta = \frac{\Theta'}{\varepsilon \, U} \left(\iota - u^{1+m} \right) \, . \tag{2.5/22}$$

In Abb. 2/16 ist eine Auswertung der Formel (2.5/22) unter Zugrundelegung der Verhältnisse für Radiatoren, d. h. für $m = 1/3$, wiedergegeben. Um eine allgemeine Darstellung zu ermöglichen, ist in der Abszissenachse der Wert $\beta\,\varepsilon\,U/\Theta'$, ein dimensionsloser Ausdruck, aufgetragen.

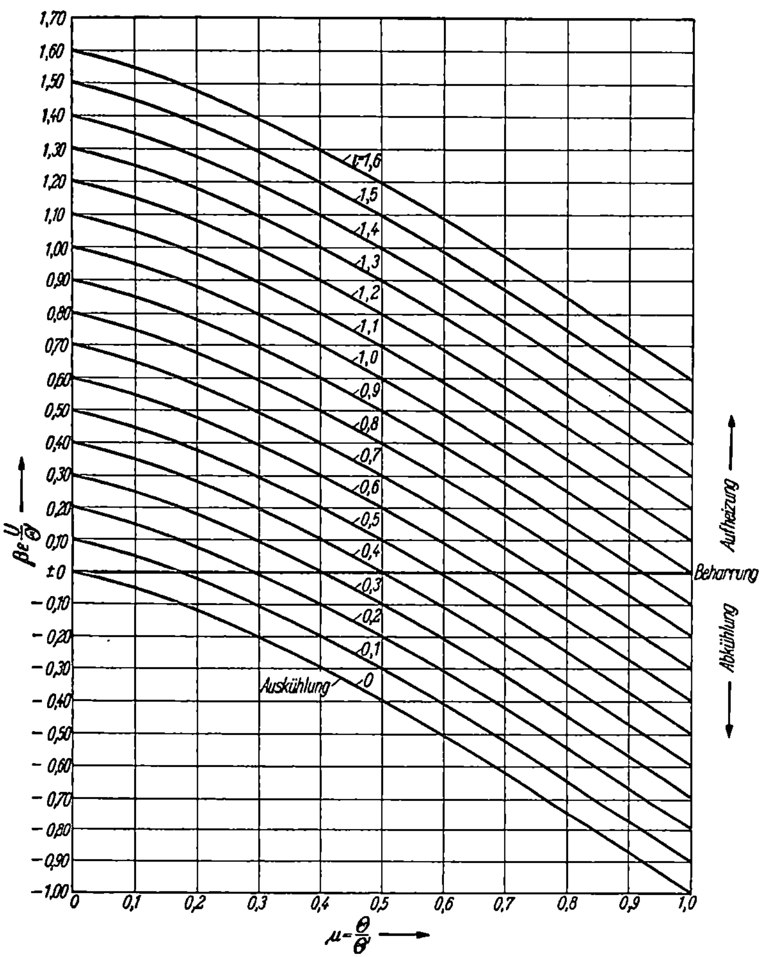

Abb. 2/16. Geschwindigkeit der Temperaturänderung der Wasserheizung bei veränderlichen Wärmedurchgangszahlen der Heizkörper ($m = 1/3$)

Mit Hilfe der Werte aus Abb. 2/16 läßt sich nun die Zeitdauer einer Temperaturveränderung errechnen. Es ist

$$z_{1\ldots2} = \frac{\Theta_2 - \Theta_1}{\beta},$$

wobei β als der mittlere Wert zwischen Θ_2 und Θ_1, d. h. für $\dfrac{\Theta_2 + \Theta_1}{2}$ einzusetzen ist. Bei Verwendung der Verhältniszahl u wird

$$z_{1\ldots2} = \frac{\Theta'}{\beta}\,(u_2 - u_1).$$

Macht man die Intervalle verhältnismäßig klein, so lassen sich die einzelnen Zeiten sehr genau bestimmen. Der Gesamtwert der Anheizzeit errechnet sich dann als

Summe der Zeiten, wie sie sich für die einzelnen Stufen ergaben. Es ist:

$$z = \sum_{u=1}^{u=n}\left[\frac{\Theta'}{\beta}(u_n - u_{n-1})\right]. \qquad (2.5/23)$$

Um jedoch zu einem allgemeinen Resultat zu kommen, muß statt mit β mit dem Wert $\beta\,\varepsilon\,\dfrac{U}{\Theta'}$ gerechnet werden, der aus der Abb. 2/16 entnommen werden kann. Es ergibt sich dann für die einzelnen Intervalle

$$\frac{z_{1\ldots2}}{\varepsilon\,U} = \frac{u_2 - u_1}{\beta\,\varepsilon\,\dfrac{U}{\Theta'}}.$$

Hieraus erhält man durch Summation

$$\frac{z}{\varepsilon\,U} = \sum_{u=1}^{u=n}\left[\frac{u_n - u_{n-1}}{\beta\,\varepsilon\,\dfrac{U}{\Theta'}}\right]. \quad (2.5/24)$$

In Auswertung der Formel (2.5/24) wurde Abb. 2/17 entwickelt. Aus diesem Bild lassen sich alle Aufheizzeiten, auch für teilweises Aufheizen, entnehmen. Die aus diesem Bild ermittelten Gesamtaufheizzeiten sind in Abb. 2/18 zusammengestellt. Dieses Bild gestattet ein sofortiges Ablesen der erforderlichen Anheizleistung während des Aufheizens. Setzt man eine Anlage voraus mit der Trägheitskonstante $U = 2{,}0$ h und einer Berechnungsübertemperatur von $\Theta' = 60$ grd, so benötigt diese Anlage, um sie innerhalb einer Zeit von 2 Stunden voll aufzuheizen eine Anheizleistung von $1{,}53\ Q'_a$ und bei einer dreistündigen Anheizzeit von $1{,}24\ Q'_a$. Nimmt man weiter an, daß sich innerhalb der zweistündigen Anheizzeit die Raumtemperatur um 3° erhöhe, so wird

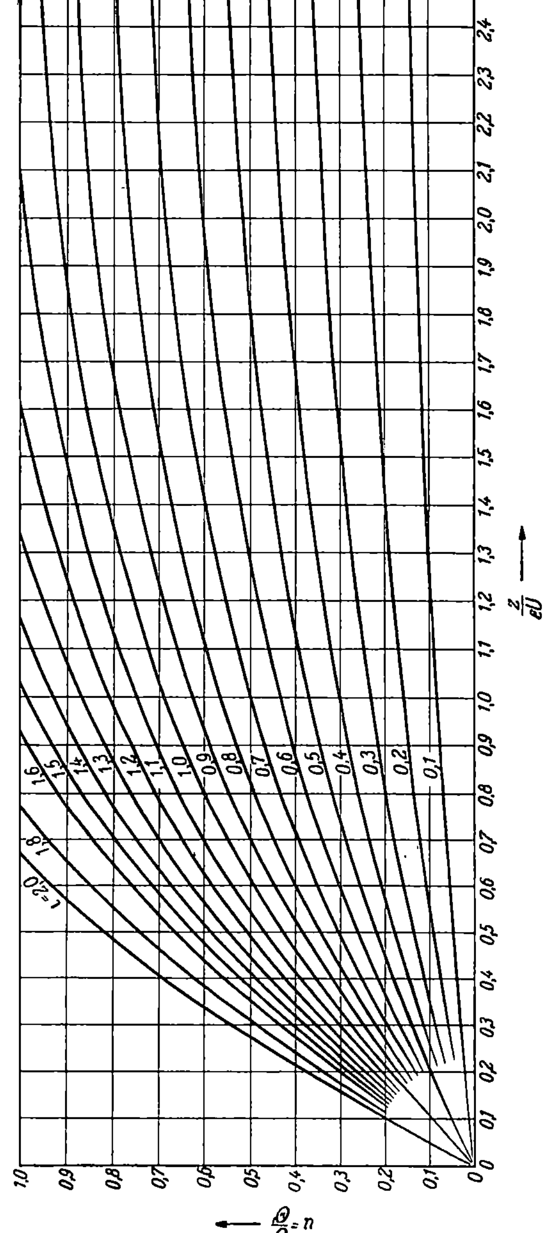

Abb. 2/17. Zeitlicher Verlauf der Übertemperatur einer Wasserheizung bei veränderlichen Wärmedurchgangszahlen der Heizkörper ($m = 1/3$) während der Anheizzeit

$$\varepsilon = \frac{60 + 3}{60} = 1{,}05$$ und die erforderliche Anheizleistung wird $1{,}57\, Q_a'$. Ändert sich bei der dreistündigen Anheizzeit die Raumtemperatur um $4°$, so wird $\varepsilon = 1{,}067$ und die Anheizleistung ergibt sich zu $1{,}29\, Q_a'$.

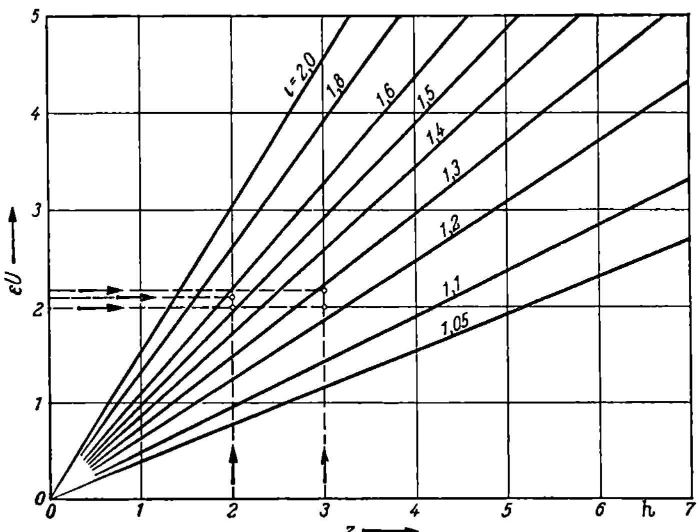

Abb. 2/18. Anheizzeiten der Wasserheizungen bei veränderlichen Wärmedurchgangszahlen der Heizkörper ($m = 1/3$, Radiatoren)

2.55 Die Abkühlungsverhältnisse

In gleicher Weise lassen sich auch die Verhältnisse beim Ab- oder Auskühlen ermitteln. Abb. 2/19 gibt die gewonnenen Resultate wieder.

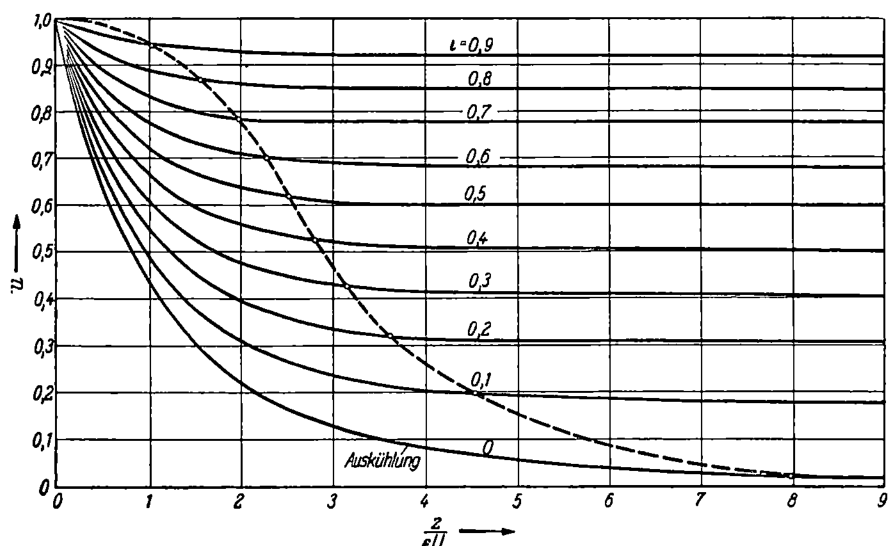

Abb. 2/19. Zeitlicher Verlauf der Übertemperatur einer Wasserheizung bei veränderlichen Wärmedurchgangszahlen der Heizkörper ($m = 1/3$) während des Abkühlens oder Auskühlens

— ·— ·— ·— Kurve der Annäherung an u um den Wert 0,02

Hier ist es noch von Vorteil, den Wert u für den Beharrungszustand zu ermitteln. Aus den Gleichungen

$$Q'_a = F K_0 (\Theta')^{1+m}$$

und

$$\iota Q'_a = F K_0 (u'' \Theta')^{1+m}$$

errechnet sich

$$u'' = \iota^{\frac{1}{1+m}} \qquad (2.5/25)$$

als der Grenzwert, dem sich die Anlage asymptotisch annähert. Bei Radiatoren, d. h. für $m = 1/3$ wird

$$u'' = \iota^{3/4}, \qquad (2.5/26)$$

und man erhält folgende Zahlentafel

Zahlentafel 4. *Übertemperaturverhältnis bei Teilbelastung der Wasserheizung mit Radiatoren*

ι	1,0	0,9	0,8	0,7	0,6	0,5	0,4	0,3	0,2	0,1
u''	1,0	0,924	0,846	0,765	0,682	0,595	0,503	0,405	0,299	0,178

Diese Werte gelten nicht nur für Abkühlungsverhältnisse, sondern auch bei Anheizvorgängen.

Wenn auch der Abkühlungs- bzw. Auskühlungsprozeß theoretisch unendlich lange dauert, so lassen sich doch Zeiten bestimmen, für welche dieser Prozeß praktisch beendet ist. In Abb. 2/19 ist z. B. eine Kurve eingetragen, welche die Zeiten angibt, innerhalb welcher sich eine Anlage bis auf 0,02 dem Wert u'' angenähert hat. Dieses bedeutet bei Anlagen mit einer Berechnungsübertemperatur

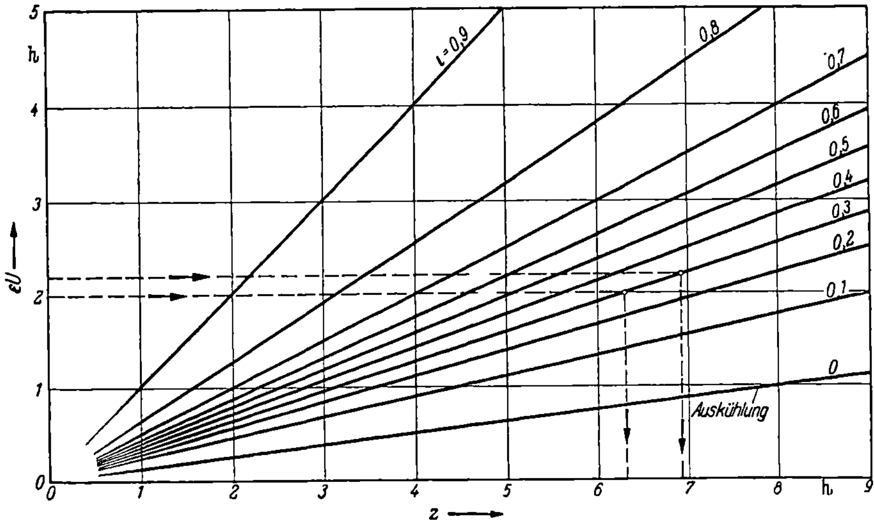

Abb. 2/20. Ab- und Auskühlungszeiten der Wasserheizung mit einer Annäherung von 0,02 an u' des Beharrungszustandes bei veränderlichen Wärmedurchgangszahlen der Heizkörper ($m = 1/3$, Radiatoren)

von $\Theta' = 60°$ eine Annäherung von 1,2°. In Abb. 2/20 sind die gewonnenen Ergebnisse in Abhängigkeit von der Trägheitskonstante aufgetragen. Es ergibt sich beispielsweise, daß eine Anlage mit $\Theta' = 60°$ und $U = 2,0$ h, die voll aufgeheizt war und nur noch mit 30% Leistung weitergefahren wird, nach 6,3 Stunden praktisch den neuen Beharrungszustand erreicht hat, bzw. sich diesem bis auf 1,2° angenähert hat. Sinkt jedoch innerhalb dieser Zeit die Raumtemperatur um 6°, so wird $\varepsilon = \dfrac{60+6}{60} = 1,1$ und die vorgenannte Zeit erhöht sich auf 6,95 Stunden.

2.56 Die Größenbestimmung der Wassererwärmer

Wie sich aus den vorhergehenden Entwicklungen ergibt, genügt es nicht, die Wassererwärmer für die maximale Leistung der Wasserheizung (Q'_a) auszulegen, sondern es muß auch die gegenüber der Anschlußleistung erhöhte Anheizleistung (Q'_z) beachtet werden. Die erforderliche Anheizleistung kann nach diesen Entwicklungen für jede geforderte Anheizzeit ermittelt werden. Hierbei ist die Betriebszeit und die Betriebsweise der Anlage zu beachten. Bei maximaler Beanspruchung, d. h. also bei der tiefsten der Berechnung der Anlage zugrunde gelegten Außentemperatur können Wasserheizungen in den Betriebspausen nicht ganz stillgelegt werden, da sonst mit Frostschäden zu rechnen ist. Man kann also ganz allgemein annehmen, daß Wasserheizungen bei tiefsten Außentemperaturen durchgehend betrieben werden, wobei die Wärmeleistung außerhalb der Betriebszeit herabgesetzt wird. Aus Abb. 2/19 läßt sich feststellen, wie weit sich die Anlage während der Zeit der verminderten Wärmezufuhr abkühlt. Während der Anheizzeit ist also nicht mehr die volle Aufheizung durchzuführen, sondern es kann von dem gegebenen Temperaturzustande ausgegangen werden. Aus Abb. 2/17 läßt sich für diesen Fall die erforderliche Anheizleistung nicht direkt ablesen. Aus

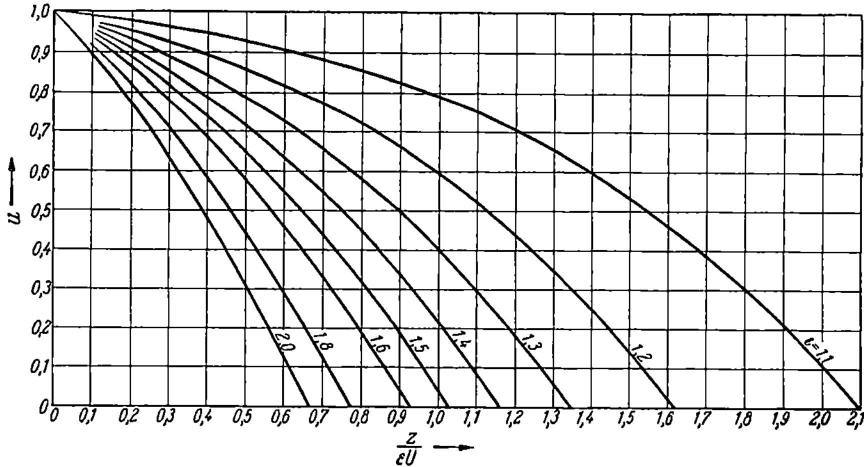

Abb. 2/21. Erforderliche Anheizleistung der Wasserheizung in Abhängigkeit vom Ausgangstemperaturzustand, der Anheizzeit und der Trägheit der Anlage, bei veränderlichen Wärmedurchgangszahlen der Heizkörper ($m = 1/3$, Radiatoren)

dieser wurde daher die Abb. 2/21 entwickelt, aus welcher man die erforderliche Anheizleistung, von jedem Temperaturzustande ausgehend und für beliebige Anheizzeiten, ablesen kann.

Legt man für unser schon früher gebrauchtes Beispiel eine Abkühlungszeit von 12 Stunden zugrunde, und schätzt man ε zu 1,15, so wird $z/\varepsilon U = 12/1,15 \cdot 2,0 =$

5,21, und man kann aus Abb. 2/19 ablesen für beispielsweise $\iota = 0,3$, $u = 0,41$. Will man diese Anlage innerhalb von 2 Stunden auf volle Leistung bringen, so wird $z/\varepsilon U = 2,0/1,05 \cdot 2,0 = 0,953$, wobei ε zu 1,05 schätzungsweise angenommen wurde. Aus Abb. 2/21 läßt sich dann ablesen $\iota = 1,32$. Beträgt die Abkühlungszeit jedoch nur 6 Stunden, so wird ε wesentlich geringer sein, da ja innerhalb der verkürzten Abkühlungszeit zwar eine weitgehende Abkühlung der Anlage, aber nur ein geringes Zurückgehen der Raumtemperatur zu erwarten sein wird. Setzt man $\varepsilon = 1,05$, dann wird $z/\varepsilon U = 6/1,05 \cdot 2,0 = 2,86$ und $u = 0,43$. Für das An-heizen ergibt sich dann $\iota = 1,31$. Die Verkürzung der Abkühlungszeit von 12 auf 6 Stunden bringt also nur eine geringe Verminderung der Anheiz-leistung.

Aus diesem Beispiel ergibt sich, daß sich nach Betriebseinschränkungen die Heizwassertemperaturen sehr stark dem neuen Beharrungszustande an-nähern, wenn die Betriebseinschrän-kung etwa 6 oder mehr Stunden dauert. Das gleiche konnte auch aus dem Studium von Abb. 2/19 entnommen werden. Diesen Umstand kann man benutzen, um zu annähernden all-

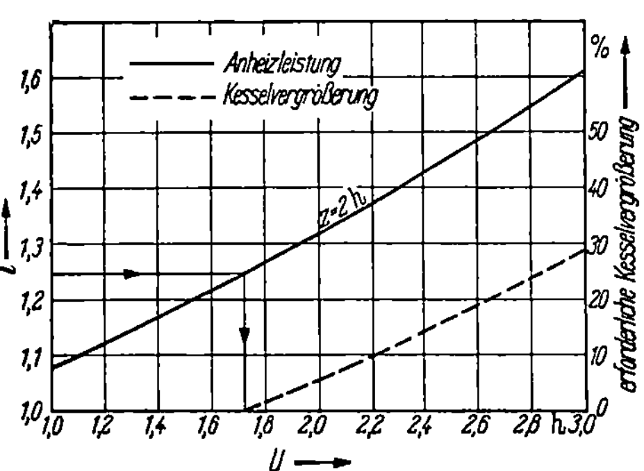

Abb. 2/22. Erforderliche Anheizleistung der Wasserhei-zung bei durchgehendem Betrieb, mit 30% Leistung während der Nacht, und die erforderliche Kesselver-größerung bei 25% Überlastbarkeit

gemeingültigen Werten zu kommen. Setzt man voraus, daß man außerhalb der Betriebszeit die Anlage mit einer Leistung von $\iota = 0,3$ weiterbetreibt, so erhält man den neuen Beharrungszustand mit $u'' = 0,405$. Legt man für die weiteren Überlegungen $u = 0,41$ zugrunde und schätzt man den Wert $\varepsilon = 1,05$, so erhält man für die Anheizleistung Werte von ι, wie sie in Abb. 2/22 dargestellt sind.

2.561 Kessel für feste Brennstoffe

Bei diesen legt man für die Berechnung der erforderlichen Kesselheizfläche die aus Erfahrung oder Versuch bestimmte Heizflächenbelastung K in kcal/m²h zu-grunde. Hierbei hat man zu unterscheiden zwischen der Normalbelastung K_N, wie sie von den Kesseln ohne besondere Anstrengung und mit gutem Wirkungsgrad geleistet werden kann und der Maximalbelastung K_M, wie sie von den Kesseln bei angestrengtem Betrieb mit etwas abgesunkenem Wirkungsgrad, jedoch dauernd geleistet werden kann. Da die Anheizleistung nur kurzzeitig und nur bei tiefster Außentemperatur benötigt wird, ist es durchaus angängig, für diese Zeit die Maximalbelastung zuzulassen, und man erhält die Kesselgröße nach der Formel

$$F_K = \frac{\iota\, Q_a'}{K_M}. \qquad (2.5/27)$$

Zum anderen sollen die Kessel jedoch so bestimmt sein, daß im Beharrungs-zustande und bei tiefster Außentemperatur die Normalbelastung nicht über-schritten wird, und man erhält

$$F_K = \frac{Q_a'}{K_N}. \qquad (2.5/28)$$

Die größte aus Formel (2.5/27) oder (2.5/28) sich ergebende Kesselheizfläche ist der Ausführung zugrunde zu legen.

Bei gußeisernen Gliederkesseln wird von den Herstellerwerken nur die Normalbelastung angegeben und garantiert. Erfahrungsgemäß kann man jedoch annehmen, daß die Maximalleistung um 25% höher liegt. In Abb. 2/22 ist dieser Wert eingetragen. Es ergibt sich, daß bei einer Anheizzeit von 2 Stunden, wie man sie wohl allgemein zulassen kann, Anlagen mit einer Trägheitskonstante über 1,72 nicht mehr mit der Kesselberechnung für den Beharrungszustand auszukommen ist. In der gleichen Abbildung ist auch angegeben, um wieviel die Kesselheizfläche vergrößert werden muß[1].

Beispiel. Eine Wasserheizungsanlage habe eine Anschlußleistung von 200000 kcal/h. Die Trägheitskonstante sei mit $U = 2{,}1$ h ermittelt. Es kommen gußeiserne Gliederkessel zur Anwendung und die Anlage soll innerhalb von 2 Stunden auf volle Leistung gebracht werden. Aus Abb. 2/22 entnimmt man $t = 1{,}35$. Die Normalleistung der Kessel ist nach DIN 4702 8000 kcal/m²h, die Maximalleistung kann zu $1{,}25 \cdot 8000 = 10000$ kcal/m²h angesetzt werden. Es wird somit nach Gl. (2.5/28)

$$F_K = \frac{200000}{8000} = 25 \ \text{m}^2$$

und nach Gl. (2.5/27)

$$F_K = \frac{1{,}35 \cdot 200000}{10000} = 27 \ \text{m}^2 \, .$$

Es ist also ein Kessel von 27 m² Heizfläche aufzustellen. Zu dem gleichen Resultat kommt man, wenn man die aus Gl. (2.5/28) ermittelte Heizfläche mit dem aus Abb. 2/22 entnommenen Faktor 1,08 multipliziert:

$$F_K = 1{,}08 \cdot 25 = 27 \ \text{m}^2 .$$

Bei der Berechnung von Stahlkesseln sind die gleichen Gesichtspunkte maßgebend. Die von den Herstellern angegebenen, teilweise sehr hohen Heizflächenbelastungen sollten nur mit Vorsicht angewendet werden. Es ist anzunehmen, daß die angebenen Werte vielfach bereits die Maximalwerte darstellen.

Bei Stahlgroßkesseln werden von den Herstellern jeweils Normal- und Maximalleistung angegeben, so daß alle Werte für eine einwandfreie Größenbemessung gegeben sind.

In DIN 4702 sind die Heizflächenbelastungen als Norm festgehalten. Diese Werte stellen die Normalbelastung dar. Die Berechnung nach DIN 4702 wird nicht in allen Fällen ausreichend sein.

Die Regelung der Kesselleistung erfolgt durch Beeinflussung der zu verbrennenden Brennstoffmenge und damit durch die Beeinflussung von K. Bei größeren Anlagen erfolgt die Regelung in erster Linie durch die Zahl der in Betrieb zu nehmenden Kessel.

2.562 Kessel für flüssige oder gasförmige Brennstoffe

Bei diesen Kesseln, sei es, daß normale Kessel mit Einbaubrennern versehen werden oder sei es, daß Spezialkessel zur Anwendung kommen, ist zu beachten, daß die Leistung der Kessel nicht nur von der Größe der Heizflächen bestimmt

---

[1] In der Praxis geht man über die Notwendigkeit der Vergrößerung der Kesselheizfläche meist hinweg. Dies ist dadurch möglich, daß die Berechnung des Wärmebedarfes nach DIN 4701 so reichliche Werte ergibt, daß genügend Reserven auch für das Hochheizen vorliegen.

wird, sondern auch von der Leistungsfähigkeit der eingebauten Brenner. Die Brenner müssen so bestimmt sein, daß sie die erforderliche Anheizleistung aufbringen können. Die Brenner sind für einen bestimmten Gas- oder Öldurchsatz bemessen, der nicht gesteigert werden kann. Im übrigen gelten auch für diese Kessel die Formeln (2.5/27) und (2.5/28).

Bei unserem Beispiel müßte ein Kessel mit Gaseinbaubrenner mit 27 m² Heizfläche gewählt werden. Die eingebauten Gasbrenner müßten für eine Wärmeleistung von 270 000 kcal/h bemessen sein. Hierbei ist jedoch noch weiter zu beachten, daß die Gas- oder Ölbrenner vielfach nach dem Zweipunktverfahren geregelt werden, so daß sie entweder mit voller Leistung oder gar nicht arbeiten. Die Regelung erfolgt also durch die Dauer des Aussetzens der Brenner. In diesem Falle muß die Kesselgröße nach der Gl. (2.5/27) bestimmt werden, wobei jedoch für K_M der Normalwert einzusetzen ist. Andernfalls würde der Kessel immer mit der maximalen Beanspruchung und dem damit verbundenen geringeren Wirkungsgrad fahren.

2.563 Elektrische Kessel

Die Leistung eines elektrisch geheizten Kessels ergibt sich aus der Gleichung

$$Q = E\,860\,\eta_K\,, \qquad (2.5/29)$$

worin E die Leistungsaufnahme in kW bedeutet. Bei dem Wirkungsgrad η_K ist zu beachten, daß an sich die gesamte dem Kessel zugeführte elektrische Leistung in Wärme umgesetzt wird. Dies im Gegensatz zu mit Brennstoffen beschickten Kesseln, bei denen ein Teil der im Brennstoff zugeführten Energie in Form von Rauchgaswärme oder unverbrannten Teilen verlorengeht. Bei elektrisch beheizten Kesseln berücksichtigt der Wirkungsgrad also lediglich die vom Kessel oder Klemmenkasten nach außen abgegebene Wärme.

Die Leistung des elektrisch betriebenen Kessels kann jedoch nicht gesteigert werden. Der Berechnung muß also die Anheizleistung zugrunde gelegt werden und man erhält

$$E = \frac{\iota\,Q_a'}{860\,\eta_K}\,. \qquad (2.5/30)$$

Bei abfallender Spannung geht die Leistung des Kessels entsprechend zurück. Hierauf ist in Fällen schwankender Spannungen zu achten.

Beispiel. Es gelten die Werte des vorhergehenden Beispieles. Der Kesselwirkungsgrad sei zu $\eta_K = 0{,}95$ angenommen. Es errechnet sich

$$E = \frac{1{,}35 \cdot 200\,000}{860 \cdot 0{,}95} = 330 \text{ kW}.$$

Mit Rücksicht auf schwankende Spannungen werde jedoch vorsorglich $E = 360$ kW Leistung gewählt.

2.564 Oberflächenvorwärmer

Die Wärmeleistung eines Gegenstromapparates errechnet sich nach der Formel (2.2/42) und (2.2/41). Werden Gegenstromapparate mit Sattdampf beschickt und sind im Gegenstromapparat keine größeren Druckverluste auf der Dampfseite zu erwarten, so kann man mit der gleichbleibenden Dampftemperatur t_D rechnen. Die mittlere Temperaturdifferenz Δ_m läßt sich aus Diagrammen entnehmen[1].

---

[1] Arbeitsmappe des Heizungsingenieurs.

Wird Heißdampf verwendet, so wird in erster Linie dem Dampf die Überhitzungswärme entzogen und dann tritt erst Kondensation ein. Die Vorgänge sind
jedoch nicht scharf voneinander getrennt, da je nach Temperatur der Heizflächen
der Dampf schon kondensiert, wenn auch teilweise noch überhitzter Dampf vorhanden ist. Im ersten Teil des Vorganges ist also eine fallende Temperatur des
Dampfes von t_E bis t_D gegeben, während im zweiten Teile die Kondensation des
Dampfes bei etwa gleichbleibender Temperatur t_D erfolgt. Bei dem eigentlichen
Heißdampf ist die Wärmeübergangszahl geringer als bei dem kondensierenden
Dampf. Bei mäßig überhitztem Dampf ist zu empfehlen, so zu rechnen, als ob es
sich um Dampf mit Sattdampftemperatur handele. Die höhere Temperatur und
die geringere Wärmeübergangszahl des überhitzten Dampfes werden dadurch ausgeglichen.

Die Wärmedurchgangszahl kann nach den Angaben des Teiles 2.2 bestimmt
werden.

Die Leistungsregelung des Oberflächenvorwärmers erfolgt im allgemeinen durch
Drosselung des Heizmittels. Man erhält hierbei bei Wasser als Heizmittel eine geringere mittlere Temperaturdifferenz. Auch der Wert k wird geringer, und zwar
einmal wegen der geringeren Temperatur und zum anderen wegen der geringeren
Strömungsgeschwindigkeit.

Bei Sattdampf wird durch die Drosselung der Dampf überhitzt. Im ersten Teil
hat man dadurch einen schlechteren Wärmeübergang bei sinkender Temperatur,
und im zweiten Teil eine geringere Temperaturdifferenz. Bei genügender Drosselung findet nur eine Teilbeaufschlagung, d. h. eine Verringerung der wirksamen
Heizfläche F statt. Bei Heißdampf liegen die Verhältnisse ähnlich.

Wie sich aus vorstehendem ergibt, ist die Leistung eines Gegenstromapparates
abhängig von der mittleren Temperaturdifferenz zwischen Heizmedium und Heizwasser. Eine Steigerung der Heizleistung über den der Berechnung zugrunde gelegten Wert ist nicht möglich. Aus diesem Grunde darf die Bemessung eines
Gegenstromapparates nicht für die Anschlußleistung erfolgen, sondern es muß
eine höhere Wärmeleistung zugrunde gelegt werden. Hierbei ist folgendes zu beachten. Bei Beginn des Anheizens ist die mittlere Temperaturdifferenz sehr groß
und demzufolge kann die Leistung sehr gesteigert werden. Mit zunehmender Temperatur geht die Leistung allmählich zurück, um bei Erreichen der höchsten Heizwassertemperaturen ihren rechnerischen Wert zu erreichen. Die Leistung zu Beginn des Anheizens dürfte jedoch allgemein begrenzt sein durch die Menge des zur
Verfügung stehenden Heizmediums. Um ein genügend rasches Anheizen zu erreichen, muß also die Bereitstellung genügend großer Mengen des Heizmediums
gesichert sein. Ist die Menge des Heizmediums begrenzt, so muß diese mindestens
für die Anheizleistung $\iota Q_a'$ ausreichend sein, und der Wassererwärmer muß auch
für die Leistung $\iota Q_a'$ bemessen werden. Hierbei bestimmt sich ι genau so wie bei
den vorher behandelten Kesseln.

Kann jedoch eine größere Menge des Heizmediums zur Verfügung gestellt werden, so kann man mit einem wesentlich kleineren ι auskommen, da ja anfänglich
eine bedeutend größere Wärmeleistung erzielt werden kann. Die Bestimmung von
ι für diesen Fall kann nicht allgemein angegeben werden, da hier die Verhältnisse
zu verschiedenartig sind. An einem Beispiel sollen die Verhältnisse geklärt
werden.

Beispiel. Bei einer Pumpwarmwasserheizung, deren Gegenstromapparat mit Sattdampf von 100° C betrieben wird, sei dieser mit $\iota = 1{,}10$ bemessen. Innerhalb welcher Zeit kann die Anlage von $u = 0{,}41$ auf die volle Nennleistung gebracht werden? Es liegen weiter folgende Verhältnisse zugrunde: $t_R = 20°$ C, $t'_v = 90°$ C, $t'_r = 70°$ C und $U = 2{,}1$ h. Dem Gegenstromapparat kann eine höchste Leistung von $\iota = 1{,}5$ zugeführt werden.

Es ist zunächst notwendig, für die einzelnen Temperaturzustände die mittlere Temperaturdifferenz zwischen Heizmedium und Heizwasser zu bestimmen. Zu diesem Zwecke muß auf das Arbeitsblatt 16 vorgegriffen werden und man erhält die in folgender Tabelle angegebenen Werte für t_v und t_r. Aus diesen lassen sich die jeweiligen mittleren Temperaturdifferenzen ermitteln, die ebenfalls in die Tabelle eingetragen sind. Nun ist noch zu berücksichtigen, daß sich auch der k-Wert mit der Temperatur ändert. Da die Wärmeübergangszahl α_i des kondensierenden Dampfes gegenüber der Wärmeübergangszahl α_a auf der Wasserseite sehr groß und der Wärmeübergangswiderstand durch die Rohrwandung fast ohne Einfluß ist, kann man mit großer Annäherung die Veränderung der k-Zahl mit der Veränderung von α_a proportional setzen. Bei Kupferrohr, wie es allgemein für Gegenstromapparate als Heizfläche verwendet wird, gilt für α_a die Gl. (2.2/18). Bei dieser verändert sich aber nur der Wert t_i. Mit dieser Veränderung kann man leicht einen Korrekturfaktor für die Temperatur bestimmen, wie dieser ebenfalls in der Tabelle angegeben ist. Aus dem Verhältnis der mittleren Temperaturdifferenzen, dem Korrekturfaktor für die Temperatur und dem der Berechnung des Gegenstromapparates zugrunde gelegten ι' errechnen sich dann die in der Tabelle angegebenen Werte für ι in Abhängigkeit von dem Temperaturzustande.

u	1,0	0,9	0,8	0,7	0,6	0,5	0,4
t_v	90	82,6	75,6	68,2	61,1	54,0	47,0
t_r	70	65,4	60,4	55,8	50,9	46,0	41,0
Δt	18,2	25,0	31,3	37,7	43,8	50,0	56,0
Temperatur-faktor	1,00	0,963	0,920	0,882	0,839	0,802	0,764
ι	1,10	1,45	1,74	2,01	2,22	2,42	2,58

Trägt man diese Werte in einem Diagramm nach Abb. 2/16 ein, so kann man den jeweiligen Geschwindigkeitswert $\beta \varepsilon \dfrac{U}{\Theta'}$ ablesen und damit die Anheizzeit berechnen (Abb. 2/23).

Da festgelegt ist, daß keine größere Leistung als $\iota = 1{,}5$ zur Verfügung gestellt werden kann, so erfolgt die Aufheizung von $u = 0{,}41$ bis $u = 0{,}883$ (letzterer Wert ergibt sich aus Abb. 2/23 als Schnittpunkt der Linie $\iota = 1{,}5$ mit der ι-Linie des Gegenstromapparates) mit dem Wert $\iota = 1{,}5$.

Diese Zeit kann aus Abb. 2/21 entnommen werden. Es ergibt sich folgende Berechnung

u		$z/\varepsilon U$	
0,41	bis 0,883	$0,725 - 0,205$	$= 0,520$
0,883	bis 0,9	$0,017/0,62$	$= 0,027$
0,9	bis 0,95	$0,05\ /0,47$	$= 0,106$
0,95	bis 1,0	$0,05\ /0,22$	$= 0,227$
		$z/\varepsilon U$	$= \mathbf{0,880}$

Schätzt man noch ε zu 1,05, so ergibt sich die Anheizzeit zu:

$$z = 0{,}880 \cdot 2{,}1 \cdot 1{,}05 = 1{,}94 \text{ h}$$

Es ergibt sich, daß für den Fall des gewählten Beispiels es genügt, den Gegenstromapparat für eine um 10% größere Leistung als die Anschlußleistung auszulegen.

Kann jedoch die Leistung $1{,}5\,Q'_a$ nicht zur Verfügung gestellt werden, so muß, wenn man in der gleichen Zeit die Aufheizung durchführen will, mindestens eine

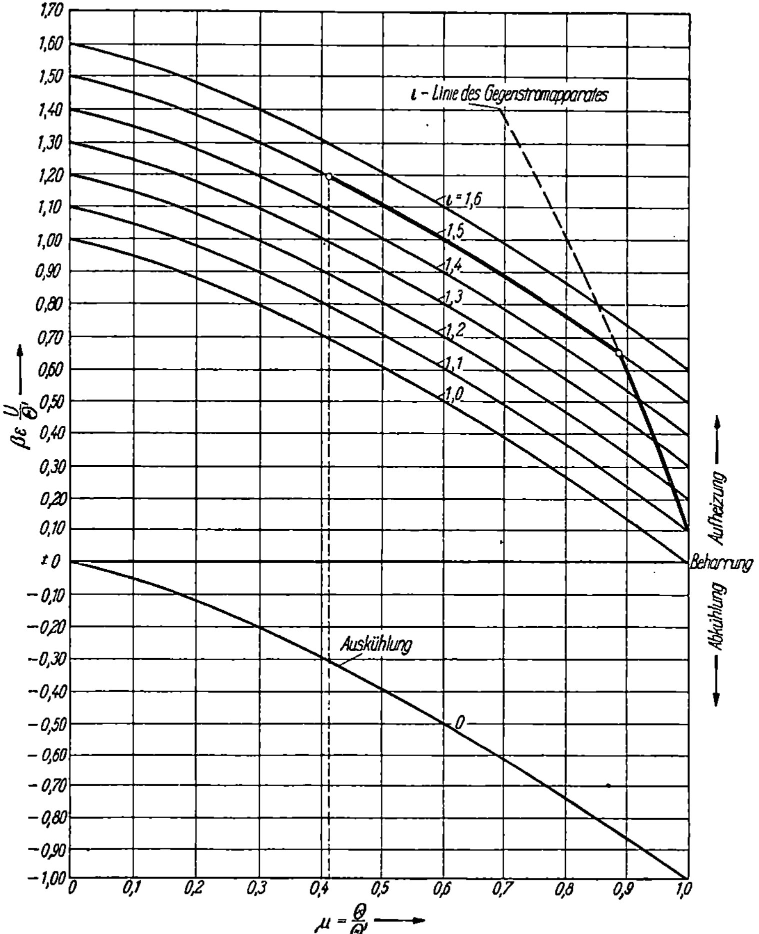

Abb. 2/23. Geschwindigkeit der Temperaturänderung der Wasserheizung bei veränderlichen Wärmedurchgangszahlen der Heizkörper ($m = 1/3$) mit Aufheizvorgang bei einem Gegenstromapparat

Leistung von $1{,}35\,Q'_a$ zur Verfügung gestellt werden, wie sich aus Abb. 2/22 ergibt, und der Gegenstromapparat muß für die Leistung $1{,}35\,Q'_a$ berechnet werden.

Setzt man eine Anschlußleistung der Anlage mit 1 000 000 kcal/h voraus, und nimmt man die Wärmedurchgangszahl $k = 1000$ kcal/m²h grd an, so errechnet sich die erforderliche Heizfläche des Gegenstromapparates nach Gl. (2.2/42) zu

$$F = \frac{1{,}1 \cdot 1\,000\,000}{1000 \cdot 18{,}2} = 60{,}4 \ \text{m}^2.$$

Hierbei muß dem Apparat eine Leistung von $1{,}5 \cdot 1\,000\,000 = 1\,500\,000$ kcal/h zugeführt werden können. Ist letzteres nicht der Fall, so ergibt sich folgende Rechnung

$$F = \frac{1{,}35 \cdot 1\,000\,000}{1000 \cdot 18{,}2} = 74{,}1 \ \text{m}^2.$$

In diesem Falle muß dem Gegenstromapparat eine Leistung von $1{,}35 \cdot 1\,000\,000 = 1\,350\,000$ kcal/h zugeführt werden können.

2.565 Mischvorwärmer

Für die Mischvorwärmer können keine allgemeinen Berechnungswerte angegeben werden. Hier muß es den Herstellerfirmen überlassen bleiben nach der vorgeschriebenen Wärmeleistung die Größe der Apparate zu bestimmen. Auch diese Geräte können ihre Wärmeleistung nicht steigern. Ihrer Berechnung muß also die Wärmeleistung $\iota\, Q_a'$ zugrunde gelegt werden. Für ι gelten etwa die gleichen Überlegungen wie bei Gegenstromapparaten.

2.6 Das Rohrnetz

2.61 Die Strömungswiderstände

Die bei einer Strömung durch eine Rohrleitung auftretenden Widerstände zerfallen in die *Rohrreibungswiderstände* und die *Einzelwiderstände*.

Die Rohrreibungswiderstände sind die Widerstände, die durch eine gerade Rohrstrecke ohne Querschnittsänderungen verursacht werden. Diese sind dem Reibungswiderstand R für 1 m Rohr und der Rohrlänge l proportional. Die Einzelwiderstände Z sind diejenigen, die durch Richtungs- oder Querschnittsänderungen bedingt sind, wie bei Armaturen aller Art, Richtungsänderungen, Rohrverzweigungen, Rohrverengungen oder Rohrerweiterungen.

Die Gesamtwiderstände in einer Rohrstrecke sind demnach

$$W = l\,R + Z\,. \tag{2.6/1}$$

2.611 Der Reibungswiderstand

Für den Reibungswiderstand gilt die Gleichung

$$R = \xi\, \frac{\gamma}{d}\, \frac{w^2}{2g}\,. \tag{2.6/2}$$

Hierin ist ξ die sogenannte *Reibungszahl*.

Nach den Untersuchungen von BRADKE[1] ist

$$\xi = 0{,}0072 + \frac{0{,}61}{Re^{0{,}35}} + \frac{2{,}9}{10^5 d}\, Re^{0{,}108}\,. \tag{2.6/3}$$

Die Reibungszahl ist also abhängig vom Rohrdurchmesser d und von der REYNOLDSschen Zahl Re. Letztere wird bestimmt durch die Gleichung

$$Re = \frac{w\,d}{\nu}\,, \tag{2.6/4}$$

hängt also von der Geschwindigkeit, dem Rohrdurchmesser und einem Stoffwert des Wassers, der kinematischen Zähigkeit, ab. Die Reibungszahl kann aus Abb. 2/24 entnommen werden.

---

[1] Siehe H. RIETSCHELs Lehrbuch der Heizungs- und Lüftungstechnik, 13. Auflage. Berlin/Göttingen/Heidelberg: Springer 1958, im folgenden kurz „Rietschel" genannt.

Auf diese Formeln sind die bekannten Rohrdimensionierungstabellen im „Rietschel" und die Diagramme der Arbeitsmappe des Heizungsingenieurs aufgebaut. Diese Tabellen sind für eine Wassertemperatur von 80° C entwickelt.

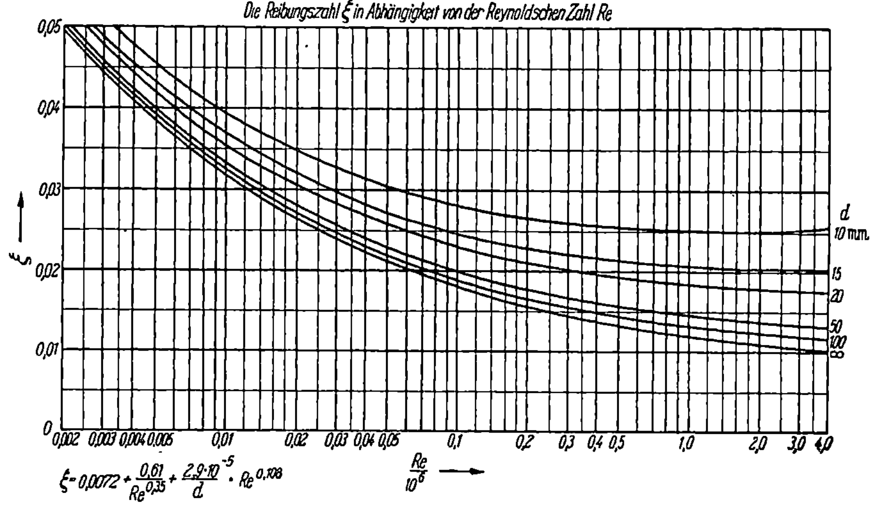

$$\xi = 0{,}0072 + \frac{0{,}61}{Re^{0{,}35}} + \frac{2{,}9 \cdot 10^{-5}}{d} \cdot Re^{0{,}108}$$

Abb. 2/24

Für die Untersuchung von Regelvorgängen und für andere Wassertemperaturen ist jedoch häufig die Kenntnis der Änderung von R bei einem gegebenen Rohrnetz notwendig.

2.611.1 Die Abhängigkeit von R von der Geschwindigkeit bzw. Wassermenge bei gleichbleibender Temperatur

In erster Annäherung kann man das Reibungsgefälle R bei einer gegebenen geraden Rohrstrecke dem Quadrat der Geschwindigkeit und damit auch dem Quadrat der Wassermenge proportional setzen

$$R = C\,w^2 , \tag{2.6/5}$$

worin C eine Konstante $\left(C = \dfrac{\xi\,\gamma}{d\,2\,g}\right)$ ist.

In gleicher Weise gilt für die Berechnungswerte

$$R' = C\,(w')^2 .$$

Es ist also

$$\frac{R}{R'} = \left(\frac{w}{w'}\right)^2 ,$$

oder wenn man das Verhältnis der Reibungszahlen $\dfrac{R}{R'}$ mit σ_R und das Verhältnis der Geschwindigkeiten bzw. der Wassermengen $\dfrac{w}{w'}$ mit ψ bezeichnet

$$\sigma_R = \psi^2 . \tag{2.6/6}$$

Bei genauen Untersuchungen muß jedoch die Veränderlichkeit von ξ bzw. Re mit der Geschwindigkeit berücksichtigt werden. Die Verwendung der ursprünglichen Formeln (2.6/2) und (2.6/3) ist sehr umständlich, so daß folgende annähernde Abhängigkeit entwickelt wurde.

Es ist

$$Re = \frac{w\,d}{v} \quad \text{und} \quad Re' = \frac{w'd}{v}\,.$$

Hieraus ergibt sich

$$Re = \psi\,Re'\,. \tag{2.6/7}$$

Nun ist aber weiter

$$R = \xi\,\frac{\gamma}{2\,g\,d}\,w^2 \quad \text{und} \quad R' = \xi'\,\frac{\gamma}{2\,g\,d}\,(w')^2\,, \quad \text{folglich} \quad R = \frac{\xi}{\xi'}\left(\frac{w}{w'}\right)^2 R'\,.$$

Setzt man hierin $R' = 1$, so wird R zu σ_R, und es ist

$$\sigma_R = \frac{\xi}{\xi'}\,\psi^2\,. \tag{2.6/8}$$

Man kann nun in Auswertung dieser Formel für bestimmte Rohrdurchmesser und bestimmte Ausgangsgeschwindigkeiten die Werte σ_R errechnen. Trägt man

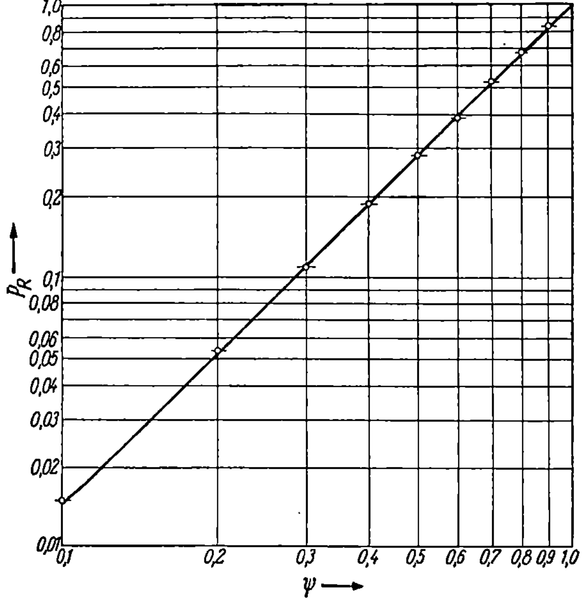

Abb. 2/25. Änderung des Reibungswiderstandes bei gegebenem Rohrnetz und veränderlicher Wassermenge; für $w = 2,2$ m/s, $d = 0,05$ m

diese Werte in einem logarithmischen Koordinatensystem auf, wie dies in Abb. 2/25 für $d = 0,05\,m$ und $w' = 2,2$ m/s geschehen ist, so läßt sich feststellen, daß sich diese Werte durch eine Kurve sehr schwacher Krümmung darstellen lassen. Diese Kurve läßt sich mit sehr großer Annäherung durch eine Gerade ersetzen, wobei man von den Punkten für $\psi = 1$ und $\psi = 0,4$ ausgehen kann.

Man kann also die Abhängigkeit von σ_R vom Wassermengenverhältnis ψ mit großer Annäherung setzen zu

$$\sigma_R = \psi^m\,. \tag{2.6/9}$$

Für den Exponenten m ergeben sich hierbei die Werte der Zahlentafel 5.

Zahlentafel 5. *Exponent m für Rohrreibungswiderstände*

w'	3,0	2,0	1,0	0,5	0,2 m/s
$d = 300$	1,88	1,88	1,84	1,82	1,81
$d = 100$	1,86	1,84	1,82	1,80	1,78
$d = 50$	1,85	1,84	1,82	1,79	1,76
$d = 10$	1,85	1,86	1,84	1,80	1,76

Es ergibt sich, daß der Exponent m sich nur wenig in Abhängigkeit vom Rohrdurchmesser und der Ausgangsgeschwindigkeit verändert. Als brauchbaren Mittelwert kann man den Exponenten $m = 1,8$ setzen. Es besteht natürlich die Möglichkeit für bestimmte begrenzte Gebiete genauere Mittelwerte für m zu ermitteln. So könnte man beispielsweise bei Pumpenheizungen für m als brauchbaren Mittelwert 1,83 und für Schwerkraftheizungen 1,78 setzen.

2.611.2 Die Abhängigkeit von R von der Temperatur bei gleichbleibendem Wassergewicht

Die Tabellen für Rohrreibungswiderstände der Heizungstechnik sind für eine Wassertemperatur von 80° C ermittelt. Es würde zu weit führen, wollte man für alle abweichenden Temperaturen besondere Tabellen aufstellen. Es soll daher untersucht werden, wie sich die Werte der Rohrreibung bei veränderter Wassertemperatur ändern.

Es ist

$$R = \xi \frac{\gamma}{2\,g\,d}\, w^2 \quad \text{und} \quad R' = \xi' \frac{\gamma'}{2\,g\,d}\,(w')^2, \quad \text{folglich}$$

$$R = \frac{\xi}{\xi'} \cdot \frac{\gamma}{\gamma'} \left(\frac{w}{w'}\right)^2 R'\,.$$

Aus $w = c\,V$, $w' = c\,V'$ und $V = \dfrac{G}{\gamma}$ folgt

$$\frac{w}{w'} = \frac{\gamma'}{\gamma}$$

und man erhält schließlich

$$\sigma_R = \frac{\xi}{\xi'} \cdot \frac{\gamma'}{\gamma}\,. \tag{2.6/10}$$

Aus $Re = \dfrac{w\,d}{\nu}$ und $Re' = \dfrac{w'\,d}{\nu'}$ folgt weiter

$$Re = \frac{\gamma'}{\gamma} \cdot \frac{\nu}{\nu'}\, Re'\,. \tag{2.6/11}$$

Die Stoffwerte $\dfrac{\gamma'}{\gamma}$ und $\dfrac{\xi}{\xi'}\,\dfrac{\gamma'}{\gamma}$, ausgehend von der Temperatur $t' = 80°$ C sind in Abb. 2/26 dargestellt.

Die Veränderung des Wertes σ_R mit der Temperatur ist neben der Temperatur auch noch von der Ausgangswassergeschwindigkeit und vom Rohrdurchmesser abhängig.

Der Einfluß der Ausgangswassergeschwindigkeit und des Rohrdurchmessers ist geringer als der der Wassertemperatur. Als brauchbare Mittelwerte sind die Werte für $d = 0,10$ m und $w' = 1,0$ m/s anzusehen. Für diese Werte ist die Abb. 2/27 entwickelt worden. Es ergibt sich aus dieser, daß die Verminderung der Reibungswiderstände durch die höhere Temperatur nicht so bedeutend ist, wie man es zunächst erwartete. Dies hat seinen Grund darin, daß mit zunehmender Wassertemperatur das spezifische Volumen und damit die Wassergeschwindigkeit wächst. Die Verminderung der Rohrreibung durch die geringere Zähigkeit des Wassers

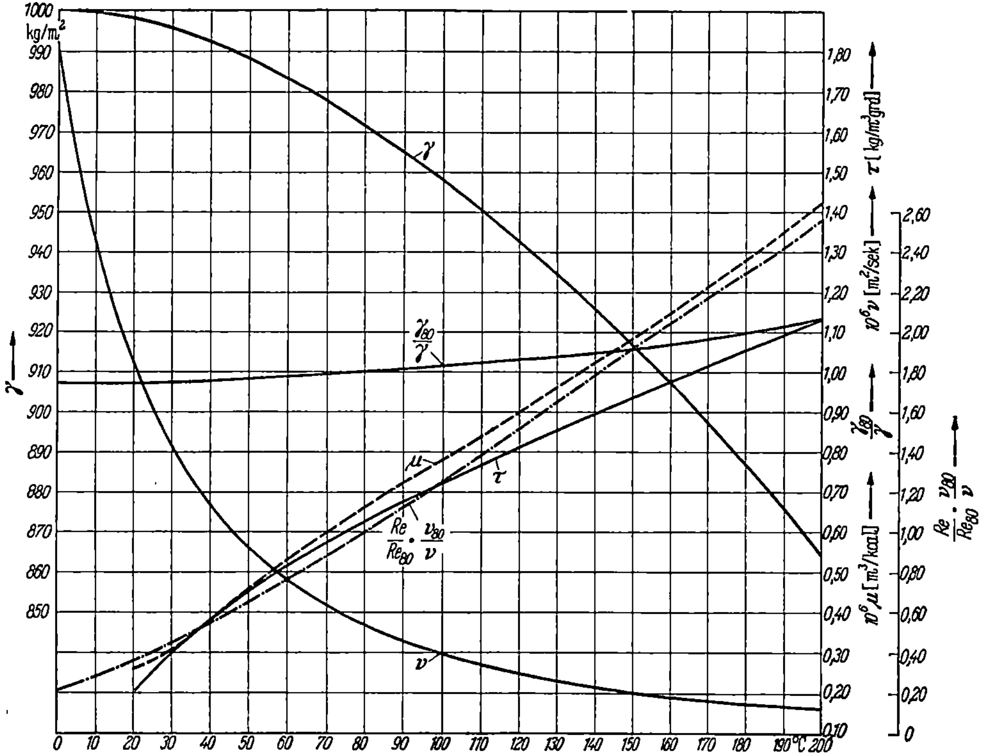

Abb. 2/26. Stoffwerte des Wassers bei 1 kg/cm² bzw. Sättigungsdruck

wird weitgehend ausgeglichen durch die Erhöhung der Wassergeschwindigkeit. Das Absinken der Reibungswiderstände bei höheren Temperaturen ist so gering, daß man praktisch mit den für 80° C entwickelten Tabellen arbeiten kann.

Bei wesentlich tieferen Temperaturen als 80° C sind jedoch die Veränderungen bedeutender, so daß sie nicht mehr vernachlässigt werden können. Mit diesen Temperaturen haben wir es in der Heizungstechnik weniger zu tun.

2.612 Die Einzelwiderstände

Für die Einzelwiderstände gilt die Formel

$$Z = \Sigma \zeta \frac{\gamma}{2g} w^2 .$$ (2.6/12)

Im allgemeinen kann man annehmen, daß die Widerstandsbeiwerte ζ von der REYNOLDSschen Zahl unabhängig sind. Die Einzelwiderstände sind daher dem Quadrat der Geschwindigkeit und der Dichte direkt proportional.

Bei gleichbleibender Temperatur und veränderlichem Wassergewicht ist demnach

$$\sigma_z = \psi^2 .$$ (2.6/13)

Ändert sich bei gleichbleibendem Wassergewicht die Temperatur des Wassers, so ist

$$\sigma_z = \frac{\gamma'}{\gamma} \,. \qquad\qquad (2.6/14)$$

Diese Formel ist ebenfalls in Abb. 2/27 ausgewertet. Es ergibt sich, daß mit zunehmender Wassertemperatur die Einzelwiderstände wachsen. Dies hat ebenfalls

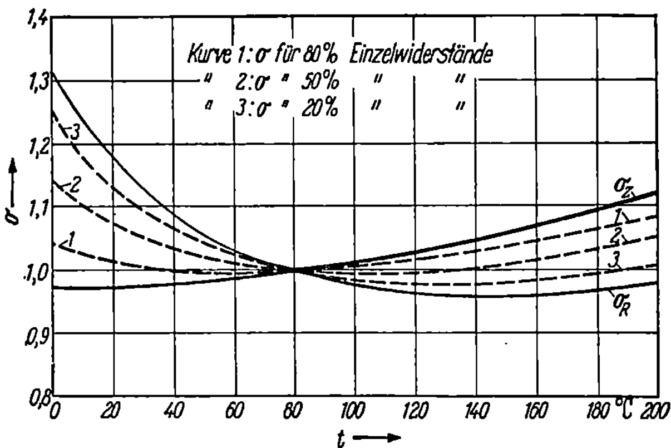

Abb. 2/27. Veränderung der Strömungswiderstände mit der Wassertemperatur bei gleichbleibendem Wassergewicht, dargestellt für $w = 1\,\text{m/s}$ und $d = 0{,}10\,\text{m}$ im Verhältnis zu Wasser von 80° C

seinen Grund in der Erhöhung der Wassergeschwindigkeit, bedingt durch das vergrößerte Volumen. Diese Veränderung ist so stark, daß sie im allgemeinen nicht vernachlässigt werden kann.

2.613 Die Gesamt-Strömungswiderstände

Die Änderungen der Reibungswiderstände und der Einzelwiderstände vollziehen sich nach etwas verschiedenen Gesetzmäßigkeiten. Die Änderung des Gesamtwiderstandes wird damit von dem Anteil der einzelnen Widerstandsarten am Gesamtwiderstand beeinflußt. Es sei mit n der Anteil der Einzelwiderstände am Gesamtwiderstand, bezogen auf die Rechnungswerte, bezeichnet, also

$$Z' = n\,W'$$

$$R' = (1 - n)\,W,$$

so wird entsprechend auch

$$\sigma = n\,\sigma_z + (1 - n)\,\sigma_R \,. \qquad\qquad (2.6/15)$$

Für die verschiedenen Fälle ergeben sich damit die folgenden Formeln

1. *bei gleichbleibender Temperatur* und veränderlichem Wassergewicht

$$\sigma = n\,\psi^2 + (1 - n)\,\psi^m \,. \qquad\qquad (2.6/16)$$

2. *bei gleichbleibendem Wassergewicht* und veränderlicher Temperatur

$$\sigma = n\,\frac{\gamma}{\gamma'} + (1 - n)\,\frac{\xi}{\xi'}\,\frac{\gamma'}{\gamma} \,. \qquad\qquad (2.6/17)$$

2.613.1 Die Gesamtströmungswiderstände bei gleicher Temperatur und veränderlichem Wassergewicht

Aus Gl. (2.6/16) kann man schließen, daß die Gesamtströmungswiderstände einer Rohrstrecke mit großer Annäherung wie folgt angegeben werden können

$$\sigma = \psi^r, \tag{2.6/18}$$

worin der Exponent r zwischen dem Exponenten m für die Rohrreibungswiderstände und dem Exponenten 2 für die Einzelwiderstände liegen muß. Meist wird man also für Annäherungsrechnungen $r = 1,9$ setzen können.

Zur genaueren Bestimmung von r muß man von folgender Beziehung ausgehen

$$\psi^r = n\,\psi^2 + (1-n)\,\psi^m\,.$$

Hieraus errechnet sich

$$r = \frac{\log\left[n \cdot \psi^2 + (1-n)\,\psi^m\right]}{\log \psi}\,.$$

Es ist also keine eindeutige Beziehung zwischen den Exponenten 2, m und r vorhanden. r ist vielmehr auch von der strömenden Wassermenge (ψ) abhängig. Die Abhängigkeit von ψ ist jedoch so unbedeutend, daß man sie vernachlässigen kann. Man kann angenähert setzen

$$r = 2\,n + m\,(n-1)\,.$$

Für $m = 1,8$ erhält man folgende Zahlentafel

Zahlentafel 6. *Exponent r für Strömungswiderstände*

n	1,0	0,9	0,8	0,7	0,6	0,5	0,4	0,3	0,2	0,1	0
r	2,00	1,98	1,96	1,94	1,92	1,90	1,88	1,86	1,84	1,82	1,80

2.613.2 Die Gesamtströmungswiderstände bei gleichem Wassergewicht und veränderlicher Temperatur

Aus Abb. 2/27 ergibt sich, daß mit steigender Temperatur die Reibungswiderstände sich geringfügig vermindern, während die Einzelwiderstände sich erhöhen. Je nach dem Verhältnis zwischen Reibungs- und Einzelwiderstände werden die Gesamtwiderstände etwas geringer, etwas größer oder auch gleich groß sein wie bei Wasser von 80° C. In Abb. 2/27 sind für verschiedene Verhältnisse zwischen Reibungs- und Einzelwiderstände die Kurven für die Gesamtwiderstände angegeben. Jedenfalls sind die Differenzen so gering, daß man unbedenklich mit den Tabellen für 80 grädiges Wasser rechnen kann. Eine Korrektur ist außerdem mit Hilfe der Abb. 2/27 ohne weiteres möglich.

2.614 Die Regelung der Wassermenge

Geht man von den Verhältniswerten σ und ψ wieder zu den wirklichen Werten über, so wird

$$p = C\,w^r \quad \text{oder} \quad p = c\,G^r \tag{2.6/19}$$

worin C bzw. c eine Konstante ist, die durch die baulichen Eigenschaften der Rohrstrecke bestimmt ist. Man bestimmt c aus den Berechnungswerten der Rohrstrecke zu

$$c = \frac{p'}{(G')^r}\,, \tag{2.6/20}$$

d. h. *c ist der Widerstand, der entsteht, wenn durch die Rohrstrecke eine Wassermenge von 1 kg/h strömt*, und werde als die *Widerstandszahl der Rohrstrecke* bezeichnet.

Soll die Förderleistung einer Rohrstrecke vermindert werden, so stehen hierfür, wie aus Gl. (2.6/19) zu erkennen ist, zwei Möglichkeiten zur Verfügung, und zwar die Verminderung des verfügbaren Druckes p oder die Vergrößerung der Widerstandszahl c.

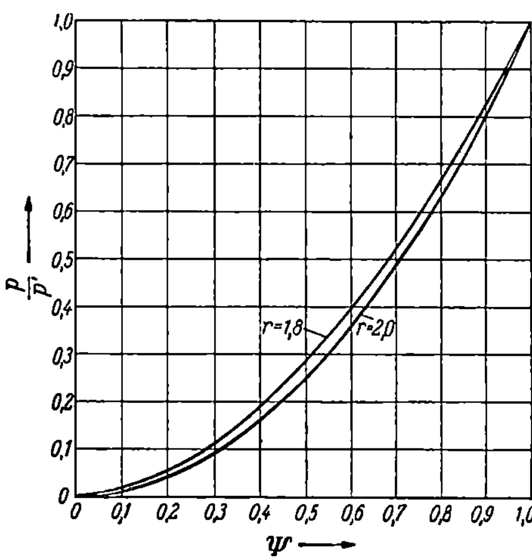

Abb. 2/28. Kennlinie einer Rohrstrecke

2.614.1 Regelung durch Änderung des Druckes

Es ergibt sich (s. Abb. 2/28)

$$p' = c(G')^r \quad \text{und} \quad p = cG^r,$$

folglich

$$\frac{p}{p'} = \left(\frac{G}{G'}\right)^r \quad \text{und da} \quad \frac{G}{G'} = \psi$$

$$p = \psi^r \, p'. \tag{2.6/21}$$

Zahlentafel 7 gibt die Werte für verschiedene r und ψ wieder.

Zahlentafel 7. *Werte von $\dfrac{p}{p'}$ bei Druckregelung*

r \ φ	1,0	0,9	0,8	0,7	0,6	0,5	0,4	0,3	0,2	0,1
2,0	1,000	0,810	0,640	0,490	0,360	0,250	0,160	0,090	0,040	0,010
1,9	1,000	0,818	0,655	0,508	0,379	0,268	0,175	0,102	0,047	0,013
1,8	1,000	0,827	0,669	0,526	0,399	0,287	0,192	0,112	0,055	0,016

Die Werte der Zahlentafel 7 sind in Abb. 2/28 graphisch dargestellt. Man bezeichnet eine derartige Linie als die *Kennlinie* einer Rohrstrecke.

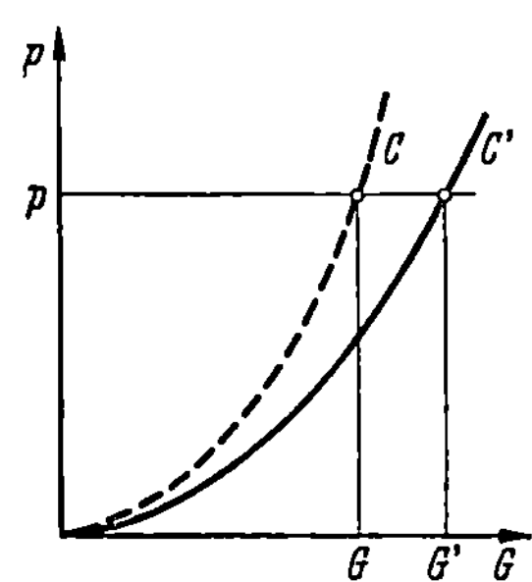

Abb. 2/29. Drosselregelung einer Rohrstrecke

2.614.2 Drosselregelung

Hier wird die Widerstandszahl c verändert. Es ist also

$$p = c'(G')^r$$

für die Berechnungswerte und allgemein

$$p = c(G)^r,$$

hieraus errechnet sich

$$c = c' \frac{1}{\psi r}. \tag{2.6/22}$$

Aus Abb. 2/29 ist die Funktion einer solchen Regelung erkennbar.

Man kann nun die Veränderung (Vergrößerung) der Widerstandszahl c so vornehmen, daß man entweder in die Rohrstrecke einen zusätzlichen Einzelwiderstand c_z einschaltet oder daß man einen vorhandenen vergrößert, der entsprechend veränderlich sein muß.

Für den zusätzlichen Einzelwiderstand c_z erhält man die Beziehung

$$c_z = c - c' \,.$$

Setzt man hierin den Wert für c aus der Formel (2.6/22) ein, so ergibt sich

$$c_z = c'\left(\frac{1}{\psi\, r} - 1\right). \qquad (2.6/23)$$

Vergrößert man jedoch einen vorhandenen Einzelwiderstand, so muß man die Gesamtwiderstandszahl c' zerlegen in den konstanten Teil c_k und den veränderlichen Teil c_v'

$$c' = c_k + c_v' \,.$$

Ebenso ist $c = c_k + c_v$ und es errechnet sich

$$c_v = \frac{c'}{\psi\, r} - c_k. \qquad (2.6/24)$$

Setzt man noch bei den Ausgangswerten die veränderliche Widerstandszahl ins Verhältnis zur Gesamtwiderstandszahl, so wird

$$c_v' = i\, c' \,, \quad c_k = (1 - i)\, c' \,,$$

wenn i der Anteil der veränderlichen Widerstandszahl an der Gesamtwiderstandszahl ist, wobei $1 > i > 0$. Es errechnet sich dann

$$\frac{c_v}{c_v'} = \frac{1}{i}\left(\frac{1}{\psi\, r} - 1\right) + 1 \,. \qquad (2.6/25)$$

In Auswertung dieser Formel wurde nachstehende Zahlentafel errechnet.

Zahlentafel 8. *Werte* $\dfrac{c_v}{c_v'}$ *für* $r = 2$ *bei Drosselregelung*

i \ ψ	1,0	0,9	0,8	0,7	0,6	0,5	0,4	0,3	0,2	0,1
0,01	1,0	24,4	57,1	105	179	301	526	1012	2401	10 001
0,1	1,0	3,34	6,61	11,4	18,8	31	53,5	102	241	1 001
0,5	1,0	1,47	2,12	3,08	4,56	7,00	11,5	21,2	121	201
0,9	1,0	1,259	1,623	2,15	2,98	4,33	6,83	13,3	27,7	112
0,99	1,0	1,236	1,567	2,054	2,80	4,03	6,31	12,2	25,2	102
1,0	1,0	1,233	1,561	2,04	2,78	4,00	6,25	11,1	25	100

Es ergibt sich also, daß die Drosselregelung um so einfacher durchzuführen ist, je größer der Anteil des Widerstandes des Drosselorgans am Gesamtwiderstande ist.

2.62 Rohrnetze

Bei Wasserheizungen läuft im allgemeinen das Heizwasser in einem geschlossenen Rohrnetz um, d. h. das Wasser kehrt jeweils wieder zu seinem Ausgangspunkt zurück. Es tritt also keine geodätische Förderhöhe auf. Innerhalb des Rohrnetzes sind nur Strömungswiderstände zu überwinden.

2.621 Der Stromkreis

Die einfachste Form eines Rohrnetzes ist der Stromkreis; das ist ein geschlossener Rohrzug, der wieder in sich zurückkehrt. An allen Stellen des Stromkreises fließt also die gleiche Wassermenge. Es finden keine Verzweigungen der strömenden Wassermenge oder ein Zusammenfließen von Teilwassermengen statt. Der Wasserumlauf kann nur durch innere Druckkräfte verursacht werden. Diese Drücke nennt man den *Wirksamen Druck.* Der Wirksame Druck ist hierbei den Strömungswiderständen gleich und diesem entgegengesetzt gerichtet. Es ist

$$p = W \qquad (2,6/26)$$

Der Wirksame Druck kann konstant sein, dann ergeben sich die Verhältnisse wie in Abb. 2/30 dargestellt oder der Wirksame Druck ist mit der Wassermenge

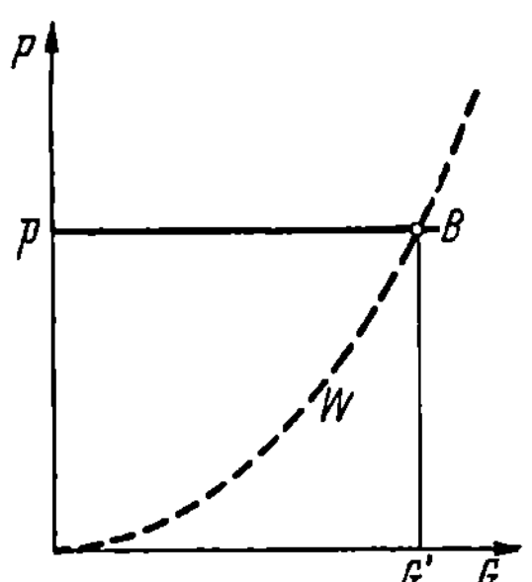
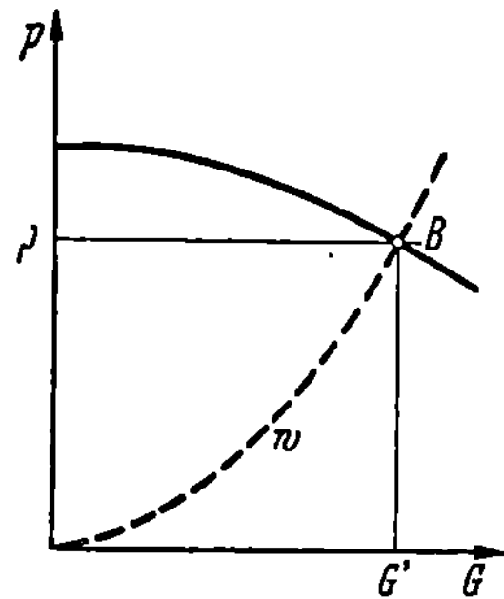

Abb. 2/30. Stromkreis mit konstantem Wirksamen Druck   Abb. 2/31. Stromkreis mit veränderlichem Wirksamen Druck

veränderlich, dann gibt Abb. 2/31 die Verhältnisse wieder. In beiden Fällen muß sich die Gl. (2.6/26) erfüllen. In beiden Fällen ergibt sich der Betriebspunkt, d. h. die Wassermenge und der zugehörige Druck mit welchem der Stromkreis wirklich arbeitet, als der Schnittpunkt B der Widerstandslinie mit der Druckkurve.

2.622 Rohrnetze

Die allgemeine Form des Rohrnetzes setzt sich aus einer Anzahl von Stromkreisen zusammen, die sich überlagern und die einzelnen Rohrstrecken oder auch *Teilstrecken* genannt, gemeinsam benutzen. Man unterscheidet in solchen Rohrnetzen einen *Hauptstromkreis*, der wieder in sich selbst zurückkehrt und in seinen einzelnen Teilstrecken auch das Wasser der weiteren Stromkreise mitbefördert. Die nicht mit dem Hauptstromkreis oder einem anderen Stromkreis zusammenfallenden Teile eines beliebigen Stromkreises, nennt man *Nebenstromkreise.* Diese zweigen also vom Hauptstromkreis oder einem Nebenstromkreis ab und kehren wieder zum Hauptstromkreis oder zu einem Nebenstromkreis zurück.

Die Rohrnetze für Heizungsanlagen zerfallen normalerweise in die *Verteilungsleitungen*, die horizontal angeordnet sind und in die *Stränge* oder auch *Steigestränge*, welche die vertikalen Unterschiede überwinden. Die Verbindungsleitungen der einzelnen Wärmeverbraucher mit diesen Strängen werden *Anschlußleitungen* genannt.

Im allgemeinen wird man, selbstverständlich unter Berücksichtigung der sonstigen Gegebenheiten, ein Rohrnetz so anlegen, daß man die kürzest möglichen Rohrverbindungen herstellt. Je kürzer die Rohrverbindungen, um so billiger das Rohrnetz und um so geringer die Wärmeverluste desselben. Es ergeben sich auf diese Weise für die verschiedenen Stromkreise verschiedene Reibungsgefälle.

2.622.1 Die Tichelmannsche Rohrführung

Bei der TICHELMANNschen Rohrführung geht man jedoch zwecks Erreichung eines für alle Stromkreise möglichst gleichbleibenden Reibungsgefälles von dem Grundsatz der kürzesten Rohrverbindung ab. In Abb. 2/32 ist eine derartige Rohrführung dargestellt. Diese Rohrführung bringt eine mitunter erhebliche Verteuerung des Rohrnetzes, und zwar dadurch, daß einmal die Stromkreislänge größer wird als bei normaler Verlegung und zum anderen, daß auch die nahe am Kessel liegenden Stränge, das gleiche ungünstige Reibungsgefälle besitzen, wie die entfernter liegenden Stränge. Vorteile durch diese Rohrführung ergeben sich

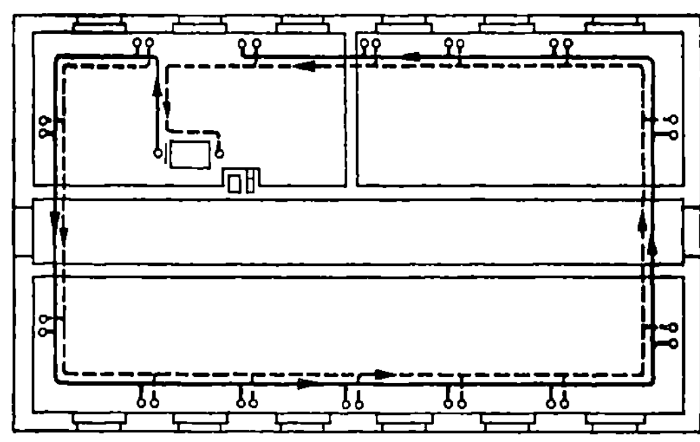

Abb. 2/32. TICHELMANNsche Rohrführung

eigentlich nur bei der Annahme der Rohrdurchmesser, da hier das Reibungsgefälle nur einmal ermittelt werden muß. Wegen dieser geringen rechnerischen Vorteile ist es jedoch nicht zu verantworten, ein teureres Rohrnetz auszuführen.

Ein kleiner Vorteil der TICHELMANNschen Rohrführung liegt noch im regeltechnischen Verhalten eines Rohrnetzes bei Drosselregelung begründet, auf welchen später noch eingegangen wird.

2.623 Knotenpunktsgleichungen

Die Punkte eines Rohrnetzes, in denen die Wassermenge auf verschiedene Stromkreise aufgeteilt werden oder aus verschiedenen Stromkreisen wieder zusammenfließen nennt man *Knotenpunkte*.

Für einen solchen Knotenpunkt gilt das Gesetz, daß die algebraische Summe der Wassermengen gleich 0 bzw., daß die Summe der zufließenden, gleich der Summe der abfließenden Wassermenge sein muß.

$$\Sigma\,(G) = 0\,. \tag{2,6/27}$$

Fließen an einem Knotenpunkt Wassermengen verschiedener Temperatur zusammen, so errechnet sich die Mischwassertemperatur nach dem Grundsatz, daß die zufließende Wärmemenge gleich der abfließenden sein muß:

$$G_1\,c_1\,t_1 + G_2\,c_2\,t_2 = (G_1 + G_2)\,c_m\,t_m\,,$$

$$t_m = \frac{G_1\,c_1\,t_1 + G_2\,c_2\,t_2}{(G_1 + G_2)\,c_m} \tag{2.6/28}$$

oder falls man $c_1 = c_2 = c_m = 1$ setzen kann

$$t_m = \frac{G_1\,t_1 + G_2\,t_2}{G_1 + G_2}\,. \tag{2.6/29}$$

Handelt es sich um geringe Temperaturdifferenzen, so ist es, um zu genaueren Resultaten zu kommen, zweckmäßiger, nur mit einer Übertemperatur $\varDelta t$ über einer zu wählenden Temperatur t_g zu rechnen. Es wird dann

$$t_m = t_g + \frac{G_1\,\varDelta t_1 + G_2\,\varDelta t_2}{G_1 + G_2}\,. \tag{2.6/30}$$

2.624 Parallelströme

Zwischen den Punkten A und B eines Rohrnetzes sind gemäß Abb. 2/33 zwei Rohrzüge (1 und 2) angeordnet. Herrscht zwischen den Punkten A und B eine Druckdifferenz $P_1 - P_2$ (Wirksamer Druck), so wird sich die gesamte fließende Wassermenge G auf die einzelnen Rohrzüge im Verhältnis Ihrer Widerstände verteilen. Es muß sein:

$$G = G_1 + G_2, \quad \text{und wenn man setzt } P_1 - P_2 = p,$$

$$p = c_1 G_1^{r_1} \quad \text{und} \quad p = c_2 G_2^{r_2}, \text{ so wird}$$

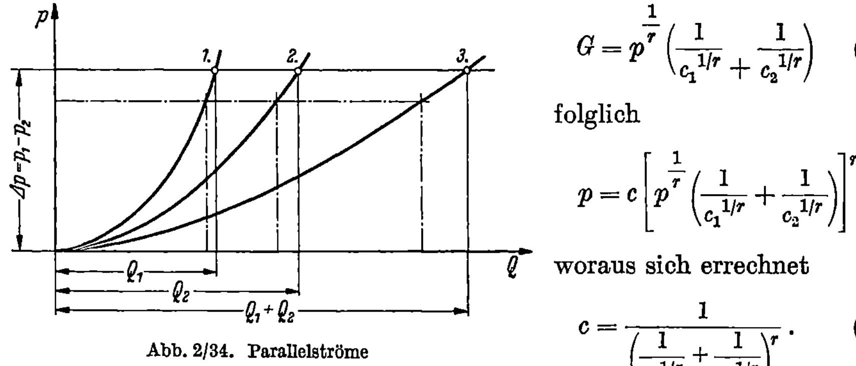

Abb. 2/33. Parallelströme

$$G_1 = \sqrt[r_1]{\frac{p}{c_1}}; \quad G_2 = \sqrt[r_2]{\frac{p}{c_2}},$$

hierin sind die Konstanten c_1 und c_2 die Widerstandszahlen der einzelnen Rohrstrecken. Man kann sich nun die beiden Rohrstrecken 1 und 2 durch eine Rohrstrecke ersetzt denken, welche die gleiche Wirkung hat; für diese muß gelten

$$p = c\, G^r.$$

Setzt man die Werte für G_1 und G_2 in die Gleichung $G = G_1 + G_2$ ein, so wird

$$G = \left(\frac{p}{c_1}\right)^{\frac{1}{r_1}} + \left(\frac{p}{c_2}\right)^{\frac{1}{r_2}}.$$

Meist wird es möglich sein $r_1 = r_2 = r$ zu setzen, dann wird

$$G = p^{\frac{1}{r}}\left(\frac{1}{c_1^{1/r}} + \frac{1}{c_2^{1/r}}\right) \qquad (2.6/31)$$

folglich

$$p = c\left[p^{\frac{1}{r}}\left(\frac{1}{c_1^{1/r}} + \frac{1}{c_2^{1/r}}\right)\right]^r$$

woraus sich errechnet

$$c = \frac{1}{\left(\dfrac{1}{c_1^{1/r}} + \dfrac{1}{c_2^{1/r}}\right)^r}. \qquad (2.6/32)$$

Abb. 2/34. Parallelströme

Die Widerstandszahl c der gedachten Rohrstrecke läßt sich also aus den Widerstandszahlen der einzelnen Strecken errechnen. *Man kann c als die Gesamtwiderstandszahl des Rohrnetzes zwischen A und B bezeichnen.*

Die Regelung der Durchflußmenge durch die einzelnen Zweige des Rohrnetzes erfolgt in der gleichen Weise durch Herabsetzung der Druckdifferenz oder durch Änderung des Widerstandes im einzelnen Rohrzweig, wie dies vorher dargestellt ist. Die Regelung durch Änderung der Druckdifferenz wirkt auf die beiden Zweige des Rohrnetzes gleichmäßig ein. Will man für die beiden Zweige eine verschiedene Regelwirkung erzielen, so ist dies nur durch Drosselregelung möglich.

Bei einer größeren Anzahl von Rohrstrecken gilt sinngemäß das gleiche.

2.63 Der Wirksame Druck

Der Wirksame Druck kann durch Anwendung mechanischer Hilfsmittel, d. h. Pumpen, oder durch Schwerkraftwirkung erzeugt werden.

2.631 Pumpensysteme

Bei diesen wird der Wirksame Druck durch eine Pumpe erzeugt. Im allgemeinen wird daneben auch noch eine Schwerkraftwirkung vorhanden sein. Meist ist diese jedoch so gering, daß sie gegenüber dem Pumpendruck vernachlässigt werden kann. Der Wirksame Druck bzw. der Pumpendruck kann frei gewählt werden. Für die Wahl des Pumpendruckes sind dann wirtschaftliche Gesichtspunkte maßgebend.

2.631.1 Die Bestimmung der Pumpe

Die Fördermenge der Pumpe errechnet sich aus der Nennleistung der Anlage und dem vorgesehenen Temperaturgefälle gemäß Gl. (2.1/18) zu:

$$G = \frac{Q'}{i_v - i_r} \; ; \tag{2.6/33}$$

oder wenn man das Temperaturgefälle $\delta = t_v - t_r$ einführt

$$G = \frac{Q'}{\delta\, c_m}, \tag{2.6/34}$$

worin c_m die mittlere spezifische Wärme zwischen t_v und t_r ist. Kann man die spezifische Wärme gleich 1 setzen, so wird

$$G = \frac{Q'}{\delta}\,(\text{kg/h}) \tag{2.6/35}$$

Für die Konstruktion einer Kreiselpumpe ist das zu fördernde Wasservolumen maßgebend. Dieses errechnet sich aus der Gewichtsmenge gemäß Gl. (2.1/2) zu

$$V = \frac{G}{\gamma} = \frac{Q'}{\delta\, c_m\, \gamma}\,(\text{m}^3/\text{h}), \tag{2.6/36}$$

worin sich γ auf die Temperatur bezieht, mit der das Wasser durch die Pumpe fließt. Nach den im Heizungsfach gebräuchlichen Tabellen ergibt sich aus der Rohrnetzberechnung der Druck in mmWS oder mWS. Der Förderdruck einer Kreiselpumpe ergibt sich aus ihrer Eigenart in m-Flüssigkeitssäule, d. h. also in m-Höhe der gerade geförderten Flüssigkeit. Für die Bestimmung der Pumpe muß also der erforderliche Druck erst in Flüssigkeitssäule umgerechnet werden, wofür folgende Formel gilt

$$p_{Fl} = p_W \frac{1000}{\gamma}\,. \tag{2.6/37}$$

Der Kraftbedarf der Pumpe errechnet sich nach der Formel

$$N = \frac{V p_{Fl}\, \gamma}{3600 \cdot 75\, \eta_p}\,(\text{PS}). \tag{2.6/38}$$

Bei der Bestimmung der Stärke des Antriebsmotors ist zu beachten, daß die Pumpe auch bei kaltem Wasser fördern muß, ohne daß der Motor überlastet wird. Wie schon erwähnt, bleibt das Fördervolumen auch bei veränderter Wassertemperatur gleich, ebenso die Förderhöhe p_{Fl}; es ändert sich jedoch das spezifische Gewicht der zu fördernden Flüssigkeit. Ist beispielsweise die Pumpe für eine Wassertemperatur von 90° C bemessen, so steigt der Kraftbedarf bei Förderung von nur 4grädigem Wasser auf das $\frac{1000}{965,3} = 1,037$fache.

Ein anderer Umstand erfordert aber eine noch weitere Erhöhung der Leistung des Antriebsmotors. In Abb. 2/35 ist die *Pumpenkennlinie* einer Zentrifugalpumpe für eine bestimmte Drehzahl gegeben. Diese Kennlinie, die man auch die *Pumpencharakteristik* nennt, ist eine durch die Konstruktion gegebene Eigenschaft einer Pumpe, die nur durch Versuch ermittelt werden kann und von dem Lieferwerk gegeben werden muß.

In der Abbildung ist weiterhin die Kennlinie des Rohrnetzes eingetragen. Diese folgt dem Gesetz (s. Gl. 2.6/21)

$$p = \varphi^r\, p',$$

worin man $r = 1,9$ setzen kann.

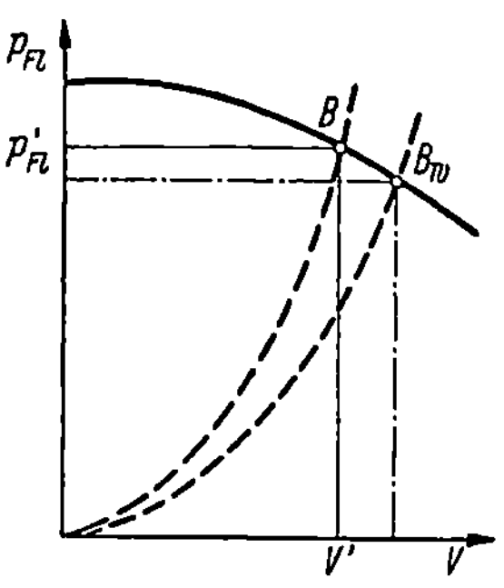

Abb. 2/35. Pumpen- und Rohrnetzkennlinien

——————— Pumpenkennlinie
— — — — Rohrnetzkennlinie

Der Schnittpunkt B beider Kennlinien ergibt den *Betriebspunkt*, auf welchem die Pumpe arbeitet. Die Pumpe ist also so auszulegen, daß dem Betriebspunkt B die Werte p_{Fl}' und V' zugeordnet sind. Nun ist es meistens nicht möglich, die Rohrleitungswiderstände so genau vorher zu berechnen — oder aber man rechnet eine gewisse Sicherheit ein —, so daß die Rohrnetzkennlinie etwas flacher verläuft, wie dies in Abb. 2/35 dargestellt ist. Wir bekommen damit den wirklichen Betriebspunkt B_w, d. h. die Fördermenge steigt etwas an, während der Druck etwas abfällt. Mit steigender Wassermenge steigt aber allgemein der Kraftbedarf der Pumpe, es sei denn, daß man die Pumpe auf die berechneten Werte eindrosselt, d. h. also die Strömungswiderstände herstellt, wie man sie der Bestellung der Pumpe zugrunde legte. Diesem Umstand trägt man damit Rechnung, daß man den Antriebsmotor mit seiner Leistung um 10 bis 20% größer ausführt, als es sich nach Gl. (2.6/38) mit der Korrektur der Temperatur ergibt.

Häufig erweist es sich als zweckmäßig, die erforderliche Pumpenleistung auf zwei oder mehrere Einheiten zu verteilen, die im Parallelbetrieb arbeiten.

In Abb. 2/36 sind die Kennlinien einer Pumpenanlage mit zwei gleich großen Pumpen aufgezeichnet. Die Kennlinie 1 der einzelnen Pumpe ist durch die Konstruktion der Pumpe gegeben. Arbeiten beide Pumpen parallel, so erhält man die für diese Pumpen gemeinsame Kennlinie durch Addition der

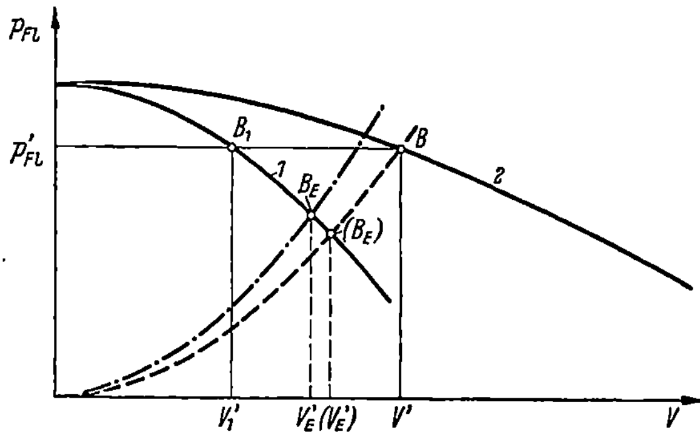

Abb. 2/36. Parallelschaltung zwei gleichgroßer Pumpen
Pumpenkennlinie *1* für eine Pumpe: *2* für zwei parallel laufende
— — — — Rohrnetzkennlinie [Pumpen
—·—·—·— Rohrnetzkennlinie bei Betrieb einer Pumpe unter Berücksichtigung des erhöhten Widerstandes in der Anschlußleitung der einzel laufenden Pumpe

Wassermengen bei den jeweiligen Pumpendrücken und man erhält die Kurve 2. Der Betriebspunkt für die beiden Pumpen zusammen ergibt sich in dem Schnittpunkt B der Kurve 2 mit der Rohrnetzkennlinie. Für die einzelne Pumpe ergibt sich hierbei der Betriebspunkt in B_1, da sie bei gleichem Druck nur die halbe Wassermenge leistet. Läßt man nunmehr auf das gegebene Rohrnetz nur eine Pumpe arbeiten, so findet man den Betriebspunkt dieser Pumpe in dem Schnittpunkt (B_E) der Kennlinie dieser Pumpe mit der Rohrnetzkennlinie. Es ergibt sich damit, daß die Pumpe, einzellaufend, mehr Wasser fördert als im Parallelbetrieb bei entsprechend abgesunkener Förderhöhe. Die Pumpe hat also im Einzelbetrieb eine größere Leistung aufzubringen als im Parallelbetrieb. Auch hierauf muß bei der Bestimmung der Motorleistung geachtet werden.

Bei genauerer Überprüfung muß man jedoch noch feststellen, daß die Rohrnetzkennlinie bei einzel betriebener Pumpe etwas anders verläuft als bei Parallelbetrieb. Dies ist dadurch bedingt, daß bei Einzelbetrieb das ganze durch das System fließende Wasser nunmehr durch die Anschlußleitung der einen Pumpe fließen muß. Dadurch erhöht sich der Strömungswiderstand im Rohrnetz bei jeder gegebenen Wassermenge gegenüber dem bei Parallelbetrieb. Die Rohrnetzkennlinie verläuft also etwas steiler wie dies in Abb. 2/36 durch die strichpunktierte Linie angegeben ist. Der wirkliche Betriebspunkt der einzel laufenden Pumpe liegt also nicht bei (B_E), sondern bei B_E.

2.631.2 Die Bestimmung des wirtschaftlichen Pumpendruckes

Wie man aus der Formel (2.6/38) ersieht, ist der Kraftbedarf einer Kreiselpumpe dem Pumpendruck direkt proportional. Je höher der Pumpendruck gewählt wird, um so größer ist der Verbrauch an Antriebsenergie. Zum anderen wird aber das Rohrnetz billiger, da sich geringere Rohrdurchmesser ergeben. Auch die Wärmeverluste werden geringer, da mit dem Rohrdurchmesser auch die wärmeabgebende Oberfläche verringert wird. Mit zunehmendem Pumpendruck verringern sich also die Anlagekosten, während die Betriebskosten nur teilweise abnehmen (Wärmeverluste), in der Hauptsache (Antriebskosten) aber ansteigen. Man ermittelt nun für verschiedene Pumpendrücke die Anlage- und Betriebskosten und trägt sie in einem Koordinatensystem ein, wie dies in Abb. 2/37 durchgeführt ist. Man erhält dann die Kurve der Gesamtkosten durch die Addition der einzelnen Kurven. Die Kurve der Gesamtkosten hat in M ihr Minimum; demzufolge ist p_w der wirtschaftlichste Pumpendruck.

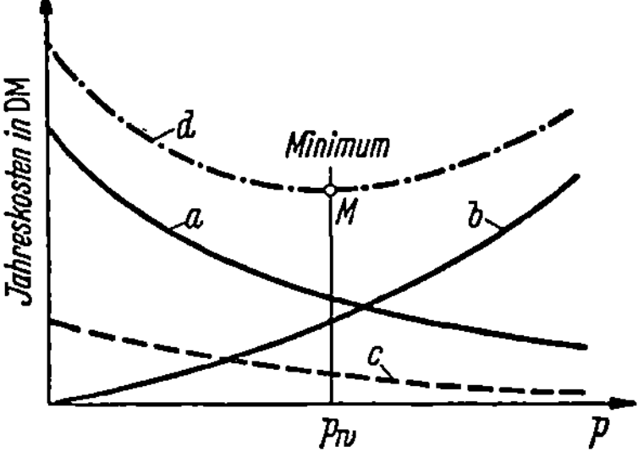

Abb. 2/37. Bestimmung des wirtschaftlichsten Pumpendruckes

a Anlagekosten; *b* Antriebskosten; *c* Wärmeverlustkosten; *d* Gesamtkosten

Man kann in eine derartige Untersuchung gegebenenfalls auch die Schwerkraftanlage mit einbeziehen, für welche sich bei dem Pumpendruck $p = 0$ die Werte in das Schaubild eintragen lassen. Es ergibt sich, daß die Schwerkraftanlage dann wirtschaftlicher als die Pumpenanlage ist, wenn die Gesamtkurve eine stetige Steigung aufweist, d. h. wenn bei $p = 0$ die geringsten Gesamtkosten auftreten.

2.632 Schwerkraftsysteme

Bei diesen wird der Wirksame Druck von dem System selbst erzeugt. Die Größe des Wirksamen Druckes kann nicht gewählt, sondern muß errechnet werden.

Der Wirksame Druck wird durch den Gewichtsunterschied verschieden hoch erwärmter Flüssigkeitssäulen erzeugt. Er tritt nicht auf einem Punkt konzentriert auf wie bei den Pumpensystemen, sondern er wird auf dem Stromkreis verteilt erzeugt. Da er von den Strömungswiderständen überlagert ist, kann er nicht unmittelbar gemessen werden.

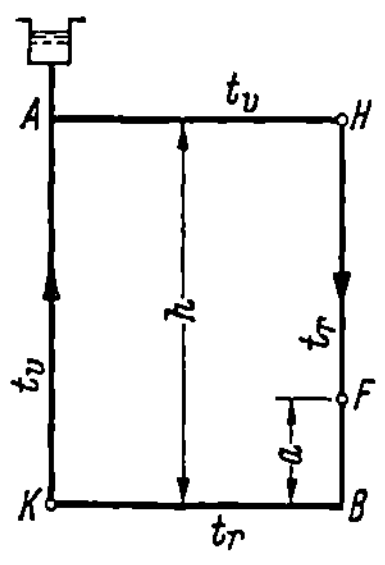

Abb. 2/38. Schema des einfachsten Schwerkraftsystems

Die einfachste Form eines Schwerkraftsystems ist eine Anlage mit einem Kessel und einem Heizkörper, wie sie in Abb. 2/38 gezeigt ist. Nehmen wir zum Zwecke der Vereinfachung noch an, daß sich die Erwärmung des Heizwassers in dem Punkte K und die Abkühlung in dem Punkte H des Systems konzentriere, dann herrscht in den Teilstrecken K—A—H Vorlauftemperatur und in den Teilstrecken H—B—K Rücklauftemperatur. Im Punkte A herrscht ein statischer Druck P_A, der durch die Höhe und die Temperatur der sich über diesem Punkte befindlichen Wassersäule und dem auf dem Wasserspiegel im Ausdehnungsgefäß lastenden Luftdruck bestimmt ist. Dieser Druck muß, da er unabhängig von den Vorgängen in den Stromkreisen ist, jeweils als Ausgangspunkt genommen werden. Der an einem beliebigen Punkte F herrschende statische Druck, d. h. der Druck, der sich ergeben würde, wenn die Strömungswiderstände ausgeschaltet wären, läßt sich nun auf zwei Wegen errechnen, und zwar, indem man den Druckverlauf verfolgt auf dem Wege von A über H nach F und zum anderen auf dem Wege von A über K und B nach F. Bezeichnet man im ersten Falle den Druck mit P_{F_1} und im zweiten Falle mit P_{F_2}, so ergibt sich

$$P_{F_1} = P_A + (h - a)\,\gamma_r$$

$$P_{F_2} = P_A + h\gamma_v - a\gamma_r.$$

Die beiden Werte sind ungleich und es bestimmt sich ihre Differenz zu

$$p = P_{F_1} - P_{F_2} = P_A + (h - a)\,\gamma_r - P_A - h\gamma_v + a\gamma_r$$

und nach einigen Umformungen

$$p = h\,(\gamma_r - \gamma_v). \qquad\qquad (2.6/39)$$

In Wirklichkeit können natürlich in einem Punkte eines Stromkreises keine zweierlei Drücke auftreten. Durch die Wirkung der Strömungswiderstände erfolgt der Ausgleich. Würde man im Punkte F ein Absperrorgan einbauen und dieses schließen, so wären die Strömungswiderstände ausgeschaltet, während andererseits die Wassertemperaturen, mindestens für einen Moment, so wären, wie während des Betriebes. Es würde sich also beiderseits der Absperrung eine Druckdifferenz — der Wirksame Druck — einstellen in der Größe, wie er sich durch die Formel (2.6/39) errechnet. *Damit wird der Wirksame Druck auch meßbar.* Öffnet man das Absperrorgan, so wird sich sofort eine Wasserbewegung in Richtung des Druckgefälles einleiten. Die durch die Strömung hervorgerufenen Widerstände überlagern nunmehr die Drücke, so daß die Druckdifferenz an dem Absperrorgan verschwindet, d. h. *nicht mehr meßbar* auftritt. Als innerer Differenzdruck des Systems bleibt sie jedoch erhalten.

Die Formel (2.6/39) und ihre Entwicklung zeigt aber weiterhin noch, daß es gleichgültig ist, für welchen Punkt des Systems die Berechnung durchgeführt wird; es ergibt sich immer das gleiche Resultat. Man könnte also das Absperrorgan in jedem Punkte des Systems einschalten. Nach dem Schließen desselben würde sich überall der Wirksame Druck einstellen und er wäre auch an jeder Stelle meßbar. Bei Überprüfung der Druckverhältnisse kann man also den Wirksamen Druck an jeder Stelle des Systems als auftretend annehmen.

Die Erwärmung und die Abkühlung des Wassers vollzieht sich in Wirklichkeit nicht in einem Punkte, sondern auf einer Strecke des Stromkreises. Sind solche Strecken waagerecht, so gilt ohne weiteres die vorbeschriebene Entwicklung. Bei senkrechten Strecken, wie sie in Abb. 2/39 der Kessel K und der Heizkörper H darstellen, ist eine weitere Untersuchung notwendig. Es sei zunächst einmal vorausgesetzt, daß die Temperaturänderung im Kessel K und im Heizkörper H so verlaufe, daß sich die Wichte des Wassers linear mit der Höhe verändere. Dann erhält man folgenden Ansatz:

$$P_{F1} = P_A + h_H \left(\frac{\gamma_v + \gamma_r}{2}\right) + (h_b - a)\,\gamma_r$$

$$P_{F2} = P_A + h_a\,\gamma_v + h_k\,\frac{\gamma_v + \gamma_r}{2} - a\gamma_r\,.$$

Setzt man diese Werte in $p = P_{F1} - P_{F2}$ ein, so erhält man nach einigen Umformungen wieder

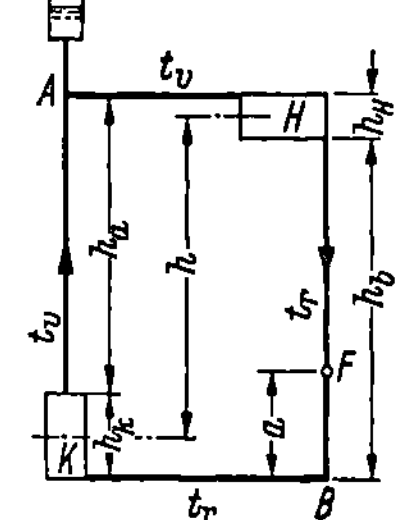
Abb. 2/39. Schema eines einfachen Schwerkraftsystems

$$p = h\,(\gamma_r - \gamma_v)\,.$$

Die Formel (2.6/39) gilt also auch für Erwärmungs- bzw. Abkühlungsstrecken von vertikaler Ausdehnung, wobei man die Höhe h von Mitte Erwärmer bis Mitte Heizkörper rechnen muß. Dies gilt streng genommen nur mit der Einschränkung, daß sich die Wichte des Wassers innerhalb dieser Strecken gleichmäßig ändert. Unter normalen Verhältnissen kann dies mit großer Annäherung auch angenommen werden.

Diese Punkte werden als *Erwärmungsmittelpunkte* oder *Abkühlungsmittelpunkte* bezeichnet.

Ist die Änderung der Wichte des Wassers innerhalb einer Erwärmungs- oder Abkühlungsstrecke nicht gleichmäßig oder würde die Ungenauigkeit über das zulässige Maß hinausgehen, so kann eine genauere Ermittlung vorgenommen werden. In diesen Fällen fällt der Erwärmungs- oder Abkühlungsmittelpunkt nicht mit dem geometrischen Mittelpunkt der Strecke zusammen. Die Lage dieses Punktes bestimmt sich nach dem Gesichtspunkte, daß er die gleiche Wirkung bezüglich des Wirksamen Druckes ausüben muß, wie die wirklichen Erwärmungs- oder Abkühlungsstrecken.

In Abb. 2/40 ist der Fall dargestellt, daß sich entlang einer Abkühlungsstrecke die Wichte in einer Kurve ändere. Für den Punkt x ergibt sich damit eine Druckzunahme von

$$dp = \gamma_x\,dx\,.$$

Die Gesamtdruckzunahme zwischen den Punkten P_1 und P_2 errechnet sich damit zu

$$p = \int_{x_1}^{x_2} \gamma_x \, dx \, . \tag{2.6/40}$$

Für den Abkühlungsmittelpunkt P muß gelten, daß

$$p = h(\gamma_2 - \gamma_1) \, . \tag{2.6/41}$$

Durch Gleichsetzen der Formeln (2.6/40) und (2.6/41) erhält man schließlich

$$h = \frac{\int_{x_1}^{x_2} \gamma_x \, dx}{\gamma_2 - \gamma_1} \, . \tag{2.6/42}$$

Die genaue Ermittlung des Abkühlungs- oder Erwärmungsmittelpunktes setzt also die Kenntnis des Gesetzes der Änderung der Wichte des Wassers voraus. Die Voraussetzung hierfür wäre zunächst wieder die Kenntnis der Änderung der

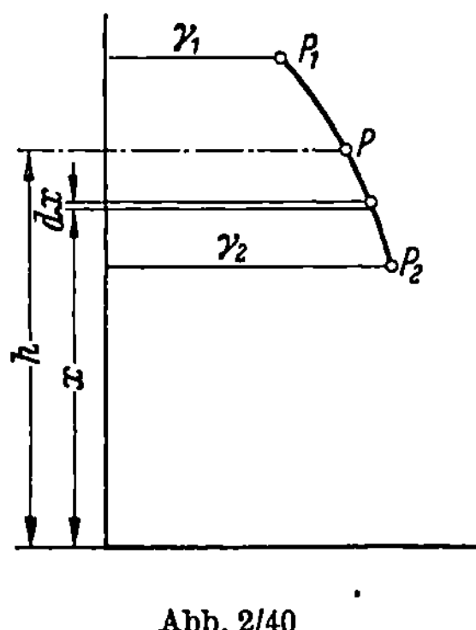
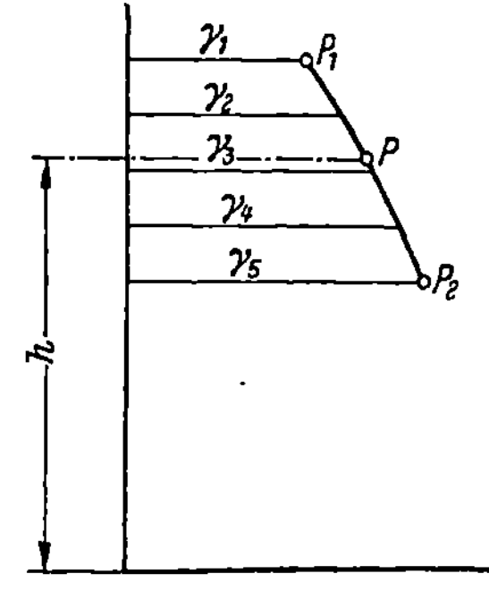

Abb. 2/40   Abb. 2/41

Wassertemperatur. Nun hängt gemäß Gl. (2.1/1) das spezifische Gewicht in verhältnismäßig komplizierter Weise von der Temperatur ab. Die genaue Ermittlung würde also sehr umständliche Rechenoperationen erfordern. Man kann den Wert in sehr großer Annäherung errechnen, wenn man die Strecke in Teile zerlegt, wobei man jeden Teil durch eine Gerade ersetzt (s. Abb. 2/41).

Es muß hierbei sein

$$p = \frac{h_1 + h_2}{2} (\gamma_2 - \gamma_1) + \frac{h_2 + h_3}{2} (\gamma_3 - \gamma_2) + \cdots + \frac{h_{m-1} + h_n}{2} (\gamma_n - \gamma_{n-1})$$

da auch hier wieder $p = h (\gamma_n - \gamma_1)$, errechnet sich die Lage des Abkühlungsmittelpunktes zu

$$h = \frac{\dfrac{h_1 + h_2}{2} (\gamma_2 - \gamma_1) + \dfrac{h_2 + h_3}{2} (\gamma_3 - \gamma_2) + \cdots + \dfrac{h_{n-1} + h_n}{2} (\gamma_n - \gamma_{n-1})}{\gamma_n - \gamma_1} \, . \tag{2.6/43}$$

Sind in einem Stromkreis mehrere Abkühlungspunkte hintereinandergeschaltet, so ergeben sich folgende Entwicklungen (s. Abb. 2/42).

Der Wirksame Druck ist in Punkt III auftretend angenommen, so daß sich folgende Ansätze ergeben $P_{\mathrm{III}_1} = P_A$

$$P_{\mathrm{III}_2} = P_A + (h_2 - h_1) \gamma_2 + h_1 \gamma_1 + h_5 \gamma_6 - (h_4 + h_5) \gamma_5 - (h_2 - h_4) \gamma_4 \, .$$

Hieraus errechnet sich

$$p = h_1(\gamma_2 - \gamma_1) + h_2(\gamma_4 - \gamma_2) + h_4(\gamma_5 - \gamma_1) - h_5(\gamma_6 - \gamma_5) \,. \qquad (2.6/44)$$

Diese Formel läßt erkennen, daß jede über dem Erwärmungsmittelpunkte K liegende Abkühlung einen positiven und jede darunter liegende einen negativen Umtriebsdruck erzeugt. Bei eventuellen weiteren Erwärmungsmittelpunkten sind dagegen die erzeugten Umtriebsdrücke negativ, sofern diese über dem Erwärmungsmittelpunkt und positiv, sofern diese unter dem Erwärmungsmittelpunkt liegen. Es zeigt sich weiter, daß Abkühlungs- oder Erwärmungsmittelpunkte, die auf gleicher geodätischer Höhe liegen, wie ein Punkt behandelt werden können. Es ist dies durch den Summand $h_2(\gamma_4 - \gamma_2)$ ausgedrückt. Dieser läßt sich zerlegen in $h_2(\gamma_3 - \gamma_2) + h_2(\gamma_4 - \gamma_3)$.

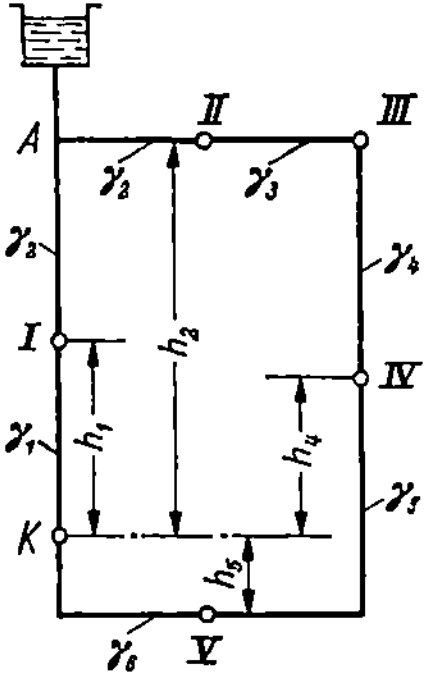

Abb. 2/42

Es sei hier ausdrücklich vor der Auffassung gewarnt, daß in den einzelnen Abkühlungsmittelpunkten die errechneten Einzeldrücke erzeugt werden, gleichsam als seien hier kleine Pumpen wirksam. Diese Auffassung ist falsch. Die Abkühlungsstellen schaffen lediglich die Voraussetzungen für die Druckerzeugung. Die Druckbildung selbst erfordert senkrechte Abstände. Die rechnerische Ermittlung für die einzelnen Punkte stellt lediglich eine praktische Vereinfachung dar.

Die Wahl der Bezugsachse für die Höhen auf der Höhe des Erwärmungsmittelpunktes K ist willkürlich. Es könnte auch jede andere Bezugsachse gewählt werden. Es ist jedoch äußerst zweckmäßig die Achse so zu legen, da sich auf diese Weise, wie sich gezeigt hat, übersichtliche Formeln ergeben. Dies ist dadurch bedingt, daß bei Wasserheizungen allgemein nur *ein* Erwärmungsmittelpunkt, der Wassererwärmer, gegeben ist.

Im allgemeinen besteht ein Wasserheizungssystem nicht aus einem geschlossenen Stromkreis, sondern aus mehreren Stromkreisen (s. Abb. 2/43). Um die hier gewonnenen Erkenntnisse auch für die allgemeinen Verhältnisse anwenden zu

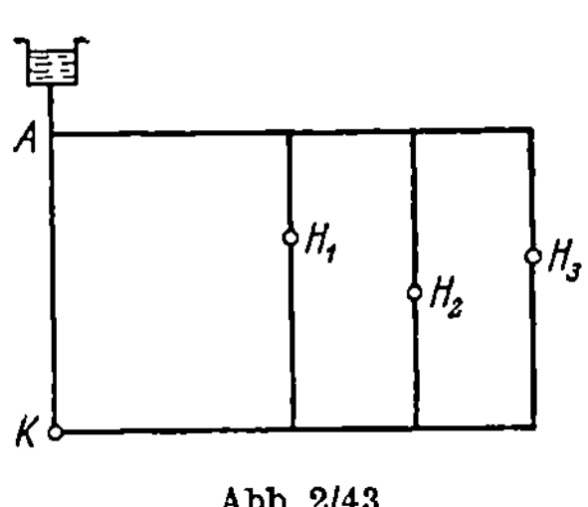

Abb. 2/43

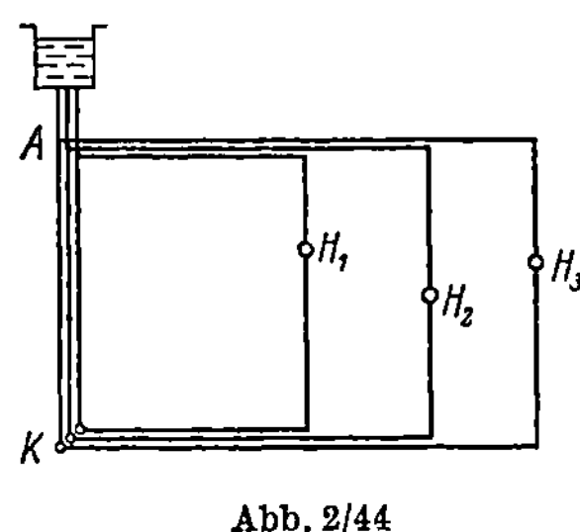

Abb. 2/44

können, stellt man sich vor, daß das System aus mehreren in sich geschlossenen Stromkreisen besteht, wie dies in Abb. 2/44 dargestellt ist. Soweit hier die einzelnen Stromkreisteile in einem gemeinsamen Rohr vereint sind, haben die einzelnen Stromkreisteile selbstverständlich die gleichen Abkühlungsverhältnisse und Strömungsgeschwindigkeiten. Diese Abbildung gibt in anschaulicher Weise zu erkennen, wie sich die Wirksamen Drücke der einzelnen Stromkreise zusammensetzen. Wird beispielsweise auf der Strecke K—A ein Wirksamer Druck erzeugt, so ist dieser Teilbetrag für alle drei Stromkreise gültig.

Die Gl. (2.6/44) ergibt, in eine allgemeine Form überführt, den Ausdruck

$$p = \Sigma\left[h\left(\gamma_{n+1} - \gamma_n\right)\right]. \qquad (2.6/45)$$

Für die Praxis ist es vorteilhaft, die Differenz der Wichte durch die Differenz der Temperaturen und das Gefälle der Wichte auszudrücken, und man erhält

$$p = \Sigma\left[h\tau\left(t_{n+1} - t_n\right)\right]. \qquad (2.6/46)$$

Der Wert τ muß hierbei auf die Temperatur

$$\frac{t_{n+1} + t_n}{2}$$

bezogen sein.

Hat ein Stromkreis nur einen Abkühlungsmittelpunkt, so führt die allgemeine Gl. (2.6/45) wieder auf die Gl. (2.6/39) zurück; während sich aus Gl. (2.6/46) errechnet

$$p = h\tau\left(t_v - t_r\right). \qquad (2.6/47)$$

Setzen wir für eine weitere Entwicklung voraus, daß in Abb. 2/42 der Abkühlungsmittelpunkt I herausfalle, dann wird $\gamma_1 = \gamma_2$ und in Gl. (2.6/44) wird der erste Summand zu Null. Es ist dann

$$p = h_2\left(\gamma_4 - \gamma_2\right) + h_4\left(\gamma_5 - \gamma_4\right) - h_5\left(\gamma_6 - \gamma_5\right).$$

In dieser Gleichung löse man die Höhe h_2 auf in die Bestandteile $h_2 - h_4$ und h_4, und man erhält nach einigen Umformungen die Beziehung

$$p = \left(h_2 - h_4\right)\left(\gamma_4 - \gamma_2\right) + h_4\left(\gamma_5 - \gamma_2\right) - h_5\left(\gamma_6 - \gamma_5\right).$$

Führt man in diese Gleichung die Bezeichnungen nach Abb. 2/45 ein, so erhält man schließlich

$$p = h_{\mathrm{I}}\left(\gamma_2 - \gamma_1\right) + h_{\mathrm{II}}\left(\gamma_3 - \gamma_1\right) - h_{\mathrm{III}}\left(\gamma_4 - \gamma_3\right) \qquad (2.6/48)$$

oder auch

$$p = h_{\mathrm{I}}\tau_{\mathrm{I}}\left(t_1 - t_2\right) + h_{\mathrm{II}}\tau_{\mathrm{II}}\left(t_1 - t_3\right) - h_{\mathrm{III}}\tau_{\mathrm{III}}\left(t_3 - t_4\right). \qquad (2.6/49)$$

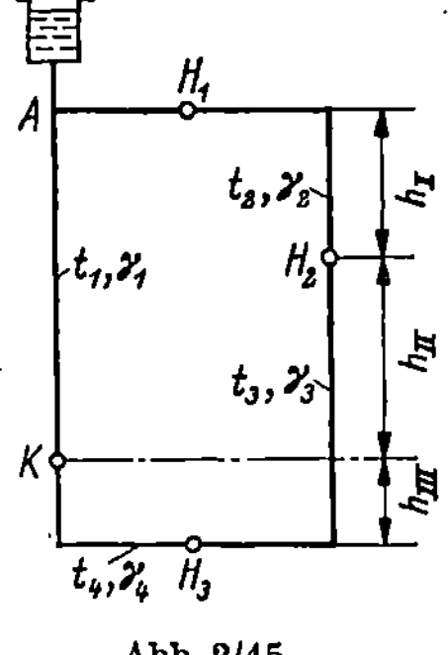

Abb. 2/45

Die Formeln (2.6/48) und (2.6/49) bieten die Möglichkeit den Wirksamen Druck in einem anderen Verfahren zu errechnen. Man nennt dieses Verfahren das *Zonenvergleichsverfahren*, da man die Stromkreise höhenmäßig in Zonen einteilt, die durch verschiedene Temperaturen gekennzeichnet sind, und in jeder Zone die Unterschiede der Wichte des Wassers ermittelt. Dieses Verfahren setzt praktisch voraus, daß in der vom Kessel nach oben führenden Hauptsteigeleitung keine Wärmeabgabe erfolgt, oder daß diese so gering ist, daß man sie vernachlässigen kann.

Welches der beiden entwickelten Verfahren man im einzelnen Falle zur Anwendung bringt, muß man nach Zweckmäßigkeitsgründen entscheiden.

2.64 Druckverhältnisse

In einem mit Wasser gefüllten ungeheizten System, das sich in Ruhe befindet, herrscht in jedem Punkte ein durch seine Höhenlage und die Temperatur des Wassers bedingter Druck. Diesen Druck nennt man den *statischen Druck*. Es ist

$P = h\gamma$ in kg/m². Die Höhe h mißt sich dabei als senkrechter Abstand vom Wasserspiegel im Ausdehnungsgefäß bis zu dem jeweiligen Punkt.

Bei offenen Anlagen ergibt sich hierbei P als Überdruck über den atmosphärischen Luftdruck P_{atm}. Der absolute Druck wird zu

$$P_{abs} = h\gamma + P_{atm}\,.$$

Bei geschlossenen Anlagen mißt sich die Höhe ebenfalls als senkrechter Abstand vom Wasserspiegel im Ausdehnungsgefäß, Ausgleichsgefäß oder Kessel. Zu diesem statischen Druck addiert sich noch der auf dem Wasserspiegel lastende Überdruck P_A, so daß sich der gesamte statische Druck bemißt zu

$$P = h\gamma + P_A\,.$$

Da bei geschlossenen Anlagen das Ausdehnungsgefäß usw. nicht notwendigerweise an der höchsten Stelle des Systems sein muß, so können die durch das Wasser bedingten statischen Drücke negativ werden, sofern der betreffende Punkt höher als der Wasserspiegel liegt.

2.641 Pumpenheizung

Wird eine Pumpenanlage in Betrieb gesetzt, also geheizt und die Pumpe eingeschaltet, so werden durch die Änderung der Wassertemperatur, durch den Pumpendruck und die Strömungswiderstände Druckveränderungen hervorgerufen.

Bei der Pumpenheizung sind die durch die veränderte Wassertemperatur hervorgerufenen Druckveränderungen gegenüber den durch die Pumpe hervorgerufenen meist so unbedeutend, daß sie vernachlässigt werden können. Der Pumpendruck tritt in gewählter, also bekannter Größe, an einer bestimmten Stelle auf. Die Darstellung der Druckverhältnisse ist damit sehr einfach.

Der statische Druck in jedem Punkte des Systems ist ohne weiteres bekannt, sobald die Höhenlage der einzelnen Teile der Anlage festliegt. Ebenso ist bekannt an welcher Stelle der Pumpendruck auftritt. Durch die Wirkung der Pumpe und die gleichzeitig damit auftretenden Strömungswiderstände erfahren die statischen Drücke Vermehrungen oder Verminderungen. Der daraus resultierende Druck heißt *Betriebsdruck*. Die Größe der Vermehrungen bzw. Verminderungen an den einzelnen Teilen des Rohrnetzes ist nicht ohne weiteres bekannt. Als Ausgangspunkt dient der Wasserspiegel im Ausdehnungsgefäß, Ausgleichsgefäß oder im Kessel, da der auf diesem lastende Druck durch die Wirkung der Pumpe nicht verändert werden kann, oder aber der Anschlußpunkt des Ausdehnungsgefäßes an das Rohrnetz. Von diesem Punkte ausgehend, kann man nun den Betriebsdruck an jedem Punkte des Systems bestimmen.

Trägt man in einem Diagramm (Abb. 2/46) die abgewickelte Stromkreislänge als Abszisse und den Druck als Ordinate auf, wobei man am besten den Stromkreis an der Pumpe aufschneidet, so kann man, von der Pumpe ausgehend, die Strömungswiderstände, die bis zu jedem Punkte des Systems auftreten, aufzeichnen und erhält damit die *Widerstandslinie*. Bei einer gleichmäßigen Verteilung des Widerstandes auf die ganze Stromkreislänge ergibt sich hierbei eine Gerade. Zieht man nun die Widerstände vom Pumpendruck ab, so erhält man die *Pumpendrucklinie*. Diese Pumpendrucklinie erhält ihren Nullpunkt an der

Anschlußstelle des Ausdehnungsgefäßes. Legt man durch diesen Punkt eine Parallele zur Abszissenachse, so kann man diese als *Pumpendruck-Nullinie* bezeichnen. Die Ordinaten der Pumpendrucklinie auf diese Pumpendruck-Nullinie bezogen,

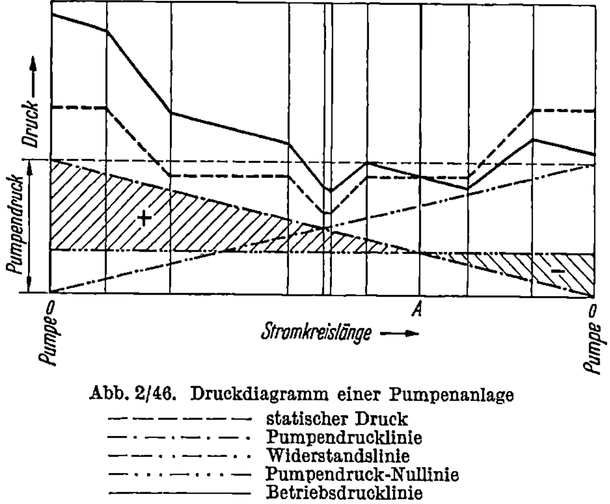

Abb. 2/46. Druckdiagramm einer Pumpenanlage
— — — — — — — statischer Druck
— · — · — · — · Pumpendrucklinie
— · · — · · — · · Widerstandslinie
— · · · — · · · — Pumpendruck-Nullinie
——————— Betriebsdrucklinie

geben nunmehr an, um welchen Betrag an jedem Punkt des Systems durch die Wirkung der Pumpe und der Strömungswiderstände eine Vermehrung oder Verminderung des statischen Druckes auftritt. Trägt man diese Werte von der Linie des statischen Druckes ab oder an diese an, so erhält man die Linie der *Betriebsdrücke*. Damit ist der Betriebsdruck an jedem Punkte des Systems bekannt. Es ergibt sich, daß, in Strömungsrichtung gesehen, *vor* dem Anschlußpunkt des Ausdehnungsgefäßes bis zur Pumpe eine Erhöhung des statischen Druckes stattfindet, *nach* dem Anschlußpunkt eine Verminderung. Fällt der Anschlußpunkt des Ausdehnungsgefäßes an den Saugstutzen der Pumpe, so wird der Druck auf dem ganzen Stromkreise vermehrt; fällt der Anschlußpunkt des Ausdehnungsgefäßes an den Druckstutzen der Pumpe, so wird der Druck auf dem ganzen Wege des Stromkreises vermindert.

Auf die vorbeschriebene Weise erhält man das Druckschaubild für den ganzen Stromkreis.

Bei verzweigten Anlagen muß man das ganze Rohrnetz in einen Hauptstromkreis und in die Nebenstromkreise zerlegen.

Als Hauptstromkreis benutzt man am zweckmäßigsten den Stromkreis des ungünstigst gelegenen Heizkörpers, da dieser auch für die Dimensionierung der Ausgang ist.

2.642 Schwerkraftheizung

2.642.1 Die Ableitung der Überdruckschaubilder

Im folgenden sind die Punkte in den Systemen (Abzweigpunkte) mit großen lateinischen Buchstaben bezeichnet und falls diese nicht ausreichen, durch große deutsche Buchstaben. In den Schaubildern sind die entsprechenden Druck- bzw. Überdruckpunkte durch Indizes kenntlich gemacht. Es gelten

$_0$ für die Punkte der statischen Drücke bzw. Überdrücke im Ruhezustande,
$_1$ für die Punkte der statischen Drücke bzw. Überdrücke im Betriebe,
$_2$ für die Punkte der Betriebsdrücke bzw. Betriebsüberdrücke,
$_w$ für die Punkte der Widerstandslinien.

Die Drücke, die den jeweiligen Schaubilderpunkten zugeordnet sind, werden mit P_x bezeichnet, wobei x der Bezeichnung des Punktes entspricht. Dagegen werden die zugeordneten Überdrücke mit den entsprechenden kleinen Buchstaben und den gleichen Indizes bezeichnet.

In Abb. 2/47 ist das Schema einer einfachen Warmwasserheizungsanlage gezeichnet. Der Einfachheit halber ist bei dieser die Erwärmung im Punkte K und die Abkühlung im Punkte H konzentriert gedacht.

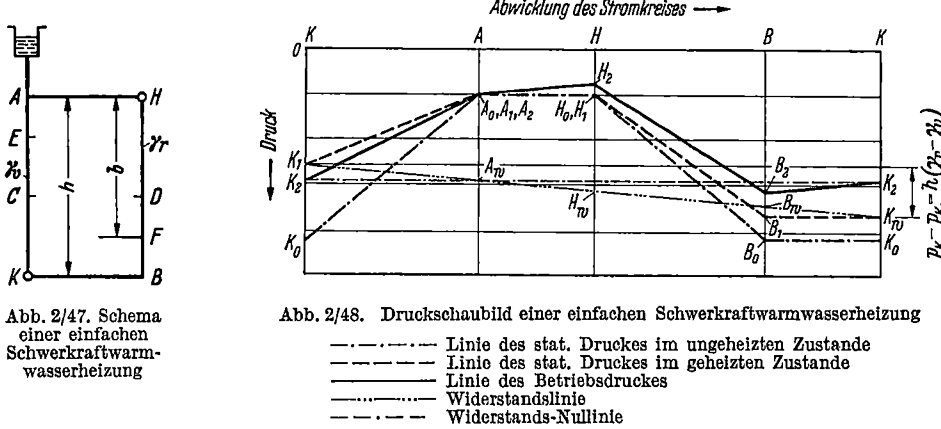

Abb. 2/47. Schema einer einfachen Schwerkraftwarmwasserheizung

Abb. 2/48. Druckschaubild einer einfachen Schwerkraftwarmwasserheizung

—·—·—·— Linie des stat. Druckes im ungeheizten Zustande
— — — — — Linie des stat. Druckes im geheizten Zustande
————— Linie des Betriebsdruckes
—···—···— Widerstandslinie
— —·— — Widerstands-Nullinie

In Abb. 2/48 ist das Druckschaubild entwickelt. Auf der Abszissenachse ist der Stromkreis in einem bestimmten Maßstabe abgewickelt. Auf der Ordinatenachse sind die Drücke aufgetragen. Durch Auftragen der Leitungslänge erhält man auf der Abszissenachse die Punkte K, A, H, B und nochmals K; der Kreislauf ist in K aufgeschnitten. Trägt man in dieses Koordinatensystem die statischen Drücke ein, die im ungeheizten Zustande der Anlage auftreten, so erhält man die Linie $K_0 A_0 H_0 B_0 K_0$ als *Linie des statischen Druckes im ungeheizten Zustande.* Wird die Anlage nunmehr geheizt, so ändern sich die statischen Drücke der Anlage entsprechend der Änderung des spezifischen Gewichtes des Wassers. Der Einfachheit halber sei angenommen, daß sich der Druck in A nicht verändere, daß also A_1 mit A_0 zusammenfalle. Infolge des geringeren spezifischen Gewichtes des Wassers werden die Drücke geringer, und zwar im Vorlaufteil in größerem Maße als im Rücklaufteil. Man erhält die Linie $K_1 A_1 H_1 B_1 K_w$ als *Linie des statischen Druckes im geheizten Zustande.* Es ergibt sich, daß der Druck in K nunmehr zweideutig ist, wie es sich auch rechnerisch ergibt; der Unterschied $(p_{k_w} - p_{k_1})$ ist gleich dem Wirksamen Druck bzw. den Strömungswiderständen

$$p_{k_w} - p_{k_1} = h\,(\gamma_r - \gamma_v)\,.$$

Der Wirksame Druck ist als in K auftretend angenommen.

Zur weiteren Entwicklung der Druckschaubilder sei angenommen, daß sich die Strömungswiderstände gleichmäßig auf die ganze Stromkreislänge verteilen. Zieht man von K_1 nach K_w eine Gerade, so stellen die Ordinatenteile zwischen den Linien $K_1 K_w$ und $K_1 K_1$ die im Verlaufe des Stromkreises K bis zu dem jeweiligen Bezugspunkte auftretenden Strömungswiderstände dar. Die Linie $K_1 K_w$ sei daher als *Widerstandslinie* bezeichnet. Im Punkte A, in welchem das Ausdehnungsgefäß angeschlossen und damit die Verbindung mit der Atmosphäre hergestellt ist, kann auch während des Betriebes nur der statische Druck herrschen,

d. h. in diesem Punkte müssen die Einwirkungen der Strömungswiderstände und
des Wirksamen Druckes gleich Null sein. Der Betriebsdruck in A ist also gleich
dem statischen Drucke in A. Dagegen muß, verursacht durch die Strömungswiderstände, der Betriebsdruck vor A — gedacht in der Strömungsrichtung —
höher und nach A geringer sein als der statische Druck im geheizten Zustande.
Zieht man durch den Schnittpunkt A_w, welchen die Widerstandslinie mit der
Ordinate bei A bildet, eine Gerade parallel zur Abszissenachse, so kann man diese
als *Widerstands-Nullinie* erklären.

Die auf die Widerstands-Nullinie bezogenen Ordinaten der Widerstandslinie
den statischen Drücken im geheizten Zustande hinzugezählt, falls sie positiv und
abgezogen, falls sie negativ sind, ergeben die Linie $K_2 A_2' H_2 B_2 K_2$; d. i. die
Linie des Betriebsdruckes. Damit ist für jeden Punkt des Systems der während
des Betriebes auftretende Druck gefunden.

Die Unterschiede zwischen dem statischen Druck und dem Betriebsdruck sind,
gemessen an der Größe des statischen Druckes, so gering, daß sie sich zeichnerisch
kaum darstellen lassen. In dem beschriebenen Schaubild sind diese Unterschiede
stark übertrieben gezeichnet. Für den praktischen Gebrauch ist dieses Schaubild
daher unbrauchbar; es wurde nur wegen seines folgerichtigen Aufbaues und zur
Ableitung eines brauchbaren Schaubildes gegeben.

Zur Beurteilung der Verhältnisse in einem Schwerkraftsystem ist die Kenntnis
des Betriebsdruckes nicht notwendig, wenn es möglich ist, die Druckunterschiede
zwischen beliebigen Punkten des Systems anderweitig zu bestimmen. Dies aber
wird durch die Kenntnis der Über- bzw. Unterdrücke ermöglicht, die sich im Betriebe gegenüber dem Ruhezustande ergeben. Für das Folgende sei noch voraus-
geschickt, daß unter dem Begriff Überdrücke allgemein auch Unterdrücke, d. h.
negative Überdrücke, fallen, soweit sich aus dem Text nicht ergibt, daß ausdrücklich Überdrücke im Gegensatz zu Unterdrücken gemeint sind. Ein Schaubild, das diese Überdrücke darstellt, sei kurz als *Überdruckschaubild* bezeichnet.
Die Entwicklung eines solchen erfolgt ähnlich der Entwicklung des Druckschaubildes.

Wie schon früher ausgeführt, ist eine Anlage nur dann vollkommen in Ruhe,
d. h. es findet eine Wasserbewegung nur dann nicht statt, wenn in allen Teilen des
Systems die gleiche Wassertemperatur herrscht. Es ist offenbar gleichgültig, wie
hoch diese Temperatur ist; das Schaubild kann also auf jede beliebige Temperatur, die dann als *Bezugstemperatur* bezeichnet wird, bezogen werden. Dies ändert
nichts daran, daß im praktischen Falle die Temperatur des Ruhezustandes annähernd mit der jeweils herrschenden Umgebungstemperatur der Anlage übereinstimmt.

Wenn man für einen beliebigen Punkt F (Abb. 2/47) den statischen Überdruck
bestimmen will, so muß man von dem statischen Druck im Betriebszustande den
statischen Druck im Ruhezustande abziehen. Bezeichnet man mit γ_B das spezifische Gewicht des Wassers von der Bezugstemperatur, so muß sein

$$p_{F_0} = p_{H_0} + b\,\gamma_B \quad \text{für den Ruhezustand und}$$

$$p_{F_1} = p_{H_1} + b\,\gamma_r \quad \text{für den Betriebszustand.}$$

Es ist also

$$f_1 = p_{F_1} - p_{F_0} = p_{H_1} - p_{H_0} + b\,(\gamma_r - \gamma_B)$$

oder da

$$p_{H_1} - p_{H_0} = h_1 = \text{dem statischen Überdruck in } H$$

$$f_1 = h_1 + b\,(\gamma_r - \gamma_B)\,. \qquad (2.6/50)$$

Bezeichnet man ganz allgemein mit

γ das spezifische Gewicht des Wassers in der betreffenden Teilstrecke in kg/m³,
t_B die Bezugstemperatur in ° C,
t die Wassertemperatur in der betreffenden Teilstrecke in ° C,
p_0 den statischen Überdruck im Anfangspunkt der Teilstrecke in kg/m²,
p_{St} den statischen Überdruck in einem beliebigen Punkte der Teilstrecke in kg/m²,
b den senkrechten Abstand des beliebigen Punktes vom Anfangspunkte in m,

so geht Gl. (2.6/50) über in

$$p_{St} = p_0 + b\,(\gamma - \gamma_B)\,. \qquad (2.6/51)$$

In dieser Gleichung ist b positiv einzusetzen, falls der Bezugspunkt geometrisch tiefer liegt als der Anfangspunkt und negativ, wenn das Umgekehrte der Fall ist. An Stelle des Ausdrucks $(\gamma - \gamma_B)$ kann man auch setzen $\tau_m\,(t_b - t)$ und man erhält

$$p_{St} = p_0 + b\,\tau_m\,(t_B - t)\,. \qquad (2.6/52)$$

Hierin ist τ_m bezogen auf die Temperatur $\dfrac{t_B + t}{2}$.

Ist die Wassertemperatur in der betreffenden Teilstrecke veränderlich, so tritt an Stelle von γ, γ_m und an Stelle von t, t_m, das sind die arithmetischen Mittel zwischen den spezifischen Gewichten bzw. den Temperaturen am Anfang und Ende der betreffenden Teilstrecke. Die Gln. (2.6/51) und (2.6/52) gehen damit über in

$$p_{St} = p_0 + b\,(\gamma_m - \gamma_B) \qquad (2.6/53)$$

$$p_{St} = p_0 + b\,\tau_m\,(t_B - t_m) \qquad (2.6/54)$$

worin τ_m bezogen ist auf die Temperatur $\dfrac{t_m + t_B}{2}$.

Abb. 2/49 gibt ein Überdruckschaubild wieder, bei welchem als Bezugstemperatur die Vorlauftemperatur gewählt ist, während der Abb. 2/50 die Rücklauf-

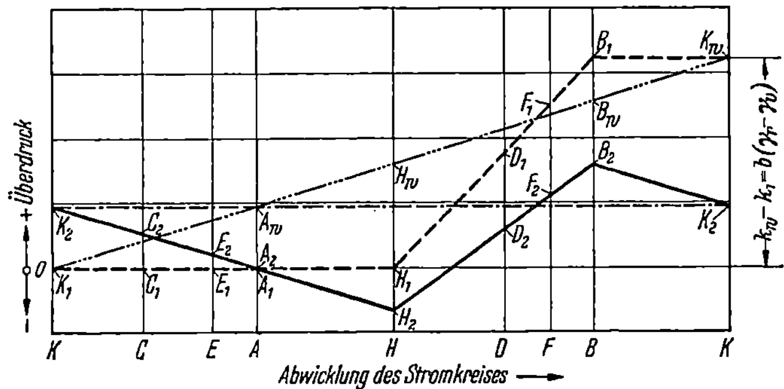

Abb. 2/49. Überdruckschaubild einer einfachen Schwerkraftwarmwasserheizung.
Bezugstemperatur = Vorlauftemperatur

temperatur zugrunde liegt. In diesen Schaubildern ist, entgegen der Abb. 2/48 der positive Teil der Überdruckachse nach oben gelegt. Die Linie des statischen Überdruckes im Ruhezustande fällt mit der Abszissenachse zusammen, da voraussetzungsgemäß im Ruhezustande keine Überdrücke auftreten. Wie bei der Entwicklung des Druckschaubildes sei vorausgesetzt, daß sich der Druck in A bei Inbetriebsetzung nicht ändere, d. h. in A treten keine Überdrücke auf; der Punkt A_1 fällt also in die Abszissenachse. Betrachten wir zunächst Abb. 2/49. In dem Stromkreisteil von K über A bis H herrscht Vorlauftemperatur, so daß also in diesen Teilstrecken keine statischen Überdrücke auftreten können. Die Linie

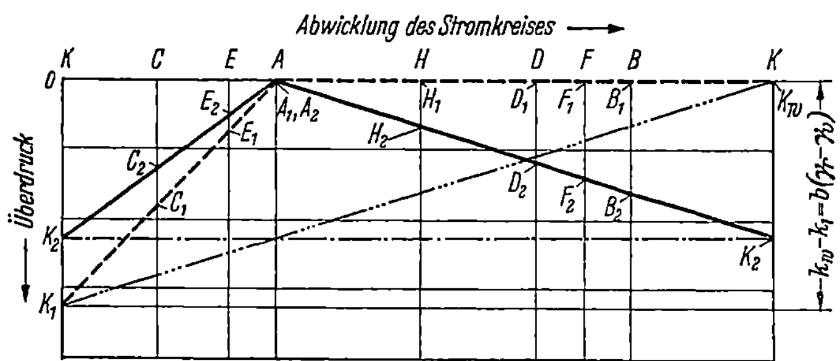

Abb. 2/50. Überdruckschaubild einer einfachen Schwerkraftwarmwasserheizung.
Bezugstemperatur = Rücklauftemperatur

der statischen Überdrücke für den Stromkreisteil KAH fällt also in die Abszissenachse. In dem Stromkreisteil H über B nach K herrscht Rücklauftemperatur. Da der statische Überdruck in gleichem Verhältnis mit dem Abstande vom Anfangspunkte wächst, so verläuft die Linie des statischen Überdruckes für die Teilstrecke HB in der Schrägen H_1B_1. In der waagerechten Teilstrecke BK kann, da sie keine lotrechte Ausdehnung hat, kein Überdruck erzeugt werden. Die Linie des statischen Überdruckes verläuft also für diese Teilstrecke parallel zur Achse des Stromkreises. Man erhält somit die Linie $K_1A_1H_1B_1K_w$ als Linie des statischen Überdruckes. Der Überdruckunterschied $k_w - k_1$ muß wieder mit dem Wirksamen Druck gleich sein. Da k_w und k_1 auf denselben Punkt, also auch auf dieselbe geometrische Höhe bezogen sind, wird der erwähnte Überdruckunterschied zum Druckunterschied. Dies ergibt sich ohne weiteres daraus, daß in beiden Fällen vom Druck die gleiche Größe ($b\gamma_B$) abgezogen wurde, um zum statischen Überdruck zu gelangen. Die Verbindungsgerade von K_1 nach K_w stellt wieder die Widerstandslinie dar. Die Widerstandsnullinie verläuft parallel zur x-Achse durch den Schnittpunkt A_w der Widerstandslinie mit der Ordinate bei A. Nach Hinzuzählen bzw. Abziehen der Widerstände von der Linie des statischen Überdruckes ergibt sich schließlich die Linie $K_2A_2H_2B_2K_2$ als Linie der Betriebsüberdrücke. *Die Betriebsüberdrucklinie stellt also die Überdrücke dar, die während des Betriebes der Anlage auftreten gegenüber den Drücken, die auftreten würden, falls die ganze Anlage mit Wasser von Bezugstemperatur gefüllt wäre.*

In der gleichen Weise ist auch das Schaubild (Abb. 2/50) entwickelt, wobei jedoch vorwiegend Unterdrücke auftreten.

Die Betriebsüberdrucklinien der Abb. 2/49 und 2/50 sind ihrer Form wie ihrer Lage nach verschieden, so daß man schließen könnte, je nach Wahl der Bezugstemperatur zeigen sich verschiedene Ergebnisse. Diese Verschiedenheit ist jedoch nur scheinbar und dadurch bedingt, daß vom Betriebsdruck je nach Wahl der Bezugstemperatur verschieden hohe Drücke abgezogen werden.

Nach früherem sind die Überdruckunterschiede zwischen zwei Punkten eines Systems ohne weiteres auch Druckunterschiede, wenn die beiden Punkte auf gleicher Höhe liegen. Vergleicht man die beiden Schaubilder nach Abb. 2/49 und 2/50, so läßt sich feststellen, daß die Überdruckunterschiede zwischen gleich hoch liegenden Punkten in beiden Schaulinien sowohl ihrer Größe als auch ihrem Sinne nach gleich sind; so zwischen K und B, wie auch zwischen C und D. Liegen jedoch die Vergleichspunkte auf verschiedenen Höhen, z. B. E und F, so liefern die beiden Schaulinien verschiedene Überdruckunterschiede, die nicht nur ihrer Größe, sondern auch ihrer Richtung nach verschieden sein können. In den Abb. 2/51 a und 2/51 b sind diese Überdruckunterschiede nochmals besonders herausgezeichnet, und zwar sind die aus Abb. 2/49 entnommenen in Abb. 2/51 a und die aus Abb. 2/50

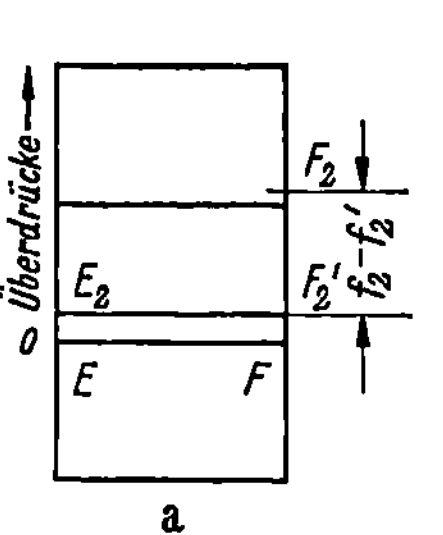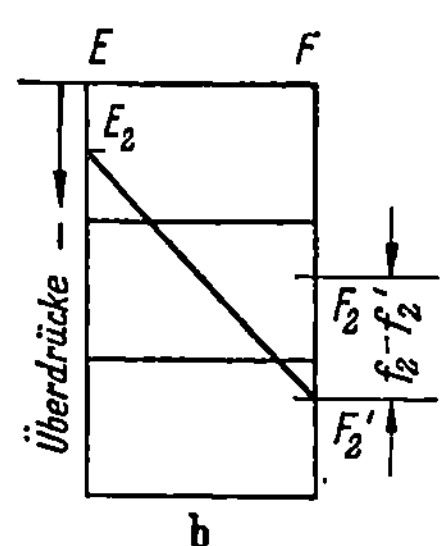

Abb. 2/51. Vergleich der Schaubilder nach Abb. 2/49 und 2/50 in Bezug auf die Druckdifferenz zwischen E und F

—— Überdruckverlauf in der Verbindungsstrecke zwischen E und F

entnommenen in Abb. 2/51 b gezeichnet. Der Unterschied $(e_2 - f_2)$ ist in beiden Fällen seiner Größe und seiner Richtung nach verschieden. Dies ändert sich jedoch sofort, wenn man diesen Unterschied auf gleich hochliegende Punkte bezieht. Denkt man sich zu diesem Zwecke zwischen den Punkten E und F eine Verbindungsleitung hergestellt, die in F durch eine Absperrvorrichtung nicht in offener Verbindung mit dem System steht, so ist das Wasser in dieser Verbindungsleitung ruhend. Ausgehend von dem in E herrschenden Betriebsüberdruck kann man nun den Druckverlauf in dieser Verbindungsleitung bis zu dem Punkte F verfolgen. Dabei muß sich, ganz gleich wie man die Temperatur in dieser Verbindungsleitung annimmt, in F nunmehr ein Druckunterschied ergeben, der dieselbe Größe haben muß, ob man von dem Schaubild der Abb. 2/49 oder dem der Abb. 2/50 ausgeht. Der Einfachheit halber ist zunächst einmal angenommen, daß die Verbindungsleitung mit Wasser von Vorlauftemperatur gefüllt ist. Weiter ist in den Schaulinien der Abb. 2/51 a und 2/51 b auf der x-Achse nur der senkrechte Abstand der beiden Punkte aufgetragen. Trägt man den Überdruckverlauf in der Verbindungsleitung in den Abb. 2/51 a und 2/51 b ein, so erhält man die Betriebsdrücke f_2', die im Unterschied zu f_2 Druckunterschiede ergeben müssen. Es ergibt sich, daß in beiden Fällen die Überdruck- bzw. Druckunterschiede $(f_2 - f_2')$ ihrer zahlenmäßigen Größe wie auch ihrer Richtung nach einander gleich sind. Damit ist bewiesen, daß die Bezugstemperatur beliebig gewählt werden kann.

Es empfiehlt sich jedoch, die höchste im System auftretende Temperatur (Vorlauftemperatur) als Bezugstemperatur zu wählen. Dies ist auch in den folgenden Untersuchungen immer so geschehen.

2.642.2 Anwendung auf verzweigte Anlagen

Für die Entwicklung des Überdruckschaubildes einer verzweigten Anlage muß man das System in den Hauptstromkreis und in die Nebenstromkreise zerlegen.

In Abb. 2/52 ist das Schema einer Warmwasseranlage dargestellt. Die Leitungslängen sind in diesem maßstäblich gezeichnet. Die waagerechten Verteilungsleitungen: der Vorlauf $CDEFGH$ und der Rücklauf $NOPQRS$ sollen entgegen der Zeichnung als auf gleicher Höhe liegend angenommen werden, damit später die Druckunterschiede zwischen den beiden Leitungen ohne weiteres abgelesen

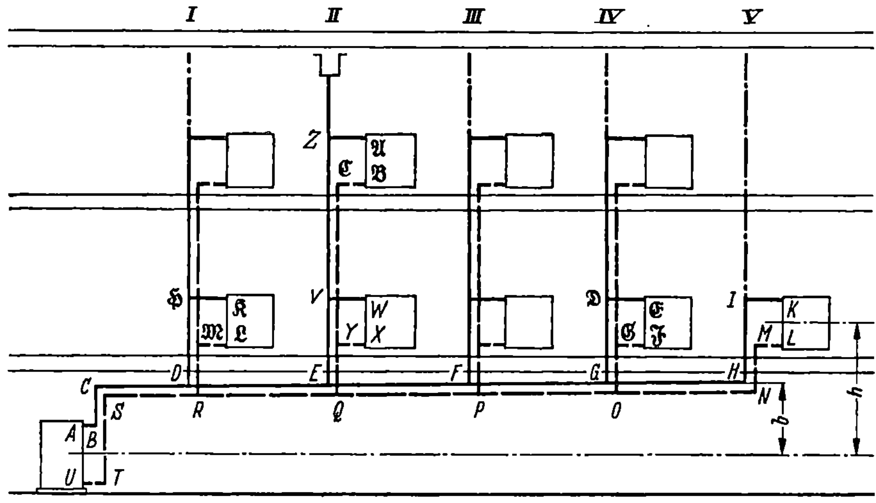

Abb. 2/52. Schema einer Schwerkraftwarmwasserheizung mit unterer Verteilung

werden können. Der Hauptstromkreis ist gegeben durch den Rohrzug $ABCDE$-$FGHIKLMNOPQRSTUA$. Weiterhin seien bezeichnet die Nebenstromkreise

$$EVWXYQ \quad \text{als Nebenstromkreis 1,}$$
$$VZ\mathfrak{ABC}Y \quad \text{als Nebenstromkreis 2,}$$
$$G\mathfrak{DEFG}O \quad \text{als Nebenstromkreis 3,}$$
$$D\mathfrak{HRLM}R \quad \text{als Nebenstromkreis 4.}$$

Zwecks Entwicklung des Überdruckschaubildes für die einzelnen Stromkreise trägt man die Abwicklung der Stromkreise auf den Abszissenachsen auf (Abb. 2/53). Hierbei ist zu beachten, daß Kessel und Heizkörper auf einen Punkt in der Stromkreisabwicklung zusammenschrumpfen, da sie nicht als Leitungslängen, sondern als Einzelwiderstände aufzufassen sind. Dann trägt man in den Schaubildern die Linien der statischen Überdrücke in geheiztem Zustande ein. In den Punkten K/L, U/A, W/X usw. verlaufen diese Linien senkrecht, da im Kessel und in den Heizkörpern durch die Temperaturänderungen und die lotrechte Ausdehnung von Kessel und Heizkörpern Überdrücke hervorgerufen werden, die sich in einem Punkt in der Stromkreislänge konzentrieren.

Im Hauptstromkreis erhält man so den Wirksamen Druck $(a_w - a_1)$ und die Schräge A_1A_w als Widerstandslinie. Für die weitere Entwicklung sind wiederum die Strömungswiderstände auf den ganzen Stromkreis gleichmäßig verteilt angenommen. Die Widerstandsnullinie kann zunächst noch nicht gezeichnet werden, da das Ausdehnungsgefäß nicht am Hauptstromkreis, sondern am Nebenstromkreis 2 angeschlossen ist.

Der im Nebenstromkreis 1 erzeugte Wirksame Druck ist durch Punkt Q_1 bestimmt. Zu jenem kommt noch der Überdruckunterschied zwischen den Punkten E und Q hinzu, welcher sich aus dem Schaubild des Hauptstromkreises entnehmen läßt. Zu diesem Zwecke nimmt man die Nullinie zunächst als Widerstandsnullinie

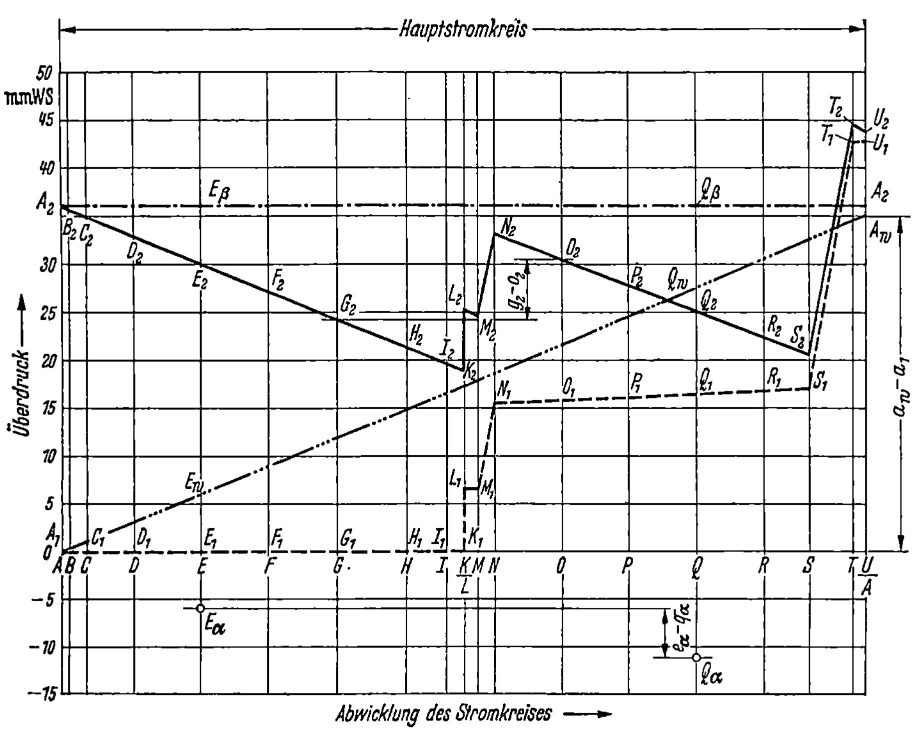

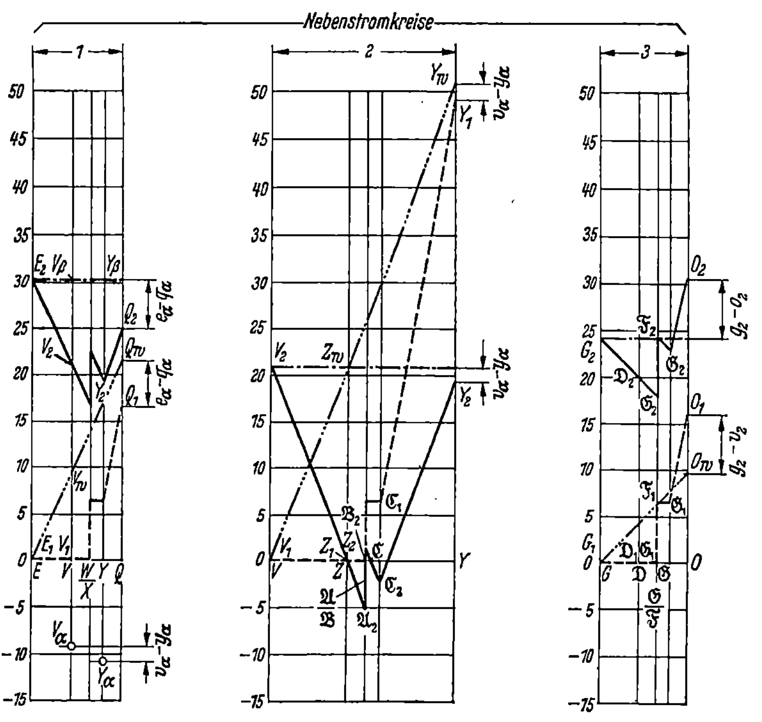

Abb. 2/53. Überdruckdiagramm einer Schwerkraftwarmwasserheizung mit unterer Verteilung. Vorlauftemperatur = 90° C, Rücklauftemperatur = 70° C, Bezugstemperatur = Vorlauftemperatur

an und trägt von den Punkten E_1 und Q_1 die Widerstände ab. Man erhält so die Punkte E_α und Q_α. Es ergibt sich also zwischen den Punkten E und Q ein positiver Druckunterschied $(e_\alpha - q_\alpha)$. Trägt man diesen im Schaubild des Nebenstromkreises 1 an Q_1 an, so erhält man den Punkt Q_w und damit den gesamten im Nebenstromkreis 1 wirkenden Wirksamen Druck, dargestellt durch die Länge der Abszisse Q_w. Die Schräge $E_1 Q_w$ ist die Widerstandslinie. In der gleichen Weise findet man den Druckunterschied $(v_\alpha - y_\alpha)$ zwischen den Abzweigpunkten V und Y für den Nebenstromkreis 2 und damit im Schaubild des letzteren den Punkt Y_w, die Widerstandslinie $V_1 Y_w$ und endlich die Widerstandsnullinie, die durch den Schnittpunkt Z_w der Widerstandslinie mit der Ordinate bei Z geht. Die Betriebsüberdrucklinie für den Nebenstromkreis 2 kann nunmehr gezeichnet werden. Die Punkte V_2 und Y_2 überträgt man in das Schaubild des Nebenstromkreises 1; damit hat man bereits zwei Punkte der Betriebsüberdrucklinie dieses Stromkreises gefunden. Die Lage der Widerstandsnullinie ist zunächst noch unbekannt. Nimmt man auf der Ordinate bei V den Punkt V_β, durch welchen die Widerstandsnulllinie gehen muß, zunächst einmal beliebig an, so muß die Strecke $\overline{V_\beta V_w}$ gleich sein der Strecke $\overline{V_1 V_2}$. Man findet also V_β, indem man an V_w die Strecke $\overline{V_1 V_2}$ anträgt. Damit ist die Lage der Widerstandsnullinie bestimmt und es läßt sich die Betriebsüberdrucklinie für den Nebenstromkreis 1 konstruieren. Aus dem Schaubild des Nebenstromkreises 1 überträgt man die Punkte E_2 und Q_2 in das Schaubild des Hauptstromkreises, in welchem sich auf der vorbeschriebenen Weise die Widerstandsnullinie und die Betriebsüberdrucklinie zeichnen lassen.

Die Entwicklung der Schaulinien für die weiteren Nebenstromkreise ist einfach, da für diese die Überdrücke in den Abzweigpunkten schon festliegen. Für den Nebenstromkreis 3 ist die Entwicklung in Abb. 2/53 durchgeführt. Der Überdruck- bzw. Druckunterschied zwischen den Abzweigpunkten G und O dieses Nebenstromkreises ist negativ und muß daher von dem im Nebenstromkreis 3 erzeugten Wirksamen Druck abgezogen werden. Der im Nebenstromkreis 3 wirkende Wirksame Druck wird also durch die Abszisse O_w dargestellt.

2.643 Pumpen- und Schwerkraftwirkung

Kann die Schwerkraftwirkung gegenüber der Wirkung der Pumpe nicht vernachlässigt werden, so ist zunächst das Druckschaubild für die Pumpenwirkung zu entwickeln. Zu der Pumpendrucklinie werden jedoch die Überdrücke aus dem Überdruckschaubild für die Schwerkraftwirkung algebraisch addiert. Alsdann kann die Linie der Betriebsdrücke gefunden werden.

2.65 Die Berechnung der Rohrnetze

Bei einem gegebenen Rohrnetz wird sich die Wasserströmung so einstellen, daß für alle Teile des Rohrnetzes die Strömungswiderstände den Wirksamen Drücken gleich sind. Die Aufgabe der Rohrnetzberechnung besteht also darin, die Rohrabmessungen so festzulegen, daß die Strömungswiderstände bei der gewünschten Wassermenge in allen Stromkreisen des Rohrnetzes mit den gegebenen bzw. errechneten Wirksamen Drücken übereinstimmen.

Die Gesetze für die Strömungswiderstände sind jedoch so kompliziert, daß eine unmittelbare Berechnung der Rohrdurchmesser aus dem Wirksamen Druck nicht möglich ist. Aus diesem Grund zerlegt man die Rohrnetzberechnung in zwei Rechnungsgänge und zwar in die *Annahme der Rohrdurchmesser* und in die *Nachrechnung*.

Im allgemeinen dürfte es genügen für den Kostenvoranschlag sich mit dem angenommenen Rohrdurchmesser zu begnügen. Für die Ausführung kann jedoch die Nachrechnung nicht entbehrt werden.

2.651 Die Annahme der Rohrdurchmesser

Bei der Dimensionierung eines Rohrnetzes muß man mit dem ungünstigsten Stromkreis beginnen. Der ungünstigste Stromkreis ist derjenige, für welchen auf die Einheit der Stromkreislänge gerechnet, der geringste Wirksame Druck zur Verfügung steht. Dieses ist notwendig, um zunächst einmal sicherzustellen, daß die Rohrabmessungen auch für den ungünstigsten Stromkreis ausreichend sind. Denn es ist nur schwer möglich einen zu starken Druckverbrauch in Teilen eines Stromkreises durch stärkere Abmessungen im Reststromkreis auszugleichen. Bei den anderen, günstiger gelegenen Stromkreisen, die Teile ungünstiger gelegener Stromkreise benutzen, kann der geringere Druckverbrauch in diesen Teilen durch entsprechende Bemessung im Reststromkreis ausgeglichen werden.

Es ist hier noch zu untersuchen, nach welchen Gesichtspunkten der verfügbare Wirksame Druck auf die einzelnen Teile des Stromkreises aufgeteilt wird. Es ist naheliegend eine gleichmäßige Aufteilung vorzunehmen, derart, daß der Reibungswiderstand R für alle Stromkreisteile gleich wird, selbstverständlich mit den Unterschieden, die durch die handelsüblichen Rohrabmessungen bedingt sind. Es wäre aber denkbar, daß eine anderweitige Aufteilung, beispielsweise ein größeres R bei den stärkeren und ein kleineres R bei den schwächeren Dimensionen zu einer Verbilligung des Rohrnetzes führen würde. Allgemeine Untersuchungen hierüber liegen nicht vor, außerdem wären einem derartigen Vorgehen mit Rücksicht auf den Gesamtwert des Wirksamen Druckes, so enge Grenzen gesetzt, daß es zweckmäßig erscheint, es bei der gleichmäßigen Verteilung zu belassen.

Bei Schwerkraftanlagen kann es jedoch notwendig sein, eine andere Aufteilung des Druckverbrauches durchzuführen, worauf später zurückzukommen ist.

Man setzt hierbei nach Erfahrungswerten von dem Wirksamen Druck die Einzelwiderstände ab. Der Rest wird durch die Länge des Stromkreises geteilt und man erhält den auf einen Meter Rohrlänge zulässigen Reibungswiderstand R. Entsprechend diesem Reibungswiderstand kann man nun in Tabellen oder Diagrammen die Rohrdurchmesser ablesen. Die Rohrdurchmesser können nun nicht genau in der rechnerischen Größe gewählt werden, da man an die handelsüblichen Abmessungen gebunden ist. Es ist daher zweckmäßig, den errechneten Wert R sowohl zu unterschreiten, als auch zu überschreiten, damit im Gesamtdurchschnitt der errechnete R-Wert möglichst erreicht wird.

Bei Pumpenheizungen kann man auch in einem anderen Sinne verfahren, derart, daß man nach Erfahrung bzw. nach den wirtschaftlichen Erfordernissen die Wassergeschwindigkeiten oder aber das mittlere Reibungsgefälle annimmt, und danach die Rohrabmessungen bestimmt. Bei den Nebenstromkreisen muß man hierbei schon wieder das erstgenannte Verfahren anwenden. Auf jeden Fall muß man eine Nachrechnung durchführen oder aber den erforderlichen Pumpendruck nach den angenommenen Rohrdurchmessern errechnen.

<table>
<tr>
<th colspan="4">Aus dem Rohrplan</th>
<th rowspan="2">Vorläufiger Rohrdurchmesser</th>
<th colspan="11">Nachrechnung</th>
<th colspan="2" rowspan="2">Unterschied</th>
<th colspan="2" rowspan="2">Endgültige Gesamtwerte</th>
</tr>
<tr>
<td colspan="4"> </td>
<td colspan="5">vorläufiger Rohrdurchmesser</td>
<td colspan="6">geänderter Rohrdurchmesser</td>
</tr>
<tr>
<td>Teilstrecke</td>
<td>Wärmemenge</td>
<td>Wassermenge</td>
<td>Länge der Teilstrecke l</td>
<td>d</td>
<td>w</td>
<td>R</td>
<td>lR</td>
<td>Σl</td>
<td>Z</td>
<td>d</td>
<td>w</td>
<td>R</td>
<td>lR</td>
<td>Σl</td>
<td>Z</td>
<td>lR $(o-h)$</td>
<td>Z $(q-k)$</td>
<td>$lR+Z$ $(h+k+r+s)$</td>
<td>$\Sigma(lR+Z)$</td>
</tr>
<tr>
<td>Nr.</td>
<td>kcal/h</td>
<td>kg/h</td>
<td>m</td>
<td>mm</td>
<td>m/s</td>
<td>mm WS/m</td>
<td>mm WS</td>
<td>—</td>
<td>mm WS</td>
<td>mm</td>
<td>m/s</td>
<td>mm WS/m</td>
<td>mm WS</td>
<td>—</td>
<td>mm WS</td>
<td>mm WS</td>
<td>mm WS</td>
<td>mm WS</td>
<td>mm WS</td>
</tr>
<tr>
<td>a</td>
<td>b</td>
<td>c</td>
<td>d</td>
<td>e</td>
<td>f</td>
<td>g</td>
<td>h</td>
<td>i</td>
<td>k</td>
<td>l</td>
<td>m</td>
<td>n</td>
<td>o</td>
<td>p</td>
<td>q</td>
<td>r</td>
<td>s</td>
<td>t</td>
<td>u</td>
</tr>
</table>

2.652 Die Nachrechnung der Rohrabmessungen

Für die Ausführung ist eine genaue Nachrechnung der Strömungswiderstände, sowohl der Reibungswiderstände, wie auch der Einzelwiderstände, notwendig. Zu diesem Zwecke ermittelt man für die angenommenen Rohrabmessungen die genauen Reibungswiderstände und Einzelwiderstände. Ergibt deren Summierung einen zu stark von dem verfügbaren Druck abweichenden Wert, so wird durch Abänderung der Rohrdurchmesser einiger Teilstrecken eine bessere Annäherung erreicht. Da die Änderung einer Rohrdimension, man ist ja an die handelsüblichen Dimensionen gebunden, jeweils eine sprunghafte Veränderung des Stromkreiswiderstandes hervorruft, ist es praktisch nicht möglich eine genaue Anpassung des Rohrnetzes an den Wirksamen Druck zu erreichen. Die Abweichungen werden für die verschiedenen Stromkreise verschieden sein. Die letzte und feinste Abstimmung wird daher durch das Voreinstellen der Regelventile an den Heizkörpern erreicht. Diese Ventile müssen so konstruiert sein, daß sie neben der jeweils von Hand zu betätigenden Einstellung eine Voreinstellungseinrichtung besitzen. Diese wird einmalig beim Probebetrieb der Anlage eingestellt.

Zur bequemen Nachrechnung eines Rohrnetzes bedient man sich am besten eines besonderen Vordruckes wie er in seinem Kopf hier dargestellt ist. Der Gebrauch des Vordruckes versteht sich von selbst. Es sei hier nur auf die Spalten t und u aufmerksam gemacht. In der Spalte t werden nach endgültiger Berechnung, also gegebenenfalls nach Änderung der Rohrdurchmesser, die Gesamtwiderstände der Teilstrecken — Reibungs- + Einzelwiderstände — eingetragen. In der Spalte u werden die gesamten bis zum Ende der betreffenden Teilstrecken aufgetretenen Widerstände eingetragen. Dabei ist es zweckmäßig am Kessel mit dem Vorlauf zu beginnen und mit dem Rücklauf wieder am Kessel zu enden. Die Summation der

Gesamtwiderstände erfolgt dann einmal vom Kessel ausgehend über den Vorlauf
bis zum Heizkörper, also von oben nach unten, und zum anderen vom Kessel ausgehend über den Rücklauf bis zum Heizkörper, also von unten nach oben. Auf
diese Weise erhält man in übersichtlicher Form für die weiteren Stromkreise die
bereits festliegenden Druckverbrauche an den Anschlußstellen.

2.653 Das Temperaturgefälle wärmeabgebender Rohrleitungen

Für die genaue Bestimmung der Heizflächen und des Wirksamen Druckes ist
es häufig notwendig den genauen Temperaturverlauf im Rohrnetz zu berechnen.
Nach früheren Entwicklungen ist die Wärmeabgabe einer Rohrleitung gemäß
Gl. (2.2/36)

$$q = \pi\, d_a\, l\, k_R\, (t_w - t_L)\,, \qquad (2.6/55)$$

worin t_w = die Temperatur des Heizwassers und

t_L = die Temperatur der umgebenden Luft bedeutet. Andererseits kann
man aber auch setzen

$$q = G\, c\, \delta\,, \qquad (2.6/56)$$

worin δ = die Temperaturabsenkung des Heizwassers in Grad.

Aus beiden Gleichungen errechnet sich

$$\delta = \frac{f_R\, k_R\, (t_w - t_L)}{G\, c}\,, \qquad (2.6/57)$$

worin f_R = die äußere Oberfläche von 1 m Rohr.

Ist jedoch die Rohrleitung isoliert, so errechnet sich die Wärmeabgabe eines
Rohres zu

$$q = \frac{(t_i - t_a)\, \pi\, l}{\dfrac{1}{\alpha_i\, d_i} + \dfrac{1}{\alpha_a\, D} + \dfrac{1}{2\lambda}\ln\dfrac{D}{d_a}}\,, \qquad (2.6/58)$$

worin D der äußere Durchmesser der Isolierung und λ = die mittlere Wärmeleitzahl der Isolierung ist.

Errechnet man nach Gl. (2.6/58) den Wärmeverlust für 1 m Rohrlänge und für
1° Temperaturdifferenz, der als *Einheitswärmeverlust* bezeichnet werde, so läßt
sich Gl. (2.6/58) ändern in

$$q = q_E\, l\, (t_i - t_a)\,, \qquad (2.6/59)$$

worin q_E den oben definierten Einheitswärmeverlust darstellt. Dieser läßt sich aus
entsprechenden Tabellen entnehmen. Man erhält dann die Temperaturabsenkung
aus der Gleichung

$$\delta = \frac{q}{G\, c}\,.$$

In der Praxis verfährt man vielfach auch so, daß man einen Wirkungsgrad η_{is}
der Isolierung annimmt, worin η_{is} das Verhältnis der wirklichen Wärmeabgabe
des isolierten Rohres zu der Wärmeabgabe des nackten Rohres bedeutet. Damit
läßt sich die Gl. (2.6/57) überführen in

$$\delta = \frac{f_R\, k_R\, (t_w - t_L)\, (1 - \eta_{is})}{G\, c}\,. \qquad (2.6/60)$$

Die Schwierigkeit liegt hierbei in der Schätzung des Wirkungsgrades η_{is}.

Dabei ist zu beachten, daß t_w als mittlere Temperatur des Heizwassers innerhalb der betreffenden Rohrstrecke einzusetzen ist, also aus der Eintrittstemperatur des Heizwassers in das Rohr zunächst geschätzt werden muß. Diese Schätzung ist dann zu kontrollieren.

Der errechnete Wert für δ kann gemäß Gl. (2.6/46) zur Berechnung der Teilbeträge des Wirksamen Druckes Verwendung finden.

Muß man bei der Nachrechnung eines Rohrnetzes einen Durchmesser ändern, so ändert sich dadurch gegebenenfalls nicht nur der Strömungswiderstand in der betreffenden Rohrstrecke, sondern auch der Teilbetrag des Wirksamen Druckes, der durch die Abkühlung innerhalb dieser Rohrstrecke bedingt ist. Hierbei ändert sich in Gl. (2.6/46) vornehmlich der Wert δ, während die Veränderung von τ so geringfügig ist, daß sie vernachlässigt werden kann. Man kann also die Veränderung von p der Veränderung von δ direkt proportional setzen und man erhält

$$\frac{p_1}{p} = \frac{\delta_1}{\delta},$$

und unter Benutzung der Gl. (2.6/57) für nackte Rohre, unter der Voraussetzung, daß G und c konstant bleiben und daß man auch $(t_W - t_L)$ als praktisch konstant ansetzen darf:

$$\frac{p_1}{p} = \frac{f_{R_1} k_{R_1}}{f_R k_R}.$$

Setzt man hierin für k_R den Wert aus Gl. (2.4/22) ein, so erhält man schließlich, da $f_R = d_a \pi$

$$\frac{p_1}{p} = \frac{d_{a_1} d_a^{0,12}}{d_a d_{a_1}^{0,12}},$$

und hieraus

$$p_1 = \left(\frac{d_{a_1}}{d_a}\right)^{0,88} p. \qquad (2.6/61)$$

Der Faktor $\Psi = \left(\frac{d_{a_1}}{d_a}\right)^{0,88}$ kann aus der Zahlentafel 9 entnommen werden. Dieses Verfahren setzt voraus, daß die Errechnung des Wirksamen Druckes nach der Methode der Einzelbeträge geschieht.

Zahlentafel 9

Umrechnungsfaktoren für den Wirksamen Druck, verursacht durch Rohrabkühlung

Bei einer Verminderung der Rohrdurchmesser

von	$1/2''$	$3/4''$	$1''$	$1\,1/4''$	$1\,1/2''$	$2''$	39,5 mm	51,5 mm
in	$3/8''$	$1/2''$	$3/4''$	$1''$	$1\,1/4''$	$1\,1/2''$	$1\,1/4''$	$1\,1/2''$
Ψ	0,79	0,80	0,80	0,79	0,88	0,80	0,95	0,85

von	51,5	57,5	64	70	76,5	82,5 mm
in	39,5	51,5	57,5	64	70	76,5 mm
Ψ	0,78	0,90	0,91	0,92	0,92	0,93

Bei einer Vergrößerung der Rohrdurchmesser

von	$^3/_8''$	$^1/_2''$	$^3/_4''$	$1''$	$1^1/_4''$	$1^1/_2''$	$1^1/_4''$	$1^1/_2''$
in	$^1/_2''$	$^3/_4''$	$1''$	$1^1/_4''$	$1^1/_2''$	$2''$	39,5 mm	51,5 mm
Ψ	1,27	1,26	1,25	1,26	1,14	1,24	1,05	1,18

von	39,5	51,5	57,5	64	70	76,5 mm
in	51,5	57,5	64	70	76,5	82,5 mm
Ψ	1,28	1,11	1,10	1,09	1,09	1,07

Die Werte gelten für Flußstahlgewinderohr nach DIN 2439 bis 2442 (Dimensionen angegeben in '') und für Flußstahlrohre nach DIN 2448 (Dimensionen angegeben in mm l. W.).

2.7 Einrichtungen zur Aufnahme der Wasserausdehnung

Die durch die Erwärmung verursachte Volumenzunahme des gesamten Heizwassers des Systems kann entweder im System selbst aufgefangen werden, durch das Ausdehnungsgefäß oder aber außerhalb des Systems. Das Ausdehnungsgefäß muß so groß bemessen sein, daß es die ganze Wasserausdehnung aufnehmen kann. Im letzten Falle müssen Einrichtungen vorhanden sein, die das überflüssige Wasser bei der Erwärmung ableiten und das fehlende bei der Auskühlung wieder zuführen.

2.71 Das offene Ausdehnungsgefäß

Der aufzunehmende Wasserinhalt ist nach Gl. (2.1/6)

$$A = V \left(1 - \frac{\gamma_1}{\gamma_2}\right)$$

oder mit genügender Annäherung nach Gl. (2.1/7)

$$A = V (v_1 - v_2) .$$

Der nutzbare Inhalt des Ausdehnungsgefäßes muß aus Sicherheitsgründen etwas größer gewählt werden. Außerdem muß bei dem Gesamtinhalt des Ausdehnungsgefäßes noch der tote Raum Berücksichtigung finden. Es ist üblich den Gesamtinhalt bei kleinen Anlagen etwa 100% größer als die errechnete Wasserausdehnung auszuführen, während man bei großen Anlagen auf etwa 30% heruntergeht.

2.72 Das geschlossene Ausdehnungsgefäß

Bei geschlossenen Anlagen wird das Polster über dem Wasserspiegel im Ausdehnungsgefäß mit Dampf, Preßluft oder anderen Gasen hergestellt. Bei der Wasserausdehnung muß das überflüssige Gasvolumen durch ein Sicherheitsventil abgeführt werden. Die größte abzuführende zeitliche Gasmenge ergibt sich aus der Ausdehnung des Wassers. Diese wiederum erfährt ihren Größtwert, wenn der Kessel oder Vorwärmer mit maximaler Leistung betrieben wird, während gleichzeitig von dem System keine Wärmeabgabe erfolgt. Die Menge berechnet sich nach Gl. (2.1/11) zu

$$L = \mu Q_{max} . \tag{2.7/1}$$

Das Sicherheitsventil muß mindestens für diese Menge bemessen sein. Es ist hier nicht der Wert Q' einzusetzen, sondern die Wärmeleistung, die der Anlage bei forciertem Betrieb zugeführt werden kann und die hier mit Q_{max} bezeichnet sei.

Die Einrichtung zum Zuführen des Polstergases beim Erkalten der Anlage muß so bestimmt werden, daß die größte augenblickliche Volumenverminderung ausgeglichen werden kann. Diese ist gegeben, wenn bei höchster Wassertemperatur die Wärmezuführung plötzlich gesperrt wird. Nach Gl. (2.1/11) wird diese zu

$$L = \mu Q_a'. \qquad (2.7/2)$$

Hierbei ist zu beachten, daß das Volumen L unter dem Druck zu verstehen ist, unter dem es sich im Ausdehnungsgefäß befindet. Wird z. B. Luft über einen Kompressor zugeführt, so ist die angesaugte Luftmenge entsprechend den Druckverhältnissen natürlich größer und muß nach dem MARIOTTschen Gesetz berechnet werden.

Bei diesen Berechnungen ist beachtenswert, daß der Wasserinhalt der Anlage keinen Einfluß auf die Größe der augenblicklichen Volumenänderung ausübt, sondern nur die Größe der Wärmezufuhr oder Wärmeabfuhr. In letzteren steckt der Wasserinhalt der Anlage insofern verborgen, als mit der Wärmeleistung allgemein auch der Wasserinhalt der Anlage wächst.

2.73 Ausdehnungsraum außerhalb des Systems

Die Einrichtung zur Zuführung von Wasser bei Abkühlung oder Auskühlung der Anlage ist nach Gl. (2.7/1) zu bemessen. Zur Bemessung der Einrichtungen zur Abführung des überschüssigen Wassers während des Aufheizens der Anlage ist die Formel (2.7/2) anzuwenden.

3. Die Berechnung der einzelnen Systeme

3.1 Die offenen Systeme

3.11 Die offenen Schwerkraftsysteme

3.111 Die normale Warmwasserheizung mit unterer Verteilung

Wassererwärmer. Die Berechnung der Wassererwärmer ist früher eingehend beschrieben worden, so daß auf die früheren Ausführungen verwiesen werden kann.

Zu beachten ist, daß Schwerkraftwarmwasserheizungen verhältnismäßig hohe Trägheitskonstanten besitzen, die meistens über 2,0 h liegen.

Heizkörper. Die Berechnung der Heizkörper erfolgt nach der Formel (2.4/9) bzw. (2.4/10). Hierin setzt man

$$\Theta = \frac{t_v + t_r}{2} - t_R.$$

Die Werte von t_v und t_r müßten nun streng genommen für jeden Heizkörper ermittelt und eingesetzt werden, da durch die Wasserauskühlung in der Vorlaufleitung für die verschiedenen Heizkörper verschiedene Temperaturen auftreten. Diese Differenzen sind bei guter Isolierung der Verteilungsleitungen so gering, daß sie vernachlässigt werden können. Bei ausgedehnten Anlagen kann es sich jedoch als notwendig erweisen, die Temperaturabsenkung des Vorlaufwassers bei der Bemessung der Heizflächen zu berücksichtigen. Auch bei ganz oder teilweise unisolierten Verteilungsleitungen, wie man diese mitunter zur Temperierung der Kellerräume anwendet, ist es notwendig, die Temperaturabsenkung des Vorlaufwassers zu berücksichtigen.

In der Praxis verfährt man dabei so, daß man zunächst für Θ den Wert $\frac{t_v + t_r}{2} - t_R$ unverändert für die ganze Anlage einsetzt und durch Zuschläge, die man aus der Erfahrung schätzt, die besonderen Verhältnisse berücksichtigt. Bei der endgültigen Ausführung können nach genauerer Durchrechnung des Rohrnetzes die für die einzelnen Heizkörper zur Verfügung stehenden Vorlauftemperaturen ermittelt und die Heizkörper genau bestimmt werden.

Das Rohrnetz

Der Wirksame Druck. Die Bestimmung des Wirksamen Druckes erfolgt nach den früheren Entwicklungen, wobei man nach dem Gesetz der Erwärmungs- und Abkühlungsmittelpunkten verfährt.

Der Erwärmungsmittelpunkt liegt im Wassererwärmer. Sofern die Veränderung der Wassertemperatur senkrecht im Wassererwärmer bekannt ist, kann man nach Gl. (2.6/42) bzw. (2.6/43) die genaue Lage des Erwärmungsmittelpunktes bestimmen. Es ist allgemein üblich, mangels genauerer Kenntnis, den Erwärmungsmittelpunkt in der senkrechten Mitte des Wassererwärmers anzunehmen. Die einzelnen Abkühlungsmittelpunkte liegen in den Heizkörpern, wobei man auch hier die Heizkörpermitte annimmt. Da aber auch die Rohrleitungen Wärmeverluste und damit Temperaturverluste verursachen, so sind auch in diesen Abkühlungspunkte festzulegen. Man muß also für jeden Stromkreis für den Wirksamen Druck die Formel (2.6/45) oder (2.6/46) zugrunde legen.

Sind die Rohrleitungen gut isoliert, so sind die durch die Rohrabkühlung verursachten Teilbeträge, gegenüber den durch die Heizkörper verursachten so gering, daß sie vernachlässigt werden können.

Es soll noch genauer untersucht werden, wie sich die Wärme- bzw. Temperaturverluste der Rohrleitungen auf die Funktion der Anlage auswirken.

Setzt man zunächst voraus, daß das der Berechnung zugrunde gelegte Temperaturgefälle δ unmittelbar am Kessel sich einstellen soll, so müßten die Temperaturverluste in den Rohrleitungen in den Wert δ eingeschlossen sein. Für die eigentlichen Heizkörper steht damit ein kleineres δ zur Verfügung. Um die geforderte Wärmeabgabe sicherzustellen, muß also den Heizkörpern eine größere Wassermenge zugeführt werden. Setzt man z. B. die Verluste der Rohrleitungen zu 10% an, so müßte im Durchschnitt die Wassermenge um 10% erhöht werden. Diese Erhöhung müßte hierbei noch je nach Lage des Heizkörpers variiert werden. Hierdurch würde wiederum der Wirksame Druck vermindert werden, da nun ein Teil der Auskühlung δ unter einem geringeren h erfolgt, und zwar der Teil, der in der Rohrleitung auftritt. Es würden also zwei Umstände eine Verstärkung der

Rohrleitung erforderlich machen. Die Heizkörper könnten aber, da die mittlere Heizwassertemperatur erhalten bleibt, in ihrer Größe belassen werden.

Setzt man jedoch voraus, daß das volle Temperaturgefälle δ für die Heizkörper aufrechterhalten wird, so muß sich notwendigerweise am Kessel eine größere Temperaturdifferenz als δ einstellen. Sofern eine Erhöhung der vorgesehenen Vorlauftemperatur nicht Platz greifen soll, müßten die Heizkörper, deren mittlere Heizwassertemperatur jetzt tiefer liegt, etwas vergrößert werden. Bei dem Rohrnetz würde sich der Wirksame Druck etwas erhöhen, da ja der durch die Abkühlung der Rohrleitung hervorgerufene Wirksame Druck noch hinzukommt. Es kann jedoch auf die Vergrößerung der Heizflächen verzichtet werden, wenn man am Kessel eine geringe Erhöhung der Vorlauftemperatur zuläßt.

Aus diesen Untersuchungen folgt, daß es für die Praxis angängig ist, die Wärmebzw. Temperaturverluste der Rohrleitungen bei der Bemessung des Rohrnetzes und der Heizkörper zu vernachlässigen, d. h. man nimmt an, daß die ganze Abkühlung im Heizkörper liege und erhält damit die einfache Formel

$$p = h\,(\gamma_r - \gamma_v)$$

oder

$$p = h\,\tau\,(t_v - t_r)\,.$$

Da die Höhen h für die verschiedenen Stromkreise verschieden sind und auch die Temperaturabsenkungen verschieden sein können, ergeben sich für die verschiedenen Stromkreise verschiedene Wirksame Drücke. Je höher ein Heizkörper angeordnet ist, um so höher ist auch sein Wirksamer Druck.

Der ungünstigste Stromkreis, mit dem die Dimensionierung des Rohrnetzes zu beginnen ist, ist durch den Stromkreis desjenigen Heizkörpers gegeben, der im tiefsten geheizten Geschoß aufgestellt und am weitesten vom Wassererwärmer entfernt ist.

Es ist naheliegend, den verfügbaren Wirksamen Druck gleichmäßig auf den ganzen Stromkreis verteilt aufzubrauchen. Wie sich aus späteren Untersuchungen ergibt, kann es mit Rücksicht auf die örtliche Regelbarkeit notwendig sein, eine andersartige Aufteilung des Wirksamen Druckes vorzunehmen und zwar derart, daß die Verteilungsleitung bis zum letzten Verzweigungspunkt mit einem Wirksamen Druck dimensioniert wird, welcher der Höhenlage der Verteilungsleitung entspricht.

Das Temperaturgefälle δ

Für die Bemessung der Heizkörper und des Rohrnetzes, gegebenenfalls auch des Wassererwärmers, ist die Festlegung des Temperaturgefälles erforderlich. Da die höchste Vorlauftemperatur festgelegt ist, bedeutet eine Vergrößerung des Temperaturgefälles eine Erniedrigung der mittleren Heizwassertemperatur und damit eine Vergrößerung der Heizflächen. Dagegen wird das Rohrnetz billiger, da die strömende Wassermenge geringer und der Wirksame Druck größer wird. Es ist also nicht ohne weiteres zu übersehen, bei welchem Temperaturgefälle die billigste Anlage zu erwarten ist. Dies wird auch nach Größe und Anordnung der Anlage verschieden sein. Es ist allgemein üblich mit einem Temperaturgefälle von 20° C zu rechnen. Bei weit ausgedehnten Anlagen mit geringem Wirksamen Druck dürfte es sich empfehlen mit dem Temperaturgefälle auf 25° C heraufzugehen, sofern man es nicht vorzieht auf Pumpenbetrieb überzugehen.

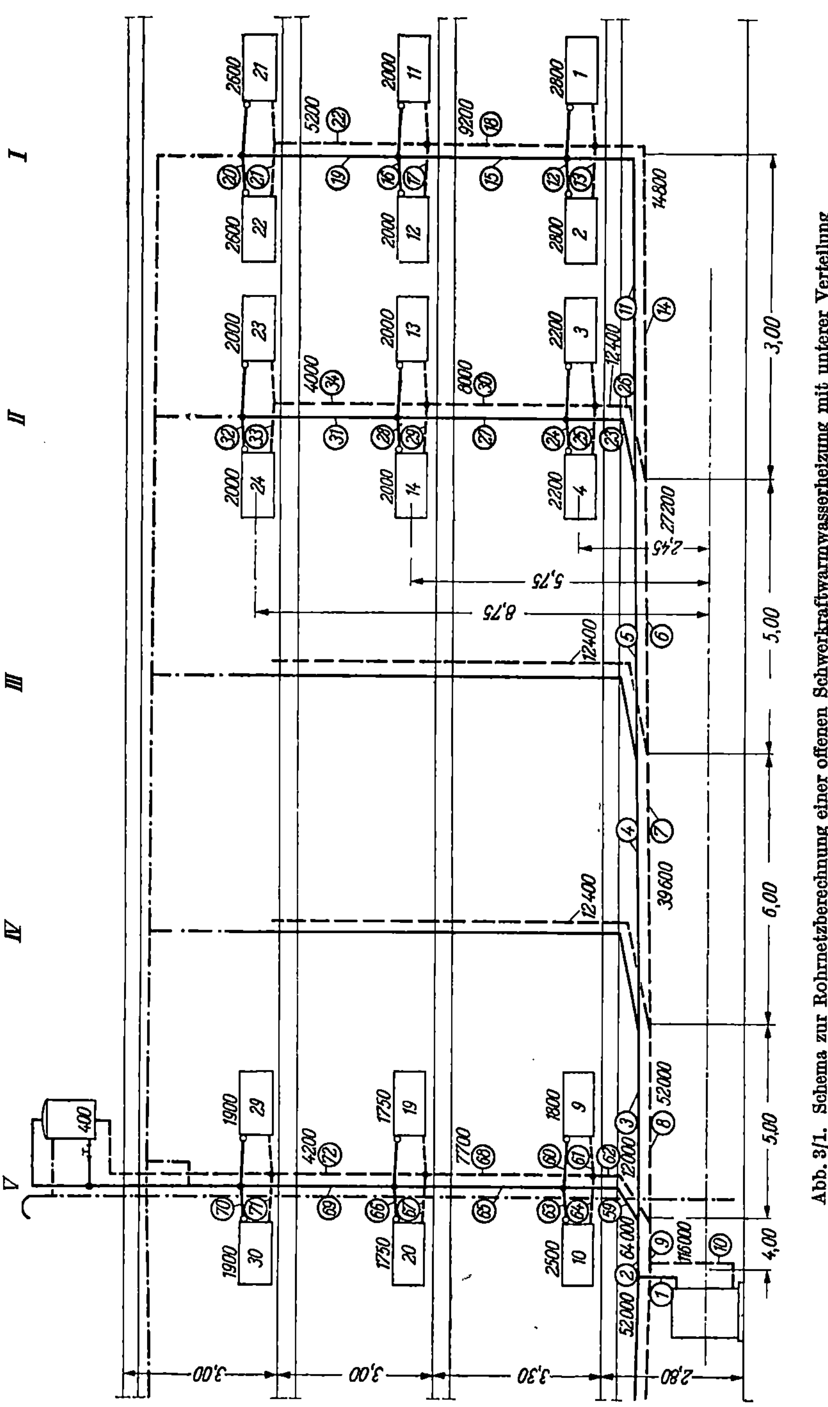

Abb. 3/1. Schema zur Rohrnetzberechnung einer offenen Schwerkraftwarmwasserheizung mit unterer Verteilung

Der weitere Gang der Rohrnetzberechnung werde an einem Beispiel gezeigt.

Beispiel. In Abb. 3/1 ist eine Anlage dargestellt, deren Rohrnetz zu berechnen ist. Die Wärmebedarfszahlen, Rohrlängen usw. gehen aus dem Bild hervor.

Annahme der Rohrdurchmesser

Die für die Berechnung notwendigen Werte, sind in den folgenden Berechnungstabellen zusammengestellt. Diese Tabellen lassen sich später für die Nachrechnung verwenden.

Hauptstromkreis

Der ungünstigste Stromkreis ist der der Heizkörper 1 und 2 an Strang I. Um die örtliche Regelbarkeit sicherzustellen, muß zunächst der Stromkreis bis zum Verzweigungspunkt von Strang I und II gerechnet werden. Bis zu diesem steht eine Höhe von 1,60 m zur Verfügung. Bei einer Vorlauftemperatur von 90° C und einer Rücklauftemperatur von 70° C ergibt sich bis zur Höhe des Verzweigungspunktes ein Wirksamer Druck von

$$p = 1{,}60 \cdot 0{,}624 \cdot 20 = 18{,}2 \text{ mm WS};$$

für Einzelwiderstände seien 50% $= 9{,}1$ mm WS abgesetzt,

so daß für die Reibung noch $\overline{9{,}1 \text{ mm WS}}$ verfügbar bleiben.

Nach der Berechnungstabelle ist die gesamte Rohrlänge 46 m. Damit ergibt sich ein Reibungsgefälle von $R_u = 9{,}1/46 = 0{,}2$ mm WS/m. Mit diesem ergeben sich die in Spalte e eingetragenen Rohrdurchmesser.

Für den Reststromkreis ergibt sich folgende Berechnung:
Wirksamer Druck für die Heizkörper 1 und 2

$$p = 2{,}45 \cdot 12{,}48 = 30{,}6 \text{ mm WS}$$

Hiervon für Reibung 50% $= 15{,}3$ mm WS
Hiervon ab Druckverbrauch in den Teilstrecken 1 bis 10 $= 9{,}1$ mm WS
bleibt für den Reststromkreis $\overline{6{,}2 \text{ mm WS}}$
Reibungsgefälle $R_{1,2} = 6{,}2/11 = 0{,}56$ mm WS/m

Stromkreis der Heizkörper 11 und 12

Wirksamer Druck $p = 5{,}75 \cdot 12{,}48 = 71{,}8$ mm WS
Hiervon für Rohrreibung verfügbar 50% $= 35{,}9$ mm WS

Druckverbrauch in den Teilstrecken 1 bis 10 $= 9{,}1$ mm WS
Druckverbrauch in den Teilstrecken 11 bis 14 $8 \cdot 0{,}56 = 4{,}5$ mm WS   13,6 mm WS
bleibt für Rohrreibung in den Teilstrecken 15 bis 18 $\overline{22{,}3 \text{ mm WS}}$
Länge dieser Teilstrecken 9,6 m

Reibungsgefälle $R_{11,12} = \dfrac{22{,}3}{9{,}6} = 2{,}3$ mm WS/m.

Stromkreis der Heizkörper 21 und 22

Wirksamer Druck $p = 8{,}75 \cdot 12{,}48 = 109$ mm WS
Hiervon für Rohrreibung verfügbar: 50% $= 54{,}5$ mm WS

Druckverbrauch in den Teilstrecken 1 bis 10 $= 9{,}1$ mm WS
Druckverbrauch in den Teilstrecken 11 bis 14 $= 4{,}5$ mm WS
Druckverbrauch in den Teilstrecken 15 bis 18 $6{,}6 \cdot 2{,}3 = 15{,}2$ mm WS $= 28{,}8$ mm WS
bleibt für Rohrreibung in den Teilstrecken 19 bis 22 $= 25{,}7$ mm WS
Länge dieser Teilstrecken: 9 m

Reibungsgefälle $R_{31,32} = \dfrac{25{,}7}{9} = 2{,}9$ mm WS/m.

Stromkreis der Heizkörper 3 und 4, Strang II

Wirksamer Druck $p = 2{,}45 \cdot 12{,}48 = 30{,}6$ mm WS
Hiervon für Rohrreibung verfügbar 50% $= 15{,}3$ mm WS
Druckverbrauch in den Teilstrecken 1 bis 10 $= 9{,}1$ mm WS
bleibt für Rohrreibung in den Teilstrecken 23 bis 26 $= \overline{6{,}2 \text{ mm WS}}$
Länge dieser Teilstrecken 7,5 m

Reibungsgefälle $R_{3,4} = \dfrac{6{,}2}{7{,}5} = 0{,}83$ mm WS/m.

Stromkreis der Heizkörper 13 und 14

Wirksamer Druck $= 71{,}8$ mm WS

Hiervon für Rohrreibung verfügbar 50% $= 35{,}9$ mm WS

Druckverbrauch in den Teilstrecken 1 bis 10 $= 9{,}1$ mm WS

Druckverbrauch in den Teilstrecken 23 bis 26 $\quad 5{,}5 \cdot 0{,}83 = 4{,}6$ mm WS $\qquad 13{,}7$ mm WS

bleibt für Rohrreibung in den Teilstrecken 27 bis 30 $\qquad 22{,}2$ mm WS

Länge dieser Teilstrecken 8,6 m

Reibungsgefälle $\qquad R_{13,14} = \dfrac{22{,}2}{8{,}6} = 2{,}6 \text{ mm WS/m.}$

Stromkreis der Heizkörper 23 und 24

Wirksamer Druck $= 109$ mm WS

Hiervon für Rohrreibung verfügbar 50% $= 54{,}5$ mm WS

Druckverbrauch in den Teilstrecken 1 bis 10 $= 9{,}1$ mm WS

Druckverbrauch in den Teilstrecken 23 bis 26 $= 4{,}6$ mm WS

Druckverbrauch in den Teilstrecken 27 bis 30 $\quad 6{,}6 \cdot 2{,}6 = 17{,}2$ mm WS $\qquad 30{,}9$ mm WS

bleibt für Rohrreibung in den Teilstrecken 31 bis 34 $\qquad 23{,}6$ mm WS

Länge dieser Teilstrecken 8,0 m

Reibungsgefälle $\qquad R_{23,24} = \dfrac{23{,}6}{8{,}0} = 3{,}0 \text{ mm WS/m.}$

Stromkreis der Heizkörper 9 und 10

Wirksamer Druck $= 30{,}6$ mm WS

Hiervon für Reibung verfügbar 50% $= 15{,}3$ mm WS

Druckverbrauch in den Teilstrecken 1, 2, 9 und 10 $\quad = 12 \cdot 0{,}2 = 2{,}4$ mm WS

bleibt für Rohrreibung in den Teilstrecken 59 bis 62 $= 12{,}9$ mm WS

Länge der Teilstrecken 7,5 m

Reibungsgefälle $\qquad R_{9,10} = \dfrac{12{,}9}{7{,}5} = 1{,}7 \text{ mm WS/m.}$

Stromkreis der Heizkörper 19 und 20

Wirksamer Druck $= 71{,}8$ mm WS

Hiervon für Reibung verfügbar 50% $= 35{,}9$ mm WS

Druckverbrauch in den Teilstrecken 1, 2, 9 und 10 $= 2{,}4$ mm WS

Druckverbrauch in den Teilstrecken 59 und 62 $\quad 5{,}5 \cdot 1{,}7 = 9{,}4$ mm WS $\qquad = 11{,}8$ mm WS

bleibt für Reibung in den Teilstrecken 65 bis 68 $\qquad = 24{,}1$ mm WS

Länge dieser Teilstrecken 8,6 m

Reibungsgefälle $\qquad R_{19,20} = \dfrac{24{,}1}{8{,}6} = 2{,}8 \text{ mm WS/m.}$

Stromkreis der Heizkörper 29 und 30

Wirksamer Druck $= 109$ mm WS

Hiervon für Reibung verfügbar 50% $= 54{,}5$ mm WS

Druckverbrauch in den Teilstrecken 1, 2, 9 und 10 $= 2{,}4$ mm WS

Druckverbrauch in den Teilstrecken 59 und 62 $= 9{,}4$ mm WS

Druckverbrauch in den Teilstrecken 65 und 68 $\quad = 6{,}6 \cdot 2{,}8 = 18{,}5$ mm WS $\qquad = 30{,}3$ mm WS

bleibt für Reibung in den Teilstrecken 69 bis 72 $\qquad = 24{,}2$ mm WS

Länge dieser Teilstrecken 8 m

Reibungsgefälle $\qquad R_{29,30} = \dfrac{24{,}2}{8} = 3{,}0 \text{ mm WS/m.}$

Bei dieser vorläufigen Bestimmung ist zu beachten, daß bei kurzen Teilstrecken, wenn sie viele Einzelwiderstände aufweisen, z. B. bei Heizkörperanschlüssen der Anteil der Einzelwiderstände mehr als 50% betragen wird. Hierauf ist bei Wahl der Dimensionen Rücksicht zu nehmen und gegebenenfalls eine größere Dimension zu wählen. Mit einiger Erfahrung läßt sich leicht die richtige Dimension finden.

152

3. Die Berechnung der einzelnen Systeme

Berechnung der Strömungswiderstände[1]

Teilstrecke	Aus dem Rohrplan				Nachrechnung												Unterschied		Endgültige Gesamtwerte	
	Wärme-menge	Wasser-menge	Länge der Teil-strecke l	Vor-läufiger Rohr-durch-messer d	vorläufiger Rohrdurchmesser					geänderter Rohrdurchmesser							lR $(o-h)$	Z $(q-k)$	$lR+Z$ $(h+k+r+s)$	Σ $(lR+Z)$
					w	R	lR	$\Sigma\zeta$	Z	d	w	R	lR	$\Sigma\zeta$	Z				
Nr.	kcal/h	kg/h	m	mm	m/s	$\frac{mmWS}{m}$	mm WS	—	mm WS	mm	m/s	$\frac{mmWS}{m}$	mmWS	—	mmWS	mmWS	mmWS	mmWS	mmWS
a	b	c	d	e	f	g	h	i	k	l	m	n	o	p	q	r	s	t	u
Hauptstromkreis: Heizkörper 1 und 2 an Strang I — Stromkreisteil bis zum Verzweigungspunkt Strang I und II. Wirksamer Druck: 18,2 mm WS																			
1	116000	—	1,5	125	0,13	0,15	0,2	2,0	1,7	—	—	—	—	—	—	—	—	1,9	1,9
2	64000	—	4,0	100,5	0,12	0,17	0,7	2,0	1,3	—	—	—	—	—	—	—	—	2,0	3,9
3	52000	—	5,0	95	0,11	0,16	0,8	1,0	0,6	—	—	—	—	—	—	—	—	1,4	5,3
4	39600	—	6,0	82,5	0,11	0,19	1,1	1,0	0,6	—	—	—	—	—	—	—	—	1,7	7,0
5	27200	—	6,0	70	0,096	0,20	1,2	1,0	0,5	—	—	—	—	—	—	—	—	1,7	8,7
6	27200	—	6,0	70	0,096	0,20	1,2	1,0	0,5	—	—	—	—	—	—	—	—	1,7	8,9
7	39600	—	6,0	82,5	0,11	0,19	1,1	1,0	0,6	—	—	—	—	—	—	—	—	1,7	7,2
8	52000	—	5,0	95	0,11	0,16	0,8	1,0	0,6	—	—	—	—	—	—	—	—	1,4	5,5
9	64000	—	4,0	100,5	0,12	0,17	0,7	2,0	1,3	—	—	—	—	—	—	—	—	2,0	4,1
10	116000	—	2,5	125	0,13	0,15	0,4	2,0	1,7	—	—	—	—	—	—	—	—	2,1	2,1
			46,0				8,2	+	9,4 = 17,6 mm WS										
in guter Übereinstimmung mit dem Wirksamen Druck																			
Reststromkreis — Wirksamer Druck gesamt 30,6 mm WS																			8,7
11	14800	—	4,0	51,5	0,092	0,26	1,0	2,5	0,4	—	—	—	—	—	—	—	—	1,4	10,1
12	2800	—	1,5	20	0,10	0,90	1,4	6,5	3,3	—	—	—	—	—	—	—	—	4,7	14,8
13	2800	—	1,5	20	0,10	0,90	1,4	7,0	3,5	25	0,062	0,32	0,5	7,0	1,3	−0,9	−2,2	1,8	12,1
14	14800	—	4,0	51,5	0,092	0,26	1,0	2,0	0,4	—	—	—	—	—	—	—	—	1,4	10,3
			11,0				4,8	+	7,6 = 12,4 mm WS							−0,9	−2,2	—	8,9

$$+ \text{Druckverbrauch in der Teilstrecke } 1 \div 10 \quad = 17,6 \text{ mm WS}$$

$$\text{Teilstrecke 13 geändert} \quad \begin{matrix} = 30,0 \text{ mm WS} \\ - \ 3,1 \text{ mm WS} \\ \hline 26,9 \text{ mm WS} \end{matrix}$$

Die Teilstrecke 13 wurde verstärkt, da es wegen Unvorhergesehenem nicht ratsam ist, den Wirksamen Druck bis zum letzten auszunutzen.

Stromkreis der Heizkörper 11 und 12

Wirksamer Druck: 71,8 mm WS · 10,1

15	9200	—	3,3	34	0,16	0,75	2,5	1,5	1,8	—	—	—	—	—	—	—	—	4,3	14,4
16	2000	—	1,5	15	0,14	2,6	3,9	8,0	8,0	—	—	—	—	—	—	—	—	11,9	26,3
17	2000	—	1,5	15	0,14	2,6	3,9	8,0	8,0	—	—	—	—	—	—	—	—	11,9	34,3
18	9200	—	3,3	34	0,16	0,75	2,5	1,5	1,8	25	0,21	2,6	8,6	1,5	3,5	+ 6,1	+ 1,7	12,1	22,4
			9,6				12,8	+	19,6										10,3

$$12,8 + 19,6 = 32,4 \text{ mm WS}$$
Bereits verbraucht $= 20,4$ mm WS

$$52,8 \text{ mm WS}$$
Teilstrecke 18 geändert $+ 7,8$ mm WS

$$60,6 \text{ mm WS}$$

Stromkreis der Heizkörper 21 und 22

Wirksamer Druck: 109 mm WS · 14,4

19	5200	—	3,0	20	0,19	2,8	8,4	1,5	2,7	—	—	—	—	—	—	—	—	—	—
20	2600	—	1,5	15	0,18	4,0	6,0	8,0	13,6	—	—	—	—	—	—	—	—	—	—
21	2600	—	1,5	15	0,18	4,0	6,0	8,0	13,6	—	—	—	—	—	—	—	—	—	—
22	5200	—	3,0	20	0,19	2,8	8,4	1,5	2,7	—	—	—	—	—	—	—	—	—	—
			9,0				28,8	+	32,6										22,4

$$28,8 + 32,6 = 61,4 \text{ mm WS}$$
Bereits verbraucht $= 36,8$ mm WS

$$98,2 \text{ mm WS}$$

Stromkreis der Heizkörper 3 und 4

Wirksamer Druck: 30,6 mm WS · 8,7

23	12400	—	3,0	40	0,13	0,60	1,8	3,0	2,4	—	—	—	—	—	—	—	—	4,2	12,9
24	2200	—	1,0	20	0,08	0,62	0,6	6,5	2,1	—	—	—	—	—	—	—	—	2,7	15,6
25	2200	—	1,0	20	0,13	0,62	0,6	7,0	2,3	25	0,049	0,2	0,2	7,0	0,9	− 0,4	− 1,4	1,1	13,5
26	12400	—	2,5	40	0,08	0,60	1,5	2,5	2,0	—	—	—	—	—	—	—	—	3,5	12,4
			7,5				4,5	+	8,8										8,9

$$4,5 + 8,8 = 13,3 \text{ mm WS}$$
Bereits verbraucht $= 17,6$ mm WS

$$30,9 \text{ mm WS}$$
Teilstrecke 25 geändert $- 1,8$ mm WS

$$29,1 \text{ mm WS}$$

---

[1] Das Reibungsgefälle R und die Geschwindigkeit w sind der Arbeitsmappe des Heizungs-Ingenieurs entnommen.

Berechnung der Strömungswiderstände (Fortsetzung)

	Aus dem Rohrplan			Vorläufiger Rohrdurchmesser d	Nachrechnung											Unterschied		Endgültige Gesamtwerte	
Teilstrecke	Wärmemenge	Wassermenge	Länge der Teilstrecke l		vorläufiger Rohrdurchmesser					geänderter Rohrdurchmesser						lR $(o-h)$	Z $(q-k)$	$lR+Z$ $(h+k+r+s)$	Σ $(lR+Z)$
					w	R	lR	$\Sigma\zeta$	Z	d	w	R	lR	$\Sigma\zeta$	Z				
Nr.	kcal/h	kg/h	m	mm	m/s	$\dfrac{\text{mm WS}}{\text{m}}$	mm WS	—	mm WS	mm	m/s	$\dfrac{\text{mm WS}}{\text{m}}$	mmWS	—	mmWS	mmWS	mmWS	mmWS	mmWS
a	b	c	d	e	f	g	h	i	k	l	m	n	o	p	q	r	s	t	u

Stromkreis der Heizkörper 13 und 14

Wirksamer Druck: 71,8 mm WS — 12,9

27	8 000	—	3,3	25	0,18	2,0	6,6	1,5	2,6	—	—	—	—	—	—	—	—	9,2	22,1
28	2 000	—	1,0	15	0,14	2,6	2,6	8,0	8,0	—	—	—	—	—	—	—	—	10,6	32,7
29	2 000	—	1,0	15	0,14	2,6	2,6	8,0	8,0	—	—	—	—	—	—	—	—	10,6	32,2
30	8 000	—	3,3	25	0,18	2,0	6,6	1,5	2,6	—	—	—	—	—	—	—	—	9,2	21,6
			8,6				18,4	+	21,2										12,4

18,4 + 21,2 = 39,6 mm WS
bereits verbraucht 25,3 mm WS
64,9 mm WS

Stromkreis der Heizkörper 23 und 24

Wirksamer Druck: 109 mm WS — 22,1

31	4 000	—	3,0	20	0,14	1,8	5,4	1,5	1,5	—	—	—	—	—	—	—	—	6,9	29,0
32	2 000	—	1,0	15	0,14	2,6	2,6	8,0	8,0	—	—	—	—	—	—	—	—	10,6	39,6
33	2 000	—	1,0	15	0,14	2,6	2,6	8,0	8,0	—	—	—	—	—	—	—	—	10,6	39,1
34	4 000	—	3,0	20	0,14	1,8	5,4	1,5	1,5	—	—	—	—	—	—	—	—	6,9	28,5
			8,0				16,0	+	19,0										21,6

16,0 + 19,0 = 35,0 mm WS
bereits verbraucht 43,7 mm WS
78,7 mm WS

Die versuchsweise Verringerung des Durchmessers der Teilstrecke 34 zeigt, daß dann der Strömungswiderstand zu nahe bei dem Wirksamen Druck liegt und wurde daher fallengelassen.

Stromkreis des Heizkörpers 9

Wirksamer Druck: 30,6 mm WS ... 3,9

59	12000	—	3,0	32	0,15	1,1	3,3	3,0	3,6	—	—	—	—	—	—	—	—	6,9	10,8
60	1800	—	1,0	20	0,065	0,45	0,5	6,5	1,4	—	—	—	—	—	—	—	—	1,9	12,7
61	1800	—	1,0	20	0,065	0,45	0,5	7,0	1,5	—	—	—	—	—	—	—	—	2,0	11,9
62	12000	—	2,5	32	0,15	1,1	2,8	2,5	3,0	—	—	—	—	—	—	—	—	5,8	9,9
			7,5				7,1	+	9,5										4,1

9,5 = 16,6 mm WS
bereits verbraucht   8,0 mm WS
24,6 mm WS

Stromkreis des Heizkörpers 10

Wirksamer Druck: 30,6 mm WS ... 10,8

63	2500	—	1,0	20	0,09	0,75	0,8	6,5	2,7	—	—	—	—	—	—	—	—	3,5	14,3
64	2500	—	1,0	20	0,09	0,75	0,8	7,0	2,9	—	—	—	—	—	—	—	—	3,7	13,6
			2,0				1,6	+	5,6										9,9

5,6 = 7,2 mm WS
bereits verbraucht = 20,7 mm WS
27,9 mm WS

Stromkreis der Heizkörper 19 und 20

Wirksamer Druck: 71,8 mm WS ... 10,8

65	7700	—	3,3	32	0,065	0,45	1,9	1,5	0,3	—	—	—	—	—	—	—	—	2,2	13,0
66	1750	—	1,0	15	0,15	2,0	2,0	8,0	9,0	12	0,19	6,5	6,5	8,0	13,6	+ 4,5	+ 4,6	20,1	33,1
67	1750	—	1,0	15	0,15	2,0	2,0	8,0	9,0	12	0,19	6,5	6,5	8,0	13,6	+ 4,5	+ 4,6	20,1	32,2
68	7700	—	3,3	32	0,065	0,45	1,9	1,5	0,3	—	—	—	—	—	—	—	—	2,2	12,1
			8,6				7,8	+	18,6							9,0	9,2		9,9

18,6 = 26,4 mm WS
bereits verbraucht = 20,7 mm WS
47,1 mm WS
Teilstrecken 66 und 67 geändert + 18,2 mm WS
65,3 mm WS

Hier ist zu beachten, daß die Teilstrecken 65 und 68 nicht kleiner als NW 32 ausgeführt werden können, da diese als Ausdehnungsleitungen dienen.

Berechnung der Strömungswiderstände (Fortsetzung)

Teilstrecke	Aus dem Rohrplan		Länge der Teilstrecke l	Vorläufiger Rohrdurchmesser d	Nachrechnung											Unterschied		Endgültige Gesamtwerte	
	Wärmemenge	Wassermenge			vorläufiger Rohrdurchmesser					geänderter Rohrdurchmesser						lR $(o-h)$	Z $(q-k)$	$lR+Z$ $(h+k+r+s)$	Σ $(lR+Z)$
					w	R	lR	$\Sigma\zeta$	Z	d	w	R	lR	$\Sigma\zeta$	Z				
Nr.	kcal/h	kg/h	m	mm	m/s	$\frac{\text{mmWS}}{\text{m}}$	mmWS	—	mmWS	mm	m/s	$\frac{\text{mmWS}}{\text{m}}$	mmWS	—	mmWS	mmWS	mmWS	mmWS	mmWS
a	b	c	d	e	f	g	h	i	k	l	m	n	o	p	q	r	s	t	u

Stromkreis der Heizkörper 29 und 30

Wirksamer Druck: 109 mm WS

Nr.	kcal/h	kg/h	m	mm	m/s	R	lR	Σζ	Z	mm	m/s	R	lR	Σζ	Z	r	s	t	u
																			13,0
69	4200	—	3,0	32	0,055	0,18	0,5	1,5	0,2	—	—	—	—	—	—	—	—	0,7	13,7
70	1900	—	1,0	15	0,13	2,4	2,4	8,0	6,8	12	0,22	7,5	7,5	8,0	19,2	+5,1	+12,4	26,7	40,4
71	1900	—	1,0	15	0,13	2,4	2,4	8,0	6,8	12	0,22	7,5	7,5	8,0	19,2	+5,1	+12,4	26,7	39,5
72	4200	—	3,0	32	0,055	0,18	0,5	1,5	0,2	—	—	—	—	—	—	—	—	0,7	12,8
			8,0				5,8	+	14,2							10,2	24,8		12,1

$$5,8 + 14,2 = 19,8 \text{ mm WS}$$

bereits verbraucht 25,1 mm WS

44,9 mm WS

Teilstrecken 70 und 71 geändert $+\ 35,0$ mm WS

79,9 mm WS

Nachrechnung

Diese ist in den Berechnungstabellen durchgeführt. Zu den ermittelten vorläufigen Rohr-durchmessern entnimmt man aus den Tabellen die wirklichen Rohrreibungswiderstände und Geschwindigkeiten. Außerdem ist es notwendig, für jede Teilstrecke die Widerstandsbeiwerte zu ermitteln und mit Hilfe dieser die Einzelwiderstände zu errechnen.

Einzelwiderstandsbeiwerte

Teilstrecke 1

½ Kessel	1,5
1 Bogen	0,5
	2,0

Teilstrecke 2 = Teilstrecke 9

1 Hosenstück	1,5
1 Bogen	0,5
	2,0

Teilstrecke 3 = Teilstrecke 8

1 Teestück Durchgang	1,0

Teilstrecke 4 = Teilstrecke 7

1 Teestück Durchgang	1,0

Teilstrecke 5 = Teilstrecke 6

1 Teestück Durchgang	1,0

Teilstrecke 10

½ Kessel	1,0
2 Bogen	1,0
	2,0

Teilstrecke 11

1 Teestück Durchgang	1,0
2 Bogen	1,0
1 Überbogen	0,5
	2,5

Teilstrecke 12

1 Kreuzstück Abzweig	1,5
1 Knie	1,5
1 Eckventil	2,0
½ Radiator	1,5
	6,5

Teilstrecke 13

½ Radiator	1,5
1 Bogen	1,0
1 Knie	1,5
1 Kreuz-Stück Gegenlauf	3,0
	7,0

Teilstrecke 14

2 Bogen	1,0
1 Teestück Durchgang	1,0
	2,0

Teilstrecke 15

1 Kreuz-Stück Durchgang	1,0
1 Überbogen	0,5
	1,5

Teilstrecke 16

1 Kreuz-Stück Abzweig	1,5
1 Knie	2,0
1 Eckventil	4,0
½ Radiator	1,5
	8,0

Teilstrecke 17

½ Radiator	1,5
1 Bogen	1,5
1 Knie	2,0
1 Kreuz-Stück Gegenlauf	3,0
	9,0

Teilstrecke 23

1 Teestück Abzweig	1,5
2 Bogen	1,0
1 Überbogen	0,5
	3,0

3.112 Die normale Warmwasserheizung mit oberer Verteilung

Die Berechnung der Wärmeerzeuger erfolgt auch hier wie in Kapitel 2.56 be-schrieben. Bei oberer Verteilung ist die Trägheit größer als bei Anlagen mit un-terer Verteilung.

Die Berechnung der Heizkörper erfolgt nach den gleichen Gesichtspunkten, wie dies bei der Anlage mit unterer Verteilung beschrieben ist. Nur ist hierbei zu be-achten, daß die Temperaturverluste in den Vorlaufleitungen bedeutend größer sind und bei der Bestimmung der Heizkörper unbedingt berücksichtigt werden müssen. In der Praxis hilft man sich damit, daß man für alle Heizkörper zunächst als mittlere Heizwassertemperatur den gleichen Wert $t_m = \dfrac{t_v + t_r}{2}$ zugrundelegt und durch Zuschläge auf die errechneten Heizflächen die Verminderung der mittleren Heizwassertemperatur berücksichtigt. Hierzu verwendet man zweckmäßig die Tabellen aus dem „Rietschel".

Die genaue Berechnung kann erst nach der Durchrechnung des Rohrnetzes und der Temperaturverluste erfolgen.

Der Wirksame Druck. Auch hier ist die beste Methode, den Wirksamen Druck aus den Einzelbeträgen zu errechnen. Bei Beginn der Rohrdimensionierung sind die Temperaturverhältnisse noch nicht bekannt. Diese müssen erst errechnet werden, wozu wiederum die Kenntnis der Rohrdimensionen Voraussetzung ist. Um dieser Schwierigkeit zu begegnen, ist es zweckmäßig, zunächst mit Annahmen zu arbeiten, durch Nachrechnung zu prüfen und so weit wie notwendig zu ändern. Man bestimmt also den Wirksamen Druck indem man nach der Formel

$$p = h\,(\gamma_r - \gamma_v)$$

oder

$$p = h\,\tau\,(t_v - t_r)$$

zunächst einen Wirksamen Druck errechnet, dem die Annahme zugrunde liegt, daß die gesamte Wasserabkühlung im Heizkörper liegt. In Wirklichkeit liegt jedoch ein Teil der Wasserabkühlung in den Rohren. Da bei der oberen Verteilung die wärmeabgebenden Rohre hauptsächlich über den Heizkörpern liegen, ergibt sich also zu den vorstehenden Formeln noch ein zusätzlicher Wirksamer Druck p_z. Diesen muß man zunächst annehmen. Hierzu bedient man sich am besten der Annahmetafeln im „Rietschel". Mit den so ermittelten Wirksamen Drücken

$$p_{ges} = p + p_z \tag{3.1/1}$$

wird die Rohrdimensionierung durchgeführt und dann nachgerechnet.

Die Nachrechnung muß sich dabei sowohl auf die Ermittlung des tatsächlichen Druckverbrauches wie auch auf die Ermittlung des tatsächlich auftretenden Wirksamen Druckes erstrecken. Zu letzterem ist Voraussetzung die Errechnung des Temperaturverlaufs über den ganzen Stromkreis, wobei man sich der Formeln (2.6/57) bis (2.6/60) bedient.

Auf diese Weise können die Temperaturen in allen Teilen der Anlage ermittelt und danach die Wirksamen Drücke bestimmt werden.

Ergibt sich aus der Nachrechnung, daß Rohrabmessungen zu ändern sind, so ist zu beachten, daß durch die Änderung nicht nur die Strömungswiderstände, sondern auch die Wirksamen Drücke verändert werden.

Die Veränderungen der letzteren lassen sich mit genügender Genauigkeit mit Hilfe der Umrechnungsfaktoren der Zahlentafel 9 schnellstens errechnen.

Auch hier wird der gesamte Rechnungsgang am besten an Hand eines Beispiels gezeigt.

Beispiel. Wir benutzen die in Abb. 3/2 dargestellte Anlage. Aus der Abbildung und den später folgenden Berechnungstabellen ersieht man alle für die Berechnung notwendigen Angaben.

Hauptstromkreis

Der ungünstigste Stromkreis ist der für die Heizkörper 1 und 2 des Stranges I. Bei einer Vorlauftemperatur von 90° C und einer Rücklauftemperatur von 70° C ergibt sich:

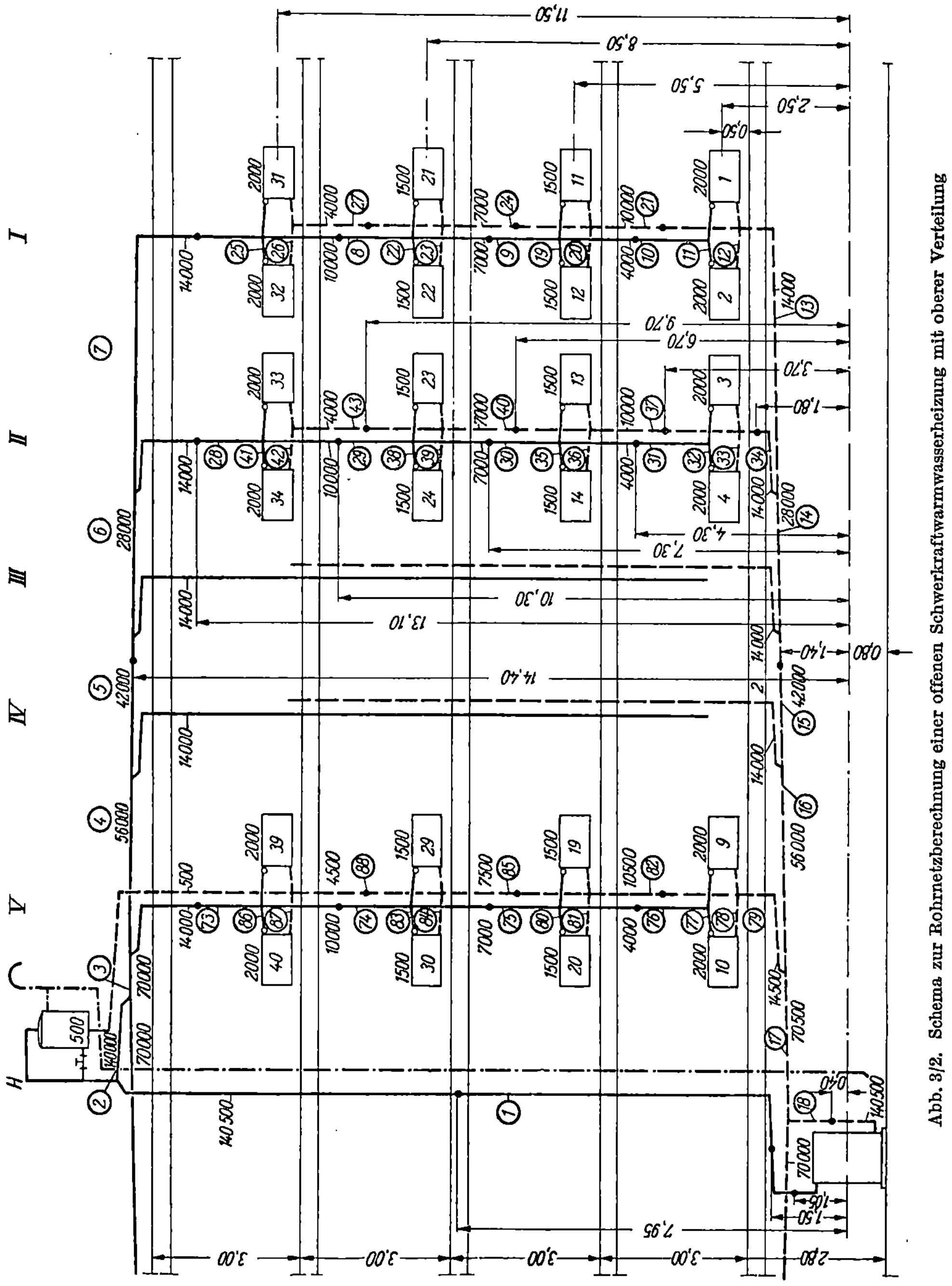

Abb. 3/2. Schema zur Rohrnetzberechnung einer offenen Schwerkraftwarmwasserheizung mit oberer Verteilung

Wirksamer Druck

$$p = 2{,}50 \cdot 0{,}624 \cdot 20 = 31{,}2 \text{ mm WS}$$

nach Annahmetafel für gut isolierte Vorlaufverteilungsleitung im Dachboden und Strängen in Mauerschlitzen

$$p_z = 20{,}0 \text{ mm WS}$$

Gesamter Wirksamer Druck

$$p_{ges} = 51{,}2 \text{ mm WS}$$

Hiervon für Reibung verfügbar

$$50\% = 25{,}6 \text{ mm WS}$$

Länge des Stromkreises 87 m

Reibungsgefälle

$$R_u = R_{1,2} = \frac{25{,}6}{87} = 0{,}294 \text{ mm WS/m.}$$

Stromkreis der Heizkörper 11 und 12 $p = 5{,}50 \cdot 0{,}624 \cdot 20 = 68{,}6$ mm WS

$p_z = 20{,}0$ mm WS

$p_{ges} = 88{,}6$ mm WS

Hiervon für Reibung verfügbar $50\% = 44{,}3$ mm WS

Druckverbrauch in den Teilstrecken 1 bis 9 und 18 bis $13 = 82 \cdot 0{,}294 = 24{,}1$ mm WS

Bleibt für den Nebenstromkreis $= 20{,}2$ mm WS

Länge des Nebenstromkreises 5 m

Reibungsgefälle $R_{11,12} \dfrac{20{,}2}{5} = 4{,}04$ mm WS/m.

Stromkreis der Heizkörper 21 und 22 $p = 8{,}50 \cdot 12{,}48 = 106{,}0$ mm WS

$p_z = 20{,}0$ mm WS

$p_{ges} = 126{,}0$ mm WS

für Reibungswiderstände $50\% = 63{,}0$ mm WS

Bereits verbraucht $24{,}1 + 3{,}0 \cdot 4{,}04 = 36{,}2$ mm WS

verbleibt $26{,}8$ mm WS

$$R_{21,22} = \frac{26{,}8}{5{,}0} = 5{,}36 \text{ mm WS/m.}$$

Stromkreis der Heizkörper 31 und 32 $p = 11{,}5 \cdot 12{,}48 = 143{,}6$ mm WS

$p_z = 20{,}0$ mm WS

$p_{ges} = 163{,}6$ mm WS

für Reibung verfügbar $50\% = 81{,}8$ mm WS

Bereits verbraucht $36{,}2 + 3{,}0 \cdot 5{,}36 = 52{,}3$ mm WS

verbleibt $29{,}5$ mm WS

$$R_{31,32} = \frac{29{,}5}{5{,}0} = 5{,}9 \text{ mm WS/m.}$$

Stromkreis der Heizkörper 3 und 4 an Strang II

$p = 2{,}5 \cdot 12{,}48 = 31{,}2$ mm WS

$p_z = 20{,}0$ mm WS

$p_{ges} = 51{,}2$ mm WS

$50\% = 25{,}6$ mm WS

Bereits verbraucht $60 \cdot 0{,}294 = 17{,}7$ mm WS

verbleibt $= 7{,}9$ mm WS

$$R_{3,4} = \frac{7{,}9}{19{,}5} = 0{,}405 \text{ mm WS/m.}$$

Stromkreis der Heizkörper 13 und 14 $p = 5{,}50 \cdot 12{,}48 = 68{,}6$ mm WS

$p_z = 20{,}0$ mm WS

$p_{ges} = 88{,}6$ mm WS

$50\% = 44{,}3$ mm WS

bereits verbraucht $17{,}7 + 14{,}5 \cdot 0{,}405 = 23{,}8$ mm WS

$20{,}5$ mm WS

$$R_{13,14} = \frac{20{,}5}{5{,}0} = 4{,}10 \text{ mm WS/m.}$$

Stromkreis der Heizkörper 23 und 24 $p = 8{,}50 \cdot 12{,}48 = 106{,}0$ mm WS

$p_z = 20{,}0$ mm WS

$p_{ges} = 126{,}0$ mm WS

$50\% = 63{,}6$ mm WS

bereits verbraucht $23{,}8 + 3{,}0 \cdot 4{,}1 = 36{,}1$ mm WS

$26{,}9$ mm WS

$$R_{23,24} = \frac{26{,}9}{5{,}0} = 5{,}38 \text{ mm WS/m.}$$

Stromkreis der Heizkörper 33 und 34

$$p = 11,5 \cdot 12,48 = 143,6 \text{ mm WS}$$
$$p_z \qquad\qquad = 20,0 \text{ mm WS}$$
$$p_{ges} \qquad\quad = \overline{163,6 \text{ mm WS}}$$
$$50\% = 81,8 \text{ mm WS}$$

bereits verbraucht $\quad 36,1 + 3,0 \cdot 5,38 = \underline{52,2 \text{ mm WS}}$
$$29,6 \text{ mm WS}$$

$$R_{33,34} = \frac{29,6}{5,0} = 5,9 \text{ mm WS/m}.$$

Stromkreis der Heizkörper 9 und 10

$$p = 2,5 \cdot 12,48 \quad = 31,2 \text{ mm WS}$$
$$p_z \qquad\qquad = 15,0 \text{ mm WS}$$
$$p_{ges} \qquad\quad = \overline{46,2 \text{ mm WS}}$$
$$50\% = 23,1 \text{ mm WS}$$

bereits verbraucht $\quad 28 \cdot 0,294 = \underline{8,2 \text{ mm WS}}$
$$14,9 \text{ mm WS}$$

$$R_{9,10} = \frac{14,9}{19,5} = 0,763.$$

Stromkreis der Heizkörper 19 und 20

$$p = 5,50 \cdot 12,48 = 68,6 \text{ mm WS}$$
$$p_z \qquad\qquad = 15,0 \text{ mm WS}$$
$$p_{ges} \qquad\quad = \overline{83,6 \text{ mm WS}}$$
$$50\% = 41,8 \text{ mm WS}$$

bereits verbraucht $\quad 8,2 + 14,5 \cdot 0,763 = \underline{19,3 \text{ mm WS}}$
$$22,5 \text{ mm WS}$$

$$R_{19,20} = \frac{22,5}{5,6} = 4,5 \text{ mm WS}.$$

Stromkreis der Heizkörper 29 und 30

$$p = 8,50 \cdot 12,48 = 106,0 \text{ mm WS}$$
$$p_z \qquad\qquad = 15,0 \text{ mm WS}$$
$$p_{ges} \qquad\quad = \overline{121,0 \text{ mm WS}}$$
$$50\% = 60,5 \text{ mm WS}$$

bereits verbraucht $\quad 19,3 + 3,0 \cdot 4,5 = \underline{32,8 \text{ mm WS}}$
$$27,7 \text{ mm WS}$$

$$R_{29,30} = \frac{27,7}{5,0} = 5,54 \text{ mm WS/m}.$$

Stromkreis der Heizkörper 39 und 40

$$p = 11,5 \cdot 12,48 = 143,6 \text{ mm WS}$$
$$p_z \qquad\qquad = 15,0 \text{ mm WS}$$
$$p_{ges} \qquad\quad = \overline{158,6 \text{ mm WS}}$$
$$50\% = 79,3 \text{ mm WS}$$

bereits verbraucht $\quad 32,8 + 3,0 \cdot 5,54 = \underline{49,5 \text{ mm WS}}$
$$29,8 \text{ mm WS}$$

$$R_{39,40} = \frac{29,8}{5,0} = 5,96 \text{ mm WS/m}.$$

Nachrechnung

Die Nachrechnung hat sich sowohl auf den Wirksamen Druck wie auch auf die Strömungswiderstände zu erstrecken. Sie ist in den folgenden Berechnungstabellen durchgeführt. Stimmen Wirksamer Druck und Strömungswiderstände nicht genügend überein, so sind eine oder mehrere Teilstrecken zu ändern bis eine genügende Übereinstimmung erzielt ist.

Berechnung der Strömungswiderstände[1]

Teilstrecke	Aus dem Rohrplan				Nachrechnung											Unterschied		Endgültige Gesamtwerte	
	Wärme-menge	Wasser-menge	Länge der Teilstrecke l	Vorläufiger Rohr-durch-messer d	vorläufiger Rohrdurchmesser					geänderter Rohrdurchmesser						lR $(o-h)$	Z $(q-k)$	$lR+Z$ $(h+k+r+s)$	Σ $(lR+Z)$
					w	R	lR	$\Sigma\zeta$	Z	d	w	R	lR	$\Sigma\zeta$	Z				
Nr.	kcal/h	kg/h	m	mm	m/s	$\frac{\text{mmWS}}{\text{m}}$	mmWS	—	mmWS	mm	m/s	$\frac{\text{mmWS}}{\text{m}}$	mmWS	—	mmWS	mmWS	mmWS	mmWS	mmWS
a	b	c	d	e	f	g	h	i	k	l	m	n	o	p	q	r	s	t	u

Hauptstromkreis, Stromkreis der Heizkörper 1 und 2 an Strang I

Nr.	b	c	d	e	f	g	h	i	k	l	m	n	o	p	q	r	s	t	u
1	140500	—	17,0	125	0,15	0,20	3,4	5,5	6,6	—	—	—	—	—	—	—	—	10,0	10,0
2	140000	—	2,0	125	0,15	0,20	0,4	0,5	0,6	—	—	—	—	—	—	—	—	1,0	11,0
3	70000	—	2,0	100	0,13	0,20	0,4	1,0	0,9	—	—	—	—	—	—	—	—	1,3	12,3
4	56000	—	5,0	88,5	0,12	0,20	1,0	1,0	0,7	—	—	—	—	—	—	—	—	1,7	14,0
5	42000	—	6,0	76,5	0,14	0,33	2,0	1,0	1,0	82,5	0,13	0,2	1,2	1,0	0,8	− 0,8	− 0,2	2,0	16,0
6	28000	—	5,0	64	0,12	0,32	1,6	2,0	1,4	70,0	0,1	0,21	1,1	2,0	1,0	− 0,5	− 0,4	2,1	18,1
7	14000	—	8,5	51,5	0,09	0,25	2,1	2,0	0,8	—	—	—	—	—	—	—	—	2,9	21,0
8	10000	—	3,0	40	0,10	0,42	1,3	1,0	0,5	51,5	0,063	0,14	0,4	1,0	0,2	− 0,9	− 0,3	0,6	21,6
9	7000	—	3,0	40	0,07	0,22	0,7	1,0	0,3	—	—	—	—	—	—	—	—	1,0	22,6
10	4000	—	3,0	32	0,053	0,17	0,5	1,0	0,2	—	—	—	—	—	—	—	—	0,7	23,3
11	2000	—	1,0	25	0,045	0,18	0,2	11,0	1,3	—	—	—	—	—	—	—	—	1,5	24,8
12	2000	—	1,0	25	0,045	0,18	0,2	6,5	0,8	—	—	—	—	—	—	—	—	1,0	16,9
13	14000	—	7,5	51,5	0,09	0,25	1,9	2,0	0,8	—	—	—	—	—	—	—	—	2,7	15,9
14	28000	—	5,0	64	0,12	0,32	1,6	2,0	1,4	70	0,1	0,21	1,1	2,0	1,0	− 0,5	− 0,4	2,1	13,2
15	42000	—	6,0	76,5	0,14	0,33	2,0	1,0	1,0	82,5	0,13	0,2	1,2	1,0	0,8	− 0,8	− 0,2	2,0	11,1
16	56000	—	5,0	82	0,12	0,20	1,0	1,0	0,7	—	—	—	—	—	—	—	—	1,7	9,1
17	70500	—	5,0	100	0,13	0,20	1,0	2,0	1,8	—	—	—	—	—	—	—	—	2,8	7,4
18	140500	—	2,0	125	0,15	0,20	0,4	3,5	4,2	—	—	—	—	—	—	—	—	4,6	4,6
			87,0				21,7	+	25,0 = 46,7 mm WS							− 3,5	− 1,5		

Durch Veränderung der Teilstrecken *5, 6, 8, 14* und *15* − 5,0 mm WS

41,7 mm WS

Es ergab sich zuerst, daß die Strömungswiderstände mit 46,7 mm WS etwas größer waren, als der Wirksame Druck mit 45,84 mm WS, wie er auf S. 168 errechnet wurde. Durch Verstärkung einiger Teilstrecken wurde erreicht, daß der Wirksame Druck mit 46,43 mm WS etwas höher liegt als die Strömungswiderstände mit 41,7 mm WS, so daß eine Reserve gegen Unvorhergesehenes gegeben ist.

Stromkreis der Heizkörper 11 und 12 an Strang I — 23,3

19	1500	—	1,0	15	0,12	1,6	1,6	8,0	5,0	—	—	—	—	—	—	—	—	6,6	—
20	1500	—	1,0	15	0,12	1,6	1,6	8,0	5,0	12	0,17	5,0	5,0	8,0	11,4	+ 3,4	+ 6,4	16,4	—
21	10000	—	3,0	25	0,23	3,0	9,0	1,0	2,6	—	—	—	—	—	—	—	—	11,6	27,5
			5,0				12,2	+	12,6 = 24,8 mm WS							+ 3,4	+ 6,4		15,9

bereits verbraucht 23,3 + 15,9 = 39,2 mm WS

64,0 mm WS

Durch Veränderung der Teilstrecke 20 + 9,8 mm WS

73,8 mm WS gegen 82,04 mm WS

Stromkreis der Heizkörper 21 und 22 an Strang I — 21,6

22	1500	—	1,0	12	0,17	5,0	5,0	8,0	12,0	—	—	—	—	—	—	—	—	17,0	—
23	1500	—	1,0	12	0,17	5,0	5,0	8,0	12,0	—	—	—	—	—	—	—	—	17,0	—
24	7000	—	3,0	20	0,26	4,8	14,4	1,0	3,2	—	—	—	—	—	—	—	—	17,6	45,1
			5,0				24,4	+	27,2 = 51,6 mm WS										27,5

bereits verbraucht 49,1 mm WS

100,7 mm WS gegen 119,67 mm WS

Stromkreis des Heizkörpers 31/32 an Strang I — 21,0

25	2000	—	1,0	15	0,14	2,7	2,7	8,0	8,0	12	0,23	8,4	8,4	8,0	21,0	+ 5,7	+13,0	—	—
26	2000	—	1,0	15	0,14	2,7	2,7	6,5	6,5	12	0,23	8,4	8,4	6,5	17,0	+ 5,7	+10,5	—	—
27	4000	—	3,0	20	0,14	1,8	5,4	1,0	1,0	—	—	—	—	—	—	—	—	—	—
			5,0				10,8	+	15,5 = 26,3 mm WS							+11,4	+23,5		45,1

bereits verbraucht 66,1 mm WS

92,4 mm WS

durch Änderung der Teilstrecke 25 und 26 + 34,9 mm WS

127,3 mm WS gegen 156,44 mm WS

Stromkreis der Heizkörper 3 und 4 — 18,1

28	14000	—	5,0	51,5	0,09	0,25	1,3	2,5	1,0	—	—	—	—	—	—	—	—	2,3	20,4
29	10000	—	3,0	40	0,10	0,41	1,2	1,0	0,5	—	—	—	—	—	—	—	—	1,7	22,1
30	7000	—	3,0	32	0,096	0,45	1,4	1,0	0,5	40	0,07	0,22	0,7	1,0	0,3	— 0,7	— 0,2	1,0	23,1
31	4000	—	3,0	32	0,053	0,17	0,5	1,0	0,2	—	—	—	—	—	—	—	—	0,7	23,8
32	2000	—	1,0	25	0,045	0,17	0,2	8,0	1,0	—	—	—	—	—	—	—	—	1,2	25,0
Übertrag:			15,0				4,6		3,2							— 0,7	— 0,2		

¹ Das Reibungsgefälle R und die Geschwindigkeit w sind der Arbeitsmappe des Heizungs-Ingenieurs entnommen.

Berechnung der Strömungswiderstände (Fortsetzung)

Column groups: **Aus dem Rohrplan** (b–e) · **Nachrechnung** — vorläufiger Rohrdurchmesser (f–k) and geänderter Rohrdurchmesser (l–q) · **Unterschied** (r–s) · **Endgültige Gesamtwerte** (t–u).

Teilstrecke	Wärmemenge	Wassermenge	Länge der Teilstrecke l	Vorläufiger Rohrdurchmesser d	w	R	lR	$\Sigma\zeta$	Z	d	w	R	lR	$\Sigma\zeta$	Z	lR $(o-h)$	Z $(q-k)$	$lR+Z$ $(h+k+r+s)$	Σ $(lR+Z)$
Nr.	kcal/h	kg/h	m	mm	m/s	$\frac{\text{mmWS}}{\text{m}}$	mm WS	—	mm WS	mm	m/s	$\frac{\text{mmWS}}{\text{m}}$	mmWS	—	mmWS	mmWS	mmWS	mmWS	mmWS
a	b	c	d	e	f	g	h	i	k	l	m	n	o	p	q	r	s	t	u
			Übertrag: 15,0				4,6		3,2										
33	2000	—	1,0	25	0,045	0,17	0,2	8,0	1,0	—	—	—	—	—	—	−0,7	−0,2	1,2	16,3
34	14000	—	3,5	51,5	0,09	0,25	0,9	2,5	1,0	—	—	—	—	—	—	—	—	1,9	15,1
			19,5				5,7	+	5,2 = 10,9 mm WS							−0,7	−0,2	—	13,2

bereits verbraucht $\underline{31,3 \text{ mm WS}}$

$42,2$ mm WS

durch Veränderung der Teilstrecke 30 $-$ $\underline{0,9 \text{ mm WS}}$

$\underline{\underline{41,3 \text{ mm WS}}}$ gegen $44,12$ mm WS

Stromkreis der Heizkörper 13 und 14

Teilstrecke	Wärmemenge	Wassermenge	Länge l	Vorl. d	w	R	lR	$\Sigma\zeta$	Z	d	w	R	lR	$\Sigma\zeta$	Z	lR	Z	$lR+Z$	Σ
35	1500	—	1,0	15	0,12	1,6	1,6	8,0	5,0							—	—	6,6	23,1
36	1500	—	1,0	15	0,12	1,6	1,6	8,0	5,0	12	0,17	5,0	5,0	8,0	12,0	+3,4	+7,0	17,0	—
37	10000	—	3,0	25	0,23	3,0	9,0	1,0	2,6	—	—	—	—	—	—	—	—	11,6	26,7
			5,0				12,2	+	12,6 = 24,8 mm WS							+3,4	+7,0	—	15,1

bereits verbraucht $\underline{38,2 \text{ mm WS}}$

$63,0$ mm WS

durch Änderung der Teilstrecke 36 $+$ $\underline{10,4 \text{ mm WS}}$

$\underline{\underline{73,4 \text{ mm WS}}}$ gegen $80,35$ mm WS

Stromkreis der Heizkörper 23 und 24

Teilstrecke	Wärmemenge	Wassermenge	Länge l	Vorl. d	w	R	lR	$\Sigma\zeta$	Z	d	w	R	lR	$\Sigma\zeta$	Z	lR	Z	$lR+Z$	Σ
38	1500	—	1,0	12	0,17	5,0	5,0	8,0	12,0	—	—	—	—	—	—	—	—	—	22,1
39	1500	—	1,0	12	0,17	5,0	5,0	8,0	12,0	—	—	—	—	—	—	—	—	—	—
40	7000	—	3,0	20	0,26	4,8	14,4	1,0	3,2	—	—	—	—	—	—	—	—	17,6	44,3
			5,0				24,4	+	27,2 = 51,6 mm WS									—	26,7

bereits verbraucht $\underline{48,8 \text{ mm WS}}$

$\underline{\underline{100,4 \text{ mm WS}}}$ gegen $117,18$ mm WS

Stromkreis der Heizkörper 33 und 34

										20,4
41	2000	—	1,0	12	0,23	8,4	8,4	8,0	21,0	
42	2000	—	1,0	12	0,23	8,4	8,4	6,5	17,0	
43	4000	—	3,0	20	0,14	1,8	5,4	1,0	1,0	
			5,0				22,2	+	39,0 = 61,2 mm WS	44,3

bereits verbraucht $\quad$ 64,7 mm WS

125,9 mm WS gegen 154,15 mm WS

Stromkreis der Heizkörper 9 und 10

																			12,3
73	14000	—	5,0	40	0,13	0,7	3,5	2,5	2,1	51	0,09	0,25	1,3	2,5	1,0	-2,2	-1,1	2,3	14,6
74	10000	—	3,0	32	0,13	0,85	2,6	1,0	0,9	40	0,11	0,42	1,3	1,0	0,6	-1,3	-0,3	1,9	16,5
75	7000	—	3,0	32	0,095	0,45	1,4	1,0	0,5	—	—	—	—	—	—	—	—	1,9	18,4
76	4000	—	3,0	25	0,093	0,60	1,8	1,0	0,4	—	—	—	—	—	—	—	—	2,2	20,6
77	2000	—	1,0	20	0,073	0,54	0,5	8,0	2,2	—	—	—	—	—	—	—	—	2,7	23,3
78	2000	—	1,0	20	0,073	0,54	0,5	8,0	2,2	—	—	—	—	—	—	—	—	2,7	12,0
79	14500	—	3,5	40	0,13	0,75	2,6	2,5	2,1	51	0,09	0,25	0,9	2,5	1,0	-1,7	-1,1	1,9	9,3
			19,5				12,9	+	10,4 = 23,3 mm WS							-5,2	-2,5	—	7,4

bereits verbraucht $\quad$ 19,7 mm WS

43,0 mm WS

Durch Veränderung der Teilstrecken 73, 74 und 79 $\quad$ -7,7 mm WS

35,3 mm WS gegen 39,57 mm WS

Stromkreis der Heizkörper 19 und 20

																			18,4
80	1500	—	1,0	12	0,17	5,0	5,0	8,0	12,0	—	—	—	—	—	—	—	—	—	—
81	1500	—	1,0	12	0,17	5,0	5,0	8,0	12,0	—	—	—	—	—	—	—	—	—	—
82	10500	—	3,0	25	0,24	3,2	9,6	1,0	3,0	—	—	—	—	—	—	—	—	12,6	21,9
			5,0				19,6	+	27,0 = 46,6 mm WS										9,3

bereits verbraucht $\quad$ 27,7 mm WS

74,3 mm WS gegen 75,84 mm WS

Berechnung der Strömungswiderstände (Fortsetzung)

Teilstrecke	Aus dem Rohrplan			Vorläufiger Rohrdurchmesser d	Nachrechnung											Unterschied		Endgültige Gesamtwerte	
	Wärmemenge	Wassermenge	Länge der Teilstrecke l		vorläufiger Rohrdurchmesser					geänderter Rohrdurchmesser						lR $(o-h)$	Z $(q-k)$	$lR+Z$ $(h+k+r+s)$	Σ $(lR+Z)$
					w	R	lR	$\Sigma\zeta$	Z	d	w	R	lR	$\Sigma\zeta$	Z				
Nr.	kcal/h	kg/h	m	mm	m/s	$\frac{\text{mmWS}}{\text{m}}$	mmWS	—	mmWS	mm	m/s	$\frac{\text{mmWS}}{\text{m}}$	mmWS	—	mmWS	mmWS	mmWS	mmWS	mmWS
a	b	c	d	e	f	g	h	i	k	l	m	n	o	p	q	r	s	t	u

Stromkreis der Heizkörper 29 und 30 — 16,5

Teilstrecke	Wärmemenge	Wassermenge	Länge l	Vorl. d	w	R	lR	$\Sigma\zeta$	Z	d	w	R	lR	$\Sigma\zeta$	Z	lR	Z	$lR+Z$	Σ
83	1500	—	1,0	12	0,17	5,0	5,0	8,0	12,0	—	—	—	—	—	—	—	—	—	—
84	1500	—	1,0	12	0,17	5,0	5,0	8,0	12,0	—	—	—	—	—	—	—	—	—	—
85	7500	—	3,0	20	0,27	5,3	15,9	1,0	3,3	—	—	—	—	—	—	—	—	19,2	41,1
			5,0				25,9	+	27,3 = 53,2 mm WS										21,9

bereits verbraucht = 38,4 mm WS

91,6 mm WS gegen 112,34 mm WS

Stromkreis der Heizkörper 39 und 40 — 14,6

Teilstrecke	Wärmemenge	Wassermenge	Länge l	Vorl. d	w	R	lR	$\Sigma\zeta$	Z	d	w	R	lR	$\Sigma\zeta$	Z	lR	Z	$lR+Z$	Σ
86	2000	—	1,0	12	0,23	8,4	8,4	8,0	21,0	—	—	—	—	—	—	—	—	—	—
87	2000	—	1,0	12	0,23	8,4	8,4	6,5	17,0	—	—	—	—	—	—	—	—	—	—
88	4500	—	3,0	20	0,17	2,3	6,9	1,0	1,4	—	—	—	—	—	—	—	—	—	—
			5,0				23,7	+	39,4 = 63,1 mm WS										

bereits verbraucht 55,7 mm WS

118,8 mm WS gegen 153,05 mm WS

Bei Verminderung des Durchmessers der Teilstrecke 88 wird der Druckverbrauch zu groß. Der überschüssige Druck muß abgedrosselt werden.

Berechnung des Wirksamen Druckes

Hauptstromkreis

	Aus dem Rohrplan				Nachrechnung															Unterschied	Wirksamer Druck bis Ende der Teilstrecke $\Sigma(p_n)$
					mit vorläufigem Rohrdurchmesser												mit geändertem Rohrdurchmesser				
Teilstrecke	Wassermenge	Länge der Teilstrecke l	Senkrechter Abstand h	Vorl. Rohrdurchmesser d	t_E	t_R	t_E-t_R	$l \cdot f$	k_R	$1-\eta$	Q	δ	t_A	t_m	τ	p_n	d	Φ_p	p_n	20—17	
Nr.	kg/h	m	m	mm	°C	°C	Grad	m²	$\frac{kcal}{m^2 h°}$	—	$\frac{kcal}{h}$	Grad	°C	Grad	$\frac{kg}{m^3°}$	mm WS	mm	—	mm WS	mm WS	mm WS
1	2	3	4	5	6	7	8	9	10	11	12	13	14	15	16	17	18	19	20	21	22
1a	7025	1,0	1,05	125	90,0	+20	70	0,42	11,1	0,1	33	0,004	90,00	90	0,67	—	—	—	—	—	—
1b	7025	3,0	1,50	125	90,0	+20	70	1,25	11,1	0,1	97	0,014	89,99	90	0,67	0,01	—	—	—	—	0,01
1c	7025	13,0	7,95	125	89,99	+20	70	5,42	11,1	0,1	420	0,06	89,93	90	0,67	0,32	—	—	—	—	0,33
2	7000	2,0	14,4	125	89,93	— 9	98,9	0,83	12,2	0,2	200	0,03	89,90	90	0,67	0,29	—	—	—	—	0,62
3	3500	2,0	14,4	100	89,90	— 9	98,9	0,68	12,5	0,2	168	0,05	89,85	90	0,67	0,43	—	—	—	—	1,05
4	2800	5,0	14,4	88,5	89,85	— 9	98,7	1,49	12,6	0,2	370	0,13	89,72	90	0,67	1,25	—	—	—	—	2,30
5	2100	6,0	14,4	76,5	89,72	— 9	98,6	1,57	12,8	0,2	396	0,19	89,53	90	0,67	1,83	82,5	1,07	1,96	0,13	4,26
6	1400	5,0	14,4	64	89,53	— 9	98,5	1,10	13,0	0,2	282	0,20	89,33	89	0,67	1,93	70,0	1,09	2,10	0,17	6,36
7a	700	6,0	14,4	51,5	89,33	— 9	98,3	1,07	13,5	0,2	284	0,41	88,92	89	0,67	3,96	—	—	—	—	10,32
7b	700	2,5	13,1	51,5	88,92	+35	53,9	0,45	11,3	0,4	110	0,16	88,76	89	0,67	1,40	—	—	—	0,27	11,72
8	500	3,0	10,3	40	88,76	+35	53,7	0,45	11,5	0,4	111	0,22	88,54	89	0,67	1,52	51,5	1,18	1,79		13,51
9	350	3,0	7,3	40	88,54	+35	53,5	0,45	11,5	0,4	110	0,31	88,23	88	0,67	1,52	—	—	—	—	15,03
10	200	3,0	4,3	32	88,23	+35	53,2	0,40	11,7	0,4	100	0,50	87,73	88	0,66	1,42	—	—	—	—	16,45
11/12	100	—	2,5	—	87,73	—	—	—	—	—	—	20,00	67,73	78	0,61	30,50	—	—	—	—	46,95
12 M	200/500	—	2,2	—	67,73	—	—	—	—	—	—	−0,41	68,14	67,8	0,56	−0,51	—	—	—	—	− 0,52
13a	700	1,0	1,8	51,5	68,14	35	33,1	0,18	9,9	0,4	23	0,03	68,11	68,1	0,56	0,03	—	—	—	—	− 0,01
13b	700	6,5	1,4	51,5	68,11	6	62,1	1,16	11,8	0,2	170	0,24	67,87	68	0,56	0,19	—	—	—	—	− 0,04
13M	700/700	—	1,4	—	67,87	—	—	—	—	—	—	−0,20	68,07	68	0,56	−0,16	—	—	—	—	− 0,23
14	1400	5,0	1,4	64	68,07	6	62,0	1,10	11,5	0,2	158	0,11	67,96	68	0,56	0,09	70	1,09	0,10	0,01	− 0,07
14M	1400/700	—	1,4	—	67,96	—	—	—	—	—	—	−0,18	68,14	68	0,56	−0,14	—	—	—	—	− 0,17
15	2100	6,0	1,4	76,5	68,14	6	62,1	1,57	11,3	0,2	221	0,11	68,03	68	0,56	0,09	82,5	1,07	0,10	0,01	− 0,03
15M	2100/700	—	1,4	—	68,03	—	—	—	—	—	—	−0,17	68,20	68	0,56	−0,13	—	—	—	—	− 0,13
16	2800	5,0	1,4	82	68,20	6	62,2	1,40	11,2	0,2	196	0,07	68,13	68	0,56	0,06	—	—	—	—	0,00
16M	2800/725	—	1,4	—	68,23	—	—	—	—	—	—	−0,17	68,30	68	0,56	−0,13	—	—	—	—	− 0,06

Übertrag: 45,77   0,59

Berechnung des Wirksamen Druckes (Fortsetzung)

	Aus dem Rohrplan				Nachrechnung															Unter-schied	Wirksamer Druck bis Ende der Teilstrecke
					mit vorläufigem Rohrdurchmesser												mit geändertem Rohrdurchmesser				
Teil-strecke	Wasser-menge	Länge der Teil-strecke l	Senk-rechter Ab-stand h	Vorl. Rohr-durch-messer d	t_E	t_R	t_E-t_R	$l\cdot f$	k_R	$1-\eta$	Q	δ	t_A	t_m	τ	p_n	d	Φ_p	p_n	20—17	$\Sigma(p_n)$
Nr.	kg/h	m	m	mm	°C	°C	Grad	m²	$\frac{\text{kcal}}{\text{m}^2\text{h}°}$	—	$\frac{\text{kcal}}{\text{h}}$	Grad	°C	Grad	$\frac{\text{kg}}{\text{m}^3°}$	mmWS	mm	—	mmWS	mmWS	mmWS
1	2	3	4	5	6	7	8	9	10	11	12	13	14	15	16	17	18	19	20	21	22
17	3525	5,0	1,4	100	68,30	6	62,4	1,70	10,9	0,2	230	0,07	68,23	68	0,56	Übertrag: 45,77 / 0,06	—	—	—	0,59	0,07
18	7025	2,0	0,4	125	68,23	6	62,3	0,83	10,7	0,2	110	0,02	68,21	68	0,56	0,01	—	—	—	—	0,01

$$45,84 \qquad 0,59$$

Durch Veränderung der Teilstrecken 5, 6, 8, 14 und 15   +0,59

$$46,43$$

Stromkreis der Heizkörper 31 und 32

25/26	100	—	11,50	—	88,76	—	—	—	—	—	—	*Wirksamer Druck bis Teilstrecke 7 →* 11,72									11,72
												20,0	68,76	78,76	0,62	142,70	—	—	—	—	154,42
27	200	3,0	9,7	20	68,76	35	33,7	0,252	10,8	0,4	37	0,18	68,58	68,7	0,56	0,98	—	—	—	—	2,02
27M	$^{200}/_{150}$	—	8,2	—	68,58	—	—	—	—	—	—	0,02	68,56	68,5	0,56	0,09	—	—	—	—	1,04
24	350	3,0	6,7	20	68,56	35	33,5	0,252	10,8	0,4	36	0,10	68,46	68,5	0,56	0,37	—	—	—	—	0,95
24M	$^{350}/_{150}$	—	5,2	—	68,46	—	—	—	—	—	—	0,07	68,39	68,4	0,56	0,20	—	—	—	—	0,58
21	500	3,0	3,7	25	68,39	35	33,3	0,316	10,5	0,4	44	0,09	68,30	68,3	0,56	0,19	—	—	—	—	0,38
21M	$^{500}/_{200}$	—	2,2	—	68,30	—	—	—	—	—	—	0,16	68,14	68,1	0,56	0,20	—	—	—	—	0,19
														Wirksamer Druck bis Teilstrecke 13 →		−0,01					− 0,01

$$156,44$$

Stromkreis der Heizkörper 21 und 22

22/23	150	—	8,50	—	88,54	—	—	—	—	—	*Wirksamer Druck bis Teilstrecke 8 →* 13,51	20,0	68,54	78,5	0,62	105,30	
23M	$^{150}/_{200}$	—	8,2	—	68,54	—	—	—	—	—		−0,02	68,56	68,5	0,56	−0,09	
											Wirksamer Druck bis Teilstrecke 24 →					0,95	

$$119,67$$

Stromkreis der Heizkörper 11 und 12

Wirksamer Druck bis Teilstrecke 9																15,03	—	—	—	—	—
19/20	150	—	5,50	—	88,23	—	—	—	—	—	—	20,00	68,23	78,2	0,61	67,10	—	—	—	—	—
20M	300/350	—	5,2	—	68,23	—	—	—	—	—	—	-0,16	68,39	68,3	0,56	-0,47	—	—	—	—	—
Wirksamer Druck bis Teilstrecke 21																0,38	—	—	—	—	—
																82,04					

Stromkreis der Heizkörper 3 und 4

Wirksamer Druck bis Teilstrecke 6																6,36	—	—	—	—	6,36
28a	700	2,5	14,4	51	89,93	-9	98,3	0,447	13,5	0,2	119	0,17	89,16	89,2	0,67	1,64	—	—	—	—	8,00
28b	700	2,5	13,1	51	89,16	35	54,1	0,447	11,4	0,4	110	0,16	89,00	89,1	0,67	1,40	—	—	—	—	9,40
29	500	3,0	10,3	40	89,00	35	54,0	0,42	11,7	0,4	106	0,21	88,79	88,9	0,67	1,45	—	—	—	—	10,85
30	350	3,0	7,3	32	88,79	35	53,7	0,40	11,7	0,4	100	0,29	88,50	88,6	0,67	1,42	40	1,14	1,62	0,20	12,47
31	200	3,0	4,3	32	88,50	35	53,5	0,40	11,7	0,4	100	0,50	88,00	88,3	0,67	1,44	—	—	—	—	13,91
32/33	—	—	2,5	—	88,0	—	—	—	—	—	—	20,00	68,00	78,0	0,61	30,50	—	—	—	—	44,41
33M	200/500	—	2,2	—	68,0	—	—	—	—	—	—	-0,39	68,39	68,6	0,56	-0,48	—	—	—	—	-0,29
34a	700	1,0	1,8	51	68,39	35	33,4	0,179	9,9	0,4	24	0,03	68,36	68,3	0,56	0,03	—	—	—	—	0,19
34b	700	2,5	1,4	51	68,36	6	62,3	0,447	11,8	0,2	66	0,09	68,27	68,2	0,56	0,07	—	—	—	—	0,16
34M	700/700	—	1,4	—	68,27	—	—	—	—	—	—	0,20	68,07	68,1	0,56	0,16	—	—	—	—	0,09
Wirksamer Druck bis Teilstrecke 14																-0,07	—	—	—	—	-0,07
durch Veränderung der Teilstrecke 30																+0,20					
																44,12					

Stromkreis der Heizkörper 33 und 34

Wirksamer Druck bis Teilstrecke 28																9,40	—	—	—	—	9,40
41/42	—	—	11,5	—	89,00	—	—	—	—	—	—	20,00	69,00	79,0	0,62	142,60	—	—	—	—	152,00
43	200	3,0	9,7	20	69,00	35	34,0	0,252	10,9	0,4	37	0,18	68,82	68,9	0,56	0,98	—	—	—	—	2,15
43M	200/150	—	8,2	—	68,82	—	—	—	—	—	—	0,01	68,81	68,8	0,56	0,05	—	—	—	—	1,17
40	350	3,0	6,7	20	68,81	35	33,8	0,252	10,9	0,4	37	0,11	68,70	68,7	0,56	0,41	—	—	—	—	1,12
40M	350/150	—	5,2	—	68,70	—	—	—	—	—	—	0,06	68,64	68,6	0,56	0,17	—	—	—	—	0,71
37	500	3,0	3,7	25	68,64	35	33,6	0,316	10,8	0,4	46	0,09	68,55	68,6	0,56	0,15	—	—	—	—	0,54
37M	500/200	—	2,2	—	68,55	—	—	—	—	—	—	0,16	68,39	68,5	0,56	0,20	—	—	—	—	0,36
Wirksamer Druck bis Teilstrecke 34																0,19	—	—	—	—	0,19
																154,15					

Stromkreis der Heizkörper 23 und 24

Wirksamer Druck bis Teilstrecke 29																10,85	—	—	—	—	—
38/39	—	—	8,5	—	88,79	—	—	—	—	—	—	20,00	68,79	78,8	0,62	105,30	—	—	—	—	—
39M	150/200	—	8,2	—	68,79	—	—	—	—	—	—	-0,02	68,81	68,8	0,56	-0,09	—	—	—	—	—
Wirksamer Druck bis Teilstrecke 40																1,12	—	—	—	—	—
																117,18					

Berechnung des Wirksamen Druckes (Fortsetzung)

Aus dem Rohrplan					Nachrechnung															Unterschied	Wirksamer Druck bis Ende der Teilstrecke $\Sigma(p_n)$
Teilstrecke	Wassermenge	Länge der Teilstrecke l	Senkrechter Abstand h	Vorl. Rohrdurchmesser d	mit vorläufigem Rohrdurchmesser												mit geändertem Rohrdurchmesser			20—17	$\Sigma(p_n)$
					t_E	t_R	t_E-t_R	$l\cdot f$	k_R	$1-\eta$	Q	δ	t_A	t_m	τ	p_n	d	Φ_p	p_n		
Nr.	kg/h	m	m	mm	°C	°C	Grad	m²	$\frac{kcal}{m^2\,h°}$	—	$\frac{kcal}{h}$	Grad	°C	Grad	$\frac{kg}{m^3°}$	mm WS	mm	—	mm WS	mm WS	mm WS
1	2	3	4	5	6	7	8	9	10	11	12	13	14	15	16	17	18	19	20	21	22
Stromkreis der Heizkörper 13 und 14																					
										Wirksamer Druck bis Teilstrecke 30						12,47					
35/36	—	—	5,5	—	88,50	—	—	—	—	—	—	20,00	68,50	78,5	0,62	68,20	—	—	—	—	—
36 M	150/350	—	5,2	—	68,50	—	—	—	—	—	—	—0,14	68,64	68,7	0,56	— 0,41	—	—	—	—	—
										Wirksamer Druck bis Teilstrecke 37						0,54					
																80,35					
Stromkreis der Heizkörper 9 und 10																					
										Wirksamer Druck bis Teilstrecke 3						1,05	—	—	—	—	1,05
73 a	700	2,5	14,4	40	89,85	—9	98,8	0,35	13,8	0,2	95	0,14	89,71	89,8	0,67	1,36	51	1,18	1,60	0,24	2,65
73 b	700	2,5	13,1	40	89,71	35	54,7	0,35	11,7	0,4	90	0,13	89,58	89,6	0,67	1,14	51	1,18	1,35	0,21	4,00
74	500	3,0	10,3	32	89,58	35	54,5	0,40	11,8	0,4	103	0,21	89,37	89,5	0,67	1,45	40	1,14	1,65	0,20	5,65
75	350	3,0	7,3	32	89,37	35	54,3	0,40	11,8	0,4	103	0,29	89,08	89,2	0,67	1,42	—	—	—	—	7,07
76	200	3,0	4,3	25	89,08	35	54,0	0,316	12,1	0,4	83	0,41	88,67	88,9	0,67	1,18	—	—	—	—	8,25
77/78	—	—	2,5	—	88,67	—	—	—	—	—	—	20,00	68,67	78,7	0,62	31,00	—	—	—	—	39,25
78 M	200/525	—	2,2	—	68,67	—	—	—	—	—	—	—0,34	69,01	68,8	0,56	—0,42	—	—	—	—	0,25
79 a	725	1,0	1,8	40	69,01	35	35,0	0,14	10,3	0,4	20	0,03	68,98	69,0	0,56	0,03	51	1,18	0,04	0,01	0,67
79 b	725	2,5	1,4	40	68,98	6	62,3	0,35	10,3	0,2	45	0,06	68,92	68,9	0,56	0,06	51	1,18	0,07	0,01	0,63
79 M	725/2800	—	1,4	—	68,92	—	—	—	—	—	—	0,51	68,41	68,5	0,56	0,49	—	—	—	—	0,56
										Wirksamer Druck bis Teilstrecke 17						0,07	—	—	—	—	0,07
																38,90				+0,67	
						durch Veränderung der Teilstrecken 73, 74, 79										+0,67					
																39,57					

Stromkreis der Heizkörper 39 und 40

															Wirksamer Druck bis Teilstrecke 3 und 73	7,70	—	—	—	—	—
86/87	—	—	11,5	—	89,58	—	—	—	—	—	—	20,00	69,58	79,6	0,62	142,70	—	—	—	—	—
88	225	3,0	9,7	20	69,58	35	34,5	0,252	10,9	0,4	38	0,17	69,41	69,5	0,57	0,94	—	—	—	—	—
88M	$^{225}/_{150}$	—	8,2	—	69,41	—	—	—	—	—	—	0,02	69,39	69,4	0,57	0,09	—	—	—	—	—
85	375	3,0	6,7	20	69,39	35	34,3	0,252	10,9	0,4	38	0,10	69,29	69,3	0,57	0,38	—	—	—	—	1,58
85M	$^{375}/_{150}$	—	5,2	—	69,29	—	—	—	—	—	—	0,06	69,23	69,2	0,57	0,18	—	—	—	—	1,20
82	525	3,0	3,7	25	69,23	35	34,2	0,316	10,8	0,4	47	0,09	69,14	69,2	0,57	0,19	—	—	—	—	1,02
82M	$^{525}/_{200}$	—	2,2	—	69,14	—	—	—	—	—	—	0,13	69,01	68,9	0,56	0,16	—	—	—	—	0,83
														Wirksamer Druck bis Teilstrecke 85 und 88		0,67	—	—	—	—	0,67
																153,05					

Stromkreis der Heizkörper 29 und 30

															Wirksamer Druck bis Teilstrecke 74	5,65	—	—	—	—	—
83/84	—	—	8,5	—	89,37	—	—	—	—	—	—	20,00	69,37	79,4	0,62	105,20	—	—	—	—	—
84M	$^{150}/_{225}$	—	8,2	—	69,37	—	—	—	—	—	—	-0,02	69,39	69,4	0,57	- 0,09	—	—	—	—	—
															Wirksamer Druck bis Teilstrecke 85	1,58	—	—	—	—	—
																112,34					

Stromkreis der Heizkörper 19 und 20

															Wirksamer Druck bis Teilstrecke 75	7,07					
80/81	—	—	5,5	—	89,08	—	—	—	—	—	—	20,00	69,08	79,1	0,62	68,20					
81M	$^{150}/_{375}$	—	5,2	—	69,08	—	—	—	—	—	—	-0,15	69,23	69,1	0,57	- 0,45					
															Wirksamer Druck bis Teilstrecke 82	1,02					
																75,84					

Berechnung der Mischtemperaturen

Diese Berechnung erfolgt am zweckmäßigsten nach der Formel (2.6/30).

Mischstelle	Wassermengen	Temperaturen	Mischtemperatur
13 M/34 M	700/700	67,87/68,27	68,07° C
14 M/	1400/700	67,96/68,50	$1400 \cdot 0,46 = 642$ $700 \cdot 1,00 = 700$ 67,50 $\overline{2100}$ $\overline{1342/2100} = 0,64$ $\overline{68,14°\ C}$
15 M/	2100/700	68,03/68,70	$2100 \cdot 0,03 = 63$ $700 \cdot 0,70 = 490$ 68,00 $\overline{2800}$ $\overline{553/2800} = 0,20$ $\overline{68,20°\ C}$
16 M/79 M	2800/725	68,13/68,92	$2800 \cdot 0,13 = 364$ $725 \cdot 0,92 = 667$ 68,00 $\overline{3525}$ $\overline{1031/3525} = 0,30$ $\overline{68,30°\ C}$
27 M/M23	200/150	68,58/68,54	$200 \cdot 0,58 = 116$ $150 \cdot 0,54 = 81$ 68,00 $\overline{350}$ $\overline{197/350} = 0,56$ $\overline{68,56°\ C}$
24 M/20 M	350/150	68,46/68,23	$350 \cdot 0,46 = 161$ $150 \cdot 0,23 = 34$ 68,00 $\overline{500}$ $\overline{195/500} = 0,39$ $\overline{68,39°\ C}$
21 M/12 M	500/200	68,30/67,73	$500 \cdot 1,30 = 650$ $200 \cdot 0,73 = 146$ 67,00 $\overline{700}$ $\overline{796/700} = 1,14$ $\overline{68,14°\ C}$
43 M/39 M	200/150	68,82/68,79	68,81° C
40 M/36 M	350/150	68,70/68,50	$350 \cdot 0,70 = 245$ $150 \cdot 0,50 = 75$ 68,00 $\overline{500}$ $\overline{320/500} = 0,64$ $\overline{68,64°\ C}$
37 M/33 M	500/200	68,55/68,00	$500 \cdot 0,55 = 275$ $200 \cdot 0,0 = 0$ 68,00 $\overline{700}$ $\overline{275/700} = 0,39$ $\overline{68,39°\ C}$
88 M/84 M	225/150	69,41/69,37	$225 \cdot 0,41 = 92,3$ $150 \cdot 0,37 = 54,5$ 69,00 $\overline{375}$ $\overline{146,8/375} = 0,39$ $\overline{69,39°\ C}$
85 M/81 M	375/150	69,29/69,08	$375 \cdot 0,29 = 108,8$ $150 \cdot 0,08 = 12,0$ 69,00 $\overline{525}$ $\overline{120,8/525} = 0,23$ $\overline{69,23°\ C}$
82 M/78 M	525/200	69,14/68,67	$525 \cdot 1,14 = 598$ $200 \cdot 0,67 = 134$ 68,00 $\overline{725}$ $\overline{732/725} = 1,01$ $\overline{69,01°\ C}$

Aus diesem Beispiel kann man entnehmen, daß das Temperaturgefälle, das für die Heizkörper mit 20 grd zugrunde gelegt war, sich am Kessel zu $90 - 68,32 = 21,68$ grd einstellt. Die Wärmeverluste der Rohrleitungen betragen demnach $\dfrac{21,68 - 20}{20} \cdot 100 = 8,4\%$ und der Wirkungsgrad des Rohrnetzes bei maximaler Belastung $\eta_R = \dfrac{20}{21,68} = 0,923$.

Die Wassertemperaturen für die einzelnen Heizkörper liegen nunmehr fest, so daß die Heizflächen genau bestimmt werden können. Greifen wir den Heizkörper 1 heraus, so ist für diesen $t_m = 77,7°$ C und bei einer Raumtemperatur von $t_R = 20°$ C, $\Theta = 57,7$ grd. Bei einem Radiator mit 500 mm Nabenabstand und 150 mm Bautiefe errechnet sich nach Gl. (2.4/20)

$$f = \frac{Q}{k_0 \, \Theta^{4/3}} = \frac{2000}{1,86 \cdot 57,7^{4/3}} = \frac{2000}{1,86 \cdot 223} = 4,83 \text{ m}^2 \ .$$

Aus der Berechnungstabelle für den Wirksamen Druck ergibt sich, daß der Einfluß der horizontalen Rücklaufleitung auf diesem so minimal ist, daß man ihn ohne weiteres vernachlässigen kann. Die Berechnung läßt sich dadurch wesentlich rascher durchführen. Auch die Temperaturverluste in den vertikalen Rückläufen verursachen so geringe Teilbeträge des Wirksamen Druckes, daß sie, gemessen an den hohen Wirksamen Drücken der hoch gelegenen Heizkörper, belanglos sind. Diese Feststellungen gelten nur für gut isolierte Verteilungsleitungen und Stränge. Bei frei liegenden Strängen müssen diese Teilbeträge berücksichtigt werden.

Das Temperaturgefälle δ

Die Bestimmung des Temperaturgefälles unterliegt den gleichen Gesichtspunkten, wie bei der Warmwasserheizung mit unterer Verteilung. Man begegnet häufig der Auffassung, daß man das Temperaturgefälle abstufen solle, und zwar so, daß sich für alle Heizkörper etwa die gleiche mittlere Wassertemperatur ergibt. Das bedeutet, daß das Temperaturgefälle um so größer zu wählen ist, je näher der Strang bei dem Hauptsteigestrang liegt. Eine Notwendigkeit für diese Maßnahme besteht nicht, wie sich aus dem gerechneten Beispiel ergibt.

3.113 Das Einrohrsystem

Heizkörper. Bei der Berechnung der Heizkörper gelten die gleichen Grundformeln

$$f = \frac{Q}{k \, \Theta} \quad \text{oder} \quad f = \frac{Q}{k_0 \, \Theta^{1+m}} \ .$$

Während jedoch bei Zweirohranlagen im großen und ganzen für alle Heizkörper die gleiche mittlere Heizwassertemperatur eingesetzt werden kann, ist dies durch die Hintereinanderschaltung der Heizkörper beim Einrohrsystem nicht möglich. Es muß vielmehr für jeden Heizkörper erst die mittlere Wassertemperatur bestimmt werden. Die ganze Wärmeleistung des Stranges, wie er z. B. in Abb. 3/3 dargestellt ist, ergibt sich zu:

$$Q = Q_\mathrm{I} + Q_\mathrm{II} + Q_\mathrm{III} + Q_\mathrm{IV} \ .$$

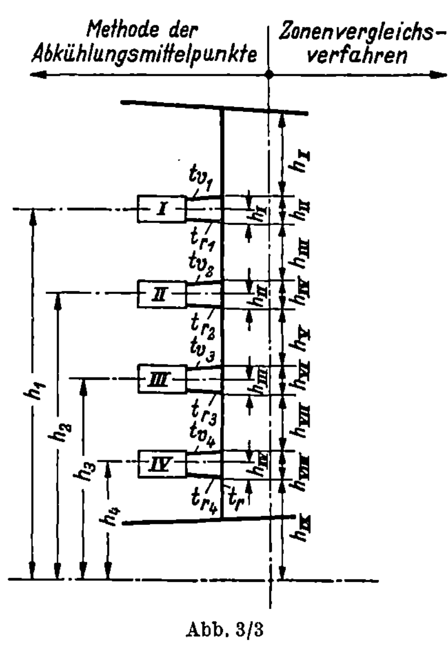

Abb. 3/3

Die Vorlauftemperaturen der einzelnen Heizkörper sind dann:

$$t_{v1} = t_v$$

$$t_{v2} = t_v - \frac{Q_\mathrm{I}}{Q}\,\delta$$

$$t_{v3} = t_v - \frac{Q_\mathrm{I} + Q_\mathrm{II}}{Q}\,\delta$$

$$t_{v4} = t_v - \frac{Q_\mathrm{I} + Q_\mathrm{II} + Q_\mathrm{III}}{Q}\,\delta\,, \tag{3.1/2}$$

worin

$$\delta = t_v - t_r$$

Jetzt muß noch für jeden Heizkörper das Temperaturgefälle gewählt werden, was innerhalb gegebener Grenzen an sich beliebig geschehen kann. Es ist jedoch zu beachten, daß die durch einen oder mehrere parallel geschaltete Heizkörper fließende Wassermenge im Verhältnis zur gesamten im Strang fließenden Wassermenge nicht zu groß wird, weil sonst beim Abstellen dieses oder dieser Heizkörper, die durch den Strang fließende Wassermenge zu gering wird. Es empfiehlt sich darauf zu achten, daß wenigstens die halbe im Strang fließende Wassermenge durch die Kurzschlußverbindung geleitet wird. Allgemein setzt man bei einem gesamten Temperaturgefälle von 20° das Temperaturgefälle des einzelnen Heizkörpers zu 10° an. Bei verhältnismäßig großen Heizkörpern kann es notwendig sein das Temperaturgefälle zu vergrößern, während es bei verhältnismäßig kleinen Heizkörpern auch verkleinert werden kann.

Es wird also

$$\Theta_\mathrm{I} = t_{v1} - \frac{\delta_\mathrm{I}}{2} - t_{R\mathrm{I}}$$

$$\Theta_\mathrm{II} = t_{v2} - \frac{\delta_\mathrm{II}}{2} - t_{R\mathrm{II}} \quad \text{usw.} \tag{3.1/3}$$

Je tiefer ein Heizkörper im Strang angeordnet ist, um so verhältnismäßig größer muß seine Heizfläche werden. Dies kann bei den untersten Heizkörpern mitunter zu Unterbringungsschwierigkeiten führen.

Wenn auf diese Weise die Heizwassertemperaturen für die einzelnen Heizkörper festgelegt sind, können diese berechnet werden. Auch hier vernachlässigt man die Temperaturverluste in den Rohrleitungen und berücksichtigt dieselben durch einen Zuschlag nach den Annahmetafeln im „Rietschel".

Wenn eine hinlänglich gleichmäßige Verteilung der Heizkörper auf die einzelnen Stränge gegeben ist, kann man auch die durchschnittliche mittlere Temperatur für die einzelnen Stockwerke bestimmen, indem man für Q_I, Q_II usw. jeweils den Wärmebedarf des ganzen Geschosses einsetzt. Dies bringt für den Entwurf eine wesentliche Erleichterung, die meist verantwortet werden kann, da bei der Ausführung doch eine genaue Nachrechnung notwendig ist.

Rohrnetzberechnung

Bei der Rohrnetzberechnung ist zu beachten, daß jetzt gewissermaßen der ganze Strang als Heizkörper zu betrachten ist, und zwar hinsichtlich der Strömungswiderstände, wie auch hinsichtlich des Wirksamen Druckes.

Die Strömungswiderstände in den hintereinandergeschalteten Heizkörpern und in ihren Anschlußleitungen müssen nun addiert werden, da das Heizwasser die

Heizkörper nacheinander durchfließt. Aus Abb. 3/4 ist durch die starke Linie zu erkennen, wie sich der Weg des Heizwassers ergibt. Die Kurzschlußstrecken zählen hierbei nicht mit, diese erfahren eine besondere Behandlung.

In gleicher Weise ist auch bei der Errechnung des Wirksamen Druckes zu verfahren.

Wendet man hier die Methode der Abkühlungsmittelpunkte an, so ergibt sich unter Verwendung der Bezeichnungen aus Abb. 3/3 der Wirksame Druck zu:

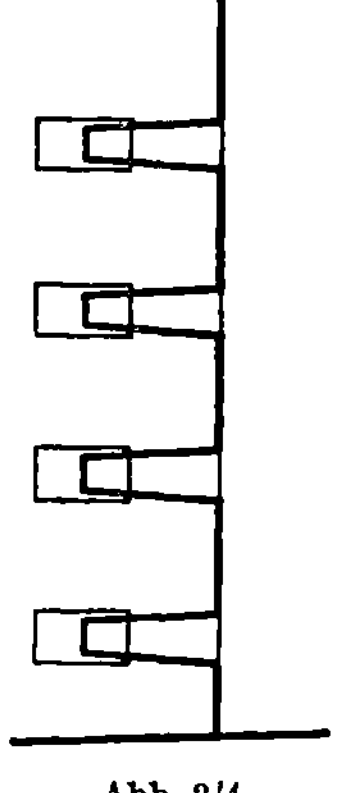

$$p = h_1 (t_{v1} - t_{r1})\, \tau_1 - (h_1 - h_{\mathrm{I}}) (t_{v2} - t_{r1})\, \tau_{\mathrm{I}} +$$

$$+ h_2 (t_{v2} - t_{r2})\, \tau_2 - (h_2 - h_{\mathrm{II}}) (t_{v3} - t_{r2})\, \tau_{\mathrm{II}} +$$

$$+ h_3 (t_{v3} - t_{r3})\, \tau_3 - (h_3 - h_{\mathrm{III}}) (t_{v4} - t_{r3})\, \tau_{\mathrm{III}} +$$

$$+ h_4 (t_{v4} - t_{r4})\, \tau_4 - (h_4 - h_{\mathrm{IV}}) (t_r - t_{r4})\, \tau_{\mathrm{IV}} \, . \qquad (3.1/4)$$

Abb. 3/4.

In dieser Gleichung stellt in jeder Zeile der erste Summand den Teilbetrag dar, der durch die Abkühlung des Heizwassers im Heizkörper entsteht. Der Abkühlungsmittelpunkt liegt nach Früherem in der senkrechten Mitte des Heizkörpers. Bei dem Zusammenfluß des Rücklaufwassers vom Heizkörper mit dem durch die Kurzschlußverbindung strömenden Wasser, erwärmt sich das erstere im Zusammenflußpunkt. Hier wird also für das durch den Heizkörper strömende Heizwasser ein negativer Teilbetrag des Wirksamen Druckes verursacht. Diese Beträge werden durch die zweiten Summanden in jeder Zeile der Gleichung dargestellt. Der Erwärmungsmittelpunkt liegt also genau im Zusammenflußpunkt. Schon hier sei darauf aufmerksam gemacht, daß in diesem Zusammenflußpunkt das durch die Kurzschlußstrecke strömende Wasser eine Abkühlung erfährt und demzufolge für die Kurzschlußstrecke hier ein positiver Teilbetrag verursacht wird.

Die Formel (3.1/4) sieht verhältnismäßig umfangreich aus, rechnet sich aber leicht aus.

Für die Annahme der Rohrleitung rechnet man zunächst so, als ob in den Verteilungsleitungen keine Temperaturverluste auftreten würden. Wie auch bei dem Zweirohrsystem mit oberer Verteilung, gibt man dann zu den ermittelten Wirksamen Drücken noch die Zuschläge p_z zu. Alsdann beginnt die Rohrnetzberechnung mit dem ungünstigst gelegenen Strange in der bereits bekannten Weise, wobei zu beachten ist, daß in den Heizkörperanschlüssen nicht mit der vollen Temperaturabsenkung $\delta = t_v - t_r$ gearbeitet wird.

Jetzt sind noch die Kurzschlußstrecken zu bemessen. Durch die Kurzschlußstrecke fließt jeweils das ganze durch den Strang fließende Heizwasser, vermindert um die Menge, die durch den oder die angeschlossenen Heizkörper geleitet wird. Für diese Wassermenge ist die Kurzschlußstrecke zu bemessen. Für die Kurzschlußstrecke ist der Wirksame Druck geringer als für den oder die jeweiligen Heizkörper. Als Wirksamen Druck für die Kurzschlußstrecke steht also jeweils ein Druck zur Verfügung, der dem Druckverbrauch in den Anschlußleitungen des Heizkörpers und im Heizkörper entspricht, jedoch vermindert um die Differenz zwischen den wirksamen Teilbeträgen des Stromkreisteils durch den Heizkörper und der Kurzschlußstrecke. So tritt z. B. für die Kurzschlußstrecke bei Heizkörper I folgender Wirksamer Druck auf

$$p = (h_1 - h_{\mathrm{I}}) \, (t_{v1} - t_{v2}) \, \tau_a \, . \tag{3.1/5}$$

Der Wert der 1. Zeile der Gl. (3.1/4) vermindert um den Wert der Gl. (3.1/5) ergibt den Betrag, um welchen der Wirksame Druck für die Kurzschlußstrecke geringer ist als für den Heizkörper.

Vernachlässigt man die Verschiedenheit von τ_1, τ_{I} und τ_a, so läßt sich diese Differenz nach folgender Gleichung berechnen

$$p_{H1} - p_{K1} = h_{\mathrm{I}} \, (t_{v1} - t_{r1}) \, \tau_1 \, . \tag{3.1/6}$$

Um diesen Betrag muß also der Strömungswiderstand in der Kurzschlußstrecke geringer sein als im Heizkörperanschluß. Man erhält für die Kurzschlußstrecke folgende Formel
$$(l\,R + Z)_K = (l\,R + Z)_H - h\,(t_v - t_r)\,\tau \, . \tag{3.1/7}$$

Bei der Dimensionierung der Kurzschlußstrecke und des Heizkörperanschlusses ist zu beachten, daß der Strömungswiderstand in der Kurzschlußstrecke später nicht geregelt werden kann. Es empfiehlt sich daher im Heizkörperanschluß die Strömungswiderstände etwas kleiner zu halten als dies rechnerisch möglich wäre. Durch Betätigung der Voreinstellung des Heizkörperventils kann dann später die Verteilung der Gesamtwassermenge auf Heizkörper und Kurzschlußstrecke richtig eingestellt werden.

Wendet man das Zonenvergleichsverfahren an, so erhält man für den Wirksamen Druck die Gleichung

$$p = h_{\mathrm{I}} \tau_{\mathrm{I}} (t_v - t_{v1}) + h_{\mathrm{II}} \tau_{\mathrm{II}} (t_v - t_{\mathrm{I}_m}) + h_{\mathrm{III}} \tau_{\mathrm{III}} (t_v - t_{v2}) +$$

$$+ \, h_{\mathrm{IV}} \tau_{\mathrm{IV}} (t_v - t_{\mathrm{II}_m}) + h_V \tau_V (t_v - t_{v3}) + h_{\mathrm{VI}} \tau_{\mathrm{VI}} (t_v - t_{\mathrm{III}_m}) +$$

$$+ \, h_{\mathrm{VII}} \tau_{\mathrm{VII}} (t_v - t_{v4}) + h_{\mathrm{VIII}} \tau_{\mathrm{VIII}} (t_v - t_{\mathrm{IV}_m}) + h_{\mathrm{IX}} \tau_{\mathrm{IX}} (t_v - t_r) \, . \tag{3.1/8}$$

Für die Kurzschlußstrecke wird der Wirksame Druck etwas geringer, da hier nicht die starke Auskühlung der Heizkörper vorliegt. Greifen wir die Kurzschlußstrecke bei dem Heizkörper II heraus, so ist der hier verursachte Wirksame Druck

für den Heizkörper   für die Kurzschlußstrecke

$$h_{\mathrm{IV}} \tau_{\mathrm{IV}} (t_v - t_{\mathrm{II}_m}) \qquad\qquad\qquad h_{\mathrm{IV}} \tau_{\mathrm{IV}_K} (t_v - t_{v_r}) \, .$$

Die Differenz beider Ausdrücke (unter Gleichsetzung von $\tau_{\mathrm{IV}} = \tau_{\mathrm{IV}_K}$) ist

$$h_{\mathrm{IV}} \tau_{\mathrm{IV}} (t_{v2} - t_{\mathrm{II}_m}) \, . \tag{3.1/9}$$

Um diesen Betrag ist der Wirksame Druck für die Kurzschlußstrecke geringer als für den Heizkörper. Die Strömungswiderstände in der Kurzschlußstrecke müssen um diesen Betrag geringer sein als in den Anschlußleitungen des Heizkörpers und im Heizkörper selbst. Wir kommen damit zur Gleichung:

$$(l\,R + Z)_{HK} - \frac{h_H}{2} (t_v - t_{HK_m}) = (l\,R + Z)_K \, . \tag{3.1/10}$$

Beispiel. Die in Abb. 3/5 dargestellte Anlage soll berechnet werden. Die einzelnen Werte ergeben sich aus der Abbildung und den Berechnungstafeln. Die Anlage soll mit 90/70° C betrieben werden. Die einzelnen Vorlauftemperaturen der Heizkörper ergeben sich für alle Stränge, da diese dieselben Wärmeleistungen aufweisen, gleich und können nach Gl. (3.1/2) wie folgt berechnet werden

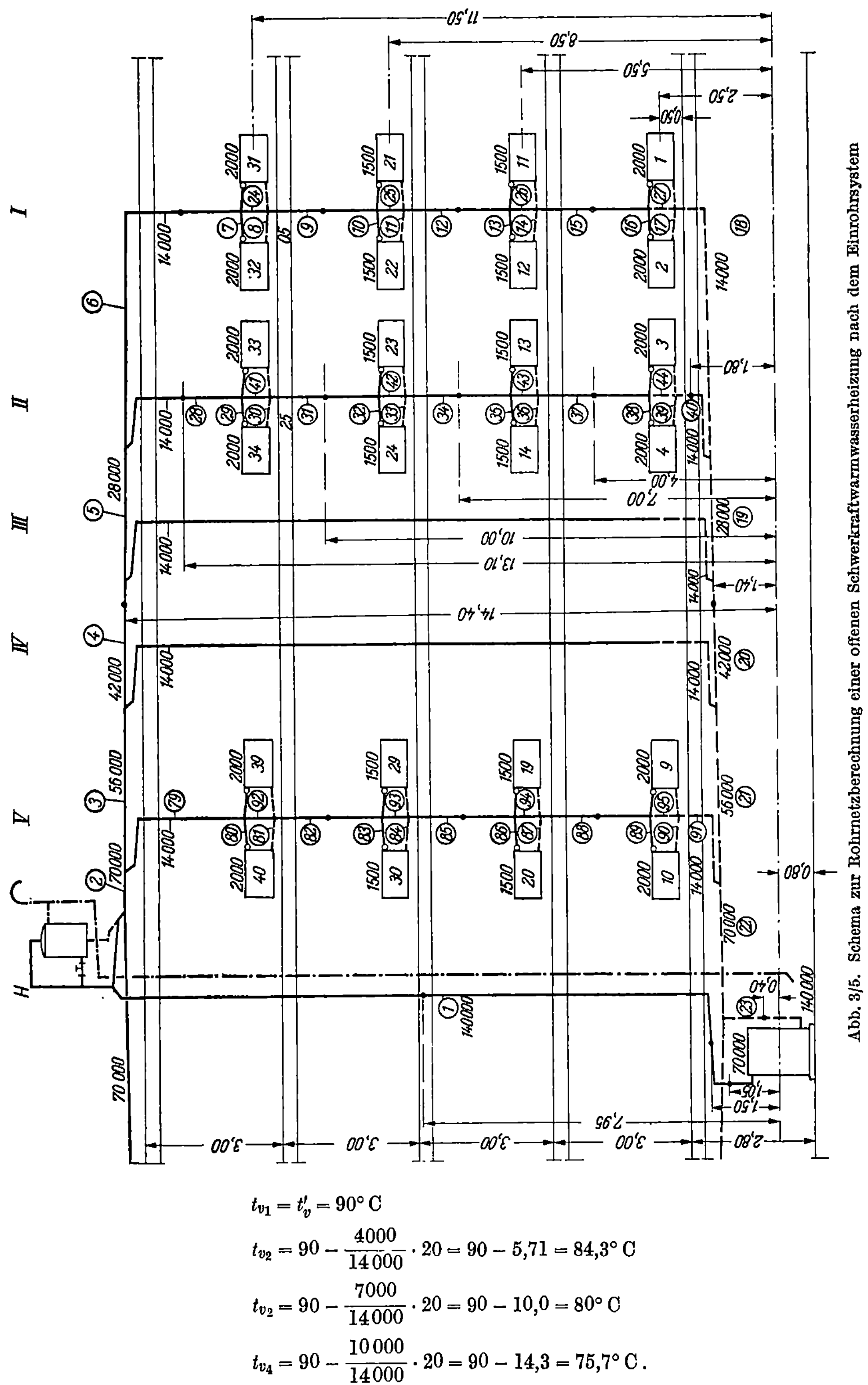

Abb. 3/5. Schema zur Rohrnetzberechnung einer offenen Schwerkraftwarmwasserheizung nach dem Einrohrsystem

$$t_{v1} = t'_v = 90°\ \text{C}$$

$$t_{v2} = 90 - \frac{4000}{14\,000} \cdot 20 = 90 - 5{,}71 = 84{,}3°\ \text{C}$$

$$t_{v2} = 90 - \frac{7000}{14\,000} \cdot 20 = 90 - 10{,}0 = 80°\ \text{C}$$

$$t_{v4} = 90 - \frac{10\,000}{14\,000} \cdot 20 = 90 - 14{,}3 = 75{,}7°\ \text{C}\ .$$

Berechnung der Strömungswiderstände[1]

Teilstrecke	Aus dem Rohrplan		Länge der Teilstrecke l	Vorläufiger Rohrdurchmesser d	Nachrechnung											Unterschied		Endgültige Gesamtwerte	
	Wärmemenge	Wassermenge			vorläufiger Rohrdurchmesser					geänderter Rohrdurchmesser									
					w	R	lR	$\Sigma\zeta$	Z	d	w	R	lR	$\Sigma\zeta$	Z	lR $(o-h)$	Z $(q-k)$	$lR+Z$ $(h+k+r+s)$	Σ $(lR+Z)$
Nr.	kcal/h	kg/h	m	mm	m/s	$\dfrac{\text{mmWS}}{\text{m}}$	mmWS	—	mmWS	mm	m/s	$\dfrac{\text{mmWS}}{\text{m}}$	mmWS	—	mmWS	mmWS	mmWS	mmWS	mmWS
a	b	c	d	e	f	g	h	i	k	l	m	n	o	p	q	r	s	t	u
Hauptstromkreis: Stromkreis Strang I																			
1	140000	7000	19,0	11,3	0,20	0,38	7,2	6,0	12,0	—	—	—	—	—	—	—	—	19,2	19,2
2	70000	3500	2,0	82,5	0,19	0,54	1,1	1,0	1,8	—	—	—	—	—	—	—	—	2,9	22,1
3	56000	2800	5,0	76,5	0,18	0,53	2,7	1,0	1,6	—	—	—	—	—	—	—	—	4,3	26,4
4	42000	2100	6,0	70	0,16	0,45	2,7	1,0	1,3	—	—	—	—	—	—	—	—	4,0	30,4
5	28000	1400	5,0	64	0,125	0,33	1,7	2,0	1,5	—	—	—	—	—	—	—	—	3,2	33,6
6	14000	700	8,5	51,5	0,09	0,24	2,0	2,0	0,8	—	—	—	—	—	—	—	—	2,8	36,4
7	2000	167	1,0	25	0,075	0,40	0,4	8,5	2,5	—	—	—	—	—	—	—	—	2,9	39,3
8	2000	167	1,0	25	0,075	0,40	0,4	9,0	2,6	—	—	—	—	—	—	—	—	3,0	42,3
9	14000	700	2,5	51,5	0,09	0,24	0,6	—	—	40	0,145	0,78	2,0	—	—	+1,4	—	2,0	44,3
10	1500	150	1,0	25	0,068	0,35	0,4	8,5	2,0	—	—	—	—	—	—	—	—	2,4	46,7
11	1500	150	1,0	25	0,068	0,35	0,4	9,0	2,2	—	—	—	—	—	—	—	—	2,6	49,3
12	14000	700	2,5	51,5	0,09	0,24	0,6	—	—	40	0,145	0,78	2,0	—	—	+1,4	—	2,0	51,3
13	1500	150	1,0	25	0,068	0,35	0,4	8,5	2,0	—	—	—	—	—	—	—	—	2,4	53,7
14	1500	150	1,0	25	0,068	0,35	0,4	9,0	2,2	—	—	—	—	—	—	—	—	2,6	56,3
15	14000	700	2,5	51,5	0,09	0,24	0,6	—	—	40	0,145	0,78	2,0	—	—	+1,4	—	2,0	58,3
16	2000	167	1,0	25	0,075	0,40	0,4	8,5	2,5	—	—	—	—	—	—	—	—	2,9	—
17	2000	167	1,0	25	0,075	0,40	0,4	9,0	2,6	—	—	—	—	—	—	—	—	3,0	—
18	14000	700	7,5	51,5	0,09	0,24	1,8	2,0	0,8	—	—	—	—	—	—	—	—	2,6	28,1
19	28000	1400	5,0	64	0,125	0,33	1,7	2,0	1,5	—	—	—	—	—	—	—	—	3,2	25,5
20	42000	2100	6,0	70	0,16	0,45	2,7	1,0	1,3	—	—	—	—	—	—	—	—	4,0	22,3
21	56000	2800	5,0	76,5	0,18	0,53	2,6	1,0	1,6	—	—	—	—	—	—	—	—	4,2	18,3
22	70000	3500	5,0	82,5	0,19	0,54	2,7	2,0	3,6	—	—	—	—	—	—	—	—	6,3	14,1
23	140000	7000	2,0	113	0,20	0,38	0,8	3,5	7,0	—	—	—	—	—	—	—	—	7,8	7,8
			91,5				34,7	$+$	53,4 = 88,1 mm WS							+4,2	—	—	—

durch Änderung der Teilstrecken 9, 12 und 15 $+$ 4,2 mm WS

$$\underline{92,3 \text{ mm WS}}$$

Weitere Verringerungen von Rohrdurchmessern ist nicht zu empfehlen, da man mit Rücksicht auf Unvorhergesehenes etwas Reserve behalten soll, auch für die Drosselung der Heizkörperventile.

Stromkreis Strang II

Nr																			33,6
28	14000	700	5,0	51	0,09	0,24	1,2	2,5	1,1	—	—	—	—	—	—	—	—	—	—
29	2000	167	1,0	25	0,075	0,40	0,4	8,5	2,5	—	—	—	—	—	—	—	—	—	—
30	2000	167	1,0	25	0,075	0,46	0,4	9,0	2,6	—	—	—	—	—	—	—	—	—	—
31	14000	700	2,5	40	0,14	0,78	2,0	—	—	—	—	—	—	—	—	—	—	—	—
32	1500	150	1,0	25	0,068	0,35	1,2	8,5	2,0	—	—	—	—	—	—	—	—	—	—
33	1500	150	1,0	25	0,068	0,35	1,2	9,0	2,2	—	—	—	—	—	—	—	—	—	—
34	14000	700	2,5	40	0,14	0,78	2,0	—	—	—	—	—	—	—	—	—	—	—	—
35	1500	150	1,0	25	0,068	0,35	1,2	8,5	2,0	—	—	—	—	—	—	—	—	—	—
36	1500	150	1,0	25	0,068	0,35	1,2	9,0	2,2	—	—	—	—	—	—	—	—	—	—
37	14000	700	2,5	40	0,14	0,78	2,0	—	—	—	—	—	—	—	—	—	—	—	—
38	2000	167	1,0	25	0,075	0,40	0,4	8,5	2,5	—	—	—	—	—	—	—	—	—	—
39	2000	167	1,0	25	0,075	0,40	0,4	9,0	2,6	—	—	—	—	—	—	—	—	—	—
40	14000	700	3,5	51	0,09	0,24	0,8	2,5	1,1	—	—	—	—	—	—	—	—	—	—
Σ			24,0				14,4												25,5

$$14,4 \; + \; 20,8 = 35,2 \text{ mm WS}$$
$$\text{bereits verbraucht} \quad 59,1 \text{ mm WS}$$
$$\overline{ 94,3 \text{ mm WS}}$$

In genügender Übereinstimmung mit dem Wirksamen Druck.

Stromkreis Strang V

Nr																			22,1
79	14000	700	5,0	40	0,14	0,78	3,9	2,5	2,5	—	—	—	—	—	—	—	—	—	—
80	2000	167	1,0	20	0,125	1,30	1,3	8,5	6,1	25	0,075	0,40	0,4	8,5	2,5	− 0,9	− 3,6	—	—
81	2000	167	1,0	20	0,125	1,30	1,3	9,0	6,5	25	0,075	0,40	0,4	9,0	2,6	− 0,9	− 3,6	—	—
82	14000	700	2,5	40	0,14	0,78	2,0	—	—	—	—	—	—	—	—	—	—	6,7	—
83	1500	150	1,0	20	0,12	1,2	1,2	8,5	5,5	—	—	—	—	—	—	—	—	7,1	—
84	1500	150	1,0	20	0,12	1,2	1,2	9,0	5,9	—	—	—	—	—	—	—	—	—	—
85	14000	700	2,5	40	0,14	0,78	2,0	—	—	—	—	—	—	—	—	—	—	—	—
86	1500	150	1,0	20	0,12	1,2	1,2	8,5	5,5	—	—	—	—	—	—	—	—	—	—
87	1500	150	1,0	20	0,12	1,2	1,2	9,0	5,9	—	—	—	—	—	—	—	—	—	—
88	14000	700	2,5	40	0,14	0,78	2,0	—	—	—	—	—	—	—	—	—	—	—	—
89	2000	167	1,0	20	0,165	1,30	1,3	8,5	6,9	25	0,075	0,40	0,4	8,5	2,5	− 0,9	− 3,6	—	—
90	2000	167	1,0	20	0,125	1,30	1,3	9,0	6,5	25	0,075	0,40	0,4	9,0	2,6	− 0,9	− 3,9	—	—
91	14000	700	3,5	40	0,14	0,78	2,7	2,5	2,5	—	—	—	—	—	—	—	—	—	14,1
Σ			24,0				22,6										− 3,6	−15,0	—	36,2

$$22,6 \; + \; 53,0 = 75,6 \text{ mm WS}$$
$$\text{bereits verbraucht} \quad 36,2 \text{ mm WS}$$
$$\overline{ 111,8 \text{ mm WS}}$$
$$\text{durch Änderung der Teilstrecken 80, 81, 89, 90} \quad - 18,6 \text{ mm WS}$$
$$\overline{ 93,2 \text{ mm WS}}$$

Nach Änderung in genügender Übereinstimmung mit dem Wirksamen Druck.

¹ Das Reibungsgefälle R und die Geschwindigkeit w sind der Arbeitsmappe des Heizungs-Ingenieurs entnommen.

Berechnung der Strömungswiderstände (Fortsetzung)

Teilstrecke	Aus dem Rohrplan		Länge der Teilstrecke l	Vorläufiger Rohrdurchmesser d	Nachrechnung											Unterschied		Endgültige Gesamtwerte	
	Wärmemenge	Wassermenge			vorläufiger Rohrdurchmesser					geänderter Rohrdurchmesser						lR $(v-h)$	Z $(q-k)$	$lR+Z$ $(h+k$ $+r+s)$	Σ $(lR+Z)$
					w	R	lR	$\Sigma\zeta$	Z	d	w	R	lR	$\Sigma\zeta$	Z				
Nr.	kcal/h	kg/h	m	mm	m/s	$\frac{\text{mm WS}}{\text{m}}$	mm WS	—	mm WS	mm	m/s	$\frac{\text{mm WS}}{\text{m}}$	mm WS	—	mm WS	mm WS	mm WS	mm WS	mm WS
a	b	c	d	e	f	g	h	i	k	l	m	n	o	p	q	r	s	t	u

Kurzschlußstrecken

Wirksamer Druck: $5,9 - 0,25\ (88,80 - 76,80) \cdot 0,64 = 5,9 - 1,9 = \underline{4,0\ \text{mm WS}}$

| 24 | — | 366 | 0,5 | 25 | 0,17 | 1,7 | 0,9 | 3,0 | 4,0 | | | | | | | | | | |
| | | | | | | | 0,9 | + | 4,0 | $= 4,9\ \text{mm WS}$ | | | | | | | | | |

Die Kurzschlußstrecke ist mit $d = 25\,\text{mm}$ auszuführen. In den Heizkörperanschlüssen ist durch Drosselung ein zusätzlicher Druck von 0,9 mm WS zu schaffen.

Wirksamer Druck: $\quad 5,0 - (0,25 \cdot 10 \cdot 0,61) = 5,0 - 1,5 = \underline{3,5\ \text{mm WS}}$

| 25 | — | 400 | 0,5 | 32 | 0,12 | 0,62 | 0,3 | 3,0 | 2,0 | | | | | | | | | | |
| | | | | | | | 0,3 | + | 2,0 | $= 2,3\ \text{mm WS}$ | | | | | | | | | |

26	wie Teilstrecke			25
27	,,	,,		24
41	,,	,,		24
42	,,	,,		25
43	,,	,,		25
44	,,	,,		24
92	,,	,,		25

Wirksamer Druck: $13,8 - (0,25 \cdot 10 \cdot 0,61) = 13,8 - 1,5 = \underline{12,3\ \text{mm WS}}$

| 93 | — | 400 | 0,5 | 25 | 0,19 | 2,0 | 1,0 | 3,0 | 5,5 | | | | | | | | | | |
| | | | | | | | 1,0 | + | 5,5 | $= 6,5\ \text{mm WS}$ | | | | | | | | | |

| 94 | wie Teilstrecke | | | 93 |
| 95 | ,, | ,, | | 25 |

Berechnung des Wirksamen Druckes

	Aus dem Rohrplan				Nachrechnung															Unterschied	Wirksamer Druck bis Ende der Teilstrecke $\Sigma(p_n)$
					mit vorläufigem Rohrdurchmesser												mit geändertem Rohrdurchmesser				
Teilstrecke	Wassermenge	Länge der Teilstrecke l	Senkrechter Abstand h	Vorl. Rohrdurchmesser d	t_E	t_R	$t_E\text{-}t_R$	$l\cdot f$	k_R	$1-\eta$	Q	δ	t_A	t_m	τ	p_n	d	Φ_p	p_n	$20-17$	
Nr.	kg/h	m	m	mm	°C	°C	Grad	m²	$\frac{kcal}{m^2h°}$	—	$\frac{kcal}{h}$	Grad	°C	Grad	$\frac{kg}{m^3°}$	mmWS	mm	—	mmWS	mmWS	mmWS
1	2	3	4	5	6	7	8	9	10	11	12	13	14	15	16	17	18	19	20	21	22

Hauptstromkreis: Stromkreis Strang I

Nr.	kg/h	l	h	d	t_E	t_R	$t_E\text{-}t_R$	$l\cdot f$	k_R	$1-\eta$	Q	δ	t_A	t_m	τ	p_n	d	Φ_p	p_n	$20-17$	$\Sigma(p_n)$
1a	7000	1,0	1,05	113	90,0	20	70	0,38	11,2	0,1	30	0,004	90,00	90	0,67	—	—	—	—	—	—
1b	7000	3,0	1,50	113	90,0	20	70	1,14	11,2	0,1	89	0,013	89,98	90	0,67	0,01	—	—	—	—	0,01
1c	7000	13,0	7,95	113	89,98	20	70	4,94	11,2	0,1	388	0,06	89,92	90	0,67	0,32	—	—	—	—	0,33
1d	7000	2,0	14,4	113	89,92	−9	98,9	0,76	12,4	0,2	187	0,03	89,89	90	0,67	0,29	—	—	—	—	0,62
2	3500	2,0	14,4	82,5	89,89	−9	98,9	0,56	12,8	0,2	142	0,04	89,85	90	0,67	0,39	—	—	—	—	1,01
3	2800	5,0	14,4	76,5	89,85	−9	98,8	1,30	12,9	0,2	332	0,12	89,73	90	0,67	1,14	—	—	—	—	2,15
4	2100	6,0	14,4	70	89,73	−9	98,7	1,43	13,0	0,2	367	0,17	89,56	90	0,67	1,64	—	—	—	—	3,79
5	1400	5,0	14,4	64	89,56	−9	98,5	1,10	13,1	0,2	284	0,20	89,36	90	0,67	1,93	—	—	—	—	5,80
6a	700	6,0	14,4	51,5	89,36	−9	98,3	1,07	13,4	0,2	282	0,40	88,96	89	0,67	3,86	—	—	—	—	9,66
6b	700	2,5	13,1	51,5	88,96	35	53,9	0,45	11,4	0,4	111	0,16	88,80	89	0,67	1,41	—	—	—	—	11,07
$H\,^{31}/_{32}$	400	—	11,5	—	88,80	—	—	—	—	—	—	12,0	76,80	82,8	0,64	88,30	—	—	—	—	84,67
$M\,^{8}/_{24}$	$^{400}/_{300}$	—	11,25	—	76,80	—	—	—	—	—	—	−6,29	83,09	80,0	0,62	−43,90	—	—	—	—	54,17
9	700	2,5	10,0	51,5	83,09	35	48,1	0,45	11,2	0,4	97	0,14	82,95	83,0	0,64	0,90	40	0,85	0,76	−0,14	55,07
$H\,^{21}/_{22}$	300	—	8,5	—	82,95	—	—	—	—	—	—	10,0	72,95	78,0	0,61	51,90	—	—	—	—	106,97
$M\,^{11}/_{25}$	$^{300}/_{400}$	—	8,25	—	72,95	—	—	—	—	—	—	−5,71	78,66	75,8	0,60	−28,20	—	—	—	—	78,77
12	700	2,5	7,00	51,5	78,66	35	43,6	0,45	10,7	0,4	84	0,12	78,54	78,6	0,62	0,52	40	0,85	0,44	−0,12	79,25
$H\,^{11}/_{12}$	300	—	5,50	—	78,54	—	—	—	—	—	—	10,00	68,54	73,5	0,59	32,40	—	—	—	—	111,69
$M\,^{14}/_{26}$	$^{300}/_{400}$	—	5,25	—	68,54	—	—	—	—	—	—	−5,71	74,25	71,4	0,58	−17,37	—	—	—	—	94,32
15	700	2,5	4,00	51,5	74,25	35	39,2	0,45	10,3	0,4	73	0,10	74,15	74,2	0,59	0,24	40	0,85	0,20	−0,04	94,56
$H\,^{1}/_{2}$	400	—	2,50	—	74,15	—	—	—	—	—	—	12,00	62,15	68,1	0,56	16,80	—	—	—	—	—
$M\,^{17}/_{27}$	$^{400}/_{300}$	—	2,25	—	62,15	—	—	—	—	—	—	−6,29	68,44	65,3	0,54	−7,65	—	—	—	—	—
																104,93				−0,28	

durch Änderung der Teilstrecken 9, 12 und 15   − 0,28

104,65

Berechnung des Wirksamen Druckes (Fortsetzung)

	Aus dem Rohrplan				Nachrechnung															Unter-schied	Wirksamer Druck bis Ende der Teilstrecke $\Sigma(p_n)$
					mit vorläufigem Rohrdurchmesser												mit geändertem Rohrdurchmesser				
Teil-strecke	Wasser-menge	Länge der Teil-strecke l	Senk-rechter Ab-stand h	Vorl. Rohr-durch-messer d	t_E	t_R	$t_E\text{-}t_R$	$l\cdot f$	k_R	$1-\eta$	Q	δ	t_A	t_m	τ	p_n	d	Φ_p	p_n	$20\text{—}17$	
Nr.	kg/h	m	m	mm	°C	°C	Grad	m²	$\frac{kcal}{m^2h°}$	—	$\frac{kcal}{h}$	Grad	°C	Grad	$\frac{kg}{m^3°}$	mm WS	mm	—	mm WS	mm WS	mm WS
1	2	3	4	5	6	7	8	9	10	11	12	13	14	15	16	17	18	19	20	21	22
Stromkreis Strang II																5,80					
28a	700	2,5	14,4	51,5	89,36	—9	98,3	0,45	13,5	0,2	120	0,17	89,19	89,3	0,67	1,64	—	—	—	—	—
28b	700	2,5	13,1	51	89,19	35	54,2	0,45	11,4	0,4	111	0,16	89,03	89,1	0,67	1,41	—	—	—	—	—
H 33/34	400	—	11,5	—	89,03	—	—	—	—	—	—	12,00	77,03	83,0	0,64	88,40	—	—	—	—	—
M 30/41	400/300	—	11,25	—	77,03	—	—	—	—	—	—	—6,29	83,32	80,1	0,62	—43,90	—	—	—	—	—
31	700	2,5	10,0	40	83,32	35	48,3	0,38	11,1	0,4	82	0,12	83,20	83,3	0,64	0,77	—	—	—	—	—
H 23/24	300	—	8,50	—	83,20	—	—	—	—	—	—	10,00	73,20	78,2	0,61	51,90	—	—	—	—	—
M 33/42	300/400	—	8,25	—	73,20	—	—	—	—	—	—	—5,71	78,91	76,1	0,60	—28,30	—	—	—	—	—
34	700	2,5	7,00	40	78,91	35	43,9	0,38	10,9	0,4	73	0,10	78,81	78,9	0,62	0,43	—	—	—	—	—
H 13/14	300	—	5,50	—	78,81	—	—	—	—	—	—	10,00	68,81	73,8	0,59	32,40	—	—	—	—	—
M 36/43	300/400	—	5,25	—	68,81	—	—	—	—	—	—	—5,71	74,52	71,7	0,58	—17,40	—	—	—	—	—
37	700	2,5	4,00	40	74,52	35	39,5	0,38	10,6	0,4	64	0,09	74,43	74,5	0,59	0,21	—	—	—	—	—
H 3/4	400	—	2,50	—	74,43	—	—	—	—	—	—	12,00	62,43	68,5	0,56	16,80	—	—	—	—	—
M 39/44	400/300	—	2,25	—	62,43	—	—	—	—	—	—	—6,29	68,72	65,6	0,55	— 7,80	—	—	—	—	—
																102,36					
Stromkreis Strang V																1,01					
79a	700	2,5	14,4	40	89,85	—9	98,8	0,38	13,7	0,2	103	0,15	89,70	89,8	0,67	1,45	—	—	—	—	—
79b	700	2,5	13,1	40	89,70	35	54,7	0,38	11,6	0,4	96	0,14	89,56	89,6	0,67	1,23	—	—	—	—	—
H 39/40	400	—	11,5	—	89,60	—	—	—	—	—	—	12,00	77,56	83,6	0,64	88,20	—	—	—	—	—
M 81/92	400/300	—	11,25	—	77,56	—	—	—	—	—	—	—6,29	83,85	80,7	0,62	—43,90	—	—	—	—	—
82	700	2,5	10,0	40	83,85	35	48,8	0,38	11,2	0,4	83	0,12	83,73	83,8	0,64	0,64	—	—	—	—	—
H 29/30	300	—	8,50	—	83,73	—	—	—	—	—	—	10,00	73,73	78,8	0,62	52,70	—	—	—	—	—
M 84/93	300/400	—	8,25	—	73,73	—	—	—	—	—	—	—5,71	79,44	76,6	0,60	—28,20	—	—	—	—	—
85	700	2,5	7,00	40	79,44	35	44,4	0,38	10,9	0,4	74	0,11	79,33	79,5	0,62	0,39	—	—	—	—	—
H 19/20	300	—	5,50	—	79,33	—	—	—	—	—	—	10,00	69,33	74,4	0,59	32,40	—	—	—	—	—
M 87/94	300/400	—	5,25	—	69,41	—	—	—	—	—	—	—5,71	75,04	72,2	0,58	—17,40	—	—	—	—	—
88	700	2,5	4,00	40	75,04	35	40,0	0,38	10,6	0,4	65	0,09	74,95	75,1	0,60	0,19	—	—	—	—	—
H 9/10	400	—	2,50	—	74,95	—	—	—	—	—	—	12,00	62,95	69,0	0,56	16,80	—	—	—	—	—
M 90/95	400/300	—	2,25	—	62,95	—	—	—	—	—	—	—6,29	69,24	66,1	0,55	— 7,80	—	—	—	—	—
																97,71					

Das Temperaturgefälle sei in den Heizkörpern II und III zu 10 grd angesetzt. Bei den Heizkörpern I und IV ergäbe sich eine zu geringe Wassermenge für die Kurzschlußstrecke, wenn man das Temperaturgefälle hier ebenfalls zu 10 grd ansetzen würde. Es werde daher 12 grd gewählt. So ergeben sich folgende mittlere Wassertemperaturen in den Heizkörpern und deren Rücklauftemperaturen, die der Berechnung zugrunde zu legen sind:

$$t_{m_1} = 90 - \frac{12}{2} = 84° \text{C} \qquad\qquad t_{r_1} = 78° \text{C}$$

$$t_{m_2} = 84,3 - \frac{10}{2} = 79,3° \text{C} \qquad\qquad t_{r_2} = 74,3° \text{C}$$

$$t_{m_3} = 80 - \frac{10}{2} = 75° \text{C} \qquad\qquad t_{r_3} = 70° \text{C}$$

$$t_{m_4} = 75,7 - \frac{12}{2} = 69,7° \text{C} \qquad\qquad t_{r_4} = 63,7° \text{C} \,.$$

Auf die mit diesen Werten errechneten Heizflächen sind noch Zuschläge nach der entsprechenden Zahlentafel des RIETSCHEL zu machen. Diese Werte können für den Kostenanschlag zugrunde gelegt werden.

Die Wirksamen Drücke ohne Zuschläge für obere Verteilung sind hier für alle Stränge gleich und errechnen sich nach Gl. (3.1/4) wie folgt

$$\begin{aligned}
p = \; & 11,5 \cdot 12 \cdot 0,65 - 11,25 \cdot 6,3 \cdot 0,63 = 89,7 - 44,7 \\
+ \; & 8,5 \cdot 10 \cdot 0,61 - 8,25 \cdot 5,7 \cdot 0,61 = 51,8 - 28,7 \\
+ \; & 5,5 \cdot 10 \cdot 0,59 - 5,25 \cdot 5,7 \cdot 0,58 = 32,5 - 17,3 \\
+ \; & 2,5 \cdot 12 \cdot 0,57 - 2,25 \cdot 6,3 \cdot 0,55 = \underline{17,1 - 7,7} \\
& \hphantom{11,5 \cdot 12 \cdot 0,65 - 11,25 \cdot 6,3 \cdot} 191,1 - 98,4 = 92,7 \text{ mm WS}\,.
\end{aligned}$$

Strang I. $p_z = 10$ mm WS
Gesamter Wirksamer Druck $\qquad\qquad 92,7 + 10 = 102,7$ mm WS
Der Anteil der Einzelwiderstände sei mit Rücksicht auf die hintereinandergeschalteten Heizkörper zu 60% geschätzt, so daß verbleiben
für die Rohrreibung $\qquad\qquad 40\% = 41,0$ mm WS
Reibungsgefälle

$$R_u = R_{\text{I}} = \frac{41,0}{91,5} = 0,45 \text{ mm WS/m}\,.$$

Strang II. $p_z = 10$ mm WS
Gesamter Wirksamer Druck $\qquad\qquad 92,7 + 10 = 102,7$ mm WS
Hiervon 40% für Rohrreibung verfügbar $\qquad\qquad = 41,0$ mm WS
Bereits verbraucht in den Teilstrecken 1 bis 5 und 20 bis 23: $\qquad 60 \cdot 0,45 = \underline{27,0}$ mm WS
verbleibt für den Nebenstromkreis $\qquad\qquad 14,0$ mm WS

$$R_{\text{II}} = \frac{14,0}{24} = 0,58 \text{ mm WS/m}\,.$$

Strang V. $p_z = 7,5$ mm WS
Gesamter Wirksamer Druck $\qquad\qquad 92,7 + 7,5 = 100,2$ mm WS
Hiervon 40% für Rohrreibung verfügbar $\qquad\qquad = 40,0$ mm WS
Bereits verbraucht in den Teilstrecken 1, 2, 22 und 23: $\qquad 28 \cdot 0,45 = \underline{12,6}$ mm WS
verbleibt für den Nebenstromkreis $\qquad\qquad 27,4$ mm WS

$$R_V = \frac{27,4}{24} = 1,14 \text{ mm WS/m}\,.$$

Mit Hilfe dieser Werte wurden die Dimensionen der Rohre bestimmt und in den Berechnungstabellen S. 178 bis 180 eingetragen. Für die Kurzschlußstrecken genügt es vorläufig einen um eine Dimension geringeren Durchmesser einzutragen.

Die Nachrechnung für die Strömungswiderstände, wie auch für den Wirksamen Druck, ist in den Tabellen S. 178 bis 182 dargestellt.

Zur Berechnung der Wirksamen Drücke ist noch zu bemerken, daß die Rückleitungen im Keller nicht berücksichtigt wurden, nachdem aus dem Beispiel für das Zweirohrsystem sich herausstellte, daß durch die Rücklaufleitungen nur ganz unbedeutende Teilbeträge verursacht werden.

Bei Strang I ergab sich die Möglichkeit einige Rohrdurchmesser zu verringern, während bei Strang V eine Verstärkung notwendig wurde.

Mit den errechneten Temperaturen können jetzt auch die Heizkörper genau bestimmt werden. Greifen wir den Heizkörper 1 heraus, so ist für diesen $t_m = 68,15°$ C. Bei $t_R = 20°$ C wird $\Theta = 68,15 - 20 = 48,15$ grd. Der Radiator sei für 500 mm Nabenabstand und 150 mm Bautiefe vorgesehen, so daß sich errechnet

$$f = \frac{2000}{1,86 \cdot 48,15^{4/3}} = \frac{2000}{1,86 \cdot 175} = 6,15\,\mathrm{m^2} \cdot$$

3.114 Stockwerksheizung

Die Berechnung der Wassererwärmer und der Heizkörper erfolgt in der gleichen Weise, wie dies in den vorhergehenden Kapiteln beschrieben ist. Gemessen am Umfange der Anlage sind die Rohrleitungsverluste verhältnismäßig hoch, was bei Bestimmung der Wassererwärmer zu berücksichtigen ist. Bei den Heizkörpern ist wegen der Temperaturverluste in den Vorlaufleitungen ebenfalls ein Zuschlag notwendig, den man zweckmäßig aus dem „RIETSCHEL" entnimmt.

Rohrnetzberechnung

Wie schon eingangs erwähnt, beruht die Funktion der Stockwerksheizung auf der Abkühlung der Vorlaufleitung. Die Vorlaufleitungen werden daher nicht isoliert, um einen möglichst hohen Wirksamen Druck zu erreichen. Da diese Leitungen im allgemeinen in beheizten Räumen liegen oder aber in Fluren, wo ebenfalls ihre Heizwirkung erwünscht ist, kann dies ohne weiteres durchgeführt werden.

Während man bei den bis jetzt behandelten Systemen den Wirksamen Druck wenigstens annähernd direkt bestimmen konnte, ist dies bei der Stockwerksheizung nicht möglich. Zu diesem Zwecke müßten die genauen Temperaturverhältnisse bekannt sein. Diese hängen nun wiederum von den Rohrdurchmessern ab.

Man kann dieser Schwierigkeiten nur Herr werden, wenn man entsprechende Annahmen macht und durch Nachrechnen ihre Bestätigung sucht bzw. entsprechende Abänderungen vornimmt.

Es empfiehlt sich, das Temperaturgefälle in den Heizkörpern selbst höher anzusetzen als dies sonst bei Warmwasserheizungen üblich ist, z. B. im Durchschnitt hierfür 25 grd zugrunde zu legen. Auf diese Weise vermeidet man allzustarke Rohrleitungen. Unter Berücksichtigung der Wärmeverluste in den Rohrleitungen kann man hierbei am Kessel ein Temperaturgefälle von etwa 30 grd erwarten. Die Anlage ist mit 90/60° C zu betreiben, so daß man mit einer mittleren Wassertemperatur von 75° C rechnen kann. Dies bedingt eine Vergrößerung der Heizkörper. Meist ist es jedoch ohne weiteres zulässig die Anlage für 95/65° C auszulegen, so daß die mittlere Temperatur wieder 80° C ist, wie sie den Wärmeabgabezahlen nach DIN 4703 zugrunde liegt.

Um für alle Heizkörper ungefähr die gleiche mittlere Heizwassertemperatur zu erhalten, empfiehlt es sich, das Temperaturgefälle in den Heizkörpern selbst zu variieren, derart, daß man bei den weiter entfernt liegenden Heizkörpern ein kleines Temperaturgefälle, z. B. 20 grd, zugrunde legt und bei den in der Nähe befindlichen ein größeres, z. B. 30 grd. Das Temperaturgefälle ist dabei so abzustufen, daß sich im Mittel etwa 25 grd ergibt. Mit den so errechneten Wassermengen ist das Rohrnetz zu dimensionieren.

Für die Annahme der Rohrdurchmesser kann man zugrunde legen

die Tabellen von RIETSCHEL,

die Tabellen von WIERZ[1]

oder die folgende Formel

$$p = \tau_v\, \delta_m\, H\, (H + L) \pm \delta_{HK}\, \tau_{HK}\, h\,. \tag{3.1/11}$$

Hierin bedeutet außer den bekannten Werten

δ_m	die mittlere Temperaturabsenkung in der Vorlaufleitung	in grd/m
H	der senkrechte Abstand der horizontalen Vorlaufleitung von Kesselmitte	in m
L	die horizontale Länge der Vorlaufleitung	in m
h	der senkrechte Abstand zwischen Kessel und Heizkörpermitte	in m

Die mittlere Temperaturabsenkung δ_m kann nicht in einem Wert als allgemeingültig angenommen werden. PAKUSA gibt den Wert $\tau_v\,\delta_m$ mit 0,4 an. Dies bedeutet, daß δ_m zu 0,6 grd/m angesetzt ist. Dieser Wert dürfte im allgemeinen zu hoch liegen. RECKNAGEL gibt den Wert $\tau_v\,\delta_m$ zu 0,2 an, was einem $\delta_m = 0,3$ grd/m entspricht. Dieser Wert dürfte in vielen Fällen wieder zu klein sein. Es muß dem projektierenden Ingenieur überlassen bleiben, aus seiner Erfahrung heraus, jeweils den zulässigen Wert für δ_m einzusetzen, wobei zu beachten ist, daß dieser nicht für alle Stromkreise gleich angesetzt werden kann. Auch hier hat die Rohrbemessung mit dem ungünstigsten Stromkreis zu beginnen. Im Gegensatz zur normalen Warmwasserheizung liegt der ungünstigste Stromkreis nicht immer bei dem entferntest liegenden, sondern meistens bei den in der Nähe der Kessel befindlichen Heizkörpern.

Die Nachrechnung des Rohrnetzes, sowohl bezüglich des Wirksamen Druckes wie auch der Strömungswiderstände, erfolgt nun in der bekannten Weise.

Mit den gewonnenen genauen Temperaturen können nun auch die Heizkörper genau bestimmt werden. Auch hier soll der Gang der Rechnung an einem Beispiel erläutert werden.

Beispiel. Die zu berechnende Anlage ist in Abb. 3/6 dargestellt. Die weiteren Werte finden sich in den Berechnungstabellen.

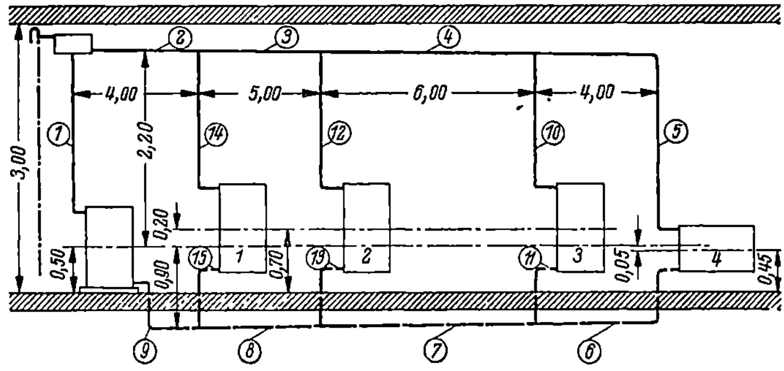

Abb. 3/6. Schema zur Rohrnetzberechnung einer Stockwerksheizung

---

[1] WIERZ: Die Warmwasserheizung, Verlag R. Oldenbourg, München.

Es sei gewählt

$$\delta_1 = 30°, \quad q_1 = 2100 \text{ kcal/h}, \quad G_1 = 2100/30 = 70 \text{ kg/h}$$
$$\delta_2 = 28°, \quad q_2 = 2800 \phantom{ \text{ kcal/}} ,, \quad G_2 = 2800/28 = 100 ,,$$
$$\delta_3 = 24°, \quad q_3 = 2400 \phantom{ \text{ kcal/}} ,, \quad G_3 = 2400/24 = 100 ,,$$
$$\delta_4 = 20°, \quad q_4 = 2200 \phantom{ \text{ kcal/}} ,, \quad G_4 = 2200/20 = 110 ,,$$
$$\underline{ 9500 \text{ kcal/h}} \qquad \underline{ 380 \text{ kg/h}}$$
$$t_v = 90° \text{ C}, \quad t_r = 60° \text{ C}.$$

Es errechnet sich:

$$p_1 = 0{,}66 \cdot 0{,}3 \cdot 2{,}20 \; (2{,}2 + 4{,}0) + 30 \cdot 0{,}6 \cdot 0{,}2 \; = \; 6{,}3 \text{ mm WS}$$
$$R_1 = 6{,}3 \cdot 0{,}5/13 = 0{,}24 \text{ mm WS/m}$$

$$p_2 = 0{,}66 \cdot 0{,}35 \cdot 2{,}20 \; (2{,}2 + 9{,}0) + 28 \cdot 0{,}6 \cdot 0{,}2 = \; 9{,}0 \text{ mm WS}$$
$$R_2 = 9{,}0 \cdot 0{,}5/23 = 0{,}196 \text{ mm WS/m}$$

$$p_3 = 0{,}66 \cdot 0{,}4 \cdot 2{,}20 \; (2{,}2 + 15{,}0) + 24 \cdot 0{,}6 \cdot 0{,}2 = 12{,}9 \text{ mm WS}$$
$$R_3 = 12{,}9 \cdot 0{,}5/35 = 0{,}184 \text{ mm WS/m}$$

$$p_4 = 0{,}66 \cdot 0{,}5 \cdot 2{,}20 \; (2{,}2 + 19{,}0) - 20 \cdot 0{,}6 \cdot 0{,}05 = 14{,}8 \text{ mm WS}$$
$$R_4 = 14{,}8 \cdot 0{,}5/43{,}5 = 0{,}170 \text{ mm WS/m}$$

Es ergibt sich, daß der ungünstigste Stromkreis derjenige für den Heizkörper 4 ist. Mit diesem ist also die Dimensionierung zu beginnen, d. h. also mit $R_4 = 0{,}17$ mm WS/m. Für die anderen Stromkreise errechnen sich dann die folgenden Reibungswiderstände

Heizkörper 3 $\quad p_3 = 12{,}9$ mm WS, für Reibung $50\% = 6{,}45$ mm WS
$$\text{bereits verbraucht} \quad 32{,}5 \cdot 0{,}17 = \underline{5{,}50 \text{ mm WS}}$$
$$\text{verbleibt} \quad 0{,}95 \text{ mm WS}$$
$$R_3 = 0{,}95/3 = 0{,}32 \text{ mm WS/m}$$

Heizkörper 2 $\quad p_2 = 9{,}0$ mm WS, für Reibung $50\% = 4{,}5$ mm WS
$$\text{bereits verbraucht} \quad 20{,}5 \cdot 0{,}17 = \underline{3{,}0 \text{ mm WS}}$$
$$\text{verbleibt} \quad 1{,}0 \text{ mm WS}$$
$$R_2 = 1{,}0/3{,}0 = 0{,}33 \text{ mm WS/m}$$

Heizkörper 1 $\quad p_1 = 6{,}3$ mm WS, für Reibung $50\% \; = 3{,}15$ mm WS
$$\text{bereits verbraucht} \quad 10{,}5 \cdot 0{,}17 = \underline{1{,}80 \text{ mm WS}}$$
$$\text{verbleibt} \quad 1{,}35 \text{ mm WS}$$
$$R_1 = 1{,}35/3{,}0 = 0{,}45 \text{ mm WS/m}$$

Berechnung der Mischtemperaturen

M 6/11, 110/100 kg/h, 56,06/55,82° C, $\quad 110 \cdot 1{,}06 = 117$
$$100 \cdot 0{,}82 = 82 \qquad 55{,}00$$
$$\overline{210} \qquad \overline{199/210} = \; 0{,}95$$
$$\overline{55{,}95° \text{ C}}$$

M 7/13, 210/100 kg/h, 55,62/55,05° C, $\quad 210 \cdot 0{,}62 = 130$
$$100 \cdot 0{,}05 = 5 \qquad 55{,}00$$
$$\overline{310} \qquad \overline{135/310} = \; 0{,}44$$
$$\overline{55{,}44° \text{ C}}$$

M 8/15, 310/70 kg/h, 55,23/54,89° C, $\quad 310 \cdot 1{,}23 = 381$
$$70 \cdot 0{,}89 = 62 \qquad 54{,}00$$
$$\overline{380} \qquad \overline{443/380} = \; 1{,}17$$
$$\overline{55{,}17° \text{ C}}$$

Berechnung der Strömungswiderstände[1]

Teilstrecke	Aus dem Rohrplan		Länge der Teilstrecke l	Vorläufiger Rohrdurchmesser d	Nachrechnung											Unterschied		Endgültige Gesamtwerte	
	Wärmemenge	Wassermenge			vorläufiger Rohrdurchmesser					geänderter Rohrdurchmesser						lR $(o-h)$	Z $(q-k)$	$lR+Z$ $(h+k+r+s)$	Σ $(lR+Z)$
					w	R	lR	$\Sigma\zeta$	Z	d	w	R	lR	$\Sigma\zeta$	Z				
Nr.	kcal/h	kg/h	m	mm	m/s	$\frac{\text{mm WS}}{\text{m}}$	mmWS	—	mmWS	mm	m/s	$\frac{\text{mm WS}}{\text{m}}$	mmWS	—	mmWS	mmWS	mmWS	mmWS	mmWS
a	b	c	d	e	f	g	h	i	k	l	m	n	o	p	q	r	s	t	u
Stromkreis des Heizkörpers 4																			
1	—	380	2,0	51	0,048	0,08	0,16	3,0	0,35	—	—	—	—	—	—	—	—	0,51	0,51
2	—	380	4,0	51	0,048	0,08	0,32	1,0	0,12	40	0,10	0,39	1,56	1,0	0,50	+1,24	+0,38	2,06	2,57
3	—	310	5,0	40	0,062	0,17	0,85	1,0	0,19	—	—	—	—	—	—	—	—	1,04	3,61
4	—	210	6,0	32	0,059	0,19	1,14	1,0	0,17	—	—	—	—	—	—	—	—	1,31	4,92
5	—	110	6,0	25	0,05	0,20	1,20	7,0	0,91	—	—	—	—	—	—	—	—	2,11	7,03
6	—	110	5,0	25	0,05	0,20	1,00	6,5	0,85	—	—	—	—	—	—	—	—	1,85	7,21
7	—	210	6,0	32	0,059	0,19	1,14	1,0	0,17	—	—	—	—	—	—	—	—	1,31	5,36
8	—	310	5,0	40	0,062	0,17	0,85	1,0	0,19	—	—	—	—	—	—	—	—	1,04	4,05
9	—	380	4,5	51	0,048	0,08	0,36	2,5	0,30	40	0,10	0,39	1,76	2,5	1,25	+1,40	+0,95	3,01	3,01
			43,5				7,02									+2,64	+1,33		

$$7,02 + 3,25 = 10,27 \text{ mm WS}$$
$$\text{durch Änderung der Teilstrecke 2 und 9} \quad + \underline{\;3,97\; \text{mm WS}}$$
$$14,24 \text{ mm WS}$$

in genügender Übereinstimmung mit dem Wirksamen Druck.

Stromkreis des Heizkörpers 3

Verbrauch bis Teilstrecke 4   4,92

Nr.																			
10	—	100	2,0	25	0,045	0,175	0,35	7,5	0,75										
11	—	100	1,0	25	0,045	0,175	0,18	5,5	0,55										
			3,0				0,53												5,36

$$0,53 + 1,30 = 1,83 \text{ mm WS}$$
$$\text{bereits verbraucht} \quad \underline{10,28 \text{ mm WS}}$$
$$12,11 \text{ mm WS}$$

in genügender Übereinstimmung mit dem Wirksamen Druck.

---

[1] Das Reibungsgefälle R und die Geschwindigkeit w sind der Arbeitsmappe des Heizungs-Ingenieurs entnommen.

Berechnung der Strömungswiderstände (Fortsetzung)

Teilstrecke	Aus dem Rohrplan			Vorläufiger Rohrdurchmesser d	Nachrechnung											Unterschied		Endgültige Gesamtwerte	
	Wärmemenge	Wassermenge	Länge der Teilstrecke l		vorläufiger Rohrdurchmesser					geänderter Rohrdurchmesser						lR $(o-h)$	Z $(q-k)$	$lR+Z$ $(h+k+r+s)$	$\Sigma (lR+Z)$
					w	R	lR	$\Sigma\zeta$	Z	d	w	R	lR	$\Sigma\zeta$	Z				
Nr.	kcal/h	kg/h	m	mm	m/s	$\frac{mmWS}{m}$	mmWS	—	mmWS	mm	m/s	$\frac{mmWS}{m}$	mmWS	—	mmWS	mmWS	mmWS	mmWS	mmWS
a	b	c	d	e	f	g	h	i	k	l	m	n	o	p	q	r	s	t	u

Stromkreis Heizkörper 2

12	—	100	2,0	25	0,045	0,175	0,35	7,5	0,75	—	—	—	—	—	—	—	—	—	—
13	—	100	1,0	25	0,045	0,175	0,18	5,5	0,55	—	—	—	—	—	—	—	—	—	—
			3,0				0,53	+	1,30										

$$= 1,83 \text{ mm WS}$$

bereits verbraucht 3,61 + 4,05 $= \underline{7,66 \text{ mm WS}}$

$$\underline{\underline{9,49 \text{ mm WS}}}$$

in genügender Übereinstimmung mit dem Wirksamen Druck.

Stromkreis Heizkörper 1

14	—	70	2,0	20	0,051	0,29	0,58	7,5	1,05	—	—	—	—	—	—	—	—	—	—
15	—	70	1,0	20	0,051	0,29	0,29	5,5	0,77	25	0,032	0,09	0,09	5,5	0,39	−0,20	−0,38	—	—
			3,0				0,87	+	1,82							−0,20	−0,38		

$$= 2,69 \text{ mm WS}$$

bereits verbraucht 2,57 + 3,01 $= \underline{5,58 \text{ mm WS}}$

$$8,27 \text{ mm WS}$$

durch Änderung der Teilstrecke 15 $\underline{- 0,58 \text{ mm WS}}$

$$\underline{\underline{7,69 \text{ mm WS}}}$$

Die Teilstrecke 15 wurde verstärkt, da nicht genügend Reserve gegeben war.

Berechnung des Wirksamen Druckes

| Teil-strecke | Wasser-menge | Länge der Teil-strecke l | Senk-rechter Ab-stand h | Vorl. Rohr-durch-messer d | mit vorläufigem Rohrdurchmesser | | | | | | | | | | | | mit geändertem Rohrdurchmesser | | | Unter-schied | Wirk-samer Druck bis Ende der Teil-strecke $\Sigma(p_n)$ |
| | | | | | t_E | t_R | t_E-t_R | $l\cdot f$ | k_R | $1-\eta$ | Q | δ | t_A | t_m | τ | p_n | d | Φ_p | p_n | 20—17 | |
Nr.	kg/h	m	m	mm	°C	°C	Grad	m³	$\frac{kcal}{m^2h°}$	—	$\frac{kcal}{h}$	Grad	°C	Grad	$\frac{kg}{m^3°}$	mm WS	mm	—	mm WS	mm WS	mm WS
1	2	3	4	5	6	7	8	9	10	11	12	13	14	15	16	17	18	19	20	21	22

Stromkreis des Heizkörpers 4

Teil-strecke	Wasser-menge	l	h	d	t_E	t_R	t_E-t_R	$l\cdot f$	k_R	$1-\eta$	Q	δ	t_A	t_m	τ	p_n	d	Φ_p	p_n	20—17	$\Sigma(p_n)$
1	380	1,8	1,30	51,5	90	15	75	0,32	12,4	1,0	298	0,78	89,22	89,6	0,67	0,68	—	—	—	—	0,68
A. G.	380	—	2,20	—	89,22	15	74,2	0,30	10,0	1,0	222	0,58	88,64	88,9	0,67	0,85	—	—	—	—	1,53
2	380	4,0	2,20	51,5	88,64	15	73	0,72	12,3	1,0	647	1,70	86,94	87,8	0,66	2,47	40	0,85	2,10	−0,37	3,63
3	310	5,0	2,20	40	86,94	15	71	0,76	12,6	1,0	680	2,19	84,75	85,8	0,65	3,13	—	—	—	—	6,76
4	210	6,0	2,20	32	84,75	15	69	0,80	12,6	1,0	696	3,32	81,43	83,1	0,64	4,67	—	—	—	—	11,43
5a	110	4,0	2,20	25	81,43	15	66	0,42	12,8	1,0	355	3,23	78,20	79,8	0,62	4,40	—	—	—	—	15,83
5b	110	2,0	1,45	25	78,20	15	63	0,21	12,7	1,0	168	1,53	76,67	77,4	0,61	1,35	—	—	—	—	17,18
HK 1	110	—	−0,05	—	76,67	—	—	—	—	—	—	20,0	56,67	66,7	0,55	−0,55	—	—	—	—	16,63
6a	110	0,6	−0,6	25	56,67	15	41	0,06	11,2	1,0	28	0,26	56,41	57,0	0,49	−0,08	—	—	—	—	−0,73
6b	110	4,0	−0,9	25	56,41	15	41	0,42	11,2	0,2	39	0,35	56,06	56,6	0,49	−0,15	—	—	—	—	−0,65
M $^6/_{11}$	$^{110}/_{100}$	—	−0,9	—	56,06	—	—	—	—	—	—	0,11	55,95	56,0	0,49	−0,05	—	—	—	—	−0,50
7	210	6,0	−0,9	32	55,95	15	40	0,80	10,8	0,2	69	0,33	55,62	55,8	0,49	−0,15	—	—	—	—	−0,45
M $^7/_{13}$	$^{210}/_{100}$	—	−0,9	—	55,62	—	—	—	—	—	—	0,18	55,44	55,6	0,48	−0,08	—	—	—	—	−0,30
8	310	5,0	−0,9	40	55,44	15	40	0,76	10,6	0,2	65	0,21	55,23	55,3	0,48	−0,09	—	—	—	—	−0,22
M $^8/_{15}$	—	—	−0,9	—	55,23	—	—	—	—	—	—	0,06	55,17	55,2	0,48	−0,03	—	—	—	—	−0,13
9a	380	4,0	−0,9	51,5	55,17	15	40	0,72	10,4	0,2	60	0,16	55,01	55,1	0,48	−0,07	—	—	—	—	−0,10
9b	380	0,5	−0,65	51,5	55,01	15	40	0,09	10,4	1,0	37	0,10	54,91	55	0,48	−0,03	—	—	—	—	−0,03

$$16,27 - 0,37 = \underline{15,9 \text{ mm WS}}$$

Berechnung des Wirksamen Druckes (Fortsetzung)

Teil-strecke	Wasser-menge	Länge der Teil-strecke l	Senk-rechter Ab-stand h	Vorl. Rohr-durch-messer d	t_E	t_R	t_E-t_R	$l \cdot f$	k_R	$1-\eta$	Q	δ	t_A	t_m	τ	p_n	d	Φ_p	p_n	Unter-schied 20—17	Wirk-samer Druck bis Ende der Teil-strecke $\Sigma(p_n)$
Nr.	kg/h	m	m	mm	°C	°C	Grad	m²	$\frac{kcal}{m^2 h°}$	—	$\frac{kcal}{h}$	Grad	°C	Grad	$\frac{kg}{m^3°}$	mm WS	mm	—	mm WS	mm WS	mm WS
1	2	3	4	5	6	7	8	9	10	11	12	13	14	15	16	17	18	19	20	21	22

Stromkreis Heizkörper 3   11,43

Teil-strecke	Wasser-menge	l	h	d	t_E	t_R	t_E-t_R	$l \cdot f$	k_R	$1-\eta$	Q	δ	t_A	t_m	τ	p_n	d	Φ_p	p_n	20—17	$\Sigma(p_n)$
10	100	1,5	1,5	25	81,43	15	66	0,16	12,8	1,0	135	1,35	80,08	80,7	0,62	1,25					
HK 3	100	—	0,20	—	80,08	—	—	—	—	—	—	24,00	56,08	68,0	0,56	2,70					
11	100	0,6	— 0,6	25	56,08	15	41	0,06	11,2	1,0	28	0,26	55,82	56,0	0,49	—0,08					
M $^{11}/_6$	$^{100}/_{110}$	—	0,6	—	55,82	—	—	—	—	—	—	—0,13	55,95	56,0	0,49	0,04					—0,45

$$3,91$$
$$11,43 - 0,45 = 10,98$$
$$14,89$$

Stromkreis Heizkörper 2   6,76

Teil-strecke	Wasser-menge	l	h	d	t_E	t_R	t_E-t_R	$l \cdot f$	k_R	$1-\eta$	Q	δ	t_A	t_m	τ	p_n	d	Φ_p	p_n	20—17	$\Sigma(p_n)$
12	100	1,5	1,5	25	84,75	15	69	0,16	13,0	1,0	143	1,43	83,32	84,0	0,64	1,37	—	—	—	—	—
HK 2	100	—	0,2	—	83,32	—	—	—	—	—	—	28,0	55,32	69,3	0,56	3,14	—	—	—	—	
13	100	0,6	— 0,6	25	55,32	15	40	0,06	11,1	1,0	27	0,27	55,05	55,2	0,48	—0,08	—				
M $^{13}/_7$	$^{100}/_{210}$	—	— 0,6	—	55,05	—	—	—	—	—	—	— 0,39	55,44	55,2	0,48	0,11	—				—0,22

$$4,54$$
$$+ 6,76 - 0,22 = 6,54$$
$$11,08$$

Stromkreis Heizkörper 1   3,63

Teil-strecke	Wasser-menge	l	h	d	t_E	t_R	t_E-t_R	$l \cdot f$	k_R	$1-\eta$	Q	δ	t_A	t_m	τ	p_n	d	Φ_p	p_n	20—17	$\Sigma(p_n)$
14	70	1,5	1,5	20	86,94	15	71	0,126	13,5	1,0	121	1,72	85,22	86,1	0,65	1,68	—	—	—	—	—
HK 1	70	—	0,2	—	85,22	—	—	—	—	—	—	30,00	55,22	70,2	0,57	3,42	—	—	—	—	
15	70	0,6	— 0,6	20	55,22	15	40	0,05	11,4	1,0	23	0,33	54,89	55,0	0,48	—0,10	—				
M $^{15}/_8$	$^{70}/_{310}$	—	— 0,6	—	54,89	—	—	—	—	—	—	— 0,28	55,17	55,0	0,48	0,08	—				—0,10

$$5,08$$
$$+ 3,63 - 0,10 = 3,53$$
$$8,61$$

Berechnung der Heizkörper

gewählt
Radiator   Heizfläche

HK 4: $\quad t_m = 66,7°\ C, \quad \Theta = 66,7 - 20 = 46,7$ grd

$$f = \frac{2200}{1,81 \cdot 168} = 7,25\ \text{m}^2 \qquad 27/500^{200} \qquad 7,29\ \text{m}^2$$

HK 3: $\quad t_m = 68°\ C, \quad \Theta = 68 - 20 = 48$ grd

$$f = \frac{2400}{1,71 \cdot 174} = 8,06\ \text{m}^2 \qquad 22/1000^{200} \qquad 8,14\ \text{m}^2$$

HK 2: $\quad t_m = 69,3°\ C, \quad \Theta = 69,3 - 20 = 49,3$ grd

$$f = \frac{2800}{1,71 \cdot 181} = 9,05\ \text{m}^2 \qquad 25/1000^{200} \qquad 9,25\ \text{m}^2$$

HK 1: $\quad t_m = 70,2°\ C, \quad \Theta = 70,2 - 20 = 50,2$ grd

$$f = \frac{2100}{1,71 \cdot 185} = 6,64\ \text{m}^2 \qquad 18/1000^{200} \qquad 6,66\ \text{m}^2$$

Summe   31,34 m²

Anschlußleistung $380\ (90 - 54,91) = 13\,300$ kcal/h.

Kesselberechnung   Vorläufige Bestimmung: $13300/12000 = 1,11$ m².
Gewählt ein Kessel von 1,20 m² Heizfläche und einer Wärmeleistung von 14400 kcal/h.

Trägheitskonstante

	Material- Gewicht kg	Wasser- Gewicht kg	Wasserwert	
			einzel kcal/grd	zusammen kcal/grd
1 Kessel	130	50	—	66
31,34 m² Radiatoren ..	—	—	8,1	254
2 m Rohr 51,5/57	—	—	2,52	5
18,5 m Rohr $1^1/_2''$	—	—	1,81	34
12 m Rohr $1^1/_4''$	—	—	1,38	17
18 m Rohr $1''$	—	—	0,86	16
2 m Rohr $^3/_4''$	—	—	0,55	1
				393

$$U = \frac{393 \cdot 50}{13\,300} = 1,48\ \text{h} \ .$$

Nach Abb. 2/22 ist eine Vergrößerung des Kessels nicht erforderlich.

Bei Stockwerksheizungen nach dem Schleifensystem kann man zunächst die
gleichen Rohrdimensionen zugrunde legen, wie sie sich für normale Anlagen ergeben würden. Die hochliegenden Rücklaufleitungen erzeugen einen zusätzlichen Wirksamen Druck, welcher die längeren Wege mindestens ausgleicht. Im
übrigen ist dann eine genaue Durchrechnung, wie vorbeschrieben, notwendig.

3.115 Heißwasserheizung

Die Berechnung erfolgt genau so, wie für die Warmwasseranlagen, es sind nur
die für das höher temperierte Wasser geänderten Werte zu beachten. Dies wirkt
sich besonders auf den Wirksamen Druck aus. Wesentlich ist noch, daß man das
Temperaturgefälle größer wählen kann und damit eine Verringerung der umlaufenden Wassermenge und der Rohrdurchmesser erreicht.

Die Veränderung der Strömungswiderstände durch die höheren Wassertemperaturen sind gering, wie sich dies aus Abb. 2/27 ergibt, so daß man mit den für
80 grädiges Wasser gültigen Tabellen rechnen kann und meistens auch ohne Korrektur auskommt.

3.116 Die Beheizung tiefliegender Heizkörper bei Schwerkraftbetrieb

Häufig tritt die Notwendigkeit auf, Räume, die mit dem Kesselraum im gleichen Geschoß liegen, z. B. Kellerräume, zu heizen. Ist der Kesselraum gegenüber den zu beheizenden Räumen vertieft angeordnet, so ist ein genügender senkrechter Abstand von Kesselmitte bis Heizkörpermitte vorhanden und die Ausführung ist durchführbar. Hier ist allerdings zu beachten, daß der ungünstigste Stromkreis nun durch einen der tief stehenden Heizkörper gegeben ist. Es ergeben sich ein sehr geringes Druckgefälle und damit große Rohrweiten. Bei Anlagen mit *unterer Verteilung* ist es zweckmäßig, den Vorlauf für die hoch- und tiefgelegenen Heizkörper gemeinsam auszuführen, während man die Rückläufe trennt. Der über Fußboden zurückzuführende Rücklauf der tiefliegenden Heizkörper wird dann nicht so stark, kann leichter untergebracht werden und ist gefälliger. Gegebenenfalls wird der Rücklauf auch in Fußbodenkanälen angeordnet. In diesen Fällen ist die Entscheidung gemeinsamer oder getrennter Rücklauf nach dem Gesichtspunkte der billigsten Ausführung zu treffen.

Ist der Kesselraum nicht vertieft, so wird die Ausführung bedeutend schwieriger. Man kann sich damit helfen, daß die tiefliegenden Heizkörper etwas höher montiert werden. In untergeordneten Räumen ist dies wohl gangbar, aber nicht in allen Fällen. Hier kann man sich nur so helfen, daß man den tiefliegenden Heizkörpern ein getrenntes Rohrnetz gibt und dieses als Stockwerksheizung ausbildet. Die Vorlaufleitung darf hierbei nicht isoliert werden, um den notwendigen Wirksamen Druck zu erzielen.

Eine weitere Möglichkeit, besonders wenn es sich um einzelne Heizkörper handelt, ist noch gegeben, wenn man die tiefliegenden Heizkörper hinter die Stränge schaltet, wie dies in Abb. 3/7 dargestellt ist. Für die nachgeschalteten Heizkörper wird also das Einrohrsystem angewandt. Das Beispiel nach Abb. 3/7 ergibt für den ganzen Strang eine Wärmeleistung von 10000 kcal/h, wovon auf den Kellerheizkörper 1000 kcal/h entfällt. Das ganze für den Strang zur Verfügung stehende Temperaturgefälle von z. B. 20° verteilt sich also auf 18° für die hochliegenden und 2° für den tiefliegenden Heizkörper. Durch den Strang

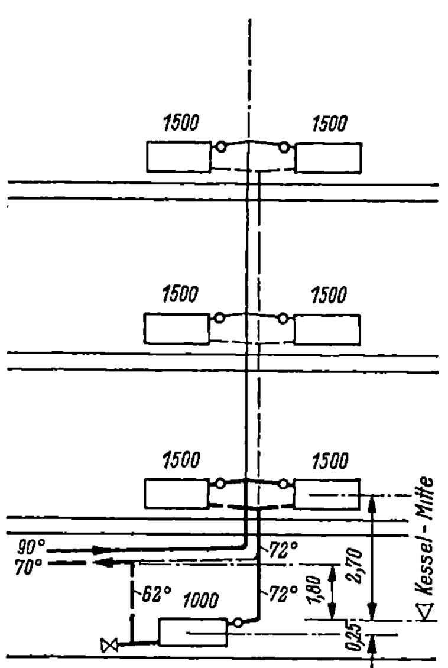

Abb. 3/7. Tiefliegender Heizkörper bei einer Schwerkraftwarmwasserheizung mit unterer Verteilung

Stark ausgezogene Leitung = ungünstigster Stromkreis

fließen 10000/20 = 500 kg/h Wasser. Nimmt man für den tiefliegenden Heizkörper ein Temperaturgefälle von 10° an, so müssen durch diesen 1000/10 = 100 kg/h Wasser fließen und durch die Kurzschlußverbindung 400 kg/h. Die mittlere Heizwassertemperatur für die hochliegenden Heizkörper ist 81° C und für den tiefliegenden 67° C. Die Rohrberechnung erfolgt nun derart, daß man für den ungünstigsten Stromkreis den Weg vom Vorlauf durch die unteren Heizkörper, Rücklauf, tiefstehender Heizkörper — Rücklauf zugrunde legt, wie dies in der Abbildung angedeutet ist. Der Wirksame Druck für diesen Stromkreis berechnet sich unter Vernachlässigung der Rohrleitungsverluste wie folgt

$$p = 2{,}70 \cdot 18 \cdot 0{,}63 - 0{,}25 \cdot 10 \cdot 0{,}55 - 1{,}80 \cdot 2 \cdot 0{,}55 = 27{,}2 \text{ mm WS},$$

für den Weg durch die Kurzschlußstrecke wird der Wirksame Druck

$$p = 2{,}70 \cdot 18 \cdot 0{,}63 + 1{,}80 \cdot 2 \cdot 0{,}58 = 32{,}7 \text{ mm WS}.$$

Für die Kurzschlußstrecke steht also ein Druck von $32{,}7 - 27{,}2 = 5{,}5$ mm WS, zuzüglich der Widerstände in den Anschlußleitungen des tiefliegenden Heizkörpers, zur Verfügung.

Dieser Druck muß in der Kurzschlußstrecke aufgebraucht werden; da die Druckdifferenz zwischen Anfang und Ende der Kurzschlußstrecke die Ursache für die Strömung durch den tiefliegenden Heizkörper ist. Damit sind alle Werte für die Berechnung der Heizkörper und des Rohrnetzes gegeben.

Zu beachten ist hierbei, daß der tiefliegende Heizkörper nur dann in Betrieb sein kann, wenn die darüber liegenden Heizkörper nicht oder wenigstens nicht alle abgesperrt sind.

Bei Anlagen mit *oberer Verteilung* liegen die Verhältnisse etwas günstiger, da der zusätzliche Wirksame Druck durch die obere Verteilung auch dem tiefstehenden Heizkörper zugute kommt. Auch bei diesem System kann man die tiefliegenden Heizkörper den Strängen nachschalten.

Bei *Einrohranlagen* liegen die Verhältnisse noch günstiger, wie dies bereits bei dem Einrohrsystem angegeben ist.

3.12 Die offenen Pumpensysteme

3.121 Die Pumpwarmwasserheizung nach dem Zweirohrsystem

Für die Berechnung bestehen keine Unterschiede zwischen unterer oder oberer Verteilung oder sonstigen Rohrnetzanordnungen.

Die Berechnung der Wassererwärmer und Heizkörper erfolgt in der bereits bekannten Weise. Für die Heizkörper kann man hierbei als mittlere Heizwassertemperatur allgemein das arithmetische Mittel zwischen Vor- und Rücklauftemperatur annehmen. Die Temperaturverluste in den Leitungen sind bei Pumpenheizungen durch die geringen Abmessungen nur gering. Nur bei großer horizontaler Ausdehnung empfiehlt es sich, die Temperaturverluste zu berechnen und bei der Bemessung der Heizkörper zu berücksichtigen.

Zur Berechnung des Rohrnetzes ist zunächst der Pumpendruck zu bestimmen, was nach wirtschaftlichen Gesichtspunkten zu geschehen hat. Da es zu weit führen würde, in jedem einzelnen Falle den wirtschaftlichen Pumpendruck zu errechnen, hilft man sich in der Praxis mit Erfahrungszahlen. So kann man beispielsweise an Hand des Umfanges der Anlage aus der Erfahrung heraus den Pumpendruck festlegen. Oder aber man bestimmt für den ungünstigsten Stromkreis die Rohrdurchmesser, indem man bestimmte Geschwindigkeiten zugrunde legt oder ein zulässiges Reibungsgefälle. Daraus errechnet sich dann der Pumpendruck. Als Geschwindigkeiten empfiehlt es sich 1,00 bis 1,50 m/s am Wassererwärmer zugrunde zu legen und bis zu dem Heizkörperanschluß auf etwa 0,40 m/s herunterzugehen. Als Reibungsgefälle kann man mit 5 bis 10 mm WS/m rechnen. Bei ausgesprochenen Gebäudeanlagen soll man den Pumpendruck nicht zu hoch wählen, da es sonst schwierig ist, in den vorderen Strängen den Pumpendruck aufzubrauchen.

Die Rohrnetzberechnung ist nach Festlegung des Pumpendruckes verhältnismäßig einfach, da der Wirksame Druck (Pumpendruck) eindeutig festliegt und an einer Stelle auftritt. Ein besonderes Beispiel ist zur Erläuterung nicht notwendig.

Hier muß aber noch die neben der Pumpenwirkung jeweils mitlaufende Schwerkraftwirkung behandelt werden. Bei niedrigen Gebäuden ist diese so gering, daß sie vernachlässigt werden kann. Bei hohen Gebäuden kann jedoch die Schwerkraftwirkung nicht mehr unbeachtet bleiben. Nimmt man beispielsweise an, daß für die Gebäudeanlage ein Pumpendruck von 1000 mm WS zur Verfügung steht und daß der höchstgelegene Heizkörper eine Schwerkraftwirkung von $16{,}0 \cdot 12{,}50$ $= 200$ mmWS erzeugt, so kann man diese Wirkung nicht einfach vernachlässigen. Bei maximaler Leistung steht also für den höchstgelegenen Heizkörper ein Wirksamer Druck von 1200 mm WS zur Verfügung, während für die tiefer gelegenen Heizkörper der Wirksame Druck geringer wird und sich mehr den 1000 mm WS der Pumpe annähert. Man könnte also die Rohrnetzberechnung ähnlich wie bei der Schwerkraftanlage durchführen. Hierbei ist jedoch noch zu beachten, daß mit dem Absinken der Heizwassertemperatur die Schwerkraftwirkung zurückgeht, während der Pumpendruck konstant bleibt.

Dies bedeutet also, daß bei absinkenden Temperaturen die Wassermenge für die Heizkörper zurückgeht, und zwar um so mehr, je höher der Heizkörper angeordnet ist. Berücksichtigt man also die Schwerkraftwirkung ganz, so werden die hochgelegenen Heizkörper bei mittleren Temperaturen in ihrer Heizwirkung etwas benachteiligt. Berücksichtigt man die Schwerkraftwirkung nicht, so werden die hochgelegenen Heizkörper in ihrer Wärmeleistung begünstigt, und zwar um so mehr, je höher die Heizwassertemperaturen liegen. Es empfiehlt sich daher, die Schwerkraftwirkung bei der Rohrnetzberechnung etwa mit der Hälfte ihrer maximalen Wirkung zu berücksichtigen. Auf diese Weise erhält man die am besten ausgeglichenen Verhältnisse.

Beispiel. Zugrunde gelegt wurde die Anlage nach Abb. 3/1. Die Pumpe wurde im Rücklauf angeordnet, so daß sie praktisch aus dem ganzen System saugt. Bei dem zu erwartenden Pumpendruck ist jedoch an keiner Stelle des Systems mit der Bildung eines Unterdruckes zu rechnen, so daß die Anordnung der Pumpe im Rücklauf verantwortet werden kann. Andernfalls, beispielsweise bei Ausbildung der Anlage mit oberer Verteilung, muß die Pumpe im Vorlauf eingebaut werden, damit sie auf das ganze System drückt.

Die Förderleistung der Pumpe ergibt sich aus dem Wärmebedarf der Anlage zu

$$G = \frac{116000}{(90 - 70) \cdot 1{,}00} = 5800 \text{ kg/h}$$

oder zu

$$L = 5800 \frac{1000}{977{,}7} = 5940 \text{ l/h} .$$

Die Förderhöhe der Pumpe bestimmt sich wie folgt. Die Gesamtlänge des ungünstigsten Stromkreises beträgt 57 m. Legt man ein Rohrreibungsgefälle von 5 mm WS/m zugrunde, so ergibt sich ein Druckverlust durch Reibung von $57 \cdot 5 = 285$ mm WS. Bei einem Anteil der Einzelwiderstände von 50% am Gesamtdruckverbrauch errechnet sich dieser zu $285 + 285 = 570$ mm WS. Hinzu kommt noch der Druckverbrauch in den Anschlußleitungen und Absperrorganen der Pumpe, der mit 100 mm WS angenommen sei. Der Gesamtdruckverbrauch erhöht sich damit auf 670 mm WS. Die zu berücksichtigende Schwerkraftwirkung beträgt für die Heizkörper der obersten Etage

$$\frac{8,75 \cdot 0,624 \cdot 20}{2} = 54 \text{ mm WS}$$

für die Heizkörper der mittleren Etage

$$\frac{5,75 \cdot 0,624 \cdot 20}{2} = 36 \text{ mm WS}$$

für die Heizkörper der unteren Etage

$$\frac{2,45 \cdot 0,624 \cdot 20}{2} = 15 \text{ mm WS}.$$

Von der Pumpe müßten also aufgebracht werden $670 - 54 = 616$ mm WS. Umgerechnet in Flüssigkeitssäule ergibt sich $616 \cdot \dfrac{1000}{977,7} = 632$ mm Fl.S.

Nun kann man aus der Pumpentabelle eine geeignete Pumpe auswählen, z. B. eine Pumpe, die bei 6000 l/h eine Förderhöhe von 650 mm Fl.S. erreicht.

Diese Pumpe leistet also $650 \cdot \dfrac{977,7}{1000} = 646$ mm WS. Die Wirksamen Drücke für die einzelnen Stockwerke werden dann zu

$$646 + 54 = 700 \text{ mm WS für das oberste Geschoß}$$
$$646 + 36 = 682 \text{ mm WS für das mittlere Geschoß}$$
$$646 + 15 = 661 \text{ mm WS für das unterste Geschoß}.$$

Mit diesen Werten ist dann das Rohrnetz in der bereits bekannten Weise zu berechnen. Da keine weiteren Besonderheiten mehr auftreten, ist die Durchrechnung eines Beispiels nicht notwendig.

3.122 Die Einrohr-Pumpwarmwasserheizung

Das System entspricht der Anlage mit oberer Verteilung, nur daß die Heizkörper an den einzelnen Strängen nach dem Einrohrsystem angeschlossen sind. Es gelten auch hier die gleichen Gesichtspunkte, wie wir sie bereits bei der Schwerkraftanlage kennenlernten, insbesondere auch für die Berechnung der Heizkörper.

Die Rohrnetzberechnung ist dagegen wesentlich einfacher, da hier der Wirksame Druck durch den Pumpendruck gegeben ist. Die Berücksichtigung der Schwerkraftwirkung ist auch hier möglich. Da hier jedoch gewissermaßen der ganze Strang als Heizkörper aufzufassen ist, können durch die Schwerkraftwirkung keine unterschiedlichen Einflüsse auf die Heizkörper verschiedener Höhenlage wirksam werden. Meist werden die einzelnen Stränge auch etwa die gleichen Schwerkraftwirkungen haben. Dies bedeutet aber praktisch, daß man die Schwerkraftwirkung als eine entsprechende Erhöhung des Pumpendruckes annehmen kann. Es ist auch durchaus angängig, daß man die Schwerkraftwirkung voll einsetzt. Bei niedrigen Heizwassertemperaturen gehen dann die umlaufenden Wassermengen verhältnismäßig gleichmäßig in allen Teilen des Rohrnetzes in unbedeutendem Maße zurück. Abb. 3/8 gibt diese Verhältnisse wieder. Addiert man zu dem Pumpendruck die jeweils der Wassermenge entsprechende

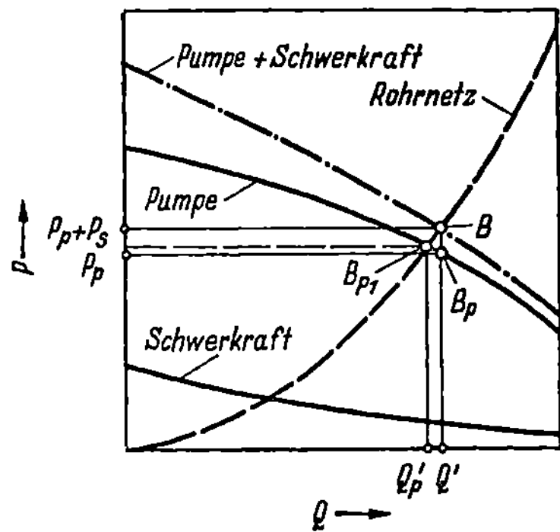

Abb. 3/8. Pumpen- und Schwerkraftwirkung in einem Rohrnetz

Schwerkraftwirkung unter Annahme einer bestimmten Vorlauftemperatur hinzu, so erhält man die Gesamtdrucklinie. Es liegen also hier ähnliche Verhältnisse vor, wie bei dem Hintereinanderschalten zweier Pumpen. Der Schnittpunkt B mit der Rohrnetzkennlinie gibt dann den Betriebspunkt der Anlage an. Die Pumpe selbst arbeitet auf dem Pumpenbetriebspunkt B_p. Mit dem Rückgang der Heizwassertemperatur wandert der Betriebspunkt B auf der Rohrnetzkennlinie abwärts, um bei kaltem Wasser schließlich den reinen Pumpenbetriebspunkt B_{p_1} der Pumpe zu erreichen, während der Betriebspunkt B_p auf der Pumpenkennlinie aufwärts wandert bis er mit B_{p_1} zusammenfällt.

Auch die Berechnung der Kurzschlußstrecken ist sehr einfach. Diese wird mit der Restwassermenge berechnet, und zwar so, daß in der Kurzschlußstrecke der gleiche Strömungswiderstand auftritt, wie im Heizkörper und seinen Anschlußleitungen.

3.123 Die offene Pumpenheißwasserheizung

Auch hier liegen für die Berechnung keine prinzipiell andersartige Verhältnisse vor. Die Berechnung erfolgt wie für Warmwasseranlagen unter Berücksichtigung der Stoffwerte des Wassers für die höheren Temperaturen.

3.2 Die geschlossenen Systeme

Die Berechnung der Kessel, der Heizkörper und des Rohrnetzes bietet hier keine Besonderheiten, so daß auf die früheren Entwicklungen und Beispiele verwiesen werden kann.

Bei der Ausbildung der Heizzentrale treten jedoch einige Besonderheiten auf, die hier an Beispielen erläutert werden sollen.

Als allgemeines Beispiel sei eine Anlage mit einer Anschlußleistung von 2 500 000 kcal/h und mit den maximalen Heizwassertemperaturen von 160/100° C zugrunde gelegt. Das Rohrnetz erfordere einen Druck von 10,20 m WS.

Bestimmung der Pumpe

Die Pumpe sei im Vorlauf eingebaut und fördere daher Vorlaufwasser mit einer maximalen Temperatur von 160° C.

Förderleistung nach Gl. (2.6/36)

$$V = \frac{2\,500\,000}{(160 - 100) \cdot 1,02 \cdot 907,4} = 45 \text{ m}^3/\text{h} .$$

Druckleistung nach Gl. (2.6/37)

$$p_{\text{Fl}} = 10,2 \cdot \frac{1000}{907,4} = 11,5 \text{ m Fl.S.}$$

Kraftbedarf bei einem Wirkungsgrad der Pumpe von $\eta_p = 0,65$, nach Gl. (2.6/38)

$$N = \frac{45 \cdot 11,5 \cdot 907,4}{3600 \cdot 75 \cdot 0,65} = 2,68 \text{ PS.}$$

Fördert die Pumpe kaltes Wasser (z. B. 4° C), so ergibt sich ein Kraftbedarf von

$$N = \frac{45 \cdot 11{,}5 \cdot 1000}{3600 \cdot 75 \cdot 0{,}65} = 2{,}96 \text{ PS.}$$

Der Antriebsmotor der Pumpe ist mit mindestens $1{,}20 \cdot 2{,}96 = 3{,}5$ PS Leistung vorzusehen.

Die zeitliche Volumenänderung

Die Kesselanlage ist für eine Normalleistung von 2 500 000 kcal/h ausgelegt. Die maximale Kesselleistung, die während des Anheizens gefahren werden muß, sei mit $1{,}2 \cdot 2\,500\,000 = 3\,000\,000$ kcal/h angenommen. Bei den höchsten Betriebstemperaturen von 160/100° C, im Mittel 130° C, ergibt sich nach Gl. (2.1/11) eine maximale Wasserausdehnung von

$$L = 0{,}96 \cdot 10^{-6} \cdot 3\,000\,000 = \textbf{2{,}88 m}^3/\textbf{h.}$$

Bei abgesperrtem Kessel ist es denkbar, daß der ganze Kesselinhalt auf 160° C aufgeheizt ist. Dann beträgt die maximale Wasserausdehnung

$$L = 1{,}1 \cdot 10^{-6} \cdot 3\,000\,000 = \textbf{3{,}45 m}^3/\textbf{h.}$$

Die größte zeitliche Volumenverminderung ergibt sich, wenn bei maximalen Betriebstemperaturen die Wärmezufuhr zum System eingestellt wird. Es ist dann in diesem Augenblick noch die volle Wärmeabgabe der Anlage wirksam:

$$L = 0{,}96 \cdot 10^{-6} \cdot 2\,500\,000 = \textbf{2{,}4 m}^3/\textbf{h.}$$

Der Mindestdruck der Anlage

Zentrifugalpumpen benötigen an ihrem Saugstutzen einen bestimmten Mindestdruck über dem Verdampfungsdruck des Wassers, um Kavitation zu verhindern. Dieser Mindestdruck ist von den Pumpenlieferanten anzugeben, da dieser nach der Pumpentype und den Betriebsverhältnissen verschieden ist. Der Druck im Heißwassererzeuger muß also mindestens so hoch sein, daß dieser Mindestdruck an der Pumpe erreicht wird, wenn nicht die Anlage, z. B. durch hochgelegene Anlageteile, noch höhere Drücke erfordert.

Setzen wir eine Anlage nach Abb. 1/38 voraus, und nehmen wir weiter an, daß die Pumpenachse 3,00 m tiefer liege als der niedrigste Wasserstand im Kessel, so ergibt sich folgende Rechnung:

Der Wassertemperatur von 160° C entspricht ein Dampfdruck von 6,302 kg/cm².

Der zusätzliche Mindestdruck am Saugstutzen der Pumpe betrage

5 m WS $= 0{,}500$ kg/cm²

Erforderlicher Druck am Saugstutzen der Pumpe $= 6{,}802$ kg/cm²

Zu diesem Druck müssen noch die Strömungswiderstände in der Saugleitung der Pumpe zugeschlagen werden. Die Leitung werde mit einem Durchmesser von 100,5 mm ausgeführt; sie sei 15 m lang und habe folgende Einzelwiderstände

1 Ansaugstelle im Kessel	$\zeta =$	1,5
1 Mischdüse	$\zeta =$	1,0
2 Absperrventile je 4,0	$\zeta =$	8,0
6 Bogen je 0,4	$\zeta =$	2,4
	$\Sigma\zeta =$	$\overline{12{,}9}$

Zu übertragen $\overline{6{,}802 \text{ kg/cm}^2}$

Übertrag   6,802 kg/cm²

Nach den Tabellen für 80grädiges Wasser ergibt sich bei einer

Wassermenge von $\dfrac{2\,500\,000}{60\cdot 1{,}02} = 40\,900$ kg/h,

$w = 1{,}5$ m/s, $R = 17$ mm WS/m.

Reibungswiderstand $15\cdot17\cdot0{,}965 =$ 246 mm WS
Einzelwiderstände $12{,}9\cdot111\cdot1{,}072 =$ 1540 mm WS
Gesamtströmungswiderstände $= \overline{1786 \text{ mm WS}}$ $= 0{,}179$ kg/cm²
                                                                          $\overline{6{,}981 \text{ kg/cm}^2}$

Von diesem Druck kann noch der durch die geodätische Höhe
von 3,00 m gegebene Druck abgesetzt werden $0{,}3\cdot0{,}907 = 0{,}272$ kg/cm²

Erforderlicher Mindestdruck im Kessel $\overline{6{,}709 \text{ kg/cm}^2}$

Die Anlage werde daher für einen Kesseldruck von 7,0 ata = 6,0 atü ausgelegt.

Die Mischwasserleitung

Bei 7 ata ist die Verdampfungstemperatur des Wassers 164,1° C. Das Wasser
wird also mit annähernd 164° C aus dem Kessel entnommen. Zur Herabsetzung
der Temperatur auf 160° C errechnet sich die dem Vorlaufwasser zuzuspeisende
Rücklaufwassermenge nach der umgeformten Gl. (2.6/29) zu

$$G_R = 40\,900\cdot\frac{164 - 160}{164 - 100} = 2560 \text{ kg/h}.$$

Aus dem Kessel entnommen werden

$$G_V = 40\,900 - 2560 = 38\,440 \text{ kg/h}.$$

Die Mischwasserleitung ist also für 2560 kg/h zu bemessen.

3.21 Geschlossene Heißwasserheizung mit Druckerzeugung durch eine besondere Pumpe
(Abb. 1/34)

Bei dieser Anlage muß die Pumpe P_2 so ausgelegt werden, daß sie die maximale
Volumenverminderung ausgleichen kann. Nach dem Beispiel müßte die Pumpe
P_2 für eine Mindestwassermenge von 2,4 m³/h ausgelegt werden. Man wird eine
Pumpe mit einer Leistung von etwa 3 m³/h wählen. Das Abflußventil muß mindestens 3,45 m³/h, d. h. die maximale Ausdehnung ableiten können. Das Speisewassergefäß muß so groß ausgebildet werden, daß die gesamte Wasserausdehnung
aufgenommen werden kann.

3.22 Geschlossene Heißwasserheizung mit Misch- wasservorwärmer (Düsenapparat)
(Abb. 1/44)

Der Mindestdruck im Düsenvorwärmer und die Mischwasserleitung bestimmen
sich wie im Beispiel angegeben. Der Druck im Dampfkessel muß etwas höher gewählt werden als im Vorwärmer, da die Strömungswiderstände in der Dampfleitung und den Düsen überwunden werden müssen. Bei einem Druck im Düsenvorwärmer von 7 ata werde hier ein Druck von 8 ata im Kessel angenommen.

Die Dampfmenge errechnet sich zu

$$D = \frac{2500000}{660,8 - 161,3} = 5000 \text{ kg/h} \, .$$

Der Kondenstopf hat maximal eine Wassermenge abzuleiten, die sich aus der zugeführten Dampfmenge und der maximalen Wasserausdehnung zusammensetzt:

$$\begin{array}{ll} \text{aus dem zugeführten Dampf } 5000/907,4 & = 5,51 \text{ m}^3/\text{h} \\ \text{Wasserausdehnung maximal} & = 2,88 \text{ m}^3/\text{h} \\ \hline & 8,39 \text{ m}^3/\text{h} \end{array}$$

Die Speiseleitung für das Düsengerät muß für mindestens 2,4 m³/h ausgelegt werden.

Die Wasserausdehnung wird im Speisewassergefäß aufgenommen.

3.23 Geschlossene Heißwasserheizung mit Misch-wasservorwärmer (Kaskade)
(Abb. 1/45)

Der untere Teil der Kaskade dient als Ausdehnungsraum. Dieser Ausdehnungs-raum muß so groß sein, daß er beim Erkalten der Anlage die Verminderung des Wasservolumens der Anlage ausgleichen kann. Der Abflußregler wird von einem höchsten Wasserstand in der Kaskade gesteuert. Er muß für die gleiche Wasser-menge, wie im Kapitel 3.22 dargestellt, bemessen werden.

Zu beachten ist bei dieser Anlage, daß für die Umwälzpumpe eine geodätische Förderhöhe auftritt, die sich als Abstand der Einspritzstelle vom Wasserspiegel darstellt.

3.24 Geschlossene Heißwasserheizung mit Oberflächenvorwärmer
(Abb. 1/46, 1/47 und 1/48)

Die Bestimmung des Oberflächenvorwärmers, des Mindestdruckes im Aus-dehnungsgefäß usw. bietet nichts Besonderes, so daß auf die früheren Entwick-lungen verwiesen werden kann.

Bei der Kondensatkühlung ist folgender Rechnungsgang anzuwenden.

Beispiel. Die maximalen Heizwassertemperaturen mögen hier 150/90° betragen. Der Heiz-dampf stehe mit einem Druck von 8 ata und einer Dampftemperatur von 300° C zur Ver-fügung. In dem Kondensatkühler werde das Kondensat auf 95° herabgekühlt, um jede Nach-verdampfung zu vermeiden. Im übrigen gelten die Werte unseres Beispiels.

Die Wärmeleistung verteilt sich auf die beiden Oberflächenvorwärmer wie folgt:

Wärmeinhalt des Heizdampfes	729,2 kcal/kg	
Wärmeinhalt des Kondensates bei der Sattdampftemperatur	171,3 kcal/kg	
Wärmegewinn im Kondensator		557,9 kcal/kg
Wärmeinhalt des Kondensates von 95° C	95,0 kcal/kg	
Wärmegewinn im Kühler		76,3 kcal/kg
Gesamter Wärmegewinn		634,2 kcal/kg

Die Wärmeübertragung verteilt sich demzufolge auf den Kondensator mit

$$\frac{2\,500\,000 \cdot 557,9}{634,2} = 2\,200\,000 \text{ kcal/h}$$

und den Kühler mit

$$\frac{2\,500\,000 \cdot 76,3}{634,2} = 300\,000 \text{ kcal/h}\,.$$

Es findet demzufolge im Kühler eine Wassererwärmung von 90° C auf

$$90 + \frac{60 \cdot 300\,000}{2\,500\,000} = 97,2° \text{ C}$$

und im Kondensator von 97,2° C auf

$$97,2 + \frac{60 \cdot 2\,200\,000}{2\,500\,000} = 150° \text{ C statt.}$$

Kondensator. Als Dampftemperatur werde die Sattdampftemperatur des Dampfes mit 169,6° C eingesetzt. Es wird damit $\Delta_g = 169,6 - 97,2 = 72,4°$ und $\Delta_K = 169,6 - 150 = 19,6°$. Hieraus errechnet sich die mittlere Temperaturdifferenz nach Gl. (2.2/41) zu

$$\Delta_m = 72,4 \,\frac{1 - \dfrac{19,6}{72,4}}{\ln \dfrac{72,4}{19,6}} = 40,4°.$$

Bei einer Wärmeübergangszahl von 1300 kcal/m² h grd errechnet sich die erforderliche Heizfläche zu

$$F_{K_0} = \frac{2\,200\,000 \cdot 1,1}{1300 \cdot 40,4} = 46,1 \text{ m}^2.$$

Kühler. $\Delta_g = 169,6 - 97,2 = 72,4°$; $\quad \Delta_K = 95 - 90 = 5°$

$$\Delta_m = 72,4 \,\frac{1 - \dfrac{5}{72,4}}{\ln \dfrac{72,4}{5}} = 25,2°.$$

Bei einer Wärmeübergangszahl von 500 kcal/m² h grd errechnet sich die erforderliche Heizfläche zu

$$F_{K\ddot{u}} = \frac{300\,000 \cdot 1,1}{500 \cdot 25,2} = 26,2 \text{ m}^2.$$

3.3 Sonderformen

3.31 Schwerkraft- und Pumpenanlagen mit gemeinsamer Heizzentrale

Die Berechnung des Schwerkraftteiles wie auch des Pumpenteiles geschieht nach den bereits geschilderten Gesichtspunkten. Bei der Bemessung der Rohrnetze ist jedoch darauf zu achten, daß der Pumpenbetrieb die Wirkung des Schwerkraftteiles nicht beeinträchtigt. Dies wird am einwandfreiesten erreicht, wenn die beiden Teile getrennt an den Wassererwärmer angeschlossen werden.

Werden jedoch Teile des Rohrnetzes für beide Teile gemeinsam erstellt, so muß die Dimensionierung dieser Teile für den Schwerkraftbetrieb erfolgen, und zwar für die gesamte durchfließende Wassermenge. Dabei ist noch zu beachten, daß bei der Pumpenanlage die Wassermenge auch bei geringerer Temperatur bzw. bei geringerer Belastung konstant bleibt, bei der Schwerkraftanlage jedoch zurückgeht. Der Anteil der Pumpengruppe am durchfließenden Wasser in dem gemeinsamen Rohrnetzteil wird also mit abnehmender Belastung größer. Der Druckverbrauch in diesem Rohrnetzteil geht also in geringerem Maße zurück als im reinen Schwerkraftteil. Es muß deshalb dafür gesorgt werden, daß diese Einwirkung so gering bleibt, daß sie den Umlauf im Schwerkraftteil nur in geringem Maße beeinflußt.

3.32 Kombiniertes Schwerkraft- und Pumpensystem

Die Rohrnetze müssen für die Schwerkraftwirkung berechnet werden, da nur so eine genügende Schwerkraftzirkulation sicherzustellen ist. Man legt jedoch statt der üblichen 20° Temperaturgefälle ein solches von z. B. 40° zugrunde. Es steht dann für das Rohrnetz ein größerer Wirksamer Druck zur Verfügung, andererseits wird die Wassermenge verringert, so daß das Rohrnetz wesentlich schwächer ausgeführt werden kann. Die höchste Vorlauftemperatur liegt durch das System fest und kann nicht gesteigert werden, so daß die mittlere Wassertemperatur herabgesetzt wird. Demzufolge erreichen die Heizkörper nicht mehr die geforderte Wärmeleistung. Reicht die Wärmeleistung der Heizkörper bei Schwerkraftbetrieb nicht mehr aus, so muß auf Pumpenbetrieb übergegangen werden. Zu der Schwerkraftwirkung, die sich dann durch die erhöhte Wassermenge und den dadurch bedingten geringeren Temperaturabfall vermindert, kommt jetzt der für alle Stromkreise gleiche Pumpendruck noch hinzu.

Die Pumpenwirkung ist für die Stromkreise mit geringerem Wirksamen Druck verhältnismäßig wesentlich größer als für die Stromkreise mit höherem Wirksamen Druck. Bei den ersteren ergibt sich daher ein wesentlich kleineres Temperaturgefälle als bei den letzteren. Die mittlere Heizwassertemperatur wird für die verschiedenen Heizkörper verschieden hoch. Die tiefgelegenen Heizkörper werden in ihrer Wärmeleistung stärker gesteigert als die hochgelegenen. Die generelle Regelfähigkeit ist stark beeinträchtigt. Die Anlage muß mit den Temperaturen gefahren werden, welche die höchstgelegenen Heizkörper erfordern. Die tiefer gelegenen Heizkörper geben mehr Wärme ab, als notwendig, und es ergibt sich ein erhöhter Brennstoffverbrauch.

Lediglich bei Anlagen, bei denen sich für alle Stromkreise nahezu derselbe Wirksame Druck ergibt, treten die vorstehend beschriebenen Nachteile nicht auf. Das sind z. B. Anlagen mit einem beheizten Geschoß und tief aufgestelltem Kessel (keine Stockwerksheizung). Für diese seien die nachfolgenden Entwicklungen durchgeführt.

Verhältnisse der Durchmesser gegenüber normaler Schwerkraftdimensionierung

Auch hier gilt, daß der Wirksame Druck gleich sein muß den auftretenden Strömungswiderständen, also $1\,R + Z = \delta\,\tau\,h$.

Es ist allgemein $\quad R = \xi\,\dfrac{\gamma}{d}\,\dfrac{w^2}{2g}$, worin $w = \dfrac{4\,G}{\pi\,d^2}$.

Aus diesen beiden Formeln errechnet sich

$$R = \frac{8\,\xi\,\gamma}{\pi^2 g} \cdot \frac{G^2}{d^5} = c_R \frac{G^2}{d^5} \,. \tag{3.3/1}$$

Hierin ist $\dfrac{8\,\xi\gamma}{\pi^2 g}$ gleich einer Konstanten c_R gesetzt. Da jedoch ξ auch von der Geschwindigkeit und damit von G abhängig ist, ist c_R an sich nicht konstant. Die Veränderungen sind jedoch unbedeutend, so daß man mit genügender Annäherung c_R als konstant unterstellen kann.

Aus den Formeln $z = \Sigma\,\zeta\,\dfrac{\gamma}{2g}\,w^2$ und $w = \dfrac{4\,G}{\pi\,d^2}$ errechnet sich weiter

$$z = \frac{8\,\gamma}{\pi^2 g} \cdot \frac{G^2}{d^4} = c_z \frac{G^2}{d^4} \,. \tag{3.3/2}$$

Wir erhalten damit

$$l\,c_R\,\frac{G^2}{d^5} + c_z\,\frac{G^2}{d^4} = \delta\,\tau\,h \,.$$

Da die Anteile der Reibungs- und Einzelwiderstände am Gesamtwiderstande etwa gleich sind, kann man die Abhängigkeit beider vom Rohrdurchmesser einem mittleren Exponenten von d gleichsetzen und man erhält

$$\delta\,\tau\,h = c_g\,\frac{G^2}{d^{4,5}} \,, \tag{3.3/3}$$

worin
$$c_g = l\,c_R + c_z \,. \tag{3.3/4}$$

Aus der Gl. (3.3/3) errechnet sich

$$d = c_g \sqrt[4,5]{\frac{G^2}{\delta\,\tau}} \,. \tag{3.3/5}$$

Verwendet man die Formel (3.3/5) für den Fall der reinen Schwerkraftdimensionierung, und zwar für die maximale Belastung, während man für die Dimensionierung bei kombiniertem Schwerkraft — Pumpenbetrieb

$$d' = c_g \sqrt[4,5]{\frac{(G')^2}{\delta'\,\tau'}}$$

setzt, und zwar für Schwerkraftbetrieb und maximale Leistung, so erhält man das Verhältnis der Rohrdurchmesser zu

$$\frac{d'}{d} = \sqrt[4,5]{\left(\frac{G'}{G}\right)^2 \cdot \frac{\delta}{\delta'} \cdot \frac{\tau}{\tau'}} \,. \tag{3.3/6}$$

Beispiel. $\delta = 20\ \text{grd}$; $t_v = 90^\circ\,\text{C}$, $t_r = 70^\circ\,\text{C}$; $\tau = \tau_{80} = -\,0{,}624$; $G' = 0{,}5\,G$; $t'_v = 100^\circ\,\text{C}$, $t'_r = 60^\circ\,\text{C}$; $\tau' = \tau_{80} = -\,0{,}624$, $\delta' = 40\ \text{grd}$

$$\frac{d'}{d} = \sqrt[4,5]{0{,}5^2 \cdot \frac{20}{40} \cdot 1} = 0{,}63 \,.$$

Es ergibt sich also, daß die Kombination Schwerkraft- und Pumpenbetrieb eine Verringerung der Rohrdurchmesser auf 63% der Stärke bei reinem Schwerkraftbetrieb ermöglicht. Es ist hier noch von Interesse, bis zu welcher Belastung der Schwerkraftbetrieb möglich ist, sofern man als höchste Vorlauftemperatur 90° C zuläßt.

Zu diesem Zwecke muß auf das Kapitel Leistungsregelung vorgegriffen werden. Wir können aus dem Arbeitsblatt 24 entnehmen, daß eine Anlage, die für 100/60° C dimensioniert ist, bei einer Vorlauftemperatur von 90° C eine Leistung von 82% der Nennleistung erreicht, sie kann also $0{,}82 \cdot 35 = 29°$ Temperaturdifferenz zwischen innen und außen überwinden, d. h. die Anlage kann bis zu einer Außentemperatur von $-9°$ C mit Schwerkraft betrieben werden. Bis auf wenige Tage im Jahr kann die Anlage daher mit Schwerkraft laufen.

Durch die geringeren Rohrdurchmesser wird der Wasserwert und damit die Trägheit der Anlage geringer. Die Anlage läßt sich also schneller anheizen. Es ist jedoch eine irrige Ansicht, daß in der Heizzeit, in welcher ein Pumpenbetrieb nicht notwendig ist, durch den Pumpenbetrieb ein rascheres Erwärmen der Räume erzielt werden könnte. Bei einem einmal gegebenen System ist die Schnelligkeit der Raumerwärmung nur noch von der Kesselleistung abhängig.

Die Förderleistung der Pumpe bestimmt sich nach der Gl. (2.6/36). Der erforderliche Pumpendruck bestimmt sich aus dem für den Pumpenbetrieb notwendigen Wirksamen Druck, vermindert um den sich ergebenden Wirksamen Druck aus Schwerkraftwirkung.

Der für die Dimensionierung zugrunde gelegte Druck beträgt $p_s = h \tau_s \delta_s$.

Der bei Pumpenbetrieb notwendige Wirksame Druck ist unter Beachtung der Gl. (2.6/18)

$$p_p + p_{sp} = p_s \left(\frac{G_p}{G_s}\right)^r = h \tau_s \delta_s \left(\frac{G_p}{G_s}\right)^r .$$

Das Verhältnis der Wassermengen ergibt sich aus dem Temperaturgefälle zu

$$\frac{G_p}{G_s} = \frac{\delta_s}{\delta_p} ,$$

so daß man erhält

$$p_p + p_{sp} = h \tau_s \delta_s \left(\frac{\delta_s}{\delta_p}\right)^r .$$

Der bei Pumpenbetrieb auftretende Wirksame Druck aus Schwerkraftwirkung ist

$$p_{sp} = h \tau_p \delta_p .$$

Aus diesen Gleichungen errechnet sich der erforderliche Pumpendruck zu

$$p_p = h \left[\tau_s \delta_s \left(\frac{\delta_s}{\delta_p}\right)^r - \tau_p \delta_p\right] .$$

Kann man $\tau = \tau_s = \tau_p$ setzen, so wird einfacher

$$p_p = h \tau \left[\delta_s \left(\frac{\delta_s}{\delta_p}\right)^r - \delta_p\right] . \tag{3.3/7}$$

Setzt man hierin die Werte des Beispiels und für $r = 1{,}9$ ein, so wird

$$p_p = h \cdot 0{,}624 \cdot \left[40 \cdot \left(\frac{40}{20}\right)^{1,9} - 20\right] = 80{,}5 \, h ,$$

also z. B. für eine Auftriebshöhe von $h = 3$ m,

$$p_p = 80{,}5 \cdot 3 = 241{,}5 \text{ mm WS}$$

gegenüber $p_s = 3{,}0 \cdot 40 \cdot 0{,}624 = 75$ mm WS.

Diese Beispielsrechnung war für eine Anlage mit einer gleichen Auftriebshöhe h durchgeführt, worauf nochmals besonders hingewiesen sei.

Dieses Beispiel ergab, daß der Pumpenbetrieb nur an sehr wenigen Tagen in der Heizperiode notwendig ist. Man kann daher auch bei Anlagen mit unterschiedlichen Auftriebshöhen dieses kombinierte System anwenden, indem man den schlechteren Wirkungsgrad für die wenigen Tage in Kauf nimmt.

Die Berechnung ist dann jedoch bedeutend schwieriger. Als Grundsatz für die Pumpenbestimmung müßte dann gelten, daß bei dem ungünstigsten Stromkreis bei Pumpenbetrieb die Temperaturabsenkung des Heizwassers das geforderte und der Berechnung der Heizkörper zugrunde gelegte δ erreicht. Allen übrigen Heizkörpern würde zuviel Wasser zugeführt und ihre Wärmeleistung würde übermäßig ansteigen.

Für die Bestimmung der Fördermenge durch den Pumpendruck kann die Gl. (3.3/7) nicht herangezogen werden, da kein einheitliches h mehr gegeben ist. Eine exakte Berechnung müßte von dem gegebenen Rohrnetz ausgehen unter Anwendung der Gesetze der Parallelströme usw., wobei auch noch die unterschiedliche Schwerkraftwirkung der einzelnen Stromkreise in die Berechnung einzubeziehen wäre. Die Umständlichkeit des Verfahrens verbietet es für die Praxis.

Von verschiedenen Verfassern wird daher die Anwendung der sog. Mehrfachzahlen empfohlen.

G. Wolf[1] gibt hierbei die Unterschiede in der Wärmeleistung bis zu 10% an.

4. Die Leistungsregelung

Die Leistungsregelung der Wasserheizungsanlage besteht in der Anpassung der Wärmeleistung an den jeweils erforderlichen Wärmebedarf. Dabei kann die Regelung in ihrer Gesamtheit wie auch in ihren einzelnen Teilen notwendig sein. Die Notwendigkeit der Regelung ergibt sich aus den jeweiligen Betriebserfordernissen. Bei Raumheizungen sind dies die Herstellung behaglicher Raumtemperaturverhältnisse, wobei zu beachten ist, daß sowohl zu niedrige wie auch zu hohe Raumtemperaturen dem Wohlbefinden abträglich sind. Bei Industrieheizungen ist häufig der einwandfreie Produktionsablauf von der Einhaltung bestimmter Temperaturen oder der Zurverfügungstellung bestimmter Wärmemengen abhängig.

Die Notwendigkeit der Regelung ergibt sich weiter aus dem Bestreben nach einem wirtschaftlichen Betrieb.

Nach Kapitel 2.3 wird eine Anlage nach der Nennleistung Q' ausgelegt, die mit dem errechneten höchsten Nutzwärmebedarf identisch ist. Bezeichnet man den jeweils erforderlichen Wärmebedarf mit Q_E so bedeutet:

$$\varphi_w = \frac{Q_E}{Q'} \qquad (4.0/1)$$

den *Wärmebedarfsgrad* oder *das Wärmebedarfsverhältnis*. In diesem Wert spiegelt sich der jeweilige Wärmebedarf wieder, wie er von der Anlage gefordert wird. Je nach der Art der Anlage sind die Bedingungen, die den Wärmebedarfsgrad bestimmen, verschieden; sie seien als die *äußeren Regelbedingungen* bezeichnet, da sie von außen an die Anlage herangetragen werden.

Dem ist gegenüber zu stellen die jeweilige Wärmeleistung Q der Anlage. Das Verhältnis der jeweiligen Leistung einer Anlage zu ihrer Nennleistung

$$\varphi = \frac{Q}{Q'} \qquad (4.0/2)$$

---

[1] Wolf, G.: Haustechn. Rundschau 1955, S. 97—99.

werde als der *Belastungsgrad der Anlage* bezeichnet. Die Bedingungen, die es ermöglichen die Wärmeleistung einer Anlage zu verändern, seien als die *inneren
Regelbedingungen* bezeichnet.

Die Regelung arbeitet vollkommen, wenn im praktischen Betrieb Wärmebedarfsgrad und Belastungsgrad in Übereinstimmung gebracht werden. Diese
Übereinstimmung wird jedoch selten zu erreichen sein, sei es, daß die Regelung
nicht einwandfrei betrieben wird, sei es, daß die Anlage eine bessere Regelung
nicht zuläßt. Das Verhältnis des jeweiligen Wärmebedarfes zu dem jeweiligen
Belastungsgrad der Anlage

$$\eta_G = \frac{\varphi_w}{\varphi} \tag{4.0/3}$$

werde als der *Gütegrad* bezeichnet. Bei einer vollkommenen Regelung ist der Gütegrad gleich eins. Es ist an sich möglich, daß der Gütegrad größer als eins wird,
und zwar immer dann, wenn eine Minderleistung der Anlage vorliegt. Er ist kleiner
als eins, wenn eine zu starke Leistung gegeben ist. Der Gütegrad hat also die
Eigenschaft nur bei dem Werte eins gut zu sein, während die Unter- wie die Überschreitung von eins als schlecht anzusehen ist.

Wir setzen jedoch im folgenden voraus, daß eine Minderleistung der Anlage
nicht in Betracht gezogen wird, so daß der Gütegrad $\lesseqgtr 1$ auftritt. In dieser Form
erhält der Gütegrad den Charakter eines Wirkungsgrades; er gibt an, in welchem
Verhältnis eine Mehrleistung der Anlage gegenüber dem erforderlichen Wärmebedarf vorliegt.

Der Gütegrad umfaßt in sich zwei grundverschiedene Elemente. Das eine Element ist *die Regelbarkeit* des angewandten Systems und seiner Regeleinrichtungen,
eine Eigenschaft, die von der Bedienung nicht beeinflußt werden kann. Das
zweite Element ist die mehr oder weniger gute Bedienung der Anlage. Es ist jedoch hier zu beachten, daß die mehr oder weniger gute Bedienung wiederum auch
von dem angewandten System abhängt. Ein Regelsystem, das eine beständige
Bedienung an unter Umständen vielen Stellen erfordert, stellt wesentlich höhere
Anforderungen an die Bedienung und wird nie einen so hohen Gütegrad erreichen
können wie eine Anlage, die nur geringen Bedienungsaufwand erfordert. Durch
diese Verknüpfung ist es nicht möglich den Gütegrad aufzuteilen in einen Teil,
welcher die systembedingten Eigenschaften und einem Teil, welcher die Güte der
Bedienung erfaßt.

Die Wassererwärmer, insbesondere die Heizkessel, arbeiten mit einem Wirkungsgrad η_K, welcher das Verhältnis der an das System übertragenen Wärme
zu der im Wassererwärmer aufgewandten Wärme wiedergibt. In diesem Wirkungsgrad, besonders wenn es sich um Kessel handelt, steckt ebenfalls der Einfluß der Bedienung.

Weiter bedingt die Leitung der Wärme vom Wassererwärmer nach den Wärmeverbrauchern Wärmeverluste, die in dem Wirkungsgrad η_R des Rohrnetzes, wie er
in Gl. (2.3/1) bereits festgelegt ist, ihren Ausdruck findet. Aus diesen Wirkungsgraden und dem Gütegrad errechnet sich ein *Gesamtbetriebswirkungsgrad* η

$$\eta = \eta_K \cdot \eta_R \cdot \eta_G. \tag{4.0/4}$$

Diese Gleichung ist sowohl für einen augenblicklichen Zustand, wie auch für
längere Zeiträume, also beispielsweise für ein ganzes Jahr, anwendbar. In den
letzteren Fällen müssen natürlich die durchschnittlichen Werte eingesetzt werden.

Ein guter Gesamtbetriebswirkungsgrad setzt einen hohen Gütegrad voraus. Eine gute Regelfähigkeit der Anlage ist von größter Bedeutung. Diese Regelfähigkeit muß in zweierlei Hinsicht gegeben sein. Einmal soll es möglich sein, durch zentrale Beeinflussung die Wärmeleistung der ganzen Anlage zu regeln, was man die *generelle Regelung* nennt, zum anderen muß auch die Regelung jedes einzelnen Wärmeverbrauchers möglich sein, was man die *örtliche Regelung* nennt.

Je nach dem für welche Zwecke eine Anlage erstellt wird, tritt die eine oder andere Art der Regelung in den Vordergrund.

Bei der Wasserheizung hat man das Mittel der Veränderung der Wassertemperatur zur Verfügung. Damit ist es möglich, von zentraler Stelle aus die Wärmeabgabe der einzelnen Verbraucher generell und in annähernd gleichem Maße zu beeinflussen. Diese als *Temperaturregelung* bezeichnete Möglichkeit ist für die Wasserheizung eigentümlich und gibt ihr einen hohen Gütegrad.

Es besteht aber weiter die Möglichkeit, die Wärmeleistung der Wasserheizung durch Veränderung der Wassermenge zu beeinflussen. Diese Regelungsart nennt man *Drosselregelung*, die man hauptsächlich als örtliche Regelung zur Anwendung bringt. Sie ist hier möglich ohne wesentliche Beeinflussung der Wärmeleistung der weiteren Wärmeverbraucher.

Die Wasserheizung weist aber auch einen guten Wirkungsgrad des Rohrnetzes η_R auf. Bei der meist angewandten Temperaturregelung bleibt dieser, da auch die Rohrleitungsverluste von der Höhe der Temperatur des Heizwassers abhängen, bei allen Belastungsgraden der Anlage nahezu konstant. Bei Anlagen mit gleichbleibender Temperatur des Wärmeträgers, also insbesondere bei Dampf, bleiben die Wärmeverluste bei allen Belastungsgraden nahezu konstant. Der Wirkungsgrad η_R fällt also mit abnehmender Belastung der Anlage. Nimmt man an, daß der durchschnittliche Belastungsgrad einer Anlage 0,5 betrage und daß der Wirkungsgrad η_R bei der Nennleistung gleich 0,9 ist, so ist im Jahresdurchschnitt der Wirkungsgrad des Rohrnetzes

$$\eta_{RD} = 1 - \frac{0{,}10}{0{,}50} = 0{,}8 \text{ bei Dampfheizung und}$$

$$\eta_{RD} = \eta_R' = 0{,}9 \text{ bei Wasserheizung.}$$

4.1 Die äußeren Regelbedingungen

4.11 Raumheizungen

Die Berechnung des Wärmebedarfs ist genormt in DIN 4701: „Regeln für die Berechnung des Wärmebedarfs von Gebäuden." Der Wärmebedarf eines Raumes ist hierin auf die einfache Gleichung

$$Q_0 = \Sigma \left[F\, k\, (t_R - t_a) \right] \tag{4.1/1}$$

zurückgeführt. Hierin bedeutet t_a die Temperatur der Außenluft oder der Luft im benachbarten Raume. Diese Gleichung gibt zunächst nur den reinen Wärmeverlust durch den Wärmedurchgang durch die Raumbegrenzungsflächen wieder, wie er im Beharrungszustande auftritt. Danach ist der Wärmeverlust abhängig von der Temperaturdifferenz zwischen Innenluft und Außenluft, bzw. der Luft im benachbarten Raume. Für ein ganzes Gebäude fallen die Wärmeübergänge nach den benachbarten Räumen heraus, da der Verlust des einen Raumes sich durch den Gewinn des andern aufhebt. In diesem Sinne läßt sich Gl. (4.1/1) umformen für ein ganzes Gebäude in

$$Q_0 = \Sigma\left[F\,k\,(t_R - t_A)\right]. \tag{4.1/2}$$

Danach ist also der Wärmeverlust eines ganzen Gebäudes dem Temperaturunterschied zwischen Raum- und Außenluft proportional, wobei gegebenenfalls für t_R ein durchschnittlicher Wert eingesetzt werden muß. Neben der Außentemperatur sind aber auch noch andere Witterungsfaktoren von Einfluß auf den Wärmebedarf, wie Wind, Regen und Sonnenschein; ebenso ist zu berücksichtigen, daß der Beharrungszustand nur selten gegeben ist. Meist findet eine Veränderung des Wärmeinhaltes der Gebäudemassen durch Aufheizung oder Abkühlung statt, was eine Steigerung oder Verminderung des Wärmebedarfes verursacht. Die Veränderung der Speicherwärme muß also ebenfalls beachtet werden. Diese Umstände finden ihre Berücksichtigung in der Festlegung der Wärmedurchgangszahl oder in besonderen Zuschlägen.

Neben dem Wärmedurchgang durch die Begrenzungsflächen besteht noch eine weitere Wärmeverlustquelle: die natürliche Lüftung des Raumes. Dieser Wärmeverlust wird zur Zeit noch durch einen Zuschlag auf den nach Gl. (4.1/1) ermittelten Wärmeverlust berücksichtigt. Einwandfreier wäre die Ermittlung des zu erwartenden Luftdurchsatzes $L\,(\mathrm{m^3h})$ und die Errechnung dieses Wärmeverlustes nach Gleichung

$$Q_L = L\,(t_R - t_A)\,c_L, \tag{4.1/3}$$

wie dies in DIN 4701 auch für Sonderfälle bereits angegeben ist[1].

Für Regelungsfragen ist es wichtig festzustellen, wie die einzelnen Witterungsfaktoren auf den Wärmebedarf einwirken.

4.111 Außentemperatur

Nach Gl. (4.1/2) oder auch (4.1/3) ergibt sich, daß *der Wärmebedarf der Temperaturdifferenz zwischen innen und außen eindeutig proportional ist*. In der Wärmedurchgangszahl k ist die Wärmeleitzahl des betreffenden Baustoffes wirksam. Die Wärmeleitzahl ändert sich allgemein etwas mit der Temperatur, so daß mit steigender Außentemperatur die k-Zahl etwas größer werden muß. Dieser Einfluß ist aber so gering, daß er hier vernachlässigt werden kann.

Außenflächen, die an das Erdreich angrenzen, machen hiervon eine Ausnahme. Die Temperatur des anliegenden Erdreiches folgt den Änderungen der Außentemperatur nur allmählich und in abgeschwächter Form. Tägliche oder kurzzeitige Schwankungen wirken sich kaum aus, und zwar um so weniger, je tiefer das Erdreich liegt. Die Wärmeverluste für diese Teile ändern sich also nicht unmittelbar mit der Außentemperatur. Die Änderung hat mehr jahreszeitlichen Charakter.

4.112 Speicherung

Dünne Bauteile, z. B. Fenster, die nur eine unbedeutende Wärmespeicherung aufweisen, folgen den Veränderungen der Außentemperatur sofort. Bauteile mit

---

[1] In der in Vorbereitung befindlichen Neuausgabe der DIN 4701 wird dieses Verfahren allgemein angewandt.

größeren Massen, wie Mauern usw. streben erst allmählich einem neuen Beharrungszustande zu. Bei absinkender Außentemperatur wird die Speicherwärme wirksam, ein Teil der nach Außen in erhöhtem Maße abgegebenen Wärme wird aus der Speicherwärme gedeckt. Die Einwirkung der regelmäßigen Tagesschwankungen der Außentemperatur wird auf diese Weise sehr stark abgeschwächt. Man kann daher, bezogen auf die mittlere Tagestemperatur, praktisch von einem Beharrungszustand reden. Wird durch eine tägliche Betriebsunterbrechung der Heizungsanlage eine ständige Einhaltung der Raumtemperatur nicht durchgeführt, so findet durch die Speicherung ein weitgehender Ausgleich statt. In der Heizzeit sind den Räumen erhöhte Wärmemengen zuzuführen, die zum Wiederaufheizen der Gebäudemassen notwendig sind, die aber wiederum während der Betriebsunterbrechung wirksam werden. Auf diese Weise bildet sich ein quasistationärer Zustand heraus.

Die Speicherung hat also auf den Wärmebedarf keinen verändernden Einfluß. *Die Abhängigkeit von der Temperaturdifferenz bleibt in vollem Umfange bestehen:* es tritt lediglich bei Veränderung der mittleren Außentemperatur eine zeitliche Verschiebung des veränderten Wärmebedarfes auf. Über einen längeren Zeitraum gesehen gleichen sich diese Verschiebungen wieder aus.

4.113 Wind

Die Einwirkungen des Windes auf den Wärmebedarf sind verschiedener Art.

1. Die äußere Wärmeübergangszahl und damit die Wärmedurchgangszahl wird von der Stärke des Windes beeinflußt. In DIN 4701 ist die äußere Wärmeübergangszahl mit $\alpha_a = 20$ kcal/m²h grd festgelegt. Diese entspricht einer mittleren Windgeschwindigkeit von etwa 4 m/s. Für die äußere Wärmeübergangszahl gelten die Gln. (2.2/14) und (2.2/15). Da es sich hier um sehr große Flächen handelt, dürften diese Gleichungen hier nur annähernd zutreffen. Ausgehend von $\alpha_a' = 20$ für $w = 4{,}0$ m/s errechnet sich unter Anwendung der Gesetzmäßigkeit nach den Gln. (2.2/14) und (2.2/15) folgende Zahlentafel für α_a.

Zahlentafel 10. *Äußere Wärmeübergangszahlen in Abhängigkeit von der Windgeschwindigkeit*

$w =$	0	1	2	3	4	5	10	15	20	25	30	m/s
$\alpha_a =$	7,0	10,7	13,8	17,1	20,0	23,1	36,8	48,9	59,8	70,3	80	kcal/m²h grd

Unter Zugrundelegung der Formeln

$$k = \frac{1}{\dfrac{1}{\alpha_a} + \dfrac{1}{\alpha_i} + \Sigma \dfrac{e}{\lambda}} \quad \text{und} \quad k' = \frac{1}{\dfrac{1}{\alpha_a'} + \dfrac{1}{\alpha_i} + \Sigma \dfrac{e}{\lambda}}$$

errechnet sich das Verhältnis ε der Wärmedurchgangszahlen zu

$$\varepsilon = \frac{k}{k'} = \frac{1}{k'\left(\dfrac{1}{\alpha_a} - \dfrac{1}{\alpha_a'}\right) + 1} \tag{4.1/4}$$

Die Auswertung dieser Gleichung ist in Abb. 4/1 durchgeführt:

Es ergibt sich, daß der Einfluß um so stärker ist, je größer die Wärmedurchgangszahl ist. So beträgt z. B. bei Windstille die Wärmedurchgangszahl eines einfachen Fensters ($k' = 6{,}0$) das 0,64fache des gerechneten Wertes und einer Mauer mit $k = 1{,}35$ das 0,89fache. Falls die Fensterflächen 50% der Außenflächen bilden, ergibt sich bei Windstille nur ein Wärmebedarf, welcher das $\dfrac{0{,}64 + 0{,}89}{2} = 0{,}75$fache des errechneten Wertes beträgt. Andererseits ergibt sich bei einem Wind von 10 m/s = 36 km/h eine Erhöhung des Wärmebedarfes auf das $\dfrac{1{,}16 + 1{,}03}{2} = 1{,}095$fache. Die Wirkungen des Windes sind schon allein auf diesem Gebiete sehr bedeutend. Sie wachsen mit der verhältnismäßigen Größe der Fensterflächen. Zu

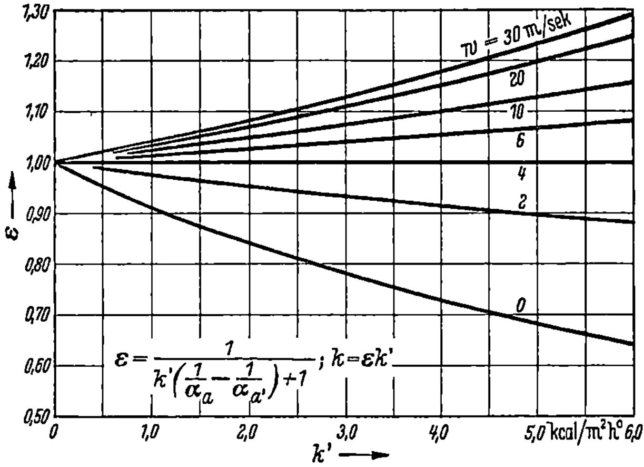

Abb. 4/1. Abhängigkeit der Wärmedurchgangszahl von der Windgeschwindigkeit

beachten ist dabei, daß die Größe der Einwirkung wiederum von der Temperaturdifferenz zwischen innen und außen abhängt. Auch bei diesem Einfluß wirkt die Speicherung des Gebäudes ausgleichend.

2. Der natürliche Luftwechsel eines Gebäudes hat bei Windstille seinen geringsten Wert. In diesem Falle ist er durch Druckunterschiede bedingt, die durch Temperaturunterschiede zwischen innen und außen hervorgerufen werden. Diese Druckunterschiede verursachen einen Luftaustausch durch die immer vorhandenen Undichtigkeiten an Fenstern und Türen. Bei Wind entstehen Staudrücke, welche die vorgenannten Druckunterschiede überlagern und bei genügender Windstärke praktisch allein maßgebend sind. Diese Druckunterschiede bewirken ein Durchströmen des Gebäudes, so daß die luvseitig gelegenen Räume Zufuhr von Außenluft erhalten, während die leeseitigen Luft nach außen abgeben. Erstere benötigen daher einen zusätzlichen Wärmeaufwand zur Erwärmung der eingetretenen Außenluft, während die letzteren keine zusätzliche Wärme benötigen. Die Wirkung des Windes auf den Wärmebedarf ist also für die einzelnen Räume nach der Himmelsrichtung verschieden.

Die Größe des Wärmebedarfes errechnet sich nach der Gl. (4.1/3). Die Luftmenge L ist hierbei von der Größe des Staudruckes abhängig. In DIN 4701 ist diese Abhängigkeit mit dem Potenzexponenten 2/3 angegeben. Da wiederum der Staudruck mit dem Quadrat der Geschwindigkeit wächst, ist die Abhängigkeit von der Windstärke mit dem Exponenten $2/3 \cdot 2 = 4/3$ gegeben. Setzt man hier voraus, daß die Wärmebedarfsberechnung die Wirkungen des Windes für eine

Windstärke von ebenfalls 4 m/s berücksichtigt, so ergeben sich für andere Windstärken die in folgender Zahlentafel angegebenen Verhältniszahlen:

Zahlentafel 11
Verhältniszahlen des natürlichen Luftwechsels in Abhängigkeit von der Windgeschwindigkeit

$w =$	0	1	2	3	4	5	10	15	20	25	30	m/s
	0,00	0,158	0,397	0,631	1,00	1,35	3,39	5,83	8,55	11,51	14,68	

Hierbei ist zu beachten, daß bei der Berechnung die thermische Wirkung nicht beachtet wurde. Die Werte unter 4 m/s liegen also in Wirklichkeit etwas höher und erreichen bei Windstille keineswegs den Wert Null. Wesentlich ist die Erkenntnis, daß der Lüftungsverlust mit steigender Windgeschwindigkeit ziemlich stark ansteigt, und zwar wesentlich stärker, als sich der Anstieg der Wärmeübergangszahl im vorhergehenden Abschnitt ergab.

3. Die Gesamtwirkung des Windes auf den Wärmebedarf ist von so vielen Umständen und Werten abhängig, daß sich eine allgemeine Wertangabe nicht ermöglichen läßt. Greifen wir auf unser früheres Beispiel zurück mit einem Wind von 10 m/s und setzen wir weiter voraus, daß der Anteil des Lüftungswärmebedarfes nach der Berechnung 20% des Gesamtwärmebedarfes beträgt, wobei 10% auf die dem Winde ausgesetzte Seite entfallen möge; so steigt der Wärmebedarf durch die Wirkung des Sturmes auf das $0{,}9 \cdot 1{,}095 + 0{,}10 \cdot 3{,}39 = 0{,}986 + 0{,}339 = 1{,}325$ fache. Dabei ist die Wirkung auf die Räume nach verschiedenen Himmelsrichtungen noch sehr verschieden. Auf der Leeseite des Gebäudes fallen die Windzuschläge ganz heraus. Wir erhalten für diese Gebäudeseite das $0{,}8 \cdot 1{,}095 = 0{,}876$ fache und für die Luvseite das $0{,}8 \cdot 1{,}095 + 0{,}20 \cdot 3{,}39 = 0{,}876 + 0{,}678 = 1{,}554$ fache. Der Wärmebedarf auf der Luvseite ist demnach das $\dfrac{1{,}534}{0{,}876} = 1{,}78$ fache desjenigen auf der Leeseite. Aus dieser Berechnung ergibt sich die große Unterschiedlichkeit des Wärmebedarfes nach den Himmelsrichtungen durch die Einwirkungen des Windes.

4.114 Sonnenschein

Die durch die Fenster einfallenden Sonnenstrahlen führen den Räumen direkt Wärme zu. Fensterscheiben lassen fast die ganze strahlende Energie in den Raum eintreten. Bezeichnet man die Strahlungsintensität mit I (gemessen in kcal/h m²), so kann man für Einfachfenster setzen

$$Q_s = 0{,}9\, I F \tag{4.1/5}$$

und für Doppelfenster

$$Q_s = 0{,}81\, I F . \tag{4.1/6}$$

Den Wänden wird ebenfalls die Energie I zugestrahlt. Die Wände absorbieren jedoch nur einen Teil dieser zugestrahlten Energie, entsprechend ihrer Absorptionsziffer A. Diese dürfte in den Grenzen zwischen 0,5 und 0,9 liegen. Die zugeführte Wärmemenge wird also zu $Q_s = A I F$.

Diese Wärmemenge erhöht die Oberflächentemperatur der Außenfläche (t_{wA}) und vermindert damit den Wärmedurchgang. Man erhält für den Wärmedurchgang die folgenden drei Bestimmungsgleichungen

$$Q = \alpha_i F (t_i - t_{wi})$$

$$Q = \Sigma \left(\frac{\lambda}{a}\right) F (t_{wi} - t_{wa})$$

$$Q = \alpha_a F (t_{wA} - t_A) - A I F .$$

Hieraus errechnet sich

$$Q = F k (t_i - t_A) - F \frac{k}{\alpha_a} A I . \tag{4.1/7}$$

Der zweite Summand $\frac{k}{\alpha_a} F I A$ gibt an, um welchen Betrag sich der Wärmeverlust der Wand durch die Einwirkung der Sonnenstrahlung vermindert. Je größer die Strahlungsintensität der Sonne, je größer die Absorptionszahl der betreffenden Wand und je kleiner die äußere Wärmeübergangszahl ist, um so größer ist die Verminderung des Wärmeverlustes. Die Temperaturdifferenz zwischen Raum und Außenluft ist dagegen ohne Einfluß auf diese Größe. Die Strahlungsintensität I ist im wesentlichen von der Jahreszeit, der Tageszeit und der Lage der Wand abhängig. Ausgesprochene Nordwände erhalten im Winter überhaupt keine Sonnenbestrahlung, dagegen können für Südwände ganz beachtliche Werte auftreten, besonders im Februar und im Oktober. Die Maximalwerte liegen bei etwa 610 kcal/m²h. Derartige Augenblickswerte wirken sich aber nur bei Fenstern aus. Bei Wänden, besonders wenn sie genügend schwer sind, tritt ein stationärer Zustand nicht ein. Immerhin bringen Südwände bei längerem Sonnenschein schon erhebliche Verminderungen des Wärmebedarfes. Bei Ost- und Westräumen sind die Ergebnisse wesentlich geringer.

Längere Sonnenbestrahlung bringt auch im Winter eine gewisse Austrocknung der Außenwände und vermindert dadurch die Wärmeleitzahl bzw. auch die Wärmedurchgangszahl. Diese Tatsache ist im Zuschlag für Himmelsrichtung bei der Wärmeverlustberechnung berücksichtigt.

4.115 Die Veränderung des Wärmebedarfes

Zusammenfassend läßt sich also sagen, daß der Wärmebedarf eines Raumes im wesentlichen von der Temperaturdifferenz abhängig ist. Die weiteren Witterungsfaktoren, wie Wind und Regen, sind in der Größe ihrer Einwirkung wiederum von der Temperaturdifferenz abhängig. Lediglich der Sonnenschein ist in seiner Wirkung auf die Räume von der Temperaturdifferenz unabhängig und nimmt dadurch eine Sonderstellung ein. Sehen wir von dem letzteren Witterungsfaktor ab, so können wir feststellen, daß der Wärmebedarf eines Raumes abhängt von der Temperaturdifferenz zwischen Innen und Außen, wobei je nach den anderen Witterungsfaktoren bei einer bestimmten Temperaturdifferenz der Wärmebedarf zwischen einem minimalen und einem maximalen Wert schwankt.

Bei unterbrochenem Heizbetrieb ist in diesen Wärmebedarfswerten auch noch die für die Aufheizung des Mauerwerks erforderliche Wärme mit in den Werten eingeschlossen. Das jeweilige erforderliche Wärmebedarfsverhältnis ist also

$$\varphi_w = \varrho \, \frac{t_R - t_A}{t_R - t_A'} . \tag{4.1/8}$$

Der Faktor ϱ berücksichtigt hierbei die Veränderung des Wärmebedarfes, die dadurch gegeben ist, daß die bei der Berechnung angenommenen Zuschläge nicht ganz oder gar nicht zutreffen, oder aber auch überschritten werden.

Es wird sich bei jeder Anlage ein bestimmter Wert für ϱ als Minimum ($\varrho_{\min}$) ergeben, der für den Beharrungszustand bei günstigen Witterungsbedingungen eintritt. Dieser Wert kann jeweils nur durch die Beobachtung der betreffenden

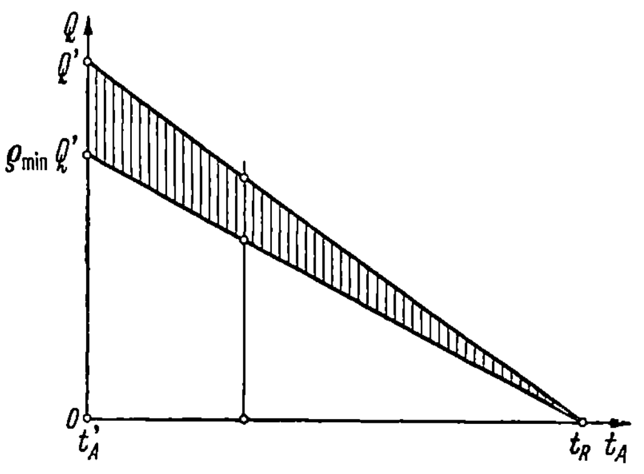
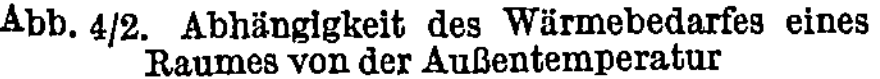

Abb. 4/2. Abhängigkeit des Wärmebedarfes eines Raumes von der Außentemperatur

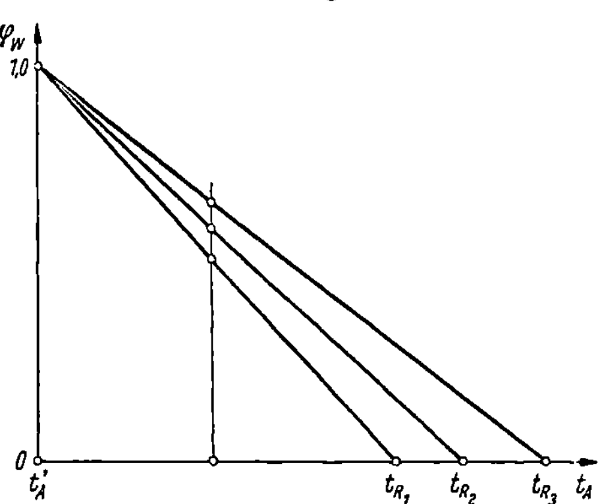

Abb. 4/3. Abhängigkeit des Wärmebedarfsgrades von der Außentemperatur für Räume verschiedener Raumtemperatur

Anlage gewonnen werden. Das Wärmebedarfsverhältnis φ_w eines Raumes stellt sich als eine Gerade dar, die für den Wert $t_A = t_R$ den Wert $\varphi_w = 0$ erreicht (Abb. 4/2).

Hat man innerhalb eines Gebäudes Räume mit verschiedenen Raumtemperaturen, so laufen die φ_w-Linien für diese auch verschieden. *Das Wärmebedarfsverhältnis φ_w ist also für Räume mit verschiedener Raumtemperatur verschieden* (Abb. 4/3). Diese Linien gelten nur für Räume, deren Begrenzungsflächen ent-

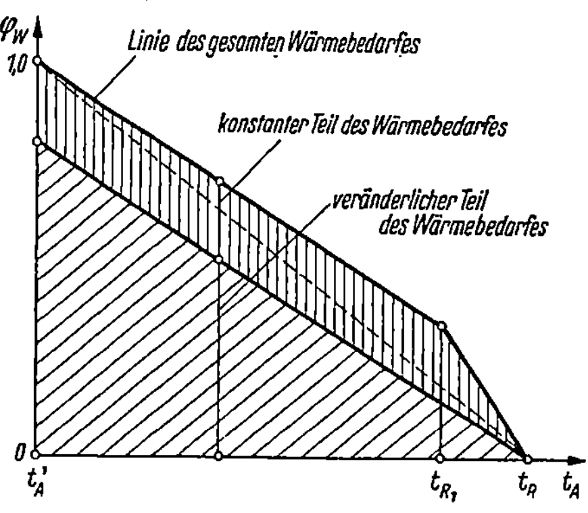

Abb. 4/4. Wärmebedarfsgrad eines Raumes mit angrenzenden Räumen mit konstanter niedrigerer Raumtemperatur

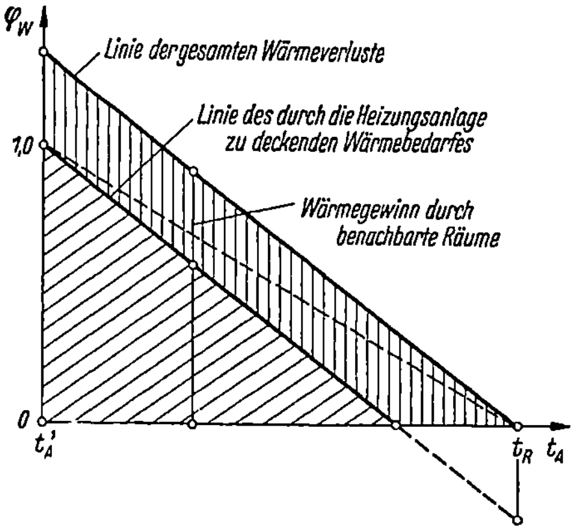

Abb. 4/5. Wärmebedarfsgrad eines Raumes mit angrenzenden Räumen mit konstanter höherer Raumtemperatur

weder nur nach außen liegen oder nach außen und nach benachbarten Räumen mit gleicher Raumtemperatur. Grenzen an einen Raum Räume mit konstanter niedriger oder konstanter höherer Raumtemperatur, so ergibt sich ein Verlauf der φ_w-Linie, wie in Abb. 4/4 und 4/5 dargestellt.

Abb. 4/4 gilt auch angenähert für Räume, deren Außenflächen teilweise an Erdreich grenzen, also vornehmlich für Kellerräume, da der Wärmedurchgang durch diese Teile nur wenig von der Außentemperatur beeinflußt wird.

In diesen Fällen ist die Größe von φ_w nicht mehr nur von der Außentemperatur und der Raumtemperatur, sondern auch noch von der Größe des Anteils des Wärmeverlustes oder Wärmegewinns nach bzw. von den Nachbarräumen abhängig.

Das in Abb. 4/6 angeführte Beispiel für Räume von 25 und 15° C Raumtemperatur macht dies besonders deutlich; hier ist bei $\pm$ 0° C Außentemperatur

für den Raum mit t_R = 25° C:

φ_w = 0,625 ohne konstanten Anteil

φ_w = 0,66   für 10% Anteil

φ_w = 0,695 für 20% Anteil

für den Raum mit t_R = 15° C:

φ_w = 0,495 ohne Gewinn

φ_w = 0,44   für 10% Gewinn

φ_w = 0,395 für 20% Gewinn.

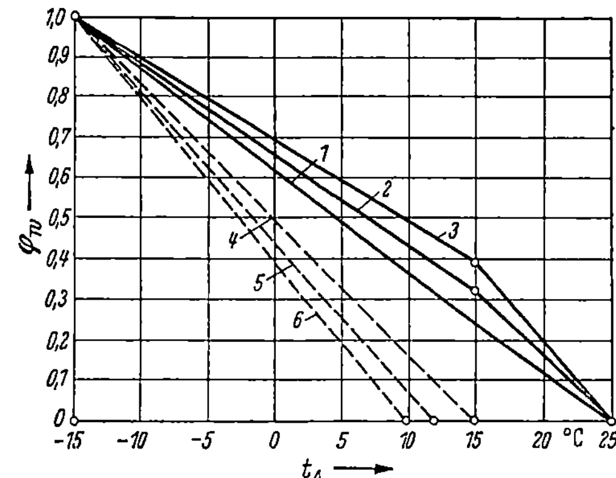

Abb. 4/6. Wärmebedarfsgrad von Räumen verschiedener Temperatur und mit konstantem Wärmeverlust- oder Wärmegewinnanteil

t_R=25° C: *1* 0%; *2* 10%; *3* 20% konst. Wärmeverlustanteil
t_R=15° C: *4* 0%; *5* 10%; *6* 20% konst. Wärmegewinnanteil

Zusammenfassend läßt sich also sagen, daß die Gesetzmäßigkeit der Veränderung von φ_w verschieden ist

1. für Räume mit verschiedenen Raumtemperaturen,

2. für Räume mit verhältnismäßig verschieden großem konstanten Wärmeverlust oder Wärmegewinn, wozu in etwa auch die Kellerräume gehören,

3. für Räume, die nach verschiedenen Himmelsrichtungen liegen. Die Verminderung des Wärmebedarfes durch Windstille oder die Erhöhung durch stärkeren Wind, gegenüber der Berechnung, steht hierbei immer im Verhältnis zum Berechnungswert. Die Verminderung durch Sonnenstrahlung ist jedoch unabhängig vom jeweiligen Wärmebedarf und kann gegebenenfalls diesen erreichen oder übertreffen, so daß der Wärmebedarf zu Null oder gar negativ wird.

Diese Verschiedenheiten können sich noch erweitern durch Wärmequellen anderer Art in den Räumen, z. B. die Rauminsassen selbst oder Wärmequellen bei Fabrikationsvorgängen und dergleichen.

4.116 Der jährliche Wärmebedarf

Zur vorherigen Bestimmung des Bedarfes an Brennstoff oder sonstigen Heizmitteln, wie auch für wirtschaftliche Vergleiche ist die Kenntnis des jährlichen Wärmebedarfes wichtig.

Nach den Ergebnissen der vorhergehenden Abschnitte ist der jeweilige Wärmebedarf im wesentlichen von der Temperaturdifferenz zwischen innen und außen abhängig.

Man kann daher den jeweiligen Wärmebedarf angeben in Abhängigkeit von der Außentemperatur zu

$$Q = \frac{t_R - t_A}{t_R - t'_A} Q' .$$

In dem Wert Q' sind die Einwirkungen des Windes und der Himmelsrichtung und der Mehrverbrauch für das Anheizen durch Zuschläge enthalten. Diese Zuschläge sind nicht immer in voller Höhe oder auch gar nicht erforderlich. Dies und die Verminderung des Wärmebedarfes durch die Sonnenstrahlung erfordern für den jeweiligen Wärmebedarf noch eine Korrektur. Diese wird durch den Korrekturfaktor ϱ bewirkt und es wird

$$Q = \varrho \, \frac{t_R - t_A}{t_R - t'_A} \, Q' \, . \tag{4.1/9}$$

Der Faktor ϱ ist veränderlich. Er liegt meist unter 1,0, könnte aber gelegentlich einmal, z. B. bei starkem Sturm, auch über 1,0 ansteigen.

Der tägliche Wärmebedarf, unter der Voraussetzung, daß die Raumtemperatur über 24 Stunden aufrechterhalten wird, ergibt sich dann zu

$$Q_{\text{Tag}} = \varrho_{\text{Tag}} \, \frac{t_R - t_A}{t_R - t'_A} \, Q' \, 24 \, .$$

In dieser Formel müssen die Werte t_R, t_A und ϱ_{Tag} als Tagesmittel eingesetzt werden. Wird die Raumtemperatur nicht ständig aufrechterhalten, z. B. bei täglich unterbrochenem Heizbetrieb, so treten Verminderungen des täglichen Wärmebedarfes ein, da t_R als Tagesmittel absinkt. Um dies zu berücksichtigen wird ein weiterer Faktor ε eingeführt, und der Ansatz des täglichen Wärmebedarfes wird zu

$$Q_{\text{Tag}} = \varepsilon \, \varrho_{\text{Tag}} \, \frac{t_R - t_A}{t_R - t'_A} \, Q' \, 24 \, .$$

Der jährliche Wärmebedarf ergibt sich nun als die Summe aller Tagesbedarfe im Jahre, wobei die Schwankungen der Außentemperatur berücksichtigt werden müssen. Es wird somit

$$Q_J = \frac{\varepsilon \, \varrho_J \, 24 \, Q'}{t_R - t'_A} \, \Sigma \, [Z \, (t_R - t_A)] \, .$$

Den Ausdruck

$$G_t = \Sigma \, [Z \, (t_R - t_A)] \tag{4.1/10}$$

nennt man die *Gradtagszahl*. Diese ist eine rein meteorologische Größe, die aus der Beobachtung gewonnen wird. Sie ändert sich von Ort zu Ort und schwankt auch mit der Härte des Winters. Brauchbare Mittelwerte können nur durch längere Beobachtung gefunden werden. Die Formel für den jährlichen Wärmebedarf vereinfacht sich damit zu

$$Q_J = \frac{\varepsilon \, \varrho_J \, 24 \, Q'}{t_R - t'_A} \, G_t \, . \tag{4.1/11}$$

Zur Bestimmung der Gradtagszahlen bedient man sich der Häufigkeitskurven der Außentemperaturen, wie eine solche in Abb. 4/7 dargestellt ist. Die schraffierte Fläche dieses Bildes stellt die Gradtagszahl dar, sie ist eine Multiplikation der Tage mit dem Temperaturunterschied. Sie ist begrenzt durch die Häufigkeitskurve und die Raumtemperatur, sowie die Temperaturachse. Die Fläche wird jedoch

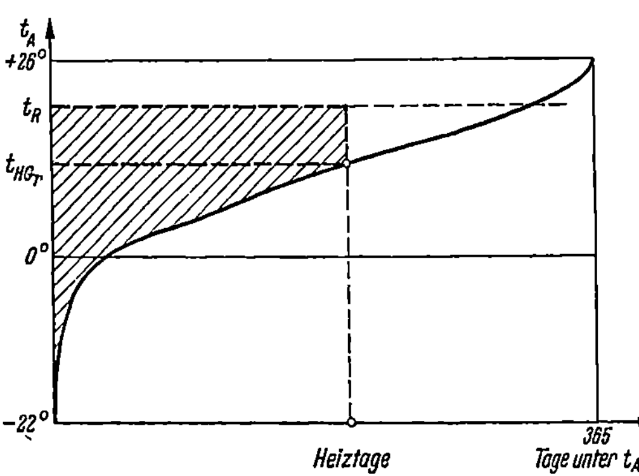

Abb. 4/7. Häufigkeitskurve der Außenlufttemperatur mit Darstellung der Gradtagszahl

nicht bis zum Schnittpunkte der Häufigkeitslinie durchgeführt, was theoretisch richtig wäre, sondern von einer Parallelen zur Temperaturachse begrenzt. Diese Parallele führt durch den Schnittpunkt der Linie der Heizgrenze mit der Häufigkeitskurve. Dies ist eine praktische Begrenzung, da auch mit dem Heizen an dieser Grenze aufgehört wird. Es ist üblich die Heizgrenze bei einer Außentemperatur von 12° C anzunehmen.

Die mittlere Gradtagszahl wurde für eine mittlere Raumtemperatur von 19° C ermittelt und in Tabellen zusammengestellt[1].

Es ist noch zu beachten, daß in der Formel (4.1/11) der Faktor ϱ_J als jahresdurchschnittlicher Wert einzusetzen ist. Dieser Wert wird verhältnismäßig klein, da für den Jahreswärmeverbrauch die Anheizzuschläge herausfallen. Er wird um so kleiner, je größer die Zuschläge für Betriebsunterbrechung und für Windanfall sind[2]. Der Wert ε wird um so kleiner, je größer die täglichen Betriebsunterbrechungen sind. Dieser Faktor kann auch die Verminderung der Betriebsdauer aus anderen Gründen, z. B. Wochenende, Ferien usw. berücksichtigen und gegebenenfalls auch Einschränkungen in der Beheizung, wie sie namentlich bei Wohnungsheizungen weitgehend üblich sind. Die Zeit, über welche in einem Tage die geforderte Raumtemperatur gehalten wird, nennt man die *Vollerwärmungsstunden*. Der Wert ε fällt aber wesentlich weniger, als die Vollerwärmungsstunden absinken. Dies hat seinen Grund in der Wärmespeicherung des Gebäudes. Je größer die Wärmespeicherung ist, um so langsamer sinkt der Wert ε ab. Für normal schwer gebaute Häuser kann man etwa annehmen:

Vollerwärmungsstunden ..	24	18	12	9	6
ε	1,0	0,95	0,90	0,85	0,80

Bei Gebäuden geringerer Speicherung, z. B. Holzbaracken, wird ε natürlich wesentlich stärker abnehmen. Das Gebäude kühlt sich schnell ab und heizt sich dann allerdings wieder schnell hoch (*Barackenklima*).

Es ist auch üblich, den Ausdruck $\varepsilon \varrho_J\, 24$ zusammenzufassen, und man nennt diesen dann die *Vollbetriebsstunden* B_V. Dieser Wert gibt die Betriebsstunden an, die bei Betrieb mit voller Leistung (Q') die erforderliche Gesamtwärmeleistung erbringen. Die Gl. (4.1/11) wandelt sich dann um in

$$Q_J = \frac{B_V\, Q'}{t_R - t_A'}\, G_t .\qquad (4.1/12)$$

Aus dem jährlichen Wärmebedarf läßt sich dann leicht der Aufwand an Brennstoff oder Heizmittel errechnen. Es ist

$$B_J = \frac{Q_J}{H_u\, \eta} ,\qquad (4.1/13)$$

worin η den Gesamtbetriebswirkungsgrad bedeutet, also unter Einbezug des Gütegrades der Anlage.

Bei dem Studium der Abb. 4/7 ergibt sich, daß die tiefen Außentemperaturen nur verhältnismäßig wenig auftreten und die mittleren Wintertemperaturen aus-

---

[1] Die Zeitschrift „Heizung–Lüftung–Haustechnik" veröffentlicht laufend die jeweiligen Gradtagszahlen und gibt auch das langjährige Mittel an.

[2] Siehe auch VDI-Richtlinien 2067.

schlaggebend für den jährlichen Wärmebedarf sind. Die schraffierte Fläche dieses
Bildes ist auch gleichzeitig ein Maß für den Wärmebedarf. Man kann damit feststellen, daß der Wirkungsgrad der Wärmeerzeugungsanlage bei mittleren Belastungen einen größeren Einfluß auf den Gesamtbetriebswirkungsgrad ausübt, als
der Wirkungsgrad bei maximaler Belastung. Letzterer kann also ruhig etwas absinken, wenn man dadurch den Wirkungsgrad bei mittleren Belastungen erhöhen
kann.

Von Interesse ist noch die Feststellung bis zu welcher geringsten Leistung herab
eine Heizungsanlage regelbar sein muß, um einen wirtschaftlichen Betrieb zu
garantieren. Man setzt allgemein als Heizgrenze eine Außentemperatur von
$+ 12°$ C ein. Bei höheren Außentemperaturen wird man keinen durchgehenden
Heizbetrieb mehr aufrechterhalten, sondern die Anlage entweder überhaupt nicht
mehr oder nur noch stoßweise betreiben. Für den Normalfall, den man mit $+ 20\,°$C
Raumtemperatur und $- 15°$ C tiefster Außentemperatur annehmen kann, wird
der Wärmebedarfsgrad an der Heizgrenze, wenn man noch den Faktor ϱ mit $0,8$
berücksichtigt

$$\varphi_{w\,\text{min}} = \frac{0,8\,(20 - 12)}{20 - (- 15)} = 0,183\ .$$

Danach müßte die Heizleistung einer Anlage auf etwa 18% ihrer Nennleistung
herab regelbar sein. Kommt noch hinzu, daß z. B. bei Wohnhäusern, nur ein Teil
der Räume überhaupt noch geheizt wird, so müßte die Heizleistung der Anlage
auf etwa 10% ihrer Nennleistung herab regelbar sein. Für das Rohrnetz und die
Heizkörper bedeutet dies allgemein keine Schwierigkeiten, dagegen wird dies bei
den Wassererwärmern schon schwierig, besonders wenn sie als Kessel für feste
Brennstoffe ausgebildet sind.

Die Ausnutzung einer Raumheizungsanlage ist gemessen an ihrer Leistungs-
fähigkeit sehr gering. Vervielfacht man die Nennleistung Q' der Anlage mit der
Gesamtstundenzahl des Jahres: 8764, so erhält man die Jahresnennleistung der
Anlage zu

$$Q_J' = 8764\,Q'\ .$$

Das Verhältnis der wirklichen jährlichen Leistung Q_J zu der Jahresnennleistung
sei als der *Ausnutzungsgrad* σ der Anlage bezeichnet. Dieser beträgt

$$\sigma = \frac{Q_J}{Q_J'} = \frac{Q_J}{8764\,Q'}\ . \tag{4.1/14}$$

Unter Verwendung der Gl. (4.1/14) ergibt sich

$$\sigma = \frac{\varepsilon\,\varrho_J\,24\,G_t}{(t_R - t_A')\,8764}\ . \tag{4.1/15}$$

Dieser Wert dürfte etwa um $\sigma = 0,20$ streuen.

4.12 Lufterwärmungsanlagen

Die für lufttechnische Anlagen erforderliche Lufterwärmung erfolgt vielfach
über Wasserheizungsanlagen. Bei Lüftungsanlagen ist meistens eine bestimmte
Luftmenge auf Raumtemperatur zu erwärmen. Hier bestimmt sich die Nennleistung nach der Gleichung

$$Q' = G\,c\,(t_R - t_A')\,, \tag{4.1/16}$$

worin G die geförderte Luftmenge in kg/h bedeutet und c die spezifische Wärme der Luft in kcal/kg. Das Wärmebedarfsverhältnis wird hierbei eindeutig zu

$$\varphi_W = \frac{t_R - t_A}{t_R - t_A'} \, . \qquad (4.1/17)$$

Hierbei ist zu beachten, daß bei der Außentemperatur kein mittlerer Tageswert eingesetzt werden kann, sondern daß der jeweilige Augenblickswert maßgebend ist. Die Tagesschwankungen der Außentemperatur kommen voll in der Nenn-
leistung und im Wärmebedarfsverhältnis
zur Auswirkung. Bei Lüftungsanlagen ist aus
wirtschaftlichen Gründen vielfach die Nennleistung nicht für die tiefste Außentemperatur t_A' ermittelt, sondern für eine höher
liegende Außentemperatur t_{LA}'. Sinkt die
Außentemperatur unter t_{LA}', so wird die
Luftmenge so weit vermindert, daß Q' nicht
überschritten wird. Für den Verlauf von φ_w
ergibt sich damit Abb. 4/8 Bei Klimaanlagen
kommt noch der Wärmebedarf für die Be-

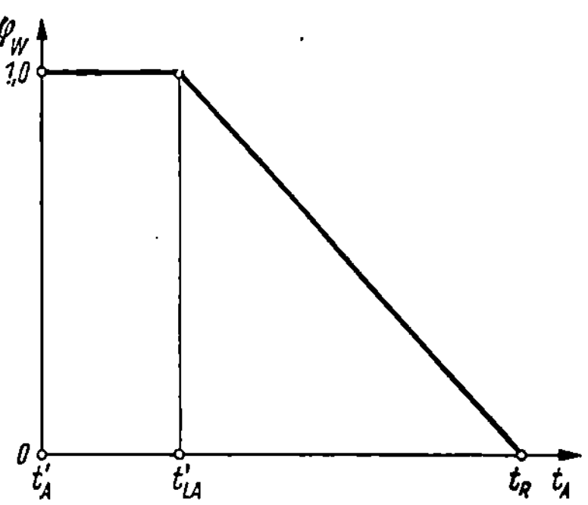

Abb. 4/8. Wärmebedarfsgrad einer Lüftungsanlage

feuchtung der Luft hinzu, der von der Größe der Außenluftfeuchtigkeit abhängig ist. Wegen der Mannigfaltigkeit der Möglichkeiten kann hier nicht näher darauf eingegangen werden.

4.2 Die inneren Regelbedingungen

4.21 Temperatur-Regelung

Wie sich aus den Untersuchungen der Wärmeleistung der Raumheizkörper ergibt, ist die Wärmeleistung dieser

$$Q = f \, k_0 \, \Theta^{m+1} \, .$$

Setzt man hierin die Berechnungswerte ein, so wird

$$Q' = f \, k_0 \, (\Theta')^{m+1} \, ,$$

und da der Belastungsgrad

$$\varphi = \frac{Q}{Q'} \, ,$$

erhält man

$$\varphi = \left(\frac{\Theta}{\Theta'}\right)^{1+m} \qquad (4.1/18)$$

und hieraus

$$\Theta = \varphi^{\frac{1}{1+m}} \, \Theta' \, . \qquad (4.1/19)$$

Der Exponent m kann für Radiatoren zu 1/3 gesetzt werden. Bei einfachem glattem Rohr oder Rippenrohr liegt dieser Exponent etwas tiefer. Für mehrfach übereinander liegendes glattes Rohr oder Rippenrohr ist der Exponent nicht bekannt, dieser dürfte sich aber auch dem Wert 1/3 annähern. Setzt man also $m = 1/3$, so wird aus Formel (4.1/19)

$$\Theta = \varphi^{3/4}\, \Theta' \; . \tag{4.1/20}$$

Die Auswertung dieser Formel ist in Abb. 4/9 gegeben. Aus dieser lassen sich für jeden Belastungsgrad die erforderlichen Übertemperaturen ablesen.

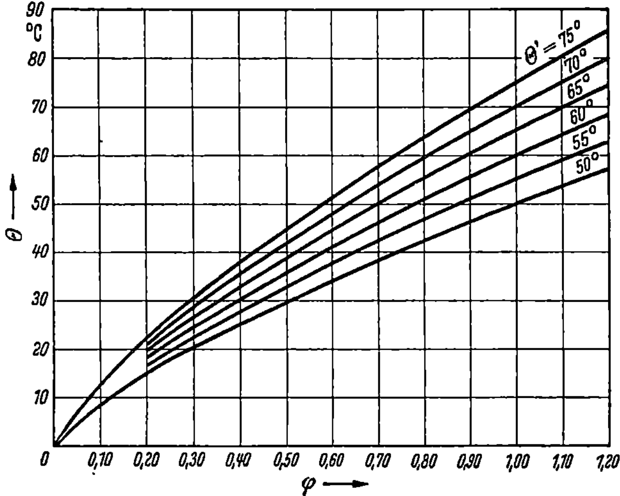

Abb. 4/9. Die Übertemperatur in Abhängigkeit vom Belastungsgrad bei $m = 1/3$ (Radiatoren)

4.22 Drosselregelung

Die im vorhergehenden Abschnitt ermittelten erforderlichen mittleren Übertemperaturen gelten auch bei Drosselregelung. Für die weiteren Untersuchungen muß von den Gln. (2.4/11) und (2.4/12) ausgegangen werden.

Setzt man in diesen Gleichungen die Berechnungswerte ein, so wird

$$Q' = f\, k_0 \left(\frac{\delta'}{\ln \dfrac{\Theta_v'}{\Theta_v' - \delta'}} \right)^{1+m} .$$

Unter Benutzung der Beziehung $\varphi = \dfrac{Q}{Q'}$ ergibt sich dann

$$\varphi = \left(\frac{\delta}{\delta'} \, \frac{\ln \dfrac{\Theta_v'}{\Theta_v' - \delta'}}{\ln \dfrac{\Theta_v}{\Theta_v - \delta}} \right)^{1+m} . \tag{4.1/21}$$

Um eine Beziehung für die Wassermengen zu finden, geht man davon aus, daß

$$Q = G\, c_m'\, \delta \quad \text{und} \quad Q' = G'\, c_m'\, \delta' \; .$$

Setzt man das Verhältnis der Wassermengen zu $\dfrac{G}{G'} = \psi$, so erhält man

$$\varphi = \psi \, \frac{\delta}{\delta'} \, \frac{c_m}{c_m'} \; . \tag{4.1/22}$$

In Verbindung mit Gl. (4.1/21) wird dann

$$\psi = \frac{c_m{}'}{c_m}\left(\frac{\delta}{\delta'}\right)^m \left(\frac{\ln \dfrac{\Theta_v{}'}{\Theta_v{}' - \delta'}}{\ln \dfrac{\Theta_v}{\Theta_v - \delta}}\right)^{1+m} . \tag{4.1/23}$$

In dieser Gleichung kann der Faktor $\dfrac{c_m{}'}{c_m}$ meist gleich eins gesetzt werden.

Setzt man $t_v{}' = 90°$ C, $t_r{}' = 70°$ C und $t_R = 20°$ C, also $\Theta_v{}' = 70°$, $\delta' = 20°$ und weiter $m = 1/3$ (für Radiatoren) so wird

$$\varphi = \left(\frac{\delta}{20}\,\frac{\ln \dfrac{70}{50}}{\ln \dfrac{\Theta_v}{\Theta_v - \delta}}\right)^{4/3}$$

und weiter

$$\varphi = 0{,}00148 \left(\frac{\delta}{\log \dfrac{\Theta_v}{\Theta_v - \delta}}\right)^{4/3}, \tag{4.1/24}$$

ebenso

$$\psi = 0{,}02836 \frac{\delta^{1/3}}{\left(\log \dfrac{\Theta_v}{\Theta_v - \delta}\right)^{4/3}} . \tag{4.1/25}$$

Die Gln. (4.1/24) und (4.1/25) sind in Abb. 4/10 dargestellt. Für den Grenzfall $\delta = 0$ wird

$$\varphi_0 = 0{,}004311\,\Theta_v{}^{4/3} .$$

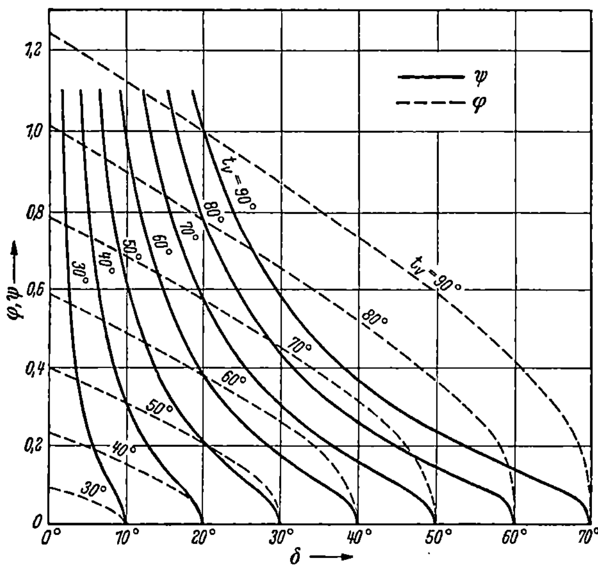

Abb. 4/10. Belastungsgrad und Wassermengenverhältnis bei Drosselregelung

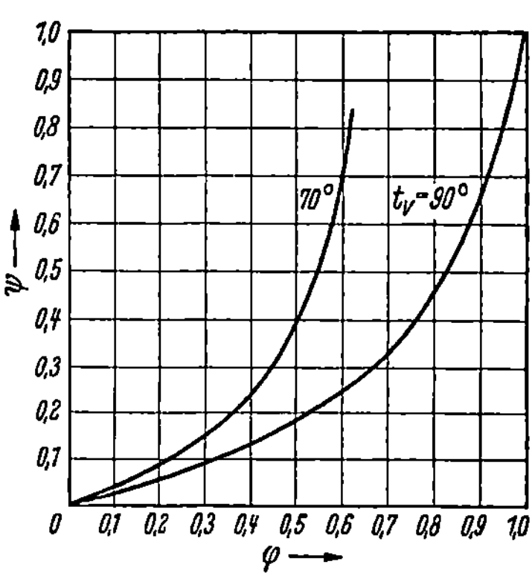

Abb. 4/11. Drosselregelung: Erforderliche Wassermenge bei konstanter Vorlauftemperatur für $t_v{}'/t_r{}' = 90°$ C; $t_R = 20$ °C; $m = 1/3$

Aus Abb. 4/10 wurde die Abb. 4/11 entwickelt. Diese gibt wieder, in welchem Maße die Wassermenge bei einer gegebenen Vorlauftemperatur verringert werden muß, wenn eine bestimmte Wärmeleistung erreicht werden soll.

4.3 Die Regelmethoden

In den vorhergehenden Kapiteln, äußere und innere Regelbedingungen, wurden die Grundlagen für die Leistungsregelung der Wasserheizungen entwickelt. Aus diesen Gegebenheiten haben sich die im folgenden beschriebenen Regelmethoden entwickelt.

4.31 Die generelle Temperaturregelung

Die generelle Temperaturregelung arbeitet mit der Einstellung bzw. Einhaltung einer bestimmten Vorlauftemperatur in der Heizzentrale.

Diese Vorlauftemperatur ist, wenn man von der geringen Temperaturabsenkung innerhalb der Vorlaufleitung absieht, für alle Heizkörper gleich, wenn die Anlage nach dem Zweirohrsystem ausgebildet ist. Bei dem Einrohrsystem ist dies nicht mehr gegeben, so daß für dieses besondere Untersuchungen notwendig sind.

4.311 Zweirohranlagen

4.311.1 Die erforderlichen Heizwassertemperaturen

Es sei zunächst einmal vorausgesetzt, daß in einer Anlage in allen ihren Teilen die gleiche Veränderlichkeit für den Wärmebedarfsgrad φ_w gegeben sei. Die für die einzelnen Belastungsgrade φ erforderlichen mittleren Übertemperaturen Θ können aus dem Schaubild 4/9 entnommen werden. Für die mittlere Heizwassertemperatur und für die Vor- und Rücklauftemperatur ergeben sich damit folgende Beziehungen

$$t_m = \Theta + t_R \tag{4.3/1}$$

$$t_v = t_m + \frac{\delta}{2} = \Theta + t_R + \frac{\delta}{2} \tag{4.3/2}$$

$$t_r = t_m - \frac{\delta}{2} = \Theta + t_R - \frac{\delta}{2} \, . \tag{4.3/3}$$

Diese Gleichungen gelten genau nur unter der Voraussetzung, daß als mittlere Heizwassertemperatur das arithmetische Mittel zwischen Vorlauf und Rücklauftemperatur genommen werden kann. Bei verhältnismäßig größeren Temperaturabsenkungen werden die Werte ungenau, und der Wert t_v muß aus der Gl. (2.4/11) gewonnen werden. Da eine unmittelbare Berechnung von t_v oder Θ_v aus dieser Gleichung nicht möglich ist, bedient man sich der graphischen Tabelle.

Für t_r gilt dann
$$t_r = t_v - \delta \, .$$

Bei Schwerkraftanlagen geht die umlaufende Wassermenge mit der Belastung der Anlage zurück. Das Verhältnis der Temperaturabsenkung zur mittleren Temperaturdifferenz wird also in einem Rahmen bleiben, daß mit dem arithmetischen Mittel gerechnet werden kann. Bei Pumpenheizungen bleibt die umlaufende Wassermenge konstant, die Temperaturabsenkung geht mit der Belastung der Anlage verhältnisgleich zurück, das Verhältnis Temperaturabsenkung zur mittleren Temperaturdifferenz wird also günstiger. Hier kann also auch mit dem arithmetischen Mittel gerechnet werden. Setzt man aber die umlaufende Wassermenge herunter, so kann sich die Anwendung der logarithmischen Formel als notwendig erweisen.

In den Gln. (4.3/1) bis (4.3/3) ist das Temperaturgefälle δ noch unbekannt. Seine Bestimmung ist für Schwerkraftanlagen und Pumpenanlagen verschieden.

4.311.11 Pumpenheizung. Wenn man, was in den meisten Fällen ohne weiteres möglich sein wird, von der Einwirkung der Schwerkraft absehen kann, so ist die umlaufende Wassermenge durch die Wirkung der Pumpe einerseits und das gegebene Rohrnetz andererseits bestimmt und konstant. Das Temperaturgefälle ist daher dem Belastungsgrade direkt proportional

$$\delta = \frac{\varphi \cdot Q'}{G}$$

oder

$$\delta = \varphi\,\delta' \qquad \text{bei voller Wassermenge}$$

$$\delta = \frac{3}{2}\,\varphi \cdot \delta' \quad ,, \qquad {}^2/_3 \qquad\qquad ,,$$

$$\delta = 2\,\varphi\,\delta' \quad ,, \qquad {}^1/_2 \qquad\qquad ,,$$

$$\delta = 3\,\varphi\,\delta' \quad ,, \qquad {}^1/_3 \qquad\qquad ,,$$

4.311.12 Schwerkraftheizung. Die umlaufende Wassermenge ändert sich mit dem Belastungsgrade der Anlage. Diese Abhängigkeit ergibt sich aus dem Verhalten des Rohrnetzes. Mit sinkender Temperatur des Heizwassers vermindert sich das Temperaturgefälle, und damit vermindert sich auch der Wirksame Druck. Die umlaufende Wassermenge wird sich also auf einen Wert einstellen, bei welchem die Strömungswiderstände dem Wirksamen Drucke gleich sind.

Die vorhergehenden Untersuchungen brachten das Ergebnis: Gl. (2.6/18) $\sigma = \psi^r$, so daß man hier setzen kann

$$p = \psi^r p'\,.$$

Dieser Wert gilt für veränderliches Wassergewicht bei gleichbleibender Temperatur. Nun sind hier auch die Temperaturen veränderlich. Die Einwirkung der Temperaturänderung ist aber so minimal, daß sie vernachlässigt werden kann, und wir für unsere Untersuchungen unbedenklich setzen können

$$p_R = \psi^r p' = \left(\frac{Q}{Q'}\right)^r p\,.$$

Der Wirksame Druck ist gegeben durch die Formel

$$p = h\,\tau\,\delta$$

unter der Voraussetzung, daß die ganze Wasserauskühlung im Heizkörper liegt.

Wir bekommen, da $p_R = p$ sein muß, für den ganzen Stromkreis die Beziehung

$$h\,\tau\,\delta = C\,G^r,$$

worin C eine Konstante ist, die durch die baulichen Verhältnisse der Anlage bestimmt ist.

Analog muß auch sein $h\,\tau'\,\delta' = C(G')^r$. Hieraus errechnet sich

$$\frac{\tau\,\delta}{\tau'\,\delta'} = \left(\frac{G}{G'}\right)^r\,.$$

Andererseits ist aber auch

$$\frac{G}{G'} = \frac{\frac{Q}{\delta}}{\frac{Q'}{\delta'}} = \frac{Q\,\delta'}{Q'\,\delta} = \varphi\,\frac{\delta\cdot}{\delta}\,.$$

Es wird somit

$$\frac{\tau\,\delta}{\tau'\,\delta'} = \varphi^r\Big(\frac{\delta'}{\delta}\Big)^r,$$

und hieraus resultiert

$$\delta = \Big(\frac{\tau'}{\tau}\Big)^{\frac{1}{r+1}} \cdot \varphi^{\frac{r}{r+1}} \cdot \delta'\,, \tag{4.3/4}$$

oder wenn man für $r = 1{,}9$ setzt

$$\delta = \varphi^{0,055}\Big(\frac{\tau'}{\tau}\Big)^{0,345}\delta'\,. \tag{4.3/5}$$

Seither war vorausgesetzt, daß die Wasserauskühlung in einem Punkte erfolgt, also praktisch nur im Heizkörper liegt. Die Entwicklung gilt also zunächst nur für Anlagen mit unterer Verteilung, bei welchen diese Voraussetzung nahezu erreicht wird.

Allgemein gilt für den Wirksamen Druck:

$$p = \Sigma\,(h\,\tau\,\delta)\,.$$

Hierin sind die Werte h konstant. Außerdem kann man annehmen, daß sich die Werte δ und τ im etwa gleichen Verhältnis verändern. Damit läßt sich die vorstehende Formel umformen in

$$p = h_m\,\tau_m\,\delta\,,$$

indem man sämtliche Abkühlungsmittelpunkte in einem gedachten Abkühlungsmittelpunkt zusammenfaßt, welcher die gleiche Wirkung hervorruft. Damit ist ohne weiteres gegeben, daß man die Gl. (4.3/4) bzw. (4.3/5) ganz allgemein anwenden kann.

4.311.2 Betriebsschaubilder

Die Auswertung dieser Formeln für Pumpen- und Schwerkraftheizung läßt sich am besten in Schaubildern durchführen, bei welchen die Ordinaten die Temperaturen angeben. Die Abszissen müssen die Werte φ enthalten. Da wegen des Faktors ϱ die Außentemperatur nicht eindeutig durch die Zahl φ bestimmt ist, empfiehlt es sich, das Schaubild derart zu ergänzen, daß man unter Benutzung der Außentemperatur und des Wertes ϱ direkt ablesen kann. Dies ist in den Arbeitsblättern 11 bis 20 für verschiedene Verhältnisse geschehen. Bei der Pumpenheizung sind hierbei bei halber Wassermenge die Werte mit Hilfe der logarithmischen Formel eingesetzt.

4.311.3 Der Gütegrad

Die generelle Temperaturregelung ist dann vollauf befriedigend, wenn für alle zu beheizende Räume die gleichen äußeren Regelbedingungen gegeben sind. Letzteres kann nur der Fall sein, wenn in allen Räumen die gleichen Raumtempera-

turen gefordert sind. Doch auch in diesem Falle treten schon Unterschiede auf,
die durch die verschiedene Lage der Räume nach Himmelsrichtungen bedingt sind.

Zur Verdeutlichung der Unterschiede für die Räume verschiedener Raumtemperatur sind in Abb. 4/12 die aus den einzelnen Schaubildern ermittelten
Werte, beispielsweise für eine Pumpwarmwasserheizung 90/70° C, zusammen-

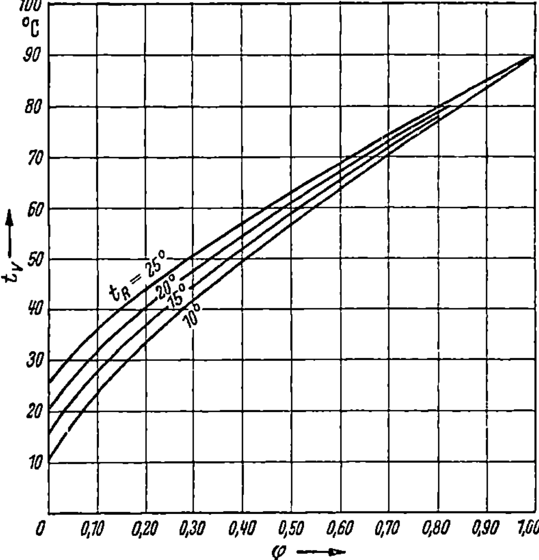

Abb. 4/12. Pumpwarmwasserheizung 90/70° C, $m = 1/3$
(Radiatoren): Vorlauftemperaturen in Abhängigkeit von
Raumtemperatur und Belastungsgrad

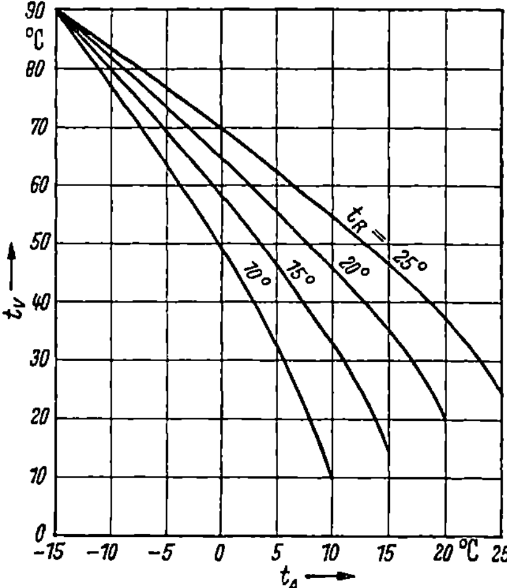

Abb. 4/13. Pumpwarmwasserheizung 90/70° C,
$m = 1/3$ (Radiatoren): Vorlauftemperaturen in
Abhängigkeit von Raumtemperatur und Außen-
temperatur

gestellt. Man erkennt, daß bei gleichem Belastungsgrade die erforderlichen Vorlauftemperaturen schon stark auseinander gehen. Berücksichtigt man noch die
Veränderung der φ_w-Werte für die verschiedenen Raumtemperaturen, so erhält
man Abb. 4/13. Danach weichen die erforderlichen Vorlauftemperaturen für
Räume mit verschiedenen Raumtemperaturen erheblich voneinander ab.

Ohne besondere Einrichtungen lassen sich für verschiedene Anlageteile keine
unterschiedlichen Vorlauftemperaturen erzielen. Die Anlage muß also mit den Vorlauftemperaturen betrieben werden, wie sie die Räume mit höchster Raumtemperatur, die weiterhin nach der ungünstigsten Himmelrichtung liegen, erfordern. Den Räumen mit niedriger Raumtemperatur wird also mehr Wärme zugeführt, als ihnen bei der betreffenden Raumtemperatur zuzuführen wäre. Diese
Raumtemperaturen werden also über den geforderten Wert ansteigen und sich
zunehmend mit abnehmender Außentemperatur der höchsten Raumtemperatur
im Gebäude angleichen.

Dieses Ergebnis wird im allgemeinen ohne weiteres hingenommen. Die Nebenräume haben also durchweg höhere Raumtemperaturen als sie der Berechnung
zugrunde liegen; nur bei tiefster Außentemperatur stellen sich die berechneten
Raumtemperaturen ein. In vielen Fällen mag diese Eigenschaft durchaus be-
grüßenswert sein; indem man in den betreffenden Nebenräumen gerne höhere
Raumtemperaturen haben möchte und sich lediglich für die kältere Jahreszeit
mit den niederen (rechnungsmäßigen) Raumtemperaturen begnügt. Es entspringt

aber noch ein weiterer Vorteil aus dieser Eigenschaft. Wie früher ermittelt wurde, ist φ_w außer von der Raumtemperatur auch noch von der Größe des Anteiles konstanter Wärmeverlustteile am Gesamtwärmeverlust eines Raumes abhängig. Durch die Angleichung der Raumtemperatur der Nebenräume an die Räume mit höherer Temperatur fällt diese Abhängigkeit weg, da mit dem Steigen der Raumtemperatur der Nebenräume diese Wärmeverlustteile nicht mehr konstant bleiben, sondern sich, mehr oder weniger angenähert, so verändern, wie auch die übrigen Wärmeverlustanteile. Es ergibt sich damit, daß für den Verlauf der Vorlauftemperatur für das ganze Gebäude der rechnerische Verlauf der Vorlauftemperatur für die Räume mit der höchsten Raumtemperatur zu setzen ist, wobei man bei der Berechnung den jeweiligen Wärmebedarf der Temperaturdifferenz $t_R - t_A$ proportional setzen kann. Wir können also ohne weiteres die im vorhergehenden Kapitel errechneten Werte für die Heizwassertemperatur dem Betrieb der Anlage zugrunde legen.

Diese Regelmethode erfordert keine besonderen Einrichtungen als den Einbau eines zuverlässigen Reglers für die Vorlauftemperatur.

4.312 Einrohranlagen

Bei den seither behandelten Zweirohranlagen konnte man ohne weiteres übersehen, daß die generelle Regelbarkeit gewährleistet ist, da jedem Heizkörper Heizwasser mit Vorlauftemperatur zugeführt wird. Bei dem Einrohrsystem kann man dies nicht ohne weiteres behaupten, da die Heizkörper Wasser verschiedener Temperatur erhalten. Im folgenden seien daher die Verhältnisse für Einrohranlagen untersucht.

Die Wärmeleistung eines Heizkörpers ist

$$Q = f\,k_0\,\Theta^{m+1} \quad \text{und} \quad Q = G\,c\,\delta\,.$$

Setzt man für $\Theta = \Theta_v - \dfrac{\delta}{2}$, worin Θ_v die Übertemperatur des Vorlaufwassers bedeutet, so wird

$$f\,k_0\left(\Theta_v - \frac{\delta}{2}\right)^{1+m} = G\,c\,\delta\,.$$

Ebenso ist $f\,k_0(\Theta')^{m+1} = G'\,c\,\delta'$.

Dividiert man die beiden letzten Gleichungen durcheinander, so wird

$$\frac{\left(\Theta_v - \dfrac{\delta}{2}\right)^{m+1}}{(\Theta')^{m+1}} = \frac{G\,\delta}{G'\,\delta'} = \psi\,\frac{\delta}{\delta'}$$

und hieraus errechnet sich

$$\Theta_v = \frac{\Theta'}{\left(\dfrac{\delta'}{\psi}\right)^{\frac{1}{m+1}}}\,\delta^{\frac{1}{1+m}} + \frac{\delta}{2}\,. \tag{4.3/6}$$

Setzt man hierin $m = 1/3$, wie dies für Radiatoren zutrifft, so wird schließlich

$$\Theta_v = \frac{\Theta'}{\left(\dfrac{\delta'}{\psi}\right)^{3/4}}\,\delta^{3/4} + \frac{\delta}{2}\,. \tag{4.3/7}$$

Um diese Formel praktisch auszuwerten, bedient man sich zweckmäßig einer graphischen Darstellung. In Abb. 4/14 ist die Formel (4.3/7) dargestellt, wobei als Abszisse der Wert $\dfrac{\Theta'}{\left(\frac{\delta'}{\psi}\right)^{3/4}}$, als Ordinate Θ_v und als Parameter δ aufgetragen ist.

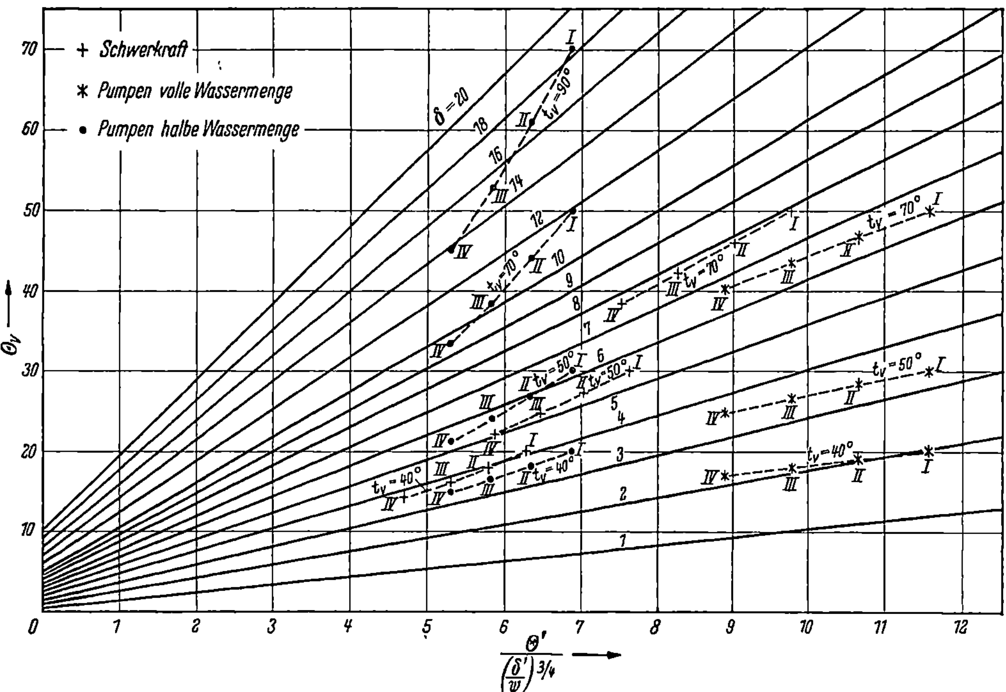

Abb. 4/14. Temperaturabsenkung in den Radiatoren der Wasserheizung bei veränderlichen Vorlauftemperaturen und Wassermengen

4.312.1 Schwerkraftbetrieb

Die Formel 4.3/7 bzw. das daraus entwickelte Diagramm ist bei Schwerkraftanlagen nicht ohne weiteres anwendbar, da sich die Wassermenge G mit der Vorlauftemperatur verändert und diese Veränderung zunächst noch nicht bekannt ist. Es sei zunächst einmal angenommen, daß sich der Wirksame Druck einer Einrohranlage durch die Formel

$$p = h_m \, \tau \, \delta \qquad (4.3/8)$$

ausdrücken lasse. Diese Formel geht davon aus, daß man einen Abkühlungsmittelpunkt des ganzen Stranges bestimmt, der bezüglich des Wirksamen Druckes die gleiche Wirkung hervorruft, wie der eigentliche Strang. Hierbei stellt h_m den senkrechten Abstand dieses Abkühlungsmittelpunktes dar. Unter dieser Voraussetzung kann man für δ eine Veränderung zugrunde legen, wie sie sich bei Zweirohranlagen ergibt und durch die Gl. (4.3/5) festgelegt ist.

An einer Beispielsrechnung soll die Untersuchung weitergeführt werden. Es sei ein Strang herausgegriffen, wie er in Abb. 4/15 dargestellt ist. Der Strang habe vier Heizkörper mit gleicher Wärmeleistung. Die Berechnungstemperaturen sind in Abb. 4/15 eingetragen. Die Berechnung sei für die Vorlauftemperaturen 70, 50 und 40° C durchgeführt. Nach Arbeitsblatt 16 kann man setzen:

$$\text{für } t_v = \quad 70 \qquad 50 \qquad 40 \qquad °C$$
$$\psi = \quad 0{,}800 \quad 0{,}575 \quad 0{,}443$$

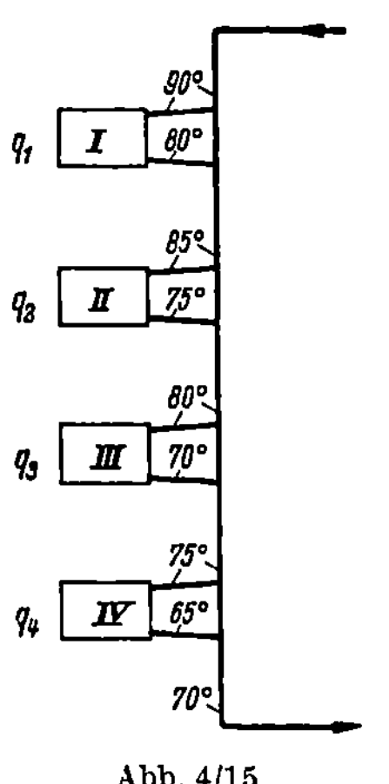

Abb. 4/15

Die einzelnen Werte der Berechnung, wie auch Werte, die sich aus der Abb. 4/15 entnehmen lassen, sind in der Tabelle auf Seite 227 zusammengestellt.

Dieses Beispiel zeigt, daß die Wärmeleistung der Heizkörper um so mehr zurückgeht, je tiefer dieselben am Strang angeordnet sind. Die Differenzen sind jedoch so gering, daß von einer stärkeren Beeinträchtigung der generellen Regelung nicht gesprochen werden kann.

4.312.2 Pumpenanlagen

Die für die Schwerkraftanlage entwickelte Formel (4.3/7) gilt in gleichem Maße auch für die Pumpenanlage. Nur kann man bei der Pumpenanlage, da die Wassermengen konstant sind, $\psi = 1$ setzen und die Formel vereinfacht sich zu:

$$\Theta_v = \frac{\Theta'}{(\delta')^{3/4}} \cdot \delta^{3/4} + \frac{\delta}{2} . \tag{4.3/9}$$

Die für die Schwerkraftanlage entwickelten Kurven nach Abb. 4/14 gelten aber auch für diese Formel, wenn man in der Ordinate den Wert $\dfrac{\Theta'}{(\delta')^{3/4}}$ einsetzt.

Verwendet man das gleiche Beispiel, wie bei der Schwerkraftanlage, so errechnen sich folgende Werte:

HK	Θ'	$\dfrac{\Theta'}{(\delta')^m}$	$t_v = 70°\ C$			$t_v = 50°\ C$			$t_v = 40°\ C$		
			Θ_v	δ	φ	Θ_v	δ	φ	Θ_v	δ	φ
I	65	11,56	50	6,44	0,644	30	5,37	0,337	20	1,94	0,194
II	60	10,67	46,78	6,50	0,650	28,32	3,41	0,341	19,03	2,04	0,204
III	55	9,78	43,53	6,56	0,656	26,61	3,49	0,349	18,01	2,09	0,209
IV	50	8,89	40,25	6,66	0,666	24,87	3,56	0,356	16,97	2,19	0,219
Θ_r	—	—	36,92	—	—	23,08	—	—	15,87	—	—
$t_v - t_r$	—	—	—	13,08	—	—	6,92	—	—	4,13	—
φ_{mittel}	—	—	—	—	0,654	—	—	0,346	—	—	0,207
$\dfrac{\varphi_{IV}}{\varphi_I}$	—	—	—	—	1,035	—	—	1,056	—	—	1,13

Ein Vergleich ergibt, daß für das mittlere φ die Vorlauftemperatur genau mit der der Zweirohranlage übereinstimmt. Es ergibt sich weiter, daß bei Veränderung der Vorlauftemperatur die tiefer im Strang gelegenen Heizkörper weniger in der Wärmeleistung zurückgehen als die hochgelegenen. Die Unterschiede sind aber so gering, daß man von einer merklichen Beeinträchtigung der generellen Regelung nicht sprechen kann.

Temperaturregelung der Einrohranlage bei Schwerkraftbetrieb (zu Seite 226)

HK	Θ'	$t_v = 70°$ C					$t_v = 50°$ C					$t_v = 40°$ C				
		$\frac{\Theta'}{\left(\frac{1}{\psi}\delta'\right)^{3/4}}$	Θ_v	δ	Θ_r	φ	$\frac{\Theta'}{\left(\frac{1}{\psi}\delta'\right)^{3/4}}$	Θ_v	δ	Θ_r	φ	$\frac{\Theta'}{\left(\frac{1}{\psi}\delta'\right)^{3/4}}$	Θ_v	δ	Θ_r	φ
I	65	9,78	50	7,88	42,12	0,630	7,63	30	5,49	24,51	0,316	6,27	20,0	4,09	15,91	0,181
II	60	9,02	46,06	7,81	38,25	0,625	7,04	27,26	5,31	21,95	0,305	5,79	17,96	3,90	14,06	0,173
II	55	8,27	42,16	7,72	34,44	0,617	6,46	24,60	5,14	19,46	0,296	5,31	16,01	3,73	12,28	0,165
IV	50	7,52	38,30	7,61	30,69	0,609	5,87	22,03	5,00	17,03	0,288	4,71	14,14	3,66	10,48	0,162
Θ_r	—	—	34,50	—	—	—	—	19,53	—	—	—	—	12,31	—	—	—
$t_v - t_r$	—	—	—	15,50	—	—	—	—	10,47	—	—	—	—	7,69	—	—
φ_{mittel}	—	—	—	—	—	0,620	—	—	—	—	0,301	—	—	—	—	0,171
$\frac{\varphi_{IV}}{\varphi_I}$	—	—	—	—	—	0,97	—	—	—	—	0,91	—	—	—	—	0,90

Temperaturregelung der Einrohranlage bei Pumpenbetrieb mit halber Wassermenge (zu Seite 228)

HK	Θ'	$\frac{\Theta'}{\left(\frac{\delta'}{\psi}\right)^{3/4}}$	$t_v = 90°$ C				$t_v = 70°$ C				$t_v = 50°$ C				$t_v = 40°$ C			
			Θ_v	δ	Θ_r	φ	Θ_v	δ	Θ_r	φ	Θ_v	δ	Θ_r	φ	Θ_v	δ	Θ_r	φ
I	65	6,87	70	18,07	51,93	0,904	50	11,93	—	0,597	30	6,17	—	0,309	20	3,68	—	0,184
II	60	6,34	60,97	16,74	44,23	0,837	44,04	11,15	—	0,558	26,92	5,87	—	0,294	18,16	3,60	—	0,180
III	55	5,82	52,60	15,30	37,30	0,765	38,46	10,21	—	0,511	23,98	5,61	—	0,281	16,36	3,34	—	0,172
IV	50	5,92	44,95	13,82	31,13	0,691	33,36	9,44	—	0,472	21,18	5,36	—	0,268	14,64	3,34	—	0,167
Θ_r			38,04	—	—	—	28,64	—	—	—	18,50	—	—	—	12,57	—	—	—
$t_v - t_r$			—	31,93	—	—	—	21,36	—	—	—	11,50	—	—	—	7,03	—	—
φ_{mittel}			—	—	—	0,798	—	—	—	0,540	—	—	—	0,288	—	—	—	0,176
$\frac{\varphi_{IV}}{\varphi_I}$			—	—	—	0,765	—	—	—	0,790	—	—	—	0,870	—	—	—	0,910

Dieses Ergebnis gilt nur für gleichbleibende Wassermengen. Aus wirtschaftlichen Gründen werden bei Pumpenheizungen vielfach auch noch Pumpen mit geringerer Wasserleistung verwendet. Es sei daher an dem vorhergehenden Beispiel gezeigt, wie sich die generelle Regelung verhält, wenn man z. B. die Wassermenge auf 50% herabsetzt. Damit wird wieder die Gl. (4.3/7) voll wirksam und es ist in dieser $\psi = 0,5$ zu setzen.

Das Ergebnis der Beispielsrechnung ist in der Tabelle auf Seite 227 zusammengefaßt und in Abb. 4/16 nochmals übersichtlich dargestellt. Es läßt sich hierzu feststellen, daß bei Einrohr-Pumpenheizungen das Verfahren der Herabsetzung der Wassermengen nicht angewendet werden soll, da die generelle Regelung ungünstig beeinflußt wird. Dies wird deutlich aus den Zahlen φ_{IV}/φ_I, das heißt des Verhältnisses des Belastungsgrades des tiefsten zu dem höchsten Heizkörper. Wenn auch mit dem Rückgang der Vorlauftemperatur das Verhältnis zunehmend günstiger wird und die Herabsetzung der Wassermenge nur bei den geringen Belastungsgraden üblich

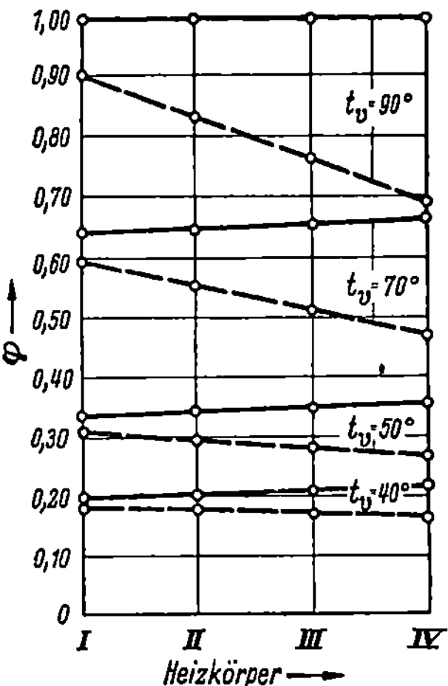

Abb. 4/16. Pumpwarmwasserheizung: Einrohrsystem. Veränderung der Wärmeleistung der einzelnen Heizkörper bei verschiedenen Vorlauftemperaturen

———— für $\psi = 1,0$
— — — für $\psi = 0,5$

ist, so sind die Differenzen doch noch so groß, daß man von einer unzulässigen Beeinträchtigung der generellen Regelung sprechen muß.

4.313 Schwerkraft- und Pumpenanlagen mit gemeinsamem Wassererwärmer

Ein Vergleich der Pumpenheizung mit der Schwerkraftheizung zeigt, daß unter sonst gleichen Voraussetzungen die Schwerkraftheizung etwas höhere Vorlauftemperaturen erfordert als die Pumpenheizung (s. Abb. 4/17).

Das Zusammenfassen von Schwerkraft- und Pumpenanlagen in einem gemeinsamen Wassererwärmer ist also immer mit einer geringen Verschlechterung des Gütegrades verbunden. Die Anlage muß mit den Temperaturen betrieben werden, welche der Schwerkraftteil erfordert.

Eine Verbesserung läßt sich dadurch erreichen, daß man die Heizflächen beider Teile so aufeinander abstimmt, daß im hauptsächlichsten Betriebsbereich der Anlage, die erforderlichen Vorlauftemperaturen bei Pumpen- und Schwerkraftbetrieb näher beieinander-

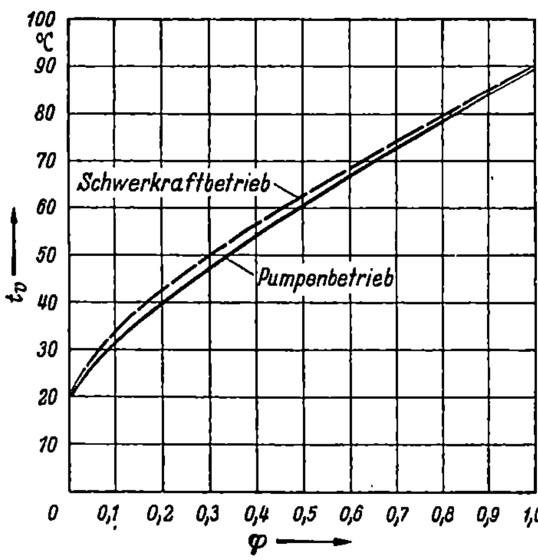

Abb. 4/17. Vergleich der Vorlauftemperaturen von Pumpen- und Schwerkraftwarmwasserheizungen, $m = 1/3$ (Radiatoren)

liegen. Dies läßt sich dadurch erreichen, daß man die Heizfläche des Schwerkraftteiles etwas vergrößert. Dadurch verläuft die Kurve für die Vorlauftemperatur des Schwerkraftteiles etwas flacher und erreicht bei $\varphi = 1$ einen Wert der tiefer liegt als 90° C. Diese Kurve schneidet jetzt die Kurve für die Vorlauftemperatur in einem Punkte der tiefer als $\varphi = 1{,}0$ liegt als es ursprünglich der Fall war. Es dürfte sich empfehlen die beiden Kurven bei etwa $\varphi = 0{,}6$ zum Schnitt zu bringen. Unterhalb dieses Schnittpunktes muß man dann die Anlage so betreiben, wie es der Schwerkraftteil und oberhalb, wie es der Pumpenteil erfordert.

Für unser Beispiel ergibt sich die erforderliche Größe der Heizflächen wie folgt. Bei $\varphi = 0{,}60$ ergibt sich bei der Pumpenheizung eine Vorlauftemperatur von 67° C. Bei 67° C Vorlauftemperatur erreicht die Schwerkraftheizung eine Leistung von $\varphi = 0{,}57$. Um diese Leistung nun auf $\varphi = 0{,}60$ zu steigern, muß die erforderliche Heizfläche mit dem Faktor $\dfrac{0{,}60}{0{,}57} = 1{,}05$ multipliziert werden, d. h. die Heizfläche muß um 5 % vergrößert werden.

4.314 Schwerkraft- und Pumpenanlagen mit unterschiedlichem Temperaturgefälle einzelner Teile

Aus den früheren Vergleichen ergab sich, daß auch bei verschiedenem Temperaturgefälle der einzelnen Heizkörper praktisch die gleichen Vorlauftemperaturen benötigt werden. Dies trifft sowohl für Pumpenheizungen wie auch für Schwerkraftanlagen zu. Die generelle Regelfähigkeit wird also durch unterschiedliches Temperaturgefälle in den einzelnen Heizkörpern nicht beeinträchtigt.

4.315 Gleichzeitige Verwendung von Heizkörpern verschiedener Art

Das unterschiedliche Verhalten von Heizkörpern verschiedener Art ist durch den Exponenten m gegeben. In Arbeitsblatt 19 ist das Betriebsbild einer Pumpwarmwasserheizung mit Strahlplatten $(m = 0{,}05)$ für 90/70° C und $t_R = 15°$ C dargestellt. Bringt man hierzu die erforderlichen Vorlauftemperaturen für dieselbe Anlage, jedoch mit Radiatoren $(m = 0{,}333)$ zum Vergleich, so erhält man Abb. 4/18. Es ergibt sich bei den mittleren Belastungsgraden ein verhältnismäßig starkes Auseinandergehen der erforderlichen Vorlauftemperaturen. Die generelle Regelung wird stark beeinträchtigt. Es empfiehlt sich also nicht, Heizkörper so verschiedener Art, ohne besondere Vorkehrungen in einer Anlage mit gemeinsamer genereller Regelung zusammenzufassen. Man kann eine Verbesserung dadurch erreichen, daß man die erforderlichen Vorlauftemperaturen der verschiedenen Heizkörper bei einem mittleren Belastungs-

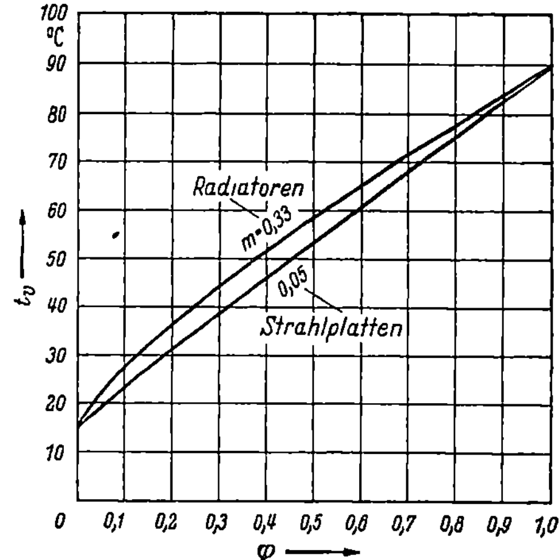

Abb. 4/18. Vergleich der Vorlauftemperaturen der Pumpwarmwasserheizung mit verschiedenen Heizkörperarten, für $t_R = 15°$ C

grad in Übereinstimmung bringt. Dies erfordert im Beispielsfalle eine Vergrößerung der Heizfläche der Radiatoren. Es sei hier auf das Kapitel 4.33

verwiesen, in welchem die Angleichung der Vorlauftemperaturen bei mittleren Belastungsgraden für andere Zwecke näher beschrieben ist.

4.316 Zusammenfassung

Die generelle Temperaturregelung ist zweifellos mit die hervorragendste Eigenschaft der Wasserheizung, die diesen Anlagen einen günstigen Gütegrad verleiht. Diese Eigenschaft ist diesen Anlagen ohne weiteres gegeben. Es ist nur noch dafür zu sorgen, daß brauchbare Regelgeräte die Herstellung und Aufrechterhaltung der jeweils erforderlichen Vorlauftemperatur sicherstellen.

Andererseits ergab sich aus diesen Untersuchungen, daß bestimmte differenzierte Einwirkungen auf den Wärmebedarf, wie die verschiedenen Raumtemperaturen, die Lage nach Himmelsrichtung, wie auch das zeitlich verschiedene Heizbedürfnis für verschiedene Räume allein durch die generelle Regelung nicht ausgeglichen werden können.

Diesen Erfordernissen dienen die im folgenden beschriebenen Regelmethoden.

4.32 Die generelle Temperaturregelung mit zusätzlicher örtlicher Drosselregelung

Diese Regelmethode arbeitet wie die vor beschriebene, nur daß durch Drosselung der einzelnen Wärmeverbraucher noch eine Beeinflussung der Wärmeabgabe in den Räumen herbeigeführt wird, die wegen niedrigerer Raumtemperatur oder aus sonstigen Gründen einen geringeren Wärmebedarf aufweisen. Auch diese Methode erfordert keine besonderen Einrichtungen, da die einzelnen Wärmeverbraucher üblicherweise mit Regelorganen ausgerüstet werden. Man kann diese Form wohl als die normale und minimale Form der regeltechnischen Ausbildung einer Wasserheizungsanlage bezeichnen. Mit dieser lassen sich auch zeitliche Verschiedenheiten im Heizungsbedürfnis der verschiedenen Räume meistern.

Aus Abb. 4/11 kann man, dargestellt für Radiatoren unter bestimmten Verhältnissen, entnehmen, in welchem Maße der Wasserdurchfluß herabgesetzt werden muß, um eine bestimmte Verminderung der Wärmeleistung zu erreichen. Die dafür notwendige Drosselung des Drosselorgans läßt sich unter Verwendung der Erkenntnisse des Kapitels 4.22, Seite 218ff., ermitteln. Kombiniert man die erforderliche Wassermenge mit den nach Gl. (2.6/25) errechneten verhältnismäßigen Widerstandsbeiwerten des Drosselorganes, so erhält man die Regelkurven wie sie in Abb. 4/19 beispielsweise für eine Vorlauftemperatur von 90° C dargestellt sind. Diese Kurven gelten nur für Nebenstromkreise, die an ihren Anschlußpunkten eine unveränderliche Druckdifferenz vorfinden. Es ergibt sich aus ihnen, daß die Anforderungen an das Regelorgan sehr hoch sind. Sie sind um so höher je geringer der Anteil des Widerstandes des Regelorgans am Gesamtwiderstand ist. Selbst für den Fall, daß der gesamte Widerstand im Regelorgan liegt ($i = 1,0$), sind die Anforderungen schon sehr groß. Dieser Fall ist praktisch nur angenähert erreichbar. Die Kurve für $i = 1,0$ gibt die günstigsten noch denkbaren Werte wieder und stellt eine Grenzkurve dar.

Im allgemeinen wird jedoch die Regelung eines Nebenstromkreises eine Vergrößerung der Druckdifferenz an den Abzweigpunkten verursachen. Es muß also noch zusätzlicher Druck weggedrosselt werden und der notwendige Widerstandsbeiwert des Regelorgans vergrößert sich.

Setzt man zur Untersuchung dieser Verhältnisse für die Berechnungswerte

$$p' = (c_k + c_v')\,(G')^2$$

und nach der Regelung

$$p = (c_k + c_v)\,G^2$$

so wird

$$\frac{p'}{p} = \frac{c_k + c_v'}{c_k + c_v}\left(\frac{G'}{G}\right)^2$$

da weiter $\dfrac{G}{G'} = \psi$ erhält man nach einigen Umformungen

$$\frac{c_v}{c_v'} = \frac{1}{\psi^2}\left(\frac{c_k}{c_v'} + 1\right)\frac{p}{p'} - \frac{c_k}{c_v'}\,.$$

Setzt man wieder $c_o' = i\,c'$ und $c_k = (1 - i)\,c'$, so wird schließlich

$$\frac{c_v}{c_v'} = \frac{1}{i}\left(\frac{1}{\psi^2}\cdot\frac{p}{p'} - 1\right) + 1\,.$$

Diese Formel ähnelt sehr der Gl. (2.6/25). Will man die Form der Gl. (2.6/25) erreichen, so kann man einen Wert I einführen, der der Bedingung

$$\frac{1}{I}\left(\frac{1}{\psi^2} - 1\right) + 1 = \frac{1}{i}\left(\frac{1}{\psi^2}\cdot\frac{p}{p'} - 1\right) + 1$$

genügt.

Es errechnet sich hieraus

$$I = i\,\frac{\dfrac{1}{\psi^2} - 1}{\dfrac{1}{\psi^2}\cdot\dfrac{p}{p'} - 1}\,. \qquad (4.3/10)$$

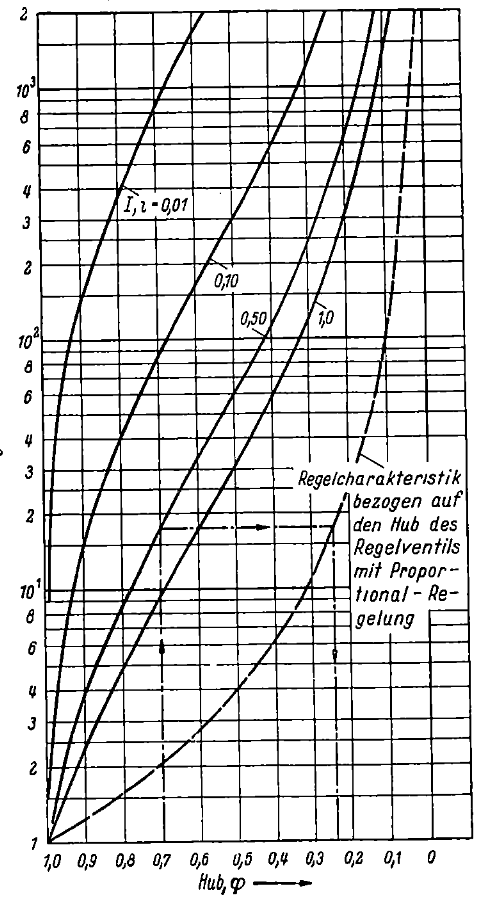

Abb. 4/19. Erforderliche Regelcharakteristik von Regelorganen bei Wasserheizungen, $\Theta = 60\,\text{grd}$; $m = 1/3$

Die Gl. (2.6/25) geht also für Nebenstromkreise mit veränderlichem Druck über in

$$\frac{c_v}{c_v'} = \frac{1}{I}\left(\frac{1}{\varphi^2} - 1\right) + 1 \qquad (4.3/11)$$

wobei I sich nach Gl. (4.3/10) errechnet.

Das Kurvenblatt 4/19 kann also auch bei veränderlichem Druck Verwendung finden, wenn man an Stelle von i den Wert I einführt.

In Gl. (4.3/10) ist der Faktor

$$\frac{\dfrac{1}{\psi^2} - 1}{\dfrac{1}{\psi^2}\cdot\dfrac{p}{p'} - 1}$$

stets kleiner als 1, so daß I auch stets kleiner als i wird. Die erforderliche Regelkurve verläuft nunmehr für ein veränderliches I, wobei I um so kleiner wird, je stärker das Regelorgan gedrosselt wird.

Die Industrie hat Regelventile mit sogenannter *Proportionalregelung* entwickelt. Darunter versteht man Regelventile, welche bei einem gleichbleibendem Druckverlust innerhalb des Regelventils, zwischen Hub des Ventils und Wasserdurchfluß ein lineares Verhältnis herstellen. Kombiniert man diese Charakteristik mit der erforderlichen Wassermenge, so erhält man eine Kurve, wie sie in Abb. 4/19 strichliert eingetragen ist, wobei die Abszisse den Hub wiedergibt. Damit läßt sich jeweils der erforderliche Hub des Regelventiles ermitteln. Das eingetragene Beispiel zeigt, daß bei einer Wärmeleistung von $\varphi = 0{,}70$ und einem Regelwiderstand von $i = 0{,}5$ sich ein Hub des Regelventiles von 0,24 ergibt. Die Kurve des Regelventiles mit *Proportionalregelung* ist idealisiert, da sich ein genaues lineares Verhältnis nicht erreichen läßt.

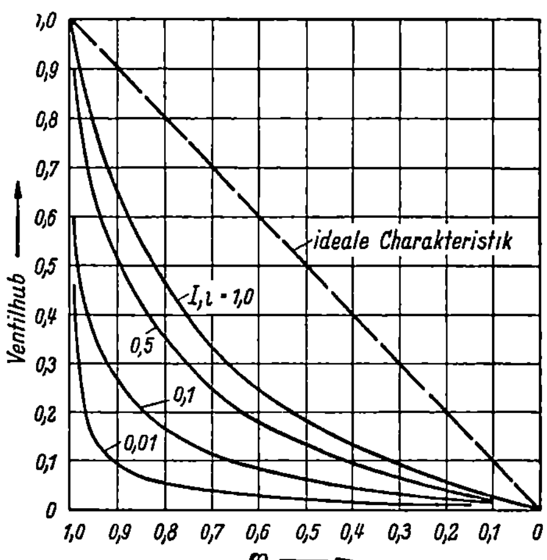

Abb. 4/20. Regelcharakteristik des Regelventiles mit Proportionalregelung, $\Theta = 60$ grd; $m = 1/3$

Es läßt sich aber durch Eintragen der wirklichen Charakteristik für jedes Regelventil die Abhängigkeit zwischen Hub und Wärmeleistung mit Hilfe der Kurven aus Abb. 4/19 ermitteln. Eine derartige Abhängigkeit ist in Abb. 4/20 für das Regelorgan mit Proportionalregelung dargestellt. Auch dieses Bild zeigt die Schwierigkeit der Drosselregelung, die um so stärker ist, je kleiner der Anteil des Widerstandes des Regelorgans am Gesamtwiderstand des Nebenstromkreises ist. Sie zeigt insbesondere auch wie weit die Charakteristik des Regelventiles mit Proportionalregelung von der *idealen Charakteristik*, bei welcher ein lineares Verhältnis zwischen Ventilhub und Wärmeleistung des Heizkörpers gegeben ist, abweicht. Bei Regelventilen ohne Proportionalregelung liegen die Verhältnisse noch ungünstiger.

Hierzu muß man noch die Verhältnisse ganzer Anlagen betrachten.

Bei *Pumpenheizungen* ist der von der Pumpe erzeugte gesamte Wirksame Druck durch die Charakteristik der Pumpe gegeben. Wird innerhalb des Rohrnetzes gedrosselt, so wird der Pumpendruck ansteigen, und zwar um so mehr, je stärker gedrosselt wird. Wie sich hierbei die Druckdifferenz an den Anschlußpunkten eines Nebenstromkreises ändert, hängt sehr stark von der Lage des Nebenstromkreises im Gesamtnetz ab. Auf diese Druckdifferenz wirkt aber nicht nur die Regelung des betreffenden Nebenstromkreises, sondern auch die der anderen geregelten Nebenstromkreise ein. Eine solche Einwirkung ist auch schon bei nicht geregelten Stromkreisen vorhanden. Diesem wirkt entgegen, daß eine merkliche Veränderung der Wärmeabgabe eines Heizkörpers eine stärkere Änderung des Wasserdurchflusses erfordert. Kleine Druckänderungen bleiben praktisch ohne Einfluß auf die Wärmeabgabe eines Heizkörpers. Diese Tatsache zieht man in den Begriff der *Selbstregelung* ein. Andererseits ergibt sich aber, daß für die verschiedenen Heizkörper einer ganzen Anlage, verschiedene Werte i gegeben sind, und daß die Werte I darüber hinaus noch weiter variieren. Wollte man eine einwandfreie örtliche Regelung sicherstellen, so müßte jedem Regelventil seine besondere

Regelcharakteristik gegeben werden. Es versteht sich von selbst, daß dies praktisch wegen der Kosten nicht durchführbar ist.

Bei der *Schwerkraftanlage* liegen die Verhältnisse ähnlich. Es tritt hier noch hinzu, daß für den einzelnen geregelten Nebenstromkreis, mit der Herabsetzung der Wassermenge, eine stärkere Wasserauskühlung verbunden ist, die wiederum eine Verstärkung des Wirksamen Druckes hervorruft. Der Umfang der Verstärkung des Wirksamen Druckes hängt wiederum von der Anordnung des geregelten Nebenstromkreises im Gesamtnetz ab. Die Differenzierung der notwendigen Charakteristik des einzelnen Regelventils wird also noch stärker sein als bei der Pumpenheizung.

Zusammenfassend läßt sich also sagen, daß sowohl bei Pumpen- wie auch bei Schwerkraftanlagen eine individuelle Einstellung einer verminderten Wärmeleistung bei einzelnen Heizkörpern mit den heute üblichen Regelventilen, äußerst schwierig ist und praktisch auch kaum angewandt wird. Man begnügt sich mit dem vorübergehenden gänzlichen Abstellen eines Heizkörpers. Damit sind die Regelventile praktisch zu Absperrorganen degradiert. Die Anwendung von Regelventilen mit Proportionalregelung bedeutet kaum eine Verbesserung und ist daher bedeutungslos. Wenn Heizkörper längere Zeit auf eine verminderte Wärmeleistung einzustellen sind, kann man durch Ausprobieren, zu einer brauchbaren Einstellung des Regelventils gelangen.

Bei *Pumpenheizungen* geben die Anwendung der Gesetze der Parallelströme (s. Abschnitt 2.624) für die örtliche Drosselregelung eine bessere Lösung (s. Abb. 4/21). Parallel zu dem Heizkörper wird eine Nebenschlußleitung (Kurzschlußleitung) hergestellt, so daß man das Heizwasser ganz durch den Heizkörper ($\varphi = 1{,}0$) oder ganz durch die Umführungsleitung ($\varphi = 0$) leiten kann, oder aber die Wassermenge in einem beliebigen Verhältnis auf die beiden Zweige aufteilt, womit sich dann alle Werte für φ von 0 bis 1 einstellen lassen. Hierfür verwendet man ein

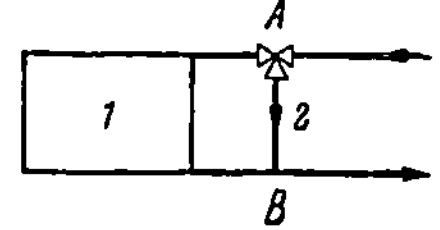

Abb. 4/21. Nebenschluß-regelung

Wechselorgan, das in einem Verzweigungspunkt oder in einem Sammelpunkt eingebaut wird. Bei idealer Gestaltung muß dieses Wechselorgan zwei Anforderungen erfüllen

1. Der Strömungswiderstand durch den Nebenstromkreis muß bei allen Stellungen des Ventiles gleichbleiben. Die Widerstandszahlen c_1 und c_2 müssen so bestimmt werden, daß die Gesamtwiderstandszahl c nach Gl. (2.6/32) für alle Ventilstellungen gleich bleibt. Es treten dann keine Veränderungen in den Druckverhältnissen des Systems auf und es finden keine Rückwirkungen auf die anderen Teile des Rohrnetzes statt, da die umlaufende Wassermenge im gesamten und im einzelnen konstant bleibt.

2. Die Widerstandszahlen c_1 und c_2 müssen so zueinander koordiniert sein, daß sich zwischen dem Hub eines Wechselventils oder dem Verdrehungswinkel eines Wechselhahnes und der Wärmeleistung des Heizkörpers eine lineare Abhängigkeit ergibt. Man kann dann, z. B. durch Stellung des Regelorgans auf 1/2, auch die Wärmeleistung auf 1/2 einstellen.

Unter diesen Bedingungen bleibt die Druckdifferenz zwischen den Punkten A und B konstant. Für den Strömungszweig durch den Heizkörper und für den durch die Nebenschlußverbindung, gelten im einzelnen die Gl. (2.6/25) und die

Tabelle 8. Es ist hierbei wesentlich, daß das Verhältnis i sich jetzt nicht mehr auf den ganzen Nebenstromkreis, sondern auf das Netz zwischen den Punkten A und B bezieht. Es dürfte im allgemeinen günstig liegen und sich nicht weit von 1,0 entfernen. Die erforderliche Regelcharakteristik ergibt sich wiederum aus der Abb. 4/19, wobei für die beiden Strömungszweige des Regelorgans, die Charakteristik gegenläufig verläuft. Die Anforderungen an ein solches Regelorgan sind auch noch bedeutend, lassen sich aber noch erfüllen. Die Regelung mit Nebenschluß ist wesentlich vorteilhafter als die reine Drosselregelung.

Bei Schwerkraftanlagen bietet die Nebenschlußregelung keine Vorteile, da hier die Veränderung des Wirksamen Druckes zu komplizierte Verhältnisse schafft.

Der normalen Drosselregelung treten also in der Praxis sehr große Schwierigkeiten entgegen. Aus der Stellung des Regelorganes lassen sich kaum Schlüsse auf die Verminderung der Wärmeleistung herleiten. Außerdem zeigt die Drosselung auch keine unmittelbare Wirkung, da die Verminderung der Wassertemperatur erst allmählich eintritt. Zudem bleibt die Drosselregelung im allgemeinen den jeweiligen Rauminsassen überlassen. Diese nehmen erfahrungsgemäß leicht überheizte Räume ohne weiteres in Kauf. Bei stärkerer Überheizung wird meist eher zum Öffnen der Fenster geschritten als zur Drosselung der Heizkörper. Die Drosselregelung bleibt also zumeist auf das gänzliche Abstellen von Heizkörpern beschränkt, also auf Zwecke des Ausgleichs der zeitlichen Benutzung der Räume.

Eine wirkliche Ausnutzung der zusätzlichen örtlichen Drosselregelung ist nur gewährleistet, wenn man die einzelnen Regelorgane als selbsttätige Regler ausbildet. Auf diese Weise läßt sich ein Gütegrad erreichen, der theoretisch nahe an 100% herankommt. Diese Einrichtungen sind jedoch sehr kostspielig und auch reparaturanfällig, so daß die dadurch einzusparenden Kosten für Brennstoff oder Wärmeträger kaum einen wirtschaftlichen Anreiz bieten. Insbesondere bei Raumheizungsanlagen kommen daher selbsttätige Raumtemperaturregler kaum zur Anwendung.

Will man von der Drosselregelung bei einzelnen Heizkörpern oder Heizkörpergruppen Gebrauch machen, so ist zu beachten, daß hierdurch auch Einwirkungen auf die anderen Teile der Anlage ausgelöst werden. Diese Einwirkungen dürfen nicht so stark sein, daß dadurch die Wärmeleistung der anderen Heizkörper wesentlich beeinflußt wird. Außerdem muß ein gedrosselter oder ganz abgestellter Heizkörper auch von selbst wieder in die normale Zirkulation zurückkehren, wenn die Drosselung rückgängig gemacht wird.

Der Grenzfall der örtlichen Drosselregelung liegt im ganzen Abstellen eines Heizkörpers. Es genügt also die Untersuchungen für diesen Fall anzustellen.

4.321 Schwerkraftwarmwasserheizung mit unterer Verteilung

Zur Untersuchung bedient man sich der Überdruckdiagramme. Hierzu sei die Anlage nach Abb. 2/52 herangezogen, deren Überdruckdiagramm in Abb. 2/53 dargestellt ist. Bei diesem Beispiel war für die Bemessung des Rohrnetzes ein gleichmäßig verteilter Druckaufbruch für den jeweiligen Stromkreis zugrunde gelegt. Bei dieser Art der Bemessung treten sogenannte negative Druckgebiete auf. Um dies anschaulich zu machen sind in Abb. 4/22 die Betriebsüberdrucklinien der waagerechten Vor- und Rücklaufleitungen des Hauptstromkreises derart aufgetragen, daß die entsprechenden Punkte auf der Abszissenachse zusammenfallen. Da die beiden Leitungen nach Voraussetzung die gleiche geometrische Höhenlage haben, so gibt Abb. 4/22 ohne weiteres wirkliche Druckunterschiede wieder. Es ergibt sich, daß zwischen den Abzweigpunkten für die Stränge I und II positive Druckunterschiede bestehen, während für die Stränge III und IV negative Druckunterschiede vorhanden sind, wobei sich positiv oder negativ im Sinne der erwünschten Strömungsrichtung des Wassers versteht. Die Stränge III und IV liegen also im negativen Druckgebiet.

Werden Teile einer Warmwasserheizungsanlage abgeschaltet, so treten Änderungen in den umlaufenden Wassermengen und den Druckverhältnissen ein. Diese Veränderungen genau zu erfassen ist sehr schwierig und zeitraubend, da sehr viele wechselseitig bedingte Umstände berücksichtigt werden müssen.

Mit Hilfe der Gesetze für Parallelströme bzw. der Formel (2.6/32) lassen sich die Gesamtwider-

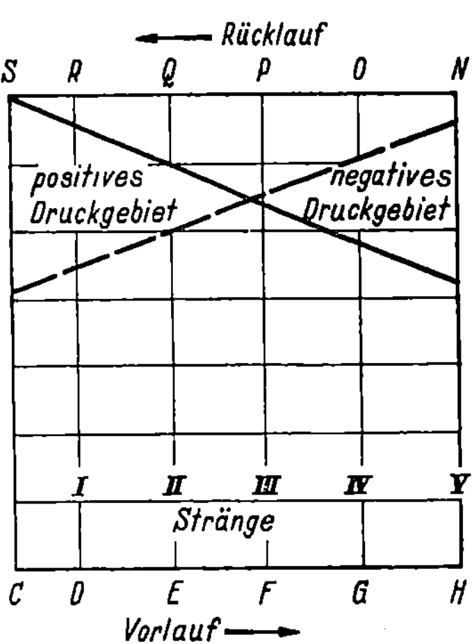

Abb. 4/22. Druckdifferenzen zwischen Hauptvorlauf und Hauptrücklauf
———— Überdruck im Vorlauf
— — — Überdruck im Rücklauf

standszahlen ermitteln und mit Hilfe dieser die Veränderungen in den umlaufenden Wassermengen und den Druckverhältnissen bestimmen. Die auf die einzelnen Stromkreise bzw. Teilstrecken entfallenden Wassermengen seien wie folgt bezeichnet und festgelegt

Q' = die gesamte, im System umlaufende Wassermenge;

Q'_I = 0,20 Q' für Strang I;

Q'_{II} = 0,20 Q' für Strang II;

Q'_{III} = 0,25 Q' für Strang III;

Q'_{IV} = 0,10 Q' für Strang IV;

Q'_5 = Q'_V = 0,25 Q für die Teilstrecken $GHIKLMNO$;

Q'_4 = $Q'_V + Q'_{IV}$ = 0,35 Q für die Teilstrecken FG und OP;

Q'_3 = $Q'_V + Q'_{IV} + Q'_{III}$ = 0,60 Q' für die Teilstrecken EF und PQ;

Q'_2 = $Q'_V + Q'_{IV} + Q'_{III} + Q'_{II}$ = 0,80 Q' für die Teilstrecken DE und QR;

Q'_1 = $Q'_V + Q'_{IV} + Q'_{III} + Q'_{II} + Q'_I$ = Q' für die Teilstrecken $RSTUABCD$.

Auf Grund der durch Abb. 2/52 festgelegten Leitungslängen lassen sich nunmehr die Widerstandszahlen für die einzelnen Stromkreise bzw. Teilstrecken errechnen als Vielfaches des Wertes $\frac{p}{(Q^2)'}$ worin p den im Hauptstromkreis auftretenden Wirksamen Druck bedeutet. Aus den Widerstandszahlen läßt sich mit Hilfe der Gl. (2.6/32) die Gesamtwiderstandszahl für das ganze Rohrnetz berechnen, die im folgenden mit Ω' bezeichnet werden. Ω' ist also auf einen Punkt im System, der zugleich Anfangs- und Endpunkt eines verzweigten Rohrnetzes ist, bezogen. Für diesen muß die Beziehung gelten: $p = \Omega' (Q')^r$. Setzt man voraus, daß sich der Wirksame Druck nicht verändere, so muß sein $H = \Omega' (Q')^r = \Omega Q^r$. Hieraus errechnet sich

$$Q = Q' \sqrt[r]{\frac{\Omega'}{\Omega}}\,. \qquad (4.3/12)$$

Die Anlage wurde nunmehr untersucht für den Fall, daß der Strang I ganz abgestellt ist. Die Widerstandszahl dieses Stranges wird damit unendlich groß und es läßt sich der Wert Ω bestimmen und damit Q. Die Berechnung selbst wurde hier übersprungen und nur das Ergebnis mitgeteilt, wobei $r = 2$ gesetzt sei,

$$Q = 0{,}831\,Q'.$$

In dem Stromkreisteil $R\,A\,D$ sinkt demnach die Wassermenge von Q' auf $0{,}831\,Q'$ und in dem Reststromkreisteil steigt die Wassermenge von $0{,}8\,Q'$ auf $0{,}831\,Q'$. Dies gilt nur unter der Voraussetzung, daß p gleich bleibt. Dies ist nun keines-

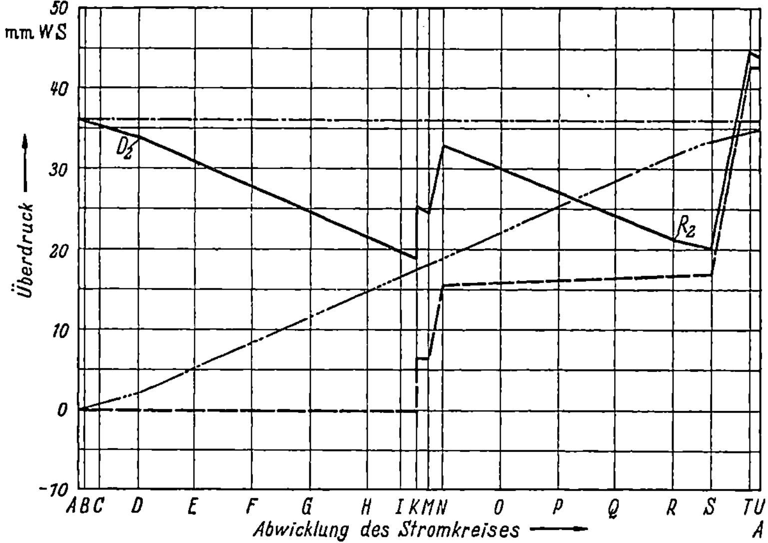

Abb. 4/23. Überdruckdiagramm des Hauptstromkreises nach Abstellung des Stranges I

wegs der Fall, sondern p wird etwas sinken, da durch die etwas vergrößerte Wassermenge, die durch die Heizkörper strömt, ein niedrigeres Temperaturgefälle und damit ein niedrigeres p hervorgerufen wird. Es wird also $Q_1 = Q_2 < 0{,}831\,Q'$. Es ist jedoch ohne weiteres ersichtlich, daß Q_2 größer sein muß als $0{,}80\,Q'$, sein ursprünglicher Wert. Man begeht also keinen großen Fehler, wenn man für die weitere Untersuchung $Q_2 = 0{,}83\,Q'$ setzt. Die in dem Stromkreisteil $R\,A\,D$ auftretenden Strömungswiderstände betragen also jetzt nur noch das $0{,}83^2 = 0{,}69$-fache der ursprünglichen Größe, während sie in dem Reststromkreis das $(0{,}83/0{,}80)^2 = 1{,}08$fache betragen. In Abb. 4/23 ist das Überdruckschaubild unter Benutzung dieser Ergebnisse entwickelt. Ebenso sind in Abb. 4/24 die veränderten Druckunterschiede zwischen Haupt-, Vor- und Rücklauf dargestellt. Die Veränderungen selbst sind nicht sehr bedeutend, sie vergrößern nur den Druckunterschied an den Abzweigpunkten zu Strang I, was aber auf die Regelbarkeit keinen bestimmenden Einfluß hat. Da die Ω-Werte innerhalb des Rohrnetzes zwischen D und R keine Veränderungen erfahren (unter Vernachlässigung der Änderungen von H und den Q-Werten), so findet in diesem Teil des Systems eine gleichmäßige Erhöhung der umlaufenden Wassermenge auf das $\frac{0,83}{0,80} = 1,04$ fache der ursprünglichen Werte statt.

Wie verhält sich nun Strang I nach erneutem Anstellen? In Abb. 4/25 ist das Überdruckschaubild für diesen Nebenstromkreis aufgetragen. Der Wirksame Druck, der nach früherem in jedem Punkte als auftretend angenommen werden kann, ist in Punkt $\Re$, d. h. am Regelventil, als auftretend gesetzt worden. Ist der Strang I genügend lang abgesperrt gewesen, so hat sich die Wassertemperatur in diesem der Raumtemperatur stark angenähert. Unter dieser Voraussetzung ist in Abb. 4/26 der Verlauf der Linie des statischen Überdruckes gezeichnet. Es ergibt sich hierbei am Regelventil bzw. am Punkte $\Re$ ein positiver Druckunterschied $(\mathfrak{k}_w - \mathfrak{k}_1)$, der gleich groß ist dem Druckunterschied $(d_2 - r_2)$. Die Punkte D_2 und R_2 sind hierbei aus dem Schaubild 4/23 entnommen. Ist die Auskühlung noch nicht so weit fortgeschritten, sind also noch Temperaturunterschiede zwischen Vor- und Rücklauf vorhanden, so wird innerhalb des Stranges noch Wirksamer Druck erzeugt. Der Wert $(d_2 - r_2)$ stellt also den geringsten Druck dar, der zur Inbetriebsetzung des Stranges zur Verfügung stehen kann. Wird also das Ventil in $\Re$ geöffnet, so bewirkt der positive Druckunterschied $(\mathfrak{k}_w - \mathfrak{k}_1)$ sofort ein Anlaufen dieses Nebenstromkreises. Mit dem Hochsteigen des warmen Wassers in der Teilstrecke $D\mathfrak{H}$ erfährt dieser Druckunterschied eine Steigerung, die ihr Höchstmaß annimmt, sobald das Wasser den Punkt $\mathfrak{H}$ erreicht hat. Dieser Druck beträgt $(\mathfrak{k}_w' - \mathfrak{k}_1)$. Mit dem Eindringen des warmen Wassers in den Heizkörper und später in den Fallstrang $\mathfrak{M}R$ wird der Druckunterschied wieder vermindert, bis sich der Beharrungszustand gemäß Abb. 4/25 wieder eingestellt hat. Hieraus kann man erkennen, daß der abgestellte Strang I verhältnismäßig rasch anläuft und der Beharrungszustand verhältnismäßig rasch wieder erreicht wird.

Was für Strang I gilt, gilt entsprechend für alle im positiven Druckgebiet angeschlossenen Stränge.

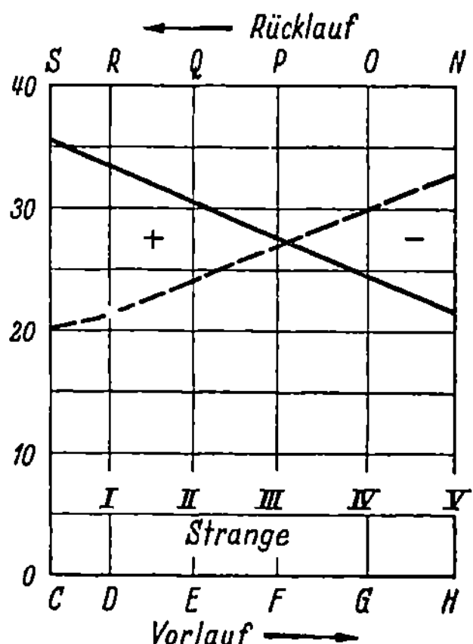

Abb. 4/24. Druckdifferenzen zwischen Hauptvorlauf und Hauptrücklauf nach Abstellen des Stranges I

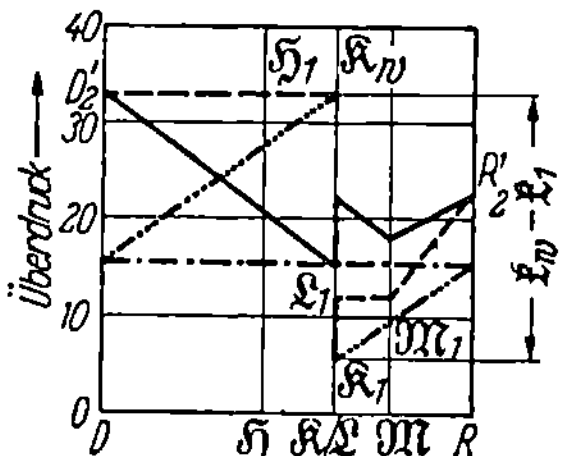

Abb. 4/25. Überdruckschaubild des Nebenstromkreises 4

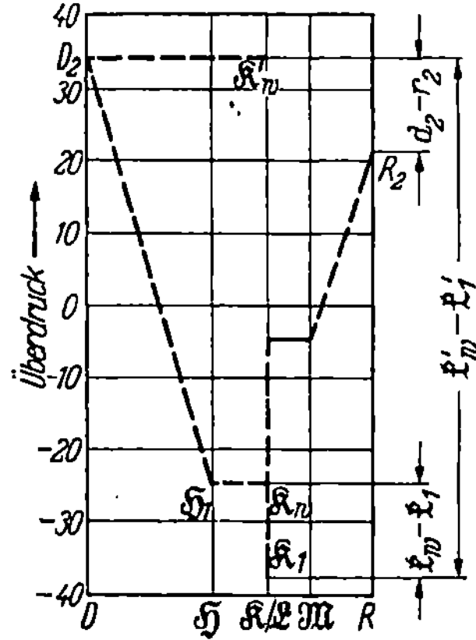

Abb. 4/26. Überdruckschaubild des Nebenstromkreises 4 nach dessen Absperrung und vollständiger Auskühlung

Betrachten wir nunmehr einen Strang, der im negativen Druckgebiet angeschlossen ist, und zwar Strang IV. Auch hier muß zunächst untersucht werden, welche Druckverhältnisse sich nach Abstellung des Stranges herausbilden. Nach Absperrung des Stranges IV wird die Widerstandszahl des Stranges IV unendlich groß. Es läßt sich nunmehr Ω berechnen und die in der folgenden Zahlentafel zusammengestellten Ω-Werte.

Wassermengen als Vielfaches von Q'

	Q_1	Q_2	Q_3	Q_4	$Q_5 = Q_V$	Q_{IV}	Q_{III}	Q_{II}	Q_I
Bei gewöhnlichem Betrieb $Q_x' =$	1,0	0,80	0,60	0,35	0,25	0,10	0,25	0,20	0,20
Nach Absperrung des Stranges IV: $Q_x =$	0,967	0,763	0,557	0,293	0,293	0	0,264	0,205	0,202
$\dfrac{Q_x}{Q_x'} =$	0,967	0,954	0,929	0,837	1,172	0	1,055	1,025	1,01
$\left(\dfrac{Q_x}{Q_x'}\right)^2 =$	0,933	0,910	0,863	0,701	1,373	0	1,114	1,050	1,020

Vorstehende Ergebnisse wurden unter der Voraussetzung gewonnen, daß der Wirksame Druck keine Veränderung erfahre. Diese Voraussetzung trifft nun keineswegs zu, da den nicht abgesperrten Strängen mehr Wasser zugeführt wird, was eine Verminderung des Temperaturgefälles und damit des Wirksamen Druckes hervorruft. Die gefundenen Werte werden also nicht ganz erreicht. Die gewonnenen Q^2-Werte kann man nunmehr zur Berichtigung der Widerstandszahlen benutzen und mit den berichtigten Widerstandszahlen einen zweiten Rechnungsgang durchführen. Dieser zweite Rechnungsgang wird bereits Werte mit sehr großer Annäherung liefern. In unserem Falle, bei dem es weniger auf die genauen zahlenmäßigen Ergebnisse, sondern mehr auf die Grundsätzlichen ankommt, genügen die Ergebnisse zu den weiteren Untersuchungen. Zunächst ist festzustellen, daß die einzelnen Stränge der Anlage in sehr verschiedenem Maße ihren Wasserumlauf erhöhen, und zwar um so mehr, je näher sie am abgesperrten Strange liegen. Ändert man mit Hilfe der Werte $\left(\dfrac{Q_x}{Q_x'}\right)^2$ aus vorstehender Zahlentafel die Widerstandslinie, so erhält man ein Überdruckschaubild gemäß Abb. 4/27. Aus diesem ist das Schaubild nach 4/28 entwickelt. Es ergibt sich, daß der negative Druckunterschied an den Abzweigpunkten für Strang IV wohl eine starke Verminderung erfährt, aber doch negativ bleibt. Es ist bei anders gelagerten Fällen möglich, daß ein ursprünglich negativer Druckunterschied in einen positiven umschlägt, so daß sich derartige Stränge nach dem Wiedereinschalten wie Stränge verhalten, die von vornherein im positiven Druckgebiet angeschlossen waren. Zur Fortführung unserer Untersuchungen genügt die Feststellung, daß ein im negativen Druckgebiet angeschlossener Strang auch nach seiner Abstellung und Auskühlung an seinen Abzweigpunkten einen negativen Druckunterschied vorfinden kann. Wie verhält sich nun ein derartiger Strang nach seiner Wiedereinschaltung? Verfolgen wir den Druckverlauf in dem abgestellten Strang IV nach dessen vollständiger Auskühlung, so erhalten wir das Schaubild gemäß Abb. 4/29. Da im Vor- und Rücklauf die gleichen Wassertemperaturen angenommen sind, muß der Druckunterschied am Regelventil gleich $(g_2 - o_2)$ sein. Ist die Auskühlung noch nicht so weit fortgeschritten, wie hier zugrunde gelegt ist, bestehen also noch Temperaturunterschiede zwischen Vor- und Rücklauf des abgestellten Stranges, so wird ein Wirksamer Druck erzeugt, der gegebenenfalls den negativen Druckunterschied an den

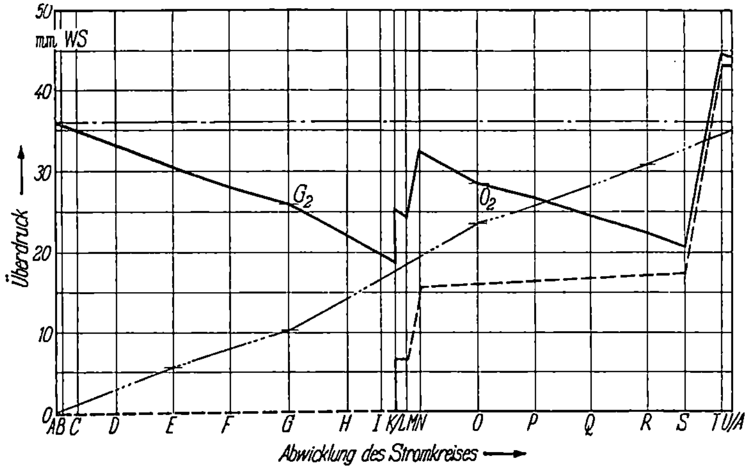

Abb. 4/27. Überdruckschaubild des Hauptstromkreises nach Abstellung des Stranges IV

Abzweigpunkten an zahlenmäßiger Größe übertreffen kann, so daß am Regelventil ein positiver Druckunterschied vorhanden wäre. Dieser würde selbstverständlich nach Öffnen des Ventils sofort einen richtigen Umlauf einleiten. Ist jedoch die Auskühlung weit genug fortgeschritten, so wird sich, so bald man das

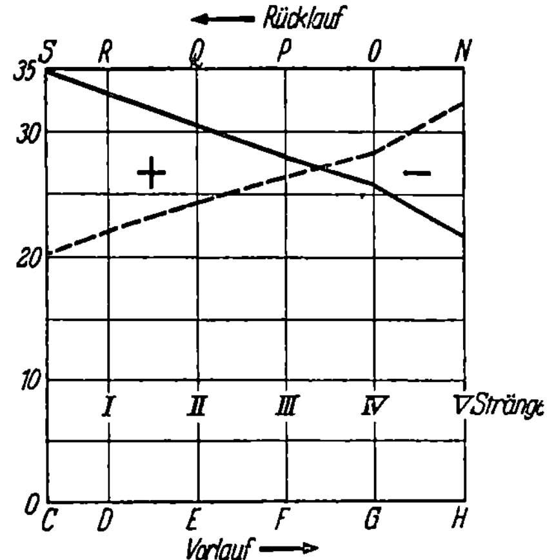

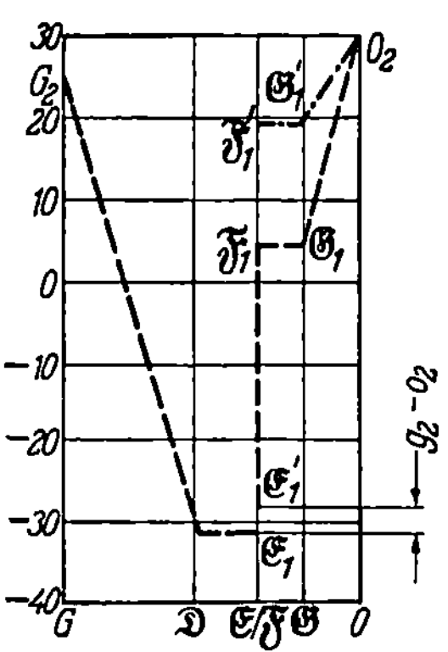

Abb. 4/28. Druckunterschiede zwischen Hauptvorlauf und Hauptrücklauf nach Abstellung des Stranges IV

Abb. 4/29. Überdruckschaubild des Stranges IV nach dessen Absperrung und vollständiger Auskühlung

Ventil öffnet, eine Wasserbewegung entgegen der gewünschten Richtung einstellen. Mit dem Hochströmen von Rücklaufwasser in der Rohrstrecke O $\mathfrak{G}$ wird der negative Druckunterschied noch vergrößert, indem die Linie $O_2\mathfrak{G}_1\mathfrak{F}_1$ allmählich übergeht in die Linie $O_2\mathfrak{G}_1'\mathfrak{F}_1'$. Allmählich wird sich dann ein Beharrungszustand herausbilden. Dieser verkehrte Umlauf ruft seinerseits wieder Veränderungen in den Druck- und Strömungsverhältnissen der übrigen Anlage hervor. Es soll hier nicht weiter auf diese Veränderungen eingegangen werden. Es genügt die Feststellung, daß die Stränge, die im Unterdruckgebiet angeschlossen sind, nach ihrer Wiederanstellung mit verkehrtem Umlauf arbeiten oder ganz ausbleiben können, sofern sie nur genügend lange abgesperrt waren. Dies tritt besonders leicht dann ein, wenn an einem solchen Strange nur ein Heizkörper angeschlossen ist. Aus der Praxis sind derartige Fälle immer wieder bekannt geworden. Um diesem Übelstand zu begegnen, ist es abwegig, die Leitungen für den betreffenden Strang stärker auszuführen als es nach der Berechnung notwendig ist. Helfen kann nur eine andere Bemessung des Hauptstromkreises.

Will man also bei einer Schwerkraftwarmwasserheizung mit unterer Verteilung die uneingeschränkte örtliche Regelbarkeit sicherstellen, so muß bei der Bemessung der Grundsatz gleichen Druckgefälles für den Hauptstromkreis fallen gelassen werden. Die Bemessung ist so vorzunehmen, daß bis zu den Abzweigpunkten des letzten Stranges am Hauptstromkreis kein negatives Druckgebiet auftreten kann. Dies erreicht man dadurch, daß man für die Bemessung des Hauptstromkreises bis zu den Abzweigpunkten des letzten Stranges einen Wirksamen Druck in der Größe von $b(\gamma_r - \gamma_v)$ zugrunde legt und den Rest des Wirksamen Druckes $(h - b)(\gamma_r - \gamma_v)$ im Strange und seinen Anschlußleitungen aufbraucht. Auf gleiche Weise muß mit allen Nebenstromkreisen verfahren werden, von denen wiederum Stränge abzweigen.

In der Praxis geht man, wohl meist aus der Unkenntnis der Verhältnisse, über diese Notwendigkeit hinweg und dimensioniert nach dem Grundsatz des gleichen Druckgefälles für den ganzen Stromkreis. Dies ist möglich, da nur selten ganze Stränge abgesperrt werden und deshalb das negative Druckgebiet nicht wirksam wird. Es gibt aber genügend Fälle, bei denen dieser Übelstand sehr unangenehm in Erscheinung treten kann. So bei allen Anlagen, bei welchen nur ein Geschoß geheizt wird, weil hier eher mit der Möglichkeit des Absperrens eines ganzen Stranges zu rechnen ist. Besonders stark tritt dies aber in Erscheinung, wenn das beheizte Geschoß höher angeordnet ist, so, daß die Stränge zunächst durch ein unbeheiztes Geschoß geführt werden, weil hier das negative Druckgebiet besonders groß ist.

Es kann auch der Fall auftreten, daß der letzte Abzweigpunkt verhältnismäßig nahe bei dem Wassererwärmer liegt, so daß bei Dimensionierung mit gleichmäßigem Druckgefälle das negative Druckgebiet nicht mehr schädlich auftritt.

Diese Untersuchungen zeigen weiter, daß die Wirkung der negativen Druckgebiete nur auftreten kann, wenn ein Strang ganz abgesperrt ist. In allen anderen Fällen, d. h. wenn nur einzelne Heizkörper abgesperrt sind oder nur Drosselungen vorgenommen sind, treten keine Zirkulationsstörungen auf, da die Vorlaufleitung des Stranges mit Wasser von Vorlauftemperatur gefüllt bleibt und gegenüber der Rücklaufleitung des Stranges einen positiven Wirksamen Druck erzeugt. Dieser wird im Falle der Drosselung auch noch vergrößert, da ja das Wasser stärker abgekühlt wird. Dieser Wirksame Druck ist auf jeden Fall größer als die negative Druckdifferenz an den Abzweigstellen.

Aus der Zahlentafel kann man auch die Veränderungen in den strömenden Wassermengen entnehmen. Es ergibt sich, daß in den nicht abgesperrten Teilen die Wassermengen ansteigen. Damit ergeben sich für die übrigen Heizkörper Steigerungen in ihrer Wärmeleistung. Aus Abb. 4/11 kann man entnehmen, wenn man die Kurven über $\psi = 1{,}0$ hinaus extrapoliert, daß die Steigerungen der Wärmeleistungen nur ganz unbedeutend sind. Bemerkenswert ist noch, daß diese Steigerungen nicht gleichmäßig für alle Heizkörper sind. Aber auch das ist verhältnismäßig unbedeutend. Eine gleichmäßige Veränderung der Wassermenge und damit der Wärmeleistungen der übrigen Heizkörper läßt sich durch Anwendung der TISCHELMANNschen Rohrführung erreichen. Es empfiehlt sich aber nicht, diesen unbedeutenden Vorteil durch das teurere Rohrnetz zu erkaufen.

4.322 Schwerkraftwarmwasserheizung mit oberer Verteilung Zweirohrsystem

Bei diesen Anlagen ist es ohne weiteres erkennbar, daß die örtliche Drosselregelung durchgeführt werden kann. Einem erkalteten Strang oder Heizkörper steht immer der warme Hauptvorlaufstrang gegenüber, so daß jederzeit das Anspringen gesichert ist.

4.323 Schwerkraftwarmwasserheizung mit oberer Verteilung Einrohrsystem

Auch hier ist ohne weiteres erkennbar, daß jeder abgesperrte und erkaltete Anlageteil nach Öffnen des Absperrorgans sofort wieder anspringt. Durch das Hintereinanderschalten der Heizkörper treten jedoch andere Umstände auf, die auf die örtliche Drosselregelung einwirken.

Wird beispielsweise ein hoch angeordneter Heizkörper abgestellt, so wird dem folgenden Heizkörper wärmeres Wasser zugeleitet als im normalen Betrieb. Zum anderen bedeutet das Absperren eines Heizkörpers, daß in dem betreffenden Strang ein erhöhter Widerstand auftritt, während andererseits der Wirksame Druck zurückgeht. Wird ein tiefliegender Heizkörper abgestellt, so sind die Einwirkungen auf die darüber liegenden Heizkörper nicht so stark, da lediglich die Durchflußmengen etwas verringert werden. Es läßt sich also feststellen, daß dieses System zur Anwendung der örtlichen Drosselregelung nicht geeignet ist, da die gegenseitige Beeinflussung der Heizkörper zu groß ist.

4.324 Pumpenheizungen

Es ist ohne weiteres erkennbar, daß bei Zweirohranlagen die örtliche Regelbarkeit gegeben ist, daß aber bei Einrohranlagen die gleiche gegenseitige Beeinflussung der Wärmeleistung der Heizkörper auftritt, wie bei den Schwerkraftanlagen.

4.325 Die Stockwerksheizung mit hochliegendem Rücklauf

Abb. 4/30 stellt eine derartige Anlage dar. In Abb. 4/31 ist das entsprechende Überdruckschaubild gegeben. Es ergeben sich hier negative Überdrücke, die ein Vielfaches des Wirksamen Druckes betragen.

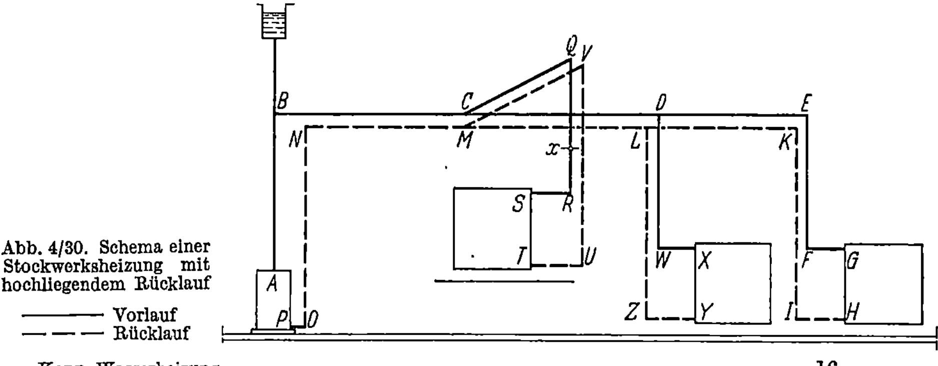

Abb. 4/30. Schema einer Stockwerksheizung mit hochliegendem Rücklauf

———— Vorlauf
— — — Rücklauf

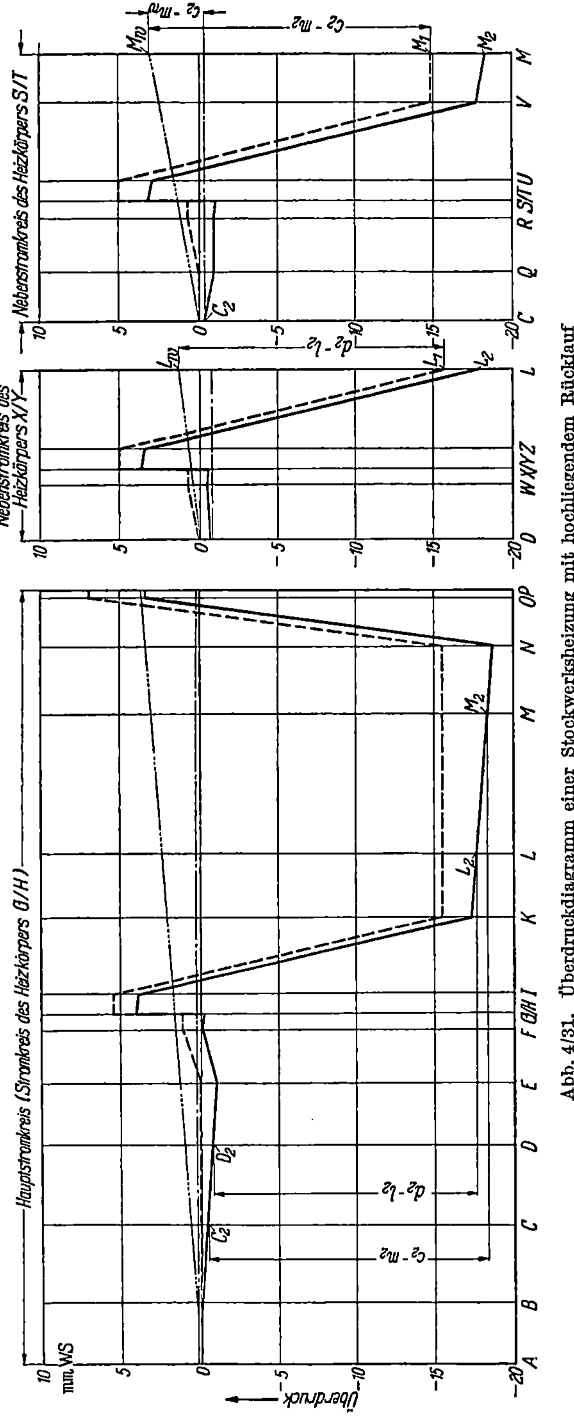

Abb. 4/31. Überdruckdiagramm einer Stockwerksheizung mit hochliegendem Rücklauf

Schaltet man den Heizkörper S/T aus und läßt ihn auskühlen, so erhält man einen Überdruckverlauf für diesen Nebenstromkreis gemäß Abb. 4/32. Vor und hinter der Absperrung bei dem Heizkörpereintritt bildet sich ein positiver Druckunterschied $(s_w - s_1)$ aus, der nach Öffnen der Absperrung sofort eine Wasserströmung in gewünschter Richtung auslösen wird. Mit dem Eindringen warmen Wassers in die Teilstrecke QR wird jedoch der positive Druckunterschied vernichtet. Das Vorlaufwasser kann nur bis zu einer gewissen Höhe in die Rohrstrecke QR vordringen, dann stellt sich Gleichgewicht ein und die Wasserströmung setzt wieder aus. Es muß sich also in diesem Fall im Schaubild dieses Nebenstromkreises ein geschlossener Zug des statischen Überdruckes ergeben. Diesen findet man nach Abb. 4/33, indem man vom Punkte C ausgehend, die Linie des statischen Überdruckes zeichnet unter der Annahme, daß die Teilstrecken CQ und QR mit Vorlaufwasser gefüllt sind. Man erhält die Linie $C_2 Q_1 R_x$. Vom Heizkörpereintritt aus verfolgt man jedoch die statischen Überdrücke unter der Annahme, daß die Teilstrecken SR und RQ mit dem abgekühlten Wasser angefüllt sind und erhält die Linie $S_1 R_y Q_y$. Diese beiden Linien schneiden sich im Punkt X. Bis zu diesem Punkte, der in das Schema übertragen ist, kann also zunächst das Vorlaufwasser eindringen. Dann tritt Stillstand ein. Da sich aber das Wasser in den Teilstrecken CQ und QR wieder abkühlt, so entsteht allmählich wieder ein Wirksamer Druck, der wiederum eine schwache Strömung verursacht. Als Endergebnis wird sich daher eine geringe Wasserströmung nach sehr langer Zeit als Beharrungszustand herausbilden.

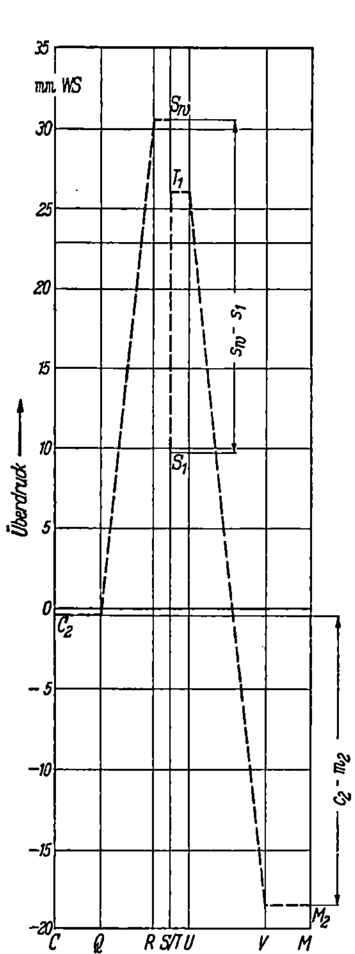

Abb. 4/32. Überdruckschaubild des Nebenstromkreises S/T nach dessen Abstellung und vollständiger Auskühlung

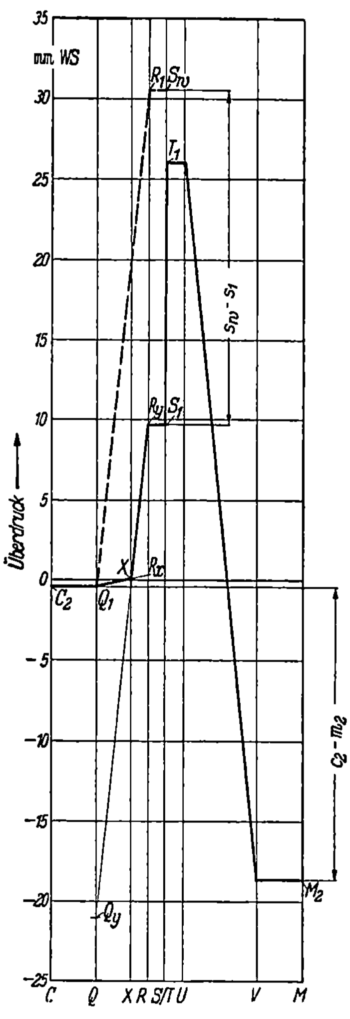

Abb. 4/33. Statische Überdrücke im Nebenstromkreis des Heizkörpers S/T nach dessen Wiederanstellung und Erreichung des Gleichgewichtszustandes

————— Linie der statischen Überdrücke im Gleichgewichtszustande

Hiermit ist bewiesen, daß bei der Stockwerksheizung mit hochliegendem Rücklauf ein abgestellter Heizkörper, der nach Abkühlung wieder eingeschaltet wird, nicht mehr in den Umlauf zurückkehrt.

Drosselt man die Absperrung eines Heizkörpers, so wird sich zunächst eine Verminderung der Durchflußmenge durch diesen ergeben. Diese bedingt wiederum eine stärkere Abkühlung. Sinkt zum Beispiel infolge Drosselung die Wassermenge des Heizkörpers S/T auf die Hälfte der ursprünglichen Menge, so wird sich das Temperaturgefälle auf etwa das 1,7fache des ursprünglichen Wertes erhöhen. Unter Benutzung dieses Wertes ist in Abb. 4/34 das Überdruckschaubild gezeichnet. Es ergibt sich, daß der ursprünglich positive Wirksame Druck $(c_2 - m_w)$ negativ wird, d. h. wird an einem Heizkörper die Regelvorrichtung stark genug

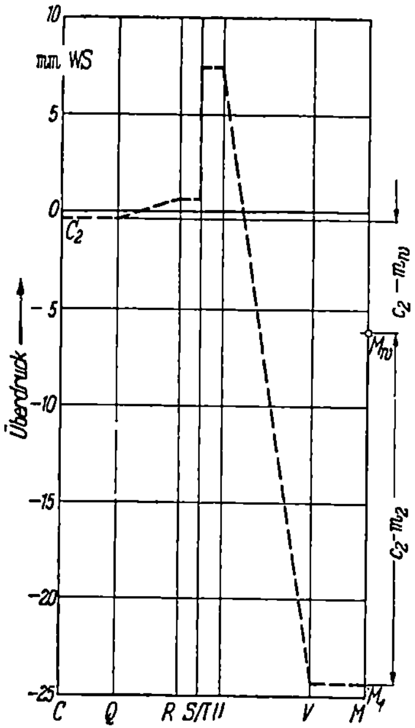

gedrosselt, so wird der Umlauf durch diesen allmählich aussetzen. Eine Regelung der Wärmeleistung einzelner Heizkörper ist also nur in sehr beschränktem Maße möglich. Die gleiche Wirkung ergibt sich auch, falls aus äußeren Umständen die Abkühlung in einem Heizkörper wesentlich erhöht wird, z. B. durch Öffnen eines Fensters. Hieraus erklärt sich auch das sogenannte Wechseln, d. h. die Erscheinung, daß einmal dieser, ein andermal ein anderer Heizkörper aussetzt bzw. beim Anheizen nicht mit anspringt.

Diesen Übelständen suchte man auf' verschiedene Weise zu begegnen, so durch das Anbringen einer Kurzschlußstrecke, ähnlich wie sie bei Einrohrsystemen angewendet werden, mit deren Hilfe man den Umlauf im Rohrstrange selbst aufrecht zu erhalten versuchte. Es ist nunmehr ohne weiteres erkennbar, daß auf diese Weise der gewöhnliche Umlauf nicht zu erreichen ist. Ein weiterer Versuch bestand darin, daß man die Abzweigstellen in der waagerechten Rück-

Abb. 4/34. Überdruckschaubild des Nebenstromkreises des Heizkörpers S/T bei einer um 50% verringerten Wassermenge

laufleitung strahlpumpenartig ausbildete. Bei den geringen Wassergeschwindigkeiten, die bei Stockwerksheizungen auftreten, lassen sich damit nur ganz geringe Saugkräfte erzeugen, die in gar keinem Verhältnis zu den erforderlichen stehen. Die Beseitigung dieser Mängel wurde jedoch durch syphonartige Ausbildung der Rücklaufleitung ermöglicht.

4.326 Die Syphonheizung

In Abb. 4/35 ist das Schema einer solchen gegeben. Abb. 4/36 stellt das dazugehörige Überdruckschaubild dar. Dieses ist gekennzeichnet durch die im Ver-

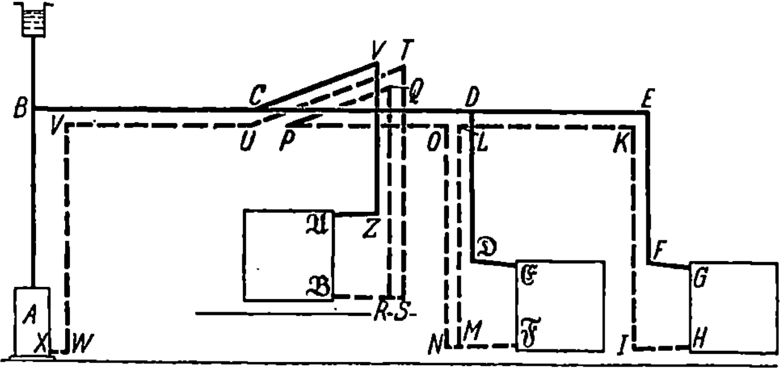

Abb. 4/35. Schema einer Stockwerksheizung in Syphonausführung

hältnis zum Wirksamen Druck sehr hohen Überdrücke und den zickzackförmigen Verlauf der Kurven.

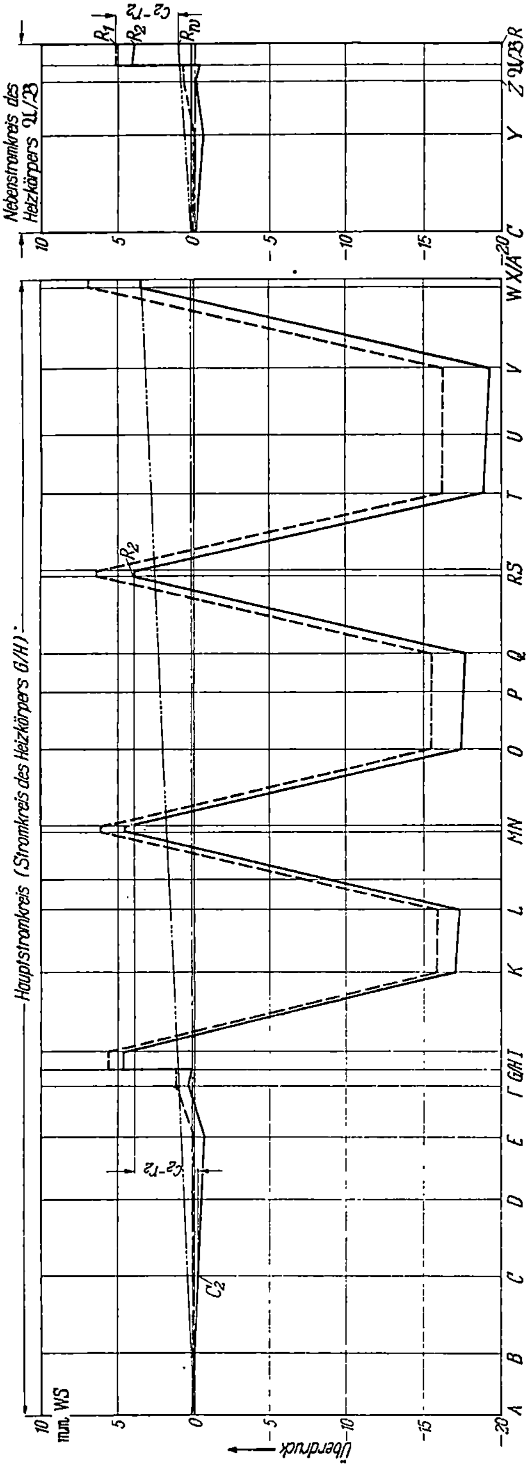

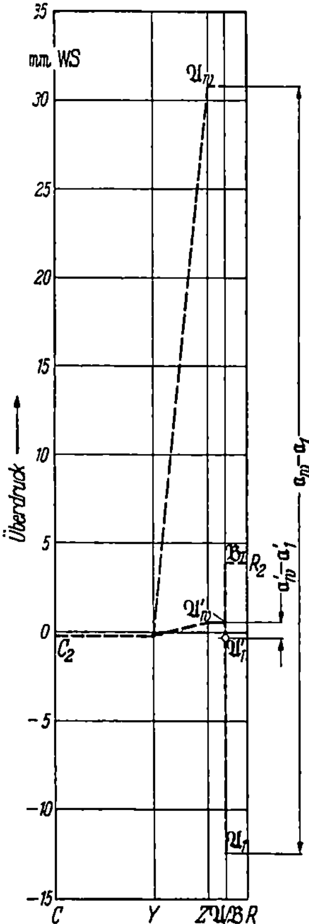

Abb. 4/37. Überdruckschaubild des Nebenstromkreises des Heizkörpers $\mathfrak{A}/\mathfrak{B}$ nach Absperrung und vollständiger Auskühlung

Abb. 4/36. Überdruckschaubild einer Stockwerksheizung in Syphonausführung

Auch hier werde der Heizkörper $\mathfrak{A}/\mathfrak{B}$ abgestellt und kühle ganz aus. Es ergibt sich dann in seinem Stromkreis ein Verlauf der statischen Überdrücke wie in Abb. 4/37 dargestellt. Am Heizkörpereintritt ist demnach ein ganz bedeutender positiver Druckunterschied $(a_w - a_1)$ vorhanden, der nach Öffnen des Ventiles sofort eine . kräftige Wasserströmung in der gewünschten Richtung auslösen wird. Sehen wir zunächst von den Vorgängen in der übrigen Anlage ab. Mit dem Eindringen von Vorlaufwasser in die Rohrstrecke YZ wird dieser Druckunterschied immer geringer, was sich beim Anfüllen des Heizkörpers weiter fortsetzt.

Aber auch wenn der ganze Heizkörper mit warmem Wasser angefüllt ist, ist immer noch ein positiver Druckunterschied $(\alpha'_w - \alpha'_1)$ vorhanden. Wenn also in der übrigen Anlage keine Umstände auftreten, die den Umlauf des Heizkörpers 𝔄/𝔅 lahmlegen, ist die Wiederherstellung des Umlaufes sichergestellt. Prüfen wir nunmehr die Verhältnisse in der übrigen Anlage. Zunächst wird sich infolge des großen positiven Druckunterschiedes eine sehr starke Wasserströmung durch den Heizkörper einstellen, die teilweise auf Kosten der Wassermenge für die übrigen Heizkörper geht. Das in der Rohrstrecke ST hochströmende Wasser wird demgemäß eine Mischtemperatur zwischen dem Rücklaufwasser der beiden Heizkörper G/H und ℭ/𝔉 und dem des Heizkörpers 𝔄/𝔅, welches Raumtemperatur besitzt, annehmen, während in der Rohrstrecke VW noch Wasser von Rücklauftemperatur strömt. Hierdurch wird ein negativer Wirksamer Druck erzeugt, der die gleiche absolute Größe erreichen oder überschreiten kann, wie der durch die übrige Anlage erzeugte positive Wirksame Druck. Damit wird der Umlauf stillgelegt. Es ergibt sich also etwa der gleiche Fall wie bei der gewöhnlichen Stockwerksheizung mit hochliegendem Rücklauf. Ein Unterschied besteht jedoch darin, daß bei der Syphonheizung nicht nur ein einzelner Heizkörper, sondern mehrere Heizkörper, gegebenenfalls die ganze Anlage stillgelegt wird. In unserem Falle wird die ganze Anlage stillgelegt. Nun treten aber sofort Vorgänge auf, die wiederum die Inbetriebsetzung der ganzen Anlage hervorrufen. Mit dem Augenblick der Stillegung des Umlaufes tritt eine Steigerung der Wassertemperatur im Kessel ein, während in der übrigen Anlage durch die Auskühlung die Temperaturen allmählich sinken. Hierdurch erfährt der Wirksame Druck eine Vergrößerung. Die Steigerung der Kesseltemperatur wird sich so lange fortsetzen, bis wieder ein Umlauf eintritt. Durch das weitere Hochströmen von Mischwasser in der Rohrstrecke ST kann dann nochmals eine Unterbrechung im Umlauf hervorgerufen werden, die auf die gleiche Weise überwunden wird. Sobald jedoch Mischwasser in die Rohrstrecke VW einzuströmen beginnt, wird der Umlauf stetig und die Anlage kehrt allmählich in den gewöhnlichen Beharrungszustand zurück.

Etwas verwickelter sind die Verhältnisse, falls nicht der dem Kessel zunächst liegende Heizkörper, sondern beispielsweise der Heizkörper ℭ/𝔉 abgestellt war. Nach Wiederanstellung dieses Heizkörpers ergibt sich in der Rohrstrecke NO eine Mischtemperatur, die im Gegensatz zu der Rücklauftemperatur in der Rohrstrecke QR einen negativen Wirksamen Druck erzeugt, der unter Umständen zur Stillegung der Heizkörper ℭ/𝔉 und G/H führen kann. Da in diesem Falle nur ein Teil der Anlage stillgelegt ist, kann man nicht für jeden Fall mit einer solchen Steigerung der Kesseltemperatur rechnen, daß dadurch der stillgelegte Teil wieder in Umlauf kommt. Dieser Teil der Anlage wird sich also mit der Zeit immer mehr auskühlen bis schließlich zwischen den Wassersäulen $EFGH$ und XAB ein so starker Temperaturunterschied eintritt, daß die entgegengesetzt wirkenden Wirksamen Drücke überwunden werden und der Umlauf wieder eingeleitet wird. Mit dem Eindringen von Mischwasser in die Rohrstrecke QR ist für die beiden Heizkörper ℭ/𝔉 und G/H die Möglichkeit des ständigen Umlaufes gegeben. Mit dem Eindringen von Mischwasser in die Rohrstrecke ST kann nunmehr abermals eine Unterbrechung des Umlaufes, aber diesmal für die ganze Anlage eintreten. Die Überwindung geschieht dann auf die gleiche Weise wie dies für den Heizkörper 𝔄/𝔅 beschrieben wurde. Damit ist bewiesen, daß bei der Syphonheizung ein abgestellter Heizkörper nach dem Anstellen wieder in den gewöhnlichen Umlauf zurückkehrt.

Wie verhält sich nun die Anlage bei Drosselung eines Heizkörpers zwecks Regelung seiner Wärmeabgabe? Legen wir zu diesem Zwecke wieder den Heizkörper $\mathfrak{A}/\mathfrak{B}$ zugrunde. Der verminderte Wasserumlauf bedingt eine stärkere Auskühlung des Wassers in dem betreffenden Heizkörper. Man erhält also in der Rohrstrecke $S\,T$ eine Mischtemperatur, ebenso auch in der Rohrstrecke $V\,W$. Dadurch, daß sich diese Mischtemperatur nur allmählich einstellt, ist mit einem negativen Wirksamen Druck zwischen den beiden senkrechten Rohrstrecken kaum zu rechnen, so daß eine Unterbindung des Umlaufes nicht eintreten kann, sondern allenfalls eine vorübergehende Abschwächung. Es ergibt sich also, daß die Syphonheizung ohne Einschränkung örtlich regelbar ist.

Zusammenfassend läßt sich sagen:

Die Stockwerksheizung mit *tiefliegendem* Rücklauf ist uneingeschränkt örtlich regelbar. Bei *hochliegendem* Rücklauf kehren jedoch abgestellte Heizkörper nicht von selbst in den gewöhnlichen Umlauf zurück. Es besteht weiterhin die Möglichkeit, daß einzelne Heizkörper aus äußeren Ursachen oder durch Drosselung ihrer Regelvorrichtung ganz erkalten oder daß beim Anheizen einzelne Heizkörper nicht mit anspringen. Wird die Stockwerksheizung mit hochliegendem Rücklauf als *Syphonheizung* ausgebildet, so ist die uneingeschränkte örtliche Regelbarkeit wieder hergestellt. Es ist aber zu bemerken, daß das Wiedereintreten gewöhnlicher Umlaufverhältnisse nach dem Wiederanstellen eines Heizkörpers längere Zeit beansprucht als bei der Stockwerksheizung mit tiefliegendem Rücklauf. Man soll daher immer versuchen, die Stockwerksheizung mit tiefliegendem Rücklauf auszuführen und nur in Ausnahmefällen die Syphonheizung anwenden. Diese gestattet wegen der vielen Rohre keinen gefälligen Zusammenbau. Die Anwendung der Stockwerksheizung mit hochliegendem Rücklauf verbietet sich aus den angeführten Gründen von selbst.

4.33 Angleichung der Wärmeleistung bei mittleren Belastungsgraden

Die seither beschriebenen Regelmethoden genügten durchaus in den Fällen, in denen die höchste Raumtemperatur vorherrschte. Es gibt aber auch genug Fälle, bei denen das nicht gegeben ist. So findet man beispielsweise in Krankenhäusern als überwiegende Raumtemperatur $20°\,C$ vor, während gleichzeitig die Operationsräume, die nur einen Bruchteil des Wärmebedarfes ausmachen, auf $+\,25°\,C$ geheizt werden sollen. Auch hier ist es notwendig, die Anlage mit den Vorlauftemperaturen zu betreiben, welche die $25°$-Räume erfordern. Da hierbei der überwiegende Teil der Räume stärker erwärmt wird als notwendig, ergibt sich zwangsläufig ein übermäßiger Wärmeverbrauch, wenn keine besonderen Vorkehrungen getroffen werden. Auch die Möglichkeit der zusätzlichen örtlichen Regelung bietet keine Gewähr, wie dies im vorhergehenden Abschnitt beschrieben ist.

Hier besteht jedoch die Möglichkeit, bei einer mittleren Außentemperatur die Heizleistung in den Räumen mit verschiedener Raumtemperatur in Übereinstimmung zu bringen. An der Abb. 4/38 soll dies erläutert werden.

In dieser Abbildung stellt die Kurve (1) die Vorlauftemperaturen dar, die für die 20°-Räume benötigt werden, und die Kurve (2) diejenigen für die 25°-Räume, sofern diese keinen konstanten Wärmeverlustanteil aufweisen. Beide Kurven gehen um so mehr auseinander, je höher die Außentemperatur ist. Bringt man nunmehr, beispielsweise für eine Außentemperatur von ± 0° C, die erforderlichen Vorlauftemperaturen in Übereinstimmung, so muß dies für die Vorlauftemperatur erfolgen, die für die 20°-Räume erforderlich ist. Dies wird durch eine entsprechende Vergrößerung der Heizflächen in den 25°-Räumen erreicht. Die erforderlichen Vorlauftemperaturen für die 25°-Räume sind jetzt durch die Kurve (3) gegeben. Der Betrieb der Anlage muß nunmehr von −15 bis ± 0° C Außentemperatur nach der Kurve (1) und bei höherer Außentemperatur nach Kurve (2) erfolgen. In Abb. 4/38 ist diese Betriebskurve durch eine starke Linie herausgehoben. Die Differenz der erforderlichen Vorlauftemperatur ist im Bereich der hauptsächlichsten Außentemperaturen nur sehr gering, woraus sich ein unbestrittener wirtschaftlicher Vorteil ergibt. Bei Außentemperatur über ± 0° C wird den 20°-Räumen mehr Wärme zugeführt als notwendig und bei Außentemperaturen unter ± 0° entsprechend den 25°-Räumen. Da es sich voraussetzungsgemäß bei den 25°-Räumen nur um eine geringe Zahl handelt, kann bei diesen verhältnismäßig leicht eine zusätzliche örtliche Drosselregelung durchgeführt werden. Diese kann gegebenenfalls auch selbsttätig gestaltet werden, wodurch weitere Brennstoffeinsparungen zu erzielen sind.

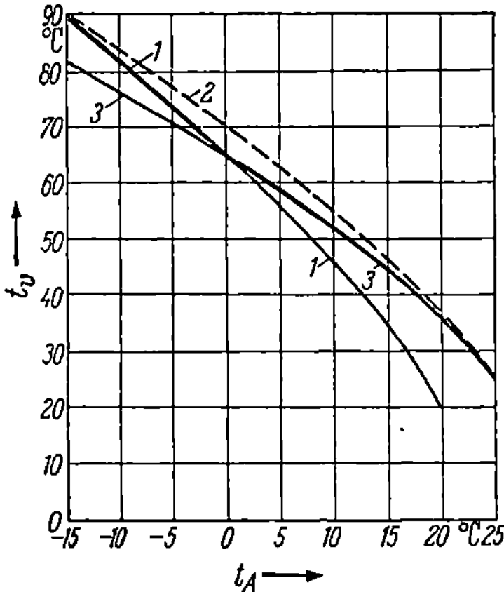

Abb. 4/38. Vorlauftemperaturen einer Pumpwarmwasserheizung mit Radiatoren ($m = 1/3$)

1 für $t_R = 20°$ C
2 für $t_R = 25°$ C
3 für $t_R = 25°$ C nach Vergrößerung der Heizflächen

Die Einsparungen an Wärmeverbrauch sind um so größer, je höher man die Außentemperatur annimmt, bei welcher man die Übereinstimmung herbeiführt. Allerdings wird auch die zusätzliche Heizfläche um so größer, so daß man das eine gegen das andere abwägen muß.

Die erforderliche Vergrößerung der Heizfläche bestimmt sich wie folgt.

Nach Gl. (2.4/10) errechnet sich die erforderliche Heizfläche allgemein nach der Formel

$$f = \frac{Q}{k_0\, \Theta^{1+m}} \, .$$

Setzt man hierin die Werte für die übliche Berechnungsart ein, so wird

$$f = \frac{Q'}{k_0\, (\Theta')^{1+m}} \, .$$

Jetzt muß jedoch die Heizfläche bestimmt werden nach

$$f_1 = \frac{\varphi_1\, Q'}{k_0\, (\Theta_1)^{1+m}} \, ,$$

worin Θ_1 die Übertemperatur und φ_1 den Belastungsgrad bedeutet, die sich bei der Außentemperatur einstellen, für welche die Übereinstimmung herbeigeführt wird.

Aus diesen beiden Formeln errechnet sich schließlich

$$f_1 = \left(\frac{\Theta'}{\Theta_1}\right)^{1+m} \varphi_1 f . \tag{4.3/13}$$

Hierbei errechnet sich Θ_1 wie folgt

$$\Theta_1 = t_{v1} - \frac{\varphi_1 \delta'}{2} - t_R . \tag{4.3/14}$$

Aus diesen beiden Gleichungen wurde für eine Pumpwarmwasserheizungsanlage 90/70° C und für Radiatoren mit $m = 1/3$ das Verhältnis f_1/f ermittelt und in folgender Tabelle zusammengestellt

t_{A_1} =	− 5	± 0	+ 5	+ 10	° C
f_1/f =	1,10	1,20	1,39	1,74	bei 0% konstantem Wärmeverlustanteil
f_1/f =	1,15	1,29	1,57	2,12	bei 10% konstantem Wärmeverlustanteil
f_1/f =	1,19	1,39	1,75	2,55	bei 20% konstantem Wärmeverlustanteil

Bringt man z. B. bei $\pm$ 0° C die Wärmeabgaben der Raumheizkörper in Übereinstimmung, so müssen die Heizkörper in den 25°-Räumen um 20%, 29% bzw. 39%, je nach dem konstanten Wärmeverlustanteil vergrößert werden. Will man eine noch bessere wirtschaftliche Angleichung erzielen, und wählt man als Übereinstimmungstemperatur $+ 5°$ C, so sind die erforderlichen Vergrößerungen 39%, 57% und 75%. Aus diesen Zahlen ergibt sich die unbedingte Notwendigkeit bei tieferen Außentemperaturen die 25°-Räume örtlich zu regeln, um eine Überheizung zu vermeiden.

Diese starke Vergrößerung der Heizkörper der Räume mit der höheren Temperatur ist natürlich sehr unangenehm und bewirkt häufig Schwierigkeiten bei der Anordnung der Heizflächen. Die Vergrößerung läßt sich etwas vermindern, wenn man die durch die Heizkörper der höher beheizten Räume fließende Wassermenge erhöht. Setzt man bei unserem Beispiel voraus, daß das Temperaturgefälle dieser Heizkörper auf $\delta' = 10°$ C gesenkt werde, so ergibt sich für die Heizflächenvergrößerung folgende Tabelle

t_{A_1} =	− 5	± 0	+ 5	+ 10	° C
Θ_1 = f_1/f =	45,05 0,98	36,88 1,07	28,10 1,23	19,32 1,51	für 0% konstanten Wärmeverlustanteil
Θ_1 = f_1/f =	44,92 1,02	36,69 1,15	27,85 1,36	19,01 1,81	für 10% konstanten Wärmeverlustanteil
Θ_1 = f_1/f =	44,8 1,05	36,5 1,21	27,6 1,51	18,7 2,11	für 20% konstanten Wärmeverlustanteil

Es dürfte sich daher bei Pumpenheizungen allgemein empfehlen, bei diesem Verfahren die umlaufende Wassermenge durch die Heizkörper für die Räume mit der höheren Raumtemperatur zu erhöhen. Auf den gesamten Wasserumlauf hat dies keinen großen Einfluß. Es müssen im wesentlichen nur die letzten Rohre nach dem

Heizkörper zu verstärkt ausgeführt werden. Bei Schwerkraftanlagen ist dies nicht immer zu empfehlen, da mit der Vergrößerung der Wassermenge der Wirksame Druck kleiner wird.

Diese Methode läßt sich selbstverständlich auch anwenden, wenn mit einer Raumheizung andere Wärmeverbraucher verbunden sind, z. B. eine Lüftungsanlage, die schon bei milder Außentemperatur (t_{AL}) ihre maximale Leistung erbringen soll.

Wenn diese Methode auch schon gegenüber der Anlage ohne besondere Einrichtungen wesentliche wirtschaftliche Vorteile bringt, so ist sie doch noch nicht restlos befriedigend. Über einen bestimmten Teil der Heizperiode wird den Räumen mit niederer Temperatur mehr Wärme zugeführt als erforderlich ist, ohne daß man mit einer zusätzlichen örtlichen Regelung für die Räume rechnen kann. Der Gütegrad ist zwar wesentlich verbessert, aber noch nicht restlos befriedigend.

4.34 Teilweise Verwendung von Heizkörpern mit konstanter Wärmeleistung

Wir setzen hier eine Anlage voraus, die Räume mit zwei verschiedenen Temperaturen zu beheizen hat. Als Beispiel seien 25° C und 20° C angenommen, wobei die 20°-Räume überwiegen mögen. Um einen günstigen Wärmeverbrauch zu erreichen, werde die Anlage nun mit den Temperaturen betrieben, welche die 20°-Räume erfordern. Es sei nun untersucht, wie sich hierbei die 25°-Räume verhalten.

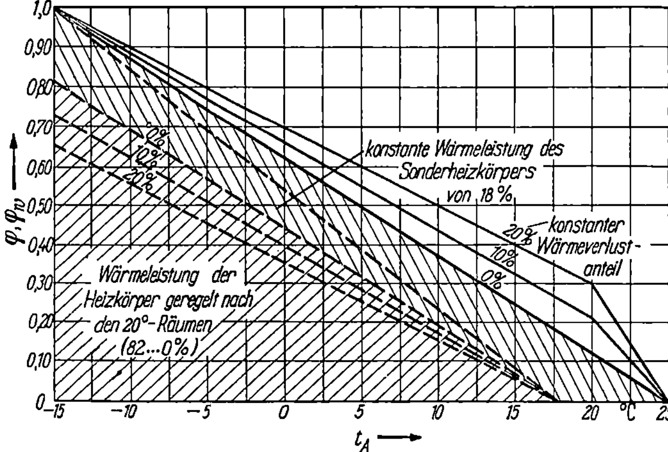

Abb. 4/39. Regelung eines 25°-Raumes mit Hilfe eines Sonderheizkörpers mit konstanter Wärmeleistung

In Abb. 4/39 ist der erforderliche Belastungsgrad für die 25°-Räume aufgetragen, und zwar für Räume mit 0 %, 10 % und 20 % konstantem Wärmeverlustanteil. Aus Abb. 4/16 werden nun mit Hilfe der jeweiligen Vorlauftemperatur der erreichte Belastungsgrad ermittelt und ebenfalls in das Diagramm eingetragen. Bei der tiefsten Außentemperatur, z. B. — 15° C, fallen der erforderliche und der erreichte Belastungsgrad zusammen mit dem Wert $\varphi = 1$. Je mehr aber die Außentemperatur ansteigt, um so mehr weichen beide Werte voneinander ab.

Es ergibt sich weiter, daß sich die erreichten Belastungsgrade sehr gut durch eine Gerade darstellen lassen. Diese Gerade schneidet die Temperaturachse in einem bestimmten Punkte. Zieht man von diesem Punkte Parallelen zu den Linien der erforderlichen Belastungsgrade, so teilt man den erforderlichen Wärmebedarf in einen konstanten Teil, über den Parallelen, und in einen veränderlichen Teil unter den Parallelen. Die Veränderlichkeit des letzten Teiles ist hierbei verhältnisgleich der Änderung des erreichten Belastungsgrades. Hieraus ergibt sich zwangsläufig, daß man durch Unterteilung der Heizflächen in den 25°-Räumen in einen Teil mit konstanter Wärmeleistung und in einen Teil mit veränderlicher Wärmeleistung, wobei letztere durch die Erfordernisse der 20°-Räume gesteuert wird, eine ideale Anpassung der Wärmeleistung in den 25°- und 20°-Räumen erreicht. Das Verhältnis der konstanten zur veränderlichen Wärmeleistung ergibt sich aus dem jeweiligen Schnittpunkt der Parallelen mit der φ-Achse. Aus dem Diagramm läßt sich die erforderliche Wärmeleistung der konstanten Heizkörper mit 18 bzw. 26 bzw. 34% ablesen für Räume mit 0 bzw. 10 bzw. 20% konstantem Wärmeverlustanteil.

In Abb. 4/39 sind die Verhältnisse für 25°-Räume mit 0% konstantem Wärmeverlustanteil durch Schraffur besonders kenntlich gemacht.

Diese Regelmethode ist äußerst günstig, da sie eine ideale Anpassung ermöglicht.

Diese Methode setzt natürlich voraus, daß eine Möglichkeit einer konstanten Wärmeleistung über die ganze Heizperiode geschaffen werden kann. Diese ist immer gegeben, wenn neben Wasser auch noch Dampf zur Verfügung steht, oder wenn Warmwasser mit konstanter Temperatur in einem besonderen Netz zur Verfügung gestellt werden kann.

Diese Einrichtung hat noch den Vorteil, daß die Heizkörper mit konstanter Wärmeleistung auch für die sogenannte Sommerheizung zur Verfügung stehen, d. h. für die Zeit in welcher die 25°-Räume noch geheizt werden müssen, während die Hauptanlage schon außer Betrieb gesetzt oder noch nicht in Betrieb genommen ist.

4.35 Unterteilung in Gruppen und Drosselregelung der einzelnen Gruppen

Die ganze Anlage wird in Gruppen unterteilt, wobei jede Gruppe die Teile umfaßt, die vorteilhaft gemeinsam geregelt werden.

Hierbei muß man wiederum zwei Arten der Regelung unterscheiden:

a) Die Gruppeneinteilung hat nur den Zweck, bestimmte Gruppen entsprechend der Benutzungszeit der Räume ganz von der Wärmeleistung abzusperren oder sie voll mitlaufen zu lassen. Dies kommt auch in Frage, wenn Wärmeverbraucher anderer Art mit Raumheizanlagen verbunden sind.

b) Die Gruppenunterteilung hat den Zweck die Wärmeleistung von Gruppen gegenüber anderen Gruppen zu vermindern. Dies tritt also hauptsächlich auf, wenn die Unterschiedlichkeiten des Wärmebedarfes nach den verschiedenen Himmelsrichtungen oder verschiedenen Raumtemperaturen berücksichtigt und ausgeglichen werden sollen. Die Regelung der einzelnen Gruppen soll hierbei durch Drosselung der umlaufenden Wassermengen erfolgen. Wie sich aus früheren Untersuchungen ergibt, ist die Drosselregelung schwierig und ihre Wirkung aus der

Stellung des Regelorgans nicht ohne weiteres erkennbar. Die beste Überprüfung ist noch durch Beobachtung der Rücklauftemperatur der gedrosselten Gruppen möglich. Diese Regelmethode wird daher meistens in Verbindung mit der generellen Temperaturregelung durchgeführt. Die Vorlauftemperatur muß hierbei nach der Gruppe bestimmt werden, welche die höchste Vorlauftemperatur benötigt, so daß die anderen Gruppen nur noch nachzuregeln sind.

4.351 Die Anwendung bei der Pumpenheizung

a) Hier tritt die Frage auf, ob es genügt, die einzelnen Gruppen durch Trennung nur im Rücklauf oder nur im Vorlauf herzustellen, oder ob in beiden Leitungen getrennt werden muß. Letzteres bedingt einen höheren Aufwand an Material als ersteres. Eine Trennung nur im Vorlauf ist nicht zweckmäßig, da man auf diese Weise keinerlei Anhaltspunkte für die Wirkung der Drosselung hat. Bei Trennung im Rücklauf kann man die Rücklauftemperatur als Gradmesser heranziehen. In Abb. 4/40 ist eine Anlage dargestellt mit unterteilten Rückläufen. Nehmen wir bei dieser Anlage an, daß die Gruppe I abgesperrt sei, so ergibt sich im Betrieb folgendes. Zwischen den Punkten A und B besteht eine Druckdifferenz. Zwischen beiden Punkten besteht jedoch außer der direkten Verbindung von A und B über die Vorlaufleitung noch die Verbindung wie sie in Abb. 4/40 durch die starken Linien gekennzeichnet ist. Die Wasserströmung wird sich also entsprechend der Widerstandszahlen der beiden Verbindungswege von A nach B auf diese beiden verteilen. Es ist

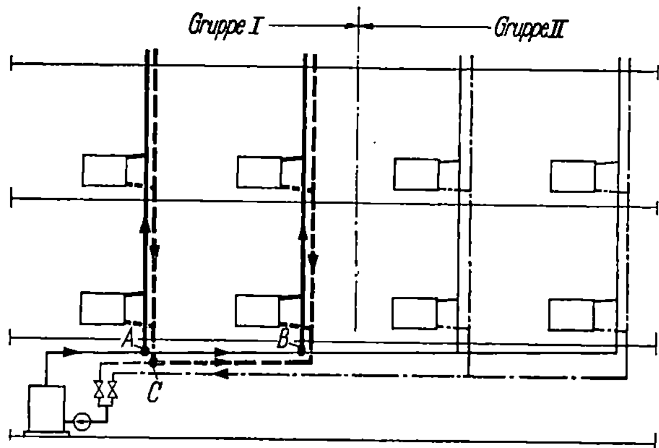

Abb. 4/40. Pumpenwasserheizungsanlage mit Gruppenunterteilung nur in den Rückläufen

also keineswegs erreicht, daß die Gruppe I von der Wärmeleistung abgeschaltet ist. Darüber hinaus wird auch noch die Wärmeleistung der Gruppe II beeinträchtigt, da ja im Punkte B aus den beiden Teilströmen eine Mischtemperatur hergestellt wird.

Wird jedoch die Gruppe II abgesperrt, so treten keine unerwünschten Zirkulationen auf, wie sich aus der Betrachtung der Abb. 4/40 ohne weiteres erkennen läßt. Das unterschiedliche Verhalten der beiden Gruppen liegt darin begründet, daß die Gruppe I zwei Verbindungspunkte mit der gemeinsamen Vorlaufleitung hat ($A + B$), während die Gruppe II nur den einen Verbindungspunkt B aufweist. Will man die Gruppe I ebenfalls absperren können, so kann das nur dadurch erreicht werden, daß diese Gruppe ebenfalls nur einen Verbindungspunkt mit der gemeinsamen Vorlaufleitung erhält, was eben praktisch getrennte Vor- und Rücklaufleitungen bedeutet.

b) Die gleiche Frage soll auch noch untersucht werden, wenn z. B. die Gruppe I nicht ganz abgestellt, sondern nur gedrosselt werden soll. Hierbei ist zu beachten, daß gemäß der früheren Ermittlungen schon eine sehr starke Drosselung notwendig ist, wenn man auch nur eine geringe Verminderung der Wärmeleistung erzielen will. Durch die Drosselung der Absperrung der Gruppe I steigt der Druck im Punkte C an. Die Druckdifferenz zwischen A und B bzw. zwischen B und C vermindert sich und die Wassermenge durch diese beiden Stränge geht zurück. In der Vorlaufstrecke von A nach B geht die Wassermenge durch die Wirkung der Gruppe II nicht im gleichen Maße zurück. Aus diesem Grunde geht die Wassermenge im 2. Strang stärker zurück als im ersten Strang. Wird die Drosselung stark genug, so wird zuletzt der Druck im Punkt C so weit ansteigen, daß er gleich dem im Punkte B wird und die Zirkulation im Strange 2 hört auf. Wird die Drosselung noch weiter getrieben, so steigt der Druck im Punkte C höher an als er im Punkte B ist und durch den Strang 2 findet eine umgekehrte Zirkulation statt; die Gruppe II wird ungünstig beeinflußt.

Wird die Gruppe II gedrosselt, so kann etwas Derartiges nicht auftreten, da nur eine Verbindungsstelle (B) mit dem gemeinsamen Vorlauf besteht.

Es läßt sich also feststellen, daß die Gruppenunterteilung mit Drosselregelung bei Pumpenheizung allgemein nur durchführbar ist, wenn die Gruppen sowohl im Vorlauf, wie auch im Rücklauf getrennt sind. Lediglich einzelne Gruppen lassen sich auch drosseln, wenn sie nur einen gesonderten Rücklauf besitzen, sofern sie mit dem gemeinsamen Vorlauf nur eine Verbindungsstelle haben.

Soweit sich diese Regelung durchführen läßt, kann man feststellen, daß sich die Wärmeleistung der geregelten Gruppe theoretisch bis herunter auf Null bringen läßt. In der Praxis kann man aber nicht soweit gehen, da der stark verminderte Wasserumlauf Unregelmäßigkeiten in dem verzweigten Rohrnetz hervorruft.

Die Anforderungen an das Drosselorgan sind bereits unter Abschnitt 4.32 entwickelt. Auch hierbei läßt sich die Nebenschlußregelung verwirklichen.

4.352 Die Anwendung bei der Schwerkraftheizung

a) Auch hier ist zu untersuchen, ob es genügt, die Trennung nur im Rücklauf durchzuführen. In Abb. 4/41 ist schematisch eine derartige Anlage dargestellt. Die Anlage ist vertikal geteilt. Ist z. B. die Absperrung der Gruppe I geschlossen, so wird sich trotzdem in dieser Gruppe eine Zirkulation einstellen. Zwischen den Abzweigpunkten A und B besteht eine Druckdifferenz. Beide Punkte sind einmal direkt miteinander verbunden durch die Vorlaufleitung. Es besteht aber noch eine weitere Verbindung, wie sie in der Abbildung durch die stark hervorgehobenen Linien dargestellt ist. Die Wasserströmung von A nach B wird sich also entsprechend den Widerstandszahlen der beiden Verbindungswege auf diese verteilen. Dabei ist zu beachten, daß auf dem Nebenwege Wirksamer Druck erzeugt wird, so daß auf diesem Wege eine verhältnismäßig lebhafte Zirkulation einsetzt. Die

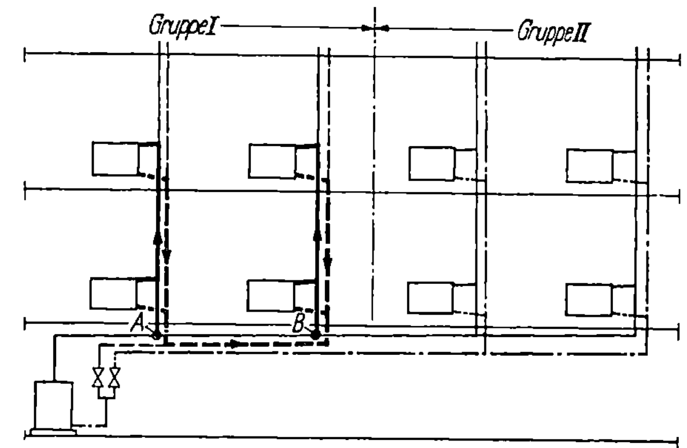

Abb. 4/41. Schwerkraftwarmwasserheizung mit Gruppenunterteilung nur im Rücklauf

ganze Zirkulation kommt dadurch in Unordnung, da unter anderem in der Vorlaufleitung nach *B* eine geringere Wassertemperatur hervorgerufen wird. In dieser Form kann also die Gruppenunterteilung nicht durchgeführt werden. Es ist notwendig im Vor- und Rücklauf zu trennen. Sperrt man in der gleichen Anlage je-

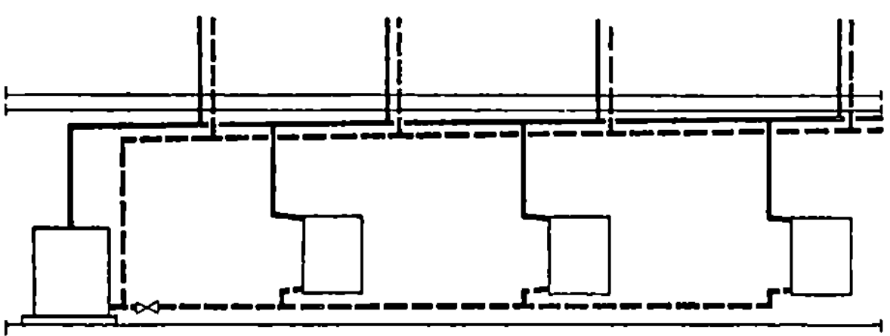

Abb. 4/42. Schwerkraftwarmwasserheizung mit tiefliegenden Heizkörpern mit besonderem Rücklauf

doch die Gruppe II ab, so ist ohne weiteres erkennbar, daß in der Gruppe II eine Nebenzirkulation nicht auftreten kann. Dies ist dadurch bedingt, daß die Gruppe II nach Absperrung mit der Gruppe I nur in einem Punkte, dem Punkte *B* verbunden ist. Bei der Absperrung der Gruppe I (Abb. 4/41) blieb diese Gruppe mit zwei Punkten (*A* und *B*) mit der Gruppe II verbunden. Die Gruppenunterteilung in dieser Form könnte also dann durchgeführt werden, wenn die Anlage nur die Absperrung der Gruppe II, jedoch nicht der Gruppe I erfordern würde.

Im übrigen ist eine Trennung im Vor- und Rücklauf notwendig.

Eine Ausnahme bildet die in Abb. 4/42 dargestellte Anlage. Hier sind die Kellerheizkörper mit einer besonderen Rückleitung angeschlossen, bei gemeinsamem Vorlauf. Obwohl hier die Gruppe der Kellerheizkörper mehrere Verbindungsstellen mit der gemeinsamen Vorlaufleitung hat, kann bei abgesperrtem Rücklauf keine Zirkulation in den Kellerheizkörpern auftreten, da die Schwerkraftwirkung dies nicht zuläßt.

b) Hat jedoch die Gruppenunterteilung den Zweck, die Wärmeleistung einer Gruppe durch Drosselung gegenüber der anderen Gruppe zu vermindern, so ist dabei folgendes zu beachten. Durch Betätigung des Drosselorgans wird an dieser Stelle ein entsprechender Strömungswiderstand erzeugt. Dieser Widerstand ist für alle Stromkreise der gedrosselten Gruppe absolut gleich, aber verhältnismäßig verschieden. Die Einwirkung wird für die verschiedenen Stromkreise daher verschieden sein. Es können dadurch bestimmte Stromkreise ganz von der Zirkulation ausgeschaltet werden. Die generelle Regelung in der gedrosselten Gruppe geht verloren. *Diese Drosselregelung ist also für Schwerkraftanlagen nicht anwendbar.* Es besteht hier nur eine Ausnahme, und zwar für solche Anlagen, bei welchen die einzelnen Stromkreise die gleichen Wirksamen Drücke aufweisen. In diesem Falle müssen aber Vor- und Rücklauf getrennt werden, da sonst, ähnlich wie bei der Pumpenheizung, Zirkulationsstörungen auftreten.

4.36 Unterteilung in Gruppen und Temperaturregelung der einzelnen Gruppen (Mischwasserregelung)

Diese Methode der Regelung unterscheidet sich von der vorhergehenden dadurch, daß die Regelung der einzelnen Gruppen durch die verschiedene Einstellung ihrer Vorlauftemperaturen erfolgt. Da der gemeinsame Wassererwärmer nur eine Vorlauftemperatur erzeugen kann, so müssen die verschiedenen Vorlauftemperaturen durch Beimischung von Rücklaufwasser in den Vorlauf erzielt werden. Auch hier ist es zweckmäßig, zunächst die generelle Temperaturregelung anzuwenden, derart, daß der Wassererwärmer die höchste im System erforderliche Vorlauftemperatur erzeugt und die anderen Gruppen durch Rücklaufbeimischung nachgeregelt werden. Diese Methode läßt sich auch dann gut anwenden, wenn die Anlage Teile enthält, die immer mit konstanter Vorlauftemperatur betrieben werden müssen.

Die Gruppenmischwasserregelung ist der Gruppen-Drosselregelung überlegen, da die Vorlauftemperatur ein besseres Maß für die Wärmeleistung gibt und auch die Einstellung der Vorlauftemperatur leichter durchführbar ist.

4.361 Pumpenanlagen

Die Mischwasserregelung ist bei den Pumpenanlagen besonders leicht durchführbar, da es mit Hilfe der Pumpen leicht möglich ist, Rücklaufwasser in den Vorlauf einzuführen. In Abb. 4/43 ist eine derartige Anlage mit der Pumpe im Rücklauf dargestellt. Parallel zu dem Kessel sind Beimischleitungen zu den Vorläufen der einzelnen Gruppen geführt, so daß für jede Gruppe eine andere Vorlauftemperatur hergestellt werden kann, je nachdem wie man die Regelorgane in der Vorlauf- und der Beimischleitung einstellt.

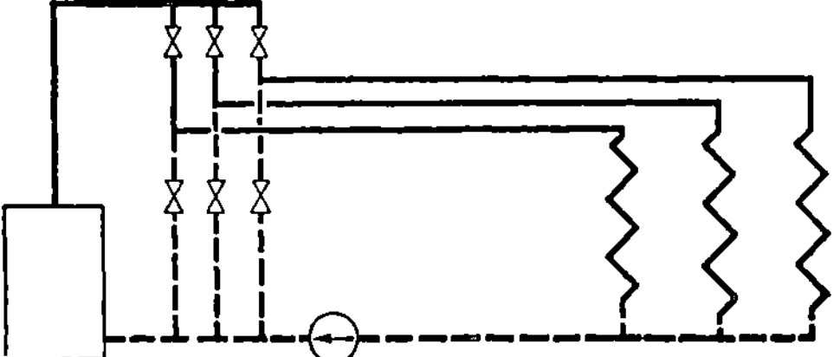

Abb. 4/43. Pumpenwasserheizung mit Pumpe im Rücklauf mit Mischwasserregelung für die einzelnen Gruppen

Sofern die Pumpe im Vorlauf angeordnet ist, läßt sich die gleiche Wirkung nur mit Hilfe einer besonderen Mischwasserpumpe erreichen, wie dies in Abb. 4/44 dargestellt ist, oder aber indem man für jede Gruppe eine eigene Pumpe verwendet, wie in Abb. 4/45 dargestellt. Es ist zu beachten, daß sich im Rücklauf eine Mischtemperatur aus den einzelnen Gruppen herausbildet, daß also keine niedrigere Vorlauftemperatur hergestellt werden kann, als sie durch die Mischtemperatur der Rückläufe gegeben ist. Der Unterschied in der Wärmeleistung der einzelnen Gruppen ist also nur bis zu einem gewissen Grade möglich.

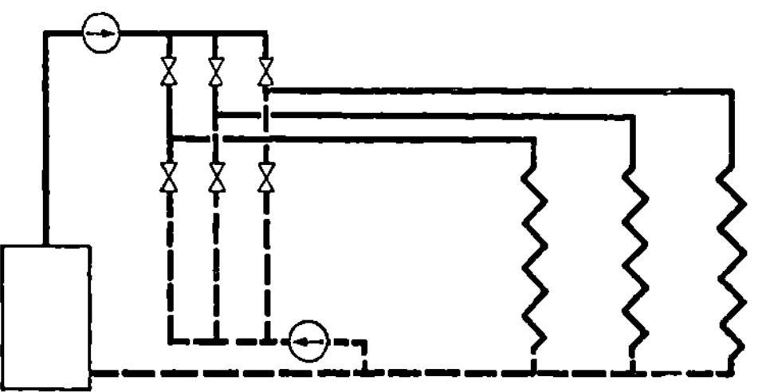

Abb. 4/44. Pumpenwasserheizung mit Pumpe im Vorlauf mit Mischwasserregelung für die einzelnen Gruppen und besonderer Mischwasserpumpe

Nehmen wir als Beispiel eine Pumpwarmwasserheizung 90/70° C

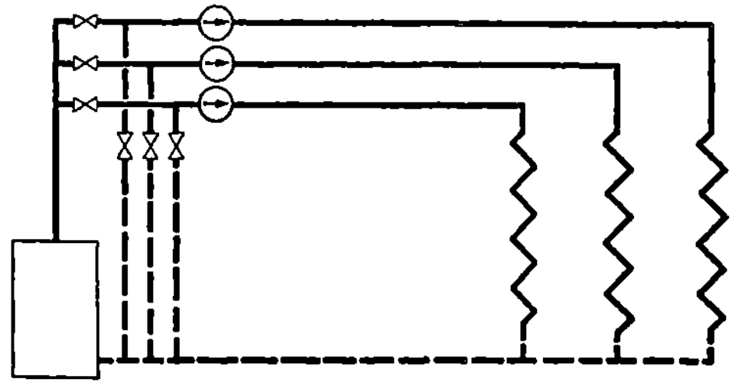

Abb. 4/45. Pumpenwasserheizung mit Mischwasserregelung für die einzelnen Gruppen, mit Pumpen für die einzelnen Gruppen in deren Vorläufen

für $t_R = 20°$ C und eine Unterteilung in zwei Gruppen an, so ist die Mischwassertemperatur noch von dem Verhältnis der Wassermengen der beiden Gruppen abhängig. Es sei zunächst einmal angenommen, daß beide Gruppen die gleichen Wassermengen haben, so ergeben sich folgende Verhältnisse

t_{v_I}	$t_{r_{II}}$	$t_{v_{II}}$	$t_{r_{II}}$	t_{r_M}	Anteil in %		
					Vorlauf-wasser	Rücklauf-wasser	
		85	66,6	68,3	76,8	23,2	
		80	63,6	66,8	56,9	43,1	
		75	60,0	65,0	40,0	60,0	
90	70	70	57,0	63,5	24,5	75,5	
		65	53,6	61,6	11,9	88,1	
		60	50,2	60,1	—	100	{ gewünschte Vorlauftemp.
		55	46,8	58,4	—	100	{ nicht mehr herstellbar

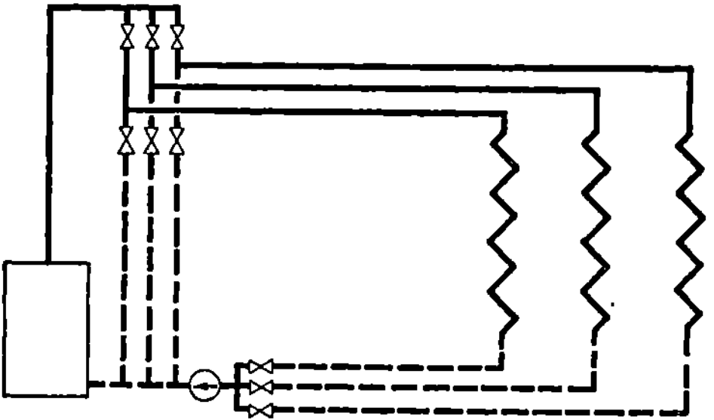

Abb. 4/46. Pumpenwasserheizung mit Pumpe im Rücklauf, mit Mischwasserregelung, mit getrennten Rückläufen

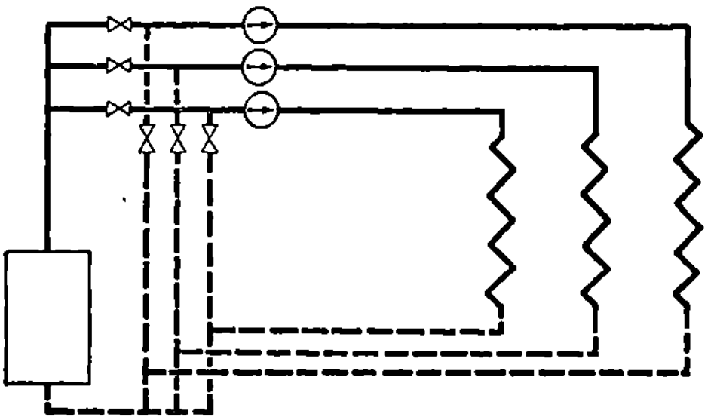

Abb. 4/47. Pumpenwasserheizung mit Mischwasserregelung für die Gruppen, mit eigenen Pumpen für jede Gruppe im Vorlauf und getrennten Rückläufen

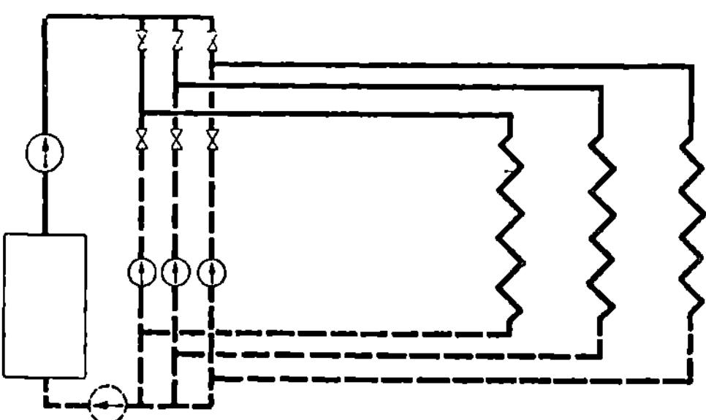

Abb. 4/48. Pumpenwasserheizung mit Mischwasserregelung für die Gruppen, mit getrennten Beimischpumpen für jede Gruppe und getrennten Rückläufen, jedoch mit gemeinsamer Pumpe im Vor- oder Rücklauf

Die Temperaturwerte sind aus dem Arbeitsblatt 12 entnommen. Es ergibt sich, daß die niedrigst mögliche Vorlauftemperatur für die zweite Gruppe etwa 60° C beträgt, was einem Belastungsgrad von etwa 50 % entspricht.

Bei einem Wasserverhältnis der geregelten Gruppe zur ungeregelten von 1 : 2 läßt sich ein Belastungsgrad von 56 % und bei einem Verhältnis von 2 : 1 ein solcher von 40 % erreichen.

Bei einem stärkeren Temperaturgefälle erhöhen sich die Werte, bei einem schwächeren fallen sie.

Damit läßt sich abschätzen, ob in einem gegebenen Falle mit der erreichbaren Herabsetzung der Wärmeleistung der geregelten Gruppe auszukommen ist.

Die himmelsrichtungsmäßig gegebenen Unterschiede in der Wärmeleistung, mit Ausnahme der Sonnenstrahlung, lassen sich im allgemeinen mit dieser Form der Regelung ausgleichen.

Zu beachten ist noch, daß es bei den seither gezeigten Schaltungen mit wenigen Ausnahmen nicht möglich ist eine Gruppe ganz abzustellen, da dann die in Kapitel 4.351 angegebenen Nebenzirkulationen auftreten.

Soll also ein vollständiges Abschalten einer Gruppe von der Zirkulation möglich sein, so müssen die einzelnen Gruppen auch getrennte Rücklaufleitungen erhalten.

Es ergeben sich hierbei Schaltungen, wie eine beispielsweise in Abb. 4/46 wiedergegeben ist.

Genügt diese Form der Regelung nicht, so muß man dazu übergehen, jeder Gruppe zur Rücklaufbeimischung nur Rücklaufwasser aus der eigenen Gruppe zuzuführen. Auch hierbei müssen dann die Rückläufe getrennt geführt werden. Außerdem muß jede Gruppe ihre eigene Pumpe (s. Abb. 4/47) oder ihre eigene Mischwasserpumpe erhalten (s. Abb. 4/48).

Mit Hilfe dieser Schaltungen läßt sich jede Gruppe auf jede beliebige Leistung bis herab auf Null einstellen.

4.362 Schwerkraftanlagen

Die Einführung von Rücklaufwasser in den Vorlauf setzt voraus, daß in der Rücklaufleitung gegenüber der Vorlaufleitung ein Überdruck vorhanden ist oder hergestellt wird. In Abb. 4/49 ist ein Schema dargestellt einer Anlage, die mit zwei Gruppen ausgestattet ist, wovon die eine Rücklaufbeimischung erhalten soll. Zu diesem Zweck ist eine Verbindung vom Punkte B der Rücklaufleitung zu dem Punkte A der Vorlaufleitung dieser Gruppe hergestellt. Wenn nun Rücklaufwasser in den Vorlauf bei A einströmen soll, so kann das nur geschehen, wenn im Punkte B ein höherer Druck herrscht als in A. Stellen wir uns zunächst vor, daß in der Verbindungsleitung zwischen A und B das Absperrorgan geschlossen sei, dann ist ein normaler Wasserumlauf vorhanden und es ergibt sich ein Überdruckdiagramm wie es in Abb. 2/53 dargestellt ist. Markiert man sich in dieser Abbildung die Punkte, die den Punkten A und B der Abb. 4/49

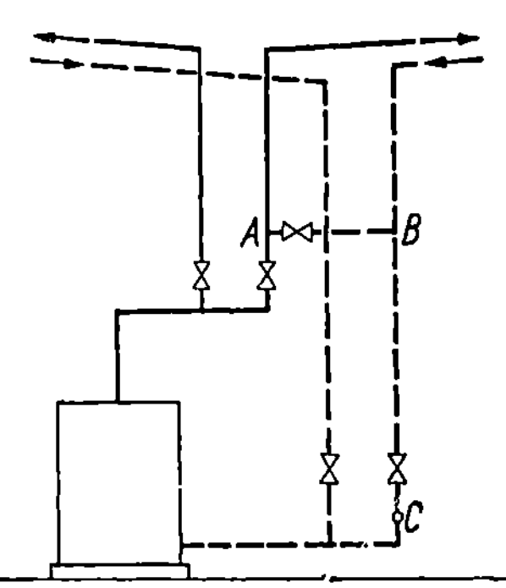

Abb. 4/49. Schema einer Rücklaufbeimischung bei einer Schwerkraftanlage

entsprechen, so kann man feststellen, daß im Punkte A ein höherer Betriebsüberdruck herrscht als im Punkte B. Da beide Punkte auf gleicher Höhe liegen, besteht eine echte Druckdifferenz. Nach Öffnen des Absperrorgans in der Verbindungsleitung würde daher Wasser vom Vor- nach dem Rücklauf strömen. Der gewünschte Vorgang kann also so nicht erreicht werden. Aus Abb. 2/53 kann man aber auch entnehmen, daß der Betriebsüberdruck um so mehr zunimmt, je tiefer der Rücklauf heruntergeht. Es ist z. B. im Punkte C Abb. 4/49 ein größerer Betriebsüberdruck als im Punkte A. Hier liegt jedoch infolge der verschiedenen geometrischen Höhenlage keine echte Druckdifferenz vor. Würde in einer Verbindungsleitung von C nach A Rücklaufwasser fließen, so würde sich am Zusammenflußpunkt A wiederum eine echte Druckdifferenz in Richtung A nach C einstellen, etwa in der gleichen Größe wie von A nach B. Auf diesem Wege läßt sich also eine Rücklaufbeimischung ebenfalls nicht erreichen. Nun ist uns aus der Untersuchung der örtlichen Regelbarkeit her bekannt, daß negative Druckgebiete dann auftreten, wenn mehr Druck verbraucht ist, als bis zu der betreffenden Höhe erzeugt wird. Um dies zu erreichen, drosseln wir also das Absperrorgan vor A entsprechend. Im Überdruckschaubild (Abb. 2/53) wirkt sich das so aus, daß die Widerstandslinie an der Stelle des gedrosselten Absperrorganes einen Sprung in der Größe des Widerstandes nach oben macht. Im übrigen muß die Widerstandslinie dann entsprechend flacher verlaufen.

Dies wirkt sich in der Betriebsüberdrucklinie so aus, daß an der Einbaustelle des Absperrorganes diese Linie einen Sprung nach unten macht. Auf diese Weise kann tatsächlich in Richtung von B nach A ein Überdruck entstehen, welcher zur Folge hat, daß Rücklaufwasser in den Vorlauf einströmt. Es muß hierbei eine verhältnismäßig starke Drosselung durchgeführt werden, und zwar um so mehr, je stärker die Vorlauftemperatur herabgesetzt werden soll. Diese Drosselung wird noch dadurch erschwert, daß jetzt nur noch ein Teilstrom durch das Drosselorgan vor A fließt. Es ist aber auch hierbei zu beachten, daß der starke Widerstand des Drosselorganes bei A in seiner absoluten Größe für alle Stromkreise der Gruppe gleich ist, also im Verhältnis zum jeweiligen Wirksamen Druck eines Stromkreises sehr verschieden. Die Zirkulation in der Gruppe würde also stark in Unordnung geraten, wobei ganze Stromkreise überhaupt erkalten können. Auch wenn man den Stromkreis in der Form Rücklauf $- B - A -$ Vorlauf betrachtet, ergeben sich keine anderen Resultate, da jetzt der Erwärmungsmittelpunkt nicht mehr in Kesselmitte, sondern höher, im Punkte A liegt. Hierdurch vermindert sich der Wirksame Druck um einen gleichen Betrag für alle an diese Gruppe angeschlossenen Stromkreise. *In dieser Form ist also die Rücklaufbeimischung nicht zu gebrauchen.* Eine Ausnahme hiervon macht nur der seltene Fall, daß alle Stromkreise der betreffenden Gruppe den gleichen Wirksamen Druck aufweisen.

Die Drosselung in der Vorlaufleitung führt also nicht zu einer brauchbaren Lösung. Um in der Vorlaufleitung einen Unterdruck gegenüber der Rücklaufleitung zu erhalten, gibt es noch einen anderen Weg. Dieser besteht darin, daß man die Vorlaufleitung zunächst nach unten führt. Da jetzt das Vorlaufwasser gegenüber dem Kesselwasser wärmer ist, wird ein negativer Wirksamer Druck erzeugt, so daß der Druck im Rücklauf größer wird als im Vorlauf. Dies wird am besten an Hand eines Beispieles erläutert. In Abb. 4/50 ist das vereinfachte Schema einer Anlage mit zwei Gruppen dargestellt, wovon die eine Gruppe mit und die andere Gruppe ohne Rücklaufbeimischung arbeitet. Das Schema gebe die wirklichen Rohrlängen und Höhen wieder. Es ist weiter angenommen, daß beide Gruppen die gleiche Wärmeleistung bei maximaler Beanspruchung aufweisen und hierbei mit 90/70° C arbeiten. Der vom Kessel kommende Vorlauf wird bis zur Kesselmitte heruntergeführt. In dieser Höhe zweigen die Vorläufe der beiden Gruppen ab. In der Vorlaufleitung zur geregelten Gruppe ist das Absperr- und Regelorgan E eingebaut. Die Beimischleitung wird ebenfalls in dieser Höhe verlegt und verbindet den Rücklauf im Punkte Q mit dem Vorlauf im Punkte F. In dieser Verbindungsleitung ist ein Absperr- und Drosselorgan T eingeschaltet. Die bei einem derartigen System entstehenden Druckverhältnisse werden am besten mit Hilfe der Überdruckdiagramme untersucht.

Das Diagramm I in Abb. 4/50 stellt die Verhältnisse bei maximalem Betrieb dar, d. h. wenn beide Gruppen mit 90/70° C betrieben werden. Das Absperrorgan T ist geschlossen. Es ergibt sich, daß zwischen den Punkten Q und F eine Druckdifferenz in Höhe von 8 mm WS entsteht, und zwar positiv in Richtung Rücklauf nach dem Vorlauf. Wird nunmehr das Drosselorgan T geöffnet, so wird sofort Rücklaufwasser in den Vorlauf einströmen und die Vorlauftemperatur dieser Gruppe absenken. Damit ist die gewünschte Wirkung erreicht. Es ist nun noch weiter zu untersuchen, wie weit sich die Vorlauftemperatur absenken läßt, und ob die Zirkulation in der geregelten Gruppe in Ordnung bleibt. Zu diesem Zwecke

sind die in Abb. 7/50 angegebenen Überdruckdiagramme II, III und IV entwickelt
worden. Diese Diagramme sind für verschiedene Vorlauftemperaturen und die zu-
gehörigen Rücklauftemperaturen, wie sie sich aus Arbeitsblatt 16 entnehmen lassen, dargestellt, wobei weiterhin angenommen wurde, daß die ungeregelte Gruppe

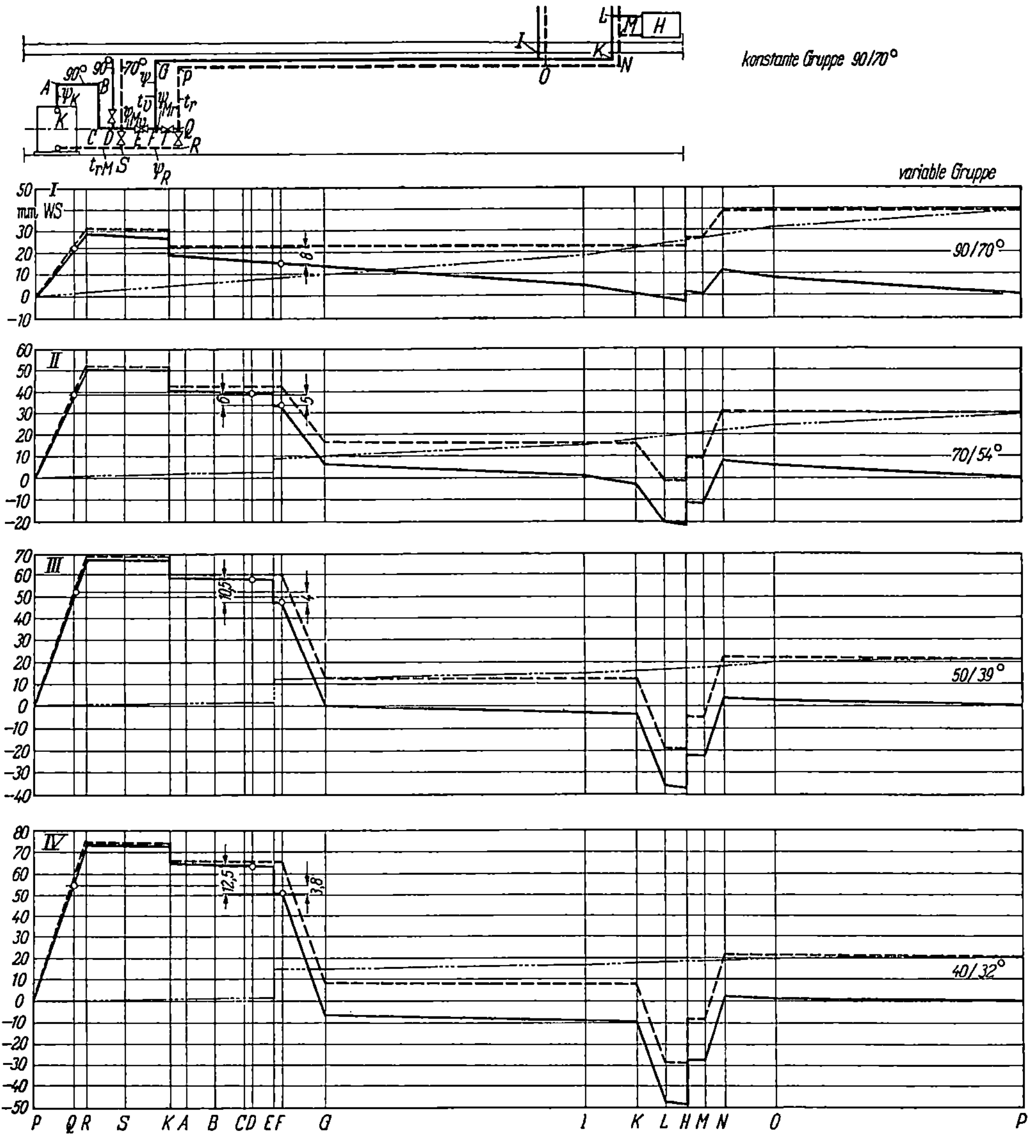

Abb. 4/50. Rücklaufbeimischung für eine Schwerkraftwarmwasserheizungsanlage

gleichzeitig mit 90/70° C betrieben werde. Die Widerstände in den einzelnen
Stromkreisen oder Teilstrecken mußten hierbei nach den veränderten Wassermengen umgerechnet werden. Hierbei wurde als genügende Annäherung eine Veränderung der Strömungswiderstände mit dem Quadrat der Geschwindigkeit zugrunde gelegt. Es ergeben sich hierbei die in der folgenden Tabelle angegebenen

17*

Werte. Die einzelnen Werte errechnen sich nach den folgenden Formeln, die sich ohne weiteres verstehen

$$\psi_{r_M} = \psi \frac{90 - t_v}{90 - t_r} \; ; \qquad \psi_{v_M} = \psi - \psi_{r_M}$$

$$\psi_k = \frac{1 + \psi_{v_M}}{2} \; ; \qquad t_{r_M} = \frac{70 + \psi_{v_M} t_r}{1 + \psi_{v_M}} .$$

Diagramme		I	II	III	IV	V
konstante Gruppe	t_v	90	90	90	90	90° C
	t_r	70	70	70	70	70° C
geregelte Gruppe	t_v	90	80	70	50	40° C
	t_r	70	62	54	39	32° C
	ψ	1,0	0,905	0,80	0,575	0,445
	ψ^2	1,0	0,82	0,64	0,331	0,198
	ψ_{v_M}	1,0	0,582	0,356	0,124	0,061
	$\psi^2_{v_M}$	1,0	0,339	0,127	0,0154	0,0037
	ψ_{r_M}	0	0,323	0,444	0,451	0,384
	$\psi^2_{r_M}$	0	0,104	0,197	0,204	0,148
	ψ_K	1,0	0,791	0,678	0,562	0,531
	ψ^2_K	1,0	0,627	0,460	0,316	0,282
	t_{r_M}	70	67,1	65,8	66,5	67,1° C

Aus den Diagrammen II bis V lassen sich nunmehr die Drücke ermitteln, die jeweils in den Strecken D bis F bzw. Q bis F zusätzlich verbraucht werden müssen, um in der geregelten Gruppe genau die Strömungsverhältnisse zu erzielen, wie sie sonst bei genereller Temperaturregelung auftreten. Diese Widerstände sind durch das Drosselorgan E bzw. durch die Widerstände in der Rohrstrecke QF einschließlich des Drosselorganes T herzustellen.

Es ergibt sich, daß es möglich ist, genau die Strömungsverhältnisse in der geregelten Gruppe herzustellen, wie sie der einwandfreien generellen Temperaturregelung entsprechen; man muß nur in den Regelorganen E und T die entsprechenden notwendigen Widerstände herstellen.

Es ergibt sich, daß diese Form der Rücklaufbeimischung eine brauchbare Lösung darstellt, die nicht mit den Nebenerscheinungen verbunden ist, die bei der zuerst beschriebenen Ausführungsart zutage getreten sind. Der Hauptgrund hierfür liegt darin, daß die Mischstelle in Höhe der Kesselmitte liegt und damit für den geregelten Stromkreis nur eine verhältnisgleiche Veränderung des Wirksamen Druckes aller Stromkreise eintritt. Daß gleichzeitig das Vorlauf- und Beimischregelorgan gedrosselt werden muß, besagt, daß zusätzlicher Druck zur Verfügung steht, hervorgerufen durch die verminderten Strömungswiderstände im Teil des Stromkreises, der durch den Kessel führt und durch in diesem Stromkreisteil erzeugten Wirksamen Druck. Wird dieser zusätzliche Druck nicht ganz weggedrosselt, so ist die Einwirkung auf die Zirkulation in der geregelten Gruppe nicht schwerwiegend, da die Stromkreise mit geringem Wirksamen Druck etwas begünstigt werden. Es treten also keine Zirkulationsstörungen auf. Hieraus kann man folgende Bedienungsregel für die Rücklaufbeimischung ableiten. Man öffnet das Regelorgan T in der Beimischleitung soweit, bis sich die gewünschte Vorlauftemperatur einstellt. Läßt sich damit die gewünschte Herabsetzung der Vorlauftemperatur nicht erreichen, so muß man darüber hinaus das Regelorgan E in der Vorlaufleitung drosseln. Es ist selbstverständlich auch möglich an Stelle der Regelorgane E und T ein Wechselventil einzubauen, das von Hand oder auch selbsttätig verstellt werden kann.

Es ist noch darauf hinzuweisen, daß in unserem Beispiel sehr weitgehende Bedingungen gestellt waren. Sind nur verhältnismäßig geringe Unterschiede zwischen den beiden Vorläufen erforderlich, so genügt es nur mit dem Regelorgan in der Beimischleitung zu regeln.

4.37 Örtliche Drosselregelung

Diese Methode wird hauptsächlich für Industrieheizungen und Pumpenanlagen angewendet. Die Anlage arbeitet immer mit der gleichen Vorlauftemperatur, und die Regelung an den Wärmeverbrauchern geschieht durch Drosselung der Wassermenge.

Die Schwierigkeit dieser Regelung ist bereits in Abschnitt 4.32 dargestellt, wobei besonders auf die Vorteile der Nebenschlußregelung hingewiesen sei. Wird die Regelung automatisch getätigt, so läßt sich besonders bei der Nebenschlußregelung eine gute Anpassung der Wärmeleistung erreichen.

Die Nebenschlußregelung hat den Vorteil, daß bei richtiger Ausbildung die umgewälzte Wassermenge konstant bleibt, so daß keine gegenseitige Beeinflussung bei der Regelung stattfindet. Der Nachteil liegt darin, daß der Kraftbedarf der Pumpe konstant bleibt und daß die Temperatur des Rücklaufes sich erhöht und damit auch die Rohrleitungsverluste.

4.38 Die örtliche Temperaturregelung

Auch diese Methode wird hauptsächlich für Industrieheizungen und für Pumpenanlagen angewandt. Bei dieser Methode wird den Heizkörpern Vorlaufwasser von verschiedener Temperatur zugeführt. Es müssen also mindestens zwei Vor-

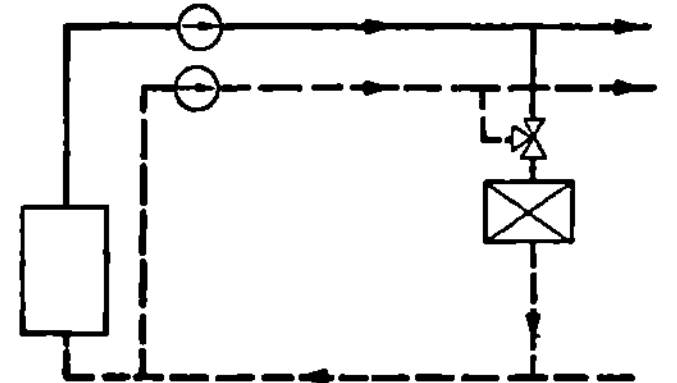

Abb. 4/51. Örtliche Temperaturregelung bei Pumpen im Vorlauf

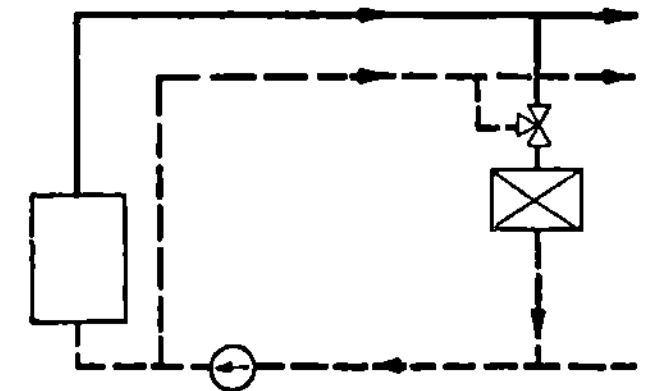

Abb. 4/52. Örtliche Temperaturregelung bei Pumpen im Rücklauf

laufleitungen, die mit Vorlaufwasser verschiedener Temperatur arbeiten, erstellt werden. Die Regelung an den einzelnen Heizkörpern erfolgt durch Mischung von Vorlaufwasser aus den beiden Vorlaufleitungen. Es ist dabei möglich, daß die eine Vorlaufleitung Wasser von Rücklauftemperatur führt.

In den Abb. 4/51 u. 4/52 sind zwei Ausführungsformen dieser Regelart dargestellt.

4.39 Die Erstellung getrennter Anlagen

Dies ist an sich keine Regelmethode mehr, soll aber der Vollständigkeit halber hier erwähnt werden.

Es ist nicht immer richtig die verschiedenen Wärmeverbraucher in einer Anlage zusammenzufassen. Mitunter erweist es sich als wirtschaftlicher, die Anlagen getrennt für die verschiedenen Wärmeverbraucher auszuführen. Die Entscheidung darüber muß auf Grund eingehender Gegenüberstellungen oder Wirtschaftlichkeitsrechnungen erfolgen. Dabei sind neben den Anlagekosten die Kosten für den Brennstoffbedarf und die Bedienung zu berücksichtigen.

Ist für eine Anlage keine Wärmeerzeugung, sondern nur eine Wärmeübertragung von einem anderen Wärmeträger gegeben, so ist es meistens zweckmäßiger, für die verschiedenen Wärmeverbraucher getrennte Anlagen zu erstellen. Werden zur Wärmeerzeugung gasförmige oder flüssige Brennstoffe verwendet, die sich besonders leicht und gut regeln lassen, können ebenfalls getrennte Anlagen von Vorteil sein.

4.4 Die Anwendung der Regelmethoden bei Fernheizungen

Um den regeltechnischen Notwendigkeiten gerecht zu werden, gibt es verschiedene Formen der Ausbildung der Fernleitungen, die als *Zweileiter-*, *Dreileiter-* oder *Vierleitersysteme* bekannt sind.

4.41 Das Zweileitersystem

Das Zweileitersystem kennt nur eine Vorlauf- und eine Rücklaufleitung. Die ganze Anlage kann also nur mit einer Vorlauftemperatur gefahren werden.

Sofern an einer solchen Anlage nur Raumheizungen angeschlossen sind, kann die generelle Temperaturregelung angewandt werden. Es muß aber darauf geachtet werden, daß die einzelnen Gebäudeanlagen nach den gleichen Gesichtspunkten bemessen werden. Es ist weiter möglich, die zusätzliche örtliche Drosselregelung und die Angleichung der Wärmeleistungen bei mittleren Belastungsgraden anzuwenden. Die ganze Regelung erfolgt hierbei von der Zentrale aus und die Bedienung wird denkbar einfach. Darüber hinaus besteht auch noch die Möglichkeit, in den einzelnen Gebäuden die Unterteilung in Gruppen und Drosselregelung der einzelnen Gruppen anzuwenden. Damit ist aber bereits eine Dezentralisierung der Bedienung verbunden.

Sind mit einer solchen Anlage außer der Raumheizung noch Industrieheizungen (z. B. Warmwasserbereitung, Kochküchen usw.) verbunden oder müssen neben Wasserheizungen auch Niederdruckdampfheizungen versorgt werden, so ist die Methode der generellen Temperaturregelung nicht mehr anwendbar. Die Vorlauftemperatur muß so hoch gehalten werden, wie es der Anlageteil mit der höchsten erforderlichen Vorlauftemperatur erfordert. Gegebenenfalls muß die Vorlauftemperatur über das ganze Jahr konstant gehalten werden. Die Regelung der Wärmeleistung muß nunmehr in den einzelnen Gebäuden durchgeführt werden.

Die hierfür gegebenen Möglichkeiten sind in den Abb. 1/53, 1/54, 1/55 und 1/56 dargestellt.

Die Notwendigkeit, über die ganze Heizzeit oder gar das ganze Jahr mit hohen Vorlauftemperaturen arbeiten zu müssen, hat den Nachteil, daß die Wärmeverluste der Fernleitungen nicht in dem Maße zurückgehen, wie dies bei der generellen Temperaturregelung gegeben ist. Bei den Regelungen, wie sie in den Abb. 1/53 und 1/55 angegeben sind, wird die Menge des aus dem Fernleitungsnetz entnommenen Wassers entsprechend dem Wärmebedarf gedrosselt. Die Rücklauftemperatur wird also stark herabgesetzt. Damit werden die Wärmeverluste der Fernleitungen herabgesetzt und der Arbeitsaufwand der Umwälzpumpe erfährt ebenfalls eine Verminderung. Auch bei der Regelung nach Abb. 1/56 wird die Wassermenge gedrosselt, die Rücklauftemperatur setzt sich hierbei jedoch nur minimal herab. Wendet man die Nebenschlußregelung nach Abb. 4/21 an, so wird die Wassermenge im Fernleitungsnetz konstant gehalten und die Rücklauftemperatur steigt stark an. Damit steigen auch die Wärmeverluste der Fernleitungen und der Arbeitsaufwand der Umwälzpumpe erfährt keine Verringerung. Trotzdem ist zu empfehlen, bei einem Fernleitungsnetz an einigen Stellen die Nebenschlußregelung nach Abb. 4/21 anzuwenden, damit für die Pumpe eine bestimmte minimale Wassermenge nicht unterschritten werden kann.

4.42 Das Dreileitersystem

Das Dreileitersystem verwendet zwei Vorlaufleitungen und eine gemeinsame Rücklaufleitung. Die eine Vorlaufleitung versorgt die Raumheizungen und arbeitet mit genereller Temperaturregelung, während die zweite Vorlaufleitung die Industrieheizungen versorgt und mit höheren, meist über das ganze Jahr konstanten Temperaturen arbeitet. Der Vorteil des Dreileitersystems liegt darin, daß die Bedienung zentralisiert wird. Die Wärmeverbraucher der Industrieheizung werden entweder selbsttätig geregelt (z. B. Warmwasserbereiter) oder von dem Bedienungspersonal der Geräte nach Bedarf geschaltet (z. B. Kochküchen). Ein weiterer Vorteil liegt noch darin, daß ohne weiteres für den meist bedeutend geringeren Sommerbedarf eine schwächere Vorlaufleitung zur Verfügung steht, so daß die Wärmeverluste der Fernleitung wesentlich herabgesetzt werden. Auch ist es möglich, im Sommer mit einer kleinen Pumpe zu arbeiten, was die Antriebskosten der Pumpen herabsetzt.

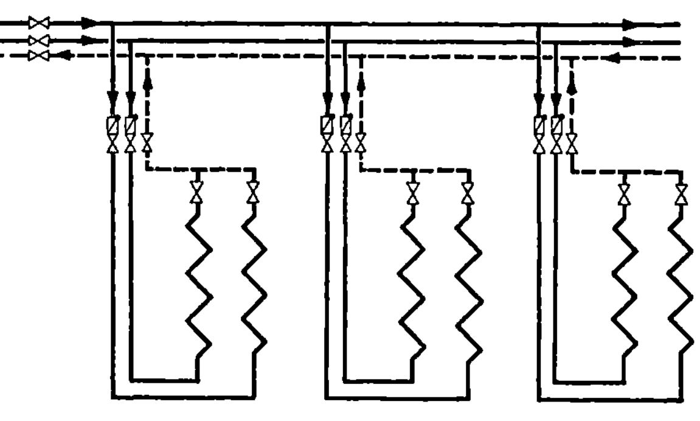

Abb. 4/53. Fernleitungsnetz nach dem Dreileitersystem

Bei der Anlage des Dreileitersystems ist zu beachten, daß die Schwierigkeiten, wie sie bei der Drosselregelung der Gruppen (Teil 4.35) beschrieben sind, nicht auftreten. Sie lassen sich verhindern, wenn man in die Vorlaufanschlüsse der Raumheizungsgruppe und eventuell auch Industriegruppe Rückschlagventile einbaut, die eine entgegengesetzte Strömungsrichtung nicht zulassen. In Abb. 4/53 ist dies dargestellt.

Die Anwendbarkeit des Dreileitersystems ist begrenzt. Die Vorlauftemperatur der geregelten Vorlaufleitung kann nicht tiefer eingestellt werden als die Temperatur der Rücklaufleitung, die eine Mischtemperatur der beiden Gruppen darstellt. Es ist also vor Anwendung des Dreileitersystems sorgfältig zu prüfen, ob die generelle Regelbarkeit für die Raumheizungsgruppe genügend gegeben ist.

4.43 Das Vierleitersystem

Bei dem Vierleitersystem werden die beiden Gruppen Raumheizung und Industrieheizung, mit getrennten Vor- und Rücklaufleitungen ausgerüstet. Man wendet diese Systeme an, wenn die generelle Temperaturregelung für die Raumheizung zentralisiert durchgeführt werden soll, die Verhältnisse jedoch so gelagert sind, daß dies mit dem Dreileitersystem nicht mehr erreichbar ist. Hierbei läßt sich die Raumheizungsgruppe unabhängig von der Industriegruppe auf jede erforderliche Vorlauftemperatur einstellen.

Die vier Leitungen bedeuten eine entsprechende Verteuerung des Fernleitungsnetzes. Dieser stehen Einsparungen an Bedienung und Wärmeverlustkosten gegenüber.

4.5 Die Leistungsregelung der Wassererwärmer

Im Abschnitt 4.23 wurde bereits festgestellt, daß bei Raumheizungen die Leistung der Wassererwärmer auf 20 bis 10% der Nennleistung herabregelbar sein muß. Es muß also die im zeitlichen Durchschnitt zur Verbrennung kommende Brennstoffmenge oder die zugeführte Menge an primärem Wärmeträger so geregelt werden, daß der jeweilige Wärmebedarf bis herunter zu 10% eingestellt werden kann. Es bestehen hierzu grundsätzlich zwei Möglichkeiten, und zwar der *kontinuierliche Betrieb*, bei welchem die Brennstoffmenge oder die Menge des primären Wärmeträgers auf den jeweiligen Wärmebedarf eingeregelt werden. Die Anlage arbeitet mit gleichbleibender Systemtemperatur im Beharrungszustande. Die andere Möglichkeit ist der *periodische Betrieb*, bei welchem der Wassererwärmer abwechselnd mit der vollen Leistung oder einer minimalen Leistung arbeitet und durch das Zeitverhältnis der einzelnen Perioden im Mittel die erforderliche Wärmeleistung erbringt. Dabei kann die minimale Leistung auch zu Null werden. Bei kontinuierlichem Betrieb arbeiten die Wassererwärmer mit einer konstanten, dem jeweiligen Wärmebedarf entsprechenden System- bzw. Vorlauftemperatur. Bei periodischem Betrieb wird der Ausgleich zwischen Wärmezufuhr und Wärmeabgabe der Anlage durch Veränderung der Systemtemperatur erreicht. Es findet also ein ständiger Wechsel zwischen Anheizzustand und Abkühlungs- bzw. Auskühlungszustand statt. Die Vorlauftemperatur schwankt zwischen einem maximalen und einem minimalen Wert. Der Mittelwert zwischen diesen entspricht der Vorlauftemperatur bei kontinuierlichem Betrieb. Der periodische Betrieb erfordert bei gleicher maximaler Wärmeleistung eine höhere maximale Vorlauftemperatur als der kontinuierliche Betrieb. Kann die Vorlauftemperatur aus physikalischen Gründen nicht gesteigert werden, so erfordert der periodische Betrieb größere Raumheizflächen als der kontinuierliche Betrieb.

Bei dampfgeheizten Oberflächen- oder Mischvorwärmern empfiehlt sich der kontinuierliche Betrieb, da es verhältnismäßig leicht ist, die zuzuführende Dampfmenge entsprechend einzudrosseln. Die Dampfmenge muß hierbei annähernd linear mit dem Wärmebedarf verändert werden. Es ist eine Herabregelung auf nahezu 0 möglich. Bei heißwassergeheizten Oberflächenvorwärmern liegen die Verhältnisse insofern schon etwas schwieriger als bei rückgehender Wärmeleistung die Wassermenge stärker gedrosselt werden muß. Dies ist besonders stark, wenn heißwasserseitig keine Temperaturregelung angewendet wird, sondern bei jedem Wärmebedarf die gleiche Heißwassertemperatur vorliegt. Hier kann es zur Erreichung einer einwandfreien Regelung erforderlich sein, mit einer Umführungsleitung nach Abb. 4/21 zu arbeiten. In allen Fällen empfiehlt es sich hier im kontinuierlichen Betrieb zu arbeiten, wobei eine Herabregelung bis nahezu 0 möglich ist.

Kessel mit gasförmigen Brennstoffen können sowohl mit kontinuierlichem als auch mit periodischem Betrieb gefahren werden. Bei letzterem ist es zweckmäßig, nur mit einer maximalen und einer minimalen Wärmeleistung zu arbeiten, wobei letztere so einzustellen ist, daß keine Kondensation bei den Abgasen auftritt. Auch ist es möglich mit beiden Arten kombiniert zu fahren, derart, daß zunächst kontinuierlich gefahren wird bis zu der einstellbaren minimalen Leistung und bei geringeren Leistungen periodisch. Auf diese Weise ist eine Regelung bis nahezu 0 möglich.

Kessel mit flüssigen Brennstoffen arbeiten meist in periodischem Betrieb, wobei entweder mit voller Kesselleistung gefahren wird oder gar nicht. Bei größeren Kesseln kann auch die kombinierte Form Anwendung finden. Es ist eine Herabregelung bis nahezu 0 möglich.

Am schwierigsten liegen die Verhältnisse bei Kesseln mit festen Brennstoffen. Bei diesen Kesseln sind beide Formen anwendbar. Bei kontinuierlichem Betrieb läßt sich die Leistung nicht beliebig vermindern. Je nach Kesselart und Brennstoff läßt sich eine gewisse Mindestlast nicht unterschreiten, da sonst das Feuer erlischt. Bei periodischem Betrieb kann die Feuerleistung auch nicht ganz auf 0 herabgesetzt werden. Auch hier sind die Verschiedenheiten durch Konstruktion des Kessels bzw. der Feuerungseinrichtungen und des Brennstoffs bedingt. Es wird sich kaum eine geringere Durchschnittsleistung als etwa 20% erzielen lassen.

4.51 Aufstellung mehrerer Wassererwärmer

Die Regelung wird für alle Wassererwärmer wesentlich leichter, wenn diese unterteilt sind. Bei Unterteilung in zwei Einheiten ist die erforderliche Minimalleistung für jede Einheit nur etwa 20%, bei drei Einheiten etwa 30% usw.

Die Unterteilung ist wichtig, besonders für Kessel für feste Brennstoffe. Die Unterteilung bietet darüber hinaus noch den Vorteil der inneren Reserve, da bei Ausfall einer Einheit die weiteren noch zur Verfügung stehen.

Bei Anlagen kleineren Umfangs bedeutet die Unterteilung eine wesentliche Verteuerung, weshalb man erst bei größeren Anlagen hiervon Gebrauch macht. Man sollte jedoch keine Anlage mit einer Nennleistung über 100000 kcal/h ohne Unterteilung der Wassererwärmer ausführen.

Bei Unterteilung in zwei Einheiten ist die innere Reserve noch sehr gering.

Häufig bestimmt man in solchen Fällen jeden Wassererwärmer für etwa $^2/_3$ der Nennleistung.

Eine besondere Beachtung verdient hierbei die Bestimmung der Anschlußweiten der einzelnen Wassererwärmer. Es ist naheliegend die Kesselanschlüsse für die Wassermenge zu bestimmen, die bei maximaler Leistung der Anlage, d. h. wenn alle Wassererwärmer parallel zueinander in Betrieb sind, auftreten.

Bei *Pumpenanlagen* ist dies auch ohne weiteres zulässig. Dadurch, daß nunmehr die gesamte Wassermenge beispielsweise durch einen Wassererwärmer durchströmen muß, erhöhen sich natürlich die Strömungswiderstände in den Anschlußleitungen dieses Wassererwärmers. Damit erhöht sich auch der Gesamtwiderstand des Rohrnetzes und die Fördermenge der Pumpe geht entsprechend der Charakteristik derselben etwas zurück. Dies geschieht jedoch gleichmäßig für alle Stromkreise, so daß dies ohne Bedeutung für den Betrieb der Anlage bleibt.

Anders liegen die Verhältnisse bei einer *Schwerkraftanlage*. Bei dieser wird eine Anlage, die wie einleitend beschrieben bemessen ist, auch solange einwandfrei arbeiten als alle Kessel in Betrieb sind. Sobald jedoch ein Kessel oder mehrere abgeschaltet werden, entstehen Schwierigkeiten im Betrieb. Teile der Anlage werden nicht mehr richtig mitzirkulieren oder ganz von der Zirkulation ausgeschlossen sein. Dies hat seine Ursache darin, daß die Abschaltung eines Wassererwärmers bewirkt, daß das ganze im Heizsystem umlaufende Wasser nunmehr durch die Anschlußleitungen, der noch in Betrieb befindlichen Wassererwärmer strömen muß, und hierdurch eine entsprechend hohe Wassergeschwindigkeit und damit ein entsprechend hoher Strömungswiderstand in seinen Anschlußleitungen eintritt. Der absolute Wert dieser Erhöhung bei einem gegebenen Temperaturzustande des Systems ist aber für alle Stromkreise gleich groß, so daß für die einzelnen Stromkreise die verhältnismäßige Veränderung verschieden ist. Bei den Stromkreisen mit geringerem Wirksamen Druck ist die Widerstandserhöhung verhältnismäßig größer als bei den Stromkreisen mit höherem Wirksamen Druck. Erstere werden daher im Wasserumlauf stark beeinträchtigt werden, letztere nur wenig; unter Umständen werden ungünstig gelegene Stromkreise ganz von der Zirkulation ausgeschlossen. Damit sind die vorerwähnten Zirkulationsstörungen erklärt.

Um diesen Schwierigkeiten aus dem Wege zu gehen, gibt es nur das Mittel, die Kesselanschlüsse so groß zu wählen, daß der Anteil der Strömungswiderstände im Kesselanschluß bezogen auf den Wirksamen Druck des ungünstigsten Stromkreises, so klein ist, daß eine Erhöhung durch Abschaltung von Wassererwärmern verhältnismäßig bedeutungslos wird. Hierbei ist zu berücksichtigen, daß z. B. bei einer Anlage mit zwei gleich großen Wassererwärmern, die Abschaltung eines Kessels die Strömungswiderstände im Kesselanschluß etwa auf das Vierfache steigert. In solchen Fällen ist es am zweckmäßigsten, wenn man die Anschlußleitungen jeden Kessels für die gesamte Wassermenge, die im System umläuft, dimensioniert.

Sind jedoch mehrere Wassererwärmer aufzustellen, die für verschiedene Wärmeleistungen anzulegen sind, so sind die Verhältnisse schwieriger, da bei Parallelbetrieb die Anschlüsse so abgestimmt werden müssen, daß die Wassererwärmer mit der jeweiligen Wassermenge beliefert werden, andererseits aber wieder so groß sein müssen, daß beim Abschalten die eingangs erwähnten Schwierigkeiten nicht auftreten. Es empfiehlt sich daher möglichst gleich große Kessel aufzustellen und diese mit gleichen Wegen (TICHELMANNsche Rohrführung) anzuschließen. Es ergibt sich aus diesen Umständen, daß man Schwerkraftanlagen nicht mit einer beliebigen Anzahl von Wassererwärmern ausrüsten soll, da der Anschluß eines jeden Wassererwärmers für die Gesamtleistung der Anlage zu bestimmen ist. Es empfiehlt sich, nicht über drei Einheiten hinaus zu gehen.

4.6 Regeleinrichtungen[1]

Zur Durchführung der im Vorhergehenden beschriebenen Regelmethoden sind entsprechende Regeleinrichtungen erforderlich. Die Ansprüche an diese Regelgeräte sind verhältnismäßig hoch, so daß sich einwandfreie Ergebnisse meist nur mit selbsttätig arbeitenden Regeleinrichtungen erzielen lassen. Es werden hier daher vornehmlich selbsttätige Regeleinrichtungen beschrieben.

Bei Raumheizungen besteht die Aufgabe der selbsttätigen Regelung in der Herstellung und Aufrechterhaltung einer vorgegebenen Raumtemperatur. Die Regelung von der Raumtemperatur als Regelgröße ausgehend, ist außerordentlich schwierig, da zu der Trägheit der Heizungsanlage an sich noch die Trägheit des ganzen Gebäudes hinzukommt und nach Früherem sehr viele äußere Einflüsse auf die Raumtemperatur einwirken. Außerdem sind bei Zentralheizungen meist eine größere Anzahl von Räumen zu heizen, so daß es oft kaum möglich sein wird einen einwandfreien Meßort zu finden, d. h. einen einzelnen Raum, der stellvertretend für sämtliche Räume die Meßgröße bietet.

Die Regelung wird wesentlich einfacher, wenn man die Abhängigkeit der Wärmeleistung der Anlage von der Vorlauftemperatur zur Regelung benutzt und die Regelung auf die Einhaltung einer vorgegebenen Vorlauftemperatur zurückführt. Die Vorlauftemperatur wird zur Regelgröße, und für diese liegt dann auch eine Regelung vor. Gesehen von der Raumtemperatur kann man dann nur noch von einer Steuerung sprechen.

4.61 Generelle Regelung der Vorlauftemperatur

4.611 Halbselbsttätige Regelung

Bei der halbselbsttätigen Regelung wird die jeweils erforderliche Vorlauftemperatur manuell eingestellt. Die Einstellung erfolgt hierbei in Abhängigkeit von den äußeren klimatischen Faktoren nach der Betriebsanweisung und unter Anwendung praktischer Erfahrungen. Diese Art der Regelung stellt an die Bedienung größere Anforderungen; es ist ein gutes Einfühlungsvermögen erforderlich. Außerdem ist eine laufende Kontrolle der Raumtemperatur notwendig, damit gegebenenfalls eine Nacheinstellung der Vorlauftemperatur vorgenommen wird.

4.611.1 Kessel für feste Brennstoffe

Die einfachsten Regler sind Ausdehnungsregler, welche die Ausdehnung einer stark temperaturempfindlichen Flüssigkeit oder eines vom Vorlaufwasser durch-

---

[1] Hier werden die regeltechnischen Benennungen und Begriffe nach DIN 19226 verwendet.

flossenen Rohres benutzen, um die Verbrennungsluftklappe zu verstellen. Diese Ausdehnungen werden übersetzt auf einen Hebel übertragen, welcher über einer Kette an der Verbrennungsluftklappe angreift. Die Kette ist mit Hilfe eines Stellschlosses in der Länge verstellbar und damit wird der Regler auf die Vorlauftemperatur eingestellt. Das Stellschloß besitzt eine entsprechende Skala, die Merkzahlen, aber keine Temperaturangaben enthält. Die praktische Einstellung erfolgt so, daß die Verbrennungsluftklappe bei Erreichen der gewünschten Vorlauftemperatur gerade abschließt. Diese Regler sind ausgesprochene Proportionalregler. Sie ergeben bei sorgsamer Bedienung und gewissenhafter Wartung der Anlage erstaunlich gute Resultate.

Abb. 4/54 stellt einen solchen Regler dar, der mit der Ausdehnung einer Flüssigkeit arbeitet, und Abb. 4/55 einen Rohrdehnungsregler.

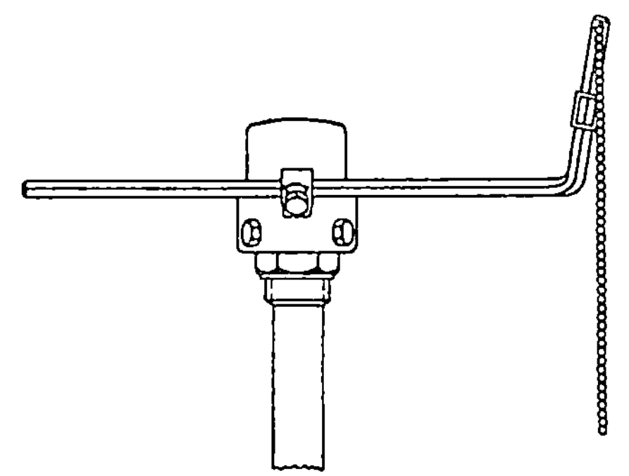

Abb. 4/54. Temperaturregler für Kessel für feste Brennstoffe, betätigt durch Ausdehnung einer Flüssigkeit (Samson-Apparatebau AG)

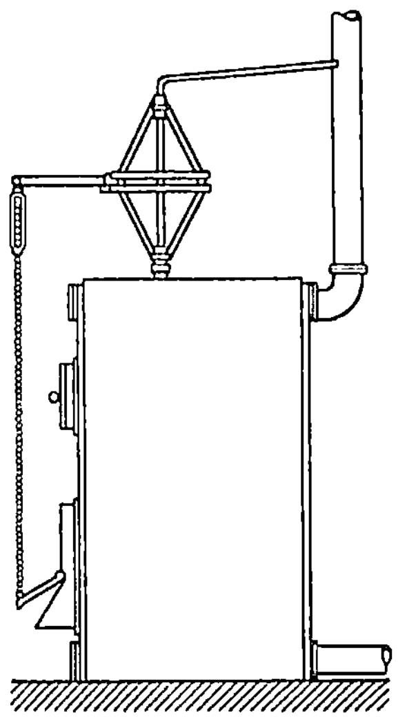

Abb. 4/55. Temperaturregler als Rohrdehnungsregler ausgebildet (Abalregler)

Die Wirkung dieser Regler besteht in der Veränderung des Durchsatzes an Verbrennungsluft und der damit verbundenen Feuerleistung. Wird die Verbrennungsluftklappe geschlossen, so erhöht sich der Strömungswiderstand und die Luftmenge geht zurück; gleichzeitig werden die geringeren Rauchgasmengen stärker herabgekühlt, so daß auch der Kaminzug zurückgeht. Bei ganz geschlossener Verbrennungsluftklappe liegt der volle Kaminzug noch auf dem Kessel, Verbrennungsluft kann nur noch durch die immer vorhandenen Undichtigkeiten zutreten. Eine gewisse Mindestleistung des Kessels kann also nicht unterschritten werden. Diese Mindestleistung kann gegebenenfalls durch eine Begrenzung in der Bewegung der Verbrennungsklappe beeinflußt werden.

In der gleichen Weise kann man diese Regler auch auf den Rauchschieber oder die Rauchklappe einwirken lassen. Da aus Sicherheitsgründen und behördlichen Vorschriften die Drosselorgane im Rauchabgang eine Mindestöffnung aufweisen müssen, ist auch bei dieser Ausführungsart eine bestimmte Mindestleistung des Kessels nicht unterschreitbar. An Stelle der Betätigung des Rauchdrosselorgans kann auch eine Kaminnebenluftklappe gesteuert werden. Durch Einsteuern von Nebenluft in den Kamin wird der Schornsteinzug herabgesetzt, was in seiner Wirkung etwa dem Abdrosseln des Kaminzuges gleichkommt.

Will man die Mindestleistung eines Kessels noch weiter herabmindern, so kann dies dadurch erreicht werden, daß man den Regler gleichzeitig auf die Verbrennungsluftklappe und das Rauchdrosselorgan einwirken läßt. Die Verstellkräfte der oben beschriebenen Regler reichen für die Verstellung der beiden Drosselorgane nicht aus und man muß dann zu Regler mit Hilfsenergie übergehen.

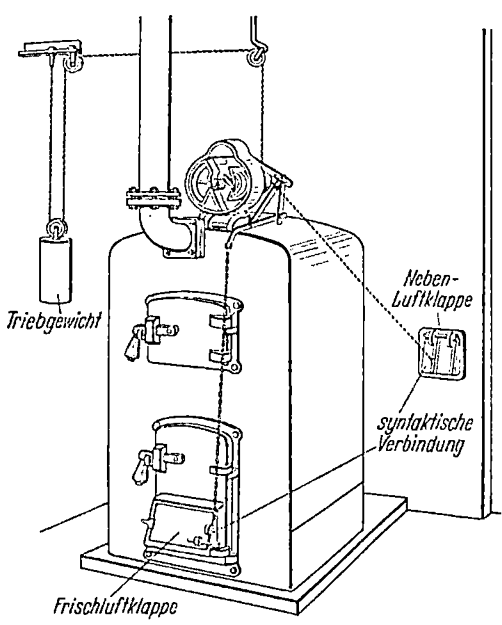

Abb. 4/56. Feuerungsregler für Kessel mit festen Brennstoffen: Zweipunktregler, betrieben durch Gewicht mit Handaufzug (Baubeschlagfabrik Menden)

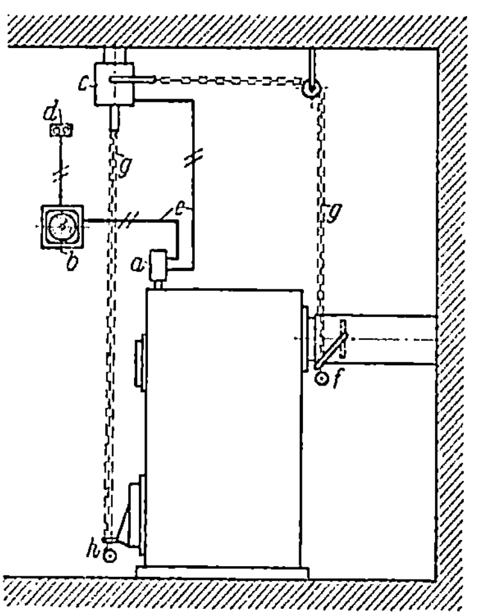

Abb. 4/57. Feuerungsregler für Kessel für feste Brennstoffe: Zweipunktregler mit elektr. Antrieb (Feuerknechtregler)

a Temperatur-Einstellgerät; b Schaltuhr; c Verstellmotor; d Starkstromanschluß; e Schwachstromleitungen; f Rauchrohrklappe; g Stellketten; h Verbrennungsluftklappe

Als Hilfsenergie werden Gewichte mit Handaufzug und elektrischer Strom verwendet. Es ist auch Preßluft oder Druckwasser anwendbar. Bei einfacher Feuerungsanlage mit natürlichem Zug ist eine plötzliche oder schnelle Änderung der Feuerleistung nicht möglich, so daß sich in erster Linie eine stetige Regelung empfiehlt. Auf diesem Gebiete haben sich jedoch in erster Linie Zweipunktregler eingeführt. Diese arbeiten so, daß die Kessel entweder mit voller Wärmeleistung oder mit der möglichen Mindestleistung arbeiten. Die Regelung arbeitet hierbei so, daß bei Erreichen der eingestellten höchsten Vorlauftemperatur der Kessel auf die Mindestleistung und bei Rückgang der Vorlauftemperatur auf einen bestimmten Wert wieder auf die volle Leistung gebracht wird. Die Vorlauftemperatur pendelt zwischen zwei Werten hin und her. Der Mittelwert zwischen diesen beiden Werten entspricht der einzuhaltenden Vorlauftemperatur. Bei den Zweipunktreglern muß dementsprechend die maximale Vorlauftemperatur höher eingestellt werden als bei stetigen Reglern. Da bei Wasserheizungen die höchst zulässige Vorlauftemperatur durch die baulichen Verhältnisse eindeutig festliegt, ist dies nicht durchführbar. Es muß vielmehr die ganze Anlage für eine niedrigere maximale Vorlauftemperatur bemessen werden. Die Praxis geht über diese Notwendigkeit hinweg, da die Anlagen meist so viel Reserven in sich einschließen, daß die höchste vorgesehene Vorlauftemperatur so wie so nicht benötigt wird.

In Abb. 4/56 ist ein Zweipunktregler mit Gewicht und Handaufzug dargestellt. Abb. 4/57 zeigt einen derartigen Regler mit elektrischer Hilfsenergie.

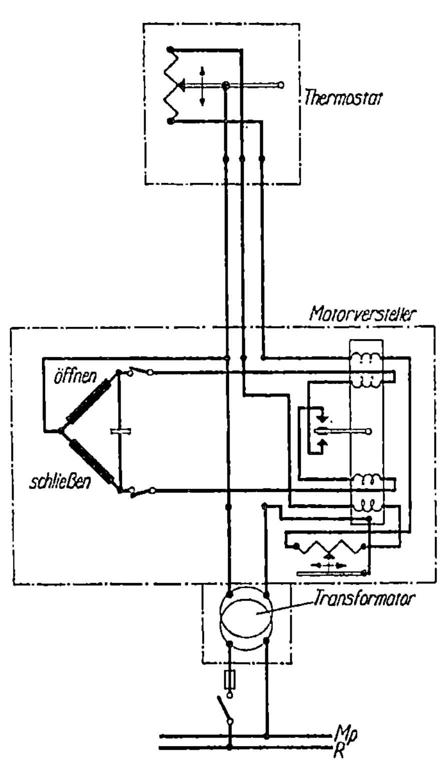

Abb. 4/58. Elektrischer proportionaler Regler

Werden derartige Regler mit Feuerungsanlagen verbunden, die mit Unterwindgebläsen oder mit Saugzuganlagen oder mit beidem ausgerüstet sind, so liegt die minimale Kesselleistung besonders tief. Hier kann es notwendig sein, um ein Verlöschen des Feuers bei längerer Einstellung auf Mindestleistung zu verhindern, ein periodisches Anfachen des Feuers durchzuführen.

In Abb. 4/58 ist ein Regler dargestellt, der als stetiger Regler arbeitet. Durch Potentiometer im Vorlauftemperaturfühler und im Verstellorgan wird zu jeder Vorlauftemperatur eine bestimmte Stellung des Verstellorgans herbeigeführt.

Diese Regler sind alle schon wesentlich besser ausgebildet. So ist die Einstellung auf eine bestimmte Vorlauftemperatur mit Hilfe einer Temperaturskala möglich.

4.611.2 Kessel für flüssige Brennstoffe

Bei diesen Kesseln wird weitgehend mit der Zweipunktregelung gearbeitet. Die Ölflamme brennt entweder mit voller Leistung oder nicht. Bei größeren Leistungen werden jedoch auch stufenweise Regelungen angewendet, meist derart, daß die Ölbrenner mit zwei Düsen ausgerüstet sind. Die Feuerungsleistung arbeitet dann beispielsweise mit 100% oder 50% oder gar nicht. Diese stufenweise Regelung gestattet schon eine bessere Anpassung der Feuerung an den jeweiligen Wärmebedarf. Die Regelung behält aber innerhalb der Stufen die Charakteristik des Zweipunktreglers.

Es gibt weiterhin Brennerkonstruktionen, die zwischen einer maximalen und einer minimalen Leistung eine stetige Regelung zulassen. Die Regelung arbeitet dann in diesem Bereich stetig und unterhalb der minimalen Leistung als Zweipunktregler.

Es ergibt sich aus dem Vorstehenden, daß die Anwendung der verschiedenen Regelarten in erster Linie von der Konstruktion des Ölbrenners abhängig ist. Die Regelanlagen müssen weiterhin noch mit bestimmten Sicherheitseinrichtungen gekoppelt sein, die beispielsweise den Austritt von Öl verhindern, wenn die Flamme erloschen ist.

Diese Regler benutzen ausschließlich elektrische Energie als Hilfsenergie.

4.611.3 Kessel für gasförmige Brennstoffe

Die Regler dieser Kessel benutzen vielfach als Hilfsenergie den Druck des Verbrennungsgases. Das Regelorgan ist als ein Membranventil ausgebildet, auf welches der Druck in einem Nebengasstrom einwirkt. Der Temperaturfühler drosselt je nach der eingestellten Temperatur den Nebengasstrom mehr oder weniger, wodurch der Druck des Nebengasstromes auf die Membrane verändert wird. Das Gasregelventil wird dadurch mehr oder weniger geöffnet. Es liegt hier eine ausgesprochene Proportionalregelung vor. In Abb. 4/59 ist eine derartige Regelanlage dargestellt.

Die Regelung läßt sich natürlich auch mit elektrischer Energie als Hilfsenergie durchführen. Abb. 4/60 stellt eine derartige Anlage dar, die nach dem Zweipunktregelverfahren arbeitet. Durch einen elektrischen Thermostaten wird ein Magnetventil in der Nebengasleitung geschlossen oder geöffnet, so daß die Feuerung entweder mit minimaler Leistung oder mit voller Leistung arbeitet. Die minimale Leistung kann hierbei am Regelventil eingestellt werden. Es ist möglich, als minimale Leistung auch den Wert Null einzustellen. Besser ist es, eine kleine Flamme brennen zu lassen, um damit das jeweilige Zünden der Flamme, was immer mit einer kleinen Verpuffung verbunden ist, zu vermeiden. Man kann auch einen Thermostaten auf ein Motorgasregelventil einwirken lassen. Auf diese Weise lassen sich stetige Regelungen verwenden.

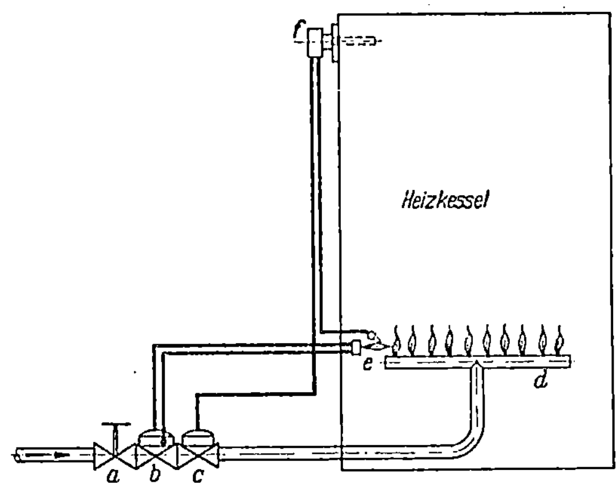

Abb. 4/59. Regler für gasgefeuerten Kessel mit Membranventil und Nebengasstrom

a Gasabsperrventil; *b* Sicherheitszündschalter; *c* Gasregelventil; *d* Gasbrenner; *e* Zündsicherung; *f* Thermostat

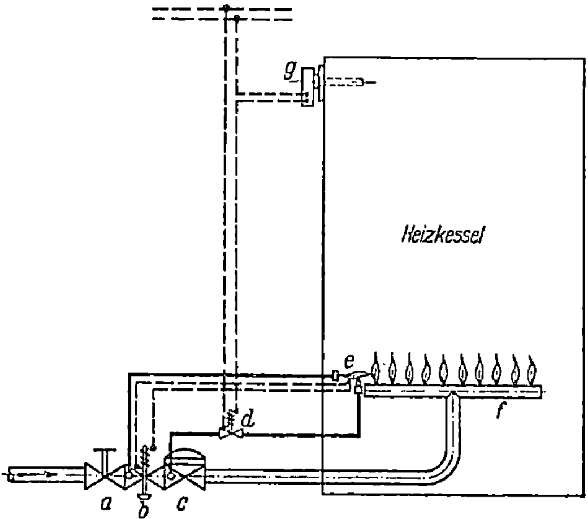

Abb. 4/60. Regelung für gasgefeuerten Kessel mit elektrischer Steuerung (Zweipunktregler)

a Gasabsperrhahn; *b* Gasschaltventil; *c* Gasregelventil; *d* Magnetventil im Nebengasstrom; *e* thermische Zündsicherung; *f* Gasbrenner; *g* Thermostat

4.611.4 Oberflächenvorwärmer

Die Leistung eines Oberflächenvorwärmers wird dadurch geregelt, daß man die Menge des primären Wärmeträgers so regelt, daß die eingestellte Vorlauftemperatur des sekundären Wärmeträgers erreicht wird. Es liegt also für den primären Wärmeträger eine ausgesprochene Drosselung vor. Das Drosselorgan muß also so gestaltet sein, daß es zunächst einmal in der Lage ist, die für die maximal vorgesehene Leistung notwendige Menge des primären Wärmeträgers zu liefern. Andererseits muß es in der Lage sein, diese Menge so abzudrosseln, daß jede Leistung bis herunter zu Null eingestellt werden kann.

Bei heißwassergeheizten Vorwärmern liegen die Verhältnisse ähnlich wie bei

Raumheizkörpern, wie dies im Abschnitt 4.32 dargestellt ist. Es muß nur beachtet werden, daß die Änderung der Wärmeleistung sich etwas anders vollzieht. Besonders gut wirksam ist auch hier wieder die Nebenschlußregelung.

Bei dampfgeheizten Vorwärmern kann nur die normale Drosselregelung Anwendung finden. Die Verhältnisse liegen hier günstiger, da die Wärmeleistung etwa proportional ist der durchfließenden Dampfmenge. Es wird hierbei hauptsächlich

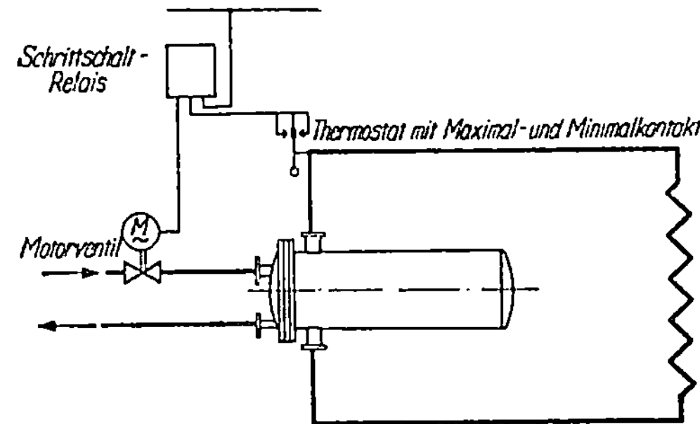

Abb. 4/62. Elektrischer Regler für Gegenstromapparat

die Verdampfungswärme ausgenutzt. Die geringen Wärmemengen, die gegebenenfalls aus dem Kondensat entnommen werden, können den proportionalen Charakter nur unwesentlich beeinflussen. Etwas stärkeren Einfluß hat sich die häufig mit der Drosselung verbundenen Vergrößerung des Druckgefälles für das Drosselorgan.

Hier verwendet man in erster Linie Regler ohne Hilfsenergie. Die Ausdehnung einer temperaturempfindlichen Flüssigkeit wird zur Verstellung eines Ventilkegels benutzt. Abb. 4/61 stellt ein derartiges Gerät dar.

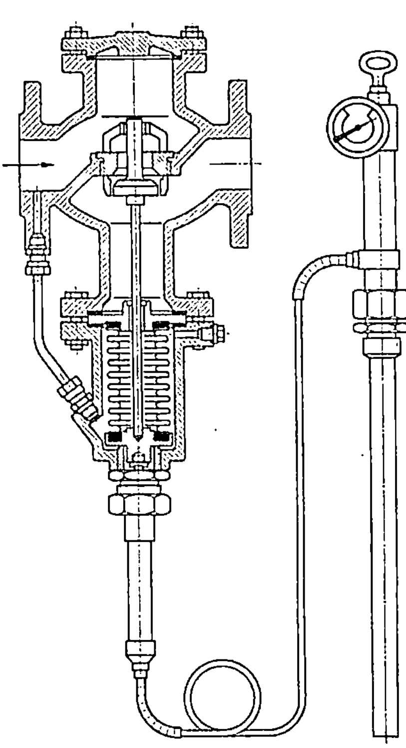

Abb. 4/61. Wassertemperaturregler, betätigt durch Ausdehnung einer Flüssigkeit (Samson-Apparatebau AG)

Als Hilfsenergie kommen sowohl elektrische Energie wie auch Druckluft und Druckwasser in Frage. Diese Regler können sowohl als Proportional- wie auch als Integralregler ausgebildet werden. In Abb. 4/62 ist das Schema eines elektrischen integralen Reglers dargestellt. Der Thermostat besitzt einen Minimal- und einen Maximalkontakt. In seiner Mittelstellung gibt der Thermostat keine Impulse und das Regelventil verharrt in seiner Stellung. Bei Abweichungen vom Sollwert wird ein Impuls nach der einen oder anderen Richtung gegeben. Das Ventil würde also in seine diesbezügliche Endstellung laufen. Um dies zu verhindern wird durch ein Schrittschaltrelais der Impuls zerhackt. Die Veränderung der Stellung des Ventils erfolgt so langsam, daß in Auswirkung der Verstellung des Ventils die Temperaturänderung so rechtzeitig auftritt, daß das Ventil in eine Mittelstellung sich einregelt, wobei einige hin- und hergehende Pendelungen unbedeutend sind.

In ähnlicher Weise arbeiten auch die elektrischen Fallbügelregler. Die Temperaturmessung erfolgt hierbei durch einen Widerstandsthermometer und die Sollwerteinstellung am Fallbüglerregler. Der Vorteil dieser Form gegenüber der zuerst beschriebenen liegt darin, daß die Sollwerteinstellung nicht am Meßort, sondern an einer beliebigen Stelle, z. B. an einer Überwachungstafel erfolgt, und daß an dieser Stelle eine Ablesung der Isttemperatur vorgenommen werden kann.

4.611.5 Mischwasservorwärmer

Bei Mischwasservorwärmern verwendet man zweckmäßigerweise eine Beimischregelung. Man regelt dann die Leistung des Vorwärmers nicht direkt, sondern man entnimmt dem Vorwärmer nur so viel Wasser wie zur gewünschten Vorlauftemperatur erforderlich ist. Der Vorwärmer regelt sich von selbst. Bei Kaskaden wird eben nur so viel Dampf kondensiert wie dem zugeführten Rücklaufwasser entspricht. Bei Düsengeräten erwärmt sich das Wasser nahezu an die Temperatur des Dampfes, so daß die zur Einströmung des Dampfes verfügbare Druckdifferenz immer geringer wird. Die Regelorgane für die Beimischregelung werden im nächsten Kapitel beschrieben.

4.611.6 Beimischregelung

Die Beimischregelung läßt sich verhältnismäßig leicht durchführen, da bei dieser nur kleine Totzeiten auftreten, die zudem leicht und genau ermittelt werden können. Sie ist daher auch noch mit Handregelung zu erreichen.

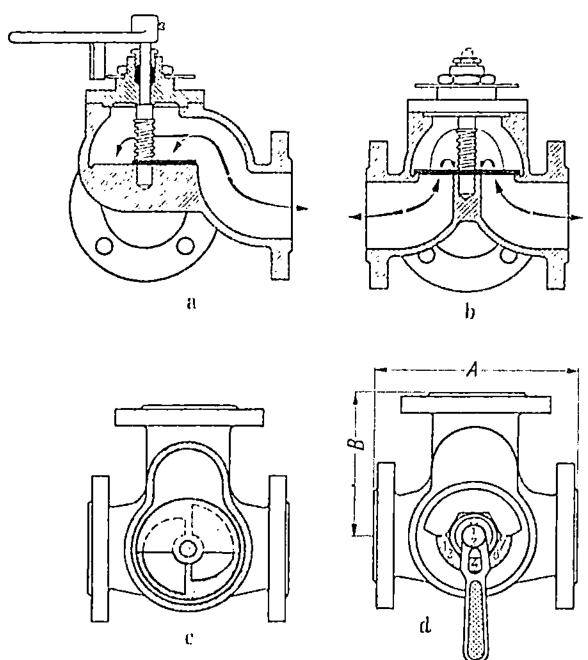

Abb. 4/63. Handbetätigter Mischhahn (Sarco-Mischer)

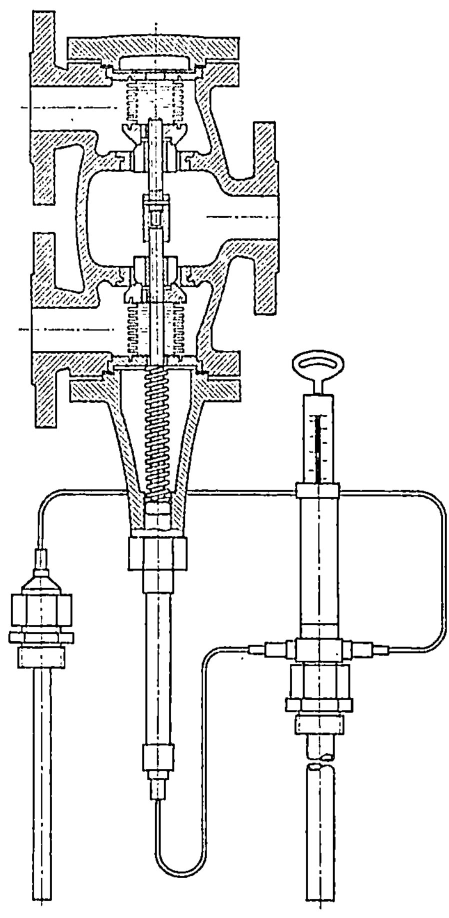

Abb. 4/64. Selbsttätiges Mischventil für Beimischregelung, betätigt durch Ausdehnung einer Flüssigkeit (Industrie-Werke Karlsruhe)

Es lassen sich für diese Regelung alle bekannten Absperrorgane, wie Ventile, Schieber und Hähne verwenden, wobei aber jeweils zwei Organe notwendig sind, die in die beiden Leitungen, die Wasser zur Mischstelle führen, einzubauen sind. Diese Organe werden nacheinander oder gleichzeitig gegenläufig betätigt. Besser ist es beide Organe in einem Mischorgan (Zweiwegeorgan) zusammenzufassen. Dieses Organ soll seine Stellung von außen erkennen lassen und möglichst mit einer Merkskala versehen sein. Als Beispiel sei der in Abb. 4/63 dargestellte Mischhahn gegeben.

Selbsttätige Mischorgane können ohne und mit Hilfsenergie gesteuert werden. Als Hilfsenergie kommen Preßluft und Elektrizität in Frage. Abb. 4/64 stellt ein selbsttätiges Mischventil dar, gesteuert von einer Ausdehnungsflüssigkeit. Diese Regeleinrichtung arbeitet als Proportionalregelung. In Abb. 4/65 ist eine elektrische Mischwasserregelung dargestellt, die dem in Abb. 4/46 dargestellten System entspricht. Hier ist es notwendig, daß die Beimischpumpe selbsttätig abschaltet, sobald die Zuführung von Rücklaufwasser

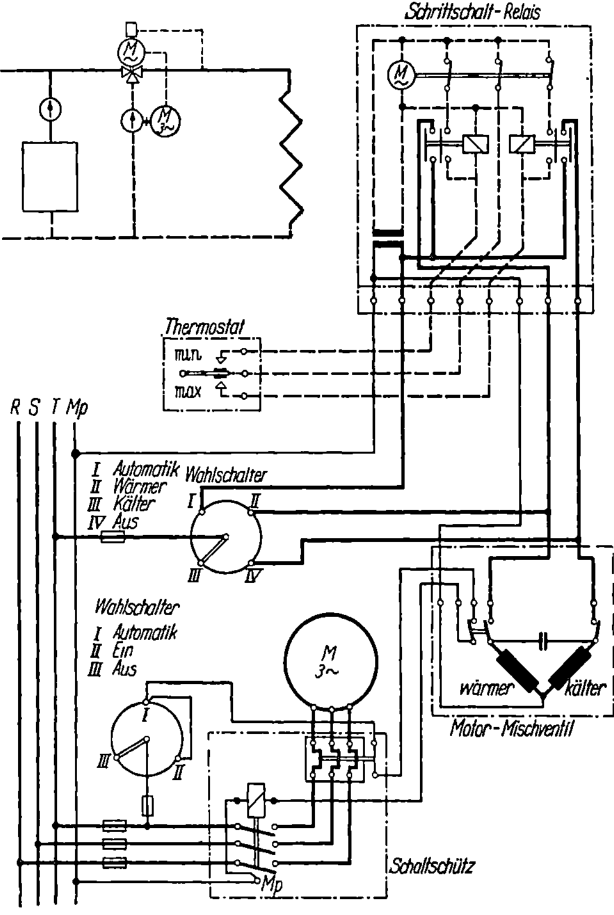

Abb. 4/65. Elektrisch betriebene Beimischregelung, von der Vorlauftemperatur gesteuert

geschlossen ist, damit die Pumpe nicht längere Zeit im toten Wasser läuft und Schaden erleidet. Diese Abschaltung erfolgt durch einen Endschalter im Mischventil.

Bei einer Anlage nach Abb. 4/42 muß die elektrische Schaltung so ausgelegt sein, daß die Beimischpumpe abgeschaltet wird, wenn sämtliche Gruppen die Beimischung von Rücklaufwasser abgesperrt haben.

4.612 Vollselbsttätige Regelung

Diese Regelung geht über die vorbeschriebenen hinaus, derart, daß die jeweilige Vorlauftemperatur nicht manuell, sondern selbsttätig eingestellt wird. Es wird jeder Außentemperatur eine bestimmte Vorlauftemperatur zugeordnet. Die Grundlagen hierfür bieten z. B. die in den Arbeitsblättern 11 bis 19 gegebenen Abhängigkeiten zwischen Vorlauftemperatur und Außentemperatur. Die Kurven dieser Blätter werden jedoch in Geraden übergeführt, die den Kurven möglichst nahe kommen. Die Außentemperatur wird durch einen Thermostaten oder Thermometer im Freien gemessen. Nun ist aber nach unseren früheren Untersuchungen die Außentemperatur nicht allein bestimmend für die Größe des Wärmebedarfes, sondern es spielen hier noch weitere Witterungsfaktoren mit, und zwar hauptsächlich Wind und Sonne. Um diese Faktoren zu erfassen werden die Außenthermostaten mit einer elektrischen Heizwicklung versehen, so daß Wind und Sonne einen Einfluß auf die tatsächlich gemessene Temperatur ausüben. Es ist ohne weiteres erkenntlich, daß es fast unmöglich ist, einen Thermostaten zu konstruieren, welcher den Einfluß von Wind und Sonne richtig erfaßt, um so mehr als diese Verhältnisse in jedem einzelnen Falle anders liegen. Ist keine Gruppenunterteilung vorhanden, so muß der Außenthermostat auf der Nordseite des Gebäudes angeordnet sein, damit die ungünstigst gelegenen Räume genügend erwärmt werden. In diesem Falle wirkt die Sonnenstrahlung nicht auf die Regelung ein. Bei Gruppenregelung nach Himmelsrichtung muß jede Gruppe ihren Außenthermostat erhalten, der auf der betreffenden Gebäudeseite angeordnet sein muß. Hier kann dann auch die Sonnenstrahlung ihre Berücksichtigung finden.

Die von dem Außenthermostat gewonnene Größe greift als Führungsgröße, die selbst von der Regelung nicht beeinflußt wird, in die Regelung ein. Sie bestimmt den Sollwert der Vorlauftemperatur. Hierfür haben sich verschiedene Systeme entwickelt, von welchen eines in Abb. 4/66 dargestellt ist.

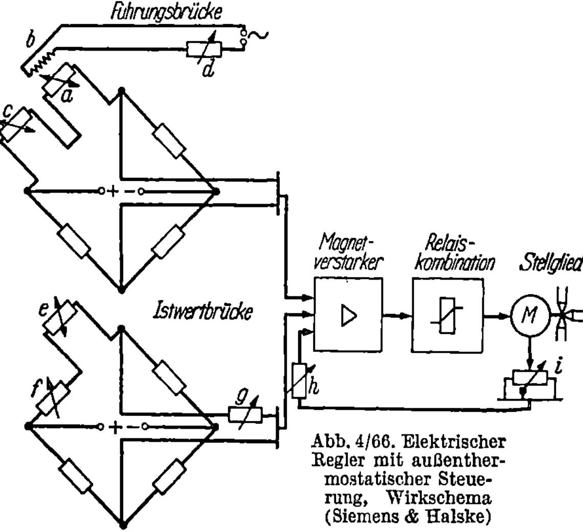

Abb. 4/66. Elektrischer Regler mit außenthermostatischer Steuerung, Wirkschema (Siemens & Halske)

4.62 Generelle Regelung von der Raumtemperatur aus

Die Regelung einer Heizungsanlage mit Hilfe der Einstellung der Vorlauftemperatur kann die Herstellung der Raum-Soll-Temperatur nur in etwa erreichen. Einmal können die den Wärmebedarf bestimmenden Witterungsfaktoren in ihrer Wirkung nicht restlos richtig erfaßt werden, zum anderen spielt die Wärmeträgheit eines Gebäudes eine große Rolle. Bei Änderung der Außentemperatur stellt sich das neue Temperaturniveau der Massen des Gebäudes erst nach geraumer Zeit ein. Ein wirklicher Beharrungszustand wird eigentlich nie erreicht. Des weiteren können in den Räumen noch andere Wärmequellen, wie zum Beispiel die Wärmeabgabe der Rauminsassen, wirksam werden, die ebenfalls einen Einfluß auf die Raumtemperatur ausüben.

Eine wirklich einwandfreie Regelung einer Heizungsanlage müßte also von der Raumtemperatur als Regelgröße ausgehen. Hier treten nun wieder sofort andere Schwierigkeiten auf. Bei der Vielzahl der zu beheizenden Räume ist es schwer, einen Testraum zu finden, der für alle übrigen Räume des Gebäudes oder die betreffende Gruppe die Regelgröße einwandfrei bietet. Wird dieser Raum z. B. stark gelüftet wegen des individuellen Bedürfnisses der Rauminsassen, so werden alle übrigen Räume überheizt. Es müßte also ein Raum gefunden werden, der keinen

abnormen Bedingungen, besonders bezüglich der Gewohnheiten der Rauminsassen, unterworfen ist. Das kann im Grunde nur ein Raum sein, der nicht be-
setzt ist, der aber in seinen Verhältnissen den übrigen Räumen entspricht.

Eine weitere große Schwierigkeit liegt in der Trägheit des Gebäudes und auch
in der Trägheit der Heizungsanlage. Setzen wir z. B. eine ölgefeuerte Heizungsanlage voraus, die nach dem Zweipunktverfahren geregelt wird, also mit voller
Wärmeleistung fährt oder ruht. Solange die Raumtemperatur nicht erreicht ist,
brennt die Ölfeuerung mit voller Leistung. Aus Sicherheitsgründen muß auch noch
die Vorlauftemperatur eingreifen, welche über einen Kesselthermostaten die
Feuerungsanlage abschaltet, sobald die zulässige höchste Vorlauftemperatur erreicht ist. Stellen wir uns ein derartiges Gebäude im Anheizzustande vor, so kann
man annehmen, daß die Anlage mit höchster Vorlauftemperatur arbeitet, auch
wenn nur eine verhältnismäßig geringe Außentemperatur vorliegt. Im Moment
der Erreichung der Raumtemperatur wird die Ölfeuerung abgeschaltet. Damit ist
aber die Wärmeleistung der Heizungsanlage noch nicht herabgesetzt. Diese klingt
nur allmählig ab, wie dies in Kapitel 2.55 dargestellt ist. Es bleibt also nicht aus,
daß nach Abschaltung der Ölfeuerung die Raumtemperatur weiter ansteigt. Diese
Überschreitung kann beträchtliche Größen annehmen. Umgekehrt ist bei Rückgang der Raumtemperatur bis zum Wiedereinschalten der Ölfeuerung die Systemtemperatur der Anlage weitgehend abgesunken, so daß jetzt wiederum geraume
Zeit vergeht bis eine genügende Wärmewirkung der Anlage hergestellt ist. Es wird
also nach dem Zeitpunkt des Wiedereinschaltens der Ölfeuerung noch ein Absinken der Raumtemperatur eintreten. Es muß mit erheblichen Temperatur-
schwankungen gerechnet werden, so daß der Zweck der Regelung nicht erreicht ist.

Eine wesentliche Verbesserung wird erzielt, wenn der Kesselthermostat auf die
der Außentemperatur entsprechende Vorlauftemperatur eingestellt wird. Die
Überheizungen können keinen so großen Wert mehr annehmen, die Pendelungen
werden geringer und tragbar. Der Anheizvorgang wird jedoch verlangsamt.

Noch besser wird die Regelung, wenn die Vorlauftemperatur auch nach unten
begrenzt wird. Die Vorlauftemperatur pendelt dann zwischen dem eingestellten Maxi-
mal- und Minimalwert hin und her, je nachdem der Sollwert der Raumtemperatur
nicht erreicht oder erreicht ist. Das Schema einer derartigen Regelung ist in Abb. 4/67
dargestellt. Die maximalen und minimalen Werte der Vorlauftemperatur müssen so
eingestellt werden, daß der Wärmebedarf der Anlage mit Sicherheit zwischen den

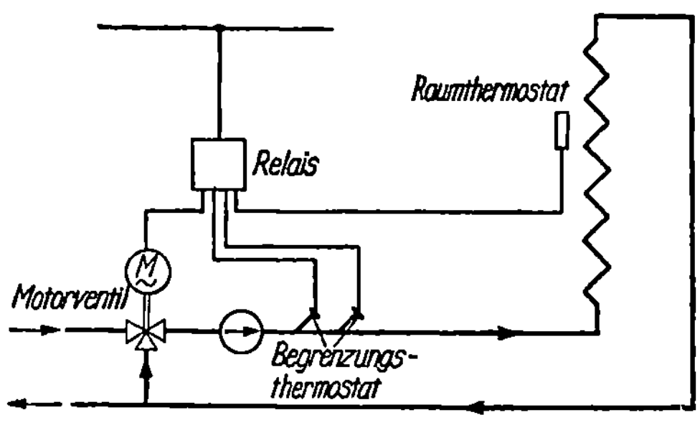

Abb. 4/67. Regelung von der Raumtemperatur
aus mit Maximal- und Minimalbegrenzung der
Vorlauftemperatur

diesen Werten entsprechenden Wärmeleistungen liegt. Bei dieser Regelung wird
auch der Einfluß abnormaler Verhältnisse im Testraum auf die Beheizung der
übrigen Räume stark vermindert.

Ein weiterer Weg besteht darin, daß man bei außenthermostatisch gesteuerten
Regelanlagen die Raumtemperatur mit in den Regelvorgang eingreifen läßt. Bei
dem Regler nach Abb. 4/66 ist dies geschehen. Der Regler hat proportionalen
Charakter, so daß der Anheizvorgang nicht verlangsamt ist.

5. Arbeitsblätter

Normen für Rohre, Flanschen und Armaturen

Spaltengruppen: **Flußstahlrohre** — *mit Gewinde- oder Schweißverbindung* (DIN 2439, DIN 2440, DIN 2441) und *mit Flansch- oder Schweißverbindung* (DIN 2442, DIN 2448, DIN 2450, DIN 2453, DIN 2454, DIN 2458); **Flanschen**; **Armaturen**. In den Rohrspalten bezeichnet ▨ ein schraffiertes (zutreffendes) Feld.

Nenndruck atü	Betriebsdruck unter 120° atü	Betriebsdruck über 120° atü	DIN 2439 geschweißt	DIN 2439 nahtlos	DIN 2440 geschweißt	DIN 2440 nahtlos	DIN 2441 geschweißt	DIN 2441 nahtlos	DIN 2442	DIN 2448 St 00.29 Normalwand (DIN 2449)	DIN 2450 nahtlos	DIN 2453 wassergas-geschweißt	DIN 2454 autogen-geschweißt	DIN 2458 schmelz-geschweißt	Flanschenanschlußmaße DIN	Gewindeflanschen DIN	Vorschweißflanschen DIN	Gußeiserne Flanschen DIN	Stahlguß-Flanschen DIN	Absperrschieber DIN	Absperrventile DIN
4	4	3,2	▨	▨	▨	▨	▨	▨	▨	▨	▨	▨	▨	▨	2501	2565	2631	2531	—	3204	3300
6	6	5	▨	▨	▨	▨	▨	▨	▨	▨	▨	▨	▨	▨	2501	2565	2631	2531	—	3704	3300
10	10	8	▨	▨	▨	▨	▨	▨	▨	▨	▨	▨		▨	2502	2566	2632	2532	—	—	3300
16	16	13		▨		▨	▨	▨	▨	▨	▨	▨		▨	2502	2566	2633	2533	2543	—	3300
20	20	16						▨	▨	▨	▨	▨		▨	2503	2567	2634	2534	2544	—	3300
25	25	20							▨	▨	▨	▨		▨	2503	2567	2634	2534	2544	—	3300
32	32	25								▨		▨	▨	▨	2503	2567	2635	2535	2545	—	3300
40	40	32								▨		▨	▨	▨	2503	2567	2635	2535	2545	—	3300

Flußstahlgewinderohre

Nennweite		Außen-durch-messer	Wand-stärke	Innendurch-messer	Verhältnis Außen- zu Innendurch-messer	äußere Oberfläche	Gewicht	Inhalt	Wasserwert des gefüllten Rohres
NW	NW	d_a		d_i	s				w
Zoll	mm	mm	mm	mm		m²/m	kg/m	l/m	kcal/grd m

Rohre nach DIN 2439 (leichte Gewinderohre)

$^1/_2$	15	21,25	2,4	16,45	1,29	0,067	1,13	0,21	0,34
$^3/_4$	20	26,75	2,4	21,95	1,22	0,081	1,46	0,38	0,56
1	25	23,5	2,9	27,7	1.21	0,105	2,22	0,60	0,87
$1^1/_4$	32	42,25	3,1	36,05	1,17	0,133	3,03	1,02	1,38
$1^1/_2$	40	48,25	3,1	42,05	1,15	0,152	3,51	1,39	1,81
2	50	60,00	3,3	53,4	1,12	0,188	4,70	2,24	2,80

Rohre nach DIN 2440 (mittelschwere Gewinderohre)

$^3/_8$	10	16,75	2,25	12,25	1,37	0,053	0,805	0,12	0,22
$^1/_2$	15	21,25	2,75	15,75	1,35	0,067	1,25	0,19	0,34
$^3/_4$	20	26,75	2,75	21,25	1,21	0,081	1,63	0,35	0,55
1	25	33,5	3,25	27,0	1,24	0,105	2,42	0,57	0,86
$1^1/_4$	32	42,25	3,25	35,75	1,18	0,133	3,13	1,00	1,38
$1^1/_2$	40	48,25	3,5	41,25	1,17	0,152	3,86	1,33	1,79
2	50	60	3,75	52,5	1,14	0,188	5,20	2,16	2,78

Rohre nach DIN 2441 (schwere Gewinderohre)

$^3/_8$	10	16,75	2,75	11,25	1,49	0,053	0,95	0,10	0,21
$^1/_2$	15	21,25	3,25	14,75	1,44	0,067	1,44	0,17	0,34
$^3/_4$	20	26,75	3,50	19,75	1,35	0,081	2,01	0,30	0,54
1	25	33,5	4	25,5	1,31	0,105	2,91	0,51	0,86
$1^1/_4$	32	42,25	4	34,25	1,23	0,133	3,77	0,92	1,37
$1^1/_2$	40	48,25	4,25	39,75	1,21	0,152	4,61	1,24	1,79
2	50	60	4,5	51,0	1,18	0,188	6,16	2,04	2,78

Nahtlose Flußstahlrohre

nach dem Walzplan DIN 2448, normalwandig

Nenn-weite NW	Außen-durch-messer d_a	Wand-stärke	Innendurch-messer d_i	Verhältnis Außen- zu Innendurch-messer s	äußere Oberfläche	Gewicht	Inhalt	Wasserwert des gefüllten Rohres w
	mm	mm	mm		m²/m	kg/m	l/m	kcal/grd m
32	38	2,5	33	1,15	0,119	2,19	0,85	1,11
40	44,5	2,5	39,5	1,13	0,140	2,59	1,23	1,54
50	57	2,75	51,5	1,11	0,179	3,68	2,08	2,52
—	63,5	3,0	57,5	1,10	0,199	4,48	2,60	3,14
—	70	3,0	64	1,094	0,220	4,96	3,22	3,81
65	76	3,0	70	1,086	0,239	5,40	3,85	4,50
80	89	3,25	82,5	1,079	0,280	6,87	5,35	6,17
—	102	3,5	95	1,074	0,320	8,50	7,01	8,03
100	108	3,75	100,5	1,075	0,339	9,64	7,93	9,01
—	121	4,0	113	1,071	0,380	11,5	10,0	11,4
125	133	4,0	125	1,064	0,418	12,7	12,3	13,8
—	146	4,25	137,5	1,062	0,459	14,8	14,8	16,6
150	159	4,5	150	1,060	0,500	17,2	17,7	19,8
—	171	4,5	162	1,056	0,537	18,5	20,6	22,8
175	191	4,75	180,5	1,058	0,600	24,0	25,6	28,5
—	203	5,5	192	1,057	0,638	26,8	29,0	31,2
200	216	6,0	204	1,059	0,679	31,1	32,7	35,8
225	241	6,25	228,5	1,055	0,757	36,1	41,0	45,3
250	267	6,5	254	1,051	0,839	41,8	50,7	55,7
275	292	7,0	278	1,050	0,917	49,2	60,7	66,6
300	318	7,5	303	1,050	0,999	57,4	72,1	79,0
325	343	8,0	327	1,049	1,077	66,1	84,0	91,9
350	368	8,0	3,52	1,045	1,156	71,0	97,3	105,8
375	394	9,0	376	1,048	1,238	85,5	110,0	120,2
400	419	9,5	400	1,047	1,316	101	125,0	137,1

Stoffwerte des Wassers

Temperatur	Verdampfungsdruck	Wichte	Gefälle der Wichte	spez. Volumen	spez. Wärme bei t°	mittlere spez. Wärme zwischen O und t°	Wärmeinhalt	kalorische Ausdehnungszahl	dynam. Zähigkeit	kinematische Zähigkeit
		γ	τ		c	c_m	i	$10^6\,\mu$	$10^2\,\eta$	$10^6\,\nu$
°C	kg/cm²	kg/m³	kg/m³ grd	dm³/kg	kcal/kg grd	kcal/kg grd	kcal/kg	m³/kcal	Pois	m²/s
0	0,0062	999,8	—	1,0002	1,0045	—	0	—	1,789	1,79
4	—	1000,0	—	1,0000	1,0029	—	4,0	—	—	—
10	0,0125	999,6	—	1,0004	1,0009	1,0004	10,0	—	1,306	1,31
20	0,0238	998,2	− 0,207	1,0018	0,9986	1,002	20,0	0,262	1,005	1,01
30	0,0433	995,6	− 0,302	1,0044	0,9975	1,000	30,0	0,305	0,802	0,806
40	0,0752	992,2	− 0,381	1,0079	0,9977	1,000	40,0	0,388	0,653	0,658
50	0,1258	988,0	− 0,452	1,0121	0,9992	0,999	50,0	0,463	0,550	0,557
60	0,203	983,2	− 0,514	1,0171	0,9995	0,999	60,0	0,532	0,470	0,478
70	0,318	977,7	− 0,571	1,0228	1,0012	0,999	70,0	0,597	0,406	0,415
80	0,483	971,8	− 0,624	1,0290	1,0032	0,999	80,0	0,661	0,354	0,364
90	0,715	965,3	− 0,673	1,0359	1,0057	1,000	90,0	0,724	0,315	0,326
100	1,033	958,3	− 0,720	1,0435	1,0086	1,000	100,0	0,784	0,282	0,294
110	1,461	951,0	− 0,765	1,0515	—	1,001	110,1	0,84	0,255	0,268
120	2,025	943,1	− 0,81	1,0603	1,0157	1,002	120,3	0,90	0,233	0,247
130	2,75	934,8	− 0,85	1,0697	—	1,003	130,5	0,96	0,214	0,229
140	3,69	926,1	− 0,90	1,0798	1,0244	1,004	140,7	1,02	0,197	0,213
150	4,85	916,9	− 0,94	1,0906	—	1,006	151,0	1,08	0,184	0,201
160	6,30	907,4	− 0,98	1,1021	1,0348	1,008	161,4	1,15	0,172	0,190
170	8,08	897,3	− 1,02	1,1144	—	1,010	171,8	1,22	0,162	0,181
180	10,23	886,9	− 1,06	1,1275	1,0468	1,012	182,3	1,29	0,153	0,173
190	12,80	876,0	− 1,09	1,1415	—	1,015	192,9	1,35	0,145	0,166
200	15,86	864,7	− 1,13	1,1565	1,0605	1,018	203,5	1,43	0,138	0,160

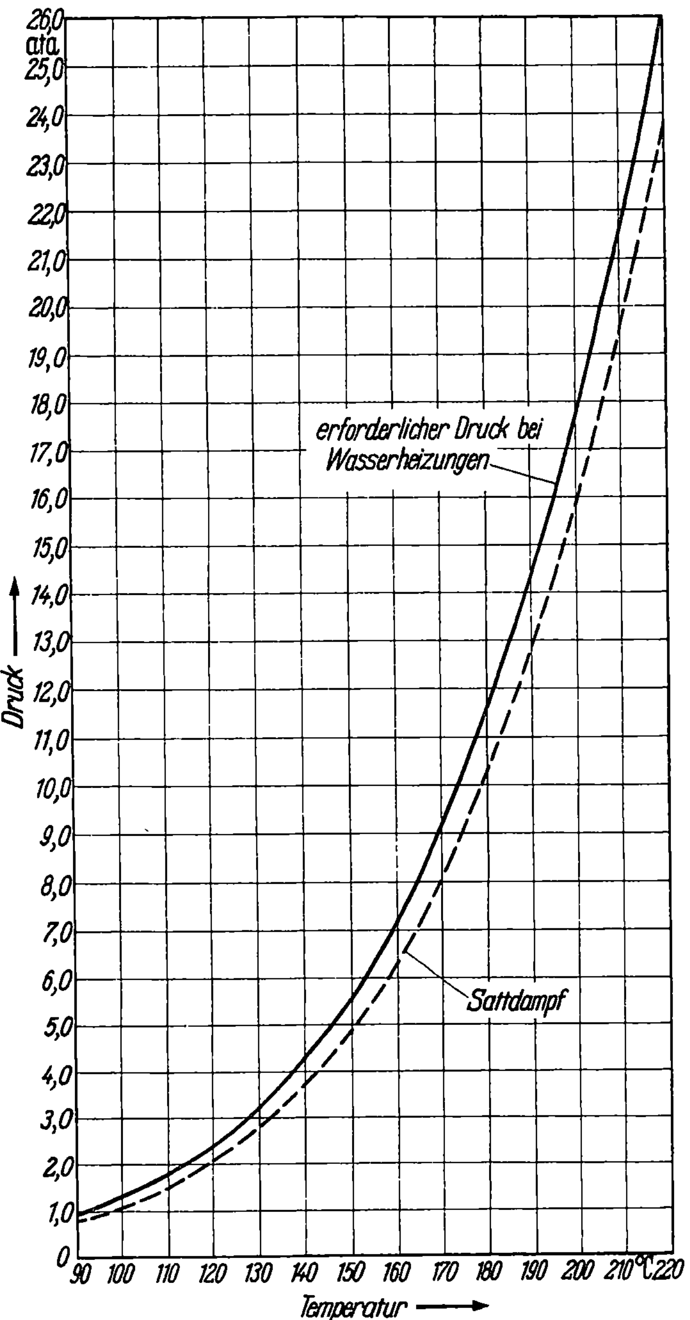

Erforderlicher Druck bei Wasserheizungen

Wärmestrahlungszahlen

Stoff	Oberflächen-beschaffenheit	Temperatur °C	Strahlungszahl C kcal/m² h (°K)⁴
Absolut schwarzer Körper			4,96
Metalle:			
Aluminiumblech	blank poliert	20	0,20 bis 0,30
	roh	20	0,35
Gußeisen		100	4,0
Gußeisen	Gußhaut	—	4,48
Kupfer	oxydiert	130	3,60
Messing	matt	20	1,10
Messing	roh	—	0,34
Stahlblech	Walzhaut	20	3,20
	verzinkt	20	1,4
Stahlrohr	—	0 bis 200	3,70 bis 4,00
Baustoffe:			
Asbestschiefer	—	20	4,75
Basalt	glatt geschliffen nicht glänzend	60 bis 200	3,42
Dachpappe	—	20	4,60
Fließen	weiß, glasiert	0 bis 200	4,3
Fließen	farbig, stumpf	0 bis 200	4,4
Glas	glatt	20	2,65
Granit	glatt geschliffen, nicht glänzend	60 bis 200	2,12
Gips	—	20	3,95 bis 4,45
Gipsmörtel	stumpf	0 bis 200	4,5
Holz	glatt	20	3,95 bis 4,45
Kalkmörtel	rauh, weiß	0 bis 200	4,60
Lehm	—	—	1,85
Linoleum	—	20	4,40
Marmor	hellgrau	22	4,62
Marmor	glatt geschliffen	60 bis 200	2,70
Papier	—	20	3,95 bis 4,45
Putz	—	20	4,65
Porzellan	glasiert	20	4,55
Sandstein	glatt geschliffen nicht glänzend	60 bis 200	2,86
Schiefer	geschliffen	0 bis 200	3,3
Wasser, Eis	—	20	4,75
Ziegelsteine	rauh	20	4,35
Anstriche:			
Aluminiumbronze	—	100	1,0 bis 2,0
Emaille	weiß	20	4,2 bis 4,6
Heizkörperfarbe	—	70	4,5 bis 4,6
Lack	schwarz, glänzend	25	4,35
Ölfarbanstriche	auch weiß	0 bis 200	4,4

$$\text{Zahlentafel des Temperaturfaktors } c = \frac{\left(\frac{T_1}{100}\right)^4 - \left(\frac{T_2}{100}\right)^4}{T_1 - T_2}$$

t_2 / t_1	5	10	15	20	25	30
20	0,932	0,957	0,982	1,007	—	—
25	0,958	0,982	1,007	1,033	1,059	—
30	0,983	1,008	1,034	1,060	1,087	1,114
35	1,010	1,035	1,069	1,087	1,114	1,142
40	1,037	1,062	1,088	1,115	1,142	1,170
45	1,066	1,093	1,117	1,143	1,171	1,199
50	1,093	1,119	1,145	1,173	1,201	1,229
55	1,121	1,148	1,175	1,202	1,231	1,259
60	1,151	1,178	1,205	1,233	1,261	1,290
65	1,181	1,208	1,236	1,264	1,293	1,322
70	1,213	1,241	1,269	1,297	1,327	1,357
75	1,243	1,271	1,299	1,328	1,357	1,387
80	1,275	1,303	1,332	1,361	1,391	1,421
85	1,308	1,336	1,365	1,394	1,425	1,455
90	1,341	1,370	1,399	1,429	1,459	1,490
95	1,375	1,404	1,434	1,464	1,492	1,526
100	1,410	1,439	1,469	1,500	1,531	1,562
105	1,446	1,475	1,505	1,536	1,568	1,600
110	1,482	1,512	1,542	1,573	1,605	1,638
115	1,519	1,549	1,580	1,611	1,643	1,676
120	1,556	1,587	1,618	1,650	1,682	1,715
125	1,595	1,626	1,657	1,689	1,722	1,755
130	1,634	1,665	1,697	1,729	1,762	1,796
135	1,674	1,705	1,737	1,770	1,804	1,838
140	1,714	1,746	1,779	1,812	1,846	1,880
145	1,755	1,788	1,821	1,858	1,888	1,923
150	1,718	1,832	1,863	1,857	1,932	1,967
155	1,840	1,873	1,907	1,949	1,976	2,012
160	1,884	1,917	1,951	1,986	2,021	2,057
165	1,929	1,962	1,997	2,032	2,067	2,104
170	1,974	2,008	2,036	2,071	2,107	2,143
175	2,020	2,054	2,089	2,125	2,161	2,198
180	2,067	2,101	2,137	2,173	2,210	2,247

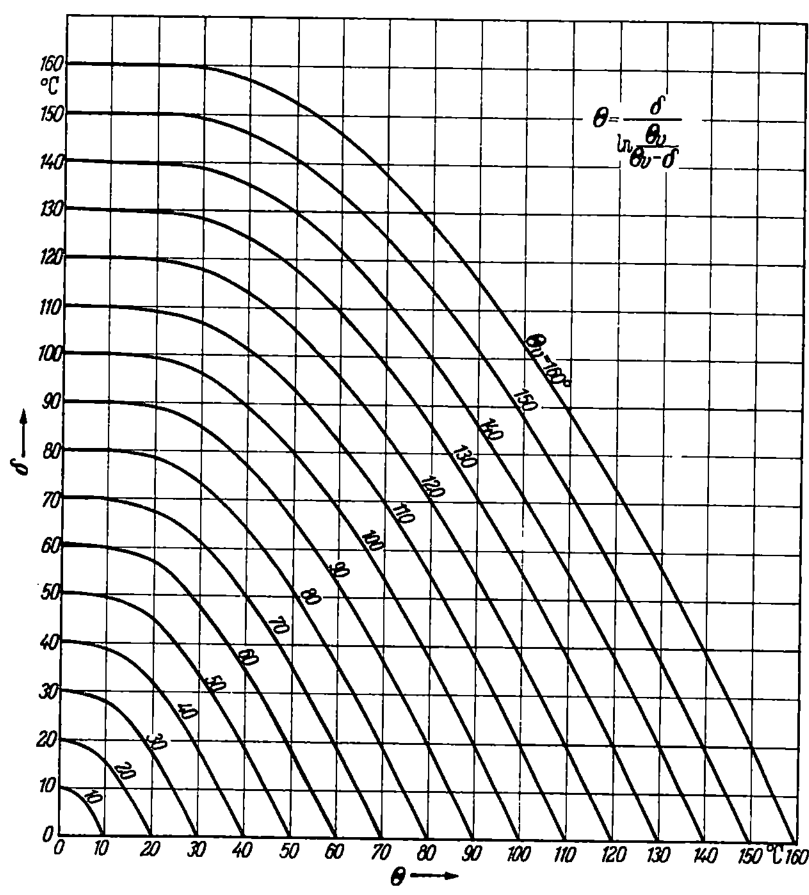

**Mittlere Übertemperatur bei Raumheizkörpern
mit freier Luftströmung**

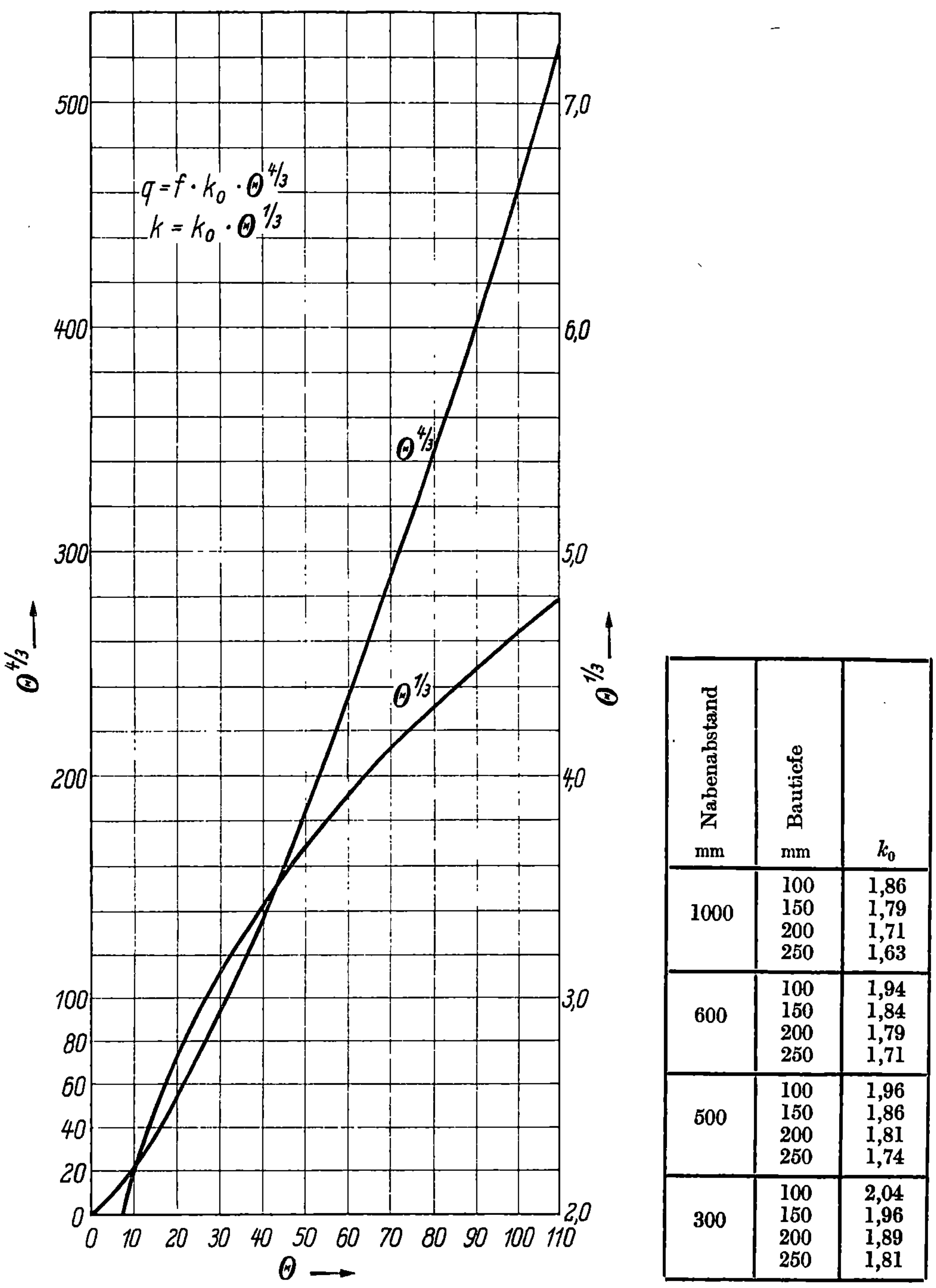

Nabenabstand mm	Bautiefe mm	k_0
1000	100	1,86
	150	1,79
	200	1,71
	250	1,63
600	100	1,94
	150	1,84
	200	1,79
	250	1,71
500	100	1,96
	150	1,86
	200	1,81
	250	1,74
300	100	2,04
	150	1,96
	200	1,89
	250	1,81

**Wärmeabgabe und Wärmedurchgangszahlen der Radiatoren
nach DIN 4720 und DIN 4722**

Wärmedurchgangszahlen für einfaches waagerechtes Rohr in ruhender Luft

äußerer Rohr-durch-messer d_a mm	mittlere Übertemperatur des Heizwassers in grd													
	10	20	30	40	50	60	70	80	90	100	110	120	130	140
16,75	8,1	9,8	11,1	12,1	12,9	13,6	14,2	14,7	15,3	15,7	16,2	16,6	17,0	17,3
21,25	7,8	9,6	10,8	11,7	12,5	13,2	13,8	14,3	14,8	15,3	15,7	16,1	16,5	16,8
26,75	7,6	9,3	10,5	11,4	12,2	12,7	13,4	13,9	14,4	14,9	15,3	15,7	16,0	16,4
33,5	7,4	9,1	10,2	11,1	11,8	12,5	13,1	13,5	14,0	14,5	14,9	15,3	15,6	16,0
42,25	7,2	8,8	9,9	10,8	11,5	12,1	12,7	13,2	13,7	14,0	14,5	14,9	15,2	15,5
48,25	7,1	8,7	9,8	10,6	11,3	12,0	12,5	13,0	13,4	13,8	14,3	14,6	14,9	15,3
57	7,0	8,5	9,6	10,4	11,1	11,7	12,2	12,7	13,2	13,6	13,9	14,3	14,6	14,9
63,5	6,9	8,4	9,4	10,3	11,0	11,6	12,1	12,5	13,0	13,4	13,8	14,1	14,4	14,8
70	6,8	8,3	9,3	10,2	10,8	11,4	11,9	12,4	12,8	13,2	13,6	14,0	14,3	14,6
76	6,7	8,2	9,2	10,1	10,7	11,3	11,8	12,3	12,7	13,1	13,5	13,8	14,1	14,4
89	6,6	8,1	9,1	9,9	10,5	11,1	11,6	12,0	12,5	12,9	13,2	13,6	13,9	14,2
102	6,5	7,9	8,9	9,7	10,3	10,9	11,4	11,9	12,3	12,7	13,0	13,4	13,7	14,0
108	6,4	7,9	8,9	9,7	10,3	10,8	11,3	11,8	12,2	12,6	12,9	13,3	13,6	13,9
133	6,3	7,7	8,6	9,4	10,0	10,6	11,1	11,5	11,9	12,3	12,6	12,9	13,2	13,5
159	6,2	7,5	8,5	9,2	9,8	10,3	10,8	11,2	11,6	12,0	12,3	12,7	12,9	13,2
191	6,0	7,3	8,3	9,0	9,6	10,1	10,6	11,0	11,4	11,7	12,1	12,4	12,7	12,9
216	5,9	7,2	8,2	8,9	9,5	10,0	10,4	10,8	11,2	11,6	11,9	12,2	12,5	12,8
267	5,8	7,1	8,0	8,7	9,2	9,7	10,2	10,6	10,9	11,3	11,6	11,9	12,2	12,4
318	5,7	6,9	7,8	8,5	9,0	9,5	10,0	10,3	10,7	11,0	11,3	11,7	11,9	12,1

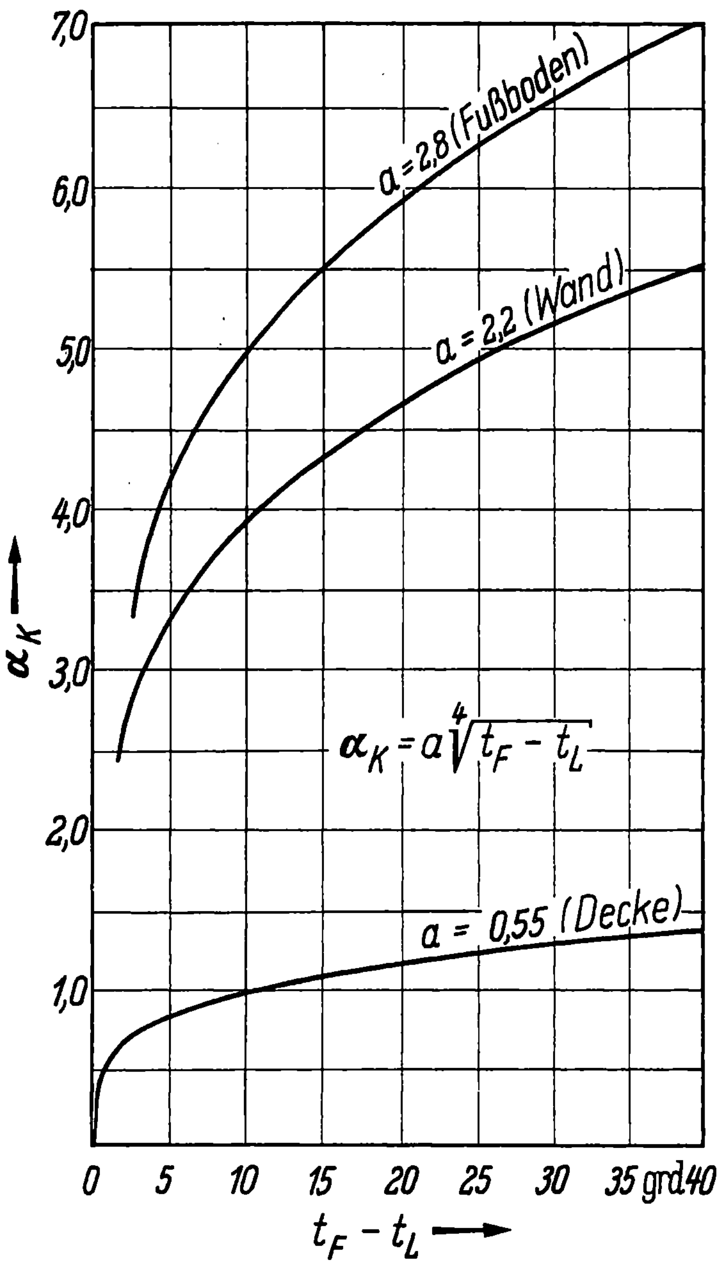

**Konvektive Wärmeübergangszahlen für ebene Flächen
bei ruhender Luft**

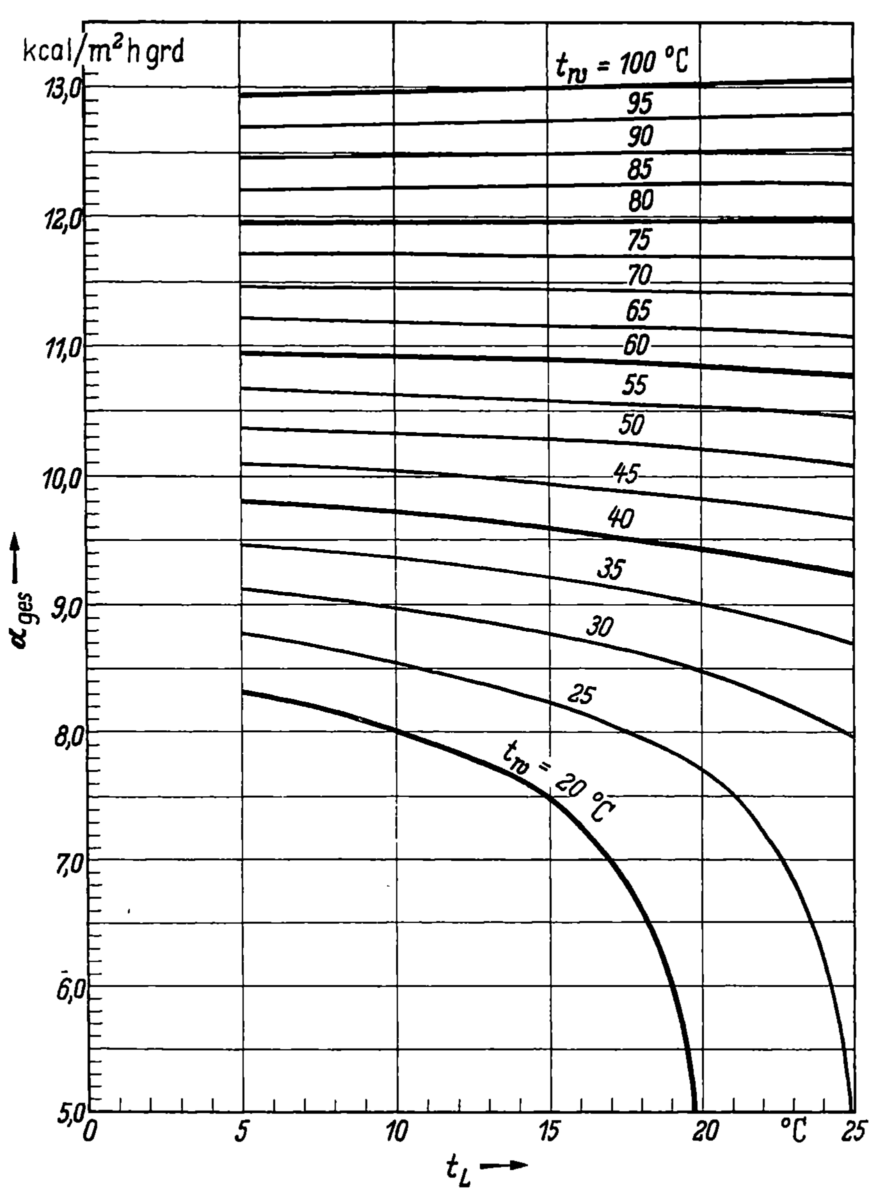

Wärmeübergangszahlen geheizter Wandflächen

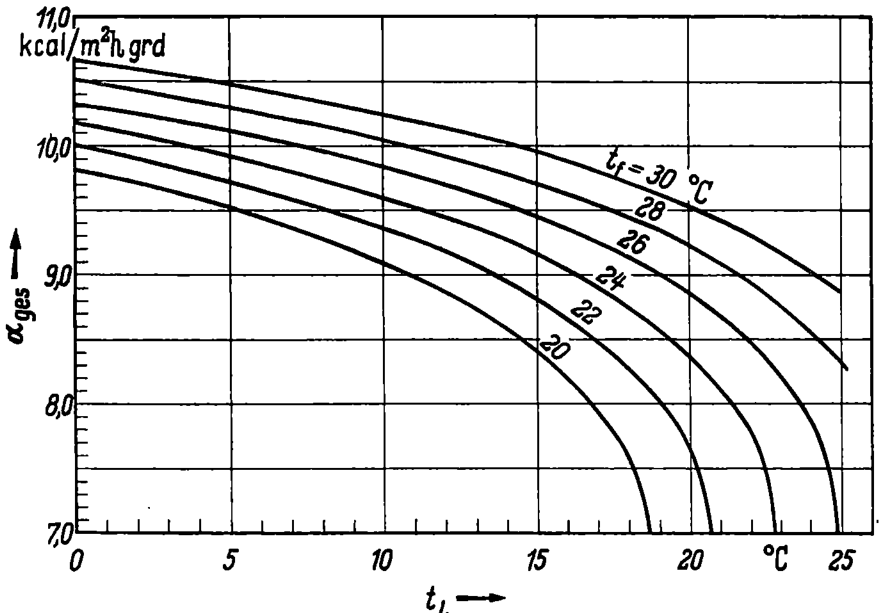

Wärmeübergangszahlen geheizter Fußbödenflächen

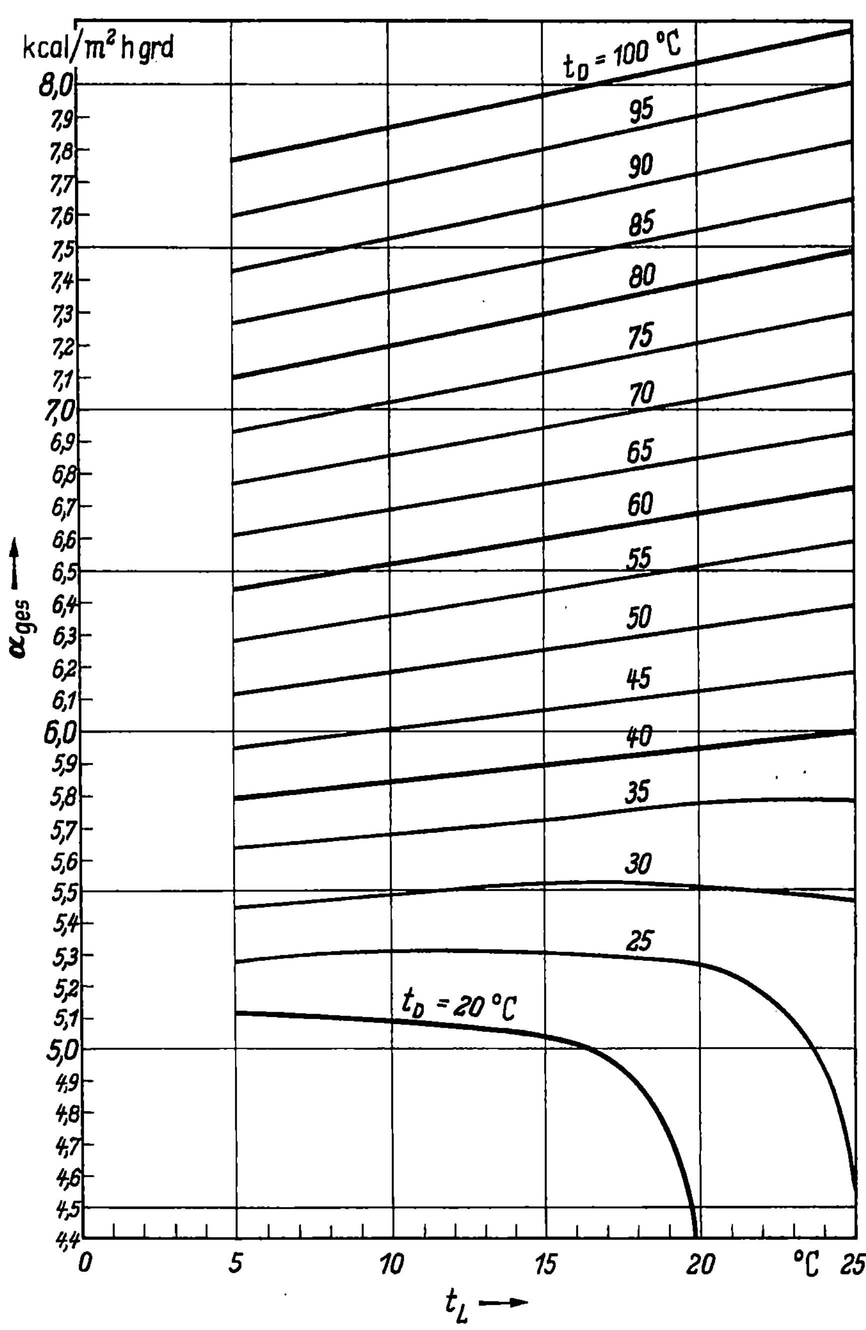

Wärmeübergangszahlen geheizter Deckenflächen

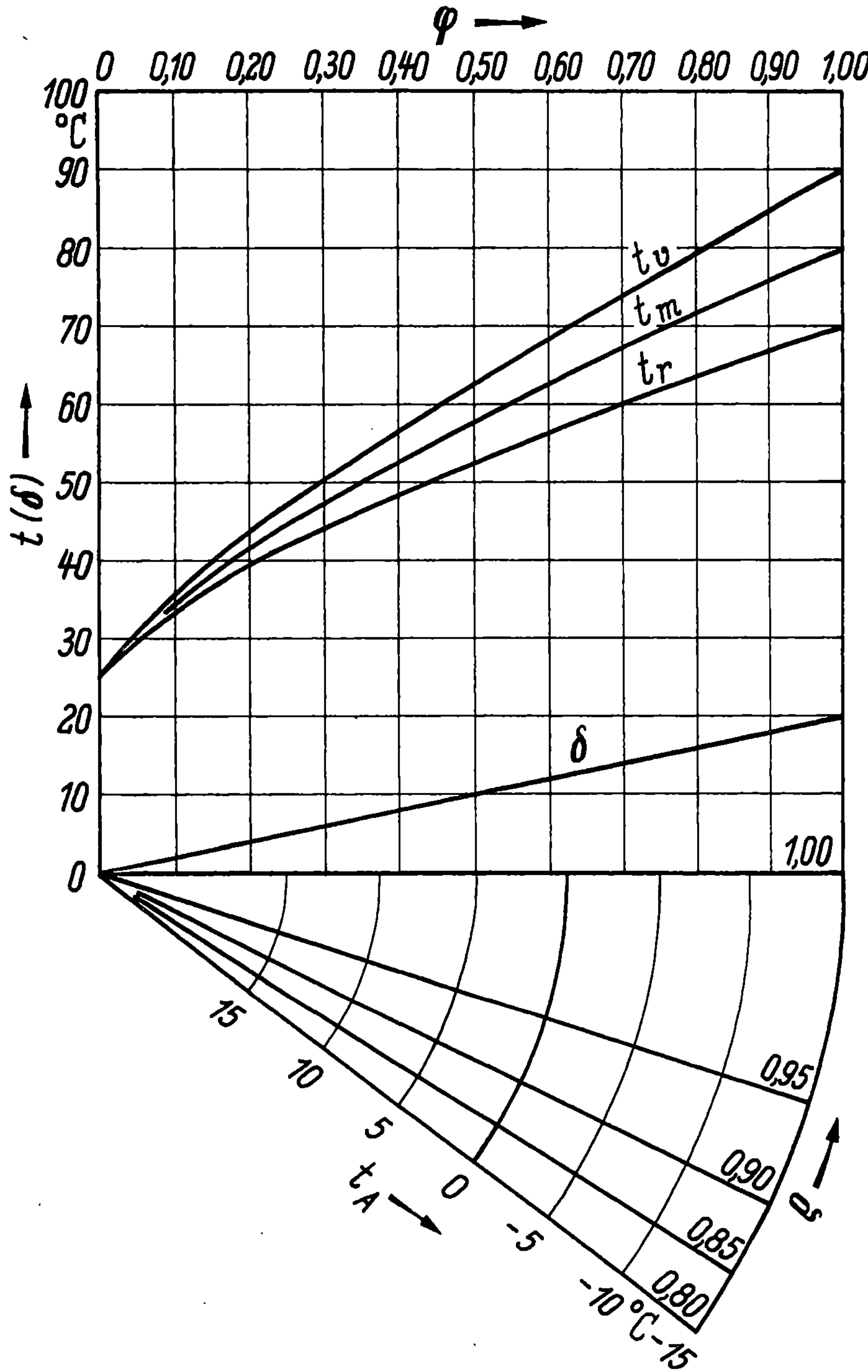

Betriebswerte der Pumpwarmwasserheizung 90/70 °C
für eine Raumtemperatur von 25° C für $m = {}^1/_3$ **(Radiatoren)**

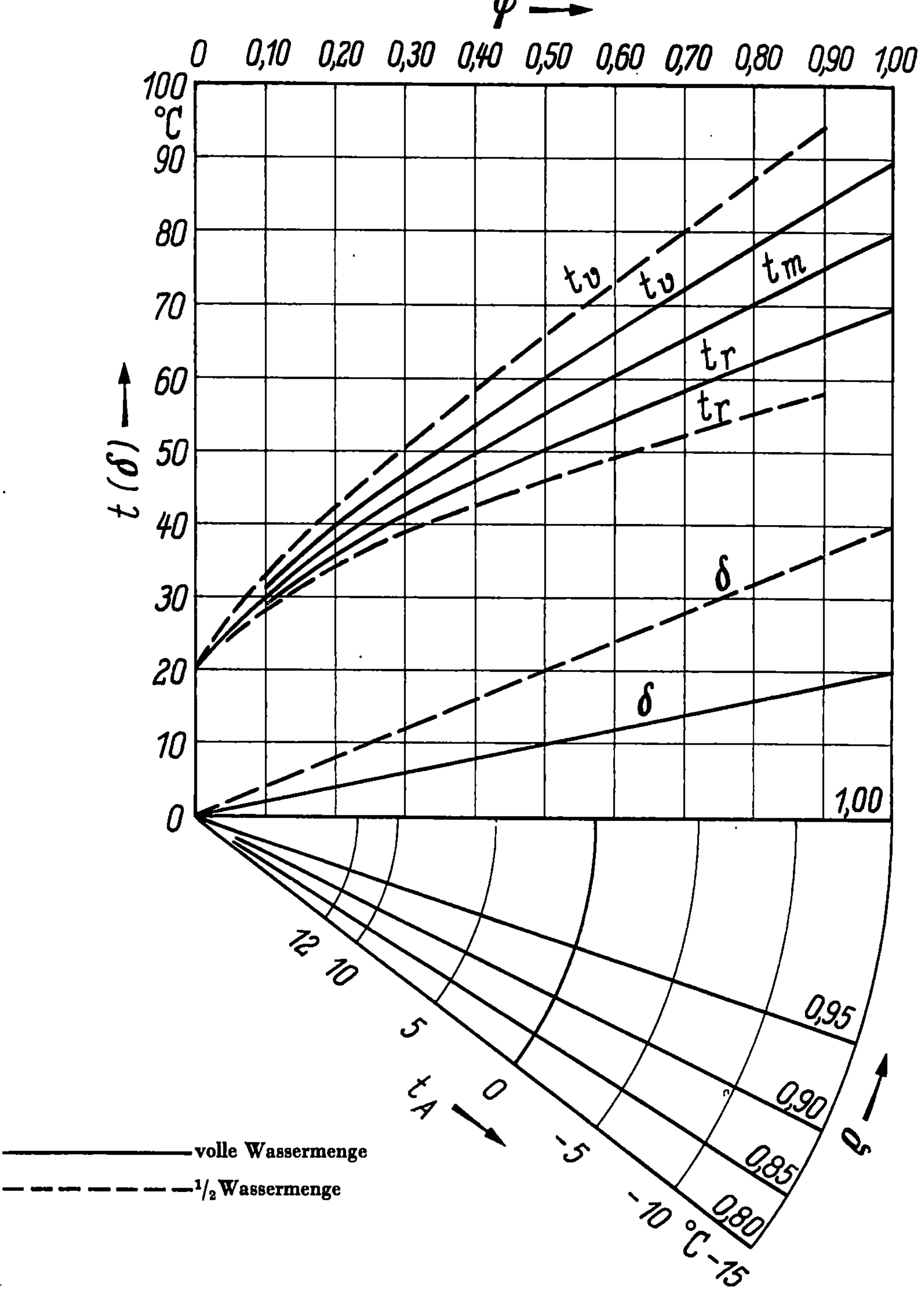

Betriebswerte der Pumpwarmwasserheizung 90/70° C
für eine Raumtemperatur von 20° C für $m = {}^1/_3$ (Radiatoren)

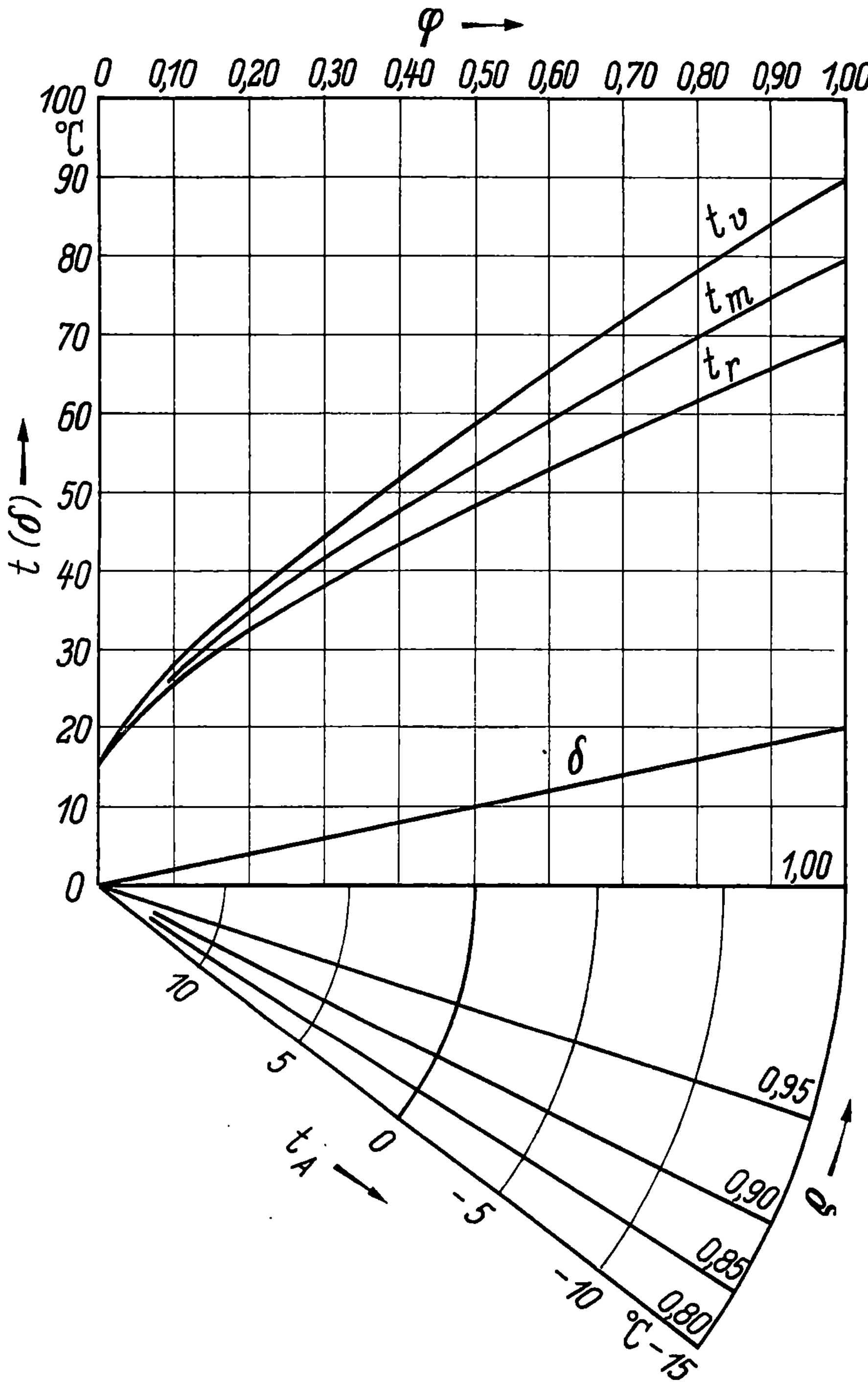

Betriebswerte der Pumpwarmwasserheizung 90/70° C
für eine Raumtemperatur von 15° C für $m = {}^1/_3$ (Radiatoren)

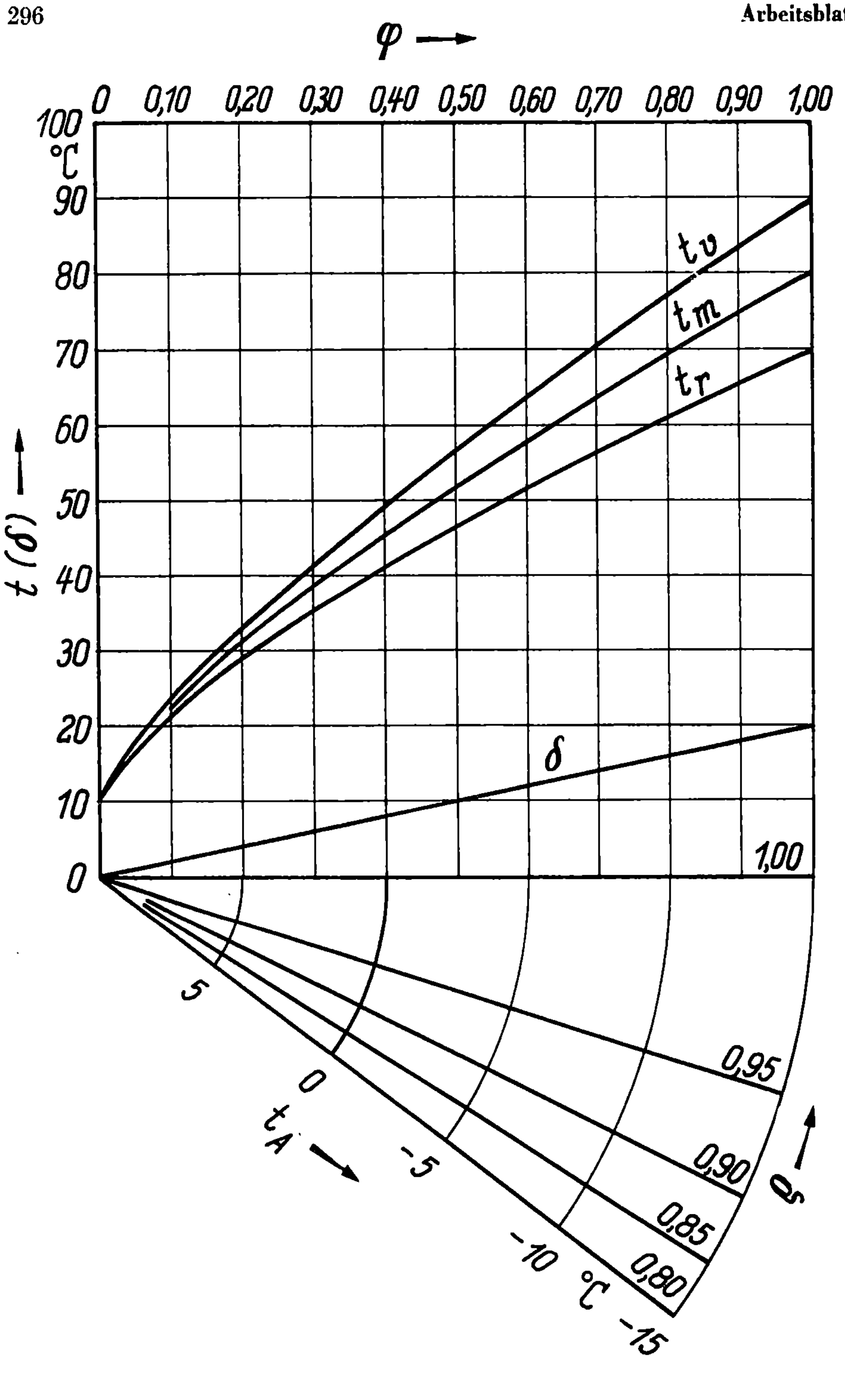

**Betriebswerte der Pumpwarmwasserheizung 90/70° C
für eine Raumtemperatur von 10° C für $m = {}^1/_3$ (Radiatoren)**

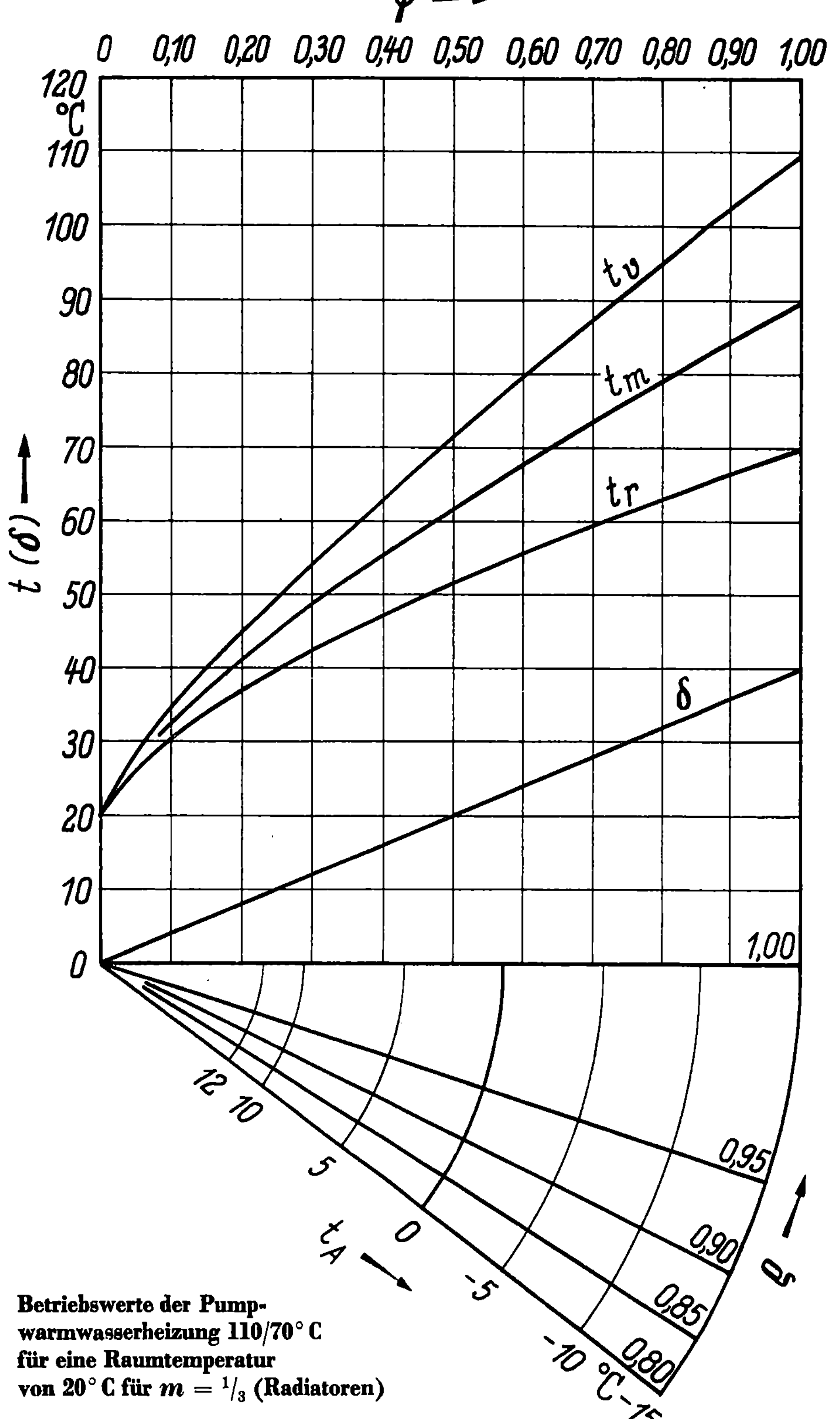

Betriebswerte der Pump-
warmwasserheizung 110/70° C
für eine Raumtemperatur
von 20° C für $m = {}^1/_3$ (Radiatoren)

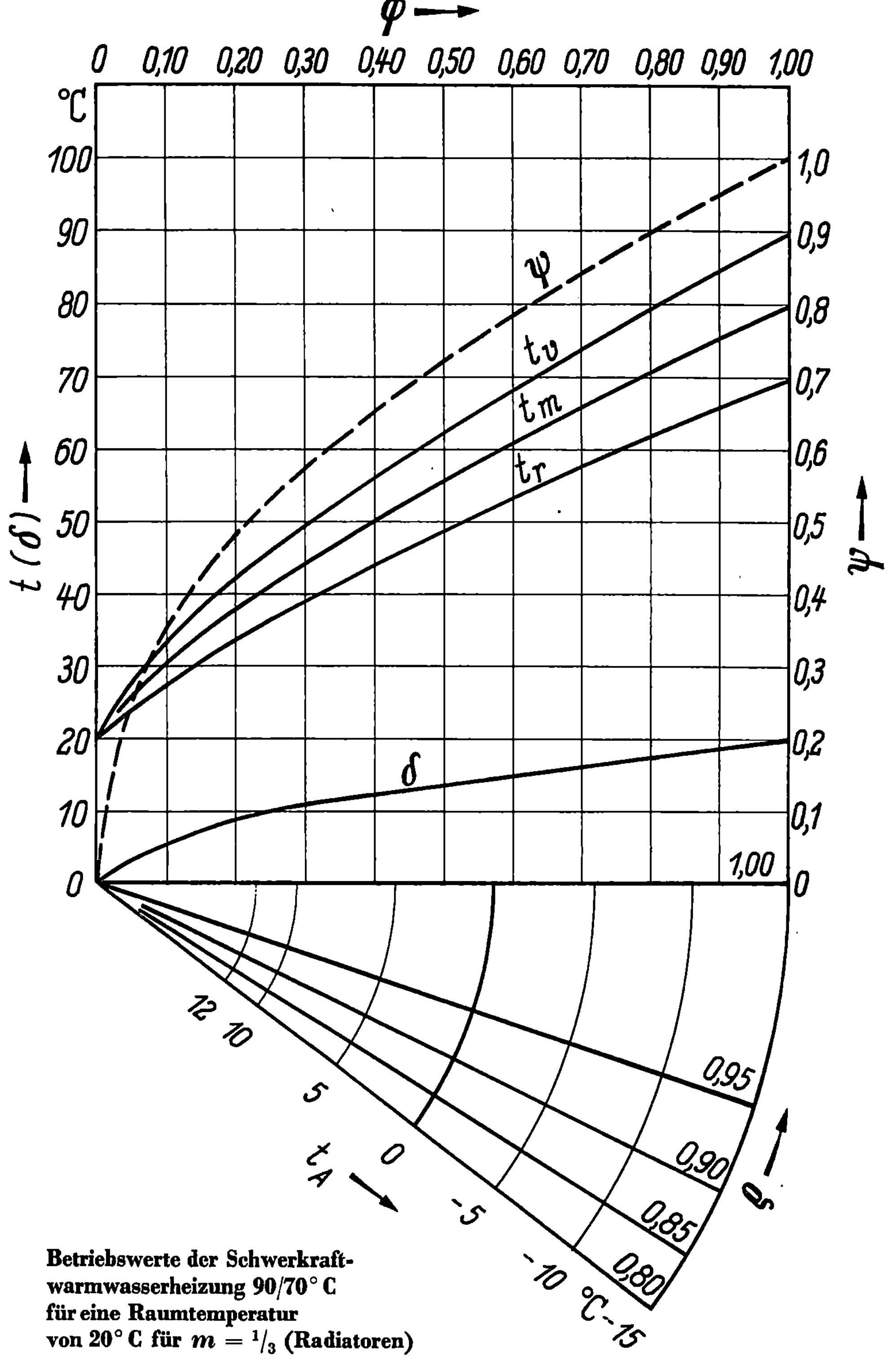

Betriebswerte der Schwerkraft-warmwasserheizung 90/70° C für eine Raumtemperatur von 20° C für $m = {}^1/_3$ (Radiatoren)

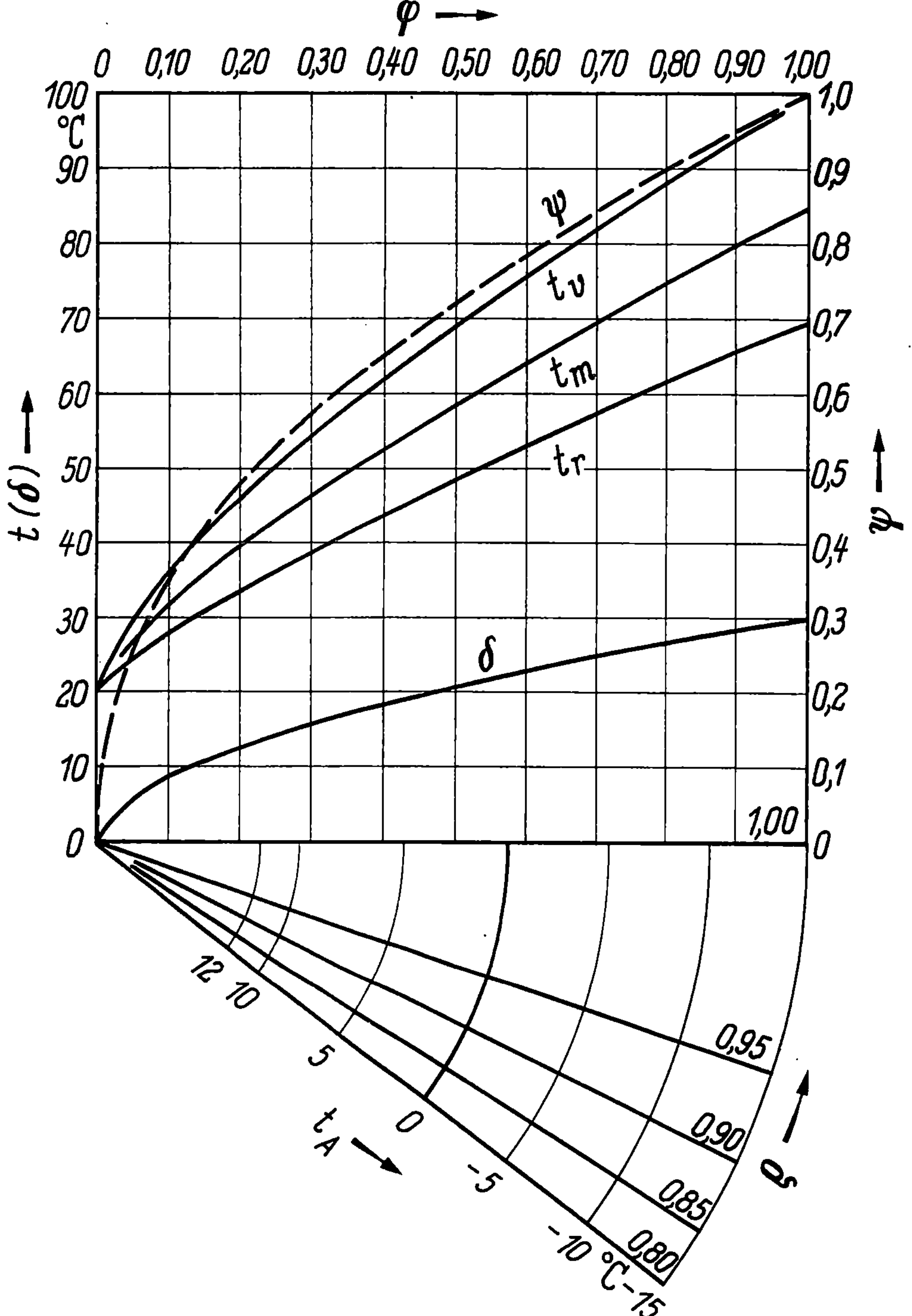

**Betriebswerte der Schwerkraftwarmwasserheizung 100/70° C
für eine Raumtemperatur von 20° C für $m = {}^1/_3$ (Radiatoren)**

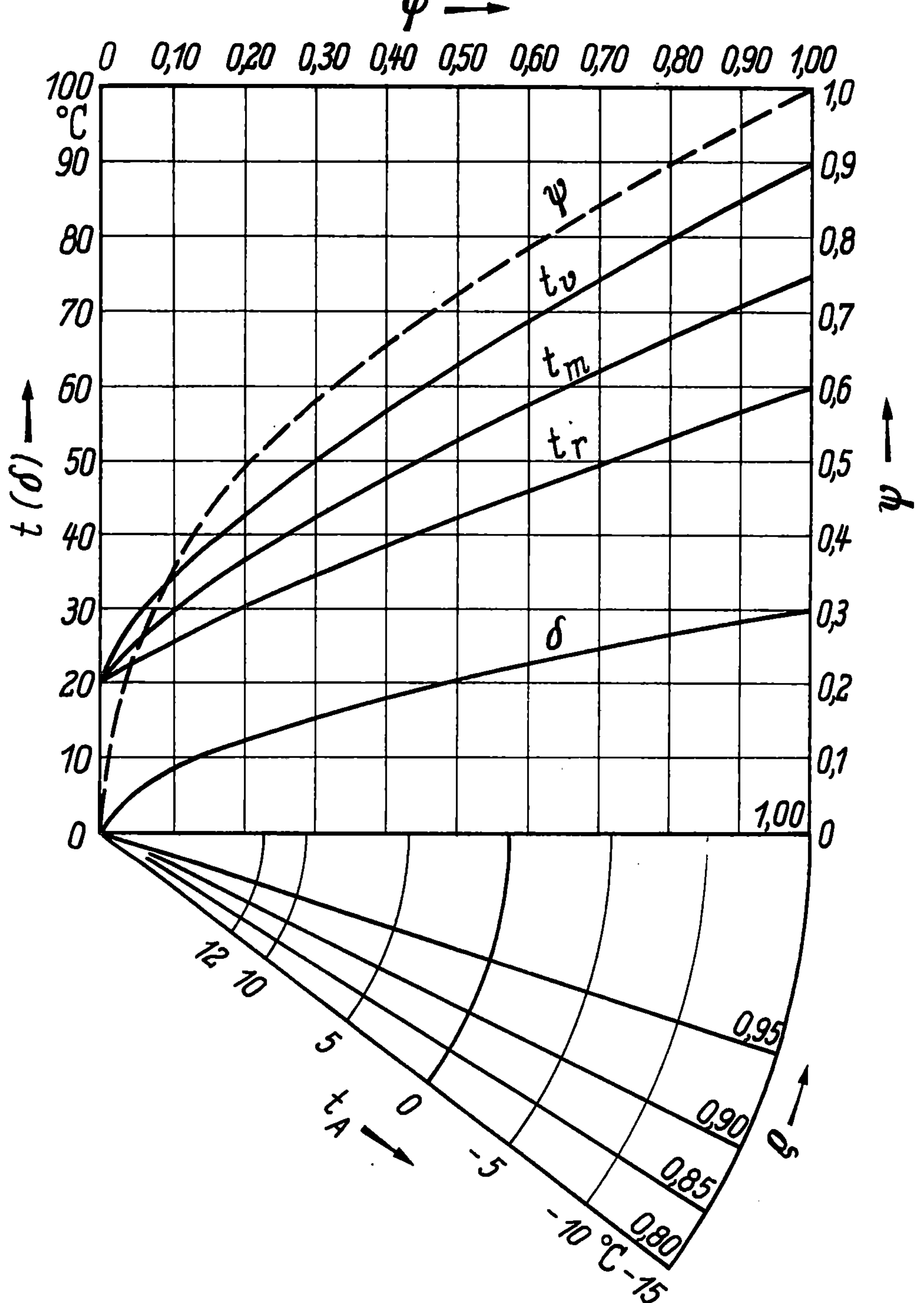

**Betriebswerte der Schwerkraftwarmwasserheizung 90/60° C
für eine Raumtemperatur von 20° C für $m = {}^1/_3$ (Radiatoren)**

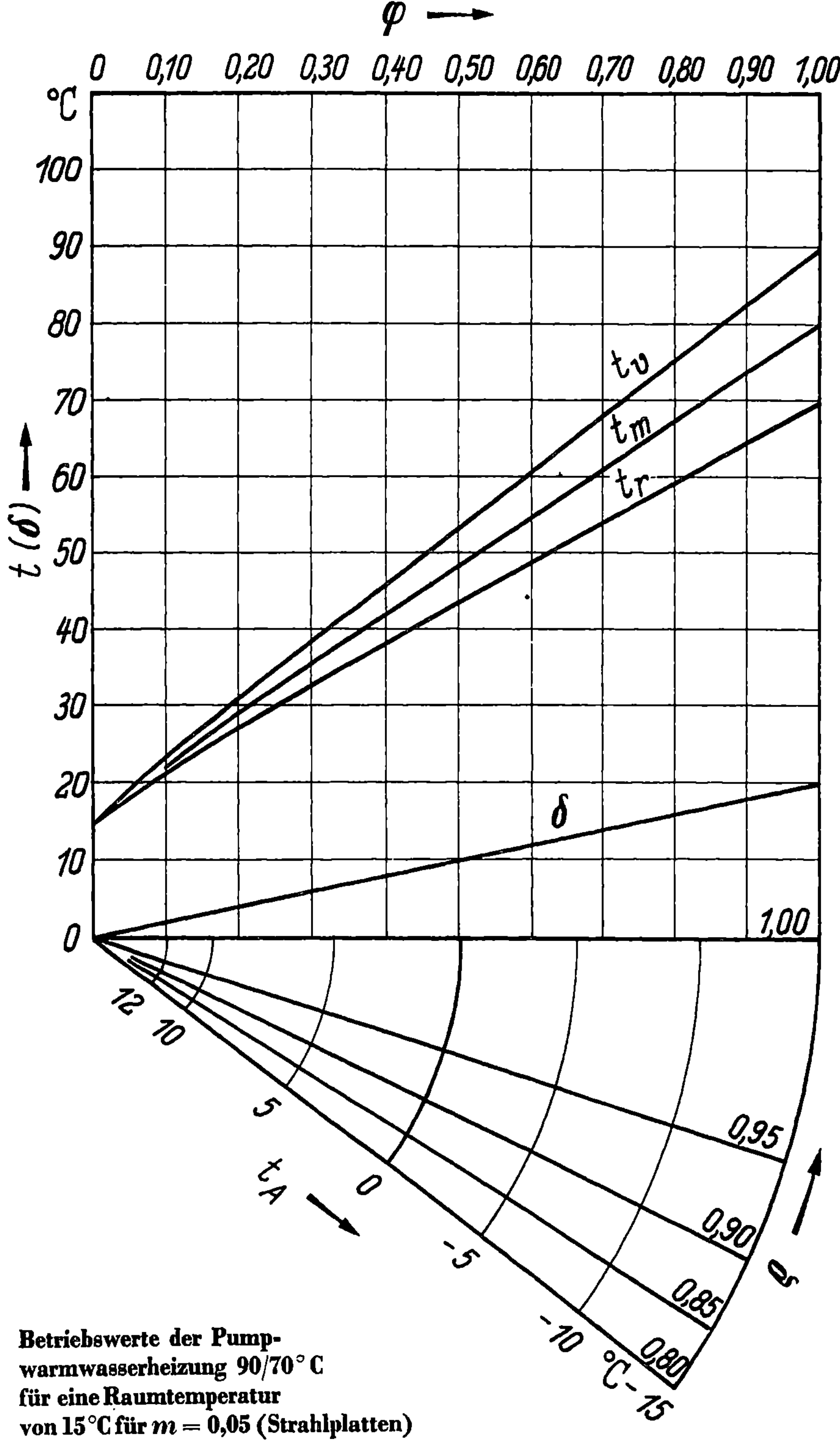

**Betriebswerte der Pump-
warmwasserheizung 90/70° C
für eine Raumtemperatur
von 15 °C für $m = 0{,}05$ (Strahlplatten)**

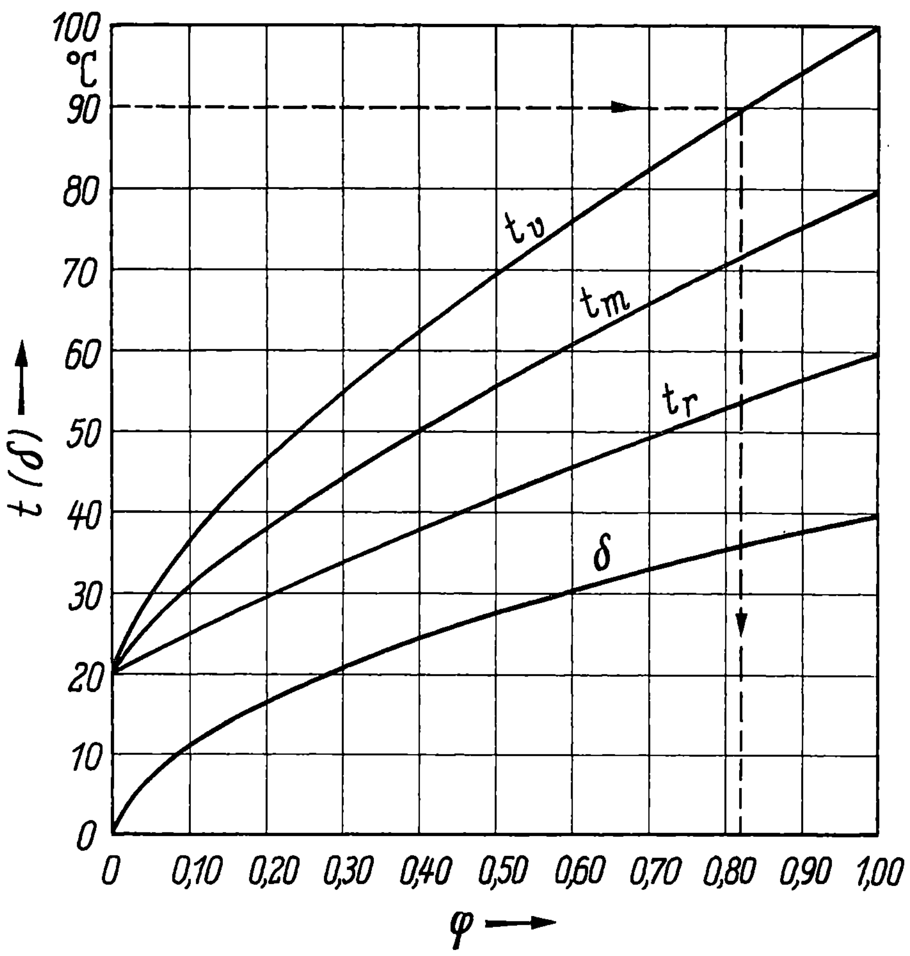

Betriebswerte der Schwerkraftwarmwasserheizung 100/60° C
für $t_R = 20°$ C; $m = {}^1/_3$

6. Anhang

6.1 Sicherheitsvorschriften für Niederdruck-Warmwasserheizanlagen[1]

Erlaß vom 5. Juni 1925

Einer Anregung aus den Kreisen der Zentralheizungs-Industrie entsprechend werden die zur Zeit geltenden Bestimmungen über die Einrichtung von Niederdruck-Warmwasserheizanlagen wie folgt einheitlich zusammengefaßt:

Die Ausführung der Anlagen muß so erfolgen, daß ihre offene Verbindung mit der Atmosphäre unter allen Umständen gewährleistet wird, daß also nicht einzelne Teile der Rohrleitungen, die dem Zweck der offenen Verbindung mit der Atmosphäre dienen, verengt oder sogar vollständig abgesperrt werden können. Es ist daher, abgesehen von der Forderung hinreichenden Wärmeschutzes der Leitungen und der Ausdehnungsgefäße, dafür zu sorgen, daß die Sicherheitsleitungen bis zum Ausdehnungsgefäß überall genügend weit bemessen und daß — sofern in die Vor- oder Rücklaufleitung oder in beide zwecks Ausschaltung der Heizkessel von gemeinsam mit ihnen betriebenen Kesseln Absperrvorrichtungen eingebaut, werden — Umgehungsleitungen von hinreichender Weite vorhanden sind. Werden in diesen wiederum Absperrvorrichtungen angebracht, um die Ausschaltung der einzelnen Kessel zu ermöglichen, so sind diese Absperrvorrichtungen in der Weise auszubilden, daß bei ihrem Abschluß eine offene Verbindung mit der Atmosphäre hergestellt wird.

Welche lichten Durchmesser für die zur Herstellung der offenen Verbindungen von Heizkesseln mit der Atmosphäre dienenden Rohre (Sicherheitsleitungen) in Berücksichtigung der bei Dampfzumischung zum Wasser eintretenden erhöhten Strömungsgeschwindigkeit und der Widerstände durch Richtungsänderungen notwendig sind, mußte durch besondere Versuche ermittelt werden.

Diese Versuche haben ergeben, daß Niederdruck-Warmwasserheizanlagen mit unmittelbar geheizten (mit festen, flüssigen oder gasförmigen Brennstoffen gefeuerten) Kesseln einer der beiden folgenden Ausführungen entsprechen müssen:

A. Ausführung mit Sicherheitsausdehnungsleitung, Umgehungsleitung und Wechselvorrichtungen.

1. Der Heizkessel ist mit dem Ausdehnungsgefäß durch eine nicht verschließbare Sicherheitsrohrleitung zu verbinden, deren lichter Durchmesser an keiner Stelle geringer als

$$d_1 = 14,9\,H^{0,356} \tag{1}$$

sein darf; die Sicherheitsleitung darf auch ganz oder teilweise als Vorlaufleitung benutzt werden.

Hierin bedeuten:

d_1 den lichten Rohrdurchmesser in mm,

H die gesamte von den Verbrennungsgasen bespülte Kesselheizfläche in m².

2. Sind Heizkessel im Vor- oder Rücklauf oder in beiden Leitungen absperrbar, so ist um jede Absperrvorrichtung eine Umgehungsleitung mit eingeschalteter Wechselvorrichtung (Ventil oder dgl.) so anzulegen, daß das Ausblasen vom Kesselraum aus leicht bemerkt werden kann, und daß Personen durch austretende Dampf- und Wassergemische nicht gefährdet werden. Die Umgehungsleitungen sollen nicht länger als 3 m, die Ausblaserohre nicht länger

---

[1] Niederdruck-Warmwasserheizanlagen entsprechen dem Begriff der offenen Anlagen dieses Buches.

als 15 m sein, andernfalls sind die nachstehend angegebenen Lichtweiten zu vergrößern. Wird zwischen dem Kessel und der Absperrung im Vorlauf eine nicht verschließbare Sicherheitsleitung, die in ihren Abmessungen der Formel (1) entspricht, angebracht, so ist die Umgehungsleitung nur im — absperrbaren — Rücklauf erforderlich.

3. Die lichten Durchmesser der Umgehungs- und der Ausblaseleitung sowie die entsprechenden Durchgangsquerschnitte der Wechselvorrichtungen dürfen nirgends geringer als

$$d_2 = 13{,}8\,H^{0{,}435} \tag{2}$$

sein, worin d_2 und H dieselbe Bedeutung wie d_1 und H in Formel (1) haben.

4. Die Vorlaufssammelleitung ist möglichst hoch, tunlichst nicht unter 500 mm über Kesseloberkante zu legen.

5. Können bei bestehenden Anlagen die Umgehungsleitungen der örtlichen Verhältnisse halber (auch etwa nur für den Rücklauf) nicht eingebaut werden, so sind alle Absperrvorrichtungen am Kessel zu entfernen.

6. Werden besondere Gruppen- oder Strangabsperrungen außer den oder statt der Absperrungen am Kessel eingebaut, so sind auch diese mit Umgehungsleitungen, Wechselvorrichtungen und Ausblasrohren in den nach Formel (2) zu berechnenden Abmessungen zu versehen, es sei denn, daß so viel Stränge unabsperrbar bleiben, daß ihr Gesamtquerschnitt dem nach Formel (1) zu berechnenden freien Querschnitt der Sicherheitsrohre mindestens gleichkommt.

7. Die Formeln (1) und (2) ergeben folgende Werte:

Formel (1), Sicherheitsausdehnungsleitungen

Kessel		bis	4 m² Heizfläche:	$d_1 = 25$ mm
„	über 4	„ 10	„ „	$d_1 = 34$ „
„	„ 10	„ 15	„ „	$d_1 = 39$ „
„	„ 15	„ 28	„ „	$d_1 = 49$ „
„	„ 28	„ 42	„ „	$d_1 = 57$ „
„	„ 42	„ 60	„ „	$d_1 = 64$ „

Formel (2), Umgehungsausblaseleitungen und die entsprechenden freien Querschnitte der Wechselvorrichtungen

Kessel		bis	4 m² Heizfläche:	$d_2 =$ 25 mm
„	über 4	„ 8	„ „	$d_2 =$ 34 „
„	„ 8	„ 11	„ „	$d_2 =$ 39 „
„	„ 11	„ 18	„ „	$d_2 =$ 49 „
„	„ 18	„ 26	„ „	$d_2 =$ 57 „
„	„ 26	„ 34	„ „	$d_2 =$ 64 „
„	„ 34	„ 42	„ „	$d_2 =$ 70 „
„	„ 42	„ 50	„ „	$d_2 =$ 76 „
„	„ 50	„ 60	„ „	$d_2 =$ 82 „
„	„ 60	„ 70	„ „	$d_2 =$ 88 „
„	„ 70	„ 80	„ „	$d_2 =$ 94 „
„	„ 80	„ 95	„ „	$d_2 = 100$ „

B. Ausführung mit Sicherheitsausdehnungs- und mit Sicherheitsrücklaufleitung

1. Der Heizkessel ist durch zwei unabsperrbare, miteinander nicht unmittelbar in Verbindung stehende Sicherheitsrohrleitungen von mindestens 25 mm lichtem Durchmesser mit dem Ausdehnungsgefäß zu verbinden.

2. Der lichte Durchmesser der Sicherheitsausdehnungsleitung darf hierbei an keiner Stelle geringer sein als:

$$d_3 = 15 + \sqrt{20\,H} \tag{3}$$

und der der Sicherheitsrücklaufleitung an keiner Stelle geringer als

$$d_4 = 15 + \sqrt{10\,H}. \tag{4}$$

In den Gleichungen bedeuten d_3 und d_4 die lichten Rohrweiten in mm und H die gesamte von den Verbrennungsgasen bespülte Kesselheizfläche in m².

3. Übersteigt die Länge einer Leitung in der waagerechten Projektion gemessen das Maß von 20 m oder die Zahl der Richtungsänderungen die Zahl 8, so ist die lichte Weite beider Sicherheitsleitungen auf das nächstfolgende Handelsmaß zu erhöhen.

4. Die tunlichst von oben in das Ausdehnungsgefäß einzuführende Sicherheitsausdehnungsleitung muß ebenso wie die Entlüftungsleitung oberhalb des höchsten Wasserspiegels einmünden, die Sicherheitsrücklaufleitung ist am tiefsten Punkte des Ausdehnungsgefäßes anzuschließen. Die Sicherheitsausdehnungsleitung ist außerdem in den waagerechten Strecken mit reichlicher Steigung und mit Krümmungsradien von mindestens der dreifachen lichten Rohrweite zu verlegen.

5. Die Sicherheitsausdehnungs- und Sicherheitsrücklaufleitung können ganz oder teilweise als Vor- und als Rücklaufleitung der Anlage benutzt werden und umgekehrt, sofern sie die vorstehenden Bedingungen erfüllen.

6. Kesselgruppen, die im Vor- und Rücklauf keine Einzelabsperrungen erhalten, sind wie Einzelkessel von einer der Gesamtheizfläche der Kesselgruppe entsprechenden Größe zu behandeln. Bei Einzelabsperrungen im Vorlauf können sie mit einer gemeinsamen Sicherheitsrücklaufleitung, bei Einzelabsperrungen im Rücklauf mit einer gemeinsamen Sicherheitsausdehnungsleitung versehen werden. Mehrere Sicherheitsausdehnungs- oder Sicherheitsrücklaufleitungen können auch in je eine, der in Frage kommenden gesamten Kesselheizfläche entsprechende Sicherheitsleitung zusammengefaßt werden.

7. Die Formeln (3) und (4) geben bei den nachstehenden Kesselgrößen folgende Werte für die Sicherheitsleitungen:

Formel (3), Sicherheitsausdehnungsleitungen

$$\begin{aligned}
&\text{Kessel bis}\quad 8 \text{ m}^2 \text{ Heizfläche: } d_3 = 25 \text{ mm}\\
&\text{,,}\qquad\text{,,}\quad 20\ \text{,,}\qquad\text{,,}\qquad d_3 = 34\ \text{,,}\\
&\text{,,}\qquad\text{,,}\quad 30\ \text{,,}\qquad\text{,,}\qquad d_3 = 39\ \text{,,}\\
&\text{,,}\qquad\text{,,}\quad 56\ \text{,,}\qquad\text{,,}\qquad d_3 = 49\ \text{,,}\\
&\text{,,}\qquad\text{,,}\quad 84\ \text{,,}\qquad\text{,,}\qquad d_3 = 57\ \text{,,}\\
&\text{,,}\qquad\text{,,}\ 120\ \text{,,}\qquad\text{,,}\qquad d_3 = 64\ \text{,,}
\end{aligned}$$

Formel (4), Sicherheitsrücklaufleitungen

$$\begin{aligned}
&\text{Kessel bis } 10 \text{ m}^2 \text{ Heizfläche: } d_4 = 25 \text{ mm}\\
&\text{,,}\qquad\text{,,}\quad 36\ \text{,,}\qquad\text{,,}\qquad d_4 = 34\ \text{,,}\\
&\text{,,}\qquad\text{,,}\quad 58\ \text{,,}\qquad\text{,,}\qquad d_4 = 39\ \text{,,}\\
&\text{,,}\qquad\text{,,}\ 115\ \text{,,}\qquad\text{,,}\qquad d_4 = 49\ \text{,,}
\end{aligned}$$

C. Allgemeine Bestimmungen (für beide Ausführungsarten geltend).

1. Das Ausdehnungsgefäß ist mit einem Deckel und einer unabsperrbaren Entlüftungsleitung zu versehen. Die Entlüftungsleitung muß mindestens eine nach Formel (3) zu bemessende lichte Weite haben.

2. Ausdehnungsgefäß und Sicherheitsleitungen sind durch Verkleidung gegen Einfrieren zu schützen, sofern nicht die örtlichen Verhältnisse die Gefahr des Einfrierens ausschließen.

3. Der Wasserstand in der Anlage ist im Kesselraum durch eine geeignete Vorrichtung ersichtlich zu machen, der Kessel selbst ist mit einer Ablaßvorrichtung auszurüsten.

4. Die Anlage ist nach Fertigstellung einer Druckprobe mit kaltem Wasser zu unterwerfen. Der Probedruck muß den im Kessel vorhandenen statischen Druck um $1^1/_2$ Atmosphären übersteigen, er soll aber nicht mehr als $4^1/_2$ Atmosphären betragen.

5. Der Einbau eines Thermometers ist aus wärmewirtschaftlichen Gründen zweckmäßig.

Mittelbar (z. B. mit Abgasen, Dampf, Wasser oder Elektrizität) geheizte Warmwasserheizkessel sind wie feuerbeheizte zu behandeln; dabei ist folgendes zu beachten: Soweit die Temperatur des Heizmittels niedriger ist als die dem statischen Druck der Anlage entsprechende Verdampfungstemperatur, hat die lichte Weite der Sicherheitsausdehnungsleitung mindestens 25 mm zu betragen. Eine Sicherheitsrücklaufleitung ist für diesen Fall nicht erforderlich. Für alle übrigen Fälle ist bei der Bemessung der Sicherheitsleitungen die Heizfläche in feuergeheizte umzuwerten. Die Wärmeabgabe der Heizfläche eines feuergeheizten Kessels ist dabei zu 10000 kcal/m² und h zugrunde zu legen. Die für die Bemessung der Sicherheitsleitungen maßgebende (gedachte) feuerbeheizte Heizfläche in Quadratmetern

ergibt sich unter Zugrundelegung der Höchstleistung des gesamten Wärmeaustauschkörpers
in kcal/h zu

$$H' = \frac{\text{Höchstleistung des Wärmeaustauschkörpers}}{10\,000}.$$

Für dampfgeheizte Warmwasserkessel sind die besonderen Bestimmungen des Erlasses über
Ausrüstung und Überwachung dampfgeheizter Warmwasserbereiter vom 22. Mai 1925
(III. 1574/I. G. 821) zu beachten.

Diese Sicherheitsvorschriften für Niederdruck-Warmwasserheizanlagen gelten auch für
Heizkessel zum Betriebe von Warmwasserbereitungsanlagen.

Soweit die Zentralheizungsbaufirmen im Verbande der Zentralheizungsindustrie zusammen-
geschlossen sind, haben sie von vorstehenden Erfordernissen Kenntnis erhalten. Ob die
Durchführung der Anforderungen durch einfache Bekanntmachung zu sichern und demgemäß im Einzelfalle durch polizeiliche Verfügung zu erzwingen oder allgemein durch Polizeiverordnung vorzuschreiben ist, überlassen wir ihrem Ermessen.

Die baupolizeiliche Abnahme der Rohrleitungen hat sich auf die Feststellung der Rohrweiten zu beschränken, sie ist bei Gelegenheit der Gebrauchsabnahme des Baues oder der
Feuerstelle zu bewirken.

Der Verband der Zentralheizungsindustrie in Berlin W 9 hat sich bereit erklärt, durch
seine technischen Organe jede neuerrichtete Anlage auf die Einhaltung dieser Vorschriften
prüfen zu lassen und hierüber dem Besitzer oder Erbauer der Anlage eine Bescheinigung
auszustellen, die als Nachweis für die Einhaltung der Vorschriften gelten kann.

(Veröffentlicht in HMBl. 1925 S. 145.)

6.2 Verzeichnis einschlägiger Gesetze, behördlicher Vorschriften und Richtlinien

1. §§ 24 und 25 der Gewerbeordnung. Diese Paragraphen behandeln die Anlegung und den
   Betrieb von Dampfkesseln.
2. Allgemeine polizeiliche Bestimmungen über die Anlegung von Land-Dampfkesseln.
   Erlaß des Bundesrates vom 17. 12. 1908 und die späteren Änderungen und Ergänzungen
   hierzu.
3. Polizeiverordnung über die Einrichtung und den Betrieb von Dampffässern (Dampffaßverordnung) vom 10. Mai 1930.
4. Niederdruckdampfkessel-Verordnung des Reichswirtschaftsministers vom 27. 8. 1936 mit
   den Ergänzungen vom 15. 9. 1937, 24. 12. 1937, 29. 6. 1939 und 11. 5. 1940.
5. Erlaß vom 5. Juni 1925 über Sicherheitsvorschriften für Niederdruck-Warmwasser-
   heizungsanlagen.
6. (Unfallverhütungsvorschriften) „Richtlinien für den Bau, Ausrüstung und Prüfung von
   Druckbehältern" (Druckbehälterrichtlinien), April 1949.
7. AD-Merkblatt A 3 „Bau, Ausrüstung und Prüfung von Warmwasserbereitern mit Ge-
   brauchswassertemperaturen bis etwa 95° C." Januar 1956.
8. „VOB", Verdingungsordnung für Bauleistungen. Fassung 1952
9. Anweisung für den Bau von Zentralheizungs-, Lüftungs- und zentralen Warmwasserbereitungsanlagen (HLW-Anlagen) in öffentlichen Gebäuden. (Heizungsbauanweisung.)
   Herausgegeben vom Bundesminister der Finanzen, 1955.
10. Richtlinien für den Bau und Einrichtung von Heizräumen für Zentralheizungs- und
    Warmwasserbereitungsanlagen. Erlaß des Reichsarbeitsministers vom 5. März 1940.
11. VDI-Richtlinien 2300, Heiztechnische Anlagen: Ausschreibung heiztechnischer Anlagen,
    Anforderungen an zweckmäßige Heiz- und Brennstoffräume. 1950.
12. VDI-Richtlinien 2067: Richtwerte zur Vorausberechnung der Wirtschaftlichkeit ver-
    schiedener Brennstoffe (Koks, Kohle, Heizöl und Gas) bei Warmwasser-Zentralheizungs-
    anlagen.
13. Meß- und Regelgeräte-Ausstattung von Warmwasser-Heizkesseln und -Zentralen mit
    Feuerungen für feste Brennstoffe. Vorläufige Richtlinien, Fassung Juli 1955. Ausschuß
    für Wärme- und Kraftwirtschaft.

6.3 Verzeichnis einschlägiger Normen

DIN-Blatt-Nr.	ausgegeben	Inhalt
1341	12.37	Wärmeübertragung
1988	3.55	Wasserleitungsanlagen in Grundstücken, techn. Bestimmungen für Bau und Betrieb
2401	8.36	Rohrleitungen, Druckstufen, Nenndruck, Betriebsdruck, Probedruck
2404	12.42	Kennfarben für Heizungsrohrleitungen
2439	6.55	Gewinderohre, leicht
2440	6.55	Gewinderohre, mittelschwer
2441	6.55	Gewinderohre, schwer
2442	1.55	Nahtlose Gewinderohre mit Gütevorschrift für Nenndruck 1 bis 100
2448	1.40	Nahtlose Flußstahlrohre, Leitungs- und Konstruktionsrohre, Übersicht
2449	8.39	Nahtlose Flußstahlrohre, handelsüblich, Flußstahl St 00.29 für ND 1 bis 25
2450	8.39	Nahtlose Flußstahlrohre, Flußstahl 35.29, für ND 1 bis 100
2458	12.52	Schmelzgeschweißte Stahlrohre, Leitungs- und Konstruktionsrohre, Übersicht
2631	12.54	Vorschweißflanschen für Gasschmelzschweißung und Elektroschweißung ND 6
2632	12.54	desgl. ND 10
2633	5.49	desgl. ND 16
2634	5.49	desgl. ND 25
3201	10.43	Keil- und Plattenschieber aus Grauguß und Stahlguß, Verwendungsbereich
3202	10.43	desgl. Nennweiten und Baulängen
3204	10.42	Keil-Flachschieber für Heizungsanlagen für ND 4 mit Flanschanschluß nach ND 6
3300	10.43	Absperr- und Rückschlagventile, Durchgangs- und Eckform, Baulängen für ND 6 bis ND 320
3841	6.53	Heizungsarmaturen, Regulierventile ND 10, Durchgangs- und Eckventile aus NE-Metall, Anschlußmaße
3842	6.53	Radiator-Verschraubungen ND 10 aus NE-Metall, Anschlußmaße
3843	6.43	Muffenschieber ND 10 mit nichtsteigender Spindel aus NE-Metall, Anschlußmaße
3844	6.53	Heizungsarmaturen, Muffenventile ND 16, Durchgangsmuffenventile aus NE-Metall, Anschlußmaße
3845	6.53	desgl., Muffenrückschlagventile ND 16 aus NE-Metall, Anschlußmaße
3846	6.53	desgl., Sicherheitsventile mit Gewichtsbelastung aus NE-Metall, Anschlußmaße
3847	6.53	desgl., Sicherheitsventile mit Federbelastung aus NE-Metall, Anschlußmaße
3848	1.55	desgl., Füll- und Entleerungshähne aus NE-Metall, Hauptmaße
4108	7.52	Wärmeschutz im Hochbau
4701	7.47	Regeln für die Berechnung des Wärmebedarfes von Gebäuden
4702	2.44	Kessel von Heizungsanlagen, Regeln für die Berechnung
4703	4.44	Regeln für die Berechnung der Gliederheizkörper und Rohrheizkörper von Heizungsanlagen

DIN-Blatt-Nr.	ausgegeben	Inhalt
4705	4.44	Berechnung der lichten Weite von Schornsteinen für Zentralheizungen
4720	7.36	Gußeiserne Gliederheizkörper (Radiatoren), Baumaße, Verwendung
4722	6.38	Stahlgliederheizkörper (Stahlradiatoren), Baumaße, Verwendung
4750	11.37	Standrohre für Niederdruckdampfkessel
4751	4.44	Sicherheitseinrichtungen für offene Warmwasserheizungen
4752	4.44	Sicherheitseinrichtungen für geschlossene Wasserheizungen
4753	4.44	Sicherheitseinrichtungen für Warmwasserbereitungsanlagen
4801	5.56	Einwandige Warmwasserbereiter mit Deckel aus Flußstahl
4802	5.56	Einwandiger Warmwasserbereiter mit Halsstutzen aus Flußstahl
4803	5.56	Doppelwandige Warmwasserbereiter mit Deckel aus Flußstahl
4804	5.56	Doppelwandige Warmwasserbereiter mit Halsstutzen aus Flußstahl
8406	9.53	Ausdehnungsgefäße für Heizungsanlagen
16051	6.42	Manometer mit Rohrfeder, Manometer für Heizungen
18380	7.55	Verdingungsordnung für Bauleistungen (VOB), Teil C: Allgemeine technische Vorschriften, Zentralheizungs-, Lüftungs- und zentrale Warmwasserbereitungsanlagen
19226	1.54	Regelungstechnik, Benennungen, Begriffe
55900	4.54	Heizkörper-Grundanstrichfarbe, Techn. Lieferbedingungen

Berichtigung

S. 111, Fußnote:	statt 13. Auflage, Springer 1958		**lies**	12. Auflage Springer 1950
S. 256, Tabelle, 2. Spalte:		statt t_r	**lies**	t_{r_I}
S. 280, Arbeitsblatt 2, letzte Spalte:		statt w	**lies**	ω
S. 281, Arbeitsblatt 3, letzte Spalte:		statt w	**lies**	ω
S. 285, Arbeitsblatt 7, zweiter Summand über dem Bruchstrich:		statt $\left(\dfrac{T_2}{100}\right)$	**lies**	$\left(\dfrac{T_2}{100}\right)^4$

Kopp, Wasserheizung

Sachverzeichnis